Instrumentação e Fundamentos de Medidas

VOLUME 1

O GEN | Grupo Editorial Nacional – maior plataforma editorial brasileira no segmento científico, técnico e profissional – publica conteúdos nas áreas de ciências exatas, humanas, jurídicas, da saúde e sociais aplicadas, além de prover serviços direcionados à educação continuada e à preparação para concursos.

As editoras que integram o GEN, das mais respeitadas no mercado editorial, construíram catálogos inigualáveis, com obras decisivas para a formação acadêmica e o aperfeiçoamento de várias gerações de profissionais e estudantes, tendo se tornado sinônimo de qualidade e seriedade.

A missão do GEN e dos núcleos de conteúdo que o compõem é prover a melhor informação científica e distribuí-la de maneira flexível e conveniente, a preços justos, gerando benefícios e servindo a autores, docentes, livreiros, funcionários, colaboradores e acionistas.

Nosso comportamento ético incondicional e nossa responsabilidade social e ambiental são reforçados pela natureza educacional de nossa atividade e dão sustentabilidade ao crescimento contínuo e à rentabilidade do grupo.

Instrumentação e Fundamentos de Medidas

VOLUME 1

3ª EDIÇÃO

ALEXANDRE BALBINOT

Universidade Federal do Rio Grande do Sul – UFRGS
Escola de Engenharia
Departamento de Engenharia Elétrica – DELET
Programa de Pós-Graduação em Engenharia Elétrica – PPGEE
alexandre.balbinot@ufrgs.br

VALNER JOÃO BRUSAMARELLO

Universidade Federal do Rio Grande do Sul – UFRGS
Escola de Engenharia
Departamento de Sistemas Elétricos de Automação e Energia – DELAE
Programa de Pós-graduação em Engenharia Elétrica – PPGEE
valner.brusamarello@ufrgs.br

Os autores e a editora empenharam-se para citar adequadamente e dar o devido crédito a todos os detentores dos direitos autorais de qualquer material utilizado neste livro, dispondo-se a possíveis acertos, caso, inadvertidamente, a identificação de algum deles tenha sido omitida.

Não é responsabilidade da editora nem dos autores a ocorrência de eventuais perdas ou danos a pessoas ou bens que tenham origem no uso desta publicação.

Apesar dos melhores esforços dos autores, do editor e dos revisores, é inevitável que surjam erros no texto. Assim, são bem-vindas as comunicações de usuários sobre correções ou sugestões referentes ao conteúdo ou ao nível pedagógico que auxiliem o aprimoramento de edições futuras. Os comentários dos leitores podem ser encaminhados à **LTC — Livros Técnicos e Científicos Editora** pelo e-mail faleconosco@grupogen.com.br.

Direitos exclusivos para a língua portuguesa
Copyright © 2019 by
LTC — Livros Técnicos e Científicos Editora Ltda.
Uma editora integrante do GEN | Grupo Editorial Nacional

Reservados todos os direitos. É proibida a duplicação ou reprodução deste volume, no todo ou em parte, sob quaisquer formas ou por quaisquer meios (eletrônico, mecânico, gravação, fotocópia, distribuição na internet ou outros), sem permissão expressa da editora.

Travessa do Ouvidor, 11
Rio de Janeiro, RJ – CEP 20040-040
Tels.: 21-3543-0770 / 11-5080-0770
Fax: 21-3543-0896
faleconosco@grupogen.com.br
www.grupogen.com.br

Capa: Design Monnerat
Crédito da Foto: © milkos | 123rf.com
Editoração Eletrônica: IO Design

CIP-BRASIL. CATALOGAÇÃO NA PUBLICAÇÃO
SINDICATO NACIONAL DOS EDITORES DE LIVROS, RJ

B145i
3. ed.
v. 1

Balbinot, Alexandre
Instrumentação e fundamentos de medidas / Alexandre Balbinot, Valner João Brusamarello. - 3. ed. - Rio de Janeiro : LTC, 2019.
; 28 cm.

Inclui bibliografia e índice
ISBN 978-85-216-3583-3 (volume 1)
ISBN 978-85-216-3584-0 (volume 2)

1. Engenharia - Instrumentos. 2. Instrumentos de medição. I. Brusamarello, Valner João. I. Título.
18-53529
CDD: 681.2
CDU: 681.2.08

Meri Gleice Rodrigues de Souza - Bibliotecária CRB-7/6439

Sumário Geral

VOLUME 1

Capítulo 0 Breve História da Instrumentação
Capítulo 1 Conceitos de Instrumentação
Capítulo 2 Fundamentos de Estatística, Incertezas de Medidas e Sua Propagação
Capítulo 3* Conceitos de Eletrônica Analógica e Eletrônica Digital
Capítulo 4 Sinais e Ruído
Capítulo 5 Medidores de Grandezas Elétricas
Capítulo 6 Medição de Temperatura
Capítulo 7* Procedimentos Experimentais

VOLUME 2

Capítulo 8 Efeitos Físicos Aplicados em Sensores
Capítulo 9 Introdução à Instrumentação Óptica
Capítulo 10 Medição de Força
Capítulo 11 Medição de Deslocamento, Posição, Velocidade, Aceleração e Vibração
Capítulo 12 Medição de Pressão
Capítulo 13 Medição de Nível
Capítulo 14 Medição de Fluxo
Capítulo 15 Medição de Umidade, pH e Viscosidade
Capítulo 16* Procedimentos Experimentais

---

* Capítulos *on-line*, disponíveis integralmente no GEN-IO. (N.E.)

Sumário

Capítulo 0 Breve História da Instrumentação, 1
0.1 Introdução, 1
0.2 Histórico da Medição do Tempo, 1
0.3 Histórico da Medição de Pesos e Medidas, 2
0.4 Histórico do Barômetro, 4
0.5 Histórico do Termômetro, 5

Capítulo 1 Conceitos de Instrumentação, 6
1.1 Introdução, 6
1.2 O Método Científico, 6
1.3 Grandezas Físicas, 7
1.4 Unidades de Medida, 8
1.5 Definições e Conceitos, 9
    1.5.1 Sensores e transdutores, 9
    1.5.2 Instrumento de medição, 12
1.6 Algarismos Significativos, 26
1.7 Resposta Dinâmica, 29
1.8 Transformada de Laplace, 30
1.9 Transformada Inversa de Laplace, 32
1.10 Análise de Sistemas de Ordens Zero, Primeira e Segunda, 32
Exercícios, 36
Bibliografia, 39

Capítulo 2 Fundamentos de Estatística, Incertezas de Medidas e Sua Propagação, 40
2.1 Introdução, 40
2.2 Medidas de Tendência Central, 40
    2.2.1 Média, 40
    2.2.2 Mediana, 41
    2.2.3 Moda, 41
    2.2.4 Média geométrica e média harmônica, 41
    2.2.5 Raiz média quadrática (root mean square), 43
2.3 Medidas de Dispersão, 44
2.4 Conceitos sobre Probabilidade e Estatística, 44
    2.4.1 Fundamentos sobre probabilidades, 44
    2.4.2 Distribuições estatísticas, 45
2.5 Correlação, Correlação Cruzada, Autocorrelação, Autocovariância e Covariância Cruzada, 56
2.6 Conceitos sobre Inferência Estatística e Determinação do Tamanho da Amostra, 60
2.7 Estimativa da Incerteza de Medida, 65
    2.7.1 Avaliação da incerteza de medida de estimativas de entrada, 66
    2.7.2 Incerteza de medida expandida, 75
    2.7.3 Exemplos práticos de determinação de incertezas padrão, 78
    2.7.4 Avaliação da incerteza utilizando o método de Monte Carlo, 85
2.8 Uma Introdução à Regressão Linear, 91
    2.8.1 Regressão linear, 91
    2.8.2 Ajuste de curvas por mínimos quadrados generalizado, 94
2.9 Fundamentos sobre Análise de Variância, 94
    2.9.1 Projeto de experimentos do tipo fatorial: unifatorial, 97
    2.9.2 Projeto fatorial com 2 FC: classificação dupla, 105
    2.9.3 Projeto de experimentos sem repetição, 109
    2.9.4 Projeto de experimentos do tipo aninhado, 110
    2.9.5 Projeto de experimentos do tipo bloco aleatorizado, 111
Exercícios, 117
Bibliografia, 120

Capítulo 3 Conceitos de Eletrônica Analógica e Eletrônica Digital, 125 (capítulo *on-line* disponível integralmente no GEN-IO)
3.1 Introdução, 125
3.2 Resistores, Capacitores e Indutores, 125
    3.2.1 Resistores, 125
    3.2.2 Capacitores, 126
    3.2.3 Indutores, 127
3.3 Revisão de Análise de Circuitos, 128
    3.3.1 Análise de circuitos pelo método das malhas, 128
    3.3.2 Análise de circuitos pelo método dos nós, 128

3.3.3 Teorema da superposição, 129
3.3.4 Teorema de Thévenin, 129
3.3.5 Blocos de circuitos, 130
3.3.6 Amplificadores e realimentação negativa, 130
3.4 Diodos, 132
3.5 Transistores Bipolares, 134
3.6 Transistor de Efeito de Campo (FET), 139
3.7 Amplificadores Operacionais — OPAMPs, 142
3.7.1 Configuração: amplificador inversor, 144
3.7.2 Configuração: amplificador não inversor, 145
3.7.3 Impedância de entrada, 145
3.7.4 Resposta em frequência de um amplificador operacional, 146
3.7.5 Circuitos lineares básicos com amplificadores operacionais, 146
3.8 Conceitos sobre Sistemas Digitais, 149
3.8.1 Sistemas analógicos *versus* sistemas digitais, 149
3.8.2 Sistema numérico e códigos padrão, 153
3.8.3 Álgebra booleana e circuitos com chaves e portas lógicas, 158
3.8.4 Famílias lógicas, 168
3.8.5 Simplificação lógica: algébrica, por mapa de Karnaugh e pelo método tabular Quine-McCluskey, 169
3.8.6 Sistemas digitais, 181
3.8.7 Tópicos sobre sistemas sequenciais, 207
3.8.8 Sistemas microprocessados, 211
3.8.9 Portas de I/O e interfaces, 214
3.8.10 Interfaces e sistemas remotos, 218
3.8.11 Instrumentação virtual, 221
Exercícios, 222
Bibliografia, 230

Capítulo 4 Sinais e Ruído, 231
4.1 Sinais, 231
4.2 Introdução ao Domínio do Tempo, 233
4.3 Introdução ao Domínio de Frequência, 234
4.4 Análise de Fourier, 236
4.4.1 Séries de Fourier, 236
4.4.2 A integral de Fourier, 241
4.4.3 Transformada de Fourier Discreta—TFD, 246
4.5 Fundamentos sobre Ruído e Técnicas de Minimização, 252
4.5.1 Caracterização do ruído, 253
4.5.2 Tipos de ruído intrínseco ou inerente, 255
4.5.3 Formas de infiltração do ruído, 259
4.5.4 Procedimentos para redução de ruído em cabeamento, 259
4.5.5 Minimização do ruído pelo aterramento, 262
4.5.6 O ruído intrínseco dos componentes eletrônicos, 264
4.5.7 Notas gerais de boas práticas para redução do ruído, 272
4.6 Sistemas de Aquisição de Dados, 278
4.6.1 Princípios básicos, 278
4.6.2 Principais arquiteturas dos conversores digital para analógico (DAC ou D/A) e conversores analógico para digital (ADC ou A/D), 286
4.7 Filtros Analógicos, 300
4.7.1 Conceitos básicos, 300
4.7.2 Principais classes de filtros, 301
4.7.3 Resposta em frequência, 303
4.7.4 Projeto de filtros passivos: uma introdução, 305
4.7.5 Projeto de filtros ativos: uma introdução, 313
4.8 Filtros Digitais, 315
4.8.1 Transformada Z, 315
4.8.2 Operadores básicos, 317
4.8.3 Filtros não recursivos e filtros recursivos, 318
4.8.4 Plano Z, 318
4.8.5 Características dos filtros de resposta impulsiva finita — FIR, 319
4.8.6 Filtro Hanning, 319
4.8.7 Filtro polinomial, 320
4.8.8 Filtro *notch* (rejeita-banda ou passa-faixa), 321
4.8.9 Características dos filtros de resposta impulsiva infinita — IIR, 322
4.8.10 Métodos de desenvolvimento para filtros de dois polos, 322
4.8.11 Uma introdução aos filtros adaptativos, 323
Exercícios, 324
Bibliografia, 330

Capítulo 5 Medidores de Grandezas Elétricas, 331
5.1 Galvanômetros e Instrumentos Fundamentais, 331
5.1.1 Instrumentos analógicos, 331
5.1.2 Instrumentos digitais, 333
5.2 Medidores de Tensão Elétrica, 336
5.2.1 Voltímetro analógico, 336
5.2.2 Voltímetro digital, 338
5.2.3 Voltímetro vetorial, 338
5.2.4 Medidores de tensão eletrônicos, 339
5.3 Medidores de Corrente, 342
5.3.1 Amperímetro analógico, 342
5.3.2 Amperímetro digital, 343
5.3.3 Amperímetros do tipo alicate, 344
5.3.4 Medidores de corrente eletrônicos, 344

5.4 Medição de Resistência Elétrica, Capacitância e Indutância, 346
- 5.4.1 Medição de resistência elétrica, 346
- 5.4.2 Circuitos em ponte, 352

5.5 Osciloscópios, 357
- 5.5.1 Osciloscópios analógicos, 357
- 5.5.2 Osciloscópios digitais, 359

5.6 Medidores de Potência Elétrica e Fator de Potência, 362
- 5.6.1 Medição de potência em circuitos DC, 363
- 5.6.2 Wattímetro analógico, 363
- 5.6.3 Método dos três voltímetros, 364
- 5.6.4 Wattímetros térmicos, 364
- 5.6.5 Wattímetros eletrônicos, 365
- 5.6.6 Medição do fator de potência, 368
- 5.6.7 Medidores de energia elétrica, 370

Exercícios, 374
Bibliografia, 379

Capítulo 6 Medição de Temperatura, 380

6.1 Introdução, 380

6.2 Efeitos Mecânicos, 381
- 6.2.1 Termômetros de expansão de líquidos em bulbos de vidro, 381
- 6.2.2 Termômetros bimetálicos, 382
- 6.2.3 Termômetros manométricos, 382

6.3 Termômetros de Resistência Elétrica, 383
- 6.3.1 Termômetros metálicos — RTDs, 383
- 6.3.2 Termistores, 393

6.4 Termopares, 401
- 6.4.1 Introdução, 401
- 6.4.2 Princípios fundamentais, 402
- 6.4.3 Os principais termopares comerciais, 403
- 6.4.4 Medição da tensão do termopar, 405
- 6.4.5 Compensação da junta fria (junta de referência), 406
- 6.4.6 Alguns exemplos de circuitos condicionadores, 414

6.5 Termômetros de Radiação, 415
- 6.5.1 Radiação térmica, 416
- 6.5.2 Corpo negro e emissividade, 416
- 6.5.3 Termômetros infravermelhos e pirômetros, 419
- 6.5.4 Tipos de termômetros de radiação, 421
- 6.5.5 Detectores ou sensores de radiação térmica, 424
- 6.5.6 Termopares infravermelhos, 426
- 6.5.7 Campo de visão e razão distância/alvo, 427
- 6.5.8 Medidores de temperatura unidimensionais e bidimensionais — termógrafos, 428

6.6 Medidores de Temperatura com Fibras Ópticas, 432
- 6.6.1 Sistema de sensoreamento distribuído de temperatura — DTS, 432

6.7 Sensores Semicondutores para Temperatura, 433
- 6.7.1 Introdução, 433
- 6.7.2 Característica V × I da junção p-n, 434
- 6.7.3 Sensor de estado sólido, 435

Exercícios, 437
Bibliografia, 442

Capítulo 7 Procedimentos Experimentais, 443 (capítulo *on-line* disponível integralmente no GEN-IO)

7.1 Lab. 1 — Utilização de Instrumentos de Medição de Grandezas Elétricas, 443
- 7.1.1 Objetivos, 443
- 7.1.2 Conceitos teóricos adicionais, 443
- 7.1.3 Bibliografia adicional, 443
- 7.1.4 Materiais e equipamentos, 443
- 7.1.5 Procedimentos experimentais, 443
- 7.1.6 Questões, 445

7.2 Lab. 2 — Regressão Linear e Propagação de Incertezas, 445
- 7.2.1 Objetivos, 445
- 7.2.2 Conceitos teóricos adicionais, 445
- 7.2.3 Bibliografia adicional, 445
- 7.2.4 Materiais e equipamentos, 445
- 7.2.5 Procedimentos experimentais, 445
- 7.2.6 Questões, 447

7.3 Lab. 3 — Projeto de Experimentos, 447
- 7.3.1 Objetivos, 447
- 7.3.2 Materiais e equipamentos, 447
- 7.3.3 Procedimentos experimentais, 447
- 7.3.4 Questões, 448

7.4 Lab. 4 — Utilização do Osciloscópio, 448
- 7.4.1 Objetivos, 448
- 7.4.2 Conceitos teóricos adicionais, 448
- 7.4.3 Bibliografia adicional, 448
- 7.4.4 Materiais e equipamentos, 448
- 7.4.5 Procedimentos experimentais, 449
- 7.4.6 Questões, 449

7.5 Lab. 5 — Conceitos de Eletricidade, 450
- 7.5.1 Objetivos, 450
- 7.5.2 Conceitos teóricos adicionais, 450
- 7.5.3 Bibliografia adicional, 450
- 7.5.4 Materiais e equipamentos, 450
- 7.5.5 Procedimentos experimentais, 450
- 7.5.6 Questões, 451

7.6 Lab. 6 — Utilização de Indicadores, 451
- 7.6.1 Objetivos, 451
- 7.6.2 Conceitos teóricos adicionais, 451
- 7.6.3 Bibliografia adicional, 451
- 7.6.4 Materiais e equipamentos, 451
- 7.6.5 Procedimentos experimentais, 451
- 7.6.6 Questões, 452

7.7 Lab. 7 — Fontes de Tensão e Fontes de Corrente, 452
    7.7.1 Objetivos, 452
    7.7.2 Conceitos teóricos adicionais, 452
    7.7.3 Bibliografia adicional, 453
    7.7.4 Materiais e equipamentos, 453
    7.7.5 Procedimentos experimentais, 453
    7.7.6 Questões, 454
7.8 Lab. 8 — Filtros Analógicos, 454
    7.8.1 Objetivos, 454
    7.8.2 Conceitos teóricos adicionais, 454
    7.8.3 Bibliografia adicional, 458
    7.8.4 Materiais e equipamentos, 459
    7.8.5 Procedimentos experimentais, 459
    7.8.6 Questões, 460
7.9 Lab. 9 — Amplificadores de Instrumentação, 460
    7.9.1 Objetivos, 460
    7.9.2 Conceitos teóricos adicionais, 460
    7.9.3 Bibliografia adicional, 460
    7.9.4 Materiais e equipamentos, 460
    7.9.5 Procedimentos experimentais, 460
    7.9.6 Questões, 461
7.10 Lab.10 – Pontes para Medição de Resistores, Capacitores e Indutores, 461
    7.10.1 Objetivos, 461
    7.10.2 Conceitos básicos adicionais, 461
    7.10.3 Bibliografia adicional, 461
    7.10.4 Materiais e equipamentos, 461
    7.10.5 Procedimentos experimentais, 461
    7.10.6 Questões, 462
7.11 Lab. 11 — Sistemas Combinacionais e Sequenciais, 462
    7.11.1 Objetivos, 462
    7.11.2 Bibliografia adicional, 462
    7.11.3 Materiais e equipamentos, 462
    7.11.4 Procedimentos experimentais, 463
    7.11.5 Questões, 463
7.12 Lab. 12 — Porta Paralela (IEEE1284-A) como Entrada e Saída, 464
    7.12.1 Objetivos, 464
    7.12.2 Conceitos teóricos adicionais, 464
    7.12.3 Bibliografia adicional, 467
    7.12.4 Materiais e equipamentos, 467
    7.12.5 Procedimentos experimentais, 467
    7.12.6 Questões, 469
7.13 Lab. 13 — ADC de 8 ou 12 Bits Interfaceado com a Porta Paralela, 469
    7.13.1 Objetivos, 469
    7.13.2 Conceitos teóricos adicionais, 469
    7.13.3 Bibliografia adicional, 470
    7.13.4 Materiais e equipamentos, 470
    7.13.5 Procedimentos experimentais, 470
    7.13.6 Questões, 473
7.14 Lab. 14 — Procedimentos Básicos para Uso da Ferramenta LabVIEW 7 (Ou Mais Atual) Express, 474
    7.14.1 Objetivos, 474
    7.14.2 Conceitos teóricos adicionais, 474
    7.14.3 Bibliografia adicional, 481
    7.14.4 Materiais e equipamentos, 481
    7.14.5 Procedimentos experimentais, 481
7.15 Lab. 15 — Séries de Fourier e Análise no Domínio de Frequência, 484
    7.15.1 Objetivos, 484
    7.15.2 Conceitos teóricos adicionais, 484
    7.15.3 Bibliografia adicional, 484
    7.15.4 Materiais e equipamentos, 484
    7.15.5 Procedimentos experimentais, 484
    7.15.6 Questões, 485
7.16 Lab. 16 — Controle de Portas de Entrada e Saída pelo LabVIEW, 485
    7.16.1 Objetivos, 485
    7.16.2 Conceitos teóricos adicionais, 485
    7.16.3 Acessando a porta paralela, 486
    7.16.4 Bibliografia adicional, 486
    7.16.5 Materiais e equipamentos, 486
    7.16.6 Procedimentos experimentais, 487
7.17 Lab. 17 — Filtros Digitais, 487
    7.17.1 Objetivos, 487
    7.17.2 Conceitos teóricos adicionais, 487
    7.17.3 Bibliografia adicional, 488
    7.17.4 Materiais e equipamentos, 488
    7.17.5 Procedimentos experimentais, 488
    7.17.6 Questões, 490
7.18 Lab. 18 — Utilização de Sensores de Temperatura, 490
    7.18.1 Objetivos, 490
    7.18.2 Conceitos teóricos adicionais, 490
    7.18.3 Bibliografia adicional, 490
    7.18.4 Materiais e equipamentos, 490
    7.18.5 Procedimentos experimentais, 491
    7.18.6 Questões, 491
7.19 Lab. 19 — Condicionadores de Temperatura, 491
    7.19.1 Objetivos, 491
    7.19.2 Conceitos teóricos adicionais, 491
    7.19.3 Bibliografia adicional, 491
    7.19.4 Materiais e equipamentos, 491
    7.19.5 Procedimento experimental, 492
    7.19.6 Questões, 493

Índice, 494

Apresentação

A filhinha de um amigo, quando falava ao telefone na casa dos avós em seu aniversário de três anos, se distraiu com os coleguinhas e saiu andando com o telefone no ouvido. O fio do telefone, ao ser puxado, acabou por derrubar um vaso da mesinha. O barulho atraiu os adultos, que correram ao mesmo tempo, olhando para ela com ar de reprovação. E ela disse, assim bem de repente sem precisar pensar: "Também, vovô, você amarrou o telefone na parede!".

Ninguém mais sabe por que temos que "discar" um número no telefone, por que "batemos" o currículo no computador, o que é CRT, LP, letraset, régua de cálculo, Enciclopédia Britânica, papel vegetal, tinta nanquim, *plotter*, régua-tê, telex ou empréstimo interbiblioteca.

É exatamente o que parece: nosso meio ambiente ficou digital em um intervalo muito curto, em apenas uma geração. As pessoas mais idosas tiveram que se acostumar a pagar contas pela *internet*, o *e-mail* chega e sai pelo celular, a vitrola virou *walk-man* e depois *iPod*, o *flop-disk* virou *pen-drive* cada vez menor e com maior capacidade, e precisamente a cada seis meses, comprovando a lei de Moore, meu filho reclama que o computador dele está "uma carroça".

Esse efeito digital alavancou empregos nesta área no mundo todo e apareceram as engenharias da computação, de software e de tecnologia da informação. Mas, ao mesmo tempo, essa correria digital esvaziou o analógico e tirou a atenção de disciplinas como instrumentação, sensores e transdutores.

O som e a imagem são entes analógicos. O som, para entrar no processador ou sair dele, passa pelos transdutores no microfone ou no alto-falante do telefone celular, por exemplo. A imagem da câmera digital, antes de ser processada, é captada em sua forma analógica; o sinal da fibra óptica, antes de virar bytes, é captado analogicamente, não interessa se é datacom, telecom ou TV a cabo. As moderníssimas bioproteses, ou próteses biônicas, necessitam de interfaces biológico-digital para unir os sinais analógicos dos nervos com os sinais digitais dos processadores.

Sim, o mundo à nossa volta é analógico, e sempre será. Sempre que desejarmos nos contactar com fenômenos naturais ou tecnológicos ou exercer algum tipo de efeito no mundo teremos que aceitar a "analogicidade" do mundo e utilizar atuadores ou sensores, convertendo o digital para o analógico e vice-versa. Assim, sempre haverá espaço para a engenharia de instrumentação eletrônica analógica e sensores, que, apesar de serem áreas em extinção de profissionais, são também áreas em grande crescimento tecnológico, com uma demanda enorme para andar *pari passu* com um mundo cada vez mais nano da tecnologia digital.

Esta é a razão deste livro, escrito por dois jovens defensores do mundo analógico, com larga experiência em instrumentação eletrônica e, ao mesmo tempo, conscientes da premente necessidade de a instrumentação evoluir na mesma velocidade da tecnologia digital.

O livro foi escrito para estudantes, técnicos e engenheiros de instrumentação, cobrindo uma grande gama de sensores e interfaces. O leitor certamente encontrará aqui a explicação de suas dúvidas com relação a transdutores e sensores. Se o leitor for um curioso em instrumentação, também encontrará aqui exemplos e aplicações do uso de praticamente todos os sensores utilizados pela indústria hoje, desde a área de óleo e gás até a área de automação e processos.

O livro se inicia com a parte estatística de erros e da exatidão das medidas, uma disciplina que, apesar de omissa nos cursos de engenharia elétrica, mostra-se hoje de grande importância na área de sensores. E o porquê é muito simples: medir é justamente o que todo sensor faz; mas, sem o conhecimento de seu erro, como saberemos se medimos certo? A partir daí o livro leva o leitor a um passeio pelo conceito da eletrônica analógica, com dezenas de exemplos de circuitos práticos de como interfacear um transdutor ou de como processar eletronicamente seus sinais de saída. Na sequência entramos naturalmente nos transdutores e sensores propriamente ditos, capítulos esses que cobrem praticamente todos os tipos de sensores científicos e industriais hoje em uso pelo planeta.

Unindo esses conceitos com a parte experimental, na qual dezenas de experimentos são descritos e sugeridos como exercícios de laboratório, esta obra torna-se uma referência completa e imprescindível na biblioteca de um curso técnico, da universidade, ou na sua biblioteca particular.

Prof. Marcelo Martins Werneck
Laboratório de Instrumentação e Fotônica – UFRJ
Verão de 2010

Prefácio à Terceira Edição

Nesta terceira edição de *Instrumentação e Fundamentos de Medidas*, volumes 1 e 2, buscamos atender principalmente às demandas de vários leitores, o que nos motivou a adicionar uma série de exercícios resolvidos nos finais dos capítulos. Aproveitamos também para corrigir alguns erros detectados nas edições anteriores (agradecemos a todos que nos ajudaram nessa tarefa) e, por fim, incluímos alguns tópicos que nos pareceram importantes.

Percebemos que, transcorrida uma década, alguns tópicos tornaram-se obsoletos, por exemplo, algumas ilustrações referentes a problemas com portas paralelas de computadores ou ainda com os códigos de baixo nível. Assim, eliminamos alguns trechos, embora tenhamos mantido a maior parte do texto por entendermos que os sistemas eletrônicos existentes atualmente (e que certamente continuarão existindo ainda por algum tempo) são frutos de uma evolução tecnológica descentralizadora. Dessa forma, sistemas dedicados continuam utilizando a aquisição de sinais baseados nos métodos clássicos apresentados e transmitidos posteriormente a um computador centralizador com poder de processamento. As técnicas são semelhantes, sendo necessária apenas a adaptação ao novo contexto.

Ainda nesta edição, decidimos remover alguns capítulos da versão impressa do livro, os Capítulos 3, 7 (Volume 1) e 16 (Volume 2), disponibilizando-os revistos e atualizados na íntegra em versão digital no GEN-IO, ambiente virtual de aprendizagem do GEN | Grupo Editorial Nacional, para que este não ficasse muito difícil de manusear. Todavia, o escopo do livro permanece o mesmo da primeira edição. Como dissemos no início, mantivemos o espírito de atualização e aperfeiçoamento do texto, tomando como referência as sugestões dos usuários, a quem somos muito gratos.

Os Autores.

Prefácio à Segunda Edição

A constante evolução tecnológica torna a necessidade de conhecimentos agregados em diferentes áreas um requisito imprescindível. Atualmente, não basta ao profissional da área das engenharias dominar um único campo do conhecimento. É preciso saber integrar minimamente recursos de apoio, seja de informática, seja de outras engenharias.

A instrumentação é um exemplo de área do conhecimento que é formada por vários campos da engenharia ou das ciências. Essa característica é enfatizada pelos crescentes avanços na informática e na eletrônica, o que faz com que sensores e transdutores se tornem cada vez mais precisos e dependentes dessas tecnologias. Como consequência, é exigido do usuário um conhecimento prévio do assunto.

Nos mais diversos campos da ciência e engenharia, procedimentos de controle, medições e automação de processos tradicionalmente utilizam sensores de temperatura, pressão, fluxo e nível, entre outros, salientando a importância da instrumentação no dia a dia das pessoas. Na área da engenharia biomédica, seja em um leito de UTI, seja em uma clínica médica, sensores ou equipamentos baseados na instrumentação estão em uso, beneficiando a saúde e o conforto da população mundial.

Este livro é destinado a estudantes de engenharia (níveis de graduação e pós-graduação) dos cursos de instrumentação e medidas. A proposta é que seja uma referência bibliográfica em língua portuguesa que cobre os seguintes tópicos: fundamentos de sensores, condicionadores, assim como técnicas de processamentos de sinais analógicos e digitais.

Esta obra, em função da abrangência do tema, foi dividida em dois volumes, os quais se caracterizam por uma abordagem teórica e prática adequada tanto a iniciantes quanto a profissionais da área.

Obra em dois volumes pode ser utilizada principalmente nas áreas de engenharia e física. O Volume 1 trata de princípios e definições, análise de erros, fundamentos de estatística, técnicas experimentais, análise de sinais e ruído, eletrônica analógica e eletrônica digital, medições de variáveis elétricas, sensores e condicionadores de temperatura e ainda um capítulo de laboratórios envolvendo os temas abordados, separados em módulos.

O Volume 2 aborda tópicos como medição de pressão, medição de fluxo, medição de nível, medição de força, medição de deslocamento, velocidade, aceleração, medição de vibrações, medição de campos elétricos e magnéticos, além de mais um capítulo de procedimentos experimentais.

Por ser uma proposta abrangente, procura fornecer detalhes que interessem a todas as áreas. Sendo assim, circuitos eletrônicos de condicionamento, bem como técnicas específicas de tratamento, podem ser direcionados aos cursos afins.

Sugere-se que, para cursos das engenharias de modo geral, os Capítulos 1 e 2 sejam abordados na íntegra. O Capítulo 3, apesar de ser uma revisão da área de eletrônica, é útil na explanação de alguns sensores e seus condicionamentos e deve, portanto, ser utilizado de acordo com o critério do professor. O Capítulo 4 aborda assuntos genéricos como análise de sinais no domínio de frequência e a utilização de algumas ferramentas computacionais, mas também trata de assuntos específicos da área de engenharia elétrica, tais como técnicas de supressão de ruído, e pode ser utilizado de acordo com as necessidades do curso. Os Capítulos 5 e 6 apresentam detalhes de sensores e técnicas de medição de grandezas elétricas e temperatura. Os autores acreditam que esses capítulos possam ser utilizados na íntegra para qualquer curso, uma vez que tratam de assuntos de interesse genérico das engenharias. O Capítulo 7, o último do Volume 1, é composto de uma série de sugestões de experimentos em ambiente de laboratório, para que todos os tópicos abordados possam ser aplicados e comprovados em aulas práticas.

Nesta segunda edição revisada, foram incorporados conceitos importantes orientados pelo Vocabulário Internacional de Metrologia (VIM). A seção que relata o cálculo de incertezas de medidas e sua propagação também foi substancialmente modificada. Foram acrescentados vários exemplos práticos, além de um texto mais completo sobre o assunto.

Também foram adicionadas informações aos tópicos que estão associados à interferência e ruído em sistemas de medidas, a sistemas de aquisição de sinais, entre vários outros. Apesar de a estrutura original da obra ter sido mantida, muitos assuntos foram aprofundados e, quando possível, atualizados segundo normas e padronizações universais vigentes.

É importante reafirmar que o objetivo deste livro é fornecer uma referência em língua portuguesa, no contexto de um curso semestral, capaz de auxiliar de maneira eficaz, simples e direta estudantes ou profissionais que trabalham com instrumentação e medidas.

Por fim, cabe esclarecer que os autores não assumem qualquer responsabilidade por danos ou prejuízos causados em função de aplicações inadequadas de sugestões apresentadas neste livro. A fim de aperfeiçoar nosso trabalho, pediríamos, por gentileza, o contato dos leitores para apontamentos relacionados com possíveis falhas, propostas de melhorias e demais discussões.

Os Autores.

Agradecimentos Particulares

Ao finalizar este projeto, não poderia deixar de registrar meus sinceros agradecimentos: aos meus pais Valmir e Maria Elizabeth (em memória), irmãos (Ricardo e Lílian) e minha companheira e esposa Amanda. Palavras são insuficientes para registrar a importância dessas pessoas, portanto deixo apenas o registro de seus nomes. Aos inesquecíveis mestres da minha vida acadêmica, em especial às professoras Neda Gonçalves e Maria Luíza (Faculdade de Matemática – PUCRS), aos professores Valmir Balbinot e Wieser (Faculdade de Matemática – PUCRS), aos professores Juarez Sagebin, Amaral e Dario Azevedo (Faculdade de Engenharia – PUCRS). Aos grandes mestres e incentivadores na área da pesquisa: professores Alberto Tamagna, Álvaro Salles, Milton Antônio Zaro (Faculdade de Engenharia – UFRGS), professora Berenice Anina Dedavid e Rubem Ribeiro Fagundes (em memória) da Faculdade de Engenharia – PUCRS. A todos os estudantes, alunos e ex-alunos, com destaque aos excelentes bolsistas de Iniciação Científica Carlos, Diogo e Jairo, pela parceria em diversos projetos. Ao colega Valner João Brusamarello, pela parceria neste livro. Aproveito também para ressaltar que: *estudante de ciências exatas deve aprender a gostar de aprender (aprender a aprender) e, portanto, ser autodidata, ter curiosidade e buscar informações nas mais diversas fontes. Utilizando palavras do grande mestre meu pai, "ser estudante e não apenas aluno".*

Prof. Dr. Alexandre Balbinot

Renovo meu agradecimento a todos que por intermédio dos seus exemplos, dedicação e auxílio influenciaram diretamente a realização deste projeto.

Aos meus pais Pedro e Adélia, aos meus irmãos Ivorema e Lucas, à minha esposa Rita e a meu filho Benício, pela motivação renovada a cada dia.

Agradeço aos meus alunos e ex-alunos, principal fonte de inspiração para a realização desta obra; aos alunos e ex-alunos que ajudaram a desenvolver vários experimentos apresentados nos capítulos finais de cada volume. Da mesma forma, expresso a minha gratidão a todos os alunos e professores que utilizam ou utilizaram o livro e que dessa forma contribuem para a evolução do nosso trabalho, desde a primeira edição. Agradeço também ao colega Prof. Doutor Alexandre Balbinot, com quem compartilho a autoria desta obra, expresso minha satisfação em contar com sua dedicação e competência desde o início do projeto.

Por fim, agradeço ao GEN | Grupo Editorial Nacional, que nos tem dado suporte há mais de uma década, sem o qual esta obra não teria sido publicada.

Prof. Dr. Valner João Brusamarello

Agradecimentos de Ambos os Autores

À equipe da LTC, integrante do GEN | Grupo Editorial Nacional, em especial à Heloisa Helena Brown e à Carla Nery, pela atenção especial aos autores.

Aos colegas Luiz Carlos Gertz e Rafael Comparsi Laranja pela coautoria nos capítulos sobre força e vibrações. Aos estudantes de engenharia (muitos atualmente formados), em especial Alceu Ziglio, Carlos Radtke, Diogo Koenig, Fábio Bairros, Fernando César Morellato, Gerson Figueiró da Silva, Jairo Rodrigo Tomaszewski, Leandro Fernandes, Márcio Wentz, Maximiliano Ribeiro Côrrea e Tiago Fernandes Borth, Davenir Fernando Kohlrausch, Éverson Magioni, Ismael Bordignon, Juliano Rossler, Márcio de Oliveira Dal Bosco, Rafael Luis Turcatel, Leandro Corrêa, Irineu Rodrigues, César Leandro Agostini, Cássio Susin, Igor Costela, Irineu Rodrigues, Carlos Frassini Júnior, Francisco Martins, Gustavo Rech, Luciano Rosa, entre outros – pela ajuda e participação em muitos dos projetos apresentados nesta obra.

Além dos agradecimentos pessoais, não podemos deixar de registrar nossos agradecimentos às empresas: Analog Devices, Brüel&Kjaer, Emerson Process Management, Flometrics, Infratech GmbH, Interlink Electronics, Icos Excelec Ltda., Indubras Indústria e Comércio Ltda., Kobold Instruments Inc., Minipa, Positek Ltda., Lion Precision, Maxim Integrated Products Inc., MicroStrain Inc., Meggitt (Orange County) Inc., National Instruments, National Semiconductors, Ohmics Instruments Corporation, Tektronix, Thermoteknix Systems Ltda., Vishay Intertechnology Inc., WM Berg, pela colaboração, liberação de uso de imagens, circuitos e referências específicas de componentes, qualificando nosso livro.

Material Suplementar

Este livro conta com os seguintes materiais suplementares:

Volume 1:

- Ilustrações da obra em formato de apresentação, em (.pdf) (restrito a docentes);
- Capítulos 3 e 7 na íntegra, em formato (.pdf) (acesso livre).

Volume 2:

- Ilustrações da obra em formato de apresentação, em (.pdf) (restrito a docentes);
- Capítulo 16 na íntegra, em formato (.pdf) (acesso livre).

O acesso aos materiais suplementares é gratuito. Basta que o leitor se cadastre em nosso *site* (www.grupogen.com.br), faça seu *login* e clique em GEN-IO, no menu superior do lado direito. É rápido e fácil.

Caso haja alguma mudança no sistema ou dificuldade de acesso, entre em contato conosco (gendigital@grupogen.com.br).

A versão *e-book* dos dois volumes traz o conteúdo na íntegra, incluindo os capítulos 3 e 7 (volume 1) e o capítulo 16 (volume 2).

GEN-IO (GEN | Informação Online) é o ambiente virtual de aprendizagem do GEN | Grupo Editorial Nacional, maior conglomerado brasileiro de editoras do ramo científico-técnico-profissional, composto por Guanabara Koogan, Santos, Roca, AC Farmacêutica, Forense, Método, Atlas, LTC, E.P.U. e Forense Universitária. Os materiais suplementares ficam disponíveis para acesso durante a vigência das edições atuais dos livros a que eles correspondem.

CAPÍTULO 0

Breve História da Instrumentação

0.1 Introdução

A história da instrumentação, assim como qualquer outro tema envolvendo tecnologia, está relacionada com os desenvolvimentos e questionamentos de épocas passadas. As invenções que de alguma maneira revolucionaram o estilo de vida das pessoas, ou mesmo aqueles pequenos inventos que facilitaram algum processo, trouxeram avanço à ciência, bem como nos meios de se medirem grandezas físicas. Esse breve histórico cobre alguns instrumentos que foram importantes para o desenvolvimento das sociedades e da ciência, bem como da tecnologia. De modo algum esse assunto é esgotado. Desde tempos muito antigos, em que a necessidade impeliu sociedades a desenvolverem processos simples e úteis à sua subsistência, até os tempos atuais, em que muitos gênios protagonizaram a cena por grandes realizações e descobertas, a necessidade de medir quase sempre esteve presente.

Nos dias atuais, toda descoberta científica necessita de comprovação experimental. Geralmente o processo de comprovação leva à necessidade de medição de grandezas que remetem às teorias e leis que fundamentam a ciência. Entretanto, alguns milhares de anos atrás as prioridades eram diferentes. A observação permitia verificar que o tempo passava e de alguma maneira as propriedades climáticas eram cíclicas. A observação também permitia concluir que existiam períodos favoráveis tanto para o plantio como para a colheita de culturas agrícolas. Também era possível observar que os dias eram cíclicos, de modo que provavelmente o tempo terá motivado uma das primeiras necessidades de medição.

0.2 Histórico da Medição do Tempo

Apesar de apresentar uma dificuldade de definição filosófica, o tempo é, nos dias atuais, a quantidade física mais precisamente medida do ponto de vista físico. Pode-se afirmar que existem duas escalas de tempo referenciais fundamentais e independentes: a escala de tempo dinâmica, que é baseada na regularidade de movimento dos corpos celestes fixos em suas órbitas pelas leis da gravitação, e a escala de tempo atômica, a qual é baseada na frequência característica da radiação eletromagnética emitida ou absorvida nas transições quânticas entre estados de energia de átomos e moléculas.

Durante muito tempo, as necessidades humanas relacionadas com a medição do tempo atendiam apenas a fins nômades, ou então ao conhecimento das estações do ano para otimizar o plantio e a colheita das culturas agrícolas. Essas necessidades eram perfeitamente atendidas pela contagem das fases da Lua, e durante muito tempo essa foi a maneira de medir os períodos.

À medida que o homem foi se agrupando em comunidades e vilas, surgiram cerimônias religiosas, e tornou-se necessária uma medida mais refinada do tempo. As primeiras civilizações concentraram-se em torno do Mediterrâneo, onde surgiram os primeiros dispositivos para medição de tempo.

O primeiro dispositivo de que se tem registro para a medição do tempo foi o *gnômon*, que surgiu por volta de 3500 a.C. Esse instrumento consiste em uma barra vertical, na qual o Sol projeta uma sombra. O comprimento dessa sombra, portanto, era relacionado com o tempo. A Figura 0.1 ilustra uma vareta para projeção de sombra.

FIGURA 0.1 Vareta de projeção de sombra.

FIGURA 0.2 Relógio de sol.

Por volta de 800 a.C., já eram utilizados instrumentos mais precisos. Um desses instrumentos era o *sundial*, um relógio de sol utilizado pelos egípcios. O relógio consistia em uma base extensa ligada a uma estrutura. A base continha 6 divisões de tempo, e era colocada na direção leste–oeste, com a cruz no lado leste pela manhã e oeste pela tarde. A sombra da cruz projetada na base indicava o horário. A Figura 0.2 mostra um *sundial*, e a Figura 0.3 mostra outra configuração de relógio de sol.

Provavelmente, o mais preciso desses dispositivos foi o relógio desenvolvido pelos caldeus, tribo de Moisés considerada o primeiro povo a dividir a noite e o dia em 12 horas cada. Os relógios de sol hemisféricos da Babilônia, aparentemente inventados pelo astrônomo Barosus em aproximadamente 300 a.C., consistiam em um bloco cúbico, no qual existia uma entrada hemisférica. À entrada era fixado um ponteiro cujo final era preso no centro do espaço hemisférico. A trajetória traçada pela sombra do ponteiro era aproximadamente um arco circular cujos comprimento e posição variavam de acordo com as estações. Um número apropriado de arcos era desenhado na superfície interna do hemisfério. Cada arco possuía 12 divisões. Cada dia, desde o surgimento até o pôr do sol, tinha 12 intervalos iguais, ou horas. Uma vez que a duração do dia varia de acordo com a estação, essas horas eram variáveis.

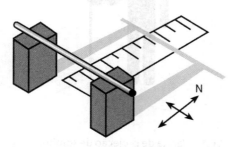

FIGURA 0.3 Outra configuração de relógio de sol.

Os gregos desenvolveram e construíram relógios de sol de complexidade considerável entre 300 e 200 a.C., incluindo instrumentos com indicadores de horas verticais, horizontais ou inclinados. Os romanos também utilizaram relógios de sol, e alguns eram portáteis. Os árabes melhoraram o *design* desses relógios e, no início do século XIII d.C., construíram tais instrumentos sobre superfícies cilíndricas ou cônicas, entre outras. O instrumento de medição do tempo continuou evoluindo. Começaram a ser desenvolvidos mecanismos de relógios cujo princípio de funcionamento era baseado no tempo de enchimento de um volume de água com vazão constante.

O primeiro relógio público, cujo funcionamento era baseado em um mecanismo que repete movimentos iguais em espaços de tempo iguais, foi construído e instalado em Milão (Itália) em 1335. Aproximadamente no ano 1500 surgiram relógios portáteis baseados em molas, e em 1656 surgiram os primeiros relógios baseados em pêndulos.

A subdivisão do dia em 24 horas, da hora em 60 minutos e do minuto em 60 segundos é de origem antiga, mas essas subdivisões tornaram-se de uso geral em aproximadamente 1600 d.C. Quando o aumento da precisão dos relógios levou à adoção do dia solar médio, o qual contém 86.400 segundos, o segundo solar médio tornou-se a unidade de tempo básica.

O segundo, conforme o atual Sistema Internacional (SI) de medidas, foi definido em 1967 como 9.192.631.770 ciclos de radiação associada à transição entre níveis de estado do átomo de césio 133. O número de ciclos foi escolhido para fazer o comprimento do segundo corresponder tão próximo quanto possível ao padrão definido anteriormente: 1/86.400 do dia solar médio.

0.3 Histórico da Medição de Pesos e Medidas

Com a organização das pessoas em sociedade, começaram a surgir meios de permuta e moedas e, assim, o comércio. É de se esperar, portanto, que padrões devam surgir para que exista uma referência de medida.

Outras necessidades — como, por exemplo, na arquitetura, a execução de projetos como as pirâmides — evidenciam que os egípcios possuíam há muito tempo um sistema de pesos e medidas. Escrituras e gravuras em tumbas de pessoas medindo grãos deixam claro que esse povo já havia organizado um sistema de unidades.

A história sugere que aproximadamente 5.000 unidades e padrões de medidas rústicas e imprecisas eram utilizados. Em algum ponto da história, homens, principalmente comerciantes, faziam suas referências com medidas de partes do corpo. Assim, um comprimento ou altura podia ser definido em número de mãos, palmos ou passos. Curiosamente, o sistema inglês foi baseado nessas medidas: pé, polegada. A Tabela 0.1 mostra algumas curiosidades em relação às unidades de medidas.

As primeiras tentativas de medidas tinham basicamente dois elementos principais: um era a sua unidade ou então sua

Breve História da Instrumentação

TABELA 0.1	Curiosidades sobre padrões de medidas
Século X	Reis saxões Edgar e Henrique I definiram uma jarda (*yard*) como a distância da ponta do nariz ao dedo polegar
Século XII	Ricardo Coração de Leão — primeira documentação de padronização de medidas
Século XIII	Eduardo I: definições: 3 grãos de cevada = 1 polegada 12 polegadas = 1 pé 3 pés = 1 jarda (*yard* ou ulna) 5 ½ jardas = 1 vara (também igual ao comprimento do combinado dos 16 pés esquerdos dos primeiros 16 homens a saírem da igreja no domingo) 40 varas × 4 varas = 1 acre (também a área com que um homem munido de um machado pode trabalhar 1 dia)

definição em relação à aplicação daquela medida. Dessa forma, distâncias eram dadas em passos ou dias de cavalgada, e um acre foi pensado como a área de terra que podia ser trabalhada por um homem em um dia. O outro elemento era que essas unidades fossem baseadas em unidades conhecidas como pés (*feet*), mãos (*hand-spans*), entre outras.

Isso servia muito bem para a maioria das propostas, mas desde cedo se verificou a necessidade de padronização. Por exemplo, no antigo Egito, o *côvado* era conhecido como a distância do cotovelo à ponta do dedo médio da mão (essa medida foi provavelmente aumentando em termos absolutos ao longo do tempo devido à variação da estatura humana). Em 2500 a.C. foi padronizado como côvado mestre real, feito de granito negro com 525 mm de comprimento, aproximadamente o comprimento do antebraço de um homem. O côvado real podia ainda ser dividido em 7 larguras de mãos, as quais, por sua vez, podiam ser divididas em 28 larguras de dedos. A Figura 0.4 mostra alguns padrões provavelmente adotados no antigo Egito.

Após a ocupação dos persas, foi adotado o côvado persa, de 63,85 cm. Medidas de dimensões grandes como comprimentos de terra tomaram diferentes formas. O comprimento do *remen* duplo era igual à diagonal do quadrado, e cada lado media um *royal cubit*. Esta medida era 74,07 cm e podia ser dividida em quarenta pequenas unidades de 1,85 cm cada. Outra medida para terra era a medida da corda (conhecida como *ta* ou *meh-ta*) de 100 côvados *reais*, e uma área podia ser medida por um *setjat*, o qual media 100 côvados quadrados (mais tarde chamado de *aroura*). Uma medida de comprimento ainda maior é o chamado *river-unit*. Aparentemente esta medida consistia em 20.000 côvados, ou cerca de 10,5 km.

Na Grã-Bretanha, apesar de ter havido uma série de tentativas de padronização, o trabalho mais embasado e sustentado surgiu apenas no século XIV, quando foi publicado o seguinte texto: "[...] ordena-se que 3 grãos secos e arredondados de cevada fazem uma polegada; 12 polegadas fazem um pé; 3 pés fazem uma *ulna*, e 5½ ulnas fazem 1 *rod* [...]." A ulna mais tarde tornou-se a jarda e foi padronizada como a distância entre duas marcas em uma barra de metal.

A utilização de sementes como unidades básicas de peso teve lugar especial no desenvolvimento de medidas de pesos durante muito tempo e em muitas culturas. Na Inglaterra, três sistemas de peso persistiram: o grão tinha uma função muito útil e serviu a todas essas três unidades, de modo que podia ser convertido de uma para outra.

O sistema métrico surgiu oficialmente na França em 1799, com a seguinte declaração de intenção: "[...] ser para todas as pessoas em todos os tempos..." A principal ideia era que todas as unidades fossem dependentes de fatos naturais. O *metro* foi definido como a décima milionésima parte de ¼ da circunferência da Terra (do Polo Norte à linha do equador) passando por Paris. Para essa medida, Jean-Baptiste Joseph Delambre (1749-1822) foi o astrônomo que comandou a parte norte de uma expedição meridiana e Pierre François André Méchain (1744-1804) comandou a parte sul. Esses astrônomos fizeram as medidas com um instrumento denominado círculo repetidor, inventado pelo físico Jean Charles de Borda (1733-1799).

O grama foi definido como o peso de um centímetro cúbico de água pura.

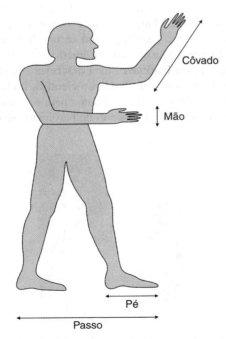

FIGURA 0.4 Padrões de unidade adotados no antigo Egito.

Quando meios mais precisos de medição de comprimento começaram a surgir, foi revelado um erro na definição do metro. Isso levou à procura de novos padrões, agora mais robustos que os primeiros. Inicialmente o metro foi definido como a medida de uma barra de platina com a dimensão exata da definição.

Essencialmente, os novos métodos baseados em fenômenos físicos só podem ser observados em laboratórios especialmente equipados. Hoje o metro é definido como a distância percorrida por um feixe de luz no vácuo em $\frac{1}{299\,792\,458}$ de segundo. Isso é consideravelmente mais preciso que duas marcas em uma barra e, além disso, pode ser replicado.

0.4 Histórico do Barômetro

Em uma carta, datada de 1630, Giovan Battista Baliani perguntou a Galileu Galilei por que um sistema de transporte de água que ele havia projetado não funcionava. Esse sistema consistia em um simples arranjo hidráulico, no qual um duto de água deveria carregar o líquido sobre uma ladeira de 21 m. O sistema denominava-se *syphon*, e era baseado em uma bomba de sucção de ar de maneira semelhante às bombas atuais.

No entanto, na época acreditava-se que as bombas criavam vácuo, e, como a "natureza odeia o vácuo", a água era impelida a ocupar o espaço evacuado. Acreditava-se que não havia limite de altura para fazer uma coluna de água subir. Galileu investigou a situação e concluiu que os limites da bomba de sucção eram de 11 m de coluna. Acima dessa altura a força do vácuo era insuficiente para suportar a coluna de água.

Galileu compartilhou a preocupação quanto ao problema com seu discípulo Torricelli. Torricelli, então, projetou um experimento conduzido por seu discípulo Vincenzo Viviani em 1643, o qual provou que o ar tem peso. Eles haviam construído um protótipo de um barômetro de mercúrio. De início Torricelli utilizou água, mas era necessário um tubo de vidro muito longo (18 m). Substituindo a água por mercúrio, que à temperatura ambiente é líquido e cuja densidade é aproximadamente 13 vezes maior que a da água, ele reduziu o tubo para aproximadamente 90 cm.

O instrumento de Torricelli consistia em um tubo de vidro longo com uma das extremidades fechada. O tubo era preenchido com mercúrio e em seguida invertido em uma base que também continha mercúrio. A Figura 0.5 mostra o esquema do instrumento de Torricelli.

Em vez de sair completamente do tubo, a altura da coluna se estabilizava em um nível de aproximadamente 76 cm. Pequenas flutuações eram observadas, e hoje se sabe que eram devidas a pequenas flutuações na temperatura e na pressão atmosférica. Torricelli concluiu que a coluna de mercúrio se estabilizava devido ao peso ou à pressão que o ar exerce na base do experimento.

Como acontece muitas vezes em ciência, uma linha de raciocínio ocorre em lugares diferentes aproximadamente na mesma época. Existem evidências de que pelo menos outros dois pesquisadores também desenvolveram um barômetro. Documentação histórica sugere que o matemático italiano

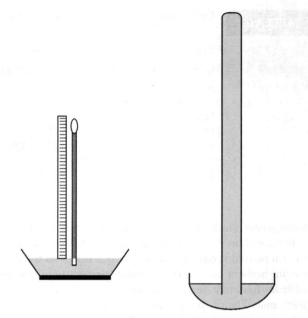

FIGURA 0.5 Barômetro de Torricelli.

Gaspar Berti também trabalhou no problema que preocupava Galileu e construiu um barômetro alguns anos antes de Torricelli. O cientista filósofo francês René Descartes descreveu um experimento de um sistema para a determinação da pressão atmosférica em 1631, mas não existem evidências de que tenha algum dia construído o sistema.

Em 1648, o matemático francês Blaise Pascal lançou a teoria de que a pressão atmosférica caía em altitudes acima do nível do mar. Em seu experimento, um barômetro foi levado ao topo de uma montanha a 1.490 m do nível do mar, e observou-se que a coluna de mercúrio caiu a 8,6 cm. Durante aproximadamente 20 anos após esse fato, o desenvolvimento do barômetro foi lento. Foi quando, em 1665, o cientista inglês Robert Hooke criou o barômetro de escala circular. A partir de então o barômetro passou por um século de grandes progressos. A Figura 0.6 mostra um barômetro de escala circular.

O uso da palavra barômetro para descrever o instrumento de medida de pressão é atribuída ao cientista inglês Robert Boyle, que em 1669 descreveu planos para a construção de um barômetro portátil. O conceito de barômetro sem líquido

FIGURA 0.6 Barômetro de escala circular.

foi primeiramente lançado pelo matemático Gottfried Wilhelm Leibniz, por volta de 1700. A primeira versão dessa ideia foi construída pelo cientista francês Lucien Vidie, autor dos chamados barômetros aneroides metálicos. Esse novo instrumento não apresentava o problema de haver um líquido que poderia derramar por todo o instrumento pelo fato de ser selado. Isto fez com que se tornasse o primeiro barômetro portátil. Dessa forma, ele tornou-se um instrumento comum e extensamente utilizado nas áreas relacionadas com a meteorologia.

Atualmente, os barômetros aneroides foram substituídos por sensores eletrônicos, os quais, quando conectados a microprocessadores, se tornam precisos e bastante flexíveis a uma série de aplicações na medição de pressão.

0.5 Histórico do Termômetro

Os primeiros termômetros eram chamados de termoscópios, e, enquanto alguns inventores desenvolveram versões desse instrumento ao mesmo tempo, o inventor italiano Santorio Santorio (1561-1636) foi o primeiro a acrescentar uma escala numérica ao instrumento (por esse motivo, alguns autores citam Santorio como inventor do primeiro termômetro).

Em 1596, Galileu Galilei inventou um termômetro de água rudimentar. Esse instrumento permitiu que, pela primeira vez, variações de temperatura pudessem ser lidas. Em 1714, Gabriel Fahrenheit inventou o primeiro termômetro de mercúrio, instrumento que é utilizado atualmente.

Apesar de Galileu ser aclamado por muitos autores como o inventor do primeiro termômetro, o instrumento não media a temperatura — apenas indicava diferenças. Por isso o instrumento desenvolvido por Galileu deve ser denominado termoscópio. O precursor do termômetro é um instrumento sem escala, que apenas indicava as diferenças de temperatura e só podia mostrar se a temperatura estava acima, abaixo ou igual. Não permitia, portanto, que uma temperatura fosse registrada para futura referência. O termoscópio foi largamente utilizado por um grupo de pesquisadores em Veneza, incluindo Galileu.

Até o início do século XVII, não existiam maneiras de medir ou quantificar calor. Santorio (1561-1636) inventou alguns instrumentos: um medidor de vento, um medidor de escoamento de água, o *pulsilógio*, e um termoscópio, o precursor do termômetro. Em 1612, ele aplicou pela primeira vez uma escala numérica ao seu termoscópio, e é considerado o inventor do termômetro. O instrumento de Santorio era um termômetro de ar. Tinha baixa precisão, e os efeitos da variação da pressão atmosférica ainda não eram compreendidos na época.

O primeiro termômetro líquido em vidro fechado, bastante conhecido atualmente, foi produzido em 1654 por Ferdinando II (1610-1670), duque da Toscana. Seu termômetro era preenchido com álcool, e, apesar de representar um avanço significativo, ele não tinha boa precisão e não utilizava uma escala padrão.

Em 1714, Daniel Gabriel Fahrenheit (1686-1736), cientista alemão, inventou o termômetro de mercúrio. A expansão do mercúrio, associada a melhoramentos no vidro, levou a um incremento significativo na precisão dos termômetros. Em 1724, Fahrenheit introduziu a escala de temperatura que levaria seu nome. Utilizou os novos pontos fixos de temperatura para fazer um padrão de seu novo instrumento. Fahrenheit dividiu os pontos de congelamento e fervura da água em 180 divisões. Trinta e dois (32) foram escolhidos para o ponto mais baixo, de modo que não haveria valores negativos nem abaixo daquele ponto (menores medidas conseguidas por ele em seu laboratório, com uma mistura de gelo, sal e água). Algumas vezes sugeriu-se que Fahrenheit teria dividido sua escala em 100 graus utilizando a temperatura do sangue (incorretamente medida) e o ponto de congelamento da água, o que não é verdade.

Em 1731, o francês René Antoine Ferchauld de Réamur (1683-1757) propôs uma escala de termômetro no qual o 0° representava o ponto de congelamento e 80° o ponto de fervura. A escala de Réamur não é mais utilizada atualmente.

Em 1742, o astrônomo sueco Anders Celsius (1701-1744) sugeriu um termômetro com 100 divisões entre os pontos de congelamento e de fervura da água. Celsius escolheu 0° para o ponto de fervura e 100° para o ponto de congelamento. Um ano mais tarde, o francês Jean Pierre Cristin (1683-1755) inverteu a escala Celsius para produzir a escala centígrada utilizada atualmente (0 °C para o ponto de congelamento e 100 °C para o ponto de fervura). Em 1948, de comum acordo, a escala de temperatura adaptada por Cristin foi adotada pela Conferência Internacional de Pesos e Medidas. Passou a ser conhecida como escala Celsius, e é utilizada atualmente.

Em 1848, Lord William Thomson Kelvin deu sua contribuição. Desenvolveu a ideia de temperatura absoluta, a qual é considerada a segunda lei da termodinâmica, e desenvolveu a teoria dinâmica do calor. Em sua teoria, Kelvin propôs que a temperatura de 0° absoluto (0 K) seria a menor temperatura possível, à qual qualquer movimento de partículas atômicas cessaria. Kelvin definiu que a variação de 1 grau Kelvin seria equivalente à variação de 1 grau Celsius. Atualmente, o grau Kelvin é a unidade padrão para medida de temperatura.

Sir William Thomson, barão Kelvin de Largs, Lord Kelvin da Escócia (1824-1907), estudou na Universidade de Cambridge e mais tarde tornou-se professor de Filosofia Natural na Universidade de Glasgow. Entre outros feitos seus podem-se citar a descoberta do efeito Joule-Thomson dos gases, seu trabalho no primeiro cabo para telégrafo transatlântico, a invenção do galvanômetro de espelho, o gravador sifão, um sistema mecânico para previsão de marés e o melhoramento da bússola para navios.

CAPÍTULO 1

Conceitos de Instrumentação

1.1 Introdução

Ao contrário do que muitas pessoas acreditam, a palavra INSTRUMENTAÇÃO significa muito mais do que sugere. Na verdade, a maioria dos cursos de instrumentação deveria ter em seu título um nome genérico o suficiente para relacionar a medição de grandezas em qualquer processo. A instrumentação está presente, por exemplo, em uma instalação elétrica, na simples medida da tensão elétrica de uma residência (220 V ou 110 V). Está presente no controle do sistema que está gerando essa tensão elétrica – seja, por exemplo, na medição da velocidade da turbina que gira devido à força da água em uma hidrelétrica, seja através da medição da pressão do vapor em uma usina termelétrica ou no controle das reações nucleares que ocorrem em uma usina nuclear. A medição dos processos é que determina os padrões e permite que sejam referenciadas unidades às diversas grandezas.

A importância da Instrumentação poderia ser resumida em uma frase: "A medição é a base do processo experimental." Seja em um processo que deve ser controlado, seja em pesquisa ou em uma linha de produção dentro de uma indústria, o processo da medição de grandezas físicas é fundamental.

As técnicas experimentais têm mudado profundamente nos últimos anos devido ao desenvolvimento de instrumentos eletrônicos e controladores inteligentes de processos. Essa tendência deve se manter, e, para atender à demanda, o operador deve estar familiarizado com os princípios básicos de instrumentação e as ideias que governam o seu desenvolvimento e a sua utilização. Obviamente, o conhecimento de muitos princípios de instrumentação é necessário para realizar um experimento bem-sucedido, e essa é a razão pela qual a experimentação deve respeitar procedimentos, experimentais criteriosos, beneficiando-se de uma bem planejada metodologia. Ao projetar um experimento, o indivíduo precisa ser capaz de especificar a variável física e conhecer as leis da física. Depois é necessário o projeto ou a aplicação de algum instrumento, quando será necessário o conhecimento dessa aplicação. Por fim, para analisar os dados, o indivíduo deve combinar as características do processo físico que está sendo medido com as limitações dos dados coletados.

Antes de iniciar o procedimento, o experimentalista precisa conhecer o processo, bem como estimar as incertezas das medidas toleráveis para o bom andamento do sistema como um todo. O objetivo do experimento ditará a precisão necessária, os custos, bem como o tempo que deve ser empregado nessa tarefa. Uma calibração de um termômetro de mercúrio pode ser considerada um processo relativamente simples e que depende de tempo e equipamentos limitados. Por outro lado, medir a temperatura de um jato de gás a 1600 °C com precisão envolveria muito mais cuidados. Medições executadas por laboratoristas inexperientes frequentemente supõem que um experimento é fácil de ser executado. Tudo de que precisam é conectar alguns fios e ligar o instrumento para que os dados comecem a ser armazenados. Mal sabem que um instrumento que faz parte do processo pode estar mandando dados errados ou com níveis de erros demasiado altos, que podem comprometer todo o experimento.

Além disso, mesmo que todos os instrumentos estejam funcionando perfeitamente, se os dados não forem tratados corretamente, ou, ainda, se não fizerem parte de um processo de coleta projetado adequadamente, o experimento poderá estar perdido. Enfim, um cauteloso planejamento dos procedimentos experimentais é um ponto de extrema importância.

1.2 O Método Científico

Para que um cientista investigue os fenômenos da natureza, é preciso que ele conheça os processos envolvidos. Depois de levantar todas as informações possíveis sobre o fenômeno, o experimentador deverá medir variáveis que estão relacionadas a esse fenômeno. Com as informações colhidas, será construída uma hipótese que segue um raciocínio lógico e coerente com a observação e a base de dados sobre o fenômeno. Veja a Figura 1.1.

A realização de uma medida é considerada um experimento, e os procedimentos adotados deverão seguir uma metodologia. Esse método deve envolver a formação da base de conhecimentos, a realização de experimentos controlados e sua avaliação. É importante ressaltar que a necessidade de um método é importante não só para a confiabilidade da medida, mas também para que ela possa ser repetida por qualquer pessoa.

1.3 Grandezas Físicas

As grandezas físicas são as variáveis ou quantidades que serão medidas. São sinônimas as expressões variável de medida, variável de instrumentação e variável de processo. Essas variáveis podem ser os objetivos diretos ou indiretos de uma determinada medida. Um exemplo de medida indireta é a detecção da deformação mecânica causada por uma força, quando o objetivo é determinar a intensidade da força aplicada.

Segundo o Vocabulário Internacional de Termos Fundamentais e Gerais de Metrologia (VIM)[1], **grandeza** é definida como: "Propriedade de um fenômeno, de um corpo ou de uma substância que pode ser expressa quantitativamente sob a forma de um número e de uma referência." O **valor de uma grandeza** consiste no conjunto formado por um número e por uma referência, que constituem a expressão quantitativa de uma grandeza.

Essas variáveis podem ser classificadas em relação a suas características físicas conforme Tabela 1.1.

[1] Documento produzido pelo JCGM (*Joint Committee for Guides in Metrology*), o qual é formado por organizações como BIPM – *Bureau International des Poids et Mesures*, IEC – *International Electrotechnical Commission*, IFCC – *International Federation of Clinical Chemistry and Laboratory Medicine*, ILAC – *International Laboratory Accreditation Cooperation*, ISO – *International Organization for Standardization*, IUPAC – *International Union of Pure and Applied Chemistry*, IUPAP – *International Union of Pure and Applied Physics* e OIML – *International Organization of Legal Metrology*.

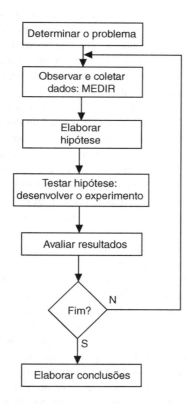

FIGURA 1.1 Procedimento genérico de método científico.

TABELA 1.1 Classificação das variáveis por características físicas

Classe das variáveis	Exemplos
Variáveis térmicas – relacionadas à condição ou à característica do material. Depende da energia térmica do material.	Temperatura, temperatura diferencial, calor específico, entropia e entalpia.
Variáveis de radiação – relacionadas à emissão, propagação, reflexão e absorção de energia através do espaço ou através de materiais. Emissão, absorção e propagação corpuscular.	Radiação nuclear. Radiação eletromagnética: (infravermelho, luz visível, ultravioleta). Raios X, raios cósmicos e radiação gama. Variáveis fotométricas e variáveis acústicas.
Variáveis de força – relacionadas à alteração de repouso ou de movimento dos corpos.	Peso, força total, momento de força ou torque, tensão mecânica, força por unidade de área, pressão, pressão diferencial e vácuo.
Taxa de variáveis – relacionada à taxa com que um corpo ou uma variável medida se afasta ou se aproxima de um determinado ponto de referência ou à taxa de repetição de um determinado evento. O tempo é sempre um componente da medida de taxas.	Vazão de um determinado fluido, fluxo de massa, aceleração, frequência, velocidade linear, velocidade angular e vibração mecânica.
Variáveis de quantidade – relacionadas às quantidades de material existente dentro de limites específicos ou que passa sobre um ponto num determinado período.	Massa e peso a uma gravidade local. Vazão integrada num tempo, volume, espessura e mols de material.
Variáveis de propriedades físicas – relacionadas às propriedades físicas de materiais (exceto propriedades relacionadas à massa ou composição química).	Densidade, umidade, viscosidade, consistência, características estruturais como ductibilidade, dureza, plasticidade.
Variáveis de composição química – relacionadas às propriedades químicas e à análise de substâncias.	Medidas quantitativas de CO_2, CO, H_2S, NO_x, S, SO_x, C_2H_2, CH_4, pH, qualidade do ar e vários solventes e químicos, entre outros.
Variáveis elétricas – relacionadas às variações de parâmetros elétricos.	Tensão elétrica, corrente elétrica, resistência elétrica, condutância, indutância, capacitância, impedância.

O método para executar a medição de determinada grandeza é bastante variável e depende de fatores como: custos, possibilidades físicas, incerteza, tempo, entre outros fatores. Deve-se deixar claro que cada processo tem suas peculiaridades e que aspectos econômicos bem como o tempo envolvido na medição são secundários quando o objetivo é coletar dados confiáveis.

Idealmente, busca-se o **valor verdadeiro** (de uma grandeza), ou, conforme o VIM, o **valor de uma grandeza compatível** com a definição da grandeza. É um valor que seria obtido por uma medição perfeita, e, portanto, valores verdadeiros são, por natureza, indeterminados. Em alguns casos, pode-se utilizar o **valor convencional** de uma grandeza, o qual consiste no valor atribuído a uma grandeza por acordo para um dado propósito.

Em determinado local, o valor atribuído a uma grandeza, por meio de um padrão de referência, pode ser tomado como um valor verdadeiro convencional. Por exemplo, o CODATA[2] (1986) recomendou o valor para a constante de Avogadro como $6,0221367 \times 10^{23}$ mol^{-1}. O valor verdadeiro convencional é às vezes denominado valor designado, melhor estimativa do valor, valor convencional ou valor de referência. Frequentemente, um grande número de resultados de medições de uma grandeza é utilizado para estabelecer um valor verdadeiro convencional.

1.4 Unidades de Medida

A criação do sistema métrico decimal na época da Revolução Francesa e também a criação de dois padrões de platina para a unidade do metro e do quilograma em 22 de junho de 1799 constituíram o primeiro passo para o desenvolvimento do Sistema Internacional de Unidades atual.

Em 1832, Gauss promoveu a aplicação do sistema métrico, sustentando que esse seria um sistema consistente para a aplicação nas ciências físicas. Gauss foi o primeiro a fazer medidas absolutas da força magnética da Terra com base no sistema métrico. As unidades milímetro, grama e segundo foram utilizadas para as grandezas de comprimento, massa e tempo, respectivamente. Alguns anos mais tarde, Gauss e Weber estenderam essas medidas para incluir o fenômeno elétrico.

Essas aplicações no campo da eletricidade e eletromagnetismo foram bastante desenvolvidas na década de 1860, com Maxwell e Thomson liderando a Associação Britânica para o Avanço da Ciência (BAAS, em inglês). Formularam um requerimento para um sistema de unidades coerente com unidades básicas e derivadas. Em 1874 a BAAS introduziu o CGS, um sistema de unidades baseado em três unidades: centímetro, grama e segundo, utilizando prefixos variando em uma faixa de micro (10^{-6}) a mega (10^6) para expressar submúltiplos e múltiplos decimais. O desenvolvimento seguinte da física como uma ciência experimental foi baseado nesse sistema.

As dimensões do sistema de unidades CGS nos campos de eletricidade e magnetismo provaram ser inconvenientes. Assim, na década de 1880, a BAAS e o comitê da Comissão Internacional de Eletricidade (IEC) aprovaram um conjunto de unidades práticas. Entre elas, estavam o ohm, o volt e o ampère para a resistência elétrica, a tensão elétrica e a corrente elétrica, respectivamente.

Depois do estabelecimento da convenção do metro, em 20 de maio de 1875, o Comitê Internacional de Pesos e Medidas (CIPM) concentrou-se na construção de novos protótipos para os padrões metro e quilograma como unidades básicas de comprimento e massa. Em 1889, a Conferência Geral de Pesos e Medidas (CGPM) sancionou esses protótipos. Juntamente com o segundo, essas unidades constituíram um sistema similar ao CGS, tendo, porém, como unidades básicas o metro, o quilograma e o segundo.

Em 1901, Giorgi mostrou que é possível combinar as unidades desse sistema (metro, quilograma, segundo) com as unidades elétricas para formar um sistema simples e coerente de quatro unidades, e a quarta unidade seria de natureza elétrica, como o ohm ou o ampère, possibilitando que as equações do eletromagnetismo pudessem ser reescritas de forma racionalizada. A proposta de Giorgi abriu o caminho para um grande número de novos desenvolvimentos na área da ciência experimental.

Atendendo a uma solicitação internacional em 1948, a CGPM, em 1954, aprovou a inclusão do ampère, do kelvin e da candela como unidades básicas de corrente elétrica, temperatura termodinâmica e intensidade de luminosidade, respectivamente. O nome do Sistema Internacional de Unidades (SI) foi adotado em 1960, e em 1971 a versão atual do SI foi completada adicionando o mol para a unidade de quantidade de matéria. Dessa forma, o número total de unidades básicas é sete.

As unidades consistem em bases que têm por função tornar universais os resultados de medidas realizadas em qualquer parte do mundo. Sem uma padronização de unidades, o comércio de produtos seria um verdadeiro caos.

O Sistema Internacional de Unidades (SI) é adotado na maioria dos países, apesar de em alguns lugares ainda existirem dificuldades de implantação como, por exemplo, nos Estados Unidos, onde ainda utiliza-se o pé (ft) como unidade de comprimento e a libra como unidade de força.

A Tabela 1.2 mostra as unidades fundamentais do SI.

Todas as demais unidades de medida podem ser determinadas em função dessas unidades básicas.

TABELA 1.2 Unidades fundamentais do SI

Nome	Grandeza	Símbolo
metro	Comprimento	m
segundo	Tempo	s
quilograma	Massa	kg
ampère	Corrente elétrica	A
kelvin	Temperatura termodinâmica	K
mol	Quantidade de matéria	mol
candela	Intensidade de luz	cd

---

[2] CODATA – *Committee on Data for Science and Technology*.

As **unidades de medidas** são, portanto, grandezas específicas, definidas e adotadas por convenção, com as quais outras grandezas de mesma natureza são comparadas para expressar suas magnitudes em relação àquela grandeza. Essas unidades têm nomes e símbolos aceitos por convenção.

A **medição** consiste em um conjunto de operações que têm por objetivo determinar um valor de uma grandeza, e a **metrologia** é a ciência da medição. A metrologia abrange todos os aspectos teóricos e experimentais relativos às medições, qualquer que seja a incerteza de medição e do campo de aplicação.

Para efetuar uma boa medição, é necessário o conhecimento do(s) fenômeno(s) físico(s). Em outras palavras, o experimentalista necessita das **bases científicas** relacionadas a esses fenômenos físicos, porque elas determinam o princípio da medição. Por exemplo:

- Efeito Termoelétrico, utilizado para a medição da temperatura;
- Efeito Josephson, utilizado para a medição da diferença de potencial elétrico;
- Efeito Doppler, utilizado para a medição da velocidade;
- Efeito Raman, utilizado para medição do número de ondas das vibrações moleculares; entre outros.

Os **métodos de medição** consistem nas descrições genéricas de sequências lógicas de operações utilizadas na realização de uma medição, e o **procedimento de medição** é uma descrição detalhada de uma medição de acordo com um ou mais princípios de medição e com um dado método de medição, baseada em um modelo de medição e incluindo qualquer cálculo para se obter um resultado de medição. Um procedimento de medição é usualmente registrado em um documento, que algumas vezes é denominado procedimento de medição (ou método de medição) e que normalmente tem detalhes suficientes para permitir que um operador execute a medição sem informações adicionais.

Os métodos de medição podem ser qualificados de várias maneiras, como, por exemplo, método por substituição, método diferencial, método "de zero" entre outros.

O objeto da medição da grandeza específica que se deseja medir é denominado **mensurando**. A especificação de um mensurando pode requerer informações de outras grandezas como tempo, temperatura ou pressão. As grandezas que afetam o resultado da medição do mensurando são denominadas grandezas de influência. Por exemplo:

- a temperatura de um micrômetro usado na medição de um comprimento;
- a frequência na medição da amplitude de uma diferença de potencial em corrente alternada;
- a concentração de Bilirrubina na medição da concentração de Hemoglobina em uma amostra de plasma sanguíneo humano.

1.5 Definições e Conceitos

Nesta seção são apresentados conceitos relacionados à instrumentação em geral. Esses conceitos podem ser relativos a instrumentos de medidas comuns ou a sistemas complexos, encontrados em ambientes específicos de controle de processos.

1.5.1 Sensores e transdutores

Sensores naturais

São os **sensores** encontrados em organismos vivos e que geralmente respondem na forma de biossinais (divididos em sinais bioelétricos, biomagnéticos, bioquímicos, biomecânicos, bioacústicos e bio-ópticos) a eventos biológicos caracterizados por atividades de natureza elétrica, química ou mecânica.

No corpo humano são encontrados os sensores (denominados nessa área de receptores) para os nossos sentidos de visão, audição, tato, olfato e paladar.

Como, por exemplo, os **olhos** são sensores naturais de visão constituídos por estruturas complexas, os quais, em termos de resolução, faixa dinâmica, controle automático de foco, controle automático de entrada de luz, abertura angular e eficiência de operação em diversos tipos de ambientes, superam qualquer sensor eletrônico de luz disponível atualmente. Os receptores especializados, posicionados na retina, são os bastonetes e os cones que desenvolvem potenciais geradores e as células ganglionares iniciam os impulsos nervosos enviados através da retina ao nervo óptico, ao quiasma óptico, ao trato óptico, ao tálamo e à área visual no córtex cerebral do lobo occipital.

O **som** é uma oscilação de pressão (no ar, água ou outro meio). O ouvido humano é um poderoso sensor de som que possui uma faixa de aproximadamente 20 Hz a 20 000 Hz. As ondas sonoras penetram no meato acústico externo e atingem a membrana do **tímpano** (com área aproximadamente circular de 50 a 90 mm^2 com 0,1 mm de espessura. Essa membrana é capaz de detectar um deslocamento mínimo de 10^{-8} mm). Após a passagem da onda sonora pelo tímpano, ela trafega por diversas estruturas especializadas (ossículos, janela do vestíbulo, membrana vestibular, rampa do tímpano) até atingir a membrana espiral basilar e por consequência estimular os cílios no órgão espiral. Após, um impulso nervoso é iniciado. Apenas como observação, essa estrutura denominada orelha também está diretamente relacionada ao **equilíbrio** estático e dinâmico do corpo humano. Os órgãos receptores do equilíbrio (chamados de aparelho vestibular) estão posicionados na orelha interna.

Para mais detalhes sobre ruído acústico e seu impacto na audição, verificar o Capítulo 15 do Volume 2 desta obra.

As sensações cutâneas são classificadas em **sensações táteis** (tato e pressão) e **sensações térmicas** (sentido de frio e calor). Essas sensações são obtidas através dos receptores cutâneos (dendritos de neurônios sensitivos que transmitem esses sinais ao córtex cerebral do lobo parietal) distribuídos em regiões do corpo humano, como, por exemplo, ápice da língua, lábios, extremidade dos dedos, palmas da mão, plantas do pé, entre outras regiões densamente povoadas por esses receptores especializados.

Cabe observar que grande área do córtex cerebral é destinada ao processamento de sinais de sensoreamento presentes nas pontas dos dedos e nos lábios. Sensibilidade para temperatura e formas físicas de objetos são exemplos de sinais de saída desses sensores.

A sensação ou caracterização do **olfato** ou odor é devida aos receptores especializados localizados na porção superior da cavidade do nariz, ou seja, neurônios especializados com dendritos em uma extremidade. Esse dendrito é interligado a cílios olfatórios que reagem aos odores do ar e, por consequência, estimulam os receptores olfatórios que são os responsáveis por transmitir os impulsos ao nervo olfatório, ao bulbo olfatório, ao trato olfatório e à área olfatória no córtex cerebral.

O **paladar**, ou sensibilidade gustatória, é devido aos receptores gustatórios localizados nos cálculos gustatórios. Esses cálculos (localizados nas elevações da língua, denominadas papilas) contêm os receptores gustatórios e os pelos gustatórios que estão em contato com a superfície da língua através de uma abertura denominada poro gustatório (nome dado à abertura nos cálculos gustatórios). Esses receptores só são estimulados quando as substâncias estão dissolvidas na saliva, permitindo assim a penetração da saliva nos poros gustatórios. Ao contato da substância, dissolvida na saliva, com os pelos gustatórios, ocorre um potencial gerador e, por consequência, um impulso nervoso que é conduzido aos nervos cranianos, medula oblonga (bulbo), tálamo e área gustatória primária no córtex cerebral do lobo parietal.

Sensores industriais

Em dispositivos para medição de variáveis físicas em sistemas genéricos, a informação, em geral, também é transmitida e processada na forma elétrica.

Qualquer **sensor** é um conversor de energia. Não importa o que tentarmos medir, sempre haverá transferência de energia entre o objeto medido e o sensor. O processo de sensoreamento é um caso particular de transmissão de informação, com transferência de energia. Essa energia pode fluir para ambos os sentidos (do objeto para o sensor ou do sensor para o objeto), e esse fato reflete-se no sinal de saída, que pode ser positivo ou negativo.

O **transdutor** é um dispositivo que converte um sinal de uma forma física para um sinal correspondente de outra forma física. Portanto, também se trata de um conversor de energia. De fato, é importante certificar-se de que o sistema a ser medido não é perturbado pelo processo de medida. Na maioria das vezes, apesar de o transdutor alterar o processo, essa alteração é considerada insignificante, dada a escolha adequada dele.

A palavra "transdutor" implica que as quantidades de entrada e saída não são do mesmo tipo. A distinção entre transdutor de entrada (sinal físico/sinal elétrico) e transdutor de saída (sinal elétrico/*display* ou atuador) é utilizada algumas vezes. Os transdutores de entrada são utilizados para detectar sinais, enquanto os transdutores de saída são utilizados para gerar movimentos mecânicos ou executar uma ação, e nesse caso são denominados **atuadores**. Um atuador pode ser descrito como um dispositivo com a função inversa de um sensor; geralmente convertem energia elétrica em outra forma de energia. Por exemplo, um motor converte energia elétrica em energia mecânica. Outro exemplo interessante a ser citado é o caso do efeito piezoelétrico, uma vez que esses materiais possuem aplicações como transdutores de saída e de entrada (veja o Capítulo 8 do Volume 2 desta obra).

Os termos **sensores** e **transdutores** são definidos por vários autores de forma diferente, e essa é uma questão que ainda precisa de uniformidade. Instituições como o *National Institute of Standard and Technology* (NIST) e o *Bureau International des Poids et Mesures* (BIPM), entre outras, possuem entre suas funções a atividade de normalização e uniformização de procedimentos e termos relacionados a medidas de forma geral. Nesse sentido, são gerados documentos com o intuito de servirem como referência no mundo inteiro.[3]

Segundo o VIM, **transdutor de medição** é um dispositivo utilizado em medição que fornece uma grandeza de saída, a qual tem uma relação especificada com a grandeza de entrada. Pode-se citar como exemplos: termopar, transformador de corrente, extensômetro de resistência elétrica (*strain-gauge*), eletrodo de pH, entre outros (para mais detalhes sobre esses sensores, veja os demais capítulos deste Volume e o Volume 2 desta obra).

Segundo o VIM, **sensor** é um elemento de um sistema de medição que é diretamente afetado por um fenômeno, corpo ou substância que contém a grandeza a ser medida. Podem-se citar como exemplos: o elemento de platina de um termômetro do tipo RTD, rotor de uma turbina para medir vazão, tubo de Bourdon de um manômetro, boia de um instrumento de medição de nível, fotocélula de um espectrofotômetro, entre outros. Em alguns campos de aplicação é usado o **termo detector** para esse conceito.

Detector é um dispositivo ou substância que indica a presença de um fenômeno, corpo ou substância quando um valor limiar de uma grandeza é excedido. Pode-se citar como exemplos: detector de vazamento de halogênio, papel tornassol, entre outros. Uma indicação pode ser obtida somente quando o valor da grandeza atinge um dado limite, denominado limite de detecção do detector. Algumas áreas utilizam o termo indicador.

É importante classificar os sensores segundo algum critério, para que seja possível estudá-los de forma mais organizada. Considerando a necessidade de uma fonte de alimentação, os sensores são classificados em autogeradores de energia (passivos) ou moduladores de energia (ativos).

Um **sensor autogerador (passivo)** não necessita de energia adicional e gera um sinal elétrico em resposta a um estímulo externo, isto é, o estímulo de entrada é convertido pelo sensor em um sinal de saída. Nos sensores autogeradores (passivos), a potência de saída depende do estímulo de entrada. Termopares e sensores piezoelétricos são exemplos de sensores autogeradores.

---

[3] Nesta obra, optou-se por adotar as definições do Vocabulário Internacional de termos gerais e fundamentais de Metrologia (VIM), por sua importância e abrangência, e ainda por acreditarmos que é necessário que os mesmos conceitos sejam adotados nas diferentes áreas e lugares.

Os **sensores moduladores (ativos)** requerem uma fonte de energia externa para sua operação. Essa energia é modificada pelo sensor para produzir o sinal de saída. Sensores moduladores adicionam energia ao ambiente de medida como parte do processo de medição.

Nos sensores moduladores (ativos), a maior parte da potência de saída vem de uma fonte auxiliar. A entrada apenas controla a saída. Os sensores moduladores (ativos) são às vezes chamados de paramétricos devido às suas propriedades de mudança de resposta a um efeito externo, e essas propriedades podem ser subsequentemente convertidas em sinais elétricos. Pode-se dizer que um parâmetro do sensor modula o sinal de excitação e essa modulação transporta informação do valor medido. Por exemplo, o termistor é um resistor sensor de temperatura. Fazendo circular uma corrente por ele (sinal de excitação), sua resistência elétrica pode ser medida monitorando-se as variações de tensão elétrica. Essas variações (apresentadas em ohms, neste exemplo) relacionam-se diretamente à temperatura através de funções conhecidas denominadas funções de transferência. Outro exemplo de um sensor modulador é um extensômetro de resistência elétrica, cuja variação de resistência está diretamente relacionada com a variação de deformação mecânica. Para medir a resistência de um sensor, uma corrente elétrica (ou tensão elétrica) deve ser aplicada por uma fonte externa.

Observação:
Como alguns autores usam os termos ativos para autogeração e passivos para modulação, nessa edição, para evitar confusão, não usaremos esses termos.

Em relação à saída, os sensores podem ser analógicos ou digitais. Em sensores com saída analógica, o sinal é contínuo no tempo. A informação é geralmente obtida da variação da amplitude ou magnitude. Sensores com saída no domínio do tempo são geralmente considerados analógicos. Sensores nos quais a saída é uma frequência variável são denominados quase digitais porque é muito fácil obter uma saída digital a partir deles (contando pulsos em um período). A saída de um sensor digital assume a forma de passos discretos ou estados. Sensores digitais não requerem um conversor analógico digital e sua saída é mais fácil de transmitir que sensores analógicos. Saídas digitais são também geralmente mais repetitivas e confiáveis.

Considerando o **modo de operação**, os sensores são geralmente classificados em: **sensores de deflexão** ou **de ponto nulo** (ou ponto de zero). Nos sensores de deflexão, as quantidades medidas produzem um efeito físico que gera em alguma parte do instrumento um efeito similar, mas oposto ao qual é relacionado. Por exemplo, em um dinamômetro a força é medida pela deflexão da mola, que se move até alcançar o ponto de equilíbrio. O deslocamento dessa mola é proporcional à força aplicada.

Sensores de ponto nulo tentam prever a deflexão do ponto de zero aplicando um efeito conhecido que se opõe à quantidade que está sendo medida. É necessário um detector de desbalanço e algum meio para restabelecer esse balanço. Em uma balança de pratos, por exemplo, a colocação de uma massa provoca o desequilíbrio. É necessário então colocar um peso conhecido calibrado no outro prato para buscar o equilíbrio novamente e se obter a medida. O sistema de medidas com ponto nulo ou neutro é geralmente mais repetitivo porque o efeito oposto conhecido pode ser calibrado contra um padrão de alta qualidade.

A Figura 1.2 mostra uma fotografia de um termopar e um extensômetro de resistência elétrica (sensor autogerador e modulador de energia, respectivamente).

A Figura 1.3 mostra as fotos de um *encoder* e de uma célula de carga (o primeiro pode medir deslocamento, velocidade ou aceleração e o segundo mede uma grandeza ou solicitação mecânica como força, momento, pressão etc.).

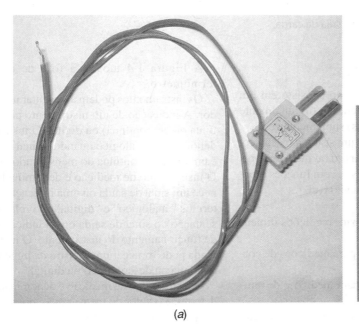

(a)   (b)

FIGURA 1.2 (*a*) Termopar tipo K e (*b*) extensômetro de resistência elétrica.

(a)

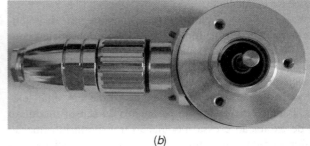
(b)

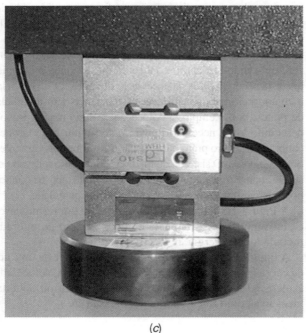
(c)

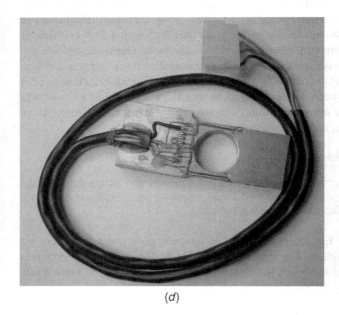
(d)

FIGURA 1.3 (a), (b) *Encoder* e (c), (d) célula de carga.

1.5.2 Instrumento de medição

Conforme o VIM, instrumento de medição consiste em um dispositivo utilizado para realizar medições, individualmente ou associado a um ou mais dispositivo(s) suplementar(es).

Um instrumento de medição pode ser um sistema mecânico, eletromecânico ou eletrônico que integra um ou mais sensores e/ou um ou mais transdutores a dispositivos com funções específicas de processamento de determinada variável.

Exemplos de instrumentos:

Paquímetro: instrumento utilizado para medições dimensionais.

Amperímetro: instrumento utilizado para medições de correntes elétricas.

Termômetro: instrumento utilizado para medições de temperaturas.

Medidor de pH: instrumento utilizado para caracterização da acidez, alcalinidade e neutralidade de soluções.

A Figura 1.4 mostra a foto de um paquímetro e um termômetro.

Os instrumentos podem apresentar um mostrador ou indicador. A indicação de um instrumento pode ser analógica (contínua ou descontínua) ou digital. O instrumento de medição é denominado analógico quando o sinal de saída ou a indicação é uma função contínua do mensurando ou do sinal de entrada. O instrumento de medição é denominado digital quando fornece um sinal de saída ou uma indicação em forma digital. Os termos "analógico" e "digital" são relativos à forma de apresentação do sinal de saída ou da indicação e não ao princípio de funcionamento do instrumento. O instrumento de medição ainda pode fornecer um registro da indicação analógico (linha contínua ou descontínua) ou digital.

O instrumento de medição é denominado totalizador quando determina o valor do mensurando, por meio da soma dos valores parciais dessa grandeza, obtidos, simultânea ou consecutivamente, de uma ou mais fontes.

Conceitos de Instrumentação 13

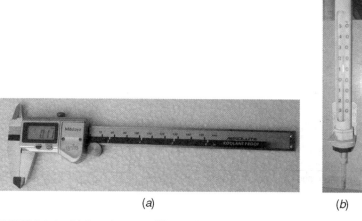

FIGURA 1.4 (a) Paquímetro e (b) termômetro.

EXEMPLO

- Plataforma ferroviária de pesagem totalizadora.
- Medidor totalizador de potência elétrica.

Também pode ser denominado instrumento de medição integrador quando se determina o valor de um mensurando por integração de uma grandeza em função de outra, como por exemplo, no caso de um medidor de energia elétrica.

A parte do instrumento de medição que apresenta uma indicação denominada **dispositivo mostrador ou indicador**. Esse termo pode incluir o dispositivo no qual é apresentado ou alocado o valor de uma **medida materializada**. O conceito de **medida materializada** é atribuído a um dispositivo destinado a reproduzir ou fornecer, de maneira permanente durante seu uso, um ou mais valores conhecidos de uma dada grandeza de um ou mais tipos, como uma massa; uma medida de volume (de um ou vários valores, com ou sem escala); um resistor elétrico padrão; um bloco padrão; um gerador de sinal padrão; ou um material de referência, entre outros.

Um dispositivo **mostrador analógico** fornece uma "indicação analógica", enquanto um dispositivo **indicador digital** fornece uma "indicação digital". É denominada indicação semidigital a forma de apresentação, tanto por meio de um indicador digital no qual o dígito menos significativo se move continuamente, permitindo a interpolação, quanto por meio de um indicador digital, complementado por uma escala e índice.

A parte fixa ou móvel de um dispositivo mostrador, cuja posição em relação às marcas de escala permite determinar um valor indicado, é denominada índice. Por exemplo: ponteiro, ponto luminoso, superfície de um líquido, pena de registrador.

A escala do instrumento consiste no conjunto ordenado de marcas, associado a qualquer numeração, que faz parte de um dispositivo mostrador de um instrumento de medição. Cada marca é denominada marca de escala. Para uma dada escala, o comprimento da escala é o comprimento da linha compreendida entre a primeira e a última marca, passando pelo centro de todas as marcas menores. A linha pode ser real ou imaginária, curva ou reta. O comprimento da escala é expresso em unidades de comprimento, qualquer que seja a unidade do mensurando ou a unidade marcada sobre a escala.

A **faixa de indicação** consiste no conjunto de valores limitados pelas indicações extremas arredondadas ou aproximadas, obtidas com um posicionamento particular dos controles de um instrumento de medição ou sistema de medição. Para um mostrador analógico, pode ser chamado de faixa de escala. A faixa de indicação é expressa nas unidades marcadas no mostrador, independentemente da unidade do mensurando, e é normalmente estabelecida em termos dos seus limites inferior e superior, por exemplo: 100 °C a 200 °C.

A parte de uma escala compreendida entre duas marcas sucessivas quaisquer se denomina **divisão de escala**, e a distância entre duas marcas sucessivas quaisquer, medida ao longo da linha do comprimento de escala, é o comprimento de uma divisão. A diferença entre os valores da escala correspondentes a duas marcas sucessivas é conhecida como valor de uma divisão.

A escala na qual o comprimento de uma divisão está relacionado com o valor de uma divisão correspondente por um coeficiente de proporcionalidade constante é denominada escala linear. Uma escala linear cujos valores de uma divisão são constantes é denominada "escala regular".

Em uma escala não linear, cada comprimento de uma divisão está relacionado com o valor de uma divisão correspondente por um coeficiente de proporcionalidade, que não é constante ao longo da escala. Algumas escalas não lineares possuem nomes especiais, como "escala logarítmica", "escala quadrática". A Figura 1.5 mostra dois gráficos com

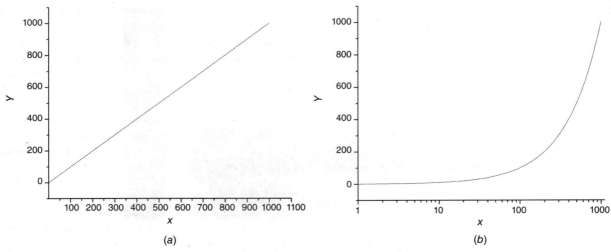

FIGURA 1.5 (a) Eixo das abscissas linear e (b) eixo das abscissas logarítmico.

a mesma indicação e a escala do eixo das abscissas diferente. Na Figura 1.5(a), a escala é linear, e na Figura 1.5(b) é logarítmico.

No termômetro clínico, a faixa de indicação não inclui o valor zero. Nesse caso a escala é denominada escala com zero suprimido. Escalas nas quais uma parte da faixa de indicação ocupa um comprimento da escala que é desproporcionalmente maior do que outras partes são denominadas escalas expandidas.

Outro termo muito utilizado em instrumentação é **condicionador de sinais**, dispositivo que converte a saída do sensor ou transdutor em um sinal elétrico apropriado para o dispositivo de apresentação ou controle. O condicionador de sinal é um termo genérico que pode ser composto por filtros, amplificadores, fontes de tensão e/ou corrente, entre outros. A Figura 1.6 mostra um esquema típico de um instrumento de medição contendo um sensor, um condicionador de sinais e um mostrador ou visualizador. Nessa estrutura, pode-se observar também que é possível adicionar funções específicas, principalmente se no condicionamento existir um sistema digital, como um microcontrolador. Por exemplo, é possível disponibilizar uma saída com a análise no domínio frequência (tal como a FFT do sinal de entrada).

1.5.2.1 Características de instrumentos de medição

Alguns dos termos utilizados para descrever as características de um instrumento de medição são igualmente aplicáveis a dispositivos de medição, transdutores de medição ou a um sistema de medição, e por analogia podem, também, ser aplicados a uma medida materializada ou a um material de referência. O sinal de entrada de um sistema de medição pode ser chamado de estímulo e o sinal de saída pode ser chamado de resposta. O termo "mensurando" significa a grandeza aplicada a um instrumento de medição.

Ao se executar a medição de uma variável, utiliza-se um instrumento. Como esse instrumento foi construído com componentes físicos, e, além disso, o procedimento é realizado em um ambiente sujeito a alterações de variáveis não controladas, tais como umidade, temperatura, influência de campos eletromagnéticos, entre outros, é de se esperar que a medida não seja perfeita. De fato, como já foi citado, o valor verdadeiro de uma medição é por natureza indeterminado, uma vez que ele somente seria obtido por uma medição perfeita.

As imperfeições das medições dão origem aos **erros**. Por menores que sejam, os erros sempre estarão presentes em

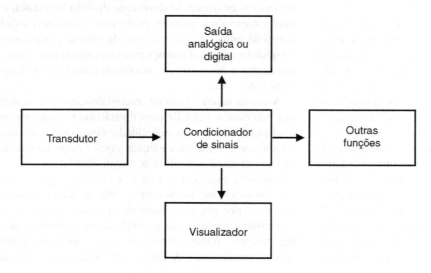

FIGURA 1.6 Exemplo da estrutura de um instrumento de medição típico.

procedimentos experimentais. Da mesma maneira que o valor verdadeiro, é impossível determinar um erro exatamente, sendo esse, portanto, um conceito idealizado.

Segundo o VIM, o **erro de medição** é a diferença entre o valor medido de uma grandeza e um valor de referência. Quando existe um único valor de referência, o que ocorre sempre que uma calibração é realizada por meio de um padrão com um valor medido e com incerteza de medição desprezível, ou ainda se um valor convencional é fornecido, é possível conhecer o erro de medição. Caso se suponha que um mensurando é representado por um único valor verdadeiro ou um conjunto de valores verdadeiros de faixa desprezível, o erro de medição é desconhecido. Quando o valor verdadeiro não pode ser determinado, utiliza-se experimentalmente, um valor verdadeiro convencional. Quando for necessário distinguir "erro" de "erro relativo", o primeiro é também denominado erro absoluto da medição. Esse termo não deve ser confundido com valor absoluto do erro, que é o módulo do erro.

O Guia Eurochem[4]/CITAC[5] "Determinando a Incerteza nas Medições Analíticas" (2002 – versão brasileira, 2ª ed.) afirma que o erro é constituído por dois componentes principais, denominados aleatório e sistemático.

O **erro aleatório** consiste no resultado de uma medição subtraído da média que resultaria de um infinito número de medições do mesmo mensurando efetuadas sob condições de repetitividade. Erro aleatório é igual ao erro subtraído do erro sistemático. Uma vez que apenas um número finito de medições pode ser feito, é possível apenas determinar uma estimativa do erro aleatório. Esse é geralmente originado por variações imprevisíveis de grandezas que influem no resultado da medição. Esses efeitos aleatórios dão origem a variações em observações repetidas do mensurando. Embora esse erro não possa ser eliminado, ele pode ser reduzido aumentando-se o número de observações ou ensaios.

O **erro sistemático** é a média que resultaria de um infinito número de medições do mesmo mensurando, efetuadas sob condições de repetitividade, subtraído do valor verdadeiro do mensurando. Erro sistemático é igual ao erro menos o erro aleatório. Analogamente ao valor verdadeiro, o erro sistemático e suas causas não podem ser completamente conhecidos. Para um instrumento de medição, o erro sistemático é denominado **tendência**. A tendência de um instrumento de medição é normalmente estimada pela média dos erros de indicação de um número apropriado de medições repetidas.

O erro sistemático, portanto, é um componente de erro que, no decorrer de um número de análises do mesmo mensurando, permanece constante ou varia de forma previsível. Esse erro é independente do número de medidas. Esse erro também não pode ser totalmente eliminado, mas pode ser significativamente reduzido (no nível do erro aleatório) se o efeito for quantificado e aplicado um fator de correção. Os instrumentos e sistemas de medição são geralmente ajustados ou calibrados utilizando padrões de medição e materiais de referência para se corrigir erros sistemáticos. São exemplos comuns desse tipo de erro o erro espúrio ou grosseiro, os quais são gerados por falha humana ou mau funcionamento do equipamento. Medições com erros desse tipo devem ser descartadas assim que eles forem detectados (não se deve tentar incorporá-los à análise estatística dos dados). Infelizmente, nem sempre esses erros são fáceis de ser detectados, e, portanto, recomenda-se executar testes para validação dos dados.

Por exemplo, a Figura 1.7 mostra uma pessoa medindo o período de um pêndulo com um cronômetro, e essas medidas são realizadas várias vezes. Erros no início e no término das tomadas de tempo, na estimativa de divisão das escalas, ou pequenas irregularidades no movimento do pêndulo causarão variações nos resultados das sucessivas medidas e são exemplos de erros aleatórios. Entretanto, se além disso o cronômetro está atrasando (devido a um defeito de fabricação) 1 segundo a cada 5 horas, todos os resultados medirão tempos menores. Esse é um erro sistemático. A Figura 1.8 mostra o resultado dessas medições em uma escala simplificada.

O **erro** no **zero de um instrumento de medição** consiste no erro no ponto de controle de um instrumento de medição em que o valor medido especificado é zero.

Após a definição de erros, é apropriado definir a **incerteza de medição**. Trata-se de um parâmetro não negativo, associado ao resultado de uma medição, que caracteriza a dispersão dos valores atribuídos a um mensurando. O parâmetro pode ser, por exemplo, um desvio padrão (ou um múltiplo dele), ou a metade de um intervalo correspondente a uma probabilidade de abrangência estabelecida. A incerteza de

FIGURA 1.7 Tomada de tempo do período de um pêndulo utilizando um cronômetro.

FIGURA 1.8 Série de medidas: (a) com erro aleatório apenas e (b) com erro aleatório mais o sistemático. Cada traço indica o resultado de uma medida.

---

[4] EUROCHEM é uma rede de organizações na Europa que tem por objetivo estabelecer um sistema de rastreabilidade internacional de medidas e promover práticas para garantir a qualidade na área da Química.

[5] CITAC – *Cooperation on International Traceability in Analytical Chemistry*.

medição compreende, em geral, muitos componentes. Alguns desses componentes podem ser estimados com base na distribuição estatística (para mais detalhes, leia o Capítulo 2) dos resultados das séries de medições e podem ser caracterizados por um desvio padrão experimental. Os outros componentes, que também podem ser caracterizados por desvio padrão, são avaliados por meio de distribuição de probabilidades assumidas, baseadas na experiência ou em outras informações. Entende-se que o resultado da medição é a melhor estimativa do valor do mensurando e que todos os componentes da incerteza, incluindo aqueles resultantes dos efeitos sistemáticos, como os componentes associados a correções e padrões de referência, contribuem para a dispersão. **Deve-se observar que a incerteza não é sinônimo de erro.** Enquanto o erro é definido como a diferença entre um valor individual e o valor verdadeiro, ou seja, um valor único, a incerteza assume uma faixa de valores, portanto, descreve um comportamento. A princípio, o valor de um erro conhecido pode ser utilizado para corrigir um resultado. A incerteza não serve para corrigir um resultado, mas sim para representar o resultado (desde que mantidos os procedimentos uniformes).

O **resultado de medição** consiste no conjunto de valores atribuídos a um mensurando juntamente com toda informação pertinente disponível. Um resultado de medição é geralmente expresso por um único valor medido e uma incerteza de medição. Se a incerteza de medição for considerada desprezível o resultado de medição pode ser expresso como um único valor medido.

Existem vários outros termos que relacionam os erros e a incerteza ao instrumento:

Exatidão de medição é o grau de concordância entre um valor medido e um valor verdadeiro do mensurando. **Exatidão de medição** não é uma grandeza e não lhe é atribuído um valor numérico. Uma medição é dita mais exata quando fornece um erro de medição menor. O VIM chama a atenção de que os termos **precisão** e **veracidade de medição** não devem ser utilizados como exatidão. Observe que o termo exatidão está diretamente relacionado a ambos os erros citados anteriormente: sistemático e aleatório.

Usualmente são atribuídos índices de classe de instrumentos de medição que satisfazem a certas exigências metrológicas destinadas a conservar os erros dentro de limites especificados sob condições de funcionamento especificadas. Uma **classe de exatidão** é usualmente indicada por um número ou símbolo adotado por convenção.

Embora a definição adotada neste livro seja a mesma sugerida no VIM, ela não é uma unanimidade. Por exemplo, em muitos catálogos de fabricantes de sensores, transdutores e equipamentos para medida, a definição de exatidão adotada segue a norma IEC 61298-2 e é expressa quantitativamente: erro máximo entre o valor verdadeiro e o valor medido, incluindo erros como não linearidades, erros de zero e histerese entre outros. A norma ISO 5725-1 também define a exatidão como o grau de concordância entre o resultado da medida e o valor esperado e aceito como referência. Observa-se que essas definições tratam a exatidão como uma composição de erros sistemáticos (de tendência, caracterizados pela veracidade de medição) e erros aleatórios (caracterizados pela precisão de medição). O VIM adota a **incerteza de medição** como parâmetro quantitativo que expressa a qualidade da medição por meio de um valor, que representa um intervalo de variação, com uma probabilidade associada. Uma das diferenças entre as abordagens é que enquanto o VIM-GUM assume que o mensurando não é mensurável, as demais assumem que o mensurando é mensurável.

A definição do VIM-GUM permite a possibilidade de levar em consideração incertezas do tipo B, como incertezas herdadas na calibração, garantindo a rastreabilidade dos instrumentos de medição de padrões primários.

A **veracidade de medição** é definida como o grau de concordância entre a média de um número infinito de valores de medidas repetidas e um valor de referência. A veracidade de medição não é uma grandeza e, portanto, não pode ser expressa numericamente. Ainda, a veracidade está inversamente relacionada com o erro sistemático e não está relacionada ao erro aleatório. O VIM recomenda que não se deve utilizar exatidão de medição no lugar de veracidade de medição.

A definição de exatidão adotada pela norma ISO 5725, leva em conta a veracidade de medição, o grau de concordância entre a média aritmética de um grande número de resultados medidos e o valor de referência aceito como verdadeiro e precisão, referindo-se ao grau de concordância entre os resultados experimentais.

A **precisão de medição** (VIM) é definida como o grau de concordância entre indicações ou valores medidos, obtidos por medições repetidas, no mesmo ou em objeto similares, sob condições especificadas. A precisão de medição é usualmente expressa na forma numérica por meio de medidas de dispersão como o desvio padrão, a variância ou o coeficiente de variação, sob condições de medição especificadas. Essas "condições especificadas" podem ser, por exemplo, as **condições de repetibilidade**, as **condições de precisão intermediária** ou as **condições de reprodutibilidade**.

A **condição de repetibilidade** consiste na condição de medição em um conjunto de condições que compreende o mesmo procedimento de medição, os mesmos operadores, o mesmo sistema de medição, as mesmas condições de operação e o mesmo local, assim como medições repetidas no mesmo objeto ou em objetos similares durante um curto período de tempo. E a **repetibilidade de medição** é definida como a precisão de medição sob um conjunto de condições de repetibilidade.

A **condição de precisão intermediária** consiste na condição de medição em um conjunto de condições que compreende o mesmo procedimento de medição, o mesmo local e medições repetidas no mesmo objeto ou em objetos similares, ao longo de um período extenso de tempo, mas pode incluir outras condições que envolvam mudanças. E a **precisão intermediária de medição** é definida como a precisão de medição sob um conjunto de condições de precisão intermediária.

A condição de medição em um conjunto de condições que compreende diferentes locais, diferentes operadores, diferentes sistemas de medição e medições repetidas sobre o mesmo objeto ou sobre objetos similares é definida como **condição de reprodutibilidade**. E **reprodutibilidade de medição** é definida como a precisão de medição sob um conjunto de condições de reprodutibilidade.

A Figura 1.9 ilustra as definições de exatidão e precisão com a utilização de um alvo e o resultado de lançamentos de dardos ou um outro projétil. Observa-se, nesse exemplo, as relações das definições com os erros sistemáticos e aleatórios envolvendo os eventos.

Observe que a definição de incerteza de medida engloba as definições de exatidão, veracidade e precisão. A definição de incerteza relaciona os erros sistemáticos e aleatórios (tendência e dispersão). Um procedimento de calibração pode reduzir o erro sistemático (reduzindo a tendência) a um valor da grandeza do erro aleatório. Um procedimento experimental é geralmente utilizado na caracterização da incerteza, a qual basicamente consiste em uma medida da dispersão dos dados. Como veremos no Capítulo 2, a dispersão deve ser analisada levando em conta todas as fontes de incerteza envolvidas no processo (podemos ter mais de uma fonte de incerteza para apenas uma variável), bem como a caracterização dos sistemas de medidas de referência e suas respectivas incertezas. No exemplo da Figura 1.9, considerando o alvo como o valor verdadeiro, percebe-se no caso do grupo de medidas 2 que existe um erro sistemático significativo e que pode ser corrigido com uma calibração. No caso do grupo de medidas 1 o erro sistemático é insignificante (assim como o erro aleatório) e do grupo de medidas 3 o erro sistemático é da ordem do erro aleatório.

Considerando o centro do alvo como o valor verdadeiro observa-se o seguinte: (a) a veracidade de medição está relacionada com o erro sistemático que é inferida com a média das medidas (grupos de pontos) enquanto a precisão está relacionada com a dispersão dessas mesmas medidas (inferida com um desvio padrão); (b) esses dois fatores são essenciais para definir a maior exatidão entre o grupo de medidas 1 e 4 por exemplo (impossível de ser detectada sem maior análise); (c) o maior erro de dispersão é observado no grupo de medidas 5; (d) o maior erro sistemático é observado no grupo 6; (e) com uma calibração, o grupo de medidas 6 poderia ser corrigido e tornar-se o grupo com as medidas mais exatas.

A **repetibilidade de um instrumento** é, portanto, a aptidão de um instrumento de medição em fornecer indicações muito próximas, em repetidas aplicações do mesmo mensurando, sob as mesmas condições de medição.

Muitas vezes é utilizado na metrologia o termo **tolerância**, um desvio indesejável, mas aceitável de um valor especificado. Esse termo quantifica as diferenças que existem em uma determinada característica de um dispositivo para outro (do mesmo tipo ou dentro de uma linha de dispositivos), em função do processo de fabricação. A tolerância pode ser considerada resultante de variáveis espúrias de fabricação e deve entrar na composição da incerteza esperada para a medida, se for considerada a substituição do dispositivo no instrumento sem efetuar procedimentos de calibração e ajuste. A tolerância é determinada pelo fabricante, normalmente por amostragem na linha de produção dos dispositivos e é representada na forma de incerteza. O termo "tolerância" não deve ser utilizado para designar **erro máximo admissível**: valor extremo do erro de medição, com respeito a um valor de referência conhecido, aceito por especificações ou regulamentos para uma dada medição, instrumento de medição ou sistema de medição. Existe um parâmetro de avaliação metrológica definido como *Test Uncertainty Ratio* (TUR). Esse parâmetro mede a capacidade de um processo de medição atender a uma especificação. Assim, o TUR pode ser definido como a razão entre a tolerância e a incerteza (usualmente com um fator k=2). Assim, o TUR faz uma avaliação das incertezas presentes no processo. Quanto maior o TUR, menos significativa é a incerteza para o processo.

A **resolução** é definida como a menor variação da grandeza que está sendo medida, que causa uma variação perceptível na indicação correspondente. O termo **resolução** de um dispositivo mostrador consiste na menor diferença entre indicações desse dispositivo que pode ser significativamente percebida. Para um dispositivo mostrador digital ou mesmo para um registrador, a resolução consiste na variação da grandeza de indicação ou de registro, quando o dígito menos significativo varia de uma unidade.

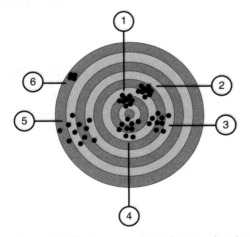

FIGURA 1.9 Ilustração dos erros sistemáticos e aleatórios com um alvo.

EXEMPLO

Se a resolução de um determinado voltímetro digital é de 1 mV, isso significa que o dígito menos significativo na escala é da unidade de mV, ou seja, para o dígito menos significativo ser alterado, a variação mínima na entrada deve ser de 1 mV.

FIGURA 1.10 Termômetro com resolução de 0,1 °C. Cortesia de Minipa do Brasil Ltda.

A Figura 1.10 mostra um termômetro com resolução de 0,1 °C.

O **limiar de mobilidade** consiste na maior variação de uma grandeza medida que não produz variação detectável na resposta (indicação) de um instrumento de medição. O limiar de mobilidade pode depender, por exemplo, de ruído (interno ou externo) ou de atrito. Pode depender, também, do valor da grandeza medida e de como a variação é aplicada.

Por exemplo, em um mostrador digital com a indicação do tipo X,XXX unidades, é necessária uma variação da grandeza de entrada de no mínimo 0,001 unidade na entrada para se perceber alguma mudança (desconsiderando-se possíveis interferências externas).

O limiar de mobilidade define a resolução de entrada, e a resolução do mostrador, a resolução da saída. Considerando a Figura 1.11, esses parâmetros podem ser definidos quantitativamente como:

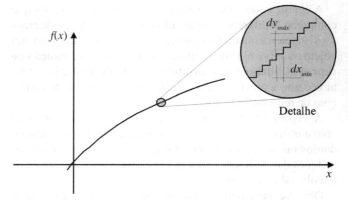

FIGURA 1.11 Curva de resposta de um sistema genérico com detalhes da resolução e limiar de mobilidade.

$$L_M\% = 100 \cdot dx_{mín}/FE_e$$

e

$$R_M\% = 100 \cdot dy_{máx}/FE_s$$

em que $dx_{mín}$ representa a variação mínima na entrada perceptível na saída ou resolução de entrada, $dy_{máx}$ representa o maior salto da medida em resposta a uma variação infinitesimal do mensurando ou resolução de saída. FE_e e FE_s representam os fundos de escala de entrada e de saída, respectivamente.

Sensibilidade (S): é a razão da variação na saída (ou resposta ou indicação) pela variação da entrada (ou estímulo ou grandeza medida). Observa-se que a sensibilidade será uma constante se a curva de resposta for linear. Caso contrário, será uma determinada função (como ilustra a Figura 1.12).

$$S = \frac{\Delta s}{\Delta e}$$

e no limite: $S = \dfrac{ds}{de}$ em que ds representa a variação na saída e de a variação na entrada.

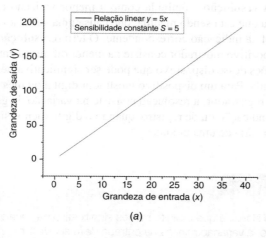

(a)

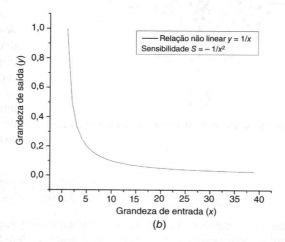

(b)

FIGURA 1.12 Exemplos de funções de transferência com: (a) sensibilidade constante $S = 5$ e (b) sensibilidade $S = -\dfrac{1}{x^2}$

Pode-se calcular a sensibilidade para uma relação saída *versus* entrada linear do tipo:

$$y = \lambda_1 x_1 + \lambda_2 x_2 + \lambda_3 x_3 + \ldots$$

$$Sx_k = \left.\frac{\partial f}{\partial x_k}\right|_{x_1, x_2, x_3, \ldots} = \lambda_k = \text{constante}$$

em que Sx_k é a sensibilidade do sistema para a variação de uma ou mais das variáveis $x_1, x_2, x_3, \ldots$

Da mesma forma, para uma relação saída *versus* entrada não linear do tipo $y = \lambda_1 x_1 \left(1 + \lambda_2 x_2^2\right) + \lambda_3 x_1^2 x_3$:

$$Sx_1 = \left.\frac{\partial f}{\partial x_1}\right|_{x_1, x_2, x_3} = \lambda_1 \left(1 + \lambda_2 x_2^2\right) + \lambda_3 2 x_1 x_3$$

A Figura 1.12 mostra um exemplo de curva de resposta linear e um exemplo de curva não linear com as respectivas sensibilidades.

O valor pontual da sensibilidade pode depender do valor do estímulo.

> **EXEMPLO**
>
> A sensibilidade de um termômetro pode ser 10 mV/°C. Isso significa que, para cada °C variando na entrada, a saída apresenta 10 mV de variação na tensão elétrica.

Geralmente a resolução evidencia as limitações do hardware, como o número de dígitos de um multímetro ou a relação entre a margem de entrada e o número de bits de um conversor analógico digital, enquanto a sensibilidade evidencia a característica do sensor ou transdutor, limitado pela sua própria natureza, como, por exemplo, a variação da resistência elétrica em função da temperatura de um sensor do tipo PT100.

> **EXEMPLO**
>
> Seja um conversor analógico digital de 8 bits com faixa de entrada de 0 a 5 V. Considerando que possuímos um termômetro linear utilizando um PT100 devidamente condicionado, cuja saída varia linearmente de 0 a 1 V para uma variação de temperatura de 0 a 100 °C, calcule a resolução em °C imposta pelo sistema.
>
> A resolução do conversor AD (R_{AD}) (para mais detalhes verifique o Capítulo 4 deste volume) pode ser calculada por:
>
> $$R_{AD} = \frac{V_{\text{faixa entrada}}}{2^{N^{\circ} \text{bits}} - 1} = \frac{5}{255} = 0{,}0196 \text{ V/bit}$$
>
> Como o problema diz que a faixa de saída de 0 a 1 V tem relação linear com faixa de variação de temperatura de 0 a 100 °C, podemos montar uma regra de proporcionalidade simples:
>
> $$1 \text{ V} \rightarrow 100 \text{ °C}$$
> $$0{,}0196 \rightarrow X \text{ °C}$$
>
> Assim, X pode ser calculado: X = 0,0196 · 100 = 1,96 °C.

Observa-se, nesse caso, que a resolução desse sistema é de 1,96 °C. Experimentalmente, esse resultado demonstra que a resolução é muito pobre e que melhorias devem ser feitas. Por exemplo, poderíamos amplificar o sinal do termômetro por 5 para utilizar toda a faixa de entrada do conversor AD, ou então aumentar o seu número de bits.

Linearidade: parâmetro que indica o máximo desvio de uma curva representando a relação saída *versus* entrada da reta que melhor descreve os pontos experimentais. Geralmente a linearidade é obtida levantando-se uma curva média que representa o comportamento do instrumento. Depois disso uma reta é então ajustada (para mais detalhes sobre ajustes de curvas verifique o Capítulo 2 deste volume), de modo a adequar esses pontos à nova equação. A repetibilidade e a linearidade de um sistema de medição são figuras de mérito fundamentais para a confiabilidade da medida. A linearidade pode ser quantificada por:

$$\text{Linearidade \%} = 100 \cdot \frac{Dif_{\text{máx}}}{FE_s}$$

em que $Dif_{\text{máx}}$ indica a maior distância entre a reta com os pontos experimentais e FE_s indica o fundo de escala da saída. Observa-se que a figura de mérito linearidade só tem sentido se aplicada a um sistema projetado para ser linear. Em casos em que o sistema de medição possui resposta não linear, pode-se definir a **conformidade**: parâmetro que indica o máximo desvio da relação saída *versus* entrada do instrumento em relação a uma curva de referência. Analogamente ao caso linear, a conformidade pode ser calculada por:

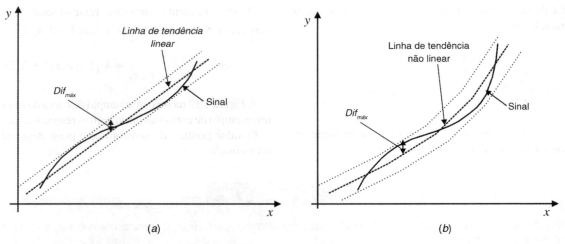

FIGURA 1.13 (a) Ilustração da linearidade e (b) ilustração da conformidade.

$$\text{Conformidade } \% = 100 \cdot \frac{Dif_{máx}}{FE_s}.$$

A Figura 1.13 ilustra as definições de linearidade e conformidade para sistemas de medidas genéricos.

A **faixa nominal (*range*)** consiste na **faixa de indicação** já definida neste capítulo, a qual se pode obter em uma posição específica dos controles de um instrumento de medição. Quando o limite inferior é zero, a faixa nominal é definida unicamente em termos do limite superior, por exemplo: a faixa nominal de 0 V a 100 V é expressa como "100 V".

A diferença, em módulo, entre os dois limites de uma faixa nominal é denominada **intervalo da faixa nominal** ou **faixa dinâmica** (normalmente chamada de ***span***). Para uma faixa nominal de –10 V a +10 V, a amplitude da faixa nominal é 20 V. O valor máximo da escala é denominado **fundo de escala**.

Valor nominal é o valor arredondado ou aproximado de uma característica de um instrumento de medição que auxilia na sua utilização. Pode-se citar como exemplos: 100 Ω, como valor marcado em um resistor padrão; 1 l, como valor marcado em um recipiente volumétrico com uma só indicação; 0,1 mol/l, como a concentração da quantidade de matéria de uma solução de ácido clorídrico, HCl, 25 °C como ponto pré-selecionado de um banho controlado termostaticamente.

O conjunto de valores de um mensurando para o qual se admite que o erro de um instrumento de medição se mantém dentro dos limites especificados denomina-se **faixa de medição ou trabalho**. A Figura 1.14 ilustra a faixa de medição ou trabalho de um sistema de medição genérico.

Os conceitos de faixa nominal e amplitude são usualmente empregados na caracterização de transdutores, sensores ou de instrumentos, sendo muitas vezes possível, através de ajustes, fazer-lhes mudanças. Um instrumento pode apresentar várias faixas de atuação, geralmente para garantir que a resolução da medida seja otimizada. Por exemplo, ao se medir uma resistência de 4 700 Ω com um multímetro convencional de 3 e 1/2 dígitos

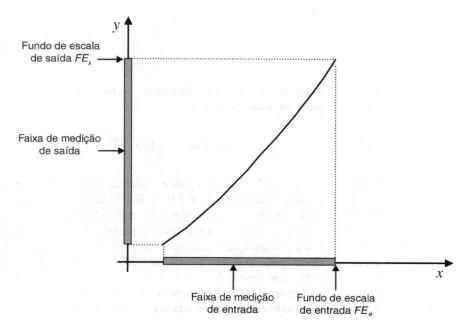

FIGURA 1.14 Ilustração da faixa de medição ou trabalho de um sistema genérico.

(veja detalhes no Capítulo 5 desta obra), deve-se utilizar a escala cujo valor de fundo seja o mais próximo e superior. Nesse caso, 20 kΩ. Se a escala de 200 kΩ for escolhida, a resolução da medida será bem mais pobre (4,70 para a escala de 20 kΩ e 4,7 para a escala de 200 kΩ).

Histerese: propriedade de um elemento sensor evidenciada pela dependência do valor de saída na história de excursões anteriores, para uma dada excursão da entrada. A histerese quantifica a máxima diferença entre leituras para um mesmo mensurando, quando este é aplicado a partir de um incremento ou decremento do estímulo. Pode ser quantificada por:

$$\text{Histerese \%} = 100 \cdot \frac{Hist_{máx}}{FE_s}$$

em que $Hist_{máx}$ é a histerese máxima e FE_s é o fundo de escala da medida.

Zona morta: intervalo máximo no qual um estímulo (grandeza de entrada) pode variar em ambos os sentidos sem produzir variação na resposta (indicação) de um instrumento de medição. A zona morta pode depender da taxa de variação. A zona morta algumas vezes pode ser deliberadamente ampliada, de modo a prevenir variações na resposta para pequenas variações no estímulo. Geralmente é expressa em percentagem da faixa total.

A Figura 1.15 mostra exemplos de gráficos de histerese e zona morta.

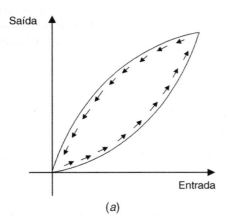

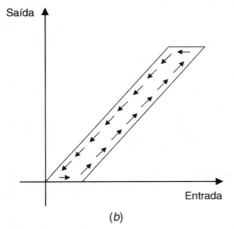

FIGURA 1.15 Exemplos de gráficos de (a) histerese e (b) zona morta.

Deriva (*drift*): mudança indesejável e lenta de uma característica metrológica de um instrumento de medição que ocorre com o passar do tempo, causada por fatores ambientais ou intrínsecos ao sistema. Como resultado, o zero será deslocado. Um dos principais fatores ambientais responsáveis pela deriva é a temperatura. Pode-se citar como exemplo a deriva dos semicondutores: um amplificador de instrumentação da Burr-Brown INA101 tem especificado um *drift* máximo de 0,25 mV/°C.

Estabilidade: aptidão de um instrumento de medição em conservar constantes suas características metrológicas ao longo do tempo. Quando a estabilidade for estabelecida em relação a outra grandeza que não o tempo, isso deve ser explicitamente mencionado. A estabilidade pode ser quantificada de várias maneiras, por exemplo:

- pelo tempo no qual a característica metrológica varia de um valor determinado;
- ou em termos da variação de uma característica em um determinado período de tempo.

Por exemplo, certificações metrológicas podem possuir dependência com o tempo.

Confiabilidade: parâmetro que quantifica o período de tempo em que o instrumento fica livre de falhas em função de diferentes fatores especificados.

Relação sinal/ruído (SNR-*signal to noise ratio*): é uma figura de mérito que define a razão entre as potências do sinal e do ruído total presentes nesse sinal.

$$\text{SNR} = 10 \cdot \log\left(\frac{\text{potência do sinal}}{\text{potência do ruído}}\right)$$

A unidade, nesse caso é o dB.

Geralmente é melhor obtermos uma razão sinal/ruído maior que 0 dB (0 dB indica que a amplitude do sinal e a do ruído são iguais). Como exemplo, imagine que você está assistindo a uma partida de futebol ao vivo em um estádio, escutando a transmissão por um rádio AM. É preciso que o sinal do rádio seja mais intenso (para o seu ouvido) que o ruído causado pela torcida, caso contrário será impossível entender o que o locutor está falando.

Para um sinal $v(t)$ com um valor RMS v_{RMS}, a SNR pode ser definida como:

$$\text{SNR} = 10\log\left(\frac{(v_{RMS})^2}{(vn_{RMS})^2}\right)$$

em que vn_{RMS} é o valor RMS do ruído. A unidade também é dada em dB.

Alternativamente, pode-se definir a SNR como a razão entre os valores (rms ou de pico) entre o sinal de interesse e o ruído introduzido no processo. Nesse caso, o resultado é adimensional, e esse número quantifica a influência em um sinal de interesse por um determinado ruído (sinal indesejado sobreposto ao sinal de interesse). A Figura 1.16 mostra um exemplo de um sinal sobreposto com ruído.

As **condições de utilização de um instrumento** são as condições de uso para as quais as características metrológicas

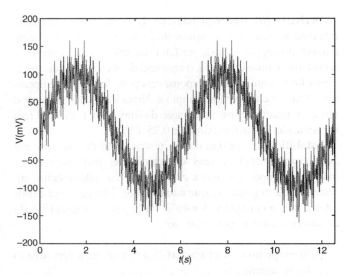

FIGURA 1.16 Sinal de baixa frequência sobreposto com ruído de alta frequência.

especificadas de um instrumento de medição se mantêm dentro de limites especificados. As condições de utilização geralmente especificam faixas ou valores aceitáveis para o mensurando e para as grandezas de influência, ao passo que as condições limites consistem nas condições extremas nas quais um instrumento de medição resiste sem danos e sem degradação das características metrológicas especificadas. As condições limites para armazenagem, transporte e operação podem ser diferentes. As condições limites podem incluir valores limites para o mensurando e para as grandezas de influência. Finalmente, as condições de referência são as condições de uso prescritas para ensaio de desempenho de um instrumento de medição ou para intercomparação de resultados de medições. As condições de referência geralmente incluem os valores de referência ou as faixas de referência para as grandezas de influência que afetam o instrumento de medição.

Cadeia de medição: série de elementos de um sistema de medição que constitui um único caminho para o sinal do sensor até a saída. Por exemplo: uma cadeia de medição eletroacústica compreende o sinal sonoro, um microfone, atenuador, filtro, amplificador e voltímetro.

Sistema de medição: conjunto de um ou mais instrumentos de medição e frequentemente outros dispositivos, compreendendo, se necessário, reagentes e insumos, montado e adaptado para fornecer as informações destinadas à obtenção dos valores medidos, conforme intervalos recomendados para as grandezas de naturezas especificadas.

Padrões de medição: consistem em grandezas referências para que investigadores em todas as partes do mundo possam comparar os resultados dos seus experimentos em bases consistentes. O padrão consiste em uma medida materializada, instrumento de medição, material de referência ou sistema de medição destinado a definir, realizar, conservar ou reproduzir uma unidade ou um ou mais valores de uma grandeza para servir como referência. Segundo o VIM, é a realização da definição de uma dada grandeza, com um valor determinado e uma incerteza de medição associada, utilizada como referência.

EXEMPLO

- Padrão de massa de 1 kg com uma incerteza padrão associada de 3 μg.
- Resistor padrão de 100 Ω com uma incerteza padrão associada de 1 $\mu\Omega$.
- Padrão de frequência de Césio com uma incerteza padrão associada de 2×10^{-15}.
- Eletrodo de referência de hidrogênio com um valor associado de 7,072 e uma incerteza padrão associada de 0,006.

Observações:

1. Um conjunto de medidas materializadas similares ou instrumentos de medição que, utilizados em conjunto, constituem um padrão coletivo.
2. Um conjunto de padrões de valores escolhidos que, individualmente ou combinados, formam uma série de valores de grandezas de uma mesma natureza é denominado coleção padrão.

A Figura 1.17 mostra a foto de padrões de pesos.

O desenvolvimento tecnológico fornece condições de melhorias constantes nos sistemas padrões de grandezas. O padrão do metro foi inicialmente definido como um décimo de milionésimo da distância entre o Polo Norte e o Equador. Posteriormente (pela detecção de um erro de medida na distância proposta), o metro foi definido, no *International Bureau of Weights and Measures* em Sèvres, na França, como o comprimento de uma barra de platina-Iridiada mantida sob condições muito precisas. Em 1960, o metro padrão foi redefinido em termos do comprimento de onda: 1 metro = 1.650.763,73 comprimentos de onda, no vácuo, da radiação correspondente à transição entre os níveis 2p10 e 5d5 do átomo de Criptônio 86.

Em 1983, a definição do metro foi mudada para a distância na qual a luz viaja no vácuo em $1/299.792.458$ segundo. Para essa medida, foi utilizada a luz de um *laser* de He-Ne.

Todo instrumento deve ter suas medidas comparadas com um padrão para que elas tenham a sua incerteza relacionada conhecida. Existem diferentes tipos de padrões, conforme descrito a seguir:

Padrão de medição internacional: padrão reconhecido por um acordo internacional, tendo como propósito sua utilização mundial.

Padrão de medição nacional: padrão reconhecido por uma decisão nacional para servir, em um país, como base para atribuir valores a outros padrões da grandeza da mesma natureza.

FIGURA 1.17 Padrões de pesos.

Padrão de medição primário: padrão estabelecido com auxílio de um procedimento de medição primário ou criado como um artefato, escolhido por convenção. Esse padrão é amplamente reconhecido como tendo as mais altas qualidades metrológicas e cujo valor é aceito sem referência a outros padrões de mesma grandeza.

Padrão de medição secundário: padrão cujo valor é estabelecido por comparação a um padrão primário de uma grandeza da mesma natureza.

Padrão de medição de referência: padrão, geralmente tendo a mais alta qualidade metrológica disponível em um dado local ou em uma dada organização, designado para a calibração de outros padrões de grandezas da mesma natureza.

Padrão de medição de trabalho: padrão utilizado rotineiramente para calibrar ou controlar medidas materializadas, instrumentos de medição ou sistemas de medição.

Observações:

1. Um padrão de trabalho é geralmente calibrado por comparação a um padrão de referência.
2. Um padrão de trabalho utilizado rotineiramente para assegurar que as medições estão sendo executadas corretamente é chamado de padrão de controle.

Padrão de medição de transferência: padrão utilizado como intermediário para comparar padrões.

Observação:

A expressão "dispositivo de transferência" deve ser utilizada quando o intermediário não é um padrão.

Padrão de medição itinerante: padrão, algumas vezes de construção especial, para ser transportado entre locais diferentes. Por exemplo: padrão de frequência de Césio, portátil, operado por bateria.

Um importante conceito dentro da instrumentação é a **Rastreabilidade metrológica:** propriedade de um resultado de medição em que tal resultado pode estar relacionado a uma referência através de uma cadeia ininterrupta e documentada de calibrações, cada uma contribuindo para a incerteza de medição (Figura 1.18).

O conceito é geralmente expresso pelo adjetivo rastreável, e uma cadeia contínua de comparações é denominada cadeia de rastreabilidade. A rastreabilidade metrológica requer uma hierarquia de calibração estabelecida.

Os padrões podem ser encontrados geralmente em laboratórios credenciados (no Brasil pelo Instituto Nacional de Metrologia, Normalização e Qualidade Industrial – Inmetro).

A **conservação de um padrão** consiste no conjunto de operações necessárias para preservar as características metrológicas de um padrão, dentro de limites apropriados.

Cabe observar que normalmente as operações incluem calibração periódica, armazenamento em condições adequadas e utilização cuidadosa.

FIGURA 1.18 Hierarquia do sistema metrológico e ilustração dos conceitos de rastreabilidade e comparabilidade.

A **comparabilidade metrológica** consiste na comparabilidade de resultados de medição que, para grandezas de uma dada natureza, são rastreáveis metrologicamente à mesma referência. Por exemplo, os resultados de medição, para as distâncias entre a Terra e a Lua e entre Paris e Londres, são comparáveis metrologicamente quando ambas são rastreáveis metrologicamente à mesma unidade de medida, por exemplo, o metro.

Outro conceito importante é **compatibilidade metrológica**: propriedade de um conjunto de resultados de medição correspondentes a um mensurando especificado tal que o valor absoluto da diferença dos valores medidos de todos os pares de resultados de medição seja menor que um certo múltiplo escolhido da incerteza padrão dessa diferença.

A compatibilidade metrológica substitui o conceito tradicional de "manter-se dentro do erro", já que representa o critério de decisão se dois resultados de medição referem-se a um mesmo mensurando ou não. Se em um conjunto de medições de um mensurando, considerado constante, um resultado de medição não é compatível com os demais, ou a medição não foi correta (por exemplo, sua incerteza de medição foi avaliada como muito pequena) ou a grandeza medida variou entre medições.

Observa-se que, enquanto a rastreabilidade é um vetor vertical, a comparabilidade é horizontal. A Figura 1.18 ilustra os conceitos de rastreabilidade e comparabilidade.

Um resultado de medição com boas características metrológicas tem aceitação, confiabilidade, credibilidade e universalidade.

Material de referência (MR): material suficientemente homogêneo e estável em relação às propriedades específicas, preparado para se adequar a uma utilização pretendida numa medição ou num exame de propriedades qualitativas. O exame de uma propriedade qualitativa de um material fornece um valor a essa propriedade e uma incerteza associada. Essa incerteza não é uma incerteza de medição. Os materiais de referência com ou sem valores atribuídos podem ser utilizados para controlar a precisão de medição, enquanto apenas os materiais de referência com valores atribuídos podem ser utilizados para a calibração ou para o controle da veracidade.

Observação:

Os materiais de referência compreendem os materiais que dão suporte a grandezas e a propriedades qualitativas. Exemplos são a água utilizada na calibração de viscosímetros, soluções utilizadas para calibração em análises químicas, cartas de cores com indicação de cores especificadas, entre outros.

Material de referência certificado (MRC): material de referência, acompanhado de documentação a qual fornece um ou mais valores de propriedades especificadas com as incertezas e as rastreabilidades associadas, utilizando procedimentos válidos. A documentação mencionada é emitida sob a forma de um certificado.

Mais detalhes sobre MR ou MRC podem ser obtidos diretamente no VIM 2012, traduzido e distribuído no Brasil pelo Inmetro.

O Instituto Nacional de Metrologia, Normalização e Qualidade Industrial – Inmetro,[6] já citado neste capítulo, é uma autarquia federal, vinculada ao Ministério do Desenvolvimento, Indústria e Comércio Exterior, que atua como Secretaria Executiva do Conselho Nacional de Metrologia, Normalização e Qualidade Industrial (Conmetro), colegiado interministerial que é o órgão normativo do Sistema Nacional de Metrologia, Normalização e Qualidade Industrial (Sinmetro).

Dentre as competências e atribuições do Inmetro destacam-se:

- executar as políticas nacionais de metrologia e da qualidade;
- verificar a observância das normas técnicas e legais, no que se refere às unidades de medida, métodos de medição, medidas materializadas, instrumentos de medição e produtos pré-medidos;
- manter e conservar os padrões das unidades de medida, assim como implantar e manter a cadeia de rastreabilidade

---

[6] Texto da Homepage oficial do Inmetro http://www.inmetro.gov.br.

dos padrões das unidades de medida no país, de forma a torná-las harmônicas internamente e compatíveis no plano internacional, visando, em nível primário, à sua aceitação universal e, em nível secundário, à sua utilização como suporte ao setor produtivo, com vistas à qualidade de bens e serviços;

- fortalecer a participação do país nas atividades internacionais relacionadas com metrologia e qualidade, além de promover o intercâmbio com entidades e organismos estrangeiros e internacionais;
- prestar suporte técnico e administrativo ao Conselho Nacional de Metrologia, Normalização e Qualidade Industrial (Conmetro), assim como aos seus comitês de assessoramento, atuando como sua Secretaria Executiva;
- fomentar a utilização da técnica de gestão da qualidade nas empresas brasileiras;
- planejar e executar as atividades de credenciamento de laboratórios de calibração e de ensaios, de provedores de ensaios de proficiência, de organismos de certificação, de inspeção, de treinamento e de outros, necessários ao desenvolvimento da infraestrutura de serviços tecnológicos no País; e
- desenvolver, no âmbito do Sinmetro, programas de avaliação da conformidade, nas áreas de produtos, processos, serviços e pessoal, compulsórios ou voluntários, que envolvem a aprovação de regulamentos.

Os padrões citados anteriormente são utilizados para a **calibração**: operação que estabelece, sob condições especificadas, numa primeira etapa, uma relação entre os valores e as incertezas de medição fornecidos por padrões e as indicações correspondentes com as incertezas associadas; numa segunda etapa, utiliza essa informação para estabelecer uma relação visando a obtenção de um resultado de medição a partir de uma indicação.

Observações:

1. Uma calibração pode ser expressa por meio de uma declaração, uma função de calibração, um diagrama de calibração, uma curva de calibração ou uma tabela de calibração. Em alguns casos, pode consistir em uma correção aditiva ou multiplicativa da indicação com uma incerteza de medição associada.
2. Convém não confundir a calibração com o ajuste de um sistema de medição, frequentemente denominado de maneira imprópria de "autocalibração", nem com a verificação da calibração.
3. Frequentemente, apenas a primeira etapa na definição acima é entendida como calibração.
4. O resultado de uma calibração pode ser registrado em um documento, algumas vezes denominado certificado de calibração ou relatório de calibração. A Figura 1.19 mostra um certificado de calibração de um acelerômetro da Brüel & Kjaer.

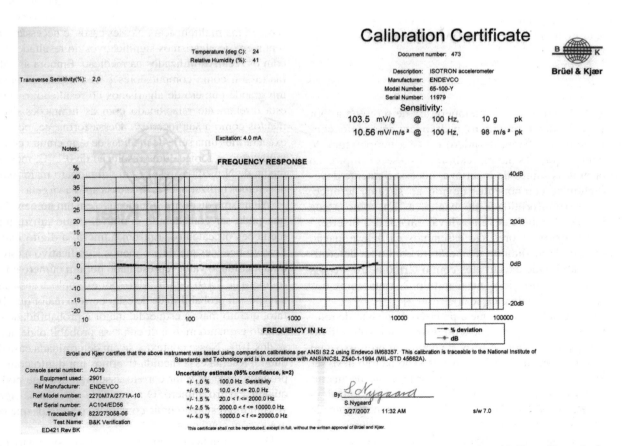

FIGURA 1.19 Exemplo de um certificado de calibração de um acelerômetro da empresa Brüel & Kjaer. (Cortesia de Brüel & Kjaer.)

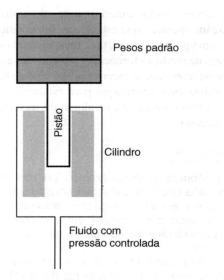

FIGURA 1.20 Esquema da máquina utilizada na calibração de manômetros industriais.

Os dispositivos de referência geralmente são mantidos em condições ambientais controladas. A Figura 1.20 mostra um esquema de uma máquina utilizada para calibrar manômetros de pressão. Nesse dispositivo, a pressão é controlada por pesos padrão conhecidos exercendo uma força sobre um fluido em uma área A.

Em outro exemplo, ao calibrar um sensor de temperatura, pode-se utilizar um modelo matemático para a correção muito simples:

$$C = t_R - t_T$$

em que C é a correção, t_R a temperatura de referência (por exemplo, de um termômetro padrão em um meio controlado como um banho térmico) e t_T é a temperatura do termômetro que desejamos calibrar. Nesse exemplo, ao analisarmos as fontes de incerteza, necessariamente devemos incluir as componentes devido ao sistema térmico, como a não uniformidade do banho, assim como a sua estabilidade. Também devemos levar em conta a incerteza do padrão. Esses valores são essenciais na determinação da incerteza de medida de temperatura com uma determinada confiabilidade executados com o termômetro, depois de calibrado e corrigido (no Capítulo 2, trataremos dos detalhes do cálculo da incerteza).

É fundamental entender que a precisão do padrão de referência deve ser melhor do que a do instrumento sob calibração, mas quanto melhor? A resposta é um compromisso com o custo. Como recomendação, a precisão do padrão deve ser entre três a dez vezes melhor do que a precisão do instrumento sob calibração. Abaixo de três, a incerteza do padrão é da ordem do instrumento sob calibração e deve ser somada à incerteza dele. Acima de dez, os instrumentos começam a ficar caros demais e; geralmente, é difícil justificar tal rigor. Assim, para calibrar um instrumento com precisão de 1%, deve-se usar um padrão com precisão entre 0,3% e 0,1%.

São várias as razões ou motivações de uma calibração. Ela consiste na garantia da indicação correta dos resultados de medição e na uniformidade na expressão das grandezas envolvidas nos processos mais diversos. Uma grandeza medida com um sistema calibrado dentro das normas universais estabelecidas aumenta a confiabilidade do processo em questão e garante a sua rastreabilidade nacional e internacional.

A sociedade moderna é extremamente dependente de processos de calibração. As atividades do dia a dia exigem que os erros envolvidos nos serviços e produtos em geral estejam dentro de limites preestabelecidos. Um consumidor deve ter garantido que as unidades de volume de combustível tenham o mesmo grau de confiabilidade em qualquer parte do mundo. Esse mesmo consumidor deve ter assegurado o fato de estar pagando o mesmo preço por um determinado produto pesado em qualquer balança de um mesmo estabelecimento comercial. Esses são apenas exemplos da grande diversidade de situações que dependem de calibração.

1.6 Algarismos Significativos

As calculadoras e computadores apresentam usualmente os resultados de operações matemáticas com muitos algarismos. Muitas vezes ao executar um procedimento experimental com várias medidas, é necessário calcular a média aritmética, ou então ao medir mais de uma grandeza para determinar indiretamente uma terceira por meio de uma operação como uma divisão ou uma multiplicação. Nesses casos, é necessário adequar o número de algarismos significativos do resultado de acordo com os recursos utilizados na medição. Embora as calculadoras (assim como computadores e assemelhados) apresentem um grande número de algarismos no resultado, o significado está diretamente relacionado com as limitações dos instrumentos como a sua incerteza. Dessa forma, se, por exemplo, executarmos uma série de medidas de temperatura com um termômetro que forneça uma resolução de 0,1 °C, mesmo que a média de N medidas resulte em um número maior de dígitos, deveremos utilizar apenas uma casa após a vírgula.

Algarismo ou dígito significativo em um número é o dígito que pode ser considerado confiável como um resultado de medições ou cálculos. Em um número, o dígito mais significativo fica à esquerda e o menos significativo à direita. Em uma medida, o valor representado por um número com dígito (número de 0 a 9) significativo (por exemplo, a casa das dezenas) possui probabilidade de estar correto maior que 10%. De fato, quanto mais à esquerda, maior a probabilidade de estar correto e quanto mais à direita essa probabilidade aproxima-se dos 10%. Nesse contexto, se em determinada casa decimal que representa essa medida tivermos um dígito com 10% de probabilidade de estar correto, isso significa que poderia ser qualquer outro número. O número de algarismos significativos em um resultado indica o número de dígitos que pode ser usado com confiança.

De forma genérica, podemos dizer que os algarismos significativos são todos aqueles necessários na representação de um número na notação científica. Qualquer dígito, entre 1 e 9 e todo zero que não anteceda o primeiro dígito diferente de zero e que não suceda o último dígito não zero é um algarismo significativo. Um cuidado especial deve ser observado com o zero, uma vez que ele também é usado para indicar a magnitude do número. Considere os seguintes exemplos:

TABELA 1.3

105	3 algarismos significativos
34,5	3 algarismos significativos
5,9	2 algarismos significativos
7,01	3 algarismos significativos
320,1	4 algarismos significativos
0,32001	5 algarismos significativos
1000	1 algarismo significativo
0,001	1 algarismo significativo

Se nenhuma informação é fornecida, podemos assumir que quando o zero é utilizado apenas para posicionar o ponto decimal ele não é significativo. Porém, em instrumentação, a medida representada pelo número 1,0 m é diferente de 1,00 m, uma vez que a última garante que a segunda casa depois da vírgula é significativa, ou seja, foi executada por um instrumento capaz de medir a segunda casa à direita do ponto decimal. Verifica-se então que existem ambiguidades.

A representação do valor feita com a notação científica diminui possíveis ambiguidades. Consideremos por exemplo os dois últimos casos da Tabela 1.3. Observa-se que embora os zeros tenham função importante, eles estão posicionando os algarismos diferentes de zero (no caso 1) e, por isso, de maneira geral, assume-se que exista apenas um algarismo significativo em ambos os casos. Porém, verifica-se que em certos casos é importante especificar ou garantir um determinado algarismo. Por exemplo:

a. 1×10^3 possui apenas um algarismo significativo.
a. 1×10^{-1} possui apenas um algarismo significativo.
b. $1,0 \times 10^3$ possui dois algarismos significativos.
b. $1,0 \times 10^{-1}$ possui dois algarismos significativos.
c. $1,00 \times 10^3$ possui três algarismos significativos.
c. $1,00 \times 10^{-1}$ possui três algarismos significativos.
d. $1,000 \times 10^3$ possui quatro algarismos significativos.
d. $1,000 \times 10^{-1}$ possui quatro algarismos significativos.

Observe que embora o resultado numérico pareça semelhante, o significado físico é distinto. Em cada novo dígito adicionado à direita existe um compromisso ou uma garantia na representação da medida. Esse detalhe faria uma diferença enorme, por exemplo, no projeto de um controlador robusto. Observe que o caso da última linha da tabela funciona de modo similar ao exemplo anterior.

Ao se tratar de medidas existem duas situações distintas:

a. os **instrumentos analógicos** possuem indicadores contínuos que obviamente apresentam uma resolução (menor divisão), porém a representação da medida é feita com a leitura de uma escala, a qual pode ser ambígua para dois ou mais operadores diferentes.

Considere a representação de uma régua cuja menor divisão é de 1 cm, graduada em centímetros medindo uma barra, como ilustrado na Figura 1.21(a). Pode-se observar que o comprimento da barra está certamente compreendido entre 4 e 5 cm. Qual seria o algarismo que viria depois do 4? Apesar da menor divisão da escala da régua ser 1 cm, é razoável fazer uma subdivisão mental do intervalo entre 4 e 5 cm para avaliar o algarismo procurado que pode ser, por exemplo o 7. Dessa maneira, representa-se o resultado como 4,7. O algarismo 4 dessa medida foi feito com certeza enquanto o 7 não. Outras pessoas poderiam ter lido 4,8 ou 4,6. Na leitura 4,7, o algarismo 7 foi avaliado empiricamente. Não se tem certeza do algarismo 7 por isso ele é duvidoso. Não teria sentido algum tentar avaliar o algarismo que vem depois do 7. Para isso ter-se-ia que imaginar uma subdivisão maior (centésimos da menor divisão) do que aquela já utilizada (décimos da menor divisão). Para a maioria das escalas é aceitável a avaliação até décimos da menor divisão da escala. Portanto, se alguém ler 4,73 para a medida da Figura 1.21 não estará agindo corretamente, pois o último algarismo da medida é completamente destituído de sentido.

Como regra geral deve-se apresentar a medida com apenas os algarismos que se tem certeza mais um único algarismo duvidoso. Esses algarismos são denominados algarismos significativos da medida.

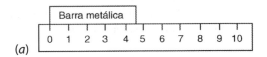

(a)

(b)

FIGURA 1.21 (a) Medição de uma barra com uma régua graduada (b) Medição da corrente elétrica com um instrumento analógico.

Em outro exemplo, considere a escala analógica de corrente em mA da Figura 1.21*b*. A leitura da corrente com certeza encontra-se entre 30 e 35 mA. Cada divisão representa 5 mA e sendo assim, pode-se interpretar qualquer dígito significativo entre 30 e 35 mA, por exemplo 33 mA. Seria errado interpretar essa medida como 33,5 mA pois estaríamos sobre-estimando a capacidade de medida do instrumento. Tampouco estaria correto interpretar a medida como 35, pois estaríamos subestimando a capacidade desse miliamperímetro. A regra utilizada é semelhante à aplicada anteriormente: os algarismos significativos são compostos por todos os algarismos corretos mais um duvidoso.

A abordagem anterior aplica-se a instrumentos analógicos, onde se tem um indicador se deslocando sobre uma escala. No caso de instrumentos digitais nada é possível afirmar além do que é mostrado no visor. Um exemplo de incoerência seria registrar a medida de um voltímetro digital que mostra 5,32 V como 5,324 V (por exemplo, ao proceder com o cálculo da média de um conjunto de medidas). Nesse caso, o algarismo 4 é uma incoerência uma vez que a própria incerteza do instrumento pode ser maior do que 0,004.

Os algarismos a partir de uma posição no número, devido à incerteza, não são significativos. Qualquer medida deve ser representada por um valor, uma incerteza e uma unidade. No Capítulo 2 estudaremos os detalhes do cálculo e propagação da incerteza e por enquanto utilizaremos exemplos experimentais. Consideremos primeiramente a leitura da tensão elétrica com um voltímetro digital (o exemplo poderia ser feito com um voltímetro analógico) de 3 e 1/2 dígitos (veja no Capítulo 5 para detalhes de funcionamento e interpretação) na escala de 20 V. Nesse caso, a resolução de saída do visor do instrumento é de 0,01 V e o mesmo não pode garantir medidas menores que 10 mV. Considerando que foram feitas 5 medidas: 16,15 V; 16,12 V; 16,13 V; 16,12 V; 16,15 V; podemos calcular o valor médio $\overline{V}$ = 16,134 V. É evidente que se o voltímetro possui uma limitação física (observe que estamos ilustrando o exemplo apenas com a resolução, se incluíssemos todos os fatores de incerteza as limitações seriam maiores) de 0,01 V o resultado não deve ser apresentado com 5 algarismos significativos. Devemos **arredondar** esse resultado e representar a medida de forma mais adequada. A representação da medida, bem como da sua incerteza de medida devem ser executadas de forma coerente, ou seja, a incerteza deve cobrir uma faixa de valores representados pelos algarismos menos significativos do resultado de uma medida. Exemplos de representações de medidas e suas incertezas:

$$l = (50{,}000838 \pm 0{,}000093) \text{ mm}$$
$$T = (0{,}1494 \pm 0{,}0041) \text{ °C}$$

Observe nesses exemplos que o número de dígitos depois da vírgula na incerteza é igual ao número de dígitos depois da vírgula no mensurando. Se for utilizada notação científica, deve-se utilizar a mesma potência de dez tanto para o valor da grandeza como para sua incerteza. Embora não existam regras específicas é comum utilizar no máximo 2 algarismos significativos para representar a incerteza (como ilustrado nos exemplos).

Voltando ao exemplo anterior, concluímos que é necessário arredondar o valor obtido com o cálculo da média $\overline{V}$ = 16,134 V. Para que seja garantida uniformidade, existem algumas regras de arredondamento que devem ser seguidas:

a. Quando o algarismo imediatamente seguinte ao último algarismo a ser conservado for inferior a 5, o último algarismo a ser conservado permanecerá sem modificação.
   Exemplo: 7,922 arredondado para a primeira casa após o ponto decimal resulta em 7,9.
b. Quando o algarismo imediatamente seguinte ao último algarismo a ser conservado for superior a 5, o último algarismo a ser conservado deverá ser aumentado de uma unidade.
   Exemplo: 5,666 arredondado para a primeira casa após o ponto decimal resulta em 5,7.
c. Quando o algarismo imediatamente seguinte ao último algarismo a ser conservado for 5, existem duas situações:
   1. Se depois do 5, em qualquer casa existir um algarismo diferente de zero, aumenta-se uma unidade ao algarismo que permanecer.
      Exemplo: 1,452 arredondado para a primeira casa após o ponto decimal resulta em 1,5;
      22,253 arredondado para a primeira casa após o ponto decimal resulta em 22,3;
      1555,75001 arredondado para a primeira casa após o ponto decimal resulta em 1555,8
   2. Quando o último algarismo a ser conservado for par e o algarismo imediatamente seguinte for 5 seguido de zeros (ou mesmo se o número não apresentar nenhum algarismo após o 5), ele permanecerá sem modificação. Por outro lado, se o último algarismo a ser conservado for ímpar e o algarismo imediatamente seguinte for 5 seguido de zeros (ou mesmo se o número não apresentar nenhum algarismo após o 5), ele deve ser incrementado.
      Exemplo: 2,6500 arredondado para a primeira casa após o ponto decimal resulta em 2,6;
      3,35 arredondado para a primeira casa após o ponto decimal resulta em 3,4;
      532,15 arredondado para a primeira casa após o ponto decimal resulta em 532,2;
      54,55 arredondado para a primeira casa após o ponto decimal resulta em 54,6;
      54,65 arredondado para a primeira casa após o ponto decimal resulta em 54,6;
      54,6500 arredondado para a primeira casa após o ponto decimal resulta em 54,6;
      54,5500000 arredondado para a primeira casa após o ponto decimal resulta em 54,6.

Ainda é preciso verificar como proceder em casos onde o resultado depende de operações envolvendo medidas com incertezas distintas, e consequentemente com um número de algarismos significativos distintos. Como regra geral; inicialmente, o resultado deve ser calculado com o maior número de casas decimais que for possível e em seguida proceder com o arredondamento seguindo as regras conforme apresentado.

Em operações como **adição** e **subtração**, deve-se arredondar o resultado na casa decimal que contém o primeiro algarismo duvidoso. Como regra geral, todos os algarismos para a direita dessa casa decimal devem ser excluídos.

Exemplo 1: considere duas balanças diferentes que produzem medidas distintas com incertezas distintas, de modo que (omitindo-se as incertezas) $m_1 = 122,05$ g e $m_2 = 7,051$ g. Ao executar a operação de adição, devemos posicionar o ponto decimal e preencher com zeros para obtermos o mesmo número de casas:

$$\begin{array}{r} 122,05 \\ +007,051 \\ \hline 129,101 \end{array}$$ que deve ser arredondado para 129,10 g.

É importante perceber que nas operações de adição e subtração, deve-se manter o número de casas decimais e não o número de algarismos significativos.

Em operações como **multiplicação**, **divisão** e **radiciação** deve-se manter tantos algarismos significativos quantos os da quantidade com o menor número de algarismos significativos.

Exemplo 2: $15,1 \times 5,153 = 77.8103$, arredondando temos 77,8.
Exemplo 3: $15,31 \times 30 = 459,3$.
Exemplo 4: $\dfrac{3,548}{0,078} = 45.4872$, arredondado para 45.
Exemplo 5: $\sqrt{45,4} = 6,73795$, arredondado para 6,73.

Para combinações de operações aritméticas, deve-se executar primeiramente as multiplicações e divisões, arredondar quando necessário e posteriormente executar as somas e subtrações. Nos casos onde as somas e subtrações vierem antes das operações de multiplicação e divisão, deve-se executar, arredondar e posteriormente multiplicar e ou dividir.

Nos casos onde as operações tornam-se muito complexas ou recursivas (que utiliza recursos computacionais) recomenda-se o bom senso. Em alguns casos é necessário analisar resíduos e confiabilidade dos dados gerados em outros basta manter coerência do número de algarismos significativos: os resultados não devem apresentar a quantidade de algarismos significativos superior à quantidade da parcela envolvida com menor número de significativos

1.7 Resposta Dinâmica

Uma medida de uma grandeza física é chamada de dinâmica quando ela varia com o tempo. Em um processo de pesagem de alimentos, feito usualmente nos mercados, uma balança está conectada a um sistema que recebe a informação do produto, e como saída, além do peso, imprime o preço, entre outras informações. Nesse processo, o atendente coloca o produto sobre a balança, e ela estabiliza em uma medida relativa ao peso do produto. Nesse caso, diz-se que a carga, no caso o produto, é constante, ou invariante no tempo.

Existem, entretanto, muitas situações que requerem informações fiéis sobre a variação da carga no tempo. No exemplo anterior essa informação seria relativa ao instante entre o momento no qual o produto é colocado na balança até que a medida esteja estabilizada. Um exemplo mais prático é a pesagem de produtos em uma esteira em movimento. Geralmente o processo de medidas dinâmicas é mais rigoroso, principalmente no que diz respeito ao instrumento, uma vez que características peculiares serão necessárias. Por exemplo, a vibração de uma máquina pode ser detectada com uma barra engastada, desde que ela consiga vibrar na mesma faixa de frequência da máquina (porém não entrando em ressonância), gerando incertezas que fiquem no máximo dentro das tolerâncias exigidas pelo processo.

As características dinâmicas dos sistemas de medidas possibilitam a análise do comportamento desses sistemas no domínio frequência, denominada **resposta em frequência**. Ou então possibilitam a análise de parâmetros no tempo como o **tempo de resposta** e o **fator de amortecimento** do sistema. A Figura 1.22 ilustra esses três parâmetros.

Os sistemas podem ser separados em duas grandes famílias distintas: lineares e não lineares. Apesar de existirem muitos problemas experimentais que envolvem sistemas não lineares, prioriza-se a simplicidade, e na maioria das vezes um modelo linear é adotado, mesmo com algumas pequenas imperfeições.

Sistemas lineares são aqueles nos quais as equações do modelo são lineares. Uma equação diferencial é linear se os seus coeficientes são constantes ou apenas função da variável

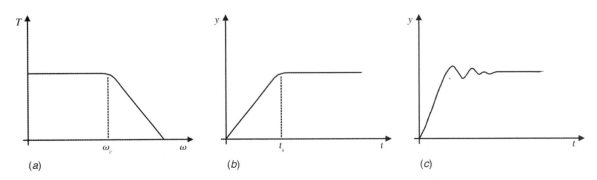

FIGURA 1.22 (a) Resposta em frequência (ω_c representa a frequência de corte), (b) tempo de resposta (t_s) e (c) fator de amortecimento de um sistema genérico (quanto maior o fator de amortecimento, menores as oscilações em torno do valor final).

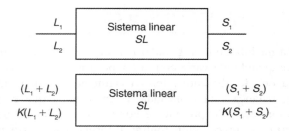

FIGURA 1.23 Diagrama de blocos representando as relações de entrada e de saída de um sistema linear.

independente. A consequência mais importante é que o princípio da superposição pode ser aplicado em um sistema linear. Ele estabelece que, se duas entradas L_1 e L_2 geram duas saídas S_1 e S_2, então quando a entrada for $(L_1\ L_2)$ a saída pode ser decomposta em uma soma de efeitos (S_1) + (S_2). Ainda, se a entrada for $K(L_1\ L_2)$, então a saída será $K(S_1 + S_2)$. A Figura 1.23 mostra um diagrama de blocos em que é mostrado o princípio do teorema da superposição em um sistema linear.

Um sistema genérico pode ser descrito em termos de sua equação diferencial com uma variável geral $x(t)$ como:

$$a_n \frac{d^n x}{dt^n} + a_{n-1} \frac{d^{n-1} x}{dt^{n-1}} + \ldots + a_1 \frac{dx}{dt} + a_0 x = f(t)$$

em que $f(t)$ é uma função estímulo. A ordem do sistema é definida pela ordem da equação diferencial.

Um sistema de ordem zero é do tipo: $a_0 x = f(t)$. Apenas o coeficiente a_0 é diferente de zero.

Um sistema de primeira ordem é do tipo: $a_1 \frac{dx}{dt} + a_0 x = f(t)$, em que apenas os coeficientes a_0 e a_1 são diferentes de zero.

Um sistema de segunda ordem é do tipo: $a_2 \frac{d^2 x}{dt^2} + a_1 \frac{dx}{dt} + a_0 x = f(t)$, no qual apenas os coeficientes a_2, a_1 e a_0 são diferentes de zero. Apesar de muitos sistemas reais possuírem ordens elevadas, na maioria dos casos eles são modelados matematicamente com equações diferenciais priorizando a simplicidade. Sendo assim, a maioria dos sistemas é modelada com equações de ordem zero a dois. Um modelo de segunda ordem é geralmente suficiente, considerando suas limitações, para descrever a maior parte dos sistemas físicos de uma gama considerável de aplicações.

No estudo do comportamento dinâmico dos sistemas, é comum fazer-se a análise da **função de transferência**. Essa análise é importante, uma vez que representa matematicamente as características do sistema. A função de transferência para um sistema linear $T(\omega)$ é definida como a relação da saída $S(\omega)$ pela entrada $E(\omega)$:

$$T(\omega) = \frac{S(\omega)}{E(\omega)}.$$

Uma vez que os sistemas são modelados com equações diferenciais a análise pode ser feita em todos os instantes de tempo desde $t = 0$ até $t \to \infty$. Entretanto, geralmente utiliza-se o domínio frequência em vez do domínio tempo, pois facilita o tratamento matemático. Além da facilidade de tratar equações diferenciais na forma de equações algébricas, o domínio frequência permite visualizar com clareza os limites de velocidade ou frequência. Por exemplo, se for necessário medir a velocidade angular de um eixo de motor a 10 000 rpm, é importante que o sensor utilizado consiga medir velocidades superiores. Essa é uma informação fácil de ser observada em um gráfico no domínio frequência. A Figura 1.24 mostra a representação de um sinal no domínio tempo e no correspondente domínio frequência.

1.8 Transformada de Laplace

A Transformada de Laplace (TL) é frequentemente utilizada na resolução de equações diferenciais. Isso se deve principalmente ao fato de que as TL transformam operações de diferenciação e integração em operações algébricas. Funções como senos, cossenos, exponenciais, entre outras, têm sua transformada em

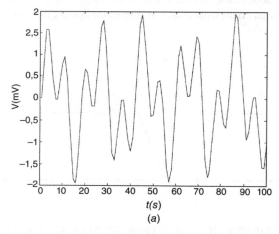
(a)

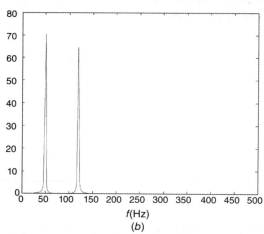
(b)

FIGURA 1.24 Representação de um sinal $f(t) = \text{sen}(\omega_1 t) + \text{sen}(\omega_2 t)$: (a) no domínio tempo e (b) no domínio frequência.

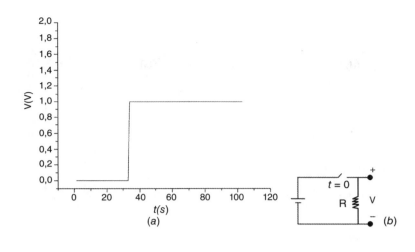

FIGURA 1.25 (a) Salto unitário de tensão elétrica e (b) sua equivalência de uma chave em série com uma fonte de alimentação (DC).

forma de relações de polinômios. Além disso, a TL traduz uma resposta fiel do transitório, assim como do regime permanente. A variável s representa uma frequência complexa $\sigma + j\omega$ e se aplica à maioria das situações reais, uma vez que ela converge para excitações que iniciam em $t = 0$, como a função salto unitário que pode ser vista na Figura 1.25.

Vale observar que essa função diverge para a Transformada de Fourier, conforme discussão apresentada no Capítulo 4.

A TL é definida como:

$$L[f(t)] = F(s) = \int_0^\infty f(t) e^{-st} dt$$

em que $f(t)$ é a função no domínio tempo, a qual se deseja conhecer no domínio frequência, $F(s)$ é a transformada de Laplace de $f(t)$ e s uma variável complexa do tipo $\sigma + i\omega$.

Observa-se que a Transformada de Laplace é definida de 0 a ∞, portanto muitas funções não podem ser analisadas. Entretanto, todos os sistemas reais se iniciam em $t = 0$.

A aplicação das propriedades (veja a Tabela 1.5) juntamente com uma tabela de Transformadas de Laplace de funções (veja a Tabela 1.4) são suficientes para se resolver uma série de problemas envolvendo equações diferenciais.

Se todas as condições iniciais são nulas, então a Transformada de Laplace da equação diferencial é obtida simplesmente substituindo-se $\dfrac{d}{dt}$ por s, $\dfrac{d^2}{dt^2}$ por s^2 e assim por diante. Por exemplo, a equação das tensões em um circuito RLC série excitado por uma fonte de tensão constante do tipo salto unitário pode ser descrita por:

$$-E + Ri(t) + L\frac{di(t)}{dt} + \frac{1}{C}\int i(t) dt = 0 \Rightarrow \text{domínio } s \Rightarrow$$

$$\Rightarrow RI(s) + LsI(s) + \frac{I(s)}{sC} = \frac{E}{s}$$

em que $I(s)$ representa a Transformada de Laplace da corrente $i(t)$. Nesse caso, observe que a natureza do capacitor provoca uma integral de $i(t)$, enquanto o indutor provoca a derivada $i(t)$. Nesse exemplo, $\dfrac{E}{s}$ representa a Transformada de Laplace do salto unitário da excitação no tempo.

TABELA 1.4 Transformadas de Laplace de algumas funções

$f(t)$	$F(s)$
$f(t)\delta(t)$	$F(s) = 1$
$\begin{cases} t < 0 & f(t) = 0 \\ t > 0 & f(t) = 1 \end{cases}$	$F(s) = \dfrac{1}{s}$
$f(t) = t$	$F(s) = \dfrac{1}{s^2}$
$f(t) = e^{-at}$	$F(s) = \dfrac{1}{s+a}$
$f(t) = te^{-at}$	$F(s) = \dfrac{1}{(s+a)^2}$
$f(t) = \operatorname{sen} \omega t$	$F(s) = \dfrac{\omega}{s^2 + \omega^2}$
$f(t) = \cos \omega t$	$F(s) = \dfrac{s}{s^2 + \omega^2}$
$f(t) = t^n$	$F(s) = \dfrac{n!}{s^{n+1}}$
$f(t) = t^n e^{-at}$	$F(s) = \dfrac{n!}{(s+a)^{n+1}}$
$f(t) = e^{-at} \operatorname{sen} \omega t$	$F(s) = \dfrac{\omega}{(s+a)^2 + \omega^2}$
$f(t) = e^{-at} \cos \omega t$	$F(s) = \dfrac{s+a}{(s+a)^2 + \omega^2}$

TABELA 1.5 Propriedades da TL

Propriedade	f(t)	F(s)
Linearidade	$a_1 f_1(t) + a_2 f_2(t)$	$a_1 F_1(s) + a_2 F_2(s)$
Escalonamento	$f(at)$	$\frac{1}{a} F\left(\frac{s}{a}\right)$
Deslocamento no tempo	$f(t-a) u(t-a)$	$e^{-as} F(s)$
Deslocamento na frequência	$e^{-at} f(t)$	$F(s+a)$
Diferenciação no tempo	$\frac{df}{dt}$	$sF(s) - f(0^-)$
	$\frac{d^2 f}{dt^2}$	$s^2 F(s) - sf(0^-) - f'(0^-)$
	$\frac{d^3 f}{dt^3}$	$s^3 F(s) - s^2 f(0^-) - sf'(0^-) - f''(0^-)$
	$\frac{d^n f}{dt^n}$	$s^n F(s) - s^{n-1} f(0^-) - s^{n-2} f'(0^-) - f^{n-1}(0^-)$
Integração no tempo	$\int_0^t f(t) dt$	$\frac{1}{s} F(s)$
Diferenciação na frequência	$tf(t)$	$-\frac{d}{ds} F(s)$
Integração na frequência	$\frac{f(t)}{t}$	$\int_s^\infty F(s) ds$
Periodicidade no tempo	$f(t) = f(t + nT)$	$\frac{F_1(s)}{1 - e^{-sT}}$
Valor inicial	$f(0^+)$	$\lim_{s \to \infty} sF(s)$
Valor final	$f(\infty)$	$\lim_{s \to 0} sF(s)$
Convolução	$f_1(t) * f_1(t)$	$F_1(s) \cdot F_2(s)$

1.9 Transformada Inversa de Laplace

O processo matemático de transformar uma expressão do domínio s para o domínio tempo é chamada de transformada inversa de Laplace (TIL). Esse processo é importante, uma vez que a resolução no domínio frequência da resposta dos sistemas pode simplificar significativamente os cálculos. Entretanto, uma vez resolvida a equação, geralmente é necessário voltar para o domínio tempo. Para isso, utiliza-se a TIL:

$$L^{-1}[f(s)] = f(t) = \frac{1}{2\pi j} \int_{\sigma_1 - j\infty}^{\sigma_1 + j\infty} F(s) \cdot e^{-st} ds.$$

Os limites de integração da transformada inversa denotam os limites da região de convergência, utilizados na própria definição da transformação direta ($s = \sigma_1 + j\omega$), em que a escolha da parte real é limitada por pontos singulares. A aplicação direta dessa equação envolve a necessidade de algum conhecimento sobre análise complexa. Por outro lado, na maioria das aplicações práticas utiliza-se um método de decomposição da equação algébrica em s em frações parciais que tem funções conhecidas no domínio tempo (a Tabela 1.3 lista algumas dessas funções).

1.10 Análise de Sistemas de Ordens Zero, Primeira e Segunda

No sistema de **ordem zero**, a resposta ou saída do sistema é dada por:

$$x = \frac{1}{a_0} f(t)$$

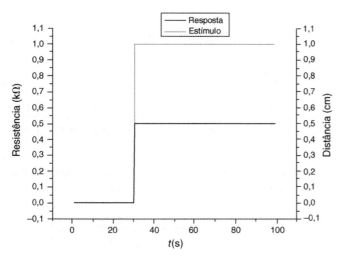

FIGURA 1.26 Resposta resistência elétrica *versus* tempo ($\Omega \times t$).

A variável x seguirá a função de excitação $f(t)$ instantaneamente com um fator $\frac{1}{a_0}$ denominado **sensibilidade estática**. Dessa forma, um instrumento de ordem zero representa um desempenho dinâmico ideal. De fato, nesse tipo de sistema não é necessário resolver equações diferenciais, uma vez que apenas o coeficiente a_0 é diferente de zero.

Uma régua potenciométrica é um tipo de transdutor de deslocamento utilizado largamente em faixas da ordem de milímetro a centenas de milímetros. Esse tipo de transdutor pode a princípio ser modelado como um **sistema de ordem zero** (a rigor existem restrições para sistemas com velocidades altas). Conforme pode ser visto na Figura 1.26, a saída tem uma dependência com a entrada traduzida por uma constante.

Deve-se destacar que, modelado detalhadamente, esse sistema poderá apresentar características bastante diferentes de um sistema de ordem zero. Podem, por exemplo, ser evidenciadas influências parasitas como indutâncias e capacitâncias, não linearidades, entre outras. Entretanto, na maioria das vezes a aplicação determinará a necessidade de um modelamento mais refinado, e o exemplo da régua potenciométrica, na maioria das vezes, permite o caminho mais simples.

O **sistema de primeira ordem** pode ser definido como:

$$a_1 \frac{dx}{dt} + a_0 x = f(t)$$

em que a_1 e a_0 são coeficientes constantes e $f(t)$ é a função estímulo.

Nesse caso, pode-se mostrar que:

$X(a_1 s + a_0) = F(s)$ e a função de transferência:

$\frac{X(s)}{F(s)} = \frac{1}{a_1 s + a_0} = \frac{1/a_1}{s + a_0/a_1}$ e ainda, considerando-se a fun-

ção excitação $f(t) = \begin{cases} t < 0 \Rightarrow f(t) = 0 \\ t < 0 \Rightarrow f(t) = 1 \end{cases}$, pode-se verificar

na Tabela 1.3 a sua TL $F(s) = \frac{1}{s}$ e dessa forma $X(s)$ pode ser evidenciada:

$X(s) = \frac{1}{s} \cdot \frac{1/a_1}{s + a_0/a_1}$ e nesse ponto pode-se fazer a aborda-

gem de frações parciais conhecidas para que a resposta possa ser analisada no domínio tempo. A equação pode ser descrita como:

$X(s) = \frac{A}{s} + \frac{B}{s + a_0/a_1}$, em que A e B serão determinados

por equivalência à equação original:

$\frac{As + A\frac{a_0}{a_1} + Bs}{s\left(s + \frac{a_0}{a_1}\right)} = \frac{\frac{1}{a_1}}{s\left(s + \frac{a_0}{a_1}\right)}$, e daqui pode-se observar

que $\begin{cases} A + B = 0 \\ A\frac{a_0}{a_1} = \frac{1}{a_1} \end{cases}$ e assim

$A = \frac{1}{a_0}, B = -\frac{1}{a_0} \Rightarrow X(s) = \frac{1/a_0}{s} - \frac{1/a_0}{\left(s + a_0/a_1\right)} \Rightarrow$

$\Rightarrow x(t) = \frac{1}{a_0}\left(1 - e^{-\frac{a_0 t}{a_1}}\right)$

em que $\frac{a_1}{a_0}$ é chamado de **constante de tempo**, que como todo o termo exponencial caracteriza a resposta do sistema de primeira ordem. Em outras palavras, esse sistema tem um atraso em relação à função de estímulo.

Uma medição de temperatura com um sensor do tipo PT100 pode ser modelada, simplificadamente, por um sistema de primeira ordem. Esse tipo de sensor tem uma saída de resistência elétrica em função da temperatura. Considerando que ele seja perfeitamente linear, dependerá exclusivamente da transferência de calor pela massa que compõe o sensor. Dessa forma, se o estímulo considerado for um salto de temperatura instantâneo de 5 K, a resposta pode ser vista na Figura 1.27, onde também é apresentado um modelo elétrico do sistema. A massa aquecida é modelada pela capacitância, enquanto o fluxo de calor é limitado por uma resistência elétrica. A tensão Vo representa a temperatura "percebida" pelo sensor. Observa-se que a principal característica desse tipo de sistema é um atraso da saída em relação ao estímulo da entrada. No caso do PT100, ele apresentou um atraso ou *delay* até que a resposta da saída se estabiliza em um valor relativo ao estímulo da entrada. O comportamento dinâmico dessa resposta depende das constantes a_0 e a_1 ou do circuito RC.

Um **sistema de segunda ordem** pode ser escrito da seguinte forma:

$$a_2 \frac{d^2 x}{dt^2} + a_1 \frac{dx}{dt} + a_0 x = f(t)$$

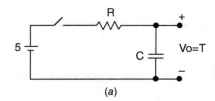

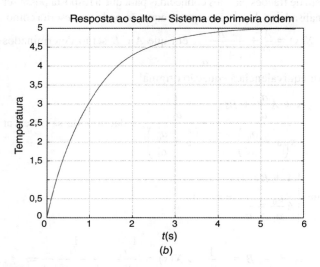

FIGURA 1.27 Sistema térmico: (a) equivalente elétrico e (b) resposta ao salto de temperatura de 5 K.

e, aplicando as propriedades da TL:

$$(a_2 s + a_1 s + a_0) X(s) = F(s)$$

A função de transferência pode ser evidenciada como:

$$\frac{X(s)}{F(s)} = \frac{1}{a_0} \frac{\omega_n^2}{s^2 + 2\xi\omega_n s + \omega_n^2}$$

em que e $\omega_n^2 = \dfrac{a_0}{a_2}$ e $\xi = \dfrac{a_1}{2a_2\sqrt{a_0/a_2}}$,

ω_n é a frequência angular e ξ, o **fator de amortecimento**.

Em função do fator de amortecimento ξ, é possível obter três casos diferentes:

1. Caso onde ($0 < \xi < 1$) ou subamortecido:

   Novamente considerando que $f(t) = \begin{cases} t < 0 \Rightarrow f(t) = 0 \\ t > 0 \Rightarrow f(t) = 1 \end{cases}$,

   pode-se verificar na Tabela 1.3 a sua TL $F(s) = \dfrac{1}{s}$ (a função degrau é muito utilizada e é usualmente a principal função de análise de resposta dos sistemas reais). Dessa forma, novamente pode-se isolar $X(s)$ e buscar na Tabela 1.3 uma forma de frações parciais conhecidas para determinar a transformada inversa de Laplace. Verifica-se que a seguinte estrutura é conhecida e pode ser aplicada ao problema:

$$X(s) = \frac{1}{a_0} \frac{1}{s} \frac{\omega_n^2}{(s^2 + 2\xi\omega_n s + \omega_n^2)} =$$

$$= \frac{1}{a_0} \left[\frac{1}{s} - \frac{s + 2\xi\omega_n}{s^2 + 2\xi\omega_n s + \omega_n^2} \right] =$$

$$= \left[\frac{1}{s} - \frac{s + \xi\omega_n}{(s + \xi\omega_n)^2 + \omega_d^2} - \frac{\xi\omega_n}{(s + \xi\omega_n)^2 + \omega_d^2} \right] \frac{1}{a_0}$$

em que $\omega_d = \omega_n\sqrt{1-\xi^2}$ é a frequência natural amortecida. Assim a resposta final no domínio tempo:

$$x(t) = \frac{1 - e^{-\xi\omega_n t}}{a_0} \left(\cos \omega_d t + \frac{\xi}{\sqrt{1-\xi^2}} \operatorname{sen} \omega_d t \right)$$

2. Caso em que ($\xi = 1$) ou com amortecimento crítico
   Considerando a mesma excitação, nesse caso pode-se reescrever a equação anterior e verificar o limite de $\xi \to 1$:

$$x(t) = \lim_{\xi \to 1} \left[\frac{1 - e^{-\xi\omega_n t}}{a_0} (\cos(\omega_d t) + \frac{\xi}{\sqrt{1-\xi^2}} (\operatorname{sen}(\omega_d t))) \right] =$$

$$\frac{1 - e^{-\omega_n t}}{a_0} (1 + \omega_n t)$$

ou simplesmente calculando a transformada inversa de:

$$X(s) = \frac{1}{a_0} \frac{(\omega_n)^2}{s(s + \omega_n)^2}$$

3. Caso em que ($\xi > 1$) ou sobreamortecido
   Considerando a mesma excitação as raízes de:

$$X(s) = \frac{1}{a_0} \frac{(\omega_n)^2}{s(s + \xi\omega_n + \omega_n\sqrt{\xi^2 - 1})(s + \xi\omega_n - \omega_n\sqrt{\xi^2 - 1})}$$

configuram dois polos reais, resultando em uma transformada inversa exponencial:

$$x(t) = \frac{1}{a_0} \left[1 + \frac{1}{2\sqrt{\xi^2 - 1}(\xi + \sqrt{\xi^2 - 1})} e^{-(\xi + \sqrt{\xi^2 - 1})\omega_n t} - \frac{1}{2\sqrt{\xi^2 - 1}(\xi - \sqrt{\xi^2 - 1})} e^{-(\xi - \sqrt{\xi^2 - 1})\omega_n t} \right]$$

Embora pareça complexa, essa equação configura uma soma de exponenciais, uma delas se sobressai à outra. Ou seja, no gráfico de resposta, uma das exponenciais será dominante em relação à outra e, em resumo, esse é o efeito que enxergaremos (Figura 1.29).

É importante salientar que esta resposta é definida apenas para $t > 0$ (domínio da TL). A resposta do problema evidencia que existe uma frequência amortecida ω_d cujas funções sinusoidais oscilarão. Além disso, ainda existe um

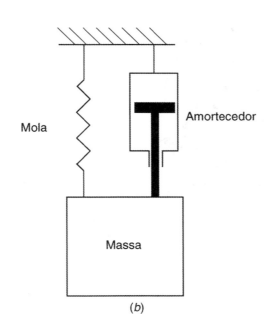
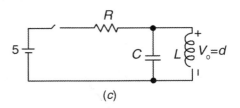

FIGURA 1.28 (*a*) Dinamômetro, (*b*) esquema massa-mola e (*c*) equivalente elétrico.

fator de amortecimento ξ responsável pelo *overshoot* assim como pelo tempo de estabilização da resposta do sistema.

Um exemplo de aplicação de um sistema de segunda ordem é o dinamômetro. Ele pode ser modelado simplificadamente por um sistema massa-mola, que por sua vez tem um equivalente elétrico RLC conforme evidenciado pela Figura 1.28.

O dinamômetro pode ser modelado pela equação:

$$\sum \text{Forças} = M\frac{d^2x}{dt^2}$$

Considerando que o estímulo é dado pela aplicação da **força** f_i, e ainda, considerando que C_a é o **coeficiente de atrito viscoso**, K é a **constante de Hooke** da mola, aplicando a Transformada de Laplace, tem-se:

$$f_i(t) = \begin{cases} t<0 \Rightarrow f_i(t)=0 \\ t>0 \Rightarrow f_i(t)=1 \end{cases} \Rightarrow F_i(s)=\frac{1}{s},$$ pode-se reescrever

a equação:

$$X(s) = \frac{1}{K}\frac{1}{s}\frac{K/M}{s^2 + C_a/M\,s + K/M} =$$

$$= \frac{1}{M}\left[\frac{1}{s} - \frac{s + C_a/2M}{\left(s+C_a/2M\right)^2 + \left(\frac{K}{M}-\frac{C_a^2}{4M^2}\right)} - \frac{C_a/2M}{\left(s+C_a/2M\right)^2 + \left(\frac{K}{M}-\frac{C_a^2}{4M^2}\right)}\right]$$

e a resposta no domínio tempo:

$$x(t) = \frac{1-e^{-\frac{C_a}{2M}t}}{K}\left(\cos\left(\sqrt{\frac{K}{M}-\frac{C_a^2}{4M^2}}\right)t + \frac{\frac{C_a}{2M\sqrt{K/M}}}{\sqrt{1-\frac{C_a^2}{4MK}}}\text{sen}\left(\sqrt{\frac{K}{M}-\frac{C_a^2}{4M^2}}\right)t\right)$$

em que $\omega_n^2 = \frac{K}{M}, \xi = \frac{C_a}{2M\sqrt{K/M}}$. Os gráficos da resposta no tempo para diferentes ξ podem ser vistos na Figura 1.29.

Na Figura 1.29 podem ser observadas as três situações características:

Sistema subamortecido: $0 < \xi < 1$: nessa situação, existe um *overshoot*, e a estabilização do sistema pode ser rápida.

Sistema criticamente amortecido: $\xi = 1$: nesse caso ocorre a situação limite, em que a resposta inicia uma tendência exponencial crescente sem ocorrência de *overshoot*.

Sistema superamortecido: $\xi > 1$: a resposta do sistema é lenta, sem *overshoot*.

Observa-se que à medida que ξ diminui tende-se a um **Sistema sem amortecimento**: $\xi = 0$: nesse caso, as componentes sinusoidais não decaem e consequentemente o sistema oscila indeterminadamente.

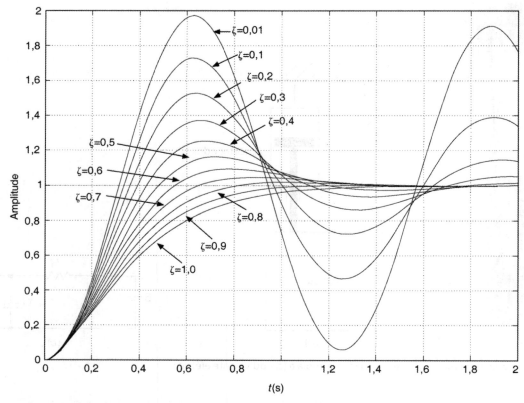

FIGURA 1.29 Resposta no domínio tempo para um sistema de segunda ordem com diferentes fatores de amortecimento.

EXERCÍCIOS

Questões

1. Defina precisão e exatidão de medida.
2. Porque a calibração de um instrumento é necessária?
3. Por que os padrões são necessários?
4. Defina resposta em frequência.
5. Defina tempo de resposta.
6. Defina relação sinal-ruído.
7. Defina resolução e sensibilidade.
8. Defina repetibilidade de um instrumento.
9. Defina rastreabilidade e comparabilidade.
10. O que são padrões? Para que servem?
11. O que é uma cadeia de medição?
12. O que é um sistema de medição?
13. Defina histerese e zona morta.
14. Quais as diferenças entre: padrão primário, secundário, de referência e de trabalho?
15. Periodicamente os instrumentos devem ser calibrados para evitar que erros maiores que os esperados introduzam-se nas medidas. Pesquise e descreva um processo de calibração de um sensor de temperatura do tipo termopar.
16. Cite um exemplo de sistema de medida de ordem zero, um e dois.

Problemas com respostas

1. Um sensor de temperatura tem uma resposta de 1 mV/°C (considere uma resposta muito lenta, quase estática). Um amplificador de ganho 100 é então ligado a esse sensor e um ruído de fundo de 10 mV$_{RMS}$ pode ser evidenciado. Sabendo que a temperatura tem uma excursão de até 25 °C. Pergunta-se: qual a sensibilidade do sistema? Qual a relação sinal/ruído?

   Resposta: Sensibilidade do sistema = 100 mV/°C

   $$\frac{S}{N} = 20 \log\left(\frac{2500}{10}\right) = 47,96 \ dB$$

2. No mesmo sistema, considere que a faixa de operação é de 0 a 100 °C e que o sensor dá uma resposta de 0 V a 0 °C, dessa forma a tensão de fundo de escala seria 10 V. Pergunta-se, se o fundo de escala registrasse 12 V, baseado no texto apresentado, quais os possíveis problemas que poderiam estar ocorrendo? (Considere que o sensor esteja funcionando perfeitamente.)

   Resposta: Provavelmente um erro sistemático como um erro de deslocamento de zero.

3. O que você sugere para resolver os problemas do exercício anterior?

   Resposta: Uma calibração.

4. A temperatura mínima que certo termômetro consegue ler é de 0 °C e a máxima de 95 °C. Esse termômetro tem um mostrador digital (*display*) de 2 dígitos sem ponto flutuante (mostra apenas números inteiros). Pergunta-se:

   a. Qual a faixa de operação deste instrumento?

   Resposta: 0 a 95 °C.

   b. Qual o valor do *span* (faixa dinâmica)?

   Resposta: 95 °C.

   c. Qual a resolução deste termômetro (limitada pelo *display*)?

   Resposta: Resolução = 1 °C.

5. Considere que o seguinte erro comece a ocorrer: um valor de 5 °C está somado em todas as temperaturas, a temperatura mínima é mostrada como 5 °C e a máxima como 105 °C. Como se classifica este erro?

   Resposta: Erro de zero.

6. Um sensor de pressão tem como saída a corrente *i*. Sabendo que ela variou $\Delta i = 250$ mA para uma variação de pressão de 10 bar. Calcule a sensibilidade deste sensor (considerando a sua resposta linear).

   Resposta: $S = 25 \dfrac{mA}{bar}$

7. Quais as vantagens de um sensor com resposta linear em relação a um sensor com resposta não linear?

   Resposta: Sua sensibilidade é constante.

8. Sabendo que uma balança tem uma zona morta de 100 gramas, trace o gráfico de uma entrada de pesos de 0 a 1 000 gramas (eixo *X*), *versus* a saída (eixo *Y*).

   Resposta:

   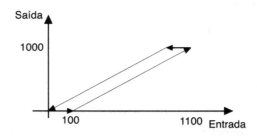

   FIGURA 1.30

9. A Figura 1.31 mostra um sinal: (a) composto pela soma do sinal representado em (b), com um ruído (branco) representado em (c). Calcule a relação sinal/ruído para o sinal de (a).

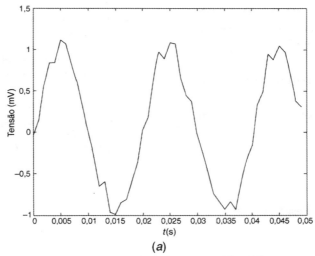

(a)

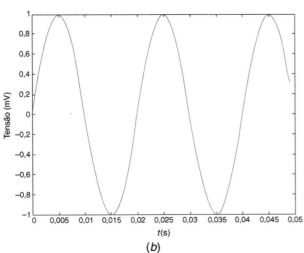

(b)

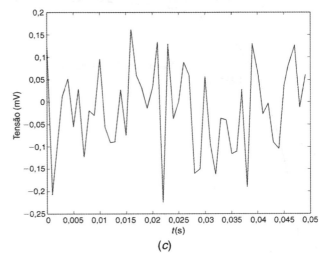

(c)

FIGURA 1.31 (*a*) Soma do sinal mais ruído, (*b*) sinal e (*c*) ruído.

Resposta: $V_{RMS} = \dfrac{1}{\sqrt{2}}$ mV; considerando os dados fornecidos para o sinal de ruído verificamos que ele excursiona, aproximadamente, de –0,22 a 0,15 mV, uma faixa dinâmica total de 0,37 mV. Se este ruído é branco gaussiano, então o mesmo segue uma distribuição normal e assim pode ser descrito por uma faixa de aproximadamente 6 desvios padrão (ou valor RMS). Assim:

$V_{RMS_{ruido}} = \dfrac{0,37}{6} = 0,062$ mV.

Logo, $\dfrac{S}{R} = 20 \log\left(\dfrac{1/\sqrt{2}}{0,062}\right) = 21,14\ dB$

10. Quantos algarismos significativos têm as seguintes medidas:
    a. 123,555
    b. 1256,90
    c. 1256,900
    d. 0,0012569
    e. 0,12569

    Respostas: a. 6 AS; b. 6 AS; c. 7 AS; d. 5 AS; e. 5 AS

11. Um forno resistivo tem um estímulo de tensão elétrica (excitação) e a resposta conforme a Figura 1.32. Determine a função de transferência deste sistema.

    Resposta: Conhecemos a forma da resposta no tempo: $x(t) = \dfrac{1}{a_0}\left(1 - e^{-\frac{a_0}{a_1}t}\right)$. Pelo gráfico, sabemos que em $t \to \infty$ $x(t) = \dfrac{1}{a_0} = 100$; assim $a_0 = 0,01$.

Uma leitura aproximada do gráfico nos permite estimar a derivada da resposta no tempo $t = 0$: $\dfrac{dx(o)}{dt} = -\dfrac{1}{a_0}\dfrac{a_0}{a_1}\left(-e^{-\frac{a_0}{a_1}t}\right) = \dfrac{1}{a_1} = \dfrac{30}{3}$; assim $a_1 = 0,1$.

Assim, a função de transferência é:

$$\dfrac{X(s)}{F(s)} = \dfrac{10}{s + 0,1}$$

Problemas para você resolver

1. Seja o sistema mecânico da Figura 1.33. Considere as seguintes condições iniciais: posição inicial zero $x(0) = 0$, velocidade inicial zero $\dfrac{dx}{dt} = 0$. A massa $M = 1$ kg, a constante da mola $K = 1,5\ N/m$, e a constante do amortecimento $B = 2\ Ns/m$. A equação desse sistema é $M\dfrac{d^2x}{dt^2} + B\dfrac{dx}{dt} + Kx = 0$. Determine a resposta desse sistema a um estímulo de força do tipo salto unitário.

2. A Figura 1.34 mostra uma barra engastada com um sensor do tipo extensômetro de resistência elétrica, compondo uma célula de carga para medir movimentos vibratórios de baixa frequência (deslocamento). Que tipo de sistema é esse? Faça uma modelagem simplificada desse sistema para um estímulo de força F e a saída distância d.

3. Seja um sistema genérico com a seguinte função de transferência: $F_T(s) = \dfrac{1}{Ts + 1}$. Determine a resposta ao salto unitário para esse sistema com $T = 1$, $T = 2$, $T = 3$, $T = 4$ $T = 5$.

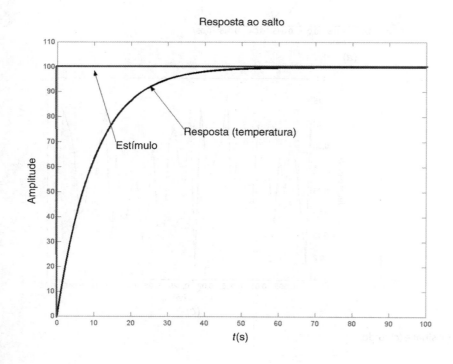

FIGURA 1.32 Estímulo e resposta de um forno resistivo.

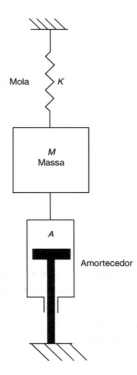

FIGURA 1.33 Sistema mecânico massa-mola-amortecedor.

Neste exercício sugere-se a utilização de um software como o Matlab para a visualização dos resultados.

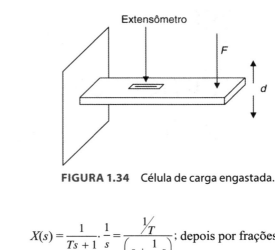

FIGURA 1.34 Célula de carga engastada.

$$X(s) = \frac{1}{Ts+1} \cdot \frac{1}{s} = \frac{1/T}{\left(s+\frac{1}{T}\right)s}; \text{ depois por frações parciais:}$$

$$X(s) = \frac{1/T}{\left(s+\frac{1}{T}\right)s} = \frac{A}{s+\frac{1}{T}} + \frac{B}{s} = \frac{As + B\left(s+\frac{1}{T}\right)}{\left(s+\frac{1}{T}\right)s};$$

$$\frac{B}{T} = \frac{1}{T} \Rightarrow B = 1; A + B = 0 \Rightarrow A = -1;$$

Genericamente: $X(s) = \frac{1}{s} - \frac{1}{s+\frac{1}{T}}$; com a tabela podemos deduzir a expressão no tempo: $x(t) = 1 - e^{-\left(\frac{t}{T}\right)}$ para $t \geq 0$.

■ BIBLIOGRAFIA

BOLTON, W. *Instrumentação e controle*. São Paulo: Hemus, 1997.

CONSIDINE, D. A. *Process instruments and controls handbook*. New York: McGraw-Hill, 1974.

DOEBELIN, O. E. *Measurement systems*: application and design. New York: McGraw-Hill, 1990.

ECKMAN, D. P. *Industrial instrumentation*. New Delhi: Wiley Eastern, 1986.

ELLISON, S. L. R.; ROSSLEIN, M.; WILLIAMS, A. *Guia EURACHEM/ CITAC – determinando a incerteza na medição analítica*. 2. ed. Sociedade brasileira de metrologia, 2002.

FIBRANCE, A. E. *Industrial instrumentation fundamentals*. New Delhi: TMH, 1981.

HASLAN, J. A. et al. *Engineering instrumentation and control*. London, Edward Arnold Publishers, 1981.

HOLMAN, J. P. *Experimental methods for engineers*. New York: Mc-Graw-Hill, 2000.

OGATA, K. *Engenharia de controle moderno*. 3. ed. São Paulo: Prentice-Hall, 1983.

SOISSON, H. E. *Instrumentação industrial*. São Paulo: Hemus, 1986.

VIM – International vocabulary of metrology – Basic and general concepts and associated terms, ICGM 200:2008.

VIM – Vocabulário Internacional de Metrologia. Conceitos Fundamentais e Gerais e Termos Associados. 1. ed. Luso-Brasileira–2012 Inmetro, Rio de Janeiro, 2012.

VIM – Vocabulário internacional de termos fundamentais e gerais de Metrologia. Portaria Inmetro nº 029 de 1995 / Inmetro, Senai – Departamento Nacional. 5. ed. Rio de Janeiro: Senai, 2007, 72p. ISBN 978-85-99002-18-6.

VUOLO, J. H. *Fundamentos da teoria de erros*. São Paulo: Edgard Blücher, 1992.

WEBSTER, J. G. *Measurement, instrumentation and sensors handbook*. Boca Raton, FL: CRC Press, 1999.

CAPÍTULO 2

Fundamentos de Estatística, Incertezas de Medidas e Sua Propagação

2.1 Introdução

Todo procedimento de medição consiste em determinar experimentalmente uma grandeza física. A teoria de incertezas auxilia na determinação do valor que melhor representa uma grandeza, embasado nos valores medidos. Além disso, auxilia na determinação, com bases em probabilidades, de quanto esse valor pode se afastar do valor verdadeiro, o qual caracteriza a incerteza dessa medida.

Utiliza-se o termo **incerteza padrão** para especificar a dispersão das medidas em torno da melhor estimativa, calculada como o desvio padrão dessa estimativa (como será visto no decorrer deste capítulo, esse termo diferencia-se do desvio padrão da amostra).

Na prática, existem muitas fontes possíveis de incertezas, incluindo a definição incompleta do mensurando, amostragem não representativa, conhecimento incorreto das influências ambientais ou a própria medição incorreta dessas condições, resolução finita dos instrumentos, valores inexatos de referências, valores inexatos de constantes utilizadas no algoritmo, entre outros.

Os objetivos deste capítulo são: compreender o significado de parâmetros de tendência central, de dispersão em um conjunto de dados, assim como outras ferramentas matemáticas que possibilitem a compreensão do significado da incerteza de medidas e de sua propagação. Além disso, apresentamos algumas técnicas para análise de dados experimentais.

2.2 Medidas de Tendência Central

2.2.1 Média

Existem diferentes tipos de médias para fins específicos. Quando utilizada, é necessário avaliar o tipo de média conveniente para caracterizar o fenômeno estudado.

Usando uma definição simplificada, o termo média caracteriza o valor mais típico ou o valor mais esperado em uma dada coleção de dados ou eventos. Considere uma coleção de dados, 28 no total, que pode representar, por exemplo, o ângulo dado por um eletrogoniômetro para avaliar o movimento unidimensional de uma determinada articulação do braço (Figura 2.1):

40° 60° 50° 50° 30° 60° 40° 30° 30°
40° 50° 30° 10° 60° 50° 20° 50° 20°
30° 40° 40° 50° 70° 70° 80° 40° 60° 50°

Qual é a média de ângulos para esse ensaio? As medidas de tendência central mais comumente empregadas são a denominada média aritmética (normalmente chamada apenas de média), a mediana e a moda. É importante ressaltar que existem outros tipos de médias e todas são corretas quando usadas no contexto adequado.

Por definição, a média aritmética ($\overline{X}$) é a soma de todos os valores $\left(\sum_{i=1}^{n} X_i \right)$ de um dado ensaio ou de uma coleção de dados dividida pelo número total de dados (n):

$$\overline{X} = \frac{\sum_{i=1}^{n} X_i}{n} = \frac{X_1 + X_2 + X_3 + \ldots + X_n}{n}$$

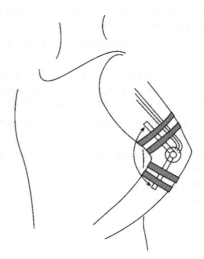

FIGURA 2.1 Esboço de um eletrogoniômetro posicionado para avaliar os ângulos envolvidos em determinados movimentos de um braço.

Para o exemplo dado, a média é

$$\overline{X} = \frac{\sum_{i=1}^{28}(40° + 60° + \ldots + 50°)}{28} = \frac{1250}{28} = 44{,}64°.$$

A média aritmética para esse exemplo é de 44,64°. Considerando-se os algarismos significativos, deve-se descartar o 0,04 (considere que, nesse instrumento, a variação de ângulos é de 1° em 1° – resolução do instrumento. Nesse caso, a melhor opção para representar a média como 44,6° [3 algarismos significativos] seria optar por um instrumento com menor resolução).

2.2.2 Mediana

Representa o valor médio do conjunto de dados ordenados em ordem de grandeza, ou seja, a média aritmética dos dois valores centrais. A Figura 2.2 mostra a distribuição dos dados do ensaio com o eletrogoniômetro. Analisando a figura, percebe-se que 14 valores se encontram entre 0° e 40° e 14 valores estão entre 50° e 90°. Portanto, a mediana é dada por:

$$\text{Mediana} = \frac{40 + 50}{2} = \frac{90}{2} = 45°$$

em que 40° e 50° representam os valores centrais.

2.2.3 Moda

A moda é definida como o valor que "mais frequentemente ocorre" no conjunto de dados. Facilmente se percebe, pela distribuição da Figura 2.2, que a moda é o ângulo de 50°.

Para o mesmo conjunto de dados foram encontrados três diferentes tipos de medidas de tendência central: a média

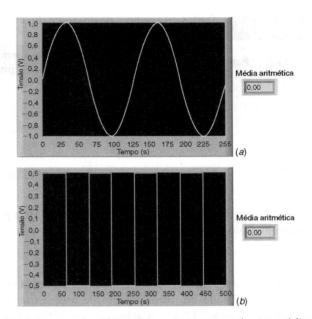

FIGURA 2.3 Formas de onda e suas correspondentes médias aritméticas: (a) seno e (b) onda quadrada.

aritmética igual a 44,6°, a mediana de 45° e a moda de 50°. Em diversas situações experimentais, a média não é um parâmetro útil para avaliação do conjunto de dados, especialmente se um ou dois dados são "muito grandes" ou "muito pequenos" quando comparados ao restante dos dados.

Um excelente exemplo do cuidado que se deve ter ao utilizar a média para avaliação de um conjunto de dados é esboçado na Figura 2.3, que mostra formas de onda normalmente utilizadas em ciências exatas.

As formas de onda mostradas na Figura 2.3 representam eventos diferentes, mas têm a mesma média aritmética. Sendo assim, na avaliação de experimentos ou de fenômenos, deve-se utilizar com muito cuidado esse parâmetro e todos os demais, para evitar conclusões equivocadas.

A média é um parâmetro mais interessante quando o lote de dados medidos é simétrico.[1] A mediana é muitas vezes utilizada quando o dado é altamente assimétrico. Já a moda pode ser usada para responder questões do tipo: qual é a causa mais comum da mortandade de peixes em um aquário?

2.2.4 Média geométrica e média harmônica

A média geométrica é muitas vezes utilizada quando os dados são assimétricos,[2] como, por exemplo, em diversos

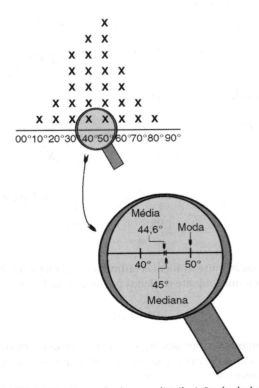

FIGURA 2.2 Exemplo de uma distribuição de dados.

---

[1] Simetria: a média, a moda e a mediana são coincidentes. Os esboços a seguir apresentam as posições relativas da média, da mediana e da moda, com exemplos de assimetria.

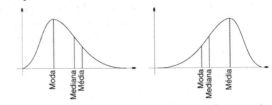

[2] Assimetria (relações desviadas) pode-se utilizar a relação empírica: Média – Moda = 3 (Média – Mediana).

TABELA 2.1 — Dados do exemplo da dosagem de um medicamento

Dias	Para utilizar (mL)	Dosagem utilizada (mL)	Dosagem restante (mL)
1	512	256	256
2	256	128	128
3	128	64	64
4	64	32	32
5	32	16	16

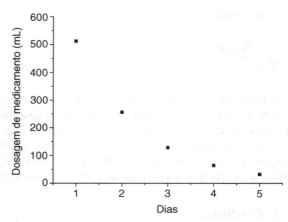

FIGURA 2.4 Gráfico para o exemplo da dosagem de um medicamento.

estudos da área biológica. A média geométrica (MG) para um conjunto de dados (n) é dada por:

$$MG = \sqrt[n]{X_1 \times X_2 \times \ldots \times X_n}$$

Considere a seguinte situação: em um determinado experimento, é utilizado um medicamento de uso restrito cuja embalagem contém 512 mL. A aplicação teste desse produto é realizada em cinco dias e a cada dia é utilizada a metade da dosagem restante. A Tabela 2.1 apresenta os dados organizados para esse experimento.

Relembrando, a média aritmética da dosagem para aplicar por dia é dada por:

$$\bar{X} = \frac{\sum_{i=1}^{n} X_i}{n} = \frac{X_1 + X_2 + X_3 + \ldots + X_n}{n}$$

$$\bar{X} = \frac{\sum_{i=1}^{5} X_i}{5} = \frac{X_1 + X_2 + X_3 + X_4 + X_5}{5} =$$

$$= \frac{512 + 256 + 128 + 64 + 32}{5} \cong 198$$

e a média geométrica, na prática, é dada normalmente em logaritmos:

$$MG = 10^{\left(\frac{\log_{10}(X_1) + \log_{10}(X_2) + \log_{10}(X_3) + \ldots + \log_{10}(X_n)}{n}\right)}$$

$$MG = 10^{\left(\frac{\log(512) + \log(256) + \log(128) + \log(64) + \log(32)}{5}\right)} \cong 128.$$

A Figura 2.4 apresenta o gráfico para esses dados.

A média harmônica (MH) para um conjunto de dados (n) é dada por:

$$MH = \frac{1}{\left(\dfrac{\sum_{i=1}^{n} \dfrac{1}{X_i}}{n}\right)} = \frac{1}{\left(\dfrac{\dfrac{1}{X_1} + \dfrac{1}{X_2} + \ldots + \dfrac{1}{X_n}}{n}\right)}$$

e geralmente é utilizada quando os dados do experimento envolvem razões, como, por exemplo, metros por segundo. Em algumas situações, podem ser atribuídos pesos (também chamado de ponderação) ω_n diferentes às parcelas:

$$MH = \frac{1}{\left(\dfrac{\dfrac{\omega_1}{X_1} + \dfrac{\omega_2}{X_2} + \ldots + \dfrac{\omega_n}{X_n}}{n}\right)}$$

TABELA 2.2 — Vibração de um chassi durante um mês

Semana	Vibração (aceleração em m/s²)
1	2,29
2	1,98
3	1,56
4	2,04

Como exemplo, seja um ensaio para se determinar a vibração de um chassi durante 1 mês (Tabela 2.2).

A média aritmética desse experimento é dada por:

$$\bar{X} = \frac{\sum_{i=1}^{n} X_i}{n} = \frac{X_1 + X_2 + X_3 + \ldots + X_n}{n} =$$

$$= \frac{2,29 + 1,98 + 1,56 + 2,04}{4} \cong 1,97 \, \text{m}/\text{s}^2$$

e a média harmônica é dada por:

$$MH = \frac{1}{\left(\dfrac{\sum_{i=1}^{n} \dfrac{1}{X_i}}{n}\right)} = \frac{1}{\left(\dfrac{\dfrac{1}{X_1} + \dfrac{1}{X_2} + \ldots + \dfrac{1}{X_n}}{n}\right)} =$$

$$= \frac{1}{\left(\dfrac{\dfrac{1}{2,29} + \dfrac{1}{1,98} + \dfrac{1}{1,56} + \dfrac{1}{2,04}}{4}\right)} \cong 1,93 \, \text{m}/\text{s}^2$$

A relação entre as médias aritmética, geométrica e harmônica para um conjunto de dados positivos é dada por:

$$MH \leq MG \leq \bar{X}$$

É importante novamente observar que existem diversas medidas de tendência central e que todas são corretas quando usadas no contexto adequado.

2.2.5 Raiz média quadrática (root mean square)

Nas ciências biomédicas, na física e na engenharia, é muito comum o uso de outras medidas de tendência central que possuem significado especial em determinadas aplicações. Dentre elas destaca-se a raiz média quadrática (rms).

Considere a seguinte forma de onda (Figura 2.5) obtida por um gerador de funções (ou comumente denominado gerador de sinais). A média dessa função é a área da forma de onda dividida pelo segmento desejado:

$$\overline{X} = \frac{1}{T} \int_{t_1}^{t_2} x(t) dt$$

em que $x(t)$ representa a tensão elétrica, no caso.

A média rms é amplamente utilizada em circuitos elétricos, na análise de sinais biomédicos, na análise de vibrações de estruturas e em diversas outras aplicações. Para avaliar o significado físico, considere uma corrente senoidal (AC) que circula por uma resistência elétrica durante um tempo T dissipando uma dada potência.

Nessa mesma resistência e para o mesmo intervalo de tempo, uma corrente contínua (DC) circulou dissipando a mesma potência. Portanto, o valor efetivo dessa corrente alternada deve ser igual ao valor da corrente contínua para que a potência dissipada seja a mesma. O valor efetivo é chamado de valor rms, ou valor eficaz; nesse caso, seria denominado corrente eficaz ou corrente rms. Considere o sinal senoidal da Figura 2.6, que representa a forma de onda da tensão senoidal.

A tensão rms da tensão senoidal é dada por:

$$V_{rms} = \sqrt{\frac{1}{T} \int_{t_1}^{t_2} (V(t))^2 dt}$$

sendo V_{rms} o valor rms, T o intervalo de tempo entre t_1 e t_2 e $V(t)$ a função tensão elétrica variante no tempo. Para esse seno (onda não retificada), o valor eficaz ou rms é:

$$V_{rms} = \sqrt{\frac{1}{T} \int_{t_1}^{t_2} (V(t))^2 dt}$$

$$V_{rms} = \sqrt{\frac{1}{2\pi} \int_0^{2\pi} (V_p \operatorname{sen}(\theta))^2 d\theta} = \sqrt{\frac{1}{2\pi} \int_0^{2\pi} V_p^2 \operatorname{sen}^2(\theta) d\theta}$$

$$V_{rms} = \sqrt{\frac{1}{2\pi} V_p^2 \left[\frac{1}{2}\theta - \frac{\operatorname{sen}(2\theta)}{4}\right]_0^{2\pi}} = \sqrt{\frac{1}{2\pi} V_p^2 \pi}$$

$$V_{rms} = \frac{V_p}{\sqrt{2}}$$

Considere um circuito denominado **retificador de meia-onda**, apresentado na Figura 2.7.

Nesse circuito o diodo (dispositivo apresentado no Capítulo 3) atua convertendo uma tensão na entrada AC (V_{in}) em uma tensão de saída DC pulsante (V_{out}). A frequência de saída é a mesma da entrada, e a tensão rms é dada por

$$V_{rms} = \sqrt{\frac{1}{T} \int_{t_1}^{t_2} (V(t))^2 dt}$$

$$V_{rms} = \sqrt{\frac{1}{2\pi} \int_0^{\pi} (V_p \operatorname{sen}(\theta))^2 d\theta} = \sqrt{\frac{1}{2\pi} \int_0^{\pi} V_p^2 \operatorname{sen}^2(\theta) d\theta}$$

$$V_{rms} = \sqrt{\frac{1}{2\pi} V_p^2 \left[\frac{1}{2}\theta - \frac{\operatorname{sen}(2\theta)}{4}\right]_0^{\pi}} = \sqrt{\frac{1}{2\pi} \frac{\pi}{2} V_p^2} = \sqrt{\frac{V_p^2}{4}}$$

$$V_{rms} = \frac{V_p}{2} \text{ para o retificador de meia-onda.}$$

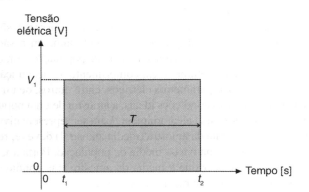

FIGURA 2.5 Forma de onda para exemplificar a média quadrática.

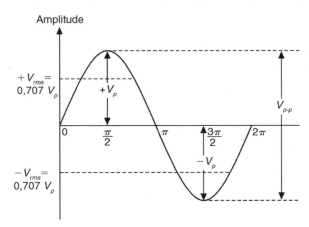

FIGURA 2.6 Tensão senoidal.

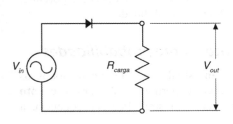

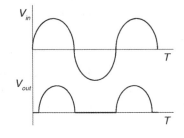

FIGURA 2.7 Esboço do retificador de meia-onda.

2.3 Medidas de Dispersão

Em todas as medições ocorrem variações, independentemente do tipo de experimento que esteja sendo avaliado, ou seja, em um processo de medição muitas podem ser as fontes de incerteza que ocasionam a dispersão das correspondentes medidas.

Suponha o processo de medição da massa de um determinado lote de um tipo de componente eletrônico. Em um dado projeto, a especificação para esse componente eletrônico é de uma massa de 1,45 g; mas quando uma amostra de 30 *componentes idênticos* é pesada adequadamente, os resultados obtidos são indicados na Tabela 2.3 e na Figura 2.8.

É importante observar que todos os componentes eletrônicos são idênticos, porém existe dispersão de dados em torno da massa desejada.

Percebe-se que os dados seguem uma curva familiar na área das ciências e tecnologia, denominada curva de **distribuição normal** (veja a Seção 2.4), que possibilita verificar a frequência da ocorrência de um determinado dado e a medida da dispersão dos dados. Considerando uma população ou um conjunto muito grande de dados, podemos considerar a variância (σ^2) como a principal medida de dispersão, dada por:

$$\sigma^2 = \frac{\sum_{i=1}^{N}(X_i - \bar{X})^2}{N}$$

A variância possui a unidade da amostra elevada ao quadrado. Para obter-se um parâmetro com a mesma unidade da amostra utiliza-se a raiz quadrada da variância ou o desvio padrão, definido por:

$$\sigma = \sqrt{\frac{\sum_{i=1}^{N}(X_i - \bar{X})^2}{N}}$$

em que X_i representa os dados, $\bar{X}$, a média aritmética do conjunto de dados e N, o total de dados do conjunto. Para uma amostra pequena de dados, no lugar de σ^2 é utilizado s^2, no lugar de σ é utilizado s e $N-1$ no denominador:

$$s^2 = \frac{\sum_{i=1}^{N}(X_i - \bar{X})^2}{N-1}$$

e

$$s = \sqrt{\frac{\sum_{i=1}^{N}(X_i - \bar{X})^2}{N-1}}$$

2.4 Conceitos sobre Probabilidade e Estatística

A população sobre a qual é necessário obter conclusões é representada por amostras experimentais. Considere, por exemplo, a tarefa de determinar a resistência elétrica de todos os resistores fabricados por uma indústria em um dado mês. Evidentemente, em geral, não é viável medir todas as resistências de todos os resistores, mas sim de um conjunto significativo denominado amostra. No caso de indústrias do setor eletroeletrônico, as amostras podem ser representadas por componentes, ao passo que, nas ciências biológicas, consistem em indivíduos que podem ser plantas, animais, células, órgãos, tecidos etc.

Nos exemplos citados anteriormente, as amostras são diferentes, pois as populações evidentemente também o são. As amostras servem para a caracterização da população, como, por exemplo: peso, volume, área, comprimento, concentração de um produto, pH, parâmetros elétricos, entre outros, de uma dada população. Em condições ideais, a amostra de uma população deve ser escolhida aleatoriamente para ser representativa; por exemplo, a média da amostra (média amostral) deve representar a melhor estimativa da média da população. Portanto, é necessário estabelecer que a média da amostra seja confiável como uma estimativa da média da população.

A confiabilidade de uma média amostral está diretamente relacionada com a variabilidade das medições individuais e com o número dessas medições. É necessário, portanto, algum processo de medida da variabilidade.

2.4.1 Fundamentos sobre probabilidades

Por definição, **espaço amostral** é o conjunto de todos os resultados possíveis de um experimento aleatório e **evento** é o subconjunto do espaço amostral. Por consequência, a

TABELA 2.3	Amostra da massa (gramas) dos 30 componentes eletrônicos idênticos								
1,16	1,18	1,20	1,26	1,26	1,30	1,30	1,30	1,33	1,35
1,40	1,40	1,40	1,40	1,40	1,43	1,48	1,50	1,50	1,50
1,50	1,53	1,60	1,60	1,62	1,65	1,70	1,70	1,70	1,81

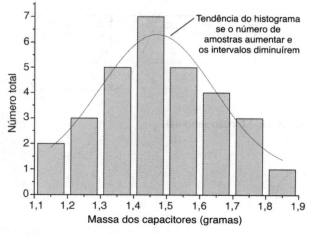

FIGURA 2.8 Curva de distribuição normal para os componentes eletrônicos.

probabilidade de um evento E, que ocorre de m maneiras diferentes, em um total de n modos possíveis igualmente prováveis, é dada por:

$$p = P(E) = \frac{m}{n}$$

sendo $P(E)$ também chamada de probabilidade de ocorrência do evento E. Sendo assim, a probabilidade de não ocorrência do evento E é dada por:

$$q = P(\bar{E}) = \frac{n-m}{n} = 1 - \frac{m}{n} = 1 - P(E).$$

Axiomas de probabilidades: se o espaço amostral é indicado por U e o evento por E em um experimento aleatório, então

$$P(U) = 1;$$
$$0 \leq P(E) \leq 1;$$
$$P(\varnothing) = 0;$$
$$P(\bar{E}) = 1 - P(E).$$

Regras de probabilidades:

(a) **regra da adição** de dois eventos E_1 e E_2 (ou da união de dois eventos: $E_1 \cup E_2$): $P(E_1 \cup E_2) = P(E_1) + P(E_2) - P(E_1 \cap E_2)$;
(b) se dois eventos E_1 e E_2 não apresentam interseção ($E_1 \cap E_2 = \varnothing$), são chamados de **eventos mutuamente excludentes** ou exclusivos. Portanto, $P(E_1 \cap E_2) = 0$: $P(E_1 \cup E_2) = P(E_1) + P(E_2) - P(E_1 \cap E_2) = P(E_1) + P(E_2)$;
(c) **probabilidade condicional** $P(E_2/E_1)$: a probabilidade condicional de um evento E_2, dado que um evento E_1 ocorreu, é obtida por

$$P(E_2/E_1) = \frac{P(E_1 \cap E_2)}{P(E_1)},$$

para $P(E_1) > 0$;
(d) **regra da multiplicação** de dois eventos E_1 e E_2 (ou da interseção de dois eventos: $E_1 \cup E_2$):

$$P(E_1 \cap E_2) = P(E_1/E_2) \times P(E_2) = P(E_2/E_1) \times P(E_1);$$

(e) **regra da probabilidade total** para dois eventos E_1 e E_2:

$$P(E_2) = P(E_2 \cap E_1) + P(E_2 \cap \bar{E_1}) =$$
$$= P(E_2/E_1) \times P(E_1) + P(E_2/\bar{E_1}) \times P(\bar{E_1});$$

(f) **independência**: se a probabilidade condicional $P(E_2/E_1) = P(E_2)$, por consequência, o evento E_1 não afeta a probabilidade do evento E_2. Dois eventos são independentes se qualquer uma das seguintes afirmações for verdadeira: $P(E_1/E_2) = P(E_1)$; $P(E_2/E_1) = P(E_2)$ e $P(E_1 \cap E_2) = P(E_1) \times P(E_2)$.

Teorema de Bayes: permite calcular a probabilidade condicional entre eventos:

$$P(E_1/E_2) = \frac{P(E_2/E_1) \times P(E_1)}{P(E_2)},$$

para $P(E_2) > 0$.

A **distribuição de probabilidade** de uma variável aleatória X é uma descrição das probabilidades associadas com os valores possíveis de X. Por definição, para uma **variável aleatória discreta** X, com valores possíveis $x_1, x_2, ..., x_n$ sua **função de probabilidade** é dada por:

$$f(x_i) = P(X = x_i)$$

sendo $f(x_i)$ definida como uma probabilidade, ou seja, $f(x_i) \geq 0$ para todo x_i e $\sum_{i=1}^{n} f(x_i) = 1$.

Função distribuição cumulativa: por definição, a função distribuição cumulativa em um valor de X é a soma das probabilidades em todos os pontos menores ou iguais a X. Portanto, para uma **variável aleatória discreta** X a função distribuição cumulativa é dada por:

$$F(x) = P(X \leq x) = \sum_{x_i \leq x} f(x_i).$$

As mesmas definições são utilizadas para variáveis aleatórias contínuas, ou seja, a **função densidade de probabilidade** $f(x)$ de uma **variável aleatória contínua** também pode ser utilizada para determinar probabilidades conforme se segue:

$$\int_a^b f(x)dx = P(a < X < b)$$

e a **função distribuição cumulativa** de uma **variável aleatória contínua** X, com função densidade de probabilidade $f(x)$ é dada por:

$$F(x) = P(X \leq x) = \int_{-\infty}^{x} f(u)du,$$

para $-\infty < x < \infty$. Assim sendo, a função distribuição cumulativa $F(x)$ pode ser relacionada à função densidade de probabilidade $f(x)$ e pode ser usada para obter probabilidades:

$$P(a < X < b) = \int_a^b f(x)dx = \int_{-\infty}^{b} f(x)dx -$$
$$- \int_{-\infty}^{a} f(x)dx = F(b) - F(a).$$

2.4.2 Distribuições estatísticas

A seguir são apresentadas as principais distribuições que normalmente os dados obtidos experimentalmente seguem. Em geral, a determinação experimental dos dados ou ensaios permite gerar histogramas[3] utilizados para aproximar ou determinar a função distribuição que melhor descreve o experimento. Com a função distribuição determinada, ela é utilizada para interpretar os dados do experimento correspondente.

---
[3] Histograma é uma representação gráfica da distribuição de frequências (veja, por exemplo, as Figuras 2.8 e 2.10) de um determinado evento ou experimento. Normalmente representado como um gráfico de barras verticais. Basicamente é um gráfico composto por retângulos justapostos em que a base de cada um deles corresponde ao intervalo de classe e a sua altura à respectiva frequência.

As funções de distribuição ou densidade de probabilidades são descrições probabilísticas completas de uma variável aleatória. Aspectos particulares do comportamento da variável aleatória são geralmente descritos por valores quantitativos como:

O **valor esperado** ou a **esperança** matemática da variável X:

$$E(x) = \int X f_X(X) dX = \sum_i X_i f_X(X_i)$$

em que $f_X(X)$ é a função densidade de probabilidades.

A média é o valor esperado de uma distribuição de variáveis aleatórias, já que é o ponto com maior probabilidade de ocorrência: $\mu = E(X)$.

Podemos citar algumas propriedades desse operador, como $E(c) = c$ ou $E[aX + c] = aE[X] + c$ (sendo a e c constantes).

Se X e Y são variáveis aleatórias então $E[X + Y] = E[X] + E[Y]$, e ainda se forem independentes $E[X \cdot Y] = E[X] \cdot E[Y]$.

O valor esperado $E[X]$ também é utilizado na definição de outros parâmetros estatísticos como a:

Variância: $VAR[X] = E[(X - E[X])^2]$

Algumas propriedades da variância:

$$VAR[c] = 0;$$
$$VAR[aX + b] = a^2 VAR[X];$$
$$VAR[X] = E[X^2] - (E[X])^2;$$

A **covariância** de X e Y é definida como:

$$COV[X, Y] = E[X - E[X]] \cdot E[Y - E[Y]]$$

Algumas propriedades da covariância:

$$COV[Y, Y] = VAR[Y];$$
$$COV[X, Y] = E[XY] - E[X]E[Y];$$

Se as variáveis aleatórias X e Y forem independentes então:

$$COV[X, Y] = 0;$$

Podemos ainda definir o **coeficiente de correlação**:

$$COR[X, Y] = \frac{COV[X, Y]}{\sqrt{VAR(X) VAR(Y)}};$$

Esse coeficiente varia de -1 a 1.

2.4.2.1 Distribuição binomial

Considere um experimento aleatório, de n tentativas independentes, cujos resultados possíveis possam ser rotulados como *sucesso* ou *falha*. Se $X = 1$ indicar o resultado sucesso e $X = 0$ representar a falha, então as funções probabilidades podem ser representadas por:

$$f(1) = P(X = 1) = p$$
$$f(0) = P(X = 0) = 1 - p$$

em que o parâmetro $p(0 < p < 1)$ indica a probabilidade do resultado sucesso ou falha. Se em cada tentativa independente a probabilidade p permanecer constante, o experimento aleatório é denominado **experimento binomial**, cuja função distribuição binomial com parâmetros $p(0 < p < 1)$ e $n(n = \{1, 2, 3, \ldots\})$ é dada por:

$$f(x) = \binom{n}{x} p^x (1-p)^{n-x},$$

para $x = 0, 1, \ldots, n$

em que $\binom{n}{x} = \frac{n!}{x!(n-x)!}$; sendo assim,

$$f(x) = \binom{n}{x} p^x (1-p)^{n-x} = \left[\frac{n!}{x!(n-x)!} \right] p^x (1-p)^{n-x}$$

A função $f(x)$ representa a probabilidade de x ocorrências de sucessos ($X = 1$) em n repetições do processo.

A média μ e a variância σ^2 para uma variável aleatória binomial X com parâmetros p e n são:

$$\mu = E(X) = np$$
$$\sigma^2 = V(X) = np(1-p)$$

EXEMPLO

Considere que os veículos de uma determinada montadora apresentam 30% de sinistros em função de problemas relacionados ao projeto de sua suspensão. Uma amostra aleatória de 35 desses veículos foi selecionada. Seja X a variável que representa o número desses veículos com problemas; então X é uma variável aleatória binomial com parâmetros $(n, p) = (35, 30\%)$. Suponha que o interesse seja determinar a probabilidade de que cinco ou menos veículos apresentem esse problema, ou seja, qual a probabilidade $P(X \leq 5)$?

Para solucionar essa questão, basta lembrar-se do seguinte conceito:

$$F(x) = P(X \leq x) = \sum_{x_i \leq x} f(x_i),$$

(continua)

(continuação)

sendo $f(x) = \binom{n}{x} p^x (1-p)^{n-x}$ a função distribuição binominal, $p = 0{,}30$, $n = 35$ e $x = 5$:

$$F(x) = P(X \leq x) = \sum_{x_i \leq x} f(x_i) = \sum \binom{n}{x} p^x (1-p)^{n-x}$$

$$F(5) = P(X \leq 5) = P(X = 5) + P(X = 4) + P(X = 3) + P(X = 2) + P(X = 1) + P(X = 0)$$

sendo:

$$P(X = 5) = f(5) = \binom{35}{5} 0{,}30^5 (1-0{,}30)^{35-5} = \left[\frac{35!}{5!(35-5)!}\right] 0{,}30^5 (1-0{,}30)^{35-5}$$

$$P(X = 4) = f(4) = \binom{35}{4} 0{,}30^4 (1-0{,}30)^{35-4}$$

e assim sucessivamente.

Deixamos a cargo do leitor comparar o resultado com a simulação realizada no Matlab:

```
>>
>> % Simulação do exemplo usando a função densidade cumulativa
>> % binomial (binocdf)
>>
>> prob1 = binocdf(5,35,0.3)
>> prob1 = 0.0269
>>
>> % ou usando a função densidade de probabilidade binomial
>> % (binopdf)
>>
>> prob2 = sum(binopdf(0:5,35,0.3))
>> prob2 = 0.0269
>>
```

Sendo assim, a probabilidade de que cinco ou menos veículos apresentem esse problema é de apenas 0,0269, ou seja, 2,69%. Apenas como exemplo, a Figura 2.9 apresenta a função densidade de probabilidade para esse exemplo com $p = 15\%$, $p = 30\%$, $p = 60\%$ e $p = 90\%$:

```
>> x = 0:5;
>> pdf1 = binopdf(x,35,0.15);
>> pdf2 = binopdf(x,35,0.30);
>> subplot(1,2,1),bar(x,pdf1,1,'w')
>> title('n = 35, p = 15%');
>> xlabel ('X'), ylabel ('f(X)');
>> axis square;
>> subplot(1,2,2),bar(x,pdf2,1,'w')
>> title('n = 35, p = 30%');
>> xlabel ('X'), ylabel ('f(X)');
>> axis square;
>>
>> pdf1 = binopdf(x,35,0.60);
>> pdf2 = binopdf(x,35,0.90);
```

(continua)

(*continuação*)

```
>> subplot(1,2,1),bar(x,pdf1,1,'w')
>> title('n = 35, p = 60%');
>> xlabel ('X'), ylabel ('f(X)');
>> axis square;
>> subplot(1,2,2),bar(x,pdf2,1,'w')
>> title('n = 35, p = 90%');
>> xlabel ('X'), ylabel ('f(X)');
>> axis square;
>>
```

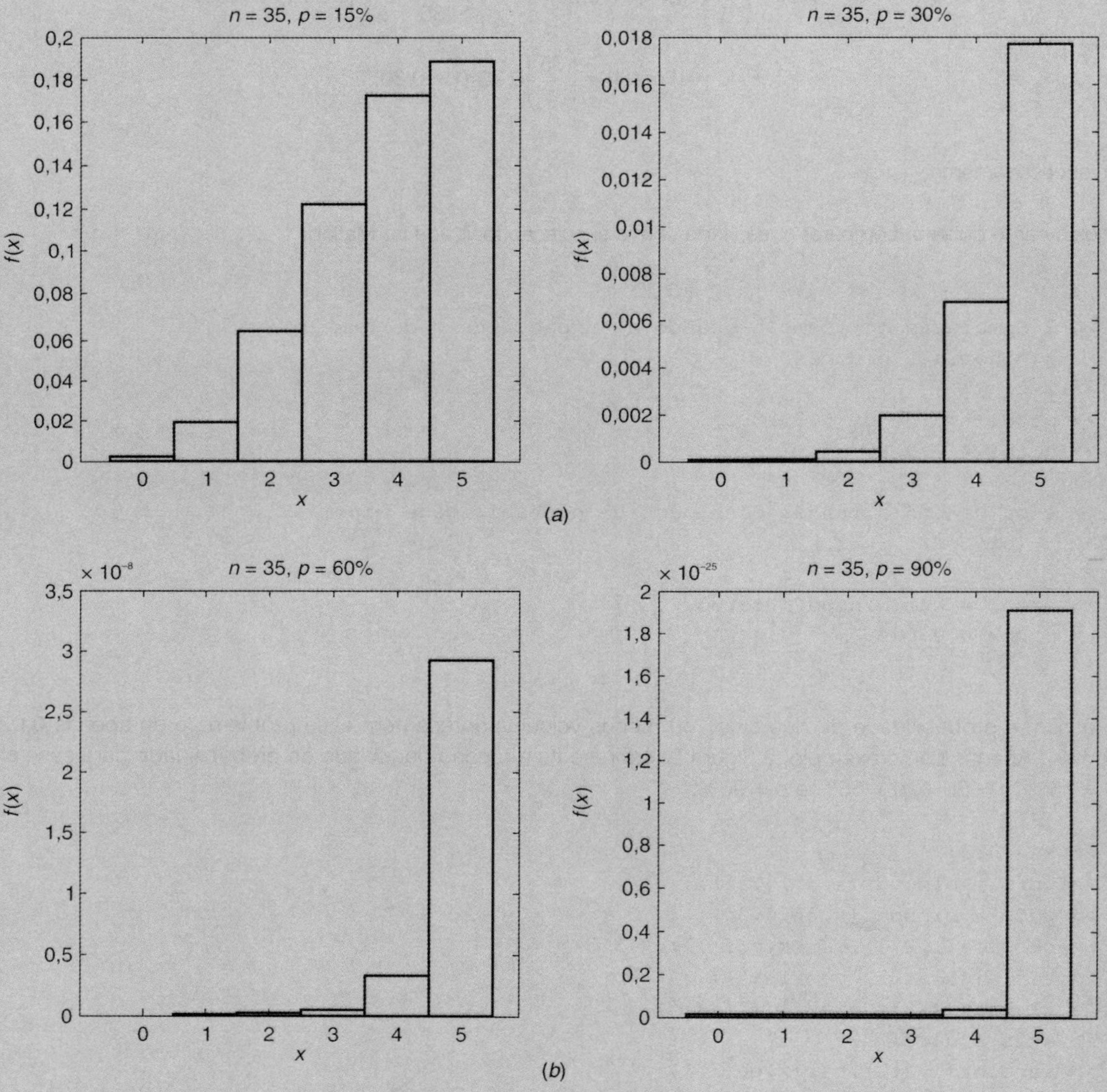

FIGURA 2.9 Funções densidade de probabilidade para o exemplo dos veículos ($n = 35$): (*a*) com $p = 15\%$ e $p = 30\%$ e (b) com $p = 60\%$ e $p = 90\%$.

Apenas, como exemplo, a Figura 2.10 apresenta a função densidade de probabilidade com $p = 30\%$ e $p = 60\%$ para 4 veículos.

(*continua*)

(continuação)

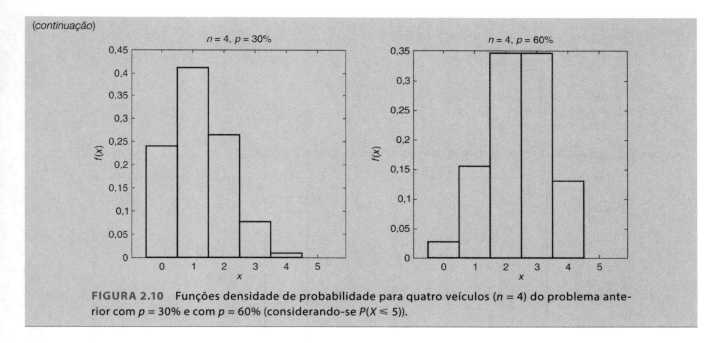

FIGURA 2.10 Funções densidade de probabilidade para quatro veículos (n = 4) do problema anterior com p = 30% e com p = 60% (considerando-se P(X ≤ 5)).

2.4.2.2 Distribuição de Poisson

A função distribuição de probabilidade de Poisson é dada por:

$$f(x) = \frac{e^{-\lambda}\lambda^x}{x!},$$

para $x = 0, 1, 2, 3, \ldots$ o número de ocorrências $f(x)$ representa a probabilidade para um número x de ocorrências com média λ. A média λ representa o número esperado de ocorrências em um dado intervalo de tempo.

A média e a variância de um processo de Poisson são dadas por

$$E(x) = \lambda = V(x).$$

Por definição, um experimento aleatório é chamado de processo de Poisson se os eventos ocorrem ao acaso ao longo do intervalo de sua duração, como, por exemplo, o número de alunos que faltaram durante um semestre ou o número de defeitos no comprimento de um cabo coaxial.

EXEMPLO

No preparo deste capítulo, foi executado o verificador de ortografia e gramática para avaliar os erros tipográficos apresentados pelo editor de texto. Considere que os erros por página, nessa revisão, seguem o processo de Poisson com $\lambda = 0{,}15$. Determine a probabilidade de que uma página tenha no mínimo cinco erros.

Para solucionar essa questão, basta lembrar-se do seguinte conceito: $F(x) = P(X \leq x) = \sum_{x_i \leq x} f(x_i)$, sendo $f(x) = \frac{e^{-\lambda}\lambda^x}{x!}$ a função distribuição de Poisson. Foi solicitada a probabilidade para no mínimo cinco erros, ou seja, $P(X \geq 5)$, ou seja,

$$P(X \geq 5) = 1 - P(X < 5) = 1 - [P(X = 4) + P(X = 3) + P(X = 2) + P(X = 1) + P(X = 0)].$$

Como $P(X = 4) = f(4) = \dfrac{e^{-0{,}15}0{,}15^4}{4!}$,

$P(X = 3) = f(3) = \dfrac{e^{-0{,}15}0{,}15^3}{3!}$ e assim sucessivamente até $P(X = 0) = f(0) = \dfrac{e^{-0{,}15}0{,}15^0}{0!} = e^{-0{,}15}$:

$$P(X \geq 5) = 1 - \left[\frac{e^{-0{,}15}0{,}15^4}{4!} + \frac{e^{-0{,}15}0{,}15^3}{3!} + \frac{e^{-0{,}15}0{,}15^2}{2!} + \frac{e^{-0{,}15}0{,}15^1}{1!} + \frac{e^{-0{,}15}0{,}15^0}{0!}\right]$$

$$P(X \geq 5) = 1 - \left[\frac{e^{-0{,}15}0{,}15^4}{24} + \frac{e^{-0{,}15}0{,}15^3}{6} + \frac{e^{-0{,}15}0{,}15^2}{2} + e^{-0{,}15}0{,}15 + e^{-0{,}15}\right] \cong 5{,}5858 \cdot 10^{-7}$$

(continua)

(continuação)

Por simulação no Matlab:

```
>>
>> prob = 1 - poisscdf(4,0.15)
prob = 5.5858e-007
>>
```

A Figura 2.11 apresenta a função distribuição de Poisson para $\lambda = 0{,}15$ e $\lambda = 0{,}20$.

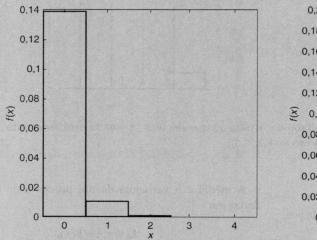 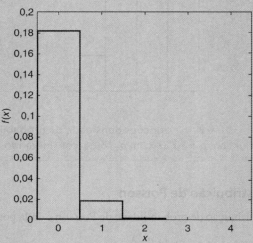

FIGURA 2.11 Funções densidade de probabilidade para um processo de Poisson com $\lambda = 0{,}15$ e $\lambda = 0{,}20$.

A distribuição de Poisson pode ser tratada como uma distribuição binominal quando o número de repetições n tende a infinito, e o número de sucessos esperados continua constante. Em outras palavras, quando n é suficientemente grande e p é suficientemente pequeno.

2.4.2.3 Distribuições gama e exponencial

A função gama $\Gamma(r)$ é definida por:

$$\Gamma(r) = \int_0^\infty x^{r-1} e^{-x} dx,$$

para $r > 0$.

Resolvendo-se essa integral por partes e com definição finita obtém-se a expressão $\Gamma(r) = (r-1)\Gamma(r-1)$ e com r inteiro: $\Gamma(r) = (r-1)!$.

A função densidade de probabilidade gama, com parâmetros $\lambda > 0$ e $r > 0$ (r é um número inteiro), é dada por:

$$f(x) = \frac{\lambda^r x^{r-1} e^{-\lambda x}}{\Gamma(r)},$$

para $x > 0$, com média e variância:

$$\mu = E(X) = \frac{r}{\lambda}$$

e

$$\sigma^2 = V(X) = \frac{r}{\lambda^2}.$$

Como exemplo, a Figura 2.12 apresenta algumas funções densidade de probabilidade gama para valores de $\lambda = r = 1$; $\lambda = r = 2$ e $\lambda = r = 3$.

Na distribuição gama com $\lambda = r = 1$ temos a distribuição exponencial (veja a Figura 2.12 — linha cinza), caso especial do processo de Poisson, definida por:

$$f(x) = \lambda e^{-\lambda x},$$

para $0 \leq x \leq \infty$,
cuja média e variância são definidas por:

$$\mu = E(X) = \frac{1}{\lambda}$$

e

$$\sigma^2 = V(X) = \frac{1}{\lambda^2}.$$

Um caso especial da função distribuição gama é a distribuição qui-quadrada com parâmetros iguais a $\lambda = 1/2$ e $r = 1/2, 1, 3/2, 2, \ldots$, conforme ilustra a Figura 2.13.

De forma geral, a distribuição exponencial pode ser usada para modelar a quantidade de tempo que falta até um determinado evento ocorrer ou para modelar os tempos entre eventos independentes, por exemplo, o tempo entre chamadas telefônicas em uma central telefônica. A função distribuição cumulativa para a distribuição exponencial é dada por:

$$F(x) = \begin{cases} 0 & ; x < 0 \\ 1 - e^{-\lambda x} & ; x \geq 0 \end{cases}.$$

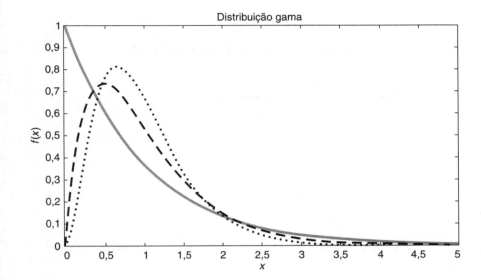

FIGURA 2.12 Funções densidade de probabilidade gama com parâmetros $\lambda = r = 1$ (linha cinza); $\lambda = r = 2$ (linha tracejada) e $\lambda = r = 3$ (linha pontilhada).

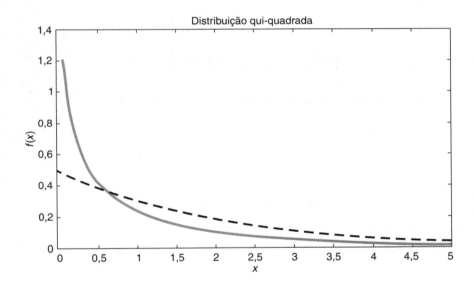

FIGURA 2.13 Função densidade de probabilidade qui-quadrada (caso especial da função distribuição gama) com parâmetros $\lambda = 1/2$ e $r = 1/2$ (linha cinza) e $\lambda = 1/2$ e $r = 1$ (linha tracejada).

EXEMPLO

Considere que o tempo entre entradas de alunos em uma determinada sala segue uma distribuição exponencial com média de 38 segundos. Qual é a probabilidade de que o tempo entre entradas de alunos seja menor ou igual a 25 segundos? Como a função distribuição cumulativa segue uma tendência exponencial, ou seja,

$$F(x) = \begin{cases} 0 & ; x < 0 \\ 1 - e^{-\lambda x} & ; x \geq 0 \end{cases},$$

a média entre entradas é de $\lambda = 1/38$ e a probabilidade solicitada é $P(X \leq 25)$, ou seja:

$$P(X \leq 25) = 1 - e^{-\lambda x} = 1 - e^{-\left(\frac{1}{38}\right)25} \cong 0{,}482$$

ou, via Matlab:

```
>>
cdf = expcdf (25,38)
cdf = 0.4821
>>
```

(continua)

(continuação)

Como exemplo, a Figura 2.14 apresenta a função distribuição exponencial $f(x)$ para $\lambda = 1/38$ e x de 0 a 200.

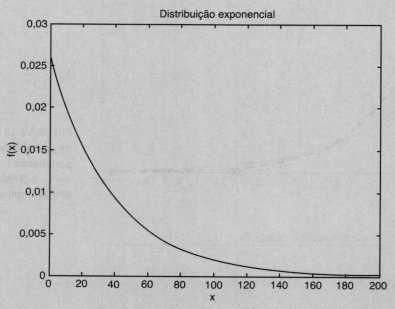

FIGURA 2.14 Exemplo de função densidade de probabilidade exponencial com $\lambda = 1/38$.

2.4.2.4 Distribuição de Weibull

Apresenta diversas aplicações na área da engenharia, por exemplo, em ensaios de fadiga, em sistemas que apresentam falhas em relação ao tempo (normalmente componentes mecânicos e eletroeletrônicos cujo número de falhas aumenta, diminui ou se mantém constante com o uso), análise de confiabilidade de processos, entre outros.

A função densidade de probabilidade é dada por:

$$f(x) = \frac{\beta}{\delta} e^{-\left(\frac{x}{\delta}\right)^{\beta}} \left(\frac{x}{\delta}\right)^{\beta-1},$$

para $x > 0$, com parâmetro de forma $\beta > 0$ e de escala $\delta > 0$.
A função distribuição cumulativa é:

$$F(x) = 1 - e^{-\left(\frac{x}{\delta}\right)^{\beta}}$$

A média e a variância são:

$$\mu = E(X) = \delta \cdot \Gamma\left(1 + \frac{1}{\beta}\right)$$

$$\sigma^2 = V(X) = \delta^2 \Gamma\left(1 + \frac{2}{\beta}\right) - \delta^2 \left[\Gamma\left(1 + \frac{1}{\beta}\right)\right]^2$$

sendo Γ obtido por $\Gamma(r) = (r-1)\Gamma(r-1)$, mas para r inteiro:

$$\Gamma(r) = (r-1)!.$$

EXEMPLO

Suponha que o tempo de falha, em horas de uso, de determinadas engrenagens mecânicas, possa ser modelado pela distribuição de Weibull com parâmetro de zero ou de forma $\beta = 1/2$ e parâmetro de escala 10 000 horas. Determine o tempo médio de uso das engrenagens até elas falharem e a probabilidade de que durem no mínimo 2 000 horas de uso.
Logo, o tempo médio de uso dessas engrenagens é de:

$$\mu = E(X) = \delta \cdot \Gamma\left(1 + \frac{1}{\beta}\right) = 10\,000 \times \Gamma\left(1 + \frac{1}{1/2}\right) = 10\,000 \times \Gamma(3) = 10\,000 \times (3-1)! = 10\,000 \times 2!$$

$$\mu = E(X) = 10\,000 \times 2 = 20\,000 \text{ horas}.$$

(continua)

(continuação)

e a probabilidade de que as engrenagens durem no mínimo 2 000 horas de uso é de:

$$F(x) = 1 - e^{-\left(\frac{x}{\delta}\right)^{\beta}}$$

$$P(X > 2\,000) = 1 - F(2\,000) = 1 - e^{-\left(\frac{2\,000}{10\,000}\right)^{1/2}} \cong 0{,}3606 \cong 36{,}1\%$$

Sendo assim, aproximadamente 36,1% das engrenagens duram no mínimo 2 000 horas. No Matlab:

```
>>
>> cdf = weibcdf(2000,10000^-0.5,0.5)
>> cdf = 0.3606
>>
```

A Figura 2.15 apresenta a função distribuição cumulativa $F(x)$ para o exemplo anterior, e a Figura 2.16, a função distribuição de Weibull $f(x)$ para diferentes valores dos parâmetros β e δ.

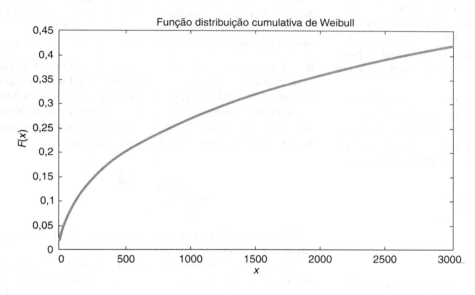

FIGURA 2.15 Função distribuição cumulativa $F(x)$ para o exemplo anterior, em que o eixo X representa total de horas.

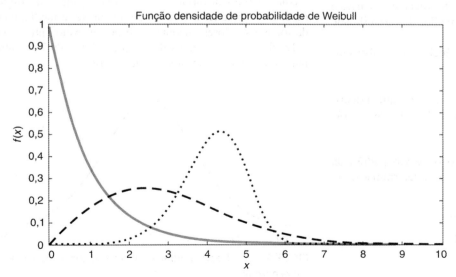

FIGURA 2.16 Função densidade de probabilidade $f(x)$ de Weibull para $\delta = \beta = 1$ (linha cinza), $\delta = 3{,}4$ e $\beta = 2$ (linha tracejada) e $\delta = 4{,}5$ e $\beta = 6{,}2$ (linha pontilhada).

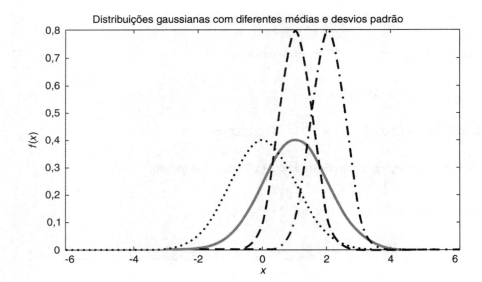

FIGURA 2.17 Função densidade de probabilidade gaussiana para diferentes valores de média e de desvio padrão: $\mu = 1 = \sigma$ (linha cinza), $\mu = 0$ e $\sigma = 1$ (linha pontilhada), $\mu = 2$ e $\sigma = 0,5$ (linha traço e ponto) e $\mu = 1$ e $\sigma = 0,5$ (linha tracejada).

2.4.2.5 Distribuição normal ou gaussiana

Podem-se agrupar as medições em classes de tamanho, proceder à contagem do número em cada classe e plotar um histograma da frequência mostrando como as medições estão distribuídas. Portanto, o histograma de frequências pode ilustrar a correspondente distribuição de probabilidade de um dado experimento.

Ao realizar medições seguindo rigoroso procedimento experimental e com diversas classes, provavelmente a curva que melhor aproxima o comportamento dos dados da maioria dos fenômenos físicos é a chamada curva normal ou gaussiana, cuja função densidade de probabilidade é definida pela expressão

$$f(x) = \frac{1}{\sigma\sqrt{2\pi}} e^{-\frac{(x-\mu)^2}{2\sigma^2}},$$

para $-\infty < x < \infty$

sendo μ ($-\infty < \mu < \infty$) a média aritmética (dos dados individuais x) – ou seja, o ponto em que a distribuição é simétrica e σ ($\sigma > 0$) o desvio padrão – ou seja, a medida da variabilidade da medida relacionada à média.

A média (ou valor esperado) e a variância de uma distribuição normal são determinadas por:

$\mu = E(X)$ e $\sigma^2 = V(X)$. O ponto interessante é que a distribuição normal é completamente definida por esses dois parâmetros.

Na prática, raramente é conhecido o desvio padrão da população σ, mas é possível estimá-lo pela determinação do desvio padrão da amostra s:

$$s = \sqrt{\frac{\sum_{i=1}^{n}(x_i - \overline{X})^2}{n-1}}$$

Percebe-se que o denominador é dado por $n - 1$, porém para a média da população μ o denominador correto é n; na prática, no entanto, a média é estimada, ou seja, é a média da amostra $\overline{X}$. Se existem n valores de x e $\overline{X} = \dfrac{\sum x}{n}$, somente $n - 1$ valores de x são independentes de $\overline{X}$. Em outras palavras, existem somente $n - 1$ **graus de liberdade**. Apesar de ser mais conhecida, a expressão para o desvio padrão anterior é raramente utilizada em sistemas computacionais. Nesses casos, os algoritmos são implementados com a expressão a seguir, gerando erros computacionais menores:

$$s = \sqrt{\frac{\sum x^2 - \dfrac{\left(\sum x\right)^2}{n}}{n-1}}$$

A Figura 2.17 apresenta a curva normal para diferentes valores de média e de desvio padrão.

Se o processo for verdadeiramente aleatório e corresponder a uma distribuição normal, o valor registrado pode ser a média, seguido da variância ou do desvio padrão do conjunto de dados. Qualquer medida pode ou não ser a média, e 68% de todos os valores encontram-se no intervalo entre -1σ e $+1\sigma$, 95%, entre o intervalo -2σ e $+2\sigma$, e 99,7%, entre o intervalo -3σ e $+3\sigma$ (veja a Figura 2.18).

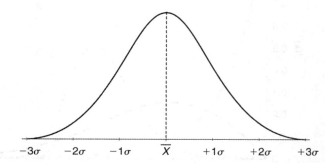

FIGURA 2.18 Desvio padrão e sua relação com a média na curva normal.

Se uma variável aleatória normal com $\sigma^2 = 1$ e $\mu = 0$, essa variável é denominada padrão (variável aleatória normal padrão) indicada por Z:

$$Z = \frac{x - \mu}{\sigma}.$$

A função distribuição cumulativa de uma variável aleatória normal padrão é dada por:

$$\Phi(z) = \frac{1}{\sqrt{2\pi}} \int_{-\infty}^{z} e^{-\left(y^2/2\right)} dy$$

Geralmente esses valores são tabelados para permitir a obtenção rápida dos valores desejados, ou seja,

$$\Phi(z) = P(Z \le z).$$

As tabelas padrão fornecem os valores de $\Phi(z)$ para valores de Z. Algumas ferramentas computacionais utilizam a chamada função erro para determinar o cálculo da função distribuição cumulativa ($\Phi(z)$) para uma variável aleatória normal padrão (Z). Por exemplo, o Matlab utiliza a função erro ($erf(x)$) para determinar $\Phi(z)$:

$$\Phi(z) = \frac{1}{2} erf\left(\frac{z}{\sqrt{2}}\right) + \frac{1}{2}$$

e utiliza a função *normcdf* (x, μ, σ) para determinar $\Phi(z)$.

EXEMPLO

Considere que em um estudo biológico sejam realizadas diversas medidas do diâmetro da pata de ratos de laboratório. Considere que esses diâmetros seguem uma distribuição normal com uma média de 10 mm e uma variância de 4 mm. Determine qual a probabilidade de a medida exceder 13 mm, ou seja, $P(X > 13)$.
Calculando e simulando no Matlab, temos (veja a Figura 2.19):

```
>>
>> mu = 10;
>> sigma = 2;
>> specs = [13,25];
>> prob = normspec(specs,mu,sigma)
prob = 0.0668
>>
```

Sendo assim, a probabilidade $P(X > 13)$ é de aproximadamente 0,0668.

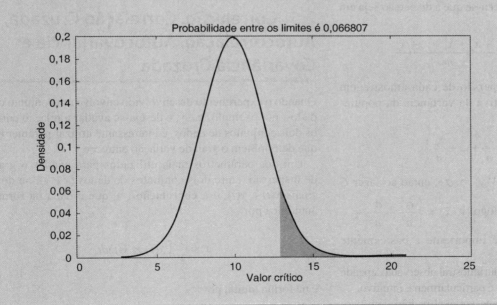

FIGURA 2.19 Curva distribuição normal para o exemplo anterior.

2.4.2.6 Distribuições qui-quadrado, *t* de *Student* e *F*

Algumas distribuições decorrentes da **distribuição Normal** são muito importantes na manipulação de dados experimentais. Consideramos inicialmente k variáveis aleatórias e independentes x_1, x_2, ... x_k. Dessa forma diz-se que $x = x_1^2 + x_2^2 + ... + x_k^2$ segue uma distribuição **Qui-Quadrado** ou χ_{n-1}^2. Observa-se que essa distribuição é indexada por um parâmetro que representa o número k de graus de liberdade ($k = n - 1$). Esse detalhe é de grande importância, uma vez que o número de graus de liberdade depende do número de amostras adotado para representar a população. Dessa forma, a análise estatística de determinado processo será dependente, entre outros fatores, do número de amostras.

Como o somatório quadrado $\sum_{i=1}^{n}(x_i - \overline{x})^2$ segue uma distribuição χ^2_{n-1}, então a variância amostral $s_x^2 = \dfrac{\sum_{i=1}^{n}(x_i - \overline{x})^2}{n-1}$ das variáveis aleatórias $(x_i - \overline{x})$ com média $\overline{x}$ com uma distribuição normal padrão segue uma distribuição Qui-Quadrado $\left(\dfrac{\chi_k^2}{k}\right)$ com $(k = n - 1)$ graus de liberdade. Da mesma forma, a variância de variáveis aleatórias $(x_i - \overline{x})$ com uma distribuição normal $N(\mu, \sigma)$ segue uma distribuição Qui-Quadrado $\left(\dfrac{\sigma^2 \chi_k^2}{k}\right)$.

A distribuição Qui-Quadrado apresenta média $\mu = k$ e variância $\sigma^2 = 2k$ e apresenta grande assimetria especialmente quando os valores de k são pequenos.

Já vimos nas seções anteriores que podemos definir uma variável aleatória normal padrão a partir de uma variável aleatória x, que segue uma distribuição normal com média μ e variância σ^2:

$$z = \frac{x - \mu}{\sigma}$$

Se não temos a média e a variância populacionais μ e σ^2, respectivamente, uma boa estimativa é substituí-las pela média e variância amostrais $\overline{x}$ e s^2. Mas ao descrevermos a média com uma réplica de amostras, estamos tentando obter uma estimativa da média, e **espera-se** que a dispersão seja em torno da média da população:

$$E(\overline{x}) = \mu \text{ com } \overline{x} = \frac{x_1 + x_2 + x_3 + \dots + x_n}{n}$$

Também **espera-se** que dispersão de cada amostragem possa ser descrita pela estimativa da variância da população. Assim:

$$V(\overline{x}) = V\left(\frac{x_1}{n} + \frac{x_2}{n} + \dots + \frac{x_n}{n}\right)$$

Por conceito, se o operador $V(y) = \sigma^2$, então ao fazer C uma constante, $V(Cy) = C^2\sigma^2$; logo: $V(\overline{x}) = \left(\dfrac{\sigma^2}{n^2} + \dfrac{\sigma^2}{n^2} + \dots + \dfrac{\sigma^2}{n^2}\right) = \dfrac{\sigma^2}{n}$. Esse resultado é importante e basicamente indica que o espalhamento da média amostral observada depende de n, o que podemos concluir que é particularmente intuitivo.

Dessa forma, ao definirmos uma variável padrão com base apenas em resultados amostrais com um número n relativamente pequeno (usualmente $n \leq 30$), escreveremos a variável t:

$$t = \frac{x_i - \overline{x}}{\sqrt{s^2/n}}$$

A variável t, como definida, possui um numerador que segue uma normal e um denominador que segue uma distribuição Qui-Quadrado. Embora o formato da curva de resultados para a variável t seja parecido com a curva da distribuição Normal, percebe-se que quando n apresenta valores pequenos ela é mais achatada, indicando que existe maior variância. A variável t segue a distribuição t de *Student* com k graus de liberdade ($k = n - 1$), que será muito utilizada no decorrer deste capítulo. Ao fazer n tender a infinito a distribuição t de *student* torna-se idêntica à Normal.

Finalmente, ao definirmos uma nova variável aleatória descrita pela razão de duas variâncias de variáveis aleatórias independentes:

$$Y = \frac{s_1^2 / \sigma_1^2}{s_2^2 / \sigma_2^2}$$

o numerador com u graus de liberdade e o denominador com v graus de liberdade apresentam variáveis que seguem a distribuição Qui-Quadrado e o resultado é que a variável Y segue uma distribuição $F_{u,v}$. Essa é a distribuição F com u e v graus de liberdade.

As distribuições apresentadas são muito úteis em procedimentos experimentais por tratarem-se de funções que dependem do número de amostras. Uma vez que a sua definição analítica é complexa, a sua utilização é feita por meio de tabelas indexadas pelos graus de liberdade (ou dependentes do tamanho da amostra). No decorrer do texto, algumas dessas tabelas (simplificadas) serão apresentadas.

2.5 Correlação, Correlação Cruzada, Autocorrelação, Autocovariância e Covariância Cruzada

Quando o experimento desenvolvido envolve um conjunto de dados, por exemplo, x e y, e deseja-se avaliar a relação entre os dois conjuntos de dados, é interessante utilizar parâmetros que determinem o grau de variação entre x e y.

Um dos parâmetros mais utilizados para avaliar o grau de dispersão, entre dois conjuntos de dados (x e y), ou dois sinais $x(t)$ e $y(t)$, é a **correlação** (r), que é dada na forma analógica por:

$$r = \frac{1}{T}\int_0^T x(t) \times y(t)dt$$

e na forma digital por:

$$r = \frac{1}{n}\sum_{k=1}^{n} x(k) \times y(k)$$

em que T representa o intervalo de duração do sinal analógico dado em segundos e n a quantidade de amostras do sinal digital.

Cabe observar que o uso do parâmetro correlação implica a normalização dos sinais dada por:

$$r_{normalizada} = \frac{r}{\sqrt{\sigma_x^2 \times \sigma_y^2}}$$

em que σ^2 representa a variância dos sinais ou conjunto de dados x e y e $r_{normalizada}$, a **correlação normalizada**. Lembrando que a variância para sinais analógicos e digitais é determinada por:

$$\sigma^2 = \frac{1}{T} \int_0^T [x(t) - \overline{x}]^2 \, dt$$

$$\sigma^2 = \frac{1}{n-1} \sum_{k=1}^n (x_k - \overline{x})^2$$

em que $\overline{x}$ representa a média dos sinais.

O coeficiente $r_{normalizada}$ pode apresentar valores que variam de $+1$ a -1, representando dois sinais idênticos ou dois sinais exatamente opostos, respectivamente. Para exemplificar a importância do parâmetro correlação, a Figura 2.20 apresenta alguns exemplos de sinais analógicos. A Figura 2.20(a) demonstra que o sinal seno e cosseno de mesma frequência são sinais descorrelacionados ($r = 0$). O exemplo da Figura 2.20(b) apresenta a correlação do sinal seno com uma onda triangular que demonstra que a correlação é alta, ou seja, esses dois sinais apresentam alta similaridade ($r = 0{,}988$). Outro exemplo encontra-se na Figura 2.21, que apresenta diferentes amostras (sinais digitais) com a correspondente aproximação linear (para mais detalhes, verificar a Seção 2.8, no Capítulo 2, sobre regressão linear) e seu correspondente coeficiente de correlação (r).

Quando a correlação é realizada pelo deslocamento no tempo de uma forma de onda em relação à outra, é realizada a denominada **correlação cruzada** r_{xy} para sinais analógicos ($r_{xy}(\delta)$) e digitais ($r_{xy}(m)$):

$$r_{xy}(\delta) = \frac{1}{T} \int_0^T y(t) \times x(t + \delta) \, dt$$

$$r_{xy}(m) = \frac{1}{n} \sum_{k=1}^n y(k) \times x(k + m)$$

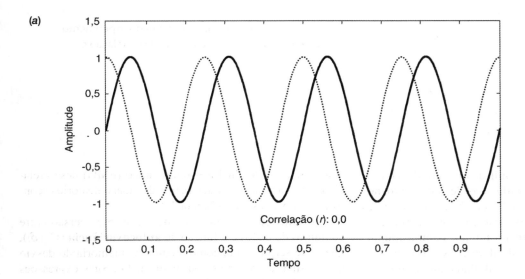

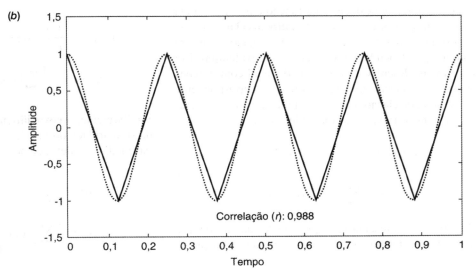

FIGURA 2.20 Exemplos de sinais e sua correlação r: (a) sinal seno e cosseno são descorrelacionados e (b) alta correlação entre o sinal seno e onda triangular.

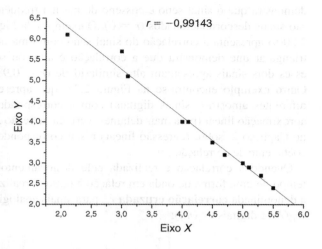
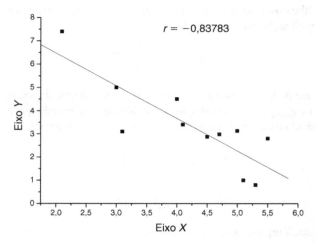
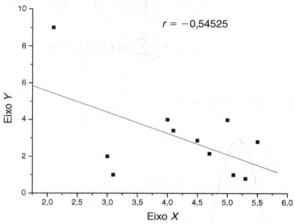

FIGURA 2.21 Dados de um determinado experimento e amostras de ensaios e o coeficiente de correlação r.

sendo δ a variável deslocamento utilizada para deslocar $x(t)$ em relação a $y(t)$. Para exemplificar o deslocamento no tempo, analise a Figura 2.22. A Figura 2.22(a) apresenta dois cossenos, sendo um deles deslocado no tempo e a Figura 2.22(b) o deslocamento no tempo, demonstrando que essas formas de onda são similares. Assim, uma das aplicações da correção cruzada é o alinhamento de formas de onda similares.

Também é possível deslocar uma função em relação a ela mesma em um processo denominado **autocorrelação** $r_{xx}(\delta)$. A autocorrelação descreve como um determinado valor, em um dado tempo, depende dos valores em outros tempos. Em outras palavras, descreve a correlação do sinal com porções dele mesmo em outros tempos. Para obter a correspondente função de autocorrelação, basta substituir na correlação cruzada r_{xy} uma das variáveis, por exemplo, $x = y$:

$$r_{xx}(\delta) = \frac{1}{T}\int_0^T x(t) \times x(t+\delta)dt$$

$$r_{xx}(m) = \frac{1}{n}\sum_{k=1}^n x(k) \times x(k+m).$$

A Figura 2.23 apresenta exemplos de formas de onda e suas correspondentes funções de autocorrelação. A função de autocorrelação do sinal eletromiográfico (EMG) descorrelaciona rapidamente – característica de sinais aleatórios (conforme também esboça a Figura 2.24).

Outra medida utilizada para descrever a dispersão entre conjuntos de dados é a função de **autocovariância** ($C_{xx}(\delta)$), que pode ser utilizada como medida da memória do desvio de um sinal ao redor de seu nível médio. Suas expressões para sinais analógicos e discretos são:

$$C_{xx}(\delta) = \frac{1}{T}\int_0^T \left[x(t) - \overline{x(t)}\right]\left[x(t+\delta) - \overline{x(t)}\right]dt$$

$$C_{xx}(m) = \frac{1}{n}\sum_{k=1}^n \left[x(k) - \overline{x}\right]\left[x(k+m) - \overline{x}\right].$$

Similarmente, a **covariância cruzada** $C_{xy}(\delta)$ é uma medida da similaridade do desvio de dois sinais sobre suas respectivas médias e é definida por:

$$C_{xy}(\delta) = \frac{1}{T}\int_0^T \left[y(t) - \overline{y(t)}\right]\left[x(t+\delta) - \overline{x(t)}\right]dt$$

$$C_{xy}(m) = \frac{1}{n}\sum_{k=1}^n \left[y(k) - \overline{y(k)}\right]\left[x(k+m) - \overline{x(k)}\right].$$

Fundamentos de Estatística, Incertezas de Medidas e Sua Propagação ■ 59

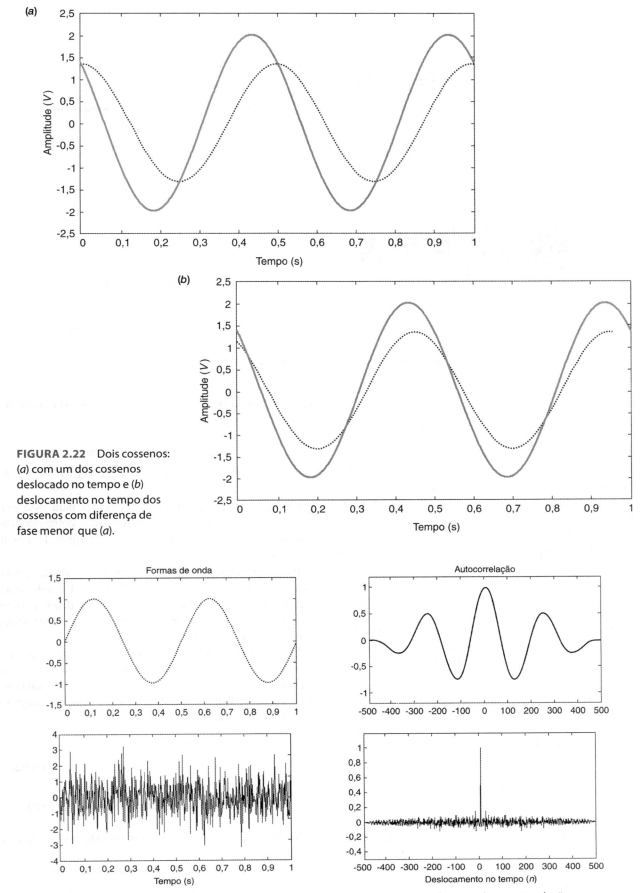

FIGURA 2.22 Dois cossenos: (*a*) com um dos cossenos deslocado no tempo e (*b*) deslocamento no tempo dos cossenos com diferença de fase menor que (*a*).

FIGURA 2.23 Sinal senoidal e sinal eletromiográfico e suas correspondentes funções de autocorrelação.

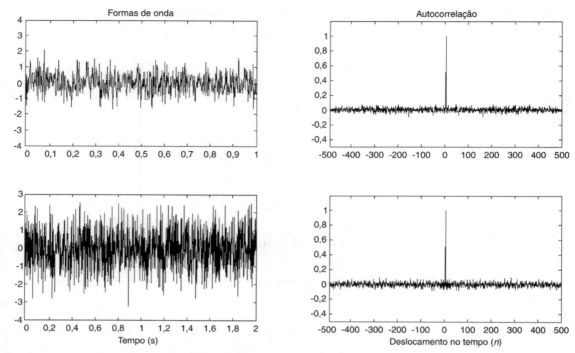

FIGURA 2.24 Sinais eletromiográficos e suas correspondentes funções de autocorrelação.

2.6 Conceitos sobre Inferência Estatística e Determinação do Tamanho da Amostra

Experimentos, de forma geral, podem ser analisados usando-se dois procedimentos estatísticos, **teste de hipóteses** ou **intervalos de confiança**, que serão abordados de forma resumida neste capítulo (para mais detalhes, sugerimos ao leitor que consulte as referências bibliográficas listadas ao final deste capítulo).

Imagine que você esteja interessado em determinar e comparar a transmissibilidade da vibração de dois assentos automotivos, constituídos de materiais diferentes, através do aparato experimental cujo esboço se encontra na Figura 2.25 (para mais detalhes sobre sensores adequados a esse tipo de ensaio leia o Capítulo 11 do Volume II desta obra).

Teste de hipóteses

Considere que $x_{11}, x_{12}, ..., x_{1n_1}$ representam as n_1 observações do primeiro tipo de assento e $x_{21}, x_{22}, ..., x_{2n_2}$, as n_2 observações do segundo tipo de assento. Um exemplo de um teste de hipótese em relação ao experimento anterior (Figura 2.25) seria estabelecer alguma conjectura sobre algum parâmetro da distribuição de probabilidade ou algum parâmetro que descreva o modelo do experimento.

Nesse exemplo, a conjectura poderia estabelecer que a média aritmética das transmissibilidades da vibração de ambos os assentos é igual (o que representaria que os assentos de materiais diferentes apresentam o mesmo comportamento dinâmico, do ponto de vista da média aritmética, em relação à faixa de frequência da estrutura experimental da Figura 2.25), ou seja:

$$H_0 : \mu_1 = \mu_2 \rightarrow \text{Hipótese nula}$$

$$H_1 : \mu_1 \neq \mu_2 \rightarrow \text{Hipótese alternativa}$$

sendo H_0 e H_1 as hipóteses estabelecidas para esse experimento e μ as médias aritméticas das correspondentes transmissibilidades da vibração dos dois tipos de assentos automotivos.

Para verificar se a hipótese é aceita ou é rejeitada, é necessário realizar um teste estatístico adequado. Uma das etapas essenciais é a especificação do conjunto de dados (denominado região crítica ou região de rejeição para o teste selecionado) para o teste estatístico.

De forma geral, se o teste nulo (H_0) é rejeitado quando é verdadeiro, um **erro de tipo I** ocorreu; caso contrário, se a hipótese H_0 não é rejeitada quando é falsa, um **erro do tipo II** ocorreu. As probabilidades condicionais desses dois tipos de erros são representadas de forma clássica por:

$$\alpha = P(Erro\ Tipo\ I) =$$
Probabilidade de rejeitar H_0, quando H_0 é verdadeira.

$$\beta = P(Erro\ Tipo\ II) =$$
Probabilidade de não rejeitar H_0, quando H_0 é falso.

Muitas vezes se especifica a **potência do teste** (Pot) dada por:

$$Pot = 1 - \beta = \text{Probabilidade de rejeitar}$$
corretamente uma hipótese nula falsa.

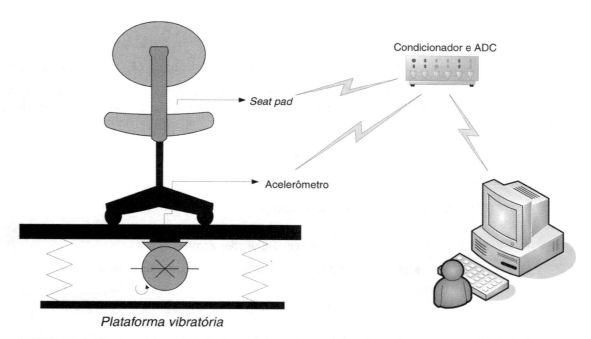

FIGURA 2.25 Diagrama de um possível aparato experimental para determinar a transmissibilidade da vibração de dois assentos automotivos.

Que indica a probabilidade de rejeitar uma hipótese nula falsa.

Normalmente se especifica um valor de probabilidade do erro tipo I, chamada de nível de significância do teste, e então se realiza um teste (por exemplo, o teste t) tal que a probabilidade do erro tipo II é pequeno.

Teste t para dois ensaios

Vamos supor que os dois tipos de assento seguem uma distribuição normal com médias μ_1 e μ_2 e variâncias σ_1^2 e σ_2^2. Um teste estatístico para comparar as médias (considerando um experimento completamente aleatorizado):

$$t_0 = \frac{\overline{x}_1 - \overline{x}_2}{s_e\sqrt{\dfrac{1}{n_1} + \dfrac{1}{n_2}}}$$

sendo $\overline{x}_1$ e $\overline{x}_2$ as médias das amostras, n_1 e n_2, os tamanhos da amostra, s_e^2, uma estimativa da variância $\sigma_1^2 = \sigma_2^2 = \sigma^2$ obtida por:

$$s_e^2 = \frac{(n_1 - 1)s_1^2 + (n_2 - 1)s_2^2}{n_1 + n_2 - 2}$$

em que s_1^2 e s_2^2 são as duas variâncias individuais das amostras. Para determinar quando rejeitar H_0, pode-se comparar t_0 à distribuição t com $n_1 + n_2 - 2$ graus de liberdade (GDL) e α o nível de significância ou erro da distribuição. Se $|t_0| > t_{\alpha/2; n_1+n_2-2}$, a hipótese H_0 é rejeitada, ou seja, a média das duas amostras é diferente. Porém se H_0 é verdadeira, t_0 é distribuída como $|t_0| < t_{\alpha/2; n_1+n_2-2}$ e os valores de t_0 estão no intervalo $-t_{\alpha/2; n_1+n_2-2}$ e $+t_{\alpha/2; n_1+n_2-2}$.

EXEMPLO

Considere os seguintes valores, obtidos no ensaio da Figura 2.25, apresentados na Tabela 2.4.

TABELA 2.4 Resultados do ensaio dos assentos

Assentos automotivos	Média aritmética ($\overline{x}$)	Variância individual das amostras (s^2)	Quantidade de ensaios (n)
Assento 1	14,75 Hz	0,2130	12
Assento 2	12,35 Hz	0,2540	12

Considerando-se que as variâncias são aproximadamente similares, podemos então utilizar o seguinte teste de hipóteses:

$$H_0: \mu_1 = \mu_2$$
$$H_1: \mu_1 \neq \mu_2$$

(continua)

(continuação)

Para esses resultados:
$n_1 + n_2 - 2 = 12 + 12 - 2 = 22$ e selecionando o nível de significância $\alpha = 0,05$, logo $t_0 > t_{0,05/2;12+12-2}$, logo, a hipótese nula $H_0: \mu_1 = \mu_2$ será rejeitada se $t_0 > t_{0,025;22}$ ou se $t_0 < t_{0,025;22}$. Consultando a tabela da distribuição t (veja a Tabela 2.5 – para verificar uma tabela com mais níveis de significância, consultar referências citadas no final deste capítulo),[4] obtemos para esses dados $\alpha = 0,025$ e $GDL = 22$:

$$t_0 > t_{0,025;22} = 2,074$$
$$t_0 < -t_{0,025;22} = -2,074$$

Portanto, a hipótese nula $H_0: \mu_1 = \mu_2$ será rejeitada se $t_0 > 2,074$ ou se $t_0 < -2,074$.

TABELA 2.5 Pontos percentuais da distribuição t

Graus e Liberdade (GDL)	\multicolumn{5}{c}{Nível de Significância (α)}
	0,25	0,05	0,025	0,01	0,005
1	1,000	6,314	12,706	31,821	63,657
2	0,816	2,920	4,303	6,965	9,925
3	0,765	2,353	3,182	4,541	5,841
4	0,741	2,132	2,776	3,747	4,604
5	0,727	2,015	2,571	3,365	4,032
6	0,727	1,943	2,447	3,143	3,707
7	0,711	1,895	2,365	2,998	3,499
8	0,706	1,860	2,306	2,896	3,355
9	0,703	1,833	2,262	2,821	3,250
10	0,700	1,812	2,228	2,764	3,169
11	0,697	1,796	2,201	2,718	3,106
12	0,695	1,782	2,179	2,681	3,055
13	0,694	1,771	2,160	2,650	3,012
14	0,692	1,761	2,145	2,624	2,977
15	0,691	1,753	2,131	2,602	2,947
16	0,690	1,746	2,120	2,583	2,921
17	0,689	1,740	2,110	2,567	2,898
18	0,688	1,734	2,101	2,552	2,878
19	0,688	1,729	2,093	2,539	2,861
20	0,687	1,725	2,086	2,528	2,845
21	0,686	1,721	2,080	2,518	2,831
22	0,686	1,717	2,074	2,508	2,819
23	0,685	1,714	2,069	2,500	2,807
24	0,685	1,711	2,064	2,492	2,797
25	0,684	1,708	2,060	2,485	2,787
26	0,684	1,706	2,056	2,479	2,779
27	0,684	1,703	2,052	2,473	2,771
28	0,683	1,701	2,048	2,467	2,763
29	0,683	1,699	2,045	2,462	2,756
30	0,683	1,697	2,042	2,457	2,750
40	0,681	1,684	2,021	2,423	2,704
60	0,679	1,671	2,000	2,390	2,660
120	0,677	1,658	1,980	2,358	2,617
∞	0,674	1,645	1,960	2,326	2,576

---

[4] Distribuição t: é uma distribuição de probabilidade teórica, simétrica e semelhante à curva normal padrão. O único parâmetro que a define e caracteriza a sua forma é o número de graus de liberdade (GDL) – quanto maior for esse parâmetro, mais próxima da normal a curva da distribuição t será.

(continua)

(continuação)

Obtendo-se t_0

$$s_e^2 = \frac{(n_1 - 1)s_1^2 + (n_2 - 1)s_2^2}{n_1 + n_2 - 2} = \frac{(12 - 1) \times 0{,}213 + (12 - 1) \times 0{,}254}{12 + 12 - 2} = 0{,}2335$$

$$s_e = \sqrt{0{,}2335} = 0{,}4832$$

$$t_0 = \frac{\bar{x}_1 - \bar{x}_2}{s_e\sqrt{\frac{1}{n_1} + \frac{1}{n_2}}} = \frac{14{,}75 - 12{,}35}{0{,}4832\sqrt{\frac{1}{12} + \frac{1}{12}}} = \frac{2{,}4}{0{,}4832 \times 0{,}4082} \cong 12{,}17$$

Portanto, a hipótese nula $H_0: \mu_1 = \mu_2$ será rejeitada se $t_0 > 2{,}074$ ou se $t_0 < -2{,}074$; sendo assim, $t_0 > 2{,}074$ ∴ $12{,}17 > 2{,}074$, logo, a hipótese $H_0: \mu_1 = \mu_2$ foi rejeitada, ou seja, para o ensaio dos dois assentos automotivos as médias aritméticas são diferentes.

Intervalos de confiança e aproximações para determinação do tamanho da amostra

Uma das grandes preocupações do ponto de vista experimental é como determinar o tamanho da amostra, ou seja, como responder à seguinte pergunta: *"Quantas amostras ou ensaios devem ser realizados para garantir um bom significado estatístico dos meus dados?"* A resposta a essa pergunta não é simples, pois depende do tipo de experimento, do planejamento estatístico do experimento (a última seção deste capítulo apresenta conceitos sobre planejamento estatístico de experimentos), dos parâmetros ou efeitos que serão estimados e do desvio padrão experimental da média[5] desses efeitos, que depende da variabilidade intrínseca do experimento, da exatidão do experimento e do tamanho da amostra. Neste tópico são apresentados alguns procedimentos que apresentam resultados aproximados para determinar o tamanho da amostra. Caso necessite de outro procedimento, consultar as referências apresentadas no final deste capítulo.

O **intervalo de confiança para a média** η é dado por $\bar{x} \pm \varepsilon$, sendo $\varepsilon = z_{\alpha/2} \times \frac{\sigma}{\sqrt{n}}$ o erro máximo. Logo, o tamanho da amostra, ou seja, a quantidade de ensaios ou amostras n, é dada de forma simplificada por:

$$n = \left(\frac{z_{\alpha/2} \times \sigma}{\varepsilon}\right)^2$$

---

[5] O desvio padrão experimental da média é definido no guia para expressão da incerteza de medição por $\sigma/\sqrt{n}$, sendo σ o desvio padrão e n a quantidade de amostras ou repetições de um dado experimento. Cabe observar que repetições não reduzem o desvio padrão, mas reduzem o desvio padrão experimental da média. Portanto, esse parâmetro pode ser pequeno aumentando-se o número de repetições. Esse mesmo conceito é definido como erro padrão em algumas referências da área de Estatística, como em (Montgomery e Runger, 2003).

sendo z a variável aleatória normal, α o nível de significância, σ o desvio padrão e ε o erro máximo usando $\bar{x}$ para estimar a média η.

Cabe observar que o valor de n é arredondado para o próximo número inteiro. Essa expressão considera que a amostragem é aleatória e que n é grande ($n \geq 30$), tal que a distribuição normal pode ser usada para definir o **intervalo de confiança**.[6] Para tamanho de amostras pequeno ($n < 30$), a distribuição t é usada.

Porém, para usarmos a equação $n = \left(\frac{z_{\alpha/2} \times \sigma}{\varepsilon}\right)^2$, é necessário especificar os valores de ε, α (ou $1 - \alpha$, que é chamado de intervalo de confiança) e σ. Os valores mais utilizados de $1 - \alpha$ são dados pela Tabela 2.6.

TABELA 2.6 Valores usuais de intervalo de confiança $(1 - \alpha)$ para determinação do tamanho da amostra

Intervalo de confiança $(1 - \alpha)$	Variável aleatória normal (z)
0,997	3,0
0,99	2,56
0,955	2,0
0,95	1,96
0,90	1,64

Cabe observar que o valor mais empregado de $1 - \alpha$ é 0,95, ou seja, o intervalo de confiança de 95% que corresponde ao $z = 1{,}96$. Com $z = 2{,}0$ a equação $n = \left(\frac{z_{\alpha/2} \times \sigma}{\varepsilon}\right)^2$ fica:

$$n = \left(\frac{2{,}0 \times \sigma}{\varepsilon}\right)^2 = \frac{4 \times \sigma^2}{\varepsilon^2}$$

que corresponde ao intervalo de confiança de 0,955, ou seja, 95,5%.

---

[6] Intervalo de confiança $(1 - \alpha)$ indica que temos um nível de confiança (α) de que a média se encontra nesse intervalo.

EXEMPLO

Determine o tamanho da amostra considerando um experimento em que estimamos a média de um processo com erro máximo de 8. Suponha que o intervalo de confiança é de 95% e que é necessária uma amostra grande.

(continua)

(continuação)

Determinando o tamanho da amostra com $\left(\dfrac{z_{\alpha/2} \times \sigma}{\varepsilon}\right)$, sendo $1 - \alpha = 95\%$, $z = 1,96$ e $\varepsilon = 8$. Cabe observar que normalmente o desvio padrão é desconhecido, pois o ensaio não foi realizado em função de não termos determinado o número ou tamanho da amostra. Uma boa solução é realizar algumas medições aleatórias, ou seja, alguns ensaios aleatórios e determinar o desvio padrão estimado indicado por s, isto é, para esse exemplo, dez medições aleatórias foram realizadas para estimar o desvio padrão: 450, 458, 437, 425, 399, 405, 407, 409, 469, 461. A média aritmética obtida é 432, e o desvio padrão:

$$s = \sqrt{\dfrac{\sum_{i=1}^{n}(x_i - \bar{X})^2}{n-1}} \cong 26,4. \text{ Portanto:}$$

$$n = \left(\dfrac{z_{\alpha/2} \times \sigma}{\varepsilon}\right)^2 = \left(\dfrac{1,96 \times 26,4}{8}\right)^2 = 41,83 \text{ que é arredondado para o próximo inteiro, ou seja, 42 amostras são necessárias}$$

nesse experimento.

Para uma quantidade pequena de amostras ($n < 30$) e assumindo que a média das amostras segue uma distribuição aproximadamente normal se utiliza a distribuição t para determinar o intervalo de confiança. Nesse caso, a equação é $\varepsilon = t_{\alpha/2} \times \dfrac{s}{\sqrt{n}}$.

Cabe observar que o valor da distribuição t diminui com o aumento de n, como destaca a Tabela 2.7. Porém, de forma geral, uma boa solução para uma quantidade de amostras $10 \leq n \leq 25$ é utilizar uma aproximação para t de 2,2 ou 2,1. Para uma quantidade de amostras $n > 25$, sugere-se o aumento dessa quantidade para 30 ou 35 (caindo na condição de amostra considerada grande – uso da distribuição normal – exemplo anterior).

TABELA 2.7 Alguns valores aproximados da distribuição t versus valores de n com intervalo de confiança de 98% $\left(\alpha/2 = 0,05/2 = 0,025\right)$ – verificar Tabela 2.5 (com GDL ou $\alpha = 0,025$)

n	$t_{0,025}$	$\sqrt{n}$	$\varepsilon = t_{\alpha/2} \times \dfrac{s}{\sqrt{n}}$
1	12,7	1,00	$12,7 \times s$
2	4,30	1,41	$3,05 \times s$
3	3,18	1,73	$1,84 \times s$
4	2,78	2,00	$1,39 \times s$
5	2,57	2,24	$1,15 \times s$
6	2,45	2,45	$1,00 \times s$
7	2,36	2,65	$0,890 \times s$
8	2,31	2,83	$0,816 \times s$
9	2,31	3,00	$0,770 \times s$
10	2,23	3,16	$0,706 \times s$
15	2,13	3,87	$0,550 \times s$
20	2,09	4,48	$0,466 \times s$
25	2,06	5,00	$0,412 \times s$

EXEMPLO

Suponha outro experimento com 15 amostras preliminares de média aritmética 291,3 e desvio padrão $s = 63$. Determine o intervalo de confiança de 95%.

Como a amostra é pequena ($n < 30$), o intervalo de confiança será obtido usando a distribuição t $\left(t_{15;\alpha/2}\right)$ – 15 amostras e intervalo de confiança de 95% ($1 - \alpha = 0,95$), ou seja, com $\alpha = 0,05$:

(continua)

(continuação)

$$\varepsilon = t_{\alpha/2} \times \frac{s}{\sqrt{n}} = t_{0,05/2} \times \frac{63}{\sqrt{15}} = t_{0,025} \times \frac{63}{\sqrt{15}} \cong 2,13 \times 16,28 \cong 34,67$$

logo, o intervalo de confiança para a média η, para esse experimento preliminar, é dado por $\bar{x} \pm \varepsilon$: 291,3 ± 34,67. Portanto, essa média encontra-se no intervalo de 256,63 a 325,97.

Uma boa questão seria a pergunta: qual o tamanho da amostra para estimar a média com ±17 unidades? Considerar uma amostra grande ($n \geq 30$) e intervalo de confiança de 95%.

Com tamanho da amostra $n \geq 30$ e sendo $1 - \alpha = 95\%$, temos a variável aleatória normal: $z = 1,96$. O tamanho da amostra n é obtido por:

$$n = \left(\frac{z_{\alpha/2} \times \sigma}{\varepsilon}\right)^2 = \left(\frac{1,96 \times 63}{17}\right)^2 \cong 52,70,$$ ou seja, 53 amostras são

necessárias. Como já foram realizadas antecipadamente 15 amostras, restam 38 a serem realizadas para completarmos as 53 necessárias. Cabe observar que as 53 amostras estão baseadas na estimativa do desvio padrão $s = 63$, portanto, após as 53 amostras, o desvio padrão atualizado pode ser maior ou menor do que 63. Sendo assim, as 53 amostras podem fornecer um erro estimado maior ou menor do que as 17 unidades supostas anteriormente. Portanto, o número de amostras precisa ser ajustado (através dos procedimentos apresentados neste tópico) para se obter um experimento adequado.

Nos dois exemplos anteriores, os desvios padrão utilizados nos cálculos dos tamanhos das amostras foram estimados a partir de ensaios preliminares dos experimentos.

Entre os procedimentos mais utilizados para auxiliar na determinação do tamanho da amostra estão as **curvas características de operação** (também chamadas de **curvas OC**) para um dado teste. São muito usadas em projeto de experimentos e podem ser consultadas nas referências bibliográficas deste capítulo.

2.7 Estimativa da Incerteza de Medida

Ao proceder com um ensaio experimental para executar a medição de uma quantidade ou mensurando, é necessário definir um intervalo no qual ocorrem as possíveis dispersões em torno da melhor estimativa com suas respectivas probabilidades (as quais também devem ser especificadas). Esse parâmetro depende das condições ambientais, da habilidade do operador, do instrumento, entre outros. Conforme descrito no Capítulo 1, esse parâmetro denomina-se incerteza da medição e é representado como:

$$Q \pm \Delta Q$$

em que Q é a melhor estimativa da quantidade medida e ΔQ a incerteza padrão, calculada de acordo com procedimentos normalizados, os quais possibilitam garantir uma probabilidade de abrangência. É interessante relatar também que, uma vez que uma quantidade ou mensurando possui uma incerteza, um procedimento adequado deverá ser seguido ao associar essa quantidade a outras quantidades. Por exemplo, a associação série de dois resistores é feita somando-se seus valores nominais; entretanto, a incerteza associada à resistência equivalente deve ser avaliada segundo metodologia que produza um resultado metrológica e estatisticamente válido.

Esta seção segue os procedimentos e recomendações do documento EA-4/02 *Expression of the Uncertainty of Measurement in Calibration*, publicado *pelo European Cooperation for Accreditation (EA)*. Muitas definições e exemplos desta seção são reproduzidos com permissão da EA (detentora dos direitos autorais do documento citado). O tratamento desta seção também está de acordo com o *Guide to the Expression of Uncertainty in Measurement*, do qual participam instituições como BIPM, IEC, IFCC, ISO, IUPAC, IUPAP e OIML. Aqui, serão apresentadas regras gerais para avaliar e expressar a incerteza em medidas que podem ser seguidas na maioria dos campos de medidas físicas.

Os laboratórios de calibração, ou laboratórios de testes, ao realizarem suas próprias calibrações, devem aplicar um procedimento para estimar a incerteza de medida. Nesses casos, deve-se tentar identificar todos os componentes de incerteza e fazer uma estimativa razoável do mensurando. Deve-se ainda ter cuidado para que a forma de publicar os resultados não produza uma impressão errada dessa incerteza. Uma estimativa razoável pode ser baseada no conhecimento do desempenho do método, bem como no escopo de medida, e deve fazer uso de, por exemplo, experiência prévia e validação de dados.

A melhor capacidade de medição de uma determinada quantidade é definida como a menor incerteza de medida que um laboratório pode alcançar. Isso é realizado desempenhando rotinas de calibração de padrões de medida próximos do ideal com a intenção de definir, determinar, conservar ou reproduzir uma unidade dessa quantidade ou um ou mais de seus valores. Ou ainda executar rotinas de calibração de instrumentos de medidas aproximadamente ideais, projetados para medir essa quantidade.

A avaliação da melhor capacidade de medida de laboratórios de calibração acreditados deve ser baseada em métodos descritos em documentos, porém deve ser suportada ou confirmada por evidências experimentais.

A incerteza de um resultado de uma medida reflete a falta de conhecimento completo do valor do mensurando. O conhecimento completo requer uma quantidade infinita de informação. Fenômenos que contribuem para a incerteza e assim para o fato de que o resultado de uma medida não pode ser caracterizado por um valor único são chamados de fontes de incertezas. Na prática, existem muitas fontes de possíveis incertezas em um mensurando, incluindo:

a. definição incompleta ou imperfeita do mensurando;
b. amostra não representativa – a amostra medida pode não representar o mensurando definido;
c. efeitos de condições ambientais conhecidos mas inadequados ou medidas imperfeitas dos mesmos;
d. erro humano na leitura de instrumentos analógicos;
e. resolução do instrumento finita;
f. valor inexato de padrões de medida e materiais de referência;
g. valor inexato de constantes e outros parâmetros obtidos de fontes externas e utilizados em algoritmos de redução de dados;
h. aproximações e suposições incorporadas no método de medida e procedimentos;
i. variações em observações repetidas do mensurando aparentemente sob as mesmas condições.

Essas fontes não são necessariamente independentes.

O resultado de uma medida está completo apenas se contém o valor atribuído ao mensurando e a incerteza de medida associada a esse valor. Todas as quantidades que não são exatamente conhecidas são tratadas como variáveis aleatórias, incluindo as quantidades que podem afetar o mensurando.

Como já foi definida no Capítulo 1, a incerteza de medida é um parâmetro positivo que caracteriza a dispersão dos valores atribuídos a um mensurando, com base nas informações utilizadas.

Os mensurandos são as quantidades particulares sujeitas à medida. Em uma calibração, geralmente é utilizado apenas um mensurando ou a quantidade de saída Y que depende do número das quantidades de entrada $X_i (i = 1, 2, ..., n)$ de acordo com a relação funcional $Y = f(X_1, X_2, ..., X_n)$.

A função f representa o procedimento de medida e o método de avaliação. Descreve como os valores de saída são obtidos das quantidades de entrada X_i. Na maioria dos casos será uma expressão analítica, mas pode ser um grupo de expressões que incluem correções e fatores de correção para efeitos sistemáticos, e dessa forma levam a uma relação mais complicada que geralmente não é escrita explicitamente como uma função. Além disso, f pode ser determinada experimentalmente ou existe apenas como um algoritmo computacional que deve ser avaliado numericamente, ou, ainda, pode ser uma combinação de todos.

O grupo de grandezas de entrada X_i pode ser dividido em duas categorias de acordo com a maneira com que cada um dos valores da grandeza e suas incertezas associadas foram determinadas:

a. grandezas ou quantidades cuja incerteza associada e estimada é diretamente determinada na medida corrente. Esses valores podem ser obtidos, por exemplo, em observações simples ou julgamentos baseados em observações. Podem envolver a determinação de correções para leituras de instrumentos assim como para correção de outras quantidades ou grandezas, como temperatura ambiente, pressão barométrica ou umidade;
b. grandezas ou quantidades cuja incerteza associada e estimada é anexada à medida por fontes externas como quantidades associadas com padrões de calibração de medidas, materiais de referência certificados ou dados de referência obtidos de manuais.

Uma estimativa do mensurando Y, denotada por y, pode ser obtida utilizando-se estimativas de entrada X_i para os valores da quantidade de entrada $y = f(x_1, x_2, x_3, ..., x_n)$. Os valores de entrada são as melhores estimativas, os quais foram corrigidos para os efeitos mais significativos. Ou então as correções necessárias foram introduzidas como quantidades de entrada separadas.

Para uma variável aleatória, a variância de sua distribuição ou o seu desvio padrão é utilizado como medida de dispersão dos valores. A incerteza padrão de medida associada com a estimativa de saída ou resultado de medida y, denotado por $u(y)$, é o desvio padrão da melhor estimativa de Y. Deve ser determinado da estimativa das variáveis de entrada x_i (das variáveis de entrada X_i) e suas incertezas padrão associadas $u(x_i)$. A incerteza padrão associada com uma estimativa possui a mesma dimensão que a estimativa. Em alguns casos a incerteza padrão de medida relativa pode ser apropriada, a qual é a incerteza padrão de medida associada com uma estimativa dividida pelo módulo dessa estimativa, e assim é adimensional. Esse conceito não pode ser utilizado se a estimativa for zero.

$$u_{rx} = \frac{u(x)}{|x|}$$

A incerteza de 1 cm em 1 km indicaria uma medida bastante repetitiva. Entretanto, uma incerteza de 1 cm em 3 cm indicaria uma estimativa muito pobre. Nesse caso, a incerteza relativa produz um resultado mais claro. Uma vez que a incerteza relativa na forma fracional $\frac{u(x)}{|x|}$ é geralmente um número muito pequeno, normalmente ele é multiplicado por 100, expressando um valor percentual da incerteza.

2.7.1 Avaliação da incerteza de medida de estimativas de entrada

A incerteza de medida associada com as estimativas de entrada é avaliada de acordo com o tipo A ou tipo B de avaliação. A avaliação da incerteza padrão do tipo A é o método de avaliação da incerteza por meios estatísticos de uma série de observações. Nesse caso a incerteza padrão é o desvio padrão experimental da média (ou melhor estimativa), o qual segue um procedimento ou uma análise apropriada. A avaliação do tipo B da incerteza padrão é o método de avaliação da incerteza por meio de qualquer outro método além da análise estatística da série de observações. Nesse caso a avaliação da incerteza padrão é baseada em algum outro conhecimento científico.

Avaliação da incerteza padrão do tipo A

A avaliação da incerteza padrão do tipo A pode ser aplicada quando algumas observações independentes foram executadas para uma das grandezas de entrada sob as mesmas condições de medida. Se existir resolução suficiente no processo de medida, existirá uma dispersão ou espalhamento visível nos valores obtidos.

Assumindo que a medida repetida da quantidade de entrada X_i é a quantidade Q, com n observações estatisticamente independentes ($n > 1$), a estimativa da quantidade Q é $\bar{q}$, a média aritmética dos valores individuais observados $q_j (j = 1, 2, ..., n)$

$$\bar{q} = \frac{1}{n} \sum_{j=1}^{n} q_j$$

A incerteza de medida associada com a estimativa $\bar{q}$ é avaliada de acordo com um dos seguintes métodos:

a. uma estimativa da variância da distribuição de probabilidades é obtida com a variância experimental $s^2(q)$ dos valores q_j que são dados por:

$$s^2(q) = \frac{1}{n-1} \sum_{j=1}^{n} (q_j - \bar{q})^2$$

Sua raiz quadrada positiva é denominada desvio padrão experimental da média (como já comentado neste capítulo). A melhor estimativa da variância da média aritmética $\bar{q}$ é a variância experimental da média dada por:

$$s^2(\bar{q}) = \frac{s^2(q)}{n}$$

A incerteza padrão $u(q)$ associada com a estimativa de entrada $\bar{q}$ é o próprio desvio padrão experimental da média:

$$u(\bar{q}) = s(\bar{q})$$

Observe que, quando o número n de repetições de medidas é baixo ($n < 10$), a confiabilidade da avaliação da incerteza do tipo A deve ser considerada. Se o número de observações não pode ser aumentado, outros meios de avaliação da incerteza devem ser considerados.

b. quando uma estimativa de incerteza é originada de resultados e dados anteriores, pode ser expressa como um desvio padrão. Contudo, quando um intervalo de confiança é dado com um nível de confiança ($\pm a$ a $p\%$), então se divide o valor a pelo ponto de percentagem apropriado da distribuição Normal para o nível de confiança dado para o cálculo do desvio padrão.

EXEMPLO

Uma especificação diz que a leitura de uma balança está dentro do intervalo de ±0,2 mg com um nível de confiança de 95%. A partir das tabelas padrões de pontos de percentagem sobre a distribuição normal, calcula-se um intervalo de confiança de 95%, usando-se um valor de 1,96 σ. O uso desse valor lido dá uma incerteza de 0,2/1,96 ≅ 0,1.

Para uma medida que é bem caracterizada e sob um rígido controle estatístico, uma estimativa combinada da variância s_p^2 pode caracterizar a dispersão melhor que o desvio padrão obtido de um número de observações limitado. Nesse caso, o valor da quantidade de entrada Q é definido como a média aritmética $\bar{q}$ de um pequeno número n de observações independentes, e a variância da média pode ser estimada por:

$$s^2(\bar{q}) = \frac{s_p^2}{n}$$

em que

$$s_p^2 = \frac{(n_1 - 1)s_1^2 + (n_2 - 1)s_2^2 + ... + (n_k - 1)s_k^2}{(n_1 - 1) + (n_2 - 1) + ... + (n_k - 1)}$$

com n_k representando o número de amostras do grupo k de medidas e s_k, o desvio padrão experimental respectivo.

Avaliação da incerteza padrão de medidas do tipo B

A avaliação da incerteza padrão do tipo B é a avaliação da incerteza associada com uma estimativa x_i de uma quantidade de entrada X_i por qualquer meio diferente da análise estatística da série de observações. A incerteza padrão $u(x_i)$ é avaliada por julgamento científico baseado em informação disponível na variabilidade possível de X_i. Valores pertencentes a essa categoria podem ser originados de:

- medidas executadas previamente;
- experiência com conhecimento geral do comportamento e propriedades de materiais e instrumentos relevantes;
- especificações de fabricantes;
- dados de calibrações e outros certificados;
- incertezas oriundas de referências bibliográficas como manuais ou semelhantes.

O uso apropriado de informação disponível para a avaliação da incerteza do tipo B de medidas é baseado em experiência e conhecimento geral. Trata-se de uma habilidade que pode ser adquirida com a prática. Uma avaliação bem fundamentada da incerteza de medição do tipo B pode ser tão confiável quanto uma incerteza do tipo A, especialmente em situações de medidas em que uma avaliação do tipo A está baseada apenas em um número pequeno de observações independentes. Os seguintes casos devem ser discernidos:

a. quando apenas um valor único é conhecido para a quantidade X_i. Por exemplo, um valor resultante de uma medida prévia, um valor de referência da literatura ou um valor de correção podem ser utilizados como x_i. A incerteza padrão $u(x_i)$ associada com x_i deve ser adotada quando fornecida. Se forem disponibilizados dados confiáveis, a incerteza deve ser calculada. Caso contrário, se os dados não estão disponíveis, a incerteza deve ser avaliada com base na experiência;
b. quando uma distribuição de probabilidades pode ser assumida para uma quantidade X_i, baseada na teoria ou experiência, então o valor esperado e a raiz quadrada da variância dessa distribuição podem ser estimados e representados por x_i e a incerteza padrão associada $u(x_i)$.

Se apenas os valores limites superior e inferior a_+ e a_- podem ser estimados para os valores da quantidade X_i (por exemplo, especificações do fabricante de um instrumento de medida, uma faixa de temperatura, um arredondamento ou truncamento resultante de uma redução automática de dados), uma distribuição de probabilidades com densidade de probabilidades constantes entre esses dois limites (distribuição de probabilidades retangular) deve ser assumida para a possível variabilidade da quantidade de entrada X_i. Assim, a estimativa da entrada pode ser definida por:

$$x_i = \frac{1}{2}(a_+ + a_+)$$

e

$$u^2(x_i) = \frac{1}{12}(a_+ - a_-)^2$$

para o quadrado da incerteza padrão. Se a diferença entre os valores limites for de $2a$, a equação anterior pode ser reescrita como:

$$u^2(x_i) = \frac{1}{3}a^2.$$

A distribuição retangular[7] é uma descrição razoável em termos de probabilidade de um conhecimento inadequado sobre uma quantidade X_i na ausência de qualquer outra informação além de seus limites de variabilidade. Mas, se existe a certeza de que os valores das quantidades em questão estão mais próximos ao centro do intervalo do que nos seus limites, uma distribuição triangular[8] seria um modelo melhor. Por outro lado, se os valores concentram-se mais próximos dos limites que no centro, então uma distribuição com forma de U seria mais apropriada.

> *Exemplo de utilização de uma distribuição retangular*: um frasco volumétrico grau A de 10 mL é certificado em uma faixa de ±0,2 mL. A incerteza padrão é de $0,2/\sqrt{3} = 0,12$ mL.
>
> *Exemplo de utilização de uma distribuição triangular*: um frasco volumétrico grau A de 10 mL é certificado em uma faixa de ±0,2 mL, mas as verificações internas de rotina mostram que valores extremos são raros. A incerteza padrão é de $0,2/\sqrt{6} = 0,08$ mL.

Quando uma estimativa tem de ser feita na base de julgamento, pode-se estimar diretamente como um desvio padrão. Se isso não for possível, então a estimativa do desvio máximo deve ser feita, o que é perfeitamente razoável na prática. Se um valor menor for considerado substancialmente mais provável, essa estimativa deve ser tratada como descritiva de uma distribuição triangular. Se não houver base para se acreditar que é mais provável um erro menor que um erro maior, a estimativa deve ser tratada com uma distribuição retangular.

Incerteza combinada

Seja uma determinada quantidade de saída Y que depende das quantidades de entrada X_i. Sabemos que na prática obteremos uma estimativa y que depende da estimativa das quantidades de entrada x_i, as quais são determinadas por um dos métodos descritos anteriormente. Subentende-se então que a dispersão dos valores das quantidades de entrada (ou a variabilidade) causará uma dispersão nos valores das quantidades de saída, de modo que y pode ser escrita como:

$$y \pm u(y) = f(x_1 \pm u(x_1), x_2 \pm u(x_2), \ldots, x_k \pm u(x_k))$$

A Figura 2.26 mostra uma representação da dispersão da estimativa da quantidade de saída y e sua incerteza $u_c(y)$ em função das estimativas das quantidades de entrada x_i e suas incertezas $u(x_i)$.

---

[7] A distribuição retangular deve ser utilizada quando um certificado ou outra especificação fornece os limites sem especificar os níveis de confiança. Exemplo: 25 mL ±0,05 mL.
Nesse caso é feita uma estimativa sob a forma de uma faixa máxima (±a) sem se ter conhecimento do formato da distribuição. A incerteza é calculada como $u(x) = \dfrac{a}{\sqrt{3}}$.

[8] A distribuição triangular deve ser utilizada quando a informação disponível em relação a X é menos limitada que para uma distribuição retangular. Valores próximos de X são mais prováveis do que próximos dos limites. É feita uma estimativa sob uma faixa máxima de (±a) descrita por uma distribuição simétrica. A incerteza é calculada com $u(x) = \dfrac{a}{\sqrt{6}}$.

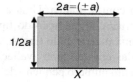

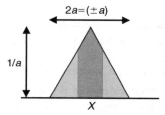

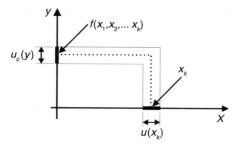

FIGURA 2.26 Representação da incerteza de saída em função da variabilidade das variáveis de entrada.

Uma das maneiras mais utilizadas para determinar a incerteza de saída $u(y)$ é aproximar a função f com uma função linear através das séries de Taylor. Essa linearização simplifica a análise da incerteza, com o ônus de introduzir um erro de aproximação.

Considerando Q uma quantidade dependente das quantidades $x_i, y_i, z_i, \ldots$, as quais possuem distribuições de erros gaussianas com desvios padrão $\sigma_x, \sigma_y, \sigma_z, \ldots$ e valores médios verdadeiros $\mu_x, \mu_y, \mu_z, \ldots$, respectivamente, a grandeza Q pode ser calculada pontualmente para qualquer conjunto de variáveis ou,

$$Q_i = Q(x_i, y_i, z_i, \ldots).$$

Observe que Q representa a lei ou a função da grandeza de saída em função das grandezas de entrada.

As variâncias das quantidades de entrada podem ser calculadas com:

$$\sigma_\omega^2 = \frac{1}{n}\sum_{i=1}^{n}(x_i - \mu_\omega)^2.$$

Sabe-se ainda que o valor médio verdadeiro da quantidade Q é definido como:

$$Q_{vm} = \lim_{n\to\infty} \frac{1}{n}\sum_{i=1}^{n} Q_i.$$

Cada resultado de Q_i pode ser expandido em séries de potências dos desvios:

$$Q_i \cong Q(\mu_x, \mu_y, \mu_z, \ldots) + \frac{\partial Q}{\partial x}(x_i - \mu_x) + \frac{\partial Q}{\partial y}(y_i - \mu_y) +$$
$$+ \frac{\partial Q}{\partial z}(z_i - \mu_z) + \ldots + \frac{1}{2}\frac{\partial^2 Q}{\partial x^2}(x_i - \mu_x)^2 + \frac{1}{2}\frac{\partial^2 Q}{\partial y^2}(y_i - \mu_y)^2 +$$
$$+ \frac{1}{2}\frac{\partial^2 Q}{\partial z^2}(z_i - \mu_z)^2 + \ldots$$

em que as derivadas parciais devem ser calculadas para $\omega = \mu_\omega$.

De maneira geral, se os termos de diferenças $(\omega_i - \mu_\omega) \approx \sigma_\omega$ podem ser aproximados por uma constante da ordem de um desvio padrão, e os termos de ordens superiores (ordem > 1) são desprezíveis nessa condição:

$$\frac{1}{n}\left(\frac{\partial^n Q}{\partial x^n}\right)(x_i - \mu_x) \cong 0$$

para $dx_i = (x_i - \mu_x) \approx \sigma_x$ e $(n > 1)$ (estendendo-se para todas as outras variáveis de entrada $y_i, z_i, \ldots$), então pode-se afirmar que a quantidade $Q(\mu_x, \mu_y, \mu_z, \ldots)$ é lenta do ponto de vista de propagação de incertezas. Essa condição é alcançada quando a primeira derivada é praticamente constante com variações da ordem de um desvio padrão. Em outras palavras, considerando a função $Q(x)$, ela pode ser aproximada por uma reta dentro de intervalos da ordem de σ_x.

Assim, a equação anterior pode ser reescrita de forma simplificada:

$$Q_i \cong Q(\mu_x, \mu_y, \mu_z, \ldots) + \frac{\partial Q}{\partial x}(x_i - \mu_x) + \frac{\partial Q}{\partial y}(y_i - \mu_y) +$$
$$+ \frac{\partial Q}{\partial z}(z_i - \mu_z) + \ldots$$

e a mesma dedução pode ser aplicada para os valores médios reais:

$$Q_i \cong Q(\overline{x}, \overline{y}, \overline{z}, \ldots) + \frac{\partial Q}{\partial x}(x_i - \overline{x}) + \frac{\partial Q}{\partial y}(y_i - \overline{y}) +$$
$$+ \frac{\partial Q}{\partial z}(z_i - \overline{z}) + \ldots$$

Considerando agora uma série de pontos calculados com n experimentos temos:

$$\sum_{i=1}^{n} Q_i \cong nQ(\overline{x}, \overline{y}, \overline{z}, \ldots) + \frac{\partial Q}{\partial x}\sum_{i=1}^{n}(x_i - \overline{x}) + \frac{\partial Q}{\partial y}\sum_{i=1}^{n}(y_i - \overline{y}) +$$
$$+ \frac{\partial Q}{\partial z}\sum_{i=1}^{n}(z_i - \overline{z}) + \ldots$$

No limite, com $n \to \infty$ os três últimos termos se anulam, pois o valor médio das variáveis é definido como:

$$\overline{v} = \lim_{n\to\infty} \frac{1}{n}\sum_{i=1}^{n} v_i,$$

e assim:

$$Q_{vm} \cong Q(\overline{x}, \overline{y}, \overline{z}, \ldots),$$

uma vez que ele foi definido anteriormente como $Q_{vm} = \lim_{n\to\infty}\frac{1}{n}\sum_{i=1}^{n} Q_i$. Verifica-se dessa forma que o primeiro termo da expansão das séries, em se tratando de análise de incertezas, indica a estimativa do valor nominal da quantidade Q para as estimativas das quantidades de entrada $\overline{x}, \overline{y}, \overline{z}, \ldots$

A variância para a distribuição dos Q_i é definida como:

$$\sigma_\omega^2 = \lim_{n\to\infty} \frac{1}{n}\sum (Q_i - Q_{vm})^2.$$

Utilizando a aproximação até a primeira ordem para $Q_i(\overline{x}, \overline{y}, \overline{z}, \ldots)$, obtém-se:

$$(Q_i - Q_{vm})^2 \cong \left(\frac{\partial Q}{\partial x}\right)^2 (x_i - \bar{x})^2 + \left(\frac{\partial Q}{\partial y}\right)^2 (y_i - \bar{y})^2 +$$

$$+ \left(\frac{\partial Q}{\partial z}\right)^2 (z_i - \bar{z})^2 + ... 2\frac{\partial Q}{\partial x}\frac{\partial Q}{\partial y}(x_i - \bar{x})(y_i - \bar{y}) +$$

$$2\frac{\partial Q}{\partial x}\frac{\partial Q}{\partial z}(x_i - \bar{x})(z_i - \bar{z}) + ...$$

E assim pode-se deduzir que:

$$\sum_{i=1}^{n}(Q_i - Q_{vm})^2 \cong \left(\frac{\partial Q}{\partial x}\right)^2 \sum_{i=1}^{n}(x_i - \bar{x})^2 + \left(\frac{\partial Q}{\partial y}\right)^2 \sum_{i=1}^{n}(y_i - \bar{y})^2 +$$

$$+ \left(\frac{\partial Q}{\partial z}\right)^2 \sum_{i=1}^{n}(z_i - \bar{z})^2 + ...2\frac{\partial Q}{\partial x}\frac{\partial Q}{\partial y}\sum_{i=1}^{n}(x_i - \bar{x})(y_i - \bar{y}) +$$

$$2\frac{\partial Q}{\partial x}\frac{\partial Q}{\partial z}\sum_{i=1}^{n}(x_i - \bar{x})(z_i - \bar{z}) + ...$$

Considerando que a variância é definida como:

$$\sigma_v^2 = \lim_{n\to\infty}\frac{1}{n}\sum_{i=1}^{n}(v_i - \bar{v})^2$$

e ainda que podemos definir a covariância entre um par de variáveis em um grupo indefinido de variáveis:

$$\sigma_{v\omega}^2 \equiv \text{cov}(v, \omega) = \frac{1}{n}\sum_{i=1}^{n}(v_i - v_m)(\omega_i - \omega_m)$$

em que v_m e ω_m são as médias das populações.

Experimentalmente, a covariância pode ser estimada por:

$$\sigma_{v\omega}^2 \cong \frac{1}{n-1}\sum_{i=1}^{n}(v_i - \bar{v})(\omega_i - \bar{\omega})$$

em que $\bar{v}$ e $\bar{\omega}$ são as médias das n amostras.

Considerando um número de experimentos n muito grande $n \to \infty$ e fazendo as substituições na equação anterior para as variâncias e covariâncias, temos a **equação geral para a propagação de incertezas**:

$$\sigma_G^2 = \sigma_x^2\left(\frac{\partial Q}{\partial x}\right)^2 + \sigma_y^2\left(\frac{\partial Q}{\partial y}\right)^2 + \sigma_z^2\left(\frac{\partial Q}{\partial y}\right)^2 + ... +$$

$$+ 2\sigma_{xy}\left(\frac{\partial Q}{\partial y}\right)\left(\frac{\partial Q}{\partial y}\right) + 2\sigma_{xz}\left(\frac{\partial Q}{\partial y}\right)\left(\frac{\partial Q}{\partial y}\right) +$$

$$+ 2\sigma_{yz}\left(\frac{\partial Q}{\partial y}\right)\left(\frac{\partial Q}{\partial y}\right) + ...$$

As últimas parcelas do lado direito da igualdade (parcelas envolvendo a multiplicação de duas sensibilidades) são utilizadas quando as quantidades de entrada são consideradas dependentes. Se as estimativas de entrada são independentes, todas as covariâncias serão zero. Dessa forma, a equação anterior é colocada de uma forma mais simples:

$$\sigma_G^2 = \left(\frac{\partial Q}{\partial x}\right)^2 \sigma_x^2 + \left(\frac{\partial Q}{\partial y}\right)^2 \sigma_y^2 + \left(\frac{\partial Q}{\partial z}\right)^2 \sigma_z^2 + ...$$

Essas equações permitem calcular a incerteza mais provável da quantidade Q em função das incertezas de cada uma das estimativas de entrada x_i.

Todas as grandezas físicas, quando medidas, devem ser representadas por um valor numérico, uma incerteza e uma unidade (se a grandeza não for adimensional).

Assim, para quantidades de entrada independentes, o quadrado da incerteza padrão associada com a estimativa de saída é dada por:

$$u^2(y) = \sum_{i=1}^{N} u_i^2(y).$$

Observação:

Existem alguns casos em que a função modelo é fortemente não linear ou alguns dos coeficientes de sensibilidade variam. Nessas equações devem-se incluir termos de ordens elevadas.

A quantidade $u_i(y)$ ($i = 1, 2, ..., N$) é a contribuição para a incerteza padrão associada com a estimativa de saída y, resultado da incerteza padrão associada com a estimativa de entrada x_i:

$$u_i(y) = c_i u(x_i).$$

em que c_i é definido como o coeficiente de sensibilidade associado com a estimativa de entrada x_i, isto é, a derivada parcial da função modelo f em relação às entradas X_i, avaliado na estimativa de entrada x_i, conforme mostrado anteriormente:

$$c_i = \frac{\partial f}{\partial x_i} = \frac{\partial f}{\partial X_i}\bigg|_{X_i=x_i...X_N=x_N}.$$

Os coeficientes de sensibilidade descrevem a extensão com que a estimativa de saída y é influenciada pelas variações da estimativa de entrada x_i. Esses coeficientes são avaliados com a derivada parcial da função modelo f com a equação descrita anteriormente ou utilizando métodos numéricos. Nesse caso, calcula-se a variação na estimativa de saída y fazendo-se a entrada variar de $+u(x_i)$ a $-u(x_i)$ e divide-se a diferença resultante por $2u(x_i)$. Esse método é particularmente útil quando não existe nenhuma descrição matemática confiável da relação.

De fato, algumas vezes pode ser mais apropriado encontrar a variação na estimativa de saída y com um experimento, repetindo-se as medidas de entrada em $x_i \pm u(x_i)$ ($u(x_i)$ é sempre positivo). A contribuição $u(y)$ pode ser negativa ou positiva, dependendo do sinal do coeficiente de sensibilidade c_i. O sinal de $u(y)$ deve ser levado em conta no caso de quantidades de entrada correlacionadas.

Esses procedimentos gerais aplicam-se caso as incertezas estejam relacionadas a parâmetros individuais, parâmetros agrupados, ou ao método como um todo. Contudo, quando uma contribuição de incerteza está associada ao procedimento como um todo é, em geral, expressa como um efeito no resultado final. Nesses casos, ou quando a incerteza sobre um parâmetro é expressa diretamente em termos do seu efeito sobre y, o coeficiente de sensibilidade $\partial y/\partial x$ é igual a 1,0.

EXEMPLO

Um resultado de 22 mg/L mostra um desvio padrão (da média) de 4,1 mg/L. A incerteza padrão associada a essa medida nessas condições é de 4,1 mg/L. O modelo implícito para a medição, desprezando outros fatores em prol da clareza, é:

Y = (resultado calculado) $\pm \varepsilon$, em que representa o efeito da variação aleatória sob as condições de medição.

Se a função modelo f é a soma ou diferença das quantidades de entrada X_i

$$f(X_1, X_2, ..., X_N) = \sum_{i=1}^{N} p_i X_i$$

a estimativa de saída é dada pela correspondente soma ou diferença das quantidades estimadas de entrada

$$y = \sum_{i=1}^{N} p_i x_i$$

em que os coeficientes de sensibilidade são p_i e então:

$$u^2(y) = \sum_{i=1}^{N} p_i^2 u^2(x_i).$$

Ou, mais explicitamente, se $y = (p + q + r + ...)$, a incerteza padrão combinada $u(y)$ é dada por:

$$u(y(p, q, r...)) = \sqrt{u(p)^2 + u(q)^2 + ...}$$

Observe que nesse caso $\frac{\partial y}{\partial p} = \frac{\partial y}{\partial q} = \frac{\partial y}{\partial r} = 1$.

EXEMPLO

Para $y = (p - q + r)$ os valores são $p = 5,02$, $q = 6,45$ e $r = 9,04$ com incertezas padrão do tipo B $u(p) = 0,13$, $u(q) = 0,05$ e $u(r) = 0,22$. Portanto:

$$y = 5,02 - 6,45 + 9,04 = 7,61$$
$$u(y) = \sqrt{0,13^2 + 0,05^2 + 0,22^2} = 0,26$$

Embora $\frac{\partial y}{\partial p} = -1$, o sinal negativo não influencia no resultado da incerteza.

EXEMPLO

Considera-se o cálculo de uma resistência equivalente composta por dois resistores $R_1 = 1$ kΩ $\pm$ 5%, $R_2 = 10$ kΩ $\pm$ 1%. Veja que a incerteza padrão do tipo B é fornecida em sua forma relativa percentual (desconsiderando outras fontes de incerteza).

$$y = \text{Req} = R_1 + R_2$$
$$u(R_1) = 50 \ \Omega \text{ e } u(R_2) = 100 \ \Omega$$

Os coeficientes de sensibilidade podem ser calculados por:

$$\frac{\partial \text{Req}}{\partial R_1} = 1$$

$$\frac{\partial \text{Req}}{\partial R_2} = 1$$

$$u(y) = u(\text{Req}) = [(1 \times 50)^2 + (1 \times 100)^2]^{1/2} \cong 111,8 \ \Omega$$
$$\text{Req} = 11000 \pm 111,8 \ \Omega.$$

(continua)

(continuação)

Observa-se que a formulação desse problema está incompleta. Aqui assumimos as incertezas do tipo B com distribuição gaussiana, ou seja, σ_1 e σ_2 são desvios de uma função normal. Se esses valores representam, por exemplo, tolerâncias fornecidas pelo fabricante, então deveríamos considerar distribuições retangulares e $\hat{\sigma}_1 = \dfrac{50}{\sqrt{3}}$ e $\hat{\sigma}_2 = \dfrac{100}{\sqrt{3}}$. (Considerando uma análise simplificada, utilizamos o intervalo que caracteriza a tolerância para calcular a incerteza, porém, sabe-se que esse valor é sobre-estimado. Um processo de medidas aleatórias dos valores de resistências seria mais adequado nesse caso).

Se a função modelo f é um produto ou quociente da quantidade de entrada x_i:

$$f(X_1, X_2, ..., X_N) = c\prod_{i=1}^{N} X_i^{p_i}$$

A estimativa de saída novamente é o produto ou quociente correspondente da estimativa de entrada:

$$y = c\prod_{i=1}^{N} x_i^{p_i}$$

Nesse caso, os coeficientes de sensibilidade são $p_i y / x_i$, e ainda, se as incertezas padrão relativas $w(y) = u(y)/|y|$ e $w(x_i) = u(x_i)/|y|$ são usadas, pode-se escrever:

$$w^2(y) = \sum_{i=1}^{N} p_i^2 w^2(x_i).$$

Ou, mais explicitamente, se $y = (p \times q \times r \times ...)$ ou $y = p/(q \times r \times ...)$, a incerteza padrão combinada é dada por:

$$u(y) = y\sqrt{\left(\dfrac{u(p)}{p}\right)^2 + \left(\dfrac{u(q)}{q}\right)^2 + ...}$$

em que $u(p)/p$, $u(q)/q$ etc. são as incertezas nos parâmetros, expressas como incertezas padrão relativas.

EXEMPLO

Para $y = \dfrac{o(p)}{q(r)}$ os valores são $o = 2,46$, $p = 4,32$, $q = 6,38$ e $r = 2,99$, com incertezas padrão do tipo B com distribuição gaussiana de $u(o) = 0,02$, $u(p) = 0,13$, $u(q) = 0,11$ e $u(r) = 0,07$. Logo:

$$y = (2,46 \times 4,32)/(6,38 \times 2,99) = 0,56$$

$$u(y) = 0,56 \times \sqrt{\left(\dfrac{0,02}{2,46}\right)^2 + \left(\dfrac{0,13}{4,32}\right)^2 + \left(\dfrac{0,11}{6,38}\right)^2 + \left(\dfrac{0,07}{2,99}\right)^2} = 0,024$$

EXEMPLO

Considere que a superfície total do paralelepípedo da Figura 2.27 deve ser calculada. Os resultados das medidas das dimensões são dados juntamente com as incertezas padrão associadas: $x = (100 \pm 1\%)$ mm, comprimento $y = (300 \pm 3\%)$ mm e altura $z = (25 \pm 2)$ mm.
Desconsidere quaisquer outras fontes de incerteza não inclusas nos valores fornecidos.

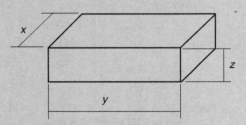

FIGURA 2.27 Paralelepípedo com dimensões x, y e z.

(continua)

(continuação)

A função que descreve a superfície total é calculada com:

$$y = S = 2xy + 2xz + 2zy$$

as incertezas padrão fornecidas das variáveis são:

$$u(x) = 1 \text{ mm}$$
$$u(y) = 9 \text{ mm}$$
$$u(z) = 2 \text{ mm}$$

Calculando-se os coeficientes de sensibilidade com as derivadas parciais tem-se:

$$\frac{\partial S}{\partial x} = 2y + 2z = 600 + 50 = 650$$

$$\frac{\partial S}{\partial y} = 2x + 2z = 200 + 50 = 250$$

$$\frac{\partial S}{\partial z} = 2x + 2y = 200 + 600 = 800$$

$$u(y) = [(650 \times 1)^2 + (250 \times 9)^2 + (800 \times 2)^2]^{1/2} \cong 2836{,}36$$
$$S = 80\,000{,}00 \pm 2836{,}36 \text{ mm}^2$$

Se duas quantidades X_i e X_k são correlacionadas em algum grau, isto é, se elas são mutuamente dependentes de alguma maneira, sua covariância também deve ser considerada uma contribuição para a incerteza. O julgamento para levar em conta os efeitos das correlações depende do conhecimento do processo de medida e do julgamento da dependência mútua das quantidades de entrada. Em geral, deve-se ter a consciência de que desprezar correlações de grandezas de entrada entre quantidades de entrada pode levar a avaliação incorreta da incerteza padrão do mensurando.

Se duas quantidades X_i e X_k são dependentes, elas são correlacionadas e a covariância das estimativas dessas duas variáveis x_i e x_k pode ser calculada por:

$$u(x_i, x_k) = u(x_i)u(x_k)r(x_i, x_k) \text{ para } i \neq k$$

Essa covariância deve ser considerada uma contribuição adicional de incerteza. O seu grau de correlação é caracterizado pelo coeficiente de correlação $r(x_i, x_k)$, em que $i \neq k$ e $|r| \leq 1$.

No caso de n pares independentes de observações simultâneas repetidas de duas quantidades P e Q, a covariância associada com a média aritmética $\overline{p}$ e $\overline{q}$ é dada por:

$$s(\overline{p}, \overline{q}) = \frac{1}{n(n-1)} \sum_{j=1}^{n}(p_j - \overline{p})(q_j - \overline{q})$$

Os graus de correlação dos fatores que influenciam no sistema ou processo devem ser baseados na experiência. Quando existe correlação, a equação:

$$u^2(y) = \sum_{i=1}^{N} u_i^2(y)$$

deve ser substituída por:

$$u^2(y) = \sum_{i=1}^{N} c_i^2 u^2(x_i) + 2\sum_{i=1}^{N-1}\sum_{i=1}^{N} c_i c_k u(x_i, x_k)$$

em que c_i e c_k são os coeficientes de sensibilidade, ou

$$u^2(y) = \sum_{i=1}^{N} u_i^2(y) + 2\sum_{i=1}^{N-1}\sum_{i=1}^{N} u_i(y)u_k(y)r(x_i, x_k)$$

com $u_i(y)$ representando as contribuições na incerteza padrão da estimativa de saída y, resultante da incerteza padrão da estimativa de entrada x_i conforme:

$$u_i(y) = c_i u(x_i)$$

Deve ser notado que a segunda parcela dos termos nas equações anteriores pode assumir um valor negativo. Na prática, quantidades de entrada são geralmente correlacionadas devido ao mesmo padrão de referência físico, instrumento de medição, dado de referência ou mesmo o método de medida tendo uma incerteza significativa utilizada na avaliação de seus valores.

Suponha que duas quantidades de entrada X_1 e X_2 estimadas por x_1 e x_2 dependem das variáveis de entrada independentes $Q_l (l = 1, 2, ..., L)$

$$X_1 = g_1(Q_1, Q_2, ..., Q_L)$$
$$X_2 = g_2(Q_1, Q_2, ..., Q_L)$$

apesar de que algumas dessas variáveis não necessariamente aparecem nas mesmas funções. As estimativas de entrada x_1 e x_2 das quantidades de entrada estarão correlacionadas até alguma extensão, mesmo que as estimativas $q_l(l = 1, 2, ..., L)$ sejam não correlacionadas. Nesse caso, a covariância $u(x_1, x_2)$ associada com as estimativas x_1 e x_2 é dada por:

$$u(x_i, x_2) = \sum_{l=1}^{L} c_{1l} c_{2l} u^2(q_l)$$

em que c_{1l} e c_{2l} são os coeficientes de sensibilidade deduzidos das funções g_1 e g_2. Uma vez que apenas esses termos contribuem para a soma, na qual os coeficientes de sensibilidade não desaparecem, a covariância é zero se nenhuma variável é comum às funções g_1 e g_2.

O exemplo seguinte demonstra correlações existentes entre valores atribuídos a dois padrões, os quais são calibrados contra a mesma referência padrão.

Problema de medida: os dois padrões X_1 e X_2 são comparados com as referências padrão Q_s por meio de um sistema de medida capaz de determinar a diferença z nos seus valores com uma incerteza padrão associada $u(z)$. O valor q_s da referência padrão é conhecido como a incerteza padrão $u(q_s)$.

Modelo matemático: as estimativas de entrada x_1 e x_2 dependem do valor de q_s da referência padrão e das diferenças observadas z_1 e z_2 de acordo com as relações:

$$x_1 = q_s - z_1$$
$$x_2 = q_s - z_2$$

Incertezas padrão e covariâncias: as estimativas z_1, z_2 e q_s são consideradas não correlacionadas porque elas foram determinadas em medidas diferentes. As incertezas padrão e a covariância associada com as estimativas x_1 e x_2 são calculadas. Assumindo que $u(z_1) = u(z_2) = u(z)$,

$$u^2(x_1) = u^2(q_s) + u^2(z)$$
$$u^2(x_2) = u^2(q_s) + u^2(z)$$
$$u^2(x_1, x_2) = u^2(q_s)$$

o coeficiente de correlação deduzido desses resultados é:

$$r(x_1, x_2) = \frac{u^2(q_S)}{u^2(q_S) + u^2(z)}$$

Seus valores variam de 0 a +1, dependendo das incertezas padrão $u(q_s)$ e $u(z)$.

O caso descrito pelas equações:

$$X_1 = g_1(Q_1, Q_2, ..., Q_L)$$
$$X_2 = g_2(Q_1, Q_2, ..., Q_L)$$

é uma ocasião em que a inclusão de correlação na avaliação da incerteza padrão do mensurando pode ser evitada pela escolha apropriada da função modelo. Introduzindo diretamente as variáveis independentes Q_l e com a substituição dos valores das variáveis originais de X_1 e X_2 é gerada uma nova função modelo que não contém as variáveis correlacionadas X_1 e X_2.

Entretanto, existem casos em que a correlação entre duas quantidades de entrada X_1 e X_2 não pode ser evitada, por exemplo, utilizando o mesmo instrumento de medida ou a mesma referência padrão para determinar as estimativas x_1 e x_2, em que as equações de transformação para novas variáveis independentes não estão disponíveis. Ainda, se o grau de correlação não é exatamente conhecido, pode ser útil avaliar a máxima influência que essa correlação pode ter por uma margem estimada acima da incerteza padrão do mensurando com:

$$u^2(y) \leq (|u_1(y)|) + (|u_2(y)|)^2 + u_r^2(y)$$

em que $u_r(y)$ é a contribuição da incerteza padrão de todas as quantidades de entrada restantes consideradas não correlacionadas.

Observação:

Essa equação é facilmente generalizada para casos de alguns grupos com duas ou mais quantidades de entrada correlacionadas.

Nesse caso, uma soma do pior caso respectivo deve ser introduzida para cada grupo de quantidades não correlacionadas.

A covariância associada com as estimativas das duas quantidades de entrada X_i e X_k pode ser considerada zero ou tratada como insignificante se:

a. as quantidades de entrada X_i e X_k são independentes, por exemplo, porque elas têm sido repetidamente mas não simultaneamente observadas em diferentes experimentos independentes ou porque representam quantidades de diferentes avaliações que foram feitas independentemente, ou se
b. as quantidades de entrada X_i e X_k podem ser tratadas como constantes, ou se
c. as investigações não fornecem informações indicando a presença de correlação entre as quantidades de entrada X_i e X_k.

A análise da incerteza para uma medida deve incluir uma lista de todas as fontes de incerteza juntamente com as incertezas de medidas padrão associadas e os seus métodos de avaliação. Para medidas repetidas, o número n de observações também deve ser analisado. Para que seja feito da maneira mais clara possível, é recomendado apresentar os dados relevantes para essa análise na forma de uma tabela. Nessa tabela, todas as quantidades devem ser referenciadas por um símbolo X_i ou um outro identificador. Para cada um deles, ao menos a estimativa x_i, a incerteza de medida padrão associada $u(x_i)$, os coeficientes de sensibilidade c_i e as diferentes contribuições de incerteza $u_i(y)$ devem ser especificados. A dimensão de cada quantidade deve também ser especificada com seus valores numéricos em uma tabela.

Um exemplo formal desse arranjo é dado na Tabela 2.8, aplicado para o caso de quantidades de entrada não correlacionadas. A incerteza padrão associada com o resultado de medida $u(y)$ dada no canto inferior direito da tabela é a raiz quadrada das somas dos quadrados de todas as contribuições de incerteza da coluna da direita.

TABELA 2.8 Esquema de um arranjo ordenado das quantidades estimadas, incertezas padrão, coeficientes de sensibilidade e contribuição de incertezas usadas na análise de incertezas de uma medida

Quantidade X_i	Estimativa x_i	Incerteza padrão $u(x_i)$	Coeficiente de sensibilidade c_i	Contribuição da incerteza padrão $u_i(y)$
X_1	x_1	$u(x_1)$	c_1	$u_1(y)$
X_2	x_2	$u(x_2)$	c_2	$u_2(y)$
.	.	.	.	.
.	.	.	.	.
X_N	x_N	$u(x_N)$	c_N	$u_N(y)$
Y	y			$u(y)$

EXEMPLO

Determine a incerteza de medição na composição de cinco blocos padrão, que foram calibrados pelo mesmo sistema de medição. Os blocos possuem dimensão nominal de 10 mm e incerteza expandida: $u(x_1) = 0,04$ mm para $k = 2$.
O resultado da combinação dos blocos pode ser expresso matematicamente por $y = x_1 + x_2 + x_3 + x_4 + x_5$. Considere que cada par de medidas está completamente correlacionado $r(x_i, x_j) = 1$.
Neste caso a equação:

$$u_c^2(y) = \sum_{i=1}^{N}\left[\frac{\partial f}{\partial x_i}\right]^2 u^2(x_i) + 2\sum_{i=1}^{N-1}\sum_{j=i+1}^{N}\frac{\partial f}{\partial x_i}\frac{\partial f}{\partial x_j}u(x_i)u(x_j)r(x_i, x_j)$$

$$\frac{\partial f}{\partial x_i} = \frac{\partial f}{\partial x_j} = \frac{\partial f}{\partial x_i} = 1$$

Com $N = 5$, $u(x_i) = 0,02$ e as correlações $r(x_i, x_j) = 1$. Assim a segunda parcela fica:

$$2\sum_{i=1}^{4}\sum_{j=i+1}^{5}u(x_i)u(x_j) = 2u(x_1)u(x_2) + 2u(x_1)u(x_3) + 2u(x_1)u(x_4)$$
$$+ 2u(x_1)u(x_5) + 2u(x_2)u(x_3) + 2u(x_2)u(x_4) + 2u(x_2)u(x_5) + 2u(x_3)u(x_4)$$
$$+ 2u(x_3)u(x_5) + 2u(x_4)u(x_5) = 20 \cdot (0,02)^2 = 0,008$$

A primeira parcela nos dá $\sum_{i=1}^{5}(0,02)^2 = 0,002$. Assim o resultado final é $u^2(y) = 0,01$, e assim $u(y) = 0,1$.

Agora vamos resolver o problema de outro modo. Ao analisarmos a equação geral, verificamos que é possível realizar algumas simplificações:

$$u_c^2(y) = \left[\sum_{i=1}^{N}\frac{\partial f}{\partial x_i}u(x_i)\right]^2 \Rightarrow u_c(y) = \sum_{i=1}^{N}\frac{\partial f}{\partial x_i}u(x_i)$$

Substituindo os valores na equação simplificada obtemos:

$$u(x_i) = \sum_{i=1}^{5}0,02 = 0,1$$

2.7.2 Incerteza de medida expandida

De acordo com o *European Coorporation for Accreditation of Laboratories* (EAL), foi decidido que os laboratórios de calibração acreditados por membros do EAL devem utilizar uma incerteza de medida expandida U, obtida multiplicando-se a incerteza padrão da saída estimada $u(y)$ por um fator de cobertura k:

$$U = ku(y).$$

Nos casos em que o mensurando possui uma distribuição normal e a incerteza padrão associada com a estimativa de saída tem confiabilidade suficiente, o fator de cobertura $k = 2$ deve ser utilizado. Essa expansão da incerteza corresponde a um nível de confiança de aproximadamente 95%. Essas condições atendem à maioria das necessidades dos casos encontrados em trabalhos de calibração.

A hipótese de uma distribuição normal não pode sempre ser facilmente confirmada experimentalmente. Entretanto, nos casos em que alguns componentes de incerteza (por exemplo, $N \geq 3$), obtidos de distribuições de probabilidade bem comportadas de quantidades independentes, com distribuições normais, ou distribuições retangulares, contribuem para a incerteza padrão associada com a estimativa de saída caracterizada por quantidades comparáveis, as condições do teorema do Limite Central são obtidas, então pode-se assumir com um alto grau de aproximação que a distribuição da quantidade de saída é normal.

A confiabilidade da incerteza padrão atribuída à estimativa de saída é determinada pelo seu grau de liberdade efetiva. Entretanto, o critério de confiabilidade é sempre alcançado se nenhuma das contribuições de incertezas padrão é obtida por avaliações do tipo A, baseadas em menos que dez observações.

Se uma dessas condições (distribuição normal ou confiabilidade suficiente) não é alcançada, o fator de cobertura padrão $k = 2$ pode resultar em um nível de confiança menor que 95%. Nesse caso, a fim de garantir que um valor de incerteza expandida seja definido e que corresponda ao mesmo fator de cobertura, de distribuição de probabilidade normal, outros procedimentos devem ser seguidos. O uso aproximado do mesmo nível de confiança é essencial sempre que dois resultados de medidas devam ser comparados. Isto é, quando a avaliação de resultados comparativos de dois laboratórios diferentes é feita ou quando é necessária a garantia de uma especificação.

Mesmo que uma distribuição normal possa ser assumida, pode ainda ocorrer que a incerteza padrão associada com a estimativa de saída tenha confiabilidade insuficiente. Se, nesse caso, não é possível aumentar o número de medidas repetidas n ou utilizar uma avaliação de incertezas do tipo B em vez do tipo A de confiabilidade pobre, outro método deve ser utilizado.

A estimativa da incerteza em uma aplicação prática nos leva a algumas situações características que são muito importantes. Por exemplo, considere o caso da utilização de uma balança que apresente uma resolução, que não pode ser desprezada. O valor da incerteza devido à **resolução** pode ser obtido no manual do equipamento ou então determinado (por exemplo, por meio do visor digital ou analógico). Esse caso é típico de uma incerteza de entrada do tipo B com distribuição retangular. Assim $u(Res) = \dfrac{a_1}{\sqrt{3}}$, como apresentado anteriormente, em que a_1 é metade do intervalo representado pela distribuição.

Essa balança deve ser rastreada, ou seja, deve existir um certificado de **calibração** e consequentemente mais uma fonte de incerteza é fornecida $u(Cal)$. Essa incerteza é do tipo B, com distribuição tipicamente gaussiana. Usualmente essa incerteza é fornecida com um fator de cobertura (incerteza expandida), com o qual é possível determinar a incerteza padrão. Por exemplo, se o nível de confiança for (aproximadamente) 95% então o fator de cobertura é $k = 2$.

Nesse certificado pode ainda haver informações sobre a **estabilidade temporal** e a **estabilidade térmica**. Esses dois dados caracterizam mais duas fontes de incerteza, que dependem especificamente do tempo decorrido desde a última calibração e da faixa de temperatura na qual a calibração foi efetuada. Essas duas fontes de incerteza são do tipo B e usualmente modeladas com distribuições retangulares:

$$u(Est\_Térmica) = \dfrac{a_2}{\sqrt{3}}, u(Est\_Temporal) = \dfrac{a_3}{\sqrt{3}}.$$

Finalmente, temos a **incerteza experimental**, decorrente de repetições de medidas, o que caracteriza uma incerteza do tipo A $u(Experimental)$, dada pelo desvio padrão da média. Um detalhe muito importante nessa componente de incerteza é o grau de liberdade, caracterizado por $n - 1$, em que n é o número de repetições. Na prática, se $n \geq 30$ assumimos que o número de repetições é alto o suficiente para caracterizarmos a distribuição representada pelos dados como uma gaussiana. Porém, se $n < 30$, os dados serão mais bem representados por uma distribuição t de student. A razão da utilização dessa distribuição é que utilizamos o desvio padrão experimental s em vez do populacional σ e como resultado de amostragem baixa, a distribuição t de student representa os dados de uma forma mais adequada e justa. A principal diferença entre essas duas distribuições é que com n baixo, a curva apresenta-se mais achatada, com um desvio padrão mais elevado, ou seja, quanto menos medidas, maior a incerteza. O limiar $n \geq 30$ é o ponto onde a distribuição gaussiana apresenta praticamente a mesma probabilidade que a distribuição t de student.

Observe que nesse simples exemplo temos 5 fontes de incerteza. Considerando que não é necessária nenhuma correção (como algum erro sistemático, por exemplo, de linearidade), a incerteza de medida combinada é uma simples soma quadrática das incertezas individuais, uma vez que o modelo de medida é composto de apenas uma variável. Assim:

$$u(Medida\_Balança) = \sqrt{u^2(Res) + u^2(Cal) + u^2(Est\_Térmica) + u^2(Est\_Temporal) + u^2(Experimental)}$$

A incerteza combinada, nesse exemplo, é uma composição de incertezas do tipo A e B com distribuições variadas. Porém, como citado anteriormente, o Teorema do Limite Central garante que o resultado dessa composição possui a tendência de seguir uma distribuição t de student. A distribuição de saída, no entanto, dependerá das distribuições das variáveis com maior influência na entrada. Uma pergunta interessante a se fazer é: qual a confiabilidade da incerteza de saída?

Fatores de cobertura deduzidos de graus de liberdade efetivos

Levar em conta a confiabilidade da incerteza padrão $u(y)$ da estimativa de saída y significa interpretar o quanto é verdade que $u(y)$ estima a incerteza associada ao resultado da medida. Para uma estimativa da incerteza de medida, cujos dados são distribuídos segundo a t de student, os graus de liberdade dessa estimativa, os quais dependem do tamanho da amostra, são uma medida da confiabilidade. Similarmente, uma medida adequada da confiabilidade da incerteza padrão associada com uma estimativa de saída está relacionada ao seu grau de liberdade efetivo v_{ef}, o qual é aproximado por uma combinação apropriada dos graus de liberdade efetivos de suas diferentes contribuições de incertezas $u_i(y)$.

O procedimento para calcular um fator de cobertura k apropriado quando as condições do teorema do Limite Central são atendidas é o seguinte:

a. obter a incerteza padrão associada com a estimativa de saída;
b. estimar o grau de liberdade efetivo v_{ef} da incerteza padrão $u(y)$ associada com a estimativa de saída y da equação de Welch-Satterthwaite:

$$v_{ef} = \frac{u^4(y)}{\sum_{i=1}^{N} \frac{u_i^4(y)}{v_i}}$$

sendo $u_i(y)$ ($i = 1, 2, ..., N$) as contribuições para a incerteza padrão associada com a estimativa de saída y resultante da incerteza padrão associada com as estimativas de entrada x_i, as quais são consideradas estatisticamente mutuamente independentes, e v_i é o grau de liberdade efetivo das contribuições $u_i(y)$ da incerteza padrão.

Para uma incerteza padrão $u(q)$ obtida de uma avaliação do tipo A, os graus de liberdade são dados por $v_i = n - 1$. É mais problemático associar os graus de liberdade com uma incerteza padrão $u(x_i)$ obtidos de uma avaliação do tipo B. Entretanto, se, por exemplo, os limites inferior e superior a_- e a_+ são estimados, eles devem ser escolhidos de maneira que a probabilidade da quantidade em questão fora dos limites é de fato extremamente pequena. Se esse procedimento é seguido, o grau de liberdade da incerteza padrão $u(x_i)$ obtida da avaliação do tipo B pode ser considerado $v_i \to \infty$.

Deve-se então obter o fator de cobertura k da Tabela 2.9, que é baseada em uma distribuição t avaliada para um nível de confiança de 95,45%. Se v_{ef} não é inteiro, que é geralmente o caso, deve-se truncar v_{ef} para o inteiro inferior.

Para os casos em que a utilização de uma distribuição normal (ou t de student) não pode ser justificada, a informação da distribuição de probabilidades da estimativa de saída deve ser utilizada para obter o fator de cobertura k que corresponde a uma probabilidade de abrangência de aproximadamente 95%. Por exemplo, se a parcela de resolução for muito maior que as demais incertezas, obteremos uma distribuição com formato semelhante à distribuição retangular.

Em certificados de calibração, o resultado completo de medidas consistindo nas estimativas y do mensurando, a incerteza expandida associada U é dada na forma ($y \pm U$), juntamente com uma nota explanatória que detalha como foi obtido o fator de cobertura, $k = 2$, para uma distribuição gaussiana ou o método utilizado para obter a probabilidade de abrangência (que geralmente é de 95%).

O valor numérico da medida da incerteza deve ser dado para no máximo dois algarismos. O valor numérico do resultado do mensurando deve, na sua forma final, ser arredondado ao menor algarismo significativo da incerteza expandida atribuída ao resultado da medida. Em outras palavras, o valor numérico do resultado da medição deve ser arredondado no mesmo algarismo significativo da incerteza expandida atribuída a essa medida.

Para o processo de arredondamento, as regras usuais de arredondamento de números devem ser seguidas (para mais detalhes sobre arredondamentos, veja a norma ISO 31-0:1992 no seu Anexo B).

Basicamente, para o truncamento de números menores que 5 é adotado o arredondamento para o número logo abaixo, enquanto para o truncamento de números maiores que 5 é adotado o arredondamento para o número logo acima. Como segue no exemplo:

$$6,965499 \to 6,965$$
$$7,7656111 \to 7,766$$

Para os casos em que na casa de truncamento aparecer o 5, geralmente escolhe-se o valor par mais próximo (abaixo ou acima):

$$53,124500 \to 53,124$$
$$76,327500 \to 76,328$$

Nesse caso o resultado é sempre par.

A maioria dos programas de computadores, no entanto, arredonda o número para o valor superior mais próximo.

Cabe observar que, se o arredondamento faz com que o valor numérico da incerteza padrão seja reduzido a um valor abaixo de 5%, o arredondamento para um valor superior deve ser utilizado.

Procedimento passo a passo para o cálculo da incerteza

a. Expressar em termos matemáticos a dependência do mensurando (quantidade de saída) Y nas quantidades de entrada X_i. No caso de uma comparação direta de dois padrões, a equação pode ser bastante simples, por exemplo, $Y = X_1 + X_2$;
b. identificar e aplicar todas as correções significativas;

TABELA 2.9 Fatores de cobertura k para diferentes graus de liberdade efetivos v_{ef}

v_{ef}	1	2	3	4	5	6	7	8	10	20	50	∞
k	13,97	4,53	3,31	2,87	2,65	2,52	2,43	2,37	2,28	2,13	2,05	2,00

c. listar todas as fontes de incerteza na forma de análise da incerteza;
d. calcular a incerteza padrão $u(\bar{q})$ para medidas repetidas das quantidades;
e. para valores únicos, por exemplo, resultantes de medidas prévias, correção de valores ou valores coletados em literatura, deve-se adotar a incerteza padrão, se ela for fornecida, ou calcular de acordo com procedimento já exposto nesta seção. Se não existem dados disponíveis dos quais a incerteza possa ser determinada, especificar um valor de $u(x_i)$ com bases em experiência científica;
f. para quantidades de entrada em que a distribuição de probabilidades é conhecida ou pode ser aproximada, calcular o valor esperado e a incerteza padrão $u(x_i)$. Se apenas os limites superiores forem fornecidos ou podem ser estimados, calcular a incerteza padrão $u(x_i)$ utilizando a distribuição de probabilidades mais adequada;
g. calcular para cada quantidade de entrada X_i a contribuição $u_i(y)$ para a incerteza associada com a estimativa da quantidade de saída resultante da estimativa de entrada x_i e somar seus quadrados, conforme descrito anteriormente para obter o quadrado da incerteza padrão $u(y)$ do mensurando. Deve-se observar que, se as quantidades de entrada são conhecidas e correlacionadas, deve-se então aplicar o procedimento adequado, conforme abordado nesta seção;
h. calcular a incerteza expandida U multiplicando a incerteza padrão $u(y)$ associada com a estimativa da saída por um fator de cobertura k adequado, conforme descrito anteriormente;
i. expressar o resultado da medida representando a estimativa do mensurando da saída y com a incerteza expandida associada U e o fator de cobertura k.

2.7.3 Exemplos práticos de determinação de incertezas padrão

A avaliação da incerteza é importante por várias razões, como já foi mencionado. O conhecimento desse parâmetro pode justificar o controle muito restrito de alguns processos. Imagine, por exemplo, o acúmulo de incertezas em processos de transferência de grandes volumes de petróleo ou combustível. O acúmulo, por exemplo ao longo de um ano, de quantidades incertas significa também o acúmulo de possíveis perdas com impacto financeiro.

Por outro lado, o estreitamento da faixa de incertezas nas medidas exige um controle mais rígido do processo, o que se reflete em investimentos. É importante, portanto, o conhecimento das peculiaridades de cada processo para avaliar se o investimento é economicamente viável e pode ser justificado pela certeza de que não se está perdendo um volume significativo do produto.

Em geral, o controle das incertezas requer o rastreamento dos equipamentos utilizados no controle, ou seja, cada equipamento de medida possui pelo menos uma fonte de incerteza (usualmente tem mais de uma), que deve compor uma incerteza final com a incerteza herdada do processo de calibração.

Consideremos o exemplo da balança, abordado anteriormente, de forma quantitativa. A massa de um determinado componente químico foi determinada em uma balança com resolução de 0,02 g. Esse procedimento foi realizado com 20 medidas em g:

| 9,95 | 10,02 | 10,03 | 9,89 | 9,95 | 9,90 | 10,01 | 10,01 | 10,05 | 10,03 |
| 10,00 | 10,02 | 10,02 | 10,05 | 9,98 | 9,97 | 9,99 | 10,03 | 10,05 | 9,91 |

Sabe-se que essa balança apresenta um certificado de calibração contendo informações sobre:

a. Estabilidade térmica: $0,015\dfrac{g}{°C}$; a calibração foi efetuada a temperatura de 20 °C e as temperaturas de medição podem ter variado de 23 °C a 25 °C;
b. Estabilidade temporal: $\pm 0,01\dfrac{g}{mês}$; a calibração foi realizada há seis meses;
c. A correção do erro sistemático foi realizada durante o processo de calibração (considere a parcela sistemática nula) e a incerteza na faixa de interesse foi dada: $u(cal) = 0,06$ g com nível de confiança de 95,4%.

Como exposto anteriormente, temos cinco fontes de incerteza. A identificação delas é o primeiro passo para a solução do problema.

O modelo matemático nesse caso é simples, pois estamos interessados apenas na medida da balança corrigida (caso haja alguma correção):

$$m = m_{med} + \delta_{cal} + \delta_{Temp} + \delta_{Temporal} + \delta_{Res}$$

em que m representa a massa medida corrigida, m_{med} a massa medida, δ_{cal} a correção decorrente do certificado de calibração, δ_{Temp} a correção devido à variação de temperatura durante as medidas e $\delta_{Temporal}$ a variação devido ao tempo decorrido entre a última calibração da balança até o processo de medida.

Assim temos a parcela da incerteza decorrente da resolução:

$$u(Res) = \dfrac{a}{\sqrt{3}}, \text{ em que } a = \dfrac{0,02}{2} = 0,01 \text{ e } u(Res) = \dfrac{0,01}{\sqrt{3}} = 0,00577 \text{ g}.$$

A parcela de incerteza herdada da calibração foi dada com $k = 2$. Assim, assumindo uma incerteza do tipo B com distribuição normal:

$$u(Cal) = \dfrac{0,06}{2} = 0,03 \text{ g}$$

Com os dados de estabilidade térmica podemos calcular essa parcela da incerteza. Mas aqui ainda há o detalhe da deriva térmica causar um erro sistemático, que deve ser compensado. Como a temperatura de medição variou de 23 °C a 25 °C, enquanto a calibração foi realizada a 20 °C, podemos calcular os limites inferior e superior:

$$L_{sup} = (25 - 20) \cdot 0{,}015 \frac{g}{°C} = 0{,}075$$

e

$$L_{inf} = (23 - 20) \cdot 0{,}015 \frac{g}{°C} = 0{,}045$$

Como o resultado desse termo não está centrado em zero, o erro sistemático deve ser calculado com $\varepsilon_S = \dfrac{(0{,}075 + 0{,}045)}{2} = 0{,}060$ g. Esse erro deve ser compensado com um deslocamento no sentido contrário, ou somando $C_{ES} = -0{,}06$ g.

Além disso, devemos calcular o erro aleatório, ou a incerteza. Para isso, fazemos:

$$u(Est\_Térmica) = \frac{(0{,}075 - 0{,}045)}{2\sqrt{3}} = 0{,}0087 \text{ g}$$

Com os dados da estabilidade temporal, considerando-se uma distribuição retangular centrada em zero (erro sistemático nulo):

$u(Est\_Temporal) = 6 \text{ meses} \cdot 0{,}01 \text{ g/mês} / \sqrt{3} = 0{,}0346$ g, em que $a = 0{,}06$.

Finalmente, com os dados fornecidos na tabela temos a incerteza experimental do tipo A. Devemos então determinar a incerteza padrão da massa m:

$$u(Experimental) = \frac{0{,}0498}{\sqrt{20}} = 0{,}0111 \text{ g}$$

E a incerteza propagada:

$$u(Medida\_Balança) = \sqrt{u^2(Res) + u^2(Cal) +}$$

$$\sqrt{u^2(Est\_Térmica) + u^2(Est\_Temporal) + u^2(Experimental)}$$

$$u(Medida\_Balança) = \sqrt{[0{,}0057 \text{ g}]^2 + [0{,}030 \text{ g}]^2 +}$$

$$\sqrt{[0{,}0087 \text{ g}]^2 + [0{,}0346 \text{ g}]^2 + [0{,}0111 \text{ g}]^2} = 0{,}048 \text{ g}$$

O número de graus de liberdade efetivos é calculado com:

$$\nu_{ef} = \frac{u^4(y)}{\sum_{i=1}^{N} \frac{u_i^4(y)}{\nu_i}}$$

$$= \frac{(48{,}2 \text{ mg})^4}{\frac{(11{,}1 \text{ mg})^4}{19} + \frac{(30{,}0 \text{ mg})^4}{\infty} + \frac{(8{,}7 \text{ mg})^4}{\infty} + \frac{(34{,}6 \text{ mg})^4}{\infty} + \frac{(5{,}77 \text{ mg})^4}{\infty}} \cong 6755$$

Como $\nu_{ef} > 30$ podemos assumir a distribuição de $u(y)$ normal.

Podemos então montar um quadro resumo (Tabela 2.10) da incerteza de saída:

TABELA 2.10 Quadro resumo da incerteza de saída

Quantidade X_i	Estimativa x_i	Incerteza padrão $u(x_i)$	Distribuição de probabilidades	Coeficiente de sensibilidade c_i	Contribuição da incerteza $u_i(y)$	Graus de liberdade
$m_{experimental}$	9,993 g	11,1 mg	Normal	1,0	11,1 mg	19
δ_{Cal}	0,000 g	30,0 mg	Retangular	1,0	30,0 mg	∞
δ_{Temp}	–0,060 g	8,7 mg	Retangular	1,0	17,3 mg	∞
$\delta_{Temporal}$	0,000 g	34,6 mg	Retangular	1,0	34,6 mg	∞
δ_{Res}	0,000 g	5,77 mg	Retangular	1,0	5,77 mg	∞
m	9,933 g				48,2 mg	6755

Considerando um fator de cobertura $k = 2$, a incerteza expandida é calculada e o resultado final é:

$u(Medida\_Balança) = 9{,}93 \pm 0{,}0964$ g com nível de confiança de 95,4%.

Calibração de uma massa de valor nominal de 10 kg

A calibração de uma massa de valor nominal de 10 kg é realizada pela comparação com um padrão de referência (OILM classe F2) do mesmo valor nominal utilizando uma massa de comparação cujas características de desempenho foram previamente determinadas.

A massa convencional m_X é obtida de:

$$m_X = m_S + \delta m_D + \delta m + \delta m_C + \delta B$$

sendo

m_S a massa convencional do padrão;

δm_D a deriva (*drift*) do valor do padrão desde sua última calibração;

δm a diferença observada entre a massa desconhecida e o padrão;

δm_C a correção para excentricidade e efeitos magnéticos;

δB a correção para flutuação.

Considere as seguintes situações:

- Padrão de referência – m_S: o certificado de calibração para a referência padrão fornece um valor de 10 000,005 g com uma incerteza expandida associada de 45 mg (com um fator de cobertura $k = 2$);

- Deriva do valor do padrão — δm_D: o deslocamento do valor do padrão de referência é estimado de sua última calibração em zero com $\pm 15,5$ mg;
- Comparadores — δm, δm_C: uma avaliação prévia da repetibilidade da diferença de massa entre duas massas de mesmo valor nominal produz uma estimativa de um desvio padrão de 25 mg. Nenhuma correção é aplicada ao comparador, em que variações devidas à excentricidade e efeitos magnéticos estimados possuem limites retangulares de ± 10 mg;
- Flutuação devido ao ar — δB: nenhuma correção é feita para os efeitos de flutuação devidos ao ar. Os limites de desvios são estimados em $\pm 1 \times 10^{-6}$ do valor nominal;
- Correlação: nenhuma das quantidades de entrada é considerada possuir correlação com alguma extensão significativa.

Medidas

Três observações de diferenças na massa (veja a Tabela 2.11), entre a massa desconhecida e o padrão, são obtidas utilizando-se o método da substituição com o esquema ABBA ABBA ABBA (para este exemplo, massa convencional padrão, desconhecida, desconhecida, padrão). A Tabela 2.12 apresenta o resumo da incerteza para esse exemplo.

TABELA 2.11 — Três observações de diferenças na massa

Número	Massa convencional	Leitura	Diferença observada
01	Padrão	+0,010 g	
02	Desconhecida	+0,020 g	
03	Desconhecida	+0,025 g	
04	Padrão	+0,015 g	+0,01 g
01	Padrão	+0,025 g	
02	Desconhecida	+0,050 g	
03	Desconhecida	+0,055 g	
04	Padrão	+0,020 g	+0,03 g
01	Padrão	+0,025 g	
02	Desconhecida	+0,045 g	
03	Desconhecida	+0,040 g	
04	Padrão	+0,020 g	+0,02 g

Das medidas:

Média aritmética: $\overline{\delta}_m = 0,020$ g

Estimativa do desvio padrão (obtido da avaliação anterior): $s_p(\delta_m) = 25$ mg

Incerteza padrão: $u(\delta_m) = s(\overline{\delta}) = \dfrac{25}{\sqrt{3}} = 14,4$ mg.

A Tabela 2.12 mostra a incerteza combinada para m_x de 29,3 mg.

Para o cálculo do número de graus de liberdade da incerteza de saída:

$$v_{ef} = \frac{u^4(y)}{\sum_{i=1}^{N} \dfrac{u_i^4(y)}{v_i}}$$

$$= \frac{(29,3\ mg)^4}{\dfrac{(22,5\ mg)^4}{\infty} + \dfrac{(8,95\ mg)^4}{\infty} + \dfrac{(14,4\ mg)^4}{2} + \dfrac{(5,77\ mg)^4}{\infty} + \dfrac{(5,77\ mg)^4}{\infty}} \cong 34$$

Como $v_{ef} > 30$ podemos assumir a distribuição de $u(y)$ normal.

A incerteza expandida, para esse exemplo, é: $U = k \times u(m_x) = 2 \times 29,3$ mg $\cong 59$ mg.

Portanto, a massa medida de massa nominal de 10 kg é 10,000025 kg $\pm$ 59 mg. A incerteza de medida expandida resultante é a incerteza padrão, multiplicada pelo fator de cobertura $k = 2$, para o qual a distribuição normal corresponde a uma cobertura de probabilidade de aproximadamente 95,4%.

Observação:

O esquema de pesagem por substituição apresentado na Tabela 2.11 é um método clássico para determinar o erro sistemático (representado por δm). Cada diferença observada é calculada a partir das medidas observadas: o_1, o_2, o_3 e o_4 (por simplicidade vamos assumir que essas diferenças dependem apenas dessas observações). As diferenças, nesse esquema, são estimadas por

$$d = \frac{(o_2 - o_1) + (o_3 - o_4)}{2}.$$

TABELA 2.12 — Resumo da incerteza de (m_x)

Quantidade X_i	Estimativa x_i	Incerteza padrão $u(x_i)$	Distribuição de probabilidades	Coeficiente de sensibilidade c_i	Contribuição da incerteza $u_i(y)$	Graus de liberdade
m_S	10 000,005 g	22,5 mg	Normal	1,0	22,5 mg	∞
δm_D	0,000 g	8,95 mg	Retangular	1,0	8,95 mg	∞
δ_m	0,020 g	14,4 mg	Normal	1,0	14,4 mg	2
δm_C	0,000 g	5,77 mg	Retangular	1,0	5,77 mg	∞
δB	0,000 g	5,77 mg	Retangular	1,0	5,77 mg	∞
m_X	10 000,025 g				29,3 mg	34

Calibração de um resistor padrão de valor nominal de 10 k

A resistência elétrica de um resistor padrão é determinada por substituição direta utilizando-se um multímetro digital de 7 e 1/2 dígitos (DMM) em sua escala de resistência e um resistor padrão de mesmo valor nominal que o item a ser calibrado como uma referência padrão. Os resistores são imersos em um banho de óleo, o qual se encontra no interior de um agitador a uma temperatura de 23 °C monitorado por um termômetro de vidro imerso no centro. Os resistores devem ser completamente estabilizados antes da medida. Os conectores dos terminais de cada resistor são conectados aos terminais do DMM. Sabe-se que a corrente de medida na escala de 10 kΩ do DMM de 100 μA é suficientemente baixa para evitar problemas de autoaquecimento dos resistores. O procedimento de medida utilizado também garante que os efeitos de resistências externas possam ser considerados insignificantes.

A resistência é dada por:

$$R_X = (R_S + \delta R_D + \delta R_{TS})\, r_C r - \delta R_{TX}$$

em que:

R_S é a resistência de referência;

δR_D é o *drift* (ou deriva) da resistência de referência desde sua última calibração;

δR_{TS} é a variação da resistência de referência relacionada à temperatura;

$r = \dfrac{R_{iX}}{R_{iS}}$ a razão da resistência indicada (o índice i significa "indicada") para os resistores desconhecidos e de referência;

r_C é o fator de correção para tensões parasitas e resolução do instrumento;

δR_{TX} é a variação do resistor desconhecido relacionada com a temperatura.

Considerando que:

- Referência padrão (R_S): o certificado de calibração para a referência padrão fornece um valor de resistência de 10 000,053 Ω ± 5 m (fator de cobertura $k = 2$) em uma temperatura específica de 23 °C;
- Deriva do valor do padrão (δR_D): a deriva da resistência do resistor de referência desde a sua última calibração é estimada, de seu histórico de calibração, em +20 mΩ com desvios de ±10 mΩ;
- Correções devido a temperatura (δR_{TS}, δR_{TX}): a temperatura do banho de óleo é monitorada utilizando-se um termômetro calibrado em 23,00 °C. Levando em conta as características metrológicas do termômetro utilizado e os gradientes de temperatura no banho de óleo, estima-se que a temperatura coincida com a monitorada com ±0,055 K. Assim, o valor conhecido $5 \times 10^{-6}\ K^{-1}$ do coeficiente de temperatura (TC) do resistor de referência dá um limite de ±2,75 mΩ para o desvio de seu valor de resistência de acordo com a calibração, devido a um possível desvio da temperatura de operação. A literatura do fabricante estima que o TC do resistor desconhecido não exceda $10 \times 10^{-6}\ K^{-1}$, assim a variação de resistência é estimada em ±5,5 mΩ;
- Medidas de resistência (r_C): uma vez que o mesmo DMM é utilizado para observar R_{iX} e R_{iS}, as contribuições de incerteza são correlacionadas, porém o efeito reduz a incerteza, e, assim, considera-se necessário apenas levar em conta a diferença relativa nas leituras de resistências devido a efeitos sistemáticos como tensões parasitas e resolução do instrumento, os quais se estima possuírem um limite de $0,5 \times 10^{-6}$ para cada leitura. A distribuição de resultados para a razão r_C é triangular com um valor esperado de 1,0000000 e limites de $\pm 1 \times 10^{-6}$;
- Correlação: as quantidades de entrada não são consideradas correlacionadas com algum grau de extensão significativo.

As Tabelas 2.13 e 2.14 apresentam as medidas realizadas e o resumo da incerteza R_X.

TABELA 2.13 Cinco observações realizadas para a razão r

Nº	Razão observada
1	1,0000104
2	1,0000107
3	1,0000106
4	1,0000103
5	1,0000105

TABELA 2.14 Resumo da incerteza de R_X

Quantidade X_i	Estimativa x_i	Incerteza padrão $u(x_i)$	Distribuição de probabilidades	Coeficiente de sensibilidade c_i	Contribuição da incerteza $u_i(y)$
R_S	10000053 Ω	2,5 mΩ	Normal	1,0	2,5 mΩ
δR_D	0,020 Ω	5,8 mΩ	Retangular	1,0	5,8 mΩ
δR_{TS}	0,000 Ω	1,6 mΩ	Retangular	1,0	1,6 mΩ
δR_{TX}	0,000 Ω	3,2 mΩ	Retangular	1,0	3,2 mΩ
r_C	1,0000000	$0,41 \times 10^{-6}$	Triangular	10 000 Ω	4,1 mΩ
r	1,0000105 Ω	$0,07 \times 10^{-6}$	Normal	10 000 Ω	0,7 mΩ
R_X	10 000,178 Ω				8,33 mΩ

Das medidas:
Média aritmética: $\bar{r} = 1,0000105$;
Desvio padrão experimental: $s(r) = 0,158 \times 10^{-6}$;

Incerteza padrão:

$$u(r) = s(\bar{r}) = \frac{0,158 \times 10^{-6}}{\sqrt{5}} = 0,0707 \times 10^{-6}.$$

A Tabela 2.14 mostra que a incerteza combinada de R_x é 8,33 mΩ.

Observe que novamente o número de graus de liberdade efetivos é maior que 30.

Sendo assim, a incerteza expandida é dada por:

$$U = k \times u(R_x) = 2 \times 8,33 \text{ mΩ} \cong 17 \text{mΩ}.$$

Portanto, o valor medido do resistor nominal de 10 kΩ, a uma temperatura de medida de 23,00 °C e uma corrente de medida de 100 μA é (10000,178 ± 0,017) Ω.

A incerteza de medida expandida resultante é a incerteza padrão, multiplicada pelo fator de cobertura $k = 2$, para o qual a distribuição normal corresponde a uma cobertura de probabilidade de aproximadamente 95%.

Observações:

O valor da resistência desconhecida e o da resistência padrão são aproximadamente iguais. Com a aproximação linear usual dos desvios, os valores que causam as indicações do DMM R_{iX} e R_{iS} são dados por:

$$R_X' = R_{iX}\left(1 + \frac{\delta R_X'}{R}\right) \text{ e } R_S' = R_{iS}\left(1 + \frac{\delta R_S'}{R}\right).$$

Com R sendo o valor nominal dos resistores, $\delta R_X'$ e $\delta R_S'$ são os desvios desconhecidos. A razão de resistência deduzida dessas expressões é:

$$\frac{R_X'}{R_S'} = r r_c$$

com a razão da resistência indicada para o resistor desconhecido e de referência

$$r = \frac{R_{iX}}{R_{iS}}$$

e o fator de correção (aproximação linear dos desvios)

$$r_c = 1 + \frac{\delta R_X' - \delta R_S'}{R}.$$

Uma vez que a diferença dos desvios é considerada na equação, contribuições correlacionadas de efeitos sistemáticos resultantes de escalas internas do DMM não influenciam o resultado. A incerteza padrão do fator de correção é determinada apenas por desvios não correlacionados resultantes de efeitos parasitas e pela resolução do DMM. Portanto, assumindo que $u(\delta R_X') = u(\delta R_S') = u(\delta R')$, temos que:

$$u^2(r_c) = 2\frac{u^2(\delta R')}{R^2}.$$

Calibração de um multímetro digital em 100 V_{DC}

Como parte de uma calibração geral, um multímetro digital (DMM) é calibrado para uma entrada de 100 V_{DC} utilizando-se um calibrador multifuncional como um padrão de trabalho. O seguinte procedimento de medida é utilizado: os terminais de saída do calibrador são conectados aos terminais de entrada do DMM utilizando cabos de medidas adequados. O calibrador é ajustado em 100 V_{DC}, e depois de um período adequado de estabilização o valor indicado no DMM é registrado. O erro de indicação do DMM é calculado utilizando-se as leituras do DMM e os ajustes do calibrador.

Deve ser percebido que o erro de indicação do DMM que é obtido utilizando esse procedimento de medição inclui o efeito de *offset* e também os desvios de linearidade.

O erro de indicação E_X do DMM a ser calibrado é obtido de

$$E_X = V_{iX} - V_S + \delta V_{iX} - \delta V_S$$

em que
V_{iX} é a tensão elétrica indicada pelo DMM (o índice i significa indicação);
V_S é a tensão elétrica gerada pelo calibrador;
δV_{iX} é a correção da tensão indicada devido à resolução finita do DMM;
δV_S é a correção do calibrador de tensão devido às seguintes características: deriva desde a última calibração; desvios resultantes de efeitos combinados de *offset*, não linearidade e diferenças no ganho; desvios na temperatura ambiente; desvios na tensão de alimentação; efeitos de carga resultantes da entrada de resistência finita do DMM a ser calibrado.

Cabe observar que, devido à limitação na resolução de indicação do DMM, não foi observada dispersão nos valores observados.

O procedimento de calibração forneceu:

- As leituras do DMM (V_{iX}): o DMM indica a tensão de 100,1 V_{DC} quando o ajuste do calibrador é de 100 V_{DC}. A leitura do DMM é considerada exata;
- Padrão de trabalho (V_S): o certificado de calibração do calibrador multifuncional diz que a tensão gerada é o valor indicado no calibrador, e a incerteza relativa expandida associada de medida é de $W = 0,00002$ (com um fator de cobertura $k = 2$), resultando uma incerteza relativa expandida de medida associada com o ajuste de 100 V_{DC} de $U = 0,002$ V_{DC} (fator de cobertura $k = 2$);
- Resolução do DMM a ser calibrado (δV_{iX}): o dígito menos significativo do *display* do DMM corresponde a 0,1 V. Cada leitura do DMM possui uma correção devido à resolução finita do *display*, a qual é estimada em 0,0 V com limites de ±0,05 (isto é, metade da magnitude do dígito menos significativo);
- Outras correções (δV_S): a incerteza de medida associada com as diferentes fontes é coletada das especificações informadas pelo fabricante do calibrador. Essas especificações dizem que a tensão gerada pelo calibrador coincide com o ajuste de escala do calibrador dentro de

±(0,0001 × V_S + 1 mV)[9] sob as seguintes condições de medida: a temperatura ambiente está entre a faixa de 18 °C a 23 °C; a tensão de alimentação do calibrador está dentro da faixa de 210 V a 250 V; a carga resistiva dos terminais do calibrador é maior que 100 kΩ. Além disso, o calibrador foi calibrado no último ano;
- Uma vez que essas condições de medida são atendidas, e a história de calibração do calibrador mostra que as especificações do fabricante são confiáveis, faz-se então a correção a ser aplicada na tensão gerada pelo calibrador de 0,0 V com ±0,011 V;
- Correlação: as quantidades de entrada não são consideradas correlacionadas com algum grau de extensão significativo.

A Tabela 2.15 apresenta o quadro-resumo da incerteza de E_X. Para esse exemplo, pode-se concluir que:

- incerteza expandida: a incerteza de medida padrão associada com o resultado é claramente dominada pelo efeito da resolução finita do DMM. A distribuição final não é normal, mas essencialmente retangular. Portanto, o método de graus de liberdade efetivos não é aplicável. O fator de cobertura apropriado para uma distribuição retangular é calculado da relação $U = k \cdot u(E_X) = 1{,}65 \cdot 0{,}030$ V $\cong 0{,}05$ V (ver observação a seguir);
- portanto, a incerteza de indicação medida do voltímetro digital em 100 V_{DC} é de $(0{,}10 \pm 0{,}05)$ V_{DC}.

O resultado da incerteza expandida de medida é a incerteza padrão de medida multiplicada pelo fator de cobertura deduzido de uma distribuição de probabilidades considerada retangular para uma cobertura de probabilidade de 95%.

O método para o cálculo do fator de cobertura é claramente relacionado ao fato de que a incerteza de medida associada com o resultado é dominada pelo efeito da resolução finita do DMM. Isso será verdadeiro para a calibração de todos os instrumentos indicadores de baixa resolução, uma vez que a resolução finita é a única fonte dominante no quadro resumo das incertezas (veja a Tabela 2.15).

[9] Um método largamente utilizado para a apresentação da incerteza de instrumentos de medida em *datasheets* ou manuais consiste em fornecer as especificações limite em termos de "ajuste de escala". Para o calibrador desse exemplo, seria ±(0,01% do ajuste de escala +1 mV). Esse valor limite é então dividido por $\sqrt{3}$ por tratar-se de uma distribuição retangulat.

Observações:

Se a situação de medida for tal que uma das contribuições de incerteza pode ser identificada como dominante, por exemplo, o termo com índice 1, a incerteza padrão a ser associada com o resultado da medida y pode ser escrita como:

$$u(y) = \sqrt{u_1^2(y) + u_R^2(y)}$$

em que $u_R(y) = \sqrt{\sum_{i=2}^{N} u_i^2(y)}$ indica a contribuição da incerteza total dos termos não dominantes. Desde que a razão da contribuição das incertezas totais $u_R(y)$ dos termos não dominantes com a contribuição da incerteza $u_1(y)$ não seja maior que 0,3, a equação anterior pode ser aproximada por:

$$u(y) \cong u_1(y)\left[1 + \frac{1}{2}\left(\frac{u_R(y)}{u_1(y)}\right)^2\right].$$

O erro relativo de aproximação é menor que 1×10^{-3}. A variação máxima relativa na incerteza padrão resultante do fator dentro dos colchetes não é maior que 5%. Esse valor está dentro da tolerância aceitável para arredondamentos matemáticos de valores de incerteza.

Sob essas condições, a distribuição dos valores que podem ser razoavelmente atribuídos ao mensurando é essencialmente idêntica à distribuição resultante da contribuição dominante conhecida. Dessa densidade de distribuição $\varphi(y)$ a probabilidade de cobertura p pode ser determinada para qualquer valor da incerteza de medida expandida U pela relação integral:

$$p(U) = \int_{y-U}^{y+U} \varphi(y')dy'.$$

A inversão dessa relação para uma dada probabilidade de cobertura resulta na relação entre a incerteza de medida expandida e a cobertura de probabilidade $U = U(p)$ para uma dada distribuição de densidade $\varphi(y)$. Utilizando essa relação, o fator de cobertura pode finalmente ser expresso por:

$$k(p) = \frac{U(p)}{u(y)}.$$

No caso do voltímetro digital, a contribuição da incerteza dominante resultante da resolução finita da indicação é $u_{\delta V_X}(E_X) = 0{,}029$ V, em que a contribuição para a incerteza total dos termos não dominantes é $u_R(E_X) = 0{,}0064$ V. A razão relevante é $\dfrac{u_R(E_X)}{u_{\delta V_X}(E_X)} = 0{,}22$.

TABELA 2.15 Resumo da incerteza de E_X

Quantidade X_i	Estimativa x_i	Incerteza padrão $u(x_i)$	Distribuição de probabilidades	Coeficiente de sensibilidade c_i	Contribuição da incerteza $u_i(y)$
V_{iX}	100,1 V	–	–	–	–
V_S	100,0 V	0,001 V	Normal	–1,0	–0,001 V
δV_{iX}	0,0 V	0,029 V	Retangular	1,0	0,029 V
δV_S	0,0 V	0,0064 V	Retangular	–1,0	–0,0064 V
E_X	0,1 V				0,030 V

Dessa forma, a distribuição de valores que podem ser razoavelmente atribuídos como erros de indicação é essencialmente retangular. A cobertura de probabilidades para a distribuição retangular é linearmente relacionada com a incerteza de medida expandida (com a sendo a metade da largura da distribuição retangular) $p = \dfrac{U}{a}$.

Resolvendo essa relação para a incerteza de medida expandida U e inserindo o resultado junto com a expressão da incerteza de medida padrão relacionada com a distribuição retangular, tem-se a relação:

$$k(p) = p\sqrt{3}.$$

Para um fator de cobertura de probabilidade $p = 95\%$, o fator de cobertura relevante é então $k = 1{,}65$.

Calibração de um paquímetro com escala de Vernier ou Nônio

Uma escala de Vernier de um paquímetro (veja a Figura 1.4(a)) feita de aço é calibrada contra blocos de medida, também de aço, utilizados como padrão de trabalho. A faixa de medida do paquímetro é de 150 mm. O intervalo de leitura é de 0,05 mm (a escala principal é de 1 mm, e o intervalo da escala de Vernier é de 1/20 mm). Alguns blocos padrão com comprimento nominal na faixa de 0,5 a 150 mm são utilizados na calibração. São selecionados de forma a que os pontos de medida são espaçados em distâncias iguais (por exemplo: 0 mm, 50 mm, 100 mm, 150 mm) mas produzem valores diferentes na escala de Vernier, isto é, 0,0 mm, 0,3 mm, 0,6 mm, 0,9 mm.

Este exemplo utiliza o ponto de calibração de 150 mm para medida de dimensões externas. Antes da calibração, são feitas algumas verificações das condições do paquímetro: verificação da possibilidade de existência de erro de Abbe,[10] qualidade das faces de medida dos encostos (planicidade, paralelismo, esquadro) e funções do mecanismo de trava.

O erro de indicação E_X do paquímetro a uma temperatura de referência $t_0 = 20\,°C$ é obtido da relação:

$$E_X = l_{iX} - l_S + L_S \cdot \overline{\alpha} \cdot \Delta t + \delta l_{iX} + \delta l_M$$

em que

l_{iX} é a indicação do paquímetro;
l_S é o comprimento dos blocos padrão;
L_S é o comprimento nominal do bloco padrão;
$\overline{\alpha}$ é a média do coeficiente de expansão térmica do paquímetro e do bloco padrão;
Δt é a diferença de temperatura entre o paquímetro e o bloco padrão;
δl_{iX} é a correção devido à resolução finita do paquímetro;

[10] Ernst Abbe, fundador da Zeiss, estudou um erro adicional quando o eixo da medição não coincide com o eixo do instrumento. Esse efeito é aplicável ao paquímetro convencional quando o eixo desse instrumento nunca coincide com o eixo da peça em medição.

δl_M é a correção devido a efeitos mecânicos como força de medida aplicada, erro de Abbe, erros de paralelismo e planicidade das faces de medida.

Considerando as seguintes características:

- Padrões de trabalho (l_S, L_S): os comprimentos dos blocos de referência utilizados como padrão, juntamente com suas incertezas de medida expandidas associadas, são fornecidos no certificado de calibração. Esse certificado confirma que os blocos padrão atendem aos requerimentos da ISO 3650, grau I, isto é, o comprimento central do bloco padrão está dentro de $\pm 0{,}8\ \mu m$ no comprimento nominal. Para os comprimentos dos blocos padrão, seus valores nominais são utilizados sem correção, utilizando os limites de tolerância como intervalo de variabilidade inferior e superior;
- Temperatura (Δt, $\overline{\alpha}$): depois de um tempo de estabilização adequado, as temperaturas do paquímetro e do bloco padrão são iguais dentro da faixa de $\pm 2\,°C$. A média do coeficiente de expansão térmica é $11{,}5 \times 10^{-6}\,°C^{-1}$. A incerteza na média do coeficiente de expansão térmica, bem como a diferença dos coeficientes de expansão térmica, é considerada insignificante;
- Resolução do paquímetro (δl_{iX}): o intervalo da escala de Vernier é de 0,05 mm. Assim, estima-se que as variações devido à resolução finita possuem limite retangular de $\pm 25\ \mu m$;
- Efeitos mecânicos (δl_M): esses efeitos incluem a força de medida aplicada, erro de Abbe e efeitos de folgas. Efeitos adicionais podem ser causados pelo fato de que as faces de medida dos encostos não estão perfeitamente planas, não paralelas e não perpendiculares ao corpo do instrumento. Por questões de simplificação, apenas a faixa de variação total, igual a $\pm 50\ \mu m$, é considerada;
- Correlação: nenhuma das quantidades de entrada é considerada correlacionada com alguma extensão significativa.

As medidas (l_{iX}) são repetidas algumas vezes sem detectar nenhuma dispersão nas observações. Assim, a incerteza devido à repetitividade limitada não tem contribuição. O resultado de medida para o bloco padrão de 150 mm é 150,10 mm. A Tabela 2.16 apresenta o quadro-resumo do cálculo da incerteza δl_X deste exemplo.

Incerteza expandida desse experimento: a incerteza de medida associada com o resultado é claramente dominada pelos efeitos combinados da força de medida e da resolução finita da escala de Vernier. A distribuição final não é normal, mas essencialmente trapezoidal (resultado da convolução de duas distribuições retangulares), com uma razão $\beta = 0{,}33$ da metade da largura da região plana até a metade da largura do intervalo de variabilidade. Portanto, o método de graus de liberdade efetivos não se aplica. O fator de cobertura apropriado para essa distribuição trapezoidal de valores é de $k = 1{,}83$. Assim:

$$U = k \cdot u(E_X) = 1{,}83 \cdot 0{,}033\ \text{mm} \cong 0{,}06\ \text{mm}.$$

TABELA 2.16 Resumo da incerteza de δl_X

Quantidade X_i	Estimativa x_i	Incerteza padrão $u(x_i)$	Distribuição de probabilidades	Coeficiente de sensibilidade c_i	Contribuição da incerteza $u_i(y)$
l_{iX}	150,10 mm	–	–	–	–
l_S	150,0 mm	0,46 μm	Retangular	–1,0	–0,46 μm
Δt	0	1,15 K	Retangular	1,7 μMk^{-1}	2,0 μm
δl_{iX}	0	15 μm	Retangular	1,0	15 μm
δl_M	0	29 μm	Retangular	1,0	29 μm
E_X	0,10 mm				33 μm

Para esse experimento, o resultado final indica que em 150 mm a incerteza de indicação do paquímetro é (0,10 ± 0,06) mm. A incerteza de medida expandida é a incerteza padrão da medida multiplicada pelo fator de cobertura $k = 1,83$, o qual foi deduzido de uma distribuição de probabilidades considerada trapezoidal, para uma cobertura de probabilidade de 95%.

O método utilizado para calcular o fator de cobertura é claramente relacionado ao fato de que a incerteza de medida associada com o resultado é dominada por duas influências: os efeitos mecânicos e a resolução finita da escala de Vernier. Assim, não se justifica considerar a distribuição de probabilidades da quantidade de saída normal. Uma vez que probabilidades e densidades de probabilidades na prática podem apenas ser determinadas de 3% a 5%, a distribuição é essencialmente trapezoidal, obtida pela convolução de duas distribuições retangulares associadas com as contribuições dominantes. As metades da largura da base e do topo do trapézio simétrico resultante são 75 μm e 25 μm, respectivamente. O percentual de 95% da área do trapezoide está dentro do intervalo de ± 60 μm em torno do eixo de simetria, correspondendo a $k = 1,83$. Uma estimativa mais "pessimista" da incerteza poderia ser feita considerando-se uma distribuição retangular. Nesse caso, o resultado é refletido em uma faixa de variações mais larga.

Para mais detalhes referentes aos procedimentos matemáticos desse exemplo, consulte o documento **EA-0/42** *Expression of the Uncertainty of Measurement in Calibration*.

2.7.4 Avaliação da incerteza utilizando o método de Monte Carlo

Durante a avaliação da incerteza de medição, pode acontecer que fontes significativas de erro passem despercebidas, em razão do conhecimento limitado do avaliador. Nesse caso, a amplitude da faixa de incerteza pode ser menor que aquela que deveria ser declarada para que a rastreabilidade não seja prejudicada. Em outras situações, a incerteza pode ser sobrestimada, em virtude de suposições excessivamente conservativas sobre a magnitude dos erros prováveis.

O *Guia para a Expressão da Incerteza de Medição* (GUM), uma das referências utilizadas nesta obra, estabelece regras gerais para avaliar e expressar a incerteza de medição. O método de avaliação de incertezas, proposto por ele, toma por base a propagação de incertezas através do modelo matemático da medição, como visto na seção anterior. Apesar de representar um consenso da comunidade internacional para expressar a incerteza de medição, constituindo, assim, a referência para a avaliação de incerteza, o método apresenta alguns problemas práticos, como por exemplo:

- complexidade conceitual;
- necessidade de construir um modelo matemático da medição;
- além disso, na sua formulação mais usual, o método requer condições de linearidade do modelo, além da distribuição normal da variável aleatória que representa os valores possíveis do mensurando.

O último exemplo é um caso em que ocorrem detalhes que aumentam a complexidade do método.

Uma alternativa é a utilização do método ou simulações de Monte Carlo (MMC ou SMC). Os matemáticos John Von Neumann e Stanislaw Ulam são considerados os principais autores da técnica de SMC. Já antes de 1949 foram resolvidos vários problemas estatísticos de amostragem aleatória empregando-se essa técnica. Entretanto, pelas dificuldades de realizar simulações de variáveis aleatórias à mão, a adoção da SMC como técnica numérica universal tornou-se realmente difundida com a chegada dos computadores. A avaliação da incerteza de medição usando a técnica de SMC é realizada em duas fases. A primeira consiste em estabelecer o modelo de medição, ao passo que a segunda envolve a avaliação do modelo. As diferenças fundamentais entre o método clássico e a SMC estão no tipo de informação descrevendo as grandezas de entrada e na forma em que essa informação é processada para se obter a incerteza de medição. No método clássico, cada variável de entrada deve ser caracterizada pela função densidade de probabilidade (*pdf*), sua média, desvio padrão e os graus de liberdade. Na SMC, esse último parâmetro não é envolvido nos cálculos, tornando-se desnecessário porém não irrelevante na análise dos resultados. Na SMC, o formato da distribuição de saída é obtido a partir da avaliação do modelo matemático por meio da combinação de amostras aleatórias das variáveis de entrada, respeitando as respectivas distribuições. Assim, a SMC produz a propagação das *pdfs* das grandezas de entrada através do modelo matemático da medição, fornecendo como resultado uma *pdf* que descreve os valores do mensurando condizentes com a informação que se possui. Por isso, é conhecido como método da propagação de distribuições.

A utilização dessa técnica na metrologia, contudo, não é nova, e já existe um suplemento ao Guia (**GUM Suppl 1, 2004**), que busca estabelecer as bases para uma correta aplicação da SMC na avaliação de incertezas.

Uma vantagem do método de Monte Carlo é que ele produz uma aproximação da função de distribuição para o mensurando. Dessa distribuição, quaisquer parâmetros estatísticos, incluindo o resultado da medição, a incerteza de medição padrão associada e a respectiva probabilidade de abrangência, podem ser obtidos. Outra vantagem é que o método não depende da natureza do modelo, isto é, pode ser fortemente não linear ou ter um número grande de variáveis.

As desvantagens residem no caráter numérico que essa técnica impõe, particularmente a sua natureza computacional intensiva. É também necessária uma avaliação cuidadosa da qualidade dos geradores de números pseudoaleatórios utilizados.

Na SMC, modelos matemáticos não lineares, distribuições assimétricas das grandezas de influência, contribuições não normais dominantes, correlações entre grandezas de influência e outras dificuldades para a aplicação do método clássico não precisam receber atenção especial. De maneira similar, considerações sobre a normalidade da estimativa de saída e a aplicabilidade da fórmula de Welch-Satterthwaite tornam-se desnecessárias. No entanto, a qualidade dos resultados obtidos dependerá dos seguintes fatores:

- representatividade do modelo matemático;
- qualidade da caracterização das variáveis de entrada;
- características do gerador de números pseudoaleatórios utilizado;
- número de simulações realizadas;
- procedimento de definição do intervalo de abrangência.

O número de medições simuladas possui forte influência no erro amostral esperado para as estimativas obtidas por SMC. Na Figura 2.28, é possível observar o efeito de M sobre distribuição empírica de uma variável distribuída normal,

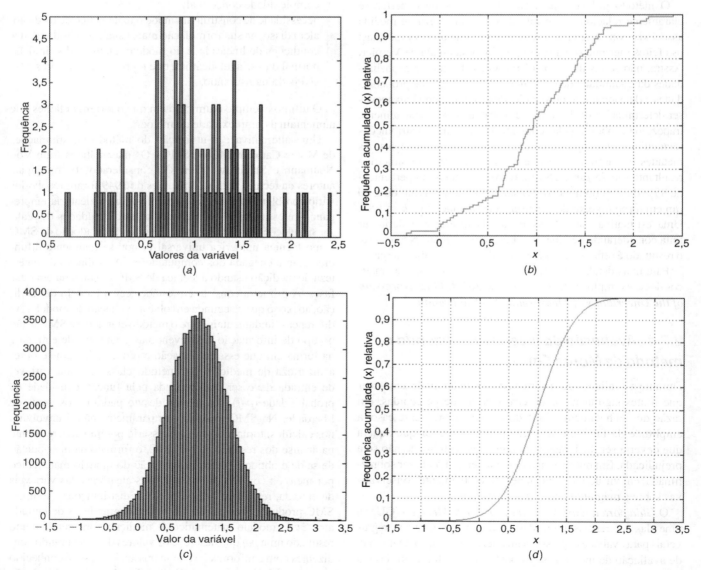

FIGURA 2.28 Efeito do número de medições simuladas (M) na curva de distribuição gerada: (a), (b) M = 100 e (c), (d) M = 100 000.

com média $\mu = 1$ e desvio padrão $\sigma = 1$. Os gráficos superiores apresentam o histograma (à esquerda) e a correspondente distribuição de frequências acumuladas (à direita), obtidos com uma amostra de tamanho $M = 100$. Os gráficos inferiores mostram os resultados de uma simulação realizada com uma amostra bem maior, $M = 100\,000$.

Observa-se que a distribuição de frequências acumuladas fica fortemente afetada com a redução do tamanho da amostra. A intensidade do ruído amostral e a redução na amplitude dos valores obtidos são significativas quando se trabalha com amostras de tamanho reduzido. Isso tudo afeta drasticamente a capacidade de definir com exatidão os valores da variável que correspondem a uma dada probabilidade, particularmente com relação a probabilidades próximas aos valores 0 e 1, nos quais as amostras menores apresentam valores esparsos.

Embora os gráficos da Figura 2.28 descrevam o comportamento de uma variável isolada (uma das grandezas de influência, por exemplo), o fenômeno é similar quando se trata de uma variável originada da combinação matemática de várias variáveis aleatórias (entre outras, o valor do mensurando). Assim, o aumento do valor de M produzirá uma diminuição do ruído amostral, resultando em estimativas mais confiáveis do valor do mensurando e da incerteza de medição associada.

Infelizmente, a ampliação do tamanho da amostra M traz consigo um aumento nos requisitos sobre o hardware usado na simulação e, consequentemente, um acréscimo no tempo necessário para se dispor do resultado. Para definir o número de simulações, deve-se fazer um balanço entre a qualidade dos resultados desejada e as disponibilidades de hardware e de tempo. Entretanto, cabe lembrar sempre que o erro amostral de simulação não é a única fonte de desvios potenciais na análise de incerteza por SMC. Em particular, modelos matemáticos pouco representativos e grandezas de influência mal caracterizadas podem gerar desvios bem maiores e mais difíceis de serem detectados. Na solução desses problemas mal definidos, aumentar radicalmente o número de simulações M para reduzir o erro amostral pode não trazer o retorno esperado.

A maior flexibilidade do método de avaliação de incerteza por SMC permite que ele seja usado para se estimar a **incerteza combinada expandida**, em situações em que a distribuição que representa os valores possíveis do mensurando não é normal. Nesses casos, a solução de multiplicar o desvio padrão estimado por um determinado fator de abrangência deixa de ser válida, pois resulta em incertezas pouco realistas.

Quando a distribuição da variável que representa os valores possíveis do mensurando é simétrica, é possível usar o recurso de ordenar o vetor de saída do menor para o maior valor e identificar os limites do intervalo de abrangência por meio da contagem dos seus elementos.

Esse método revela-se inadequado quando a distribuição de saída não é simétrica. Nesses casos, é conveniente aplicar o procedimento recomendado para a estimação do intervalo de abrangência mínimo, conforme GUM Suppl (2004).

Combinação de distribuições

Serão mostrados, com alguns exemplos simples, os efeitos ocorridos com operações em distribuições.

a. Considere inicialmente duas distribuições retangulares iguais. Nesse caso, considera-se que as duas distribuições retangulares do modelo matemático relativas às variáveis X e Z têm amplitudes iguais, dentro do intervalo [0; 1]. A convolução das duas distribuições pode ser calculada, resultando uma distribuição de probabilidade de saída triangular. O resultado dessa simulação pode ser observado nos histogramas mostrados na Figura 2.29 – nesse exemplo foram utilizadas 100 000 simulações.

Algumas bibliografias (Souza e Ribeiro, 2006) mostram ainda uma comparação dos resultados da aplicação da Lei de Propagação de Incertezas com aqueles que resultam da aplicação do MMC, como ilustra a Tabela 2.17.

Pode-se observar no exemplo com distribuições retangulares que o método clássico superestima o intervalo de confiança em ambos os casos, mas particularmente nos 99% de probabilidade de abrangência. As diferenças percentuais entre os dois métodos são de 3% e de 15%, respectivamente.

b. Considere duas distribuições retangulares com amplitudes diferentes (X com um intervalo [0; 1] e Z com um intervalo [0; 2,5]). A convolução das duas distribuições origina uma distribuição de probabilidades de saída trapezoidal. O resultado da simulação desse caso pode ser visto na Figura 2.30. Nesse exemplo foram utilizadas 100 000 simulações.

Novamente, a comparação dos resultados obtidos pelo método clássico com aqueles que resultaram da aplicação do MCM pode ser observada na Tabela 2.18.

Nesse segundo caso, as diferenças são ainda mais acentuadas, agora com diferenças de 8% e de 21% entre o método clássico (GUM pela expansão da Série de Taylor) e o MMC para as probabilidades de abrangência de 95% e 99%, respectivamente.

TABELA 2.17 Valores comparativos do caso da soma entre duas distribuições retangulares com o método clássico da aplicação da lei de propagação de incertezas com o MMC, utilizando 500 000 simulações

Método	Média	$U_{95\%}$	$U_{99\%}$
Clássico	1,0000	1,6004	2,1066
MMC	0,9994	1,5543	1,8002

Fonte: Souza e Ribeiro, 2006.

TABELA 2.18 Valores comparativos com o método clássico da aplicação da lei de propagação de incertezas com o MMC, utilizando 500 000 simulações na soma de duas distribuições retangulares de amplitude [0; 1] e [0; 2,5]

Método	Média	$U_{95\%}$	$U_{99\%}$
Clássico	1,7500	3,0470	4,0108
MMC	1,7507	2,7941	3,1858

Fonte: Souza e Ribeiro, 2006.

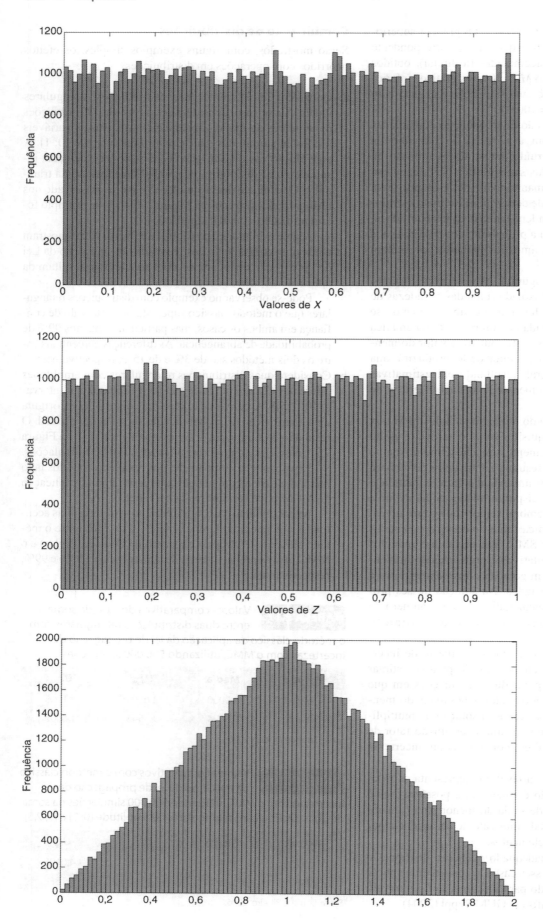

FIGURA 2.29 O resultado da soma de duas distribuições retangulares com o mesmo intervalo [0; 1] é uma distribuição triangular. A ilustração é feita com histogramas de 100 000 simulações.

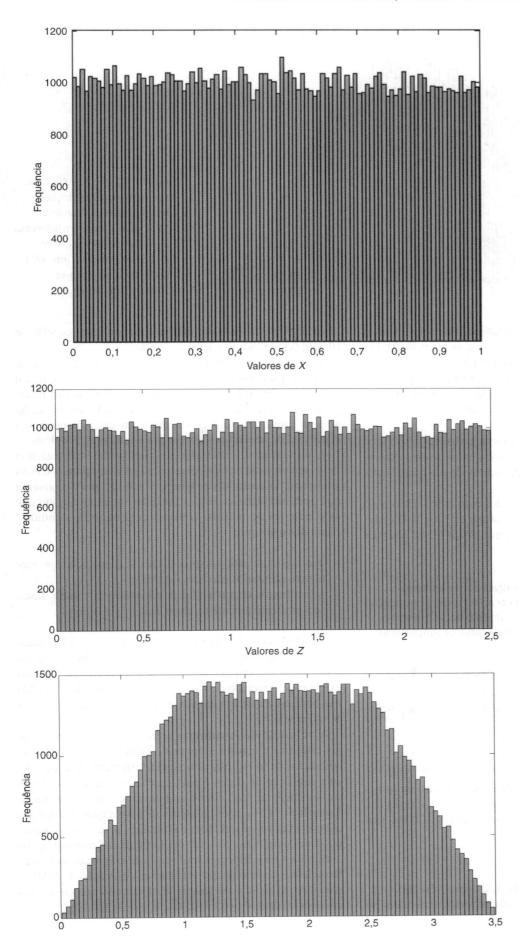

FIGURA 2.30 O resultado da soma de duas distribuições retangulares com o intervalo [0; 1] e [0; 2,5] é uma distribuição trapezoidal. A ilustração é feita com histogramas de 100 000 simulações.

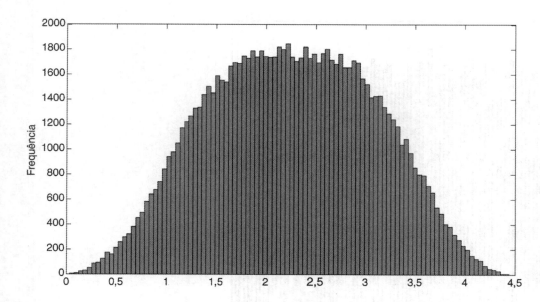

FIGURA 2.31 Resultado da soma de três distribuições retangulares, utilizando o MMC com X_1 com um intervalo [0; 1], X_2 com um intervalo [0; 2,5] e X_3 com um intervalo [0; 1]), considerando-se 100 000 simulações.

c. Considere três distribuições retangulares (X com um intervalo [0; 1], Z com um intervalo [0; 2,5] e Y com intervalo [0; 1]). A convolução dessas distribuições resulta em uma distribuição de probabilidades de saída que se aproxima da distribuição normal. Nesse exemplo foram utilizadas 100 000 simulações, e o resultado é mostrado na Figura 2.31.

Pode-se verificar nesse caso uma aproximação à forma gaussiana. De fato, com a soma de quatro ou cinco distribuições, a curva gerada, na prática, pode ser considerada uma gaussiana.

Novamente, a comparação dos resultados obtidos do método clássico (GUM pela expansão da Série de Taylor) com aqueles que resultam da aplicação do MMC pode ser observada na Tabela 2.19.

TABELA 2.19 Valores comparativos com o método clássico da aplicação da lei de propagação de incertezas com o MMC, utilizando 500 000 simulações na soma de três distribuições retangulares de amplitudes [0; 1], [0; 2,0] e [0; 1]

Método	Média	$U_{95\%}$	$U_{99\%}$
Clássico	2,2500	3,2502	4,2784
MMC	2,2496	3,0582	3,6551

Fonte: Souza e Ribeiro, 2006.

O exemplo da calibração de um multímetro digital

O caso de estudo envolvendo a calibração de um multímetro digital (reporte-se à seção anterior para a descrição das variáveis envolvidas nesse modelo) na escala de 100 V_{DC} tem como modelo matemático:

$$E_X = V_{iX} - V_S + \delta V_{iX} - \delta V_S.$$

Aplicando-se o método de Monte Carlo com 500 000 simulações, o erro de indicação do multímetro digital resultou no valor de 0,100 V, com um intervalo de confiança de 95% de [0,050; 0,151] (Souza e Ribeiro, 2006).

A forma da distribuição é essencialmente trapezoidal, como pode ser observado na Figura 2.32 (nessa figura foram utilizadas 100 000 simulações), sendo a distribuição retangular uma aproximação possível (como indicado na seção anterior), mas seria uma aproximação grosseira assumir uma distribuição gaussiana (normal) para esse tipo de problema.

A utilização dos métodos de análise da incerteza não deve ser encarada como uma receita válida para todas as situações. O método de Monte Carlo é uma ferramenta que pode ser utilizada com vantagem em situações em que as condições do método convencional não são atendidas, como por exemplo:

- modelo matemático do procedimento de medição apresenta uma acentuada não linearidade;
- a distribuição de probabilidade da grandeza de saída afasta-se significativamente da curva normal.

O método do MMC também é particularmente útil quando modelos matemáticos complexos estão envolvidos, nos quais é difícil ou inconveniente determinar as derivadas parciais exigidas pelo método clássico, ou quando a grandeza medida não pode ser explicitamente expressa em razão das grandezas de influência.

A utilização de ferramentas computacionais, na metrologia científica e industrial, tem sido cada vez mais aceita. As atividades metrológicas vêm sendo fortemente beneficiadas pela aquisição de dados e pelo processamento de resultados via sistemas digitais, com a consequente redução do trabalho rotineiro e dos erros grosseiros, aspectos esses inevitáveis quando grandes quantidades de números precisam ser manipuladas. Além disso, a rápida evolução das arquiteturas computacionais tem disponibilizado aos metrologistas poderosas ferramentas de cálculo que viabilizam a execução do MMC a um custo razoável e em tempos compatíveis com a dinâmica do serviço metrológico.

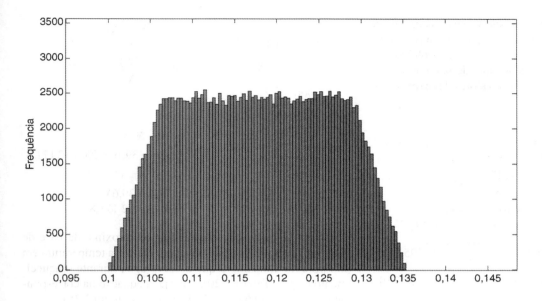

FIGURA 2.32 Distribuição da variável de saída para o exemplo da calibração do multímetro digital (gerada com 100 000 simulações).

2.8 Uma Introdução à Regressão Linear

2.8.1 Regressão linear

Em muitos experimentos envolvendo variáveis de relações bidimensionais, como por exemplo, X e Y, uma das variáveis pode ser controlada pelo investigador. Em tais circunstâncias, a utilização dos métodos de regressão pode ser apropriada para avaliar a relação entre a variável independente (fator causal) e a variável dependente (resposta possível) em um dado ensaio.

Por exemplo, na equação da reta $Y = a + bX$, b indica o gradiente e a, o ponto em que a linha cruza o eixo Y (Figura 2.33).

O parâmetro b é denominado coeficiente de regressão e pode ser determinado por:

$$b = \frac{\Sigma(X - \overline{X}) \times (Y - \overline{Y})}{\Sigma(X - \overline{X})^2} \equiv \frac{\Sigma X \cdot Y - \dfrac{(\Sigma X) \times (\Sigma Y)}{N}}{\Sigma X^2 - \dfrac{(\Sigma X)^2}{N}} \equiv$$

$$\equiv \frac{\Sigma x \cdot y}{\Sigma x^2}$$

e a pode ser estimado pela substituição do valor calculado de b na equação:

$$a = \overline{Y} - b \cdot \overline{X}.$$

Um dos métodos para testar se a regressão é significativa é analisar a variação de Y em dois componentes, tais como:

Variação total de Y (soma dos quadrados) $= \Sigma y^2$

Variação estimada pela regressão $= \dfrac{(\Sigma x \cdot y)^2}{\Sigma x^2}$

Variação não estimada $= -\Sigma y^2 - \dfrac{(\Sigma x \cdot y)^2}{\Sigma x^2}$

Esse método pode ser convertido para a variância residual dada por:

$$s_R^2 = \frac{1}{N-2}\left(\Sigma y^2 - \frac{(\Sigma x \cdot y)^2}{\Sigma x^2}\right).$$

Portanto, para se testar a significância da regressão, pode-se estimar quando o valor de b desvia significativamente de zero através de:

$$t = b \times \sqrt{\frac{\Sigma x^2}{s_R^2}}.$$

Considere o ensaio para avaliar o efeito da temperatura em um produto alimentício que absorve água no aquecimento (Tabela 2.20).

TABELA 2.20 Dados da variação de temperatura e absorção de água

Temperatura (°C)	15	20	25	30	35
Quantidade de água absorvida (mg)	2794	2924	3175	3340	3576

Nesse ensaio, a temperatura foi controlada (também chamado de fator controlável) experimentalmente (cinco eventos

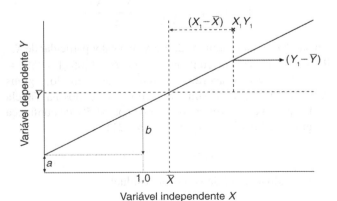

FIGURA 2.33 Regressão linear.

ou níveis ∴ $N = 5$) e representada pela variável independente X, e a quantidade de água do alimento é representada pela variável dependente Y (a Figura 2.34 representa os dados obtidos, e a Figura 2.35, a regressão linear para os dados desse ensaio).

Com a base de dados e os seguintes valores das expressões:

$N = 5$

$\Sigma X = (15 + 20 + \ldots + 35) = 125$

$\Sigma X^2 = (15^2 + 20^2 + \ldots + 35^2) = 3\,375$

$\Sigma x^2 = \Sigma X^2 - \dfrac{(\Sigma X)^2}{N} = 3\,375 - \dfrac{(125)^2}{5} = 250$

$\Sigma Y = (2\,794 + 2\,924 + \ldots + 3\,576) = 15\,809$

$\Sigma Y^2 = (2\,794^2 + 2\,924^2 + \ldots + 3\,576^2) = 50\,380\,213$

$\Sigma y^2 = \Sigma Y^2 - \dfrac{(\Sigma Y)^2}{N} = 50\,380\,213 - \dfrac{(15\,809)^2}{5} = 395\,316,8$

$\Sigma X \cdot Y = [(15 \times 2\,749) + (20 \times 2\,924) + \ldots + (35 \times 3\,576)] = 405\,125$

$\Sigma x \cdot y = \Sigma XY - \dfrac{(\Sigma X) \cdot (\Sigma Y)}{N} = 405\,125 - \dfrac{125 \times 15\,809}{5} = 9\,900$

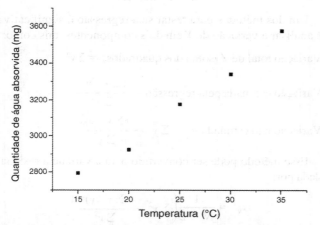

FIGURA 2.34 Relação dos dados experimentais: temperatura *versus* quantidade de água absorvida.

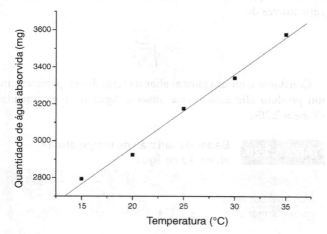

FIGURA 2.35 Regressão linear para os dados do experimento da Tabela 2.20.

$b = \dfrac{\Sigma(X - \overline{X})(Y - \overline{Y})}{\Sigma(X - \overline{X})^2} \equiv \dfrac{\Sigma XY - \dfrac{(\Sigma X) \cdot (\Sigma Y)}{N}}{\Sigma X^2 - \dfrac{(\Sigma X)^2}{N}} \equiv \dfrac{\Sigma xy}{\Sigma x^2} =$

$= \dfrac{9\,900}{250} = 39,6$

$a = \overline{Y} - b \cdot \overline{X}$ $\qquad a = \overline{Y} - b \cdot \overline{X} =$
$\qquad\qquad\qquad\qquad\; = 3\,161,8 - (39,6 \times 25) = 2\,171,8$

$\qquad\qquad\qquad\qquad Y = a + bX$

$\overline{X} = \dfrac{\Sigma X}{N} = \dfrac{125}{5} = 25$ $\qquad Y = 2\,171,8 \; 1 \; 39,6X$
$\qquad\qquad\qquad\qquad Y = 39,6 \cdot X + 2\,171,8$

Obtém-se a equação que melhor se aproxima da base de dados do experimento para avaliar o efeito da temperatura em um produto alimentício que absorve água durante o aquecimento (veja a Tabela 2.20), ou seja, a equação da correspondente reta $Y = 39,6 \cdot X + 2\,171,8$ (veja a Figura 2.35).

Para testar a significância da regressão pode-se calcular a variância residual com o apoio da tabela da distribuição t (parte apresentada na Tabela 2.21 – para mais detalhes sobre essa distribuição, verificar Tabela 2.5 e o texto relacionado):

$$s_R^2 = \dfrac{1}{N-2} \times \left(\Sigma y^2 - \dfrac{(\Sigma xy)^2}{\Sigma x^2} \right)$$

$$s_R^2 = \dfrac{1}{5-2} \times \left(395\,316,8 - \dfrac{9\,900^2}{250} \right) = 1\,092,3$$

$$t = b \times \sqrt{\dfrac{\Sigma x^2}{s_R^2}} = 39,6 \times \sqrt{\dfrac{250}{1\,092,3}} = 18,945$$

Com o valor de t obtido da equação anterior ($t = 18,945$) e com 3 graus de liberdade ($N - 2 = 5 - 2 = 3$), basta cruzar esses valores na Tabela 2.21 para se obter a probabilidade. Caso não seja possível selecionar o valor exato de t na Tabela 2.21, basta selecionar o valor que mais se aproxima do valor calculado para t e, por consequência, determinar a probabilidade para esse cruzamento de dados (veja o negrito na Tabela 2.21). Portanto, para esse exemplo, a probabilidade é de $p < 0,0005$.

Para obter valores com 95% de confiança, ou seja, com nível de significância de 0,05:

$$\hat{Y} \pm t \times s_R \times \sqrt{\dfrac{1}{N} + \dfrac{(X' - \overline{X})^2}{\Sigma x^2}}$$

em que $\hat{Y}$ é o valor estimado de Y e X' é o valor particular de X. Para esse intervalo de confiança, temos $\alpha = 0,05$ ($1 - 95\% = 1 - 0,95 = \alpha$) e, de acordo com os dados do exemplo, 3 graus de liberdade. Sendo assim, cruzando esses dados na Tabela 2.21, é possível determinar o valor de t para 95% de confiança e 3 graus de liberdade (veja a Tabela 2.21):

$$t_\alpha = t_{0,05} = 2,353$$

e do cálculo anterior da variância residual:

$$s_R = \sqrt{1092,3} = 33,05.$$

TABELA 2.21 — Pontos percentuais da distribuição t[11]

Graus de liberdade	\multicolumn{10}{c}{Nível de significância (α)}
	0,40	0,25	0,10	0,05	0,025	0,01	0,005	0,0025	0,001	0,0005
1	0,325	1,000	3,078	6,314	12,706	31,821	63,657	127,32	318,31	636,62
2	0,289	0,816	1,886	2,920	4,303	6,965	9,925	14,089	23,326	31,598
3	0,277	0,765	1,638	2,353	3,182	4,541	5,841	7,453	10,213	12,924
4	0,271	0,741	1,533	2,132	2,776	3,747	4,604	5,598	7,173	8,610
5	0,267	0,727	1,476	2,015	2,571	3,365	4,032	4,773	5,893	6,869
6	0,265	0,727	1,440	1,943	2,447	3,143	3,707	4,317	5,208	5,959
7	0,263	0,711	1,415	1,895	2,365	2,998	3,499	4,019	4,785	5,408
8	0,262	0,706	1,397	1,860	2,306	2,896	3,355	3,833	4,501	5,041
9	0,261	0,703	1,383	1,833	2,262	2,821	3,250	3,690	4,297	4,781
10	0,260	0,700	1,372	1,812	2,228	2,764	3,169	3,581	4,144	4,587
11	0,260	0,697	1,363	1,796	2,201	2,718	3,106	3,497	4,025	4,437
12	0,259	0,695	1,356	1,782	2,179	2,681	3,055	3,428	3,930	4,318
13	0,259	0,694	1,350	1,771	2,160	2,650	3,012	3,372	3,852	4,221
14	0,258	0,692	1,345	1,761	2,145	2,624	2,977	3,326	3,787	4,140
15	0,258	0,691	1,341	1,753	2,131	2,602	2,947	3,286	3,733	4,073
16	0,258	0,690	1,337	1,746	2,120	2,583	2,921	3,252	3,686	4,015
17	0,257	0,689	1,333	1,740	2,110	2,567	2,898	3,222	3,646	3,965
18	0,257	0,688	1,330	1,734	2,101	2,552	2,878	3,197	3,610	3,922
19	0,257	0,688	1,328	1,729	2,093	2,539	2,861	3,174	3,579	3,883
20	0,257	0,687	1,325	1,725	2,086	2,528	2,845	3,153	3,552	3,850
...										
30	0,256	0,683	1,310	1,697	2,042	2,457	2,750	3,030	3,385	3,646
...										
40	0,255	0,681	1,303	1,684	2,021	2,423	2,704	2,971	3,307	3,551
...										
60	0,254	0,679	1,296	1,671	2,000	2,390	2,660	2,915	3,232	3,460
...										
120	0,254	0,677	1,289	1,658	1,980	2,358	2,617	2,860	3,160	3,373
∞	0,253	0,674	1,282	1,645	1,960	2,326	2,576	2,807	3,090	3,291

Portanto,

$$\hat{Y} \pm t \times S_R \times \sqrt{\frac{1}{N} + \frac{(X' - \overline{X})^2}{\Sigma x^2}}$$

substituindo X' com os valores de temperatura (°C) do exemplo anterior, ou seja, valores de 15°C a 35°C com variação de 5°C em 5°C (veja Tabela 2.20). Substituindo o valor de 15°C:

$$\hat{Y} \pm 2,353 \times 33,05 \times \sqrt{\frac{1}{5} + \frac{(15-25)^2}{250}}$$

$$\hat{Y} \pm 60,2$$

---

[11] A tabela completa pode ser obtida nos livros clássicos de estatística apresentados nas Bibliografias. Para mais detalhes sobre essa distribuição, consultar a Tabela 2.5 e o texto relacionado.

O mesmo procedimento é válido para os outros valores de X (veja o esboço da Figura 2.36).

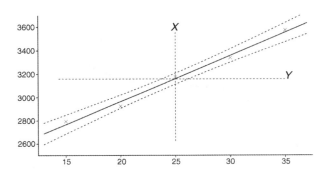

FIGURA 2.36 As curvas tracejadas representam o intervalo de confiança dos dados.

2.8.2 Ajuste de curvas por mínimos quadrados generalizado

O procedimento anterior para ajustar curvas é válido para relações significativamente lineares. Ou seja, é necessária a utilização da curva de ajuste $Y = a + bX$ para melhor adaptação dos dados (a mesma consideração pode ser feita para ajustes baseados em parábolas, curvas do 3°, 4° ou de n graus em que objetivamente se procura uma melhor curva que se ajuste aos dados experimentais). Considere, por exemplo, a Figura 2.37, que representa os dados de um determinado experimento (representados pelos pontos, ou pares ordenados $(x_1; y_1)$ a $(x_n; y_n)$).

Os desvios ou erros indicam a qualidade do ajuste gerado. No método dos MQ a melhor curva de ajuste é aquela que possui a propriedade de apresentar o mínimo valor de $(D_1^2 + D_2^2 + D_3^2 + ... + D_n^2)$ – origem do nome do método empregado. A forma de onda com essa propriedade é denominada curva dos mínimos quadrados; portanto, se uma reta de ajuste apresenta essa propriedade, é denominada reta de mínimo quadrado. O mesmo é válido para outras curvas.

As constantes da reta de mínimo quadrado $Y = a + bX$ são calculadas pela resolução do sistema (equações denominadas equações normais da reta):

$$\begin{cases} \Sigma Y = a \cdot N + b \cdot \Sigma X \\ \Sigma XY = a \cdot \Sigma X + b \cdot \Sigma X^2 \end{cases}$$

ou podem ser obtidas pela resolução de:

$$a = \frac{\Sigma Y \cdot \Sigma X^2 - \Sigma X \cdot \Sigma XY}{N \cdot \Sigma X^2 - (\Sigma X)^2}$$

$$b = \frac{N \cdot \Sigma XY - \Sigma X \cdot \Sigma Y}{N \cdot \Sigma X^2 - (\Sigma X)^2}$$

que são as equações apresentadas na seção anterior.

O procedimento é similar para outras expressões, como por exemplo a parábola de mínimo quadrado $Y = a + b \cdot X + C \cdot X^2$, cujas constantes são dadas pelas equações normais da parábola:

$$\begin{cases} \Sigma Y = a \cdot N + b \cdot \Sigma X + c \cdot \Sigma X^2 \\ \Sigma XY = a \cdot \Sigma X + b \cdot \Sigma X^2 + c \cdot \Sigma X^3 \\ \Sigma X^2 \cdot Y = a \cdot \Sigma X^2 + b \cdot \Sigma X^3 + c \cdot \Sigma X^4 \end{cases}$$

Deixamos como exercício a obtenção das constantes para outras expressões.

2.9 Fundamentos sobre Análise de Variância[12]

A diferença entre duas médias de dois ensaios pode ser testada por comparação. Porém, na prática, existe a necessidade de examinar as diferenças entre as médias de diversos ensaios. Não é apropriado examinar separadamente o significado estatístico, por exemplo, apenas pelo teste t, e sim utilizando procedimentos estatísticos experimentais denominados **projeto de experimentos** (normalmente conhecido pelo termo em inglês *design and analysis of experiments* ou simplesmente por DOE). Existem diversas técnicas para analisar a variação entre dados experimentais, destacando-se os procedimentos denominados análise de variância (também chamado popularmente de ANOVA).

Apesar do nome dessa técnica, a análise de variância não envolve a análise de variância de dados simplesmente, e sim o particionamento do quadrado das somas (Σx^2) para fornecer algumas variâncias estimadas que devam ser comparadas.

Os conceitos e métodos empregados na área de projeto de experimentos auxiliam na formulação das respostas para as seguintes questões, que surgem de um experimento bem planejado:

- Qual a finalidade dessa medida (por que medir)?
- O que medir? Quais as hipóteses?
- Qual o método estatístico a ser utilizado para validar os dados?
  - Quais os fatores controláveis do ensaio? Quantos níveis? Quantidade de ensaios (amostras)?
- Qual(is) a(s) variável(is) de resposta?
- Qual procedimento experimental deve ser utilizado ou desenvolvido para realizar as medições?
- Qual o significado estatístico dos resultados?
- Qual o modelo matemático que representa esse ensaio?

De forma geral, é possível afirmar que um bom trabalho experimental obrigatoriamente deve ter um excelente projeto de experimentos. O diagrama de blocos da Figura 2.38 apresenta a importância e a relação de um bom planejamento experimental na área da instrumentação.

Para exemplificar, imagine o desenvolvimento de um sistema experimental, na área da instrumentação biomédica, para

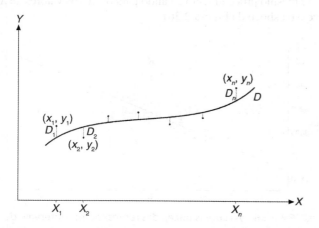

FIGURA 2.37 Ajuste de curvas por mínimos quadrados.

---

[12]Caso o leitor tenha a necessidade de outro procedimento para determinar o tamanho da amostra, como por exemplo o uso das curvas características (curvas OC), sugerimos que consulte as obras de Montgomery e Runger citadas na Bibliografia deste capítulo.

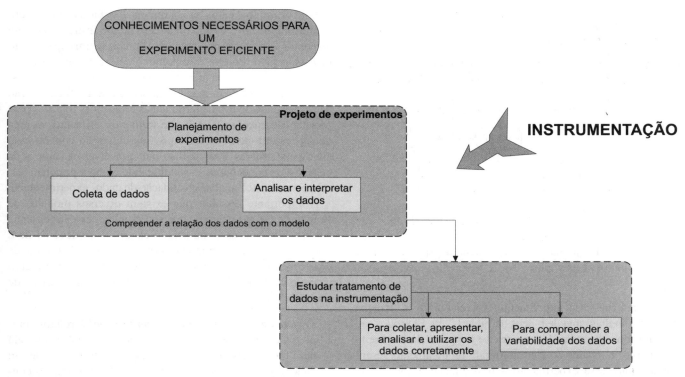

FIGURA 2.38 Diagrama de blocos para um experimento eficiente.

caracterizar, por exemplo, o chamado período de silêncio[13] de pacientes com problemas na articulação temporomandibular. Com certeza, para um bom projeto de experimentos, diversas questões devem ser formuladas e respondidas antes, durante ou no término do experimento (muitas vezes em diversos outros experimentos – normalmente adaptados ou aperfeiçoados em função dos resultados anteriores). Seguem algumas questões referentes a esse exemplo.

- Qual a finalidade dessa medida (por que medir)?

Essa proposta surgiu do interesse em desenvolver um método para beneficiar o diagnóstico e o tratamento de pacientes com distúrbios do sistema mastigatório – particularmente a disfunção da articulação temporomandibular (ATM).

- O que medir? Quais as hipóteses?

Com certeza é possível afirmar que não adianta medir absolutamente nada se não conhecemos nada sobre a área em estudo, pois provavelmente não saberemos o que medir e principalmente de que forma! Portanto, existe a necessidade de formar uma **base de conhecimentos**, seja anexando à equipe profissionais da área (nesse exemplo, profissionais da área da saúde) e/ou estudando o assunto abordado.

Com a formação de uma base científica sólida sobre o assunto, normalmente são criadas hipóteses e elaborados procedimentos experimentais que irão permitir a realização das medições – para comprovação ou não das hipóteses criadas (algumas vezes são realizados ensaios exploratórios para gerar a base de conhecimentos).

Nesse exemplo, a hipótese elaborada foi: *o período de silêncio está relacionado às disfunções da ATM (articulação temporomandibular)*?

- Qual o método estatístico a ser utilizado para validar os dados?

Em função da possibilidade de gerar um estudo mais completo, optou-se por um projeto de experimentos do tipo fatorial completo.

- Quais os fatores controláveis do ensaio? Quantos níveis? Quantidade de ensaios (amostras)?
  – Pessoas com problemas na ATM (grupo de estudo) e pessoas sem problemas na ATM (grupo controle);
  – Biossinais (sinal mioelétrico derivados dos músculos masseter e temporal – obtidos do equipamento eletromiógrafo (para mais detalhes, consultar o Volume 2 desta obra);
  – Sinal do impacto na CVM (Contração Voluntária Máxima) para gerar o período de silêncio;
  – Cabe observar que as instalações dos equipamentos, eletrodos no paciente e obtenção dos sinais devem seguir rigorosos procedimentos experimentais e, se necessário, ser executados procedimentos de treinamento do operador.

---

[13] O período de silêncio dos músculos do sistema mastigatório é uma característica do estado de contração dos músculos da mastigação quando o queixo é pressionado. Caracteriza-se por ser uma parte inativa da atividade elétrica na contração dos músculos da mastigação – para mais detalhes, consultar o Volume 2 desta obra, capítulo Procedimentos Experimentais – Lab. 3.

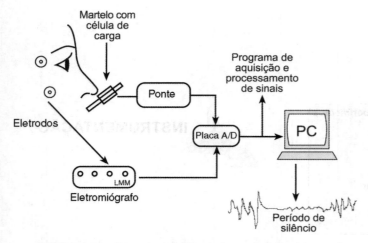

FIGURA 2.39 Diagrama de blocos do aparato experimental projetado para esse exemplo.

Para realizar esse experimento, foi elaborado o sistema mostrado no diagrama de blocos da Figura 2.39. Eletrodos são posicionados nos músculos masseter e temporal (lados direito e esquerdo) e ligados no eletromiógrafo (equipamento desenvolvido para esse experimento – basicamente é constituído por circuitos eletrônicos amplificadores e filtros projetados de forma adequada a essa aplicação). Uma célula de carga cilíndrica (ponte completa – veja o Volume 2 desta obra) foi desenvolvida e adaptada a um sistema massa-mola, formando o martelo com célula de carga da Figura 2.39. Os sinais dos músculos masseter e temporal são obtidos pelo eletromiógrafo com o paciente em Contração Voluntária Máxima (nesse exemplo, o máximo aperto dos dentes). Conjuntamente, são geradas sequências de impactos no maxilar inferior com o martelo com célula de carga, permitindo assim a caracterização da força de impacto que acaba gerando o período de silêncio. Esses sinais (derivados do eletromiógrafo e do martelo com célula de carga) são digitalizados pela placa ADC (ou A/D) e processados por programa apropriado (a análise dos sinais mioelétricos permite determinar a duração do período de silêncio).

- Qual(is) a(s) variável(is) de resposta?

Nesse ensaio, é a duração do período de silêncio (duração da inatividade elétrica no sinal mioelétrico).
  - Qual procedimento experimental deve ser utilizado ou desenvolvido para realizar as medições?
  - Nesse exemplo, foi utilizado um projeto de experimentos do tipo fatorial completo.
  - Qual o significado estatístico dos resultados?

Após a realização dos ensaios e o correspondente processamento dos dados, foi determinado que:
  - a variável de resposta é significativa (tempo de duração do período de silêncio);
  - o grupo controle *versus* grupo de pacientes com problemas na ATM é significativo, ou seja, o período de silêncio pode ser utilizado experimentalmente para caracterizar a disfunção.

Esse exemplo da área da instrumentação biomecânica é útil para exemplificar o desenvolvimento de um instrumento para responder às diversas perguntas relacionadas a um experimento bem planejado. Porém, é importante destacar que o uso dos conceitos e técnicas da área de Projeto de Experimentos cresceu de importância em meados da década de 1940 em função da necessidade do uso de ferramentas estatísticas robustas para projetar (desenvolver), analisar e validar experimentos na área da Agricultura de Precisão. Após sua utilização com sucesso em diversas outras áreas se distribuiu por diversos campos da ciência e da engenharia, se solidificando como a principal técnica para projeto, análise e validação de dados experimentais.

É importante ressaltar que existem diversos modelos de Projeto de Experimentos e que sua escolha deve ser baseada em critérios rigorosos, ou seja, o experimento deve desde o início ser planejado segundo os critérios da área de Projeto de Experimentos e não adaptar um método após o experimento ter sido realizado. Entre os principais tipos de Projeto de Experimento destacam-se:

- *Projeto de Experimentos do Tipo Fatorial* (projetos completos ou cruzados): tipicamente a resposta é observada para todas as possíveis combinações entre níveis de um dado experimento, ou seja, cruzando todos os fatores controláveis do experimento. Normalmente esta família de Projeto de Experimento pode ser subdividida em:
  - *Experimentos Unifatorias*: apresentam apenas um fator controlável;
  - *Experimentos Multifatorias*: apresentam vários fatores controláveis;
  - *Experimentos do Tipo Blocos Aleatorizados, quadrados latinos, quadrados grego-latinos e em parcelas divididas* (experimentos do tipo *split-splot*).

- *Projeto de Experimentos do Tipo Fatorial Fracionário* ou também chamados de *Incompletos de Classificação Cruzada*: tipicamente a resposta (variável de medida) é observada somente em determinadas combinações dos níveis. Normalmente esta família de Projeto de Experimentos pode ser subdividida em:
  - *Experimentos Fatoriais Fracionários*: 2^k, 3^k e p^k;
  - *Experimentos Fatoriais em Blocos Confundidos*;
  - *Experimentos do Tipo Superfície de Resposta*.
- *Projeto de Experimentos do Tipo Aninhado*: apresentam casos em que não é possível cruzar todos os fatores controláveis;
- *Projetos Mistos*;
- *Projetos Multirresposta*.

A seguir são apresentados, de forma simplificada, alguns dos principais projetos de experimentos. Para mais detalhes (principalmente relacionados a projetos com níveis aleatórios e sobre métodos estatísticos para a validação dos modelos de projetos apresentados nesta obra) consultar obras especializadas, nesta área, citadas nas Referências Bibliográficas encontradas no final deste capítulo.

2.9.1 Projeto de experimentos do tipo fatorial: unifatorial

Este Projeto de Experimentos consiste em uma comparação entre duas estimativas de variância e é baseado em algumas premissas:

1. teste de hipótese: há diferenças significativas entre os grupos ou não há diferenças significativas;
2. existência de apenas 1 variável de resposta (variável de medida) e 1 fator controlável a vários níveis (níveis fixos, por exemplo, 10 valores fixos de capacitores ou a níveis aleatórios, por exemplo, 3 pessoas de um grupo de trabalho selecionadas aleatoriamente);
3. utilização de algum método estatístico para comparação múltipla de médias (comparações entre as médias das amostras).

A Tabela 2.22 apresenta o exemplo de um Projeto Unifatorial. Neste experimento, o objetivo é avaliar 4 tipos de engrenagens, para uma determinada bicicleta de competição, do ponto de vista de durabilidade, ou seja, o tempo de vida útil (em meses) das engrenagens nesta bicicleta em uma pista de competição padronizada.

O exemplo da Tabela 2.22 é um Projeto de Experimentos Unifatorial, pois apresenta alguns aspectos importantes na sua elaboração:

a. apresenta apenas 1 Variável de Resposta (VR): vida útil das engrenagens medida em meses;
b. apresenta apenas um Fator Controlável (FC) a vários níveis (que influencia ou não a variável de resposta): 4 tipos de engrenagens (A, B, C e D);
c. este experimento foi executado de forma totalmente aleatória;
d. o resto dos fatores não levados em consideração são chamados de Fatores Não Controláveis (FNC) e formam o erro experimental e podem influenciar a VR de forma não controlável (observação: caso algum fator não controlável altere de forma significativa os resultados experimentais ele deve ser considerado fator controlável – normalmente estas descobertas são realizadas após diversas pesquisas experimentais preliminares ou baseadas em algum conhecimento prévio da área em estudo);
e. a hipótese a ser testada é: hipótese H_0 - existe igualdade da estimativa de variância entre os grupos ou hipótese H_1 - não existe igualdade da estimativa de variância entre os grupos; ou seja, se a H_0 for verdadeira não existe diferença significativa entre os grupos (no exemplo da Tabela 2.22 as 4 engrenagens apresentariam o mesmo tempo de vida útil); caso contrário, existe diferença significativa entre os grupos (no exemplo da Tabela 2.22 as 4 engrenagens apresentariam tempo de vida útil diferente);
f. para confirmar a hipótese deve ser utilizado o procedimento matemático descrito a seguir.

Portanto, se a hipótese for nula, não há diferenças significativas entre os grupos, e a razão entre essas duas estimativas é próxima da unidade. Na prática, igualamos a razão ao parâmetro estatístico F (tabela de distribuição F),[14] que permite estimar a probabilidade de a hipótese ser nula ou não (essas razões são baseadas nas médias dos quadrados). Como exemplo, considere os resultados de um experimento genérico com k tratamentos e n repetições ou amostras para cada tratamento. Os resultados e cálculos necessários para esse procedimento são fornecidos na Tabela 2.23.

em que:

$$T_1 = \sum (X_{11} + X_{21} + \ldots + X_{n1}) = \sum_{n=1}^{n} X_{n1};$$

$$T_2 = \sum (X_{12} + X_{22} + \ldots + X_{n2}) = \sum_{n=1}^{n} X_{n2};$$

e assim sucessivamente até

$$T_k = \sum (X_{1k} + X_{2k} + \ldots + X_{nk}) = \sum_{n=1}^{n} X_{nk};$$

TABELA 2.23 Tabela experimental

Tratamentos (com 1 fator controlável com A_1 a A_k níveis)					
Fator A	A_1	A_2	A_3	...	A_k
Número de repetições	X_{11}	X_{12}	X_{13}	...	X_{1k}
	X_{21}	X_{22}	X_{23}	...	X_{2k}
	X_{31}	X_{32}	X_{33}	...	X_{3k}
	...	...	...	...	
	X_{n1}	X_{n2}	X_{n3}	...	X_{nk}	Total geral
Tratamentos totais	T_1	T_2	T_3	...	T_k	T_{1k}
Total de ensaios	N_1	N_2	N_3		N_k	N_{1k}
Média dos tratamentos	$\overline{X}_1$	$\overline{X}_2$	$\overline{X}_3$		$\overline{X}_k$	X_{1k}

TABELA 2.22 Exemplo de um Projeto de Experimentos do Tipo Fatorial: unifatorial

Tipo de engrenagem	Vida útil (em meses)				
A	1,6	1,9	1,3	1,4	2,1
B	6,9	5,3	8,6	7,1	9,5
C	2,4	2,6	1,4	1,5	2,5
D	1,7	1,1	1,8	1,9	1,3

---

[14] A distribuição F, ou **distribuição de Fisher-Snedecor**, é utilizada em alguns testes estatísticos como na análise de variância. A função densidade de probabilidade é dada por:

$$f(x) = \frac{\alpha^{\alpha/2} \beta^{\beta/2} x^{(\alpha/2)-1}}{B\left(\alpha/2, \beta/2\right) \times (\alpha x + \beta)^{(\alpha+\beta)/2}}$$

para $x > 0$, sendo α e β os graus de liberdade e B a função beta dada por: $B(a,b) = \int_{x=0,\ldots,1} x^{a-1}(1-x)^{b-1} dx$.

N_1 é o total de ensaios ou repetições dentro do nível 1; e assim sucessivamente até
N_k, que representa o total de ensaios ou repetições dentro do nível k;

$\overline{X}_1$ é a media aritmética do nível A_1 do fator $A \rightarrow \overline{X}_1 = \dfrac{T_1}{N_1}$;

$\overline{X}_2$ é a media aritmética do nível A_2 do fator $A \rightarrow \overline{X}_2 = \dfrac{T_2}{N_2}$;

e assim sucessivamente até o último nível, ou seja, $\overline{X}_k = \dfrac{T_k}{N_k}$.

Os totais gerais são obtidos pelas seguintes expressões:

$$T_{1k} = \sum (T_1 + T_2 + T_3 + \ldots + T_k) = \sum_{n=1}^{k} T_n;$$

$$N_{1k} = \sum (N_1 + N_2 + N_3 + \ldots + N_k) = \sum_{n=1}^{k} N_n$$

assim como a média aritmética geral:

$$\overline{X}_{1k} = \dfrac{T_{1k}}{N_{1k}}.$$

O modelo básico deste Projeto de Experimentos Unifatorial é:

$$X_{ij} = \mu_i + \varepsilon_{ij} \begin{cases} i = 1, 2, \ldots, n \\ j = 1, 2, \ldots, k \end{cases}$$

em que X_{ij} representa cada uma das medidas do experimento, μ_i a média do i-ésimo nível ou tratamento e ε_{ij} o erro aleatório (incorpora todas as fontes de variabilidade do experimento, como erro na medição, fatores não controláveis, diferença intrínseca entre os dispositivos ou peça empregadas, ruído do processo, entre outros).

A média do i-ésimo nível (μ_i) é devida à média geral do experimento (μ) e ao efeito do i-ésimo tratamento (τ_i), ou seja:

$$\mu_i = \mu + \tau_i$$

Portanto, o modelo básico pode ser representado pelo chamado modelo dos efeitos:

$$X_{ij} = \mu + \tau_i + \varepsilon_{ij} \begin{cases} i = 1, 2, \ldots, n \\ j = 1, 2, \ldots, k \end{cases}$$

Após esses cálculos iniciais, deve-se obter o termo de correção (TC), ou seja, o quadrado da soma de todos os valores de X divididos pelo número total de valores, calcular as somas dos quadrados total (S_{Total}), entre os tratamentos (S_{Trat}) e para o erro (S_{Erro}), e preencher a Tabela 2.24:

$$TC = \dfrac{(T_{1k})^2}{N_{1k}}$$

$$S_{Total} = \sum_{i=1, j=1}^{n,k} (X_{i,j}^2) - TC$$

em que $X_{i,j}$ representa cada uma das repetições do experimento elevada ao quadrado, ou seja,

$$S_{Total} = \sum_{i=1, j=1}^{n,k} (X_{11}^2 + X_{21}^2 + \ldots + X_{12}^2 + \ldots + X_{nk}^2) - TC$$

$$S_{Trat} = \Sigma \left(\dfrac{T_1^2}{N_1} + \dfrac{T_2^2}{N_2} + \dfrac{T_3^3}{N_3} + \ldots + \dfrac{T_k^2}{N_k} \right) - TC$$

$$S_{Erro} = S_{Total} - S_{Trat}$$

em que:

$$MQ_{Trat} = \dfrac{S_{Trat}}{(k-1)}$$

$$MQ_{Erro} = \dfrac{S_{Erro}}{(N_{1k} - k)}$$

$$F_{calculado} = \dfrac{MQ_{Trat}}{MQ_{Erro}}$$

k representa o total de níveis do fator A, por exemplo, um ensaio com o fator controlável com níveis A_1, A_2 e A_3 o $k = 3$, e N_{1k} representa o total de repetições ou amostras para o fator A. Não é possível comparar somas quadradas diretamente, portanto os graus de liberdade são necessários para permitir essa comparação.

O próximo passo é verificar as hipóteses, ou seja, se existem ou não diferenças significativas entre os tratamentos. Para isso será utilizada a distribuição F. Com o $F_{calculado}$ (veja a Tabela 2.24), deve-se comparar seu valor com o obtido da tabela de distribuição F (consultar Tabela 2.25), denominado aqui $F_{tabelado}$:

$$F_{tabelado} = F_{(N_{1k} - k), (k-1), \alpha}$$

TABELA 2.24 Projeto de experimento unifatorial a níveis fixos

Fonte de variação	Soma dos quadrados	Graus de liberdade	Médias quadradas	Fator F
Tratamentos	S_{Trat}	$k-1$	MQ_{Trat}	$F_{calculado}$
Erro	S_{Erro}	$N_{1k} - k$	MQ_{Erro}	
Total	S_{Total}	$N_{1k} - 1$		

em que $(N_{1k} - k)$, $(k - 1)$ representam os graus de liberdade do erro e dos tratamentos de um dado ensaio. O parâmetro α representa o nível de significância ou a incerteza da distribuição; por exemplo, para uma tabela de distribuição F com $\alpha = 0{,}05$ a incerteza seria de 5%, ou seja, uma certeza ou nível de confiança de 95%. Para facilitar o uso desse procedimento em seus experimentos, fornecemos os valores da distribuição F com nível de significância de 5%, ou seja, $\alpha = 0{,}05$ — veja a Tabela 2.25 (para outros níveis de significância, consultar as referências de estatística citadas no final deste capítulo).

TABELA 2.25 Percentuais da distribuição F com nível de significância de 5% ($\alpha = 0{,}05$)

Graus de liberdade do denominador $(N_{1k}-k)$	\multicolumn{18}{c}{Graus de liberdade do numerador $(k-1)$}
	1	2	3	4	5	6	7	8	9	10	12	15	20	24	30	40	60	120	∞
1	161,4	199,5	215,7	224,6	230,2	234,0	236,8	238,9	240,5	241,9	243,9	245,9	248,0	249,1	250,1	251,1	252,2	253,3	254,3
2	18,51	19,00	19,16	19,25	19,30	19,33	19,35	19,37	19,38	19,40	19,41	19,43	19,45	19,45	19,46	19,47	19,48	19,49	19,50
3	10,13	9,55	9,28	9,12	9,01	8,94	8,89	8,85	8,81	8,79	8,74	8,70	8,66	8,64	8,62	8,59	8,57	8,55	8,53
4	7,71	6,94	6,59	6,39	6,26	6,16	6,09	6,04	6,00	5,96	5,91	5,86	5,80	5,77	5,75	5,72	5,69	5,66	5,63
5	6,61	5,79	5,41	5,19	5,05	4,95	4,88	4,82	4,77	4,74	4,68	4,62	4,56	4,53	4,50	4,46	4,43	4,40	4,36
6	5,99	5,14	4,76	4,53	4,39	4,28	4,21	4,15	4,10	4,06	4,00	3,94	3,87	3,84	3,81	3,77	3,74	3,70	3,67
7	5,59	4,74	4,35	4,12	3,97	3,87	3,79	3,73	3,68	3,64	3,57	3,51	3,44	3,41	3,38	3,34	3,30	3,27	3,23
8	5,32	4,46	4,07	3,84	3,69	3,58	3,50	3,44	3,39	3,35	3,28	3,22	3,15	3,12	3,08	3,04	3,01	2,97	2,93
9	5,12	4,26	3,86	3,63	3,48	3,37	3,29	3,23	3,18	3,14	3,07	3,01	2,94	2,90	2,86	2,83	2,79	2,75	2,71
10	4,96	4,10	3,71	3,48	3,33	3,22	3,14	3,07	3,02	2,98	2,91	2,85	2,77	2,74	2,70	2,66	2,62	2,58	2,54
11	4,84	3,98	3,59	3,36	3,20	3,09	3,01	2,95	2,90	2,85	2,79	2,72	2,65	2,61	2,57	2,53	2,49	2,45	2,40
12	4,75	3,89	3,49	3,26	3,11	3,00	2,91	2,85	2,80	2,75	2,69	2,62	2,54	2,51	2,47	2,43	2,38	2,34	2,30
13	4,67	3,81	3,41	3,18	3,03	2,92	2,83	2,77	2,71	2,67	2,60	2,53	2,46	2,42	2,38	2,34	2,30	2,25	2,21
14	4,60	3,74	3,34	3,11	2,96	2,85	2,76	2,70	2,65	2,60	2,53	2,46	2,39	2,35	2,31	2,27	2,22	2,18	2,13
15	4,54	3,68	3,29	3,06	2,90	2,79	2,71	2,64	2,59	2,54	2,48	2,40	2,33	2,29	2,25	2,20	2,16	2,11	2,07
16	4,49	3,63	3,24	3,01	2,85	2,74	2,66	2,59	2,54	2,49	2,42	2,35	2,28	2,24	2,19	2,15	2,11	2,06	2,01
17	4,45	3,59	3,20	2,96	2,81	2,70	2,61	2,55	2,49	2,45	2,38	2,31	2,23	2,19	2,15	2,10	2,06	2,01	1,96
18	4,41	3,55	3,16	2,93	2,77	2,66	2,58	2,51	2,46	2,41	2,34	2,27	2,19	2,15	2,11	2,06	2,02	1,97	1,92
19	4,38	3,52	3,13	2,90	2,74	2,63	2,54	2,48	2,42	2,38	2,31	2,23	2,16	2,11	2,07	2,03	1,98	1,93	1,88
20	4,35	3,49	3,10	2,87	2,71	2,60	2,51	2,45	2,39	2,35	2,28	2,20	2,12	2,08	2,04	1,99	1,95	1,90	1,84
21	4,32	3,47	3,07	2,84	2,68	2,57	2,49	2,42	2,37	2,32	2,25	2,18	2,10	2,05	2,01	1,96	1,92	1,87	1,81
22	4,30	3,44	3,05	2,82	2,66	2,55	2,46	2,40	2,34	2,30	2,23	2,15	2,07	2,03	1,98	1,94	1,89	1,84	1,78
23	4,28	3,42	3,03	2,80	2,64	2,53	2,44	2,37	2,32	2,27	2,20	2,13	2,05	2,01	1,96	1,91	1,86	1,81	1,76
24	4,26	3,40	3,01	2,78	2,62	2,51	2,42	2,36	2,30	2,25	2,18	2,11	2,03	1,98	1,94	1,89	1,84	1,79	1,73
25	4,24	3,39	2,99	2,76	2,60	2,49	2,40	2,34	2,28	2,24	2,16	2,09	2,01	1,96	1,92	1,87	1,82	1,77	1,71
26	4,23	3,37	2,98	2,74	2,59	2,47	2,39	2,32	2,27	2,22	2,15	2,07	1,99	1,95	1,90	1,85	1,80	1,75	1,69
27	4,21	3,35	2,96	2,73	2,57	2,46	2,37	2,31	2,25	2,20	2,13	2,06	1,97	1,93	1,88	1,84	1,79	1,73	1,67
28	4,20	3,34	2,95	2,71	2,56	2,45	2,36	2,29	2,24	2,19	2,12	2,04	1,96	1,91	1,87	1,82	1,77	1,71	1,65
29	4,18	3,33	2,93	2,70	2,55	2,43	2,35	2,28	2,22	2,18	2,10	2,03	1,94	1,90	1,85	1,81	1,75	1,70	1,64
30	4,17	3,32	2,92	2,69	2,53	2,42	2,33	2,27	2,21	2,16	2,09	2,01	1,93	1,89	1,84	1,79	1,74	1,68	1,62
40	4,08	3,23	2,84	2,61	2,45	2,34	2,25	2,18	2,12	2,08	2,00	1,92	1,84	1,79	1,74	1,69	1,64	1,58	1,51
60	4,00	3,15	2,76	2,53	2,37	2,25	2,17	2,10	2,04	1,99	1,92	1,84	1,75	1,70	1,65	1,59	1,53	1,47	1,39
120	3,92	3,07	2,68	2,45	2,29	2,17	2,09	2,02	1,96	1,91	1,83	1,75	1,66	1,61	1,55	1,55	1,43	1,35	1,25
∞	3,84	3,00	2,60	2,37	2,21	2,10	2,01	1,94	1,88	1,83	1,75	1,67	1,57	1,52	1,46	1,39	1,32	1,22	1,00

EXEMPLO

Um determinado experimento foi elaborado para investigar o efeito de um remédio para tratamento das barbatanas em uma espécie de peixe (amostra: quatro peixes da mesma espécie). Cada peixe recebeu três repetições do remédio. Os resultados obtidos estão representados na Tabela 2.26 em termos da quantidade em µg encontrada no intestino desses animais. Analise esses dados verificando a relação entre eles. É importante ressaltar que este é um experimento executado de forma completamente aleatória e que segue as premissas de um projeto fatorial completo (para mais detalhes consultar as referências e continuar a leitura do restante deste capítulo).

TABELA 2.26 Dados obtidos do experimento: peixes e remédio para barbatanas

Repetições	Peixe 1	Peixe 2	Peixe 3	Peixe 4
I	2,35	2,04	1,58	1,25
II	2,14	1,87	1,89	1,24
III	2,24	1,99	1,56	1,18

Espécie de peixe

Esse experimento apresenta um fator controlável apenas, ou seja, a espécie de peixes a quatro níveis (quatro elementos da mesma espécie). Foram realizadas três repetições do remédio por peixe. Portanto, é um experimento chamado de classificação simples, pois possui apenas um fator controlável. Todos os outros fatores possíveis são considerados não controláveis e estão inseridos na incerteza do experimento. Cabe observar que a existência de outros fatores que apresentam influência significativa ou possam ter influência significativa deve ser controlada com critérios científicos, técnicos e econômicos. A Tabela 2.27 apresenta parte da solução seguida de todos os cálculos necessários para a criação da ANOVA apresentada na Tabela 2.28 (se necessário, consultar a Tabela 2.25) e, por consequência, da avaliação do experimento.

TABELA 2.27 Solução para o experimento dos peixes e remédio para barbatanas

Peixes (1 fator controlável com A_1 a A_4 níveis)

Fator A	1	2	3	4	
Número de repetições	2,35	2,04	1,58	1,25	
	2,14	1,87	1,89	1,24	Totais gerais
	2,24	1,99	1,56	1,18	
Tratamentos totais	**6,73**	**5,90**	**5,03**	**3,67**	**21,33**
Total de ensaios	**3**	**3**	**3**	**3**	**12**
Médias dos tratamentos	**2,24**	**1,97**	**1,68**	**1,22**	**1,78**

Tratamentos totais:

$$T_1 = \Sigma(X_{11} + X_{21} + \ldots + X_{n1}) = \Sigma(2,35 + 2,14 + 2,24) = 6,73$$
$$T_2 = \Sigma(2,04 + 1,87 + 1,99) = 5,90$$
$$T_3 = \Sigma(1,58 + 1,89 + 1,56) = 5,03$$
$$T_4 = \Sigma(1,25 + 1,24 + 1,18) = 3,67$$
$$T_{1k} = \Sigma(T_1 + T_2 + T_3 + \ldots + T_k) =$$
$$= \Sigma(6,73 + 5,90 + 5,03 + 3,67) = 21,33$$
$$N_{1k} = (N_1 + N_2 + N_3 + \ldots + N_k) = \Sigma(3 + 3 + 3 + 3) = 12$$
$$\bar{X}_{1k} = \frac{T_{1k}}{N_{1k}} = \frac{21,33}{12} = 1,78$$

$$TC = \frac{(T_{1k})^2}{N_{1k}} = \frac{(21,33)^2}{12} = 37,91$$

$$S_{Total} = \sum_{i,j=1}^{n,k}(X_{i,j}^2) - TC = \Sigma\begin{pmatrix} 2,35^2 + 2,14^2 + \\ + 2,24^2 + 2,04^2 + \\ + \ldots + 1,18^2 \end{pmatrix} - 37,91$$

(continua)

(continuação)

TABELA 2.28 Projeto unifatorial: peixes e remédio para barbatanas

Fonte de variação	Soma dos quadrados	Graus de liberdade	Médias quadradas	Fator F
Tratamentos	1,71	$k - 1 = 4 - 1 = 3$	0,57	41,45
Erro	0,11	$N_{1k} - k = 12 - 4 = 8$	0,01375	
Total	1,82	$N_{1k} - 1 = 12 - 1 = 11$		

$$S_{Total} = 39,73 - 37,91 = 1,82$$

$$S_{Trat} = \sum \left(\frac{T_1^2}{N_1} + \frac{T_2^2}{N_2} + \frac{T_3^3}{N_3} + \ldots + \frac{T_k^2}{N_k} \right) - TC = \sum \left(\frac{6,73^2}{3} + \ldots + \frac{3,67^2}{3} \right) - TC$$

$$S_{Trat} = \sum \left(\frac{6,73^2}{3} + \ldots + \frac{3,67^2}{3} \right) - 37,91 = 39,62 - 37,91 = 1,71$$

$$S_{Erro} = S_{Total} - S_{Trat} = 1,82 - 1,71 = 0,11$$

$$MQ_{Trat} = \frac{S_{Trat}}{(k-1)} = \frac{1,71}{(4-1)} = \frac{1,71}{3} = 0,57$$

$$MQ_{Erro} = \frac{S_{Erro}}{(N_{1k} - k)} = \frac{0,11}{(12-4)} = \frac{0,11}{8} = 0,01375$$

$$F_{calculado} = \frac{MQ_{Trat}}{MQ_{Erro}} = \frac{0,57}{0,01375} = 41,45$$

Consultando a *tabela de distribuição F* (Tabela 2.25):

$$F_{tabelado} = F_{(N_{1k}-k),(k-1),\alpha}$$

$$F_{tabelado} = F_{(N_{1k}-k);(k-1);\alpha} = F_{8;3;0,05} = 4,07$$

Como $F_{calculado} > F_{tabelado}$, ou seja, 41,45 > 4,07. A hipótese é significativa. Portanto, há diferenças significativas entre os grupos. Assim, cada peixe da mesma espécie apresentou comportamento diferente com relação à dosagem do remédio para barbatanas. Dependendo do experimento, do resultado esperado e da experiência da equipe, podem ser realizados novos ensaios e estudos levando-se em consideração outras variáveis controláveis (fatores controláveis). Nesse ensaio, por exemplo, pode-se avaliar a dosagem recomendada de remédio em função do tamanho do peixe, sendo assim, o tamanho do peixe selecionado seria um fator controlável no estudo.

Após a comprovação de que os dados são significativos é possível realizar comparação múltipla de médias.

De forma resumida, o Projeto de Experimentos do Tipo Unifatorial é uma técnica estatística para avaliar ou medir o significado estatístico das diferenças entre as medidas dos grupos determinados na variável métrica dependente. Existem diversos testes para avaliar a qualidade do Projeto de Experimentos utilizado, como o Teste W e Shapiro e Wilk, a comparação Qui-Quadrado, o teste de Kolmogorov-Smirnov, entre outros. Tipicamente ferramentas estatísticas utilizadas nesta área (por exemplo, o Minitab) executam um ou mais desses testes. Para avaliar a comparação da igualdade de variâncias pode-se também usar o teste de Barlett, o teste Q de Cochran e o teste de Hartley.

Em geral, quando estudamos um Projeto Unifatorial estamos interessados também na avaliação do comportamento entre as diferentes médias. Para isso, existem diversos testes, como os testes de Duncan, Bonferroni, SNK de Student-Newman-Keuls, HSD de Tukey, teste de Scheffe, da diferença mínima de Fisher's, entre outros. Portanto, é importante ressaltar que a análise realizada na Tabela 2.28 não permite identificar se as médias são diferentes.

Todos os métodos citados anteriormente são chamados de Métodos de Comparação Múltipla. Caso o leitor tenha interesse em estudar os diferentes métodos citados anteriormente sugerimos a leitura das bibliografias citadas ao final deste capítulo.

Como ficaria muito extenso discutir cada uma dessas técnicas, apresentamos um dos métodos mais simples – o método da mínima diferença de Fisher's. Esse método é baseado no cálculo do desvio padrão das médias ($S_{\bar{x}}$) e na comparação com um determinado limite de decisão (L_D), dados por:

$$S_{\bar{x}} = \frac{\sqrt{MQ_{Erro}}}{\sqrt{\frac{N_1 + N_2 + \ldots + N_k}{k}}}$$

$$L_D = 3 \times S_{\bar{x}}$$

Após realizar esses cálculos, deve-se comparar duas a duas (subtração) entre todas as médias de cada nível do experimento. A diferença da comparação será significativa se for maior que o L_D.

EXEMPLO

Considerando o Projeto Unifatorial anterior determine se as médias dos níveis do dado experimento são diferentes entre si.

$$S_{\bar{x}} = \frac{\sqrt{MQ_{Erro}}}{\sqrt{\frac{N_1 + N_2 + \ldots + N_k}{k}}} = \frac{\sqrt{0,01375}}{\sqrt{\frac{3+3+3+3}{4}}} \cong 0,0677$$

$$L_D = 3 \times S_{\bar{x}} = 0,203$$

As médias de cada nível (veja a Tabela 2.27):

$$\overline{X_1} = 2,24$$
$$\overline{X_2} = 1,97$$
$$\overline{X_3} = 1,68$$
$$\overline{X_4} = 1,22$$

A comparação múltipla:

$$\overline{X_1} - \overline{X_2} = 0,27 > L_D$$
$$\overline{X_1} - \overline{X_3} = 0,53 > L_D$$
$$\overline{X_1} - \overline{X_4} = 1,02 > L_D$$
$$\overline{X_2} - \overline{X_3} = 0,29 > L_D$$
$$\overline{X_2} - \overline{X_4} = 0,75 > L_D$$
$$\overline{X_3} - \overline{X_4} = 0,46 > L_D$$

Portanto, todas as médias são significativas.
Na análise experimental baseada em um planejamento adequado, alguns pontos importantes devem ser levados em consideração (que ressaltam a importância da área de Projeto de Experimentos):

- Um experimento realizado várias vezes pode apresentar resultados diferentes;
- A variação de muitos fatores não controláveis pode alterar o resultado do experimento;
- A alteração das condições de realização do experimento pode alterar de forma significativa o resultado da medida (a variável de resposta);
- A análise da variância decompõe a variabilidade do resultado de um experimento em componentes independentes (variação total decomposta em variações particulares);
- Teoricamente é possível dividir a variabilidade do resultado de um experimento em 2 partes: a originada pelos fatores que influenciam diretamente o resultado (estudados em distintos níveis) e a produzida pelo resto dos fatores com influência no resultado do experimento, variabilidade desconhecida ou não controlável, que se conhece com o nome de Erro Experimental na área de Projeto de Experimentos.

Além disso, **para cada modelo ou tipo de Projeto de Experimentos escolhido é importante verificar se o modelo usado é adequado**. Esse assunto é fonte de diversos livros especializados na área e sugerimos a leitura dos mesmos (verificar livros ao final deste capítulo).

(*continua*)

(continuação)

Apenas para exemplificar, nos procedimentos de verificação da validade do modelo utilizaremos o Projeto Unifatorial. Neste caso, as premissas básicas são (além das que determinam o tipo de experimento, por exemplo, apenas 1 FC):

- experimento completamente aleatorizado;
- assumimos que os erros são variáveis aleatórias seguindo uma Distribuição Normal de média zero ($\mu = 0$) e variância σ^2 e independentes, logo cada tratamento (nível) pode ser representado como uma distribuição normal com média μ_i e variância σ^2;
- a variância é considerada constante para todos os níveis do experimento.

Violações das premissas básicas e adequação do modelo podem ser facilmente analisadas pela verificação dos resíduos do experimento. O resíduo é definido por: $e_{ij} = x_{ij} - \bar{x}_i$

A análise dos resíduos deve ser parte automática de qualquer método baseado em Projeto de Experimentos cujo princípio é baseado na estimação da variância. Se o modelo for adequado, os resíduos não irão apresentar nenhum modelo óbvio (nenhuma forma de onda óbvia).

Verificação da normalidade do modelo

Para esta verificação basta plotar o histograma dos resíduos e verificar seu formato: deve ter a forma da Distribuição Normal (0, σ^2).

Detecção da correlação entre os resíduos

Pode ser verificado através do gráfico *resíduos versus uma sequência no tempo*. Extremamente útil para verificar a correlação entre os resíduos. A correlação positiva implica que a premissa de independência dos erros foi violada – problema sério para o modelo selecionado. É importante observar que a aleatorização do experimento é um passo essencial para a obtenção dessa independência.

Resíduos *versus* a média dos níveis

Se o modelo está correto os resíduos não devem seguir nenhum modelo, ou seja, devem ser descorrelacionados de qualquer outra variável. Um dos procedimentos para verificar este fato é plotar os resíduos *versus* o estimado da média do nível (no caso do Experimento Unifatorial é $\bar{x}_i$).

Teste estatístico para igualdade da variância

Um procedimento amplamente usado é o Teste de Bartlett's que é um teste aproximado pela Distribuição Qui-Quadrada com 1 grau de liberdade (1 GDL) quando as amostras aleatórias são independentes. Neste caso testamos se:

$$H_0 : \sigma_1^2 = \sigma_2^2 = \ldots = \sigma_a^2$$

$$H_1 : \text{pelo menos uma } \sigma_a^2 \text{ diferente}$$

O Teste de Bartlett's é baseado nas seguintes expressões:

$$S_p^2 = \frac{\sum_{i=1}^{a}(n_i - 1)S_i^2}{N - a}$$

$$q = (N - a)\log_{10}S_p^2 - \sum_{i=1}^{a}(n_i - 1)\log_{10}S_i^2$$

$$c = 1 + \frac{1}{3(a - 1)}\left(\sum_{i=1}^{a}(n_i - 1)^{-1} - (N - a)^{-1}\right)$$

$$X_0^2 = 2{,}3026\frac{q}{c}$$

O parâmetro q é maior quando a variância de um dado tratamento S_i^2 difere "bastante" e é igual a 0 (zero) quando todas as S_i^2 são iguais. Portanto, rejeitamos H_0 somente se X_0^2 for maior que o valor determinado pela Distribuição Qui-Quadrada com 1 GDL ($X_{\alpha,(a-1)}^2$):

$$X_0^2 > X_{\alpha,(a-1)}^2$$

EXEMPLO

Considere o exemplo do experimento das engrenagens da bicicleta de competição (veja a Tabela 2.29). Porém é posicionado em cada célula da tabela experimental a ordem da repetição (a ordem em que foi realizada a correspondente medida).

TABELA 2.29 Dados experimentais relacionando o tipo de engrenagem com sua correspondente vida útil

Tipo de engrenagem	Vida útil em meses (*ordem da repetição*)				
A	1,6 *(15º)*	1,9 *(4º)*	1,3 *(1º)*	1,4 *(10º)*	2,1 *(6º)*
B	6,9 *(7º)*	5,3 *(14º)*	8,6 *(20º)*	7,1 *(11º)*	9,5 *(3º)*
C	2,4 *(16º)*	2,6 *(13º)*	1,4 *(2º)*	1,5 *(8º)*	2,5 *(9º)*
D	1,7 *(17º)*	1,1 *(5º)*	1,8	1,9 *(18º)*	1,3 *(12º)*

(continua)

(continuação)

Com base nos dados experimentais determina-se a média aritmética de cada nível (neste exemplo, são os diferentes tipos de engrenagens):

TABELA 2.30A

Tipo de engrenagem	Vida útil (em meses)					Média aritmética
A	1,6	1,9	1,3	1,4	2,1	1,7
B	6,9	5,3	8,6	7,1	9,5	7,5
C	2,4	2,6	1,4	1,5	2,5	2,1
D	1,7	1,1	1,8	1,9	1,3	1,6

Para cada dado experimental e sua correspondente média do nível determinar o correspondente resíduo, por exemplo:

$$e_{11} = x_{11} - \overline{x}_1 = 1,6 - 1,7 = -0,1$$

dessa forma calcular para todas as células da tabela experimental até completar a correspondente tabela de resíduos:

TABELA 2.30B

Tipo de engrenagem	Resíduos (*ordem da repetição*)				
A	-0,1 *(15º)*	0,2 *(4º)*	-0,4 *(1º)*	-0,3 *(10º)*	0,4 *(6º)*
B	-0,6 *(7º)*	-2,2 *(14º)*	1,1 *(20º)*	-0,4 *(11º)*	2,0 *(3º)*
C	0,3 *(16º)*	0,5 *(13º)*	-0,7 *(2º)*	-0,6 *(8º)*	0,4 *(9º)*
D	0,1 *(17º)*	-0,5 *(5º)*	0,2 *(19º)*	0,3 *(18º)*	-0,3 *(12º)*

Plote os resíduos em uma sequência de tempo, ou seja, resíduos *versus* a ordem da repetição:

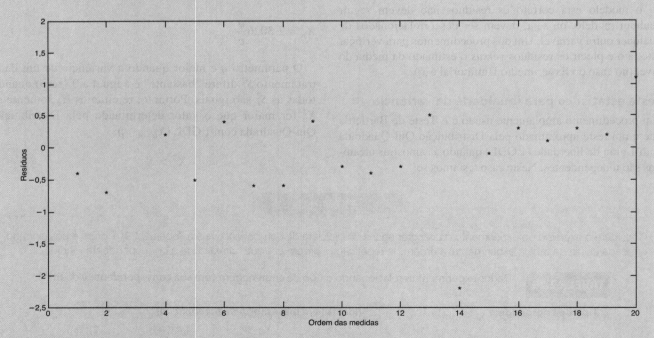

FIGURA 2.40 Distribuição dos resíduos em função da correspondente ordem de repetição.

Baseado neste gráfico não existe razão para suspeitar da violação de independência, pois o gráfico não apresenta nenhuma forma óbvia. Plote os resíduos *versus* a médias dos níveis:

(*continua*)

(continuação)

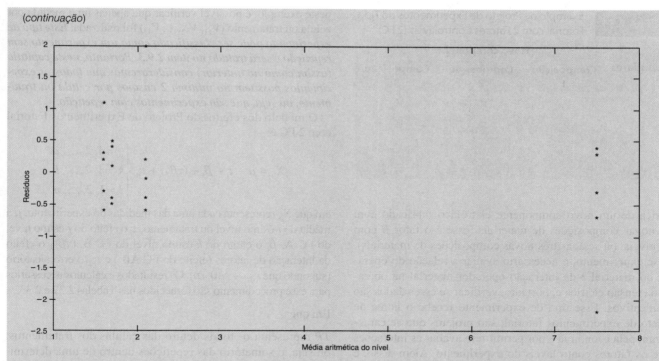

FIGURA 2.41 Distribuição dos resíduos em função da correspondente média dos níveis.

Neste gráfico também não é possível verificar nenhuma estrutura aparente, portanto os resíduos estão descorrelacionados.

Segundo o Teste de Bartlett's – para este ensaio a variância de cada nível (S_i^2) é:

$$S_1^2 = 0,11$$
$$S_2^2 = 2,64$$
$$S_3^2 = 0,34$$
$$S_4^2 = 0,12$$

$$S_p^2 = \frac{\sum_{i=1}^{a}(n_i - 1)S_i^2}{N - a}$$

$$q = (N - a)\log_{10}S_p^2 - \sum_{i=1}^{a}(n_i - 1)\log_{10}S_i^2$$

$$c = 1 + \frac{1}{3(a-1)}\left(\sum_{i=1}^{a}(\eta - 1)^{-1} - (N-a)^{-1}\right)$$

$$X_0^2 = 2,3026\frac{q}{c}$$

Deixamos como exercício para o leitor finalizar esses cálculos e verificar se esta condição é respeitada:

$$X_0^2 > X_{\alpha,(a-1)}^2$$

Se essa condição for verdadeira, é possível rejeitar a Hipótese H_0, ou seja, as variâncias são diferentes. Caso a hipótese H_0 seja verdadeira (a condição anterior é falsa, ou seja, $X_0^2 > X^2 \alpha, (a-1)$ não é verdadeira, sendo assim, as variâncias de um dado experimento são iguais).

2.9.2 Projeto fatorial com 2 FC: classificação dupla

Esse método consiste em uma comparação entre dois fatores, sendo que níveis ou tratamentos dos dois fatores são analisados, e sua interação também. Por exemplo, seja um experimento qualquer em que quatro operadores diferentes (esse é o fator A com quatro níveis, ou seja, os quatro operadores) utilizam um mesmo tipo de instrumento analógico (por exemplo, um voltímetro analógico) para medir a tensão

TABELA 2.31 — Exemplo de Projeto de Experimentos do Tipo Fatorial com 2 Fatores Controláveis (2 FC)

Operadores	Novo componente		
	Composição 1	Composição 2	Composição 3
1	V_{11}	V_{12}	V_{13}
2	V_{21}	V_{22}	V_{23}
3	V_{31}	V_{32}	V_{33}
4	V_{41}	V_{42}	V_{43}

elétrica de um novo componente eletrônico fabricado com três novas composições de materiais (esse é o fator B com três níveis, ou seja, as três novas composições de materiais). Nesse experimento, é necessário avaliar a relação do operador, do material e da interação operador-material na obtenção da tensão elétrica e, portanto, verificar se esses dados são significativos. Esse tipo de experimento recebe o nome de projeto de experimentos fatorial; são projetos que se caracterizam pela economia e por permitirem avaliar as interações entre os fatores controláveis do experimento. Além disso, é importante observar que são mais eficientes estatisticamente quando apresentam o mesmo número de repetições em cada tratamento. A Tabela 2.31 apresenta este exemplo.

Experimento com 2 FC (**Operadores** a 4 níveis (4 operadores) e **Novo Componente** a 3 níveis (3 composições) com uma variável de resposta tensão elétrica (V_{ij})). Em um experimento com 2 FC deve ser possível responder três perguntas essenciais:

a. A variável de resposta muda em função dos dois fatores controláveis (da interação entre fatores)?
b. A variável de resposta muda em função do FC A?
c. A variável de resposta muda em função do FC B?

No exemplo da Tabela 2.31 as três perguntas essenciais são:

a. A tensão elétrica muda significativamente em função dos operadores e da composição de material do novo componente?
b. A tensão elétrica muda significativamente em função dos operadores?
c. A tensão elétrica muda significativamente em função da composição de material do novo componente?

Para responder com firmeza a estas três perguntas é necessário projetar adequadamente o experimento com o número de amostras adequado e utilizar os conceitos da área de Projeto de Experimentos que definirão os procedimentos experimentais a serem utilizados e as premissas básicas que devem ser levadas em consideração na sua execução, como se o experimento será completamente aleatorizado ou não. Além disso, deve-se verificar se o modelo matemático usado é adequado e, finalmente, avaliar os dados experimentais e por consequência responder as três perguntas formuladas neste exemplo. Uma das vantagens do Projeto Fatorial com repetição entre as células é permitir responder firmemente todas as possíveis perguntas a serem formuladas para um dado experimento. É importante ressaltar que, neste exemplo, é possível verificar que apenas uma medida por célula ou tratamento (V_{11}, V_{12}, ..., V_{43}) foi realizada. *Este tipo de experimento pode ser classificado como um experimento sem repetição e será tratado no item 2.9.3. Portanto, neste capítulo (assim como no anterior) consideraremos que todos os experimentos possuem no mínimo 2 ensaios por célula ou tratamento, ou seja, que são experimentos com repetição.*

O modelo dos efeitos do Projeto de Experimentos Fatorial com 2 FC é:

$$X_{jk} = \mu + \tau_j + \beta_k + (\tau\beta)_{jk} + \varepsilon_{jkl} \begin{cases} j = 1, 2, ..., a \\ k = 1, 2, ..., b \\ l = 1, 2, ..., n \end{cases}$$

em que X_{jk} representa cada uma das medidas do experimento, μ a média do i-ésimo nível ou tratamento, τ_j o efeito do j-ésimo nível do FC A, β_k o efeito do k-ésimo nível do FC B, $(\tau\beta)_{jk}$ o efeito da interação de fatores (efeito do FC AB) e ε_{ijk} o erro aleatório (supondo que $\varepsilon_{jkl} \to N(0, \sigma)$). Os resultados e cálculos necessários para esse procedimento são fornecidos nas Tabelas 2.32 e 2.33.

Em que:

TP representa os totais dentro das células dos tratamentos, ou seja, o somatório das repetições dentro de uma determinada célula:

$$TP_{11} = \Sigma(X_{111} + X_{112} + ... + X_{11n})$$
$$TP_{21} = \Sigma(X_{211} + X_{212} + ... + X_{21n})$$

e assim sucessivamente até:

$$TP_{jk} = \Sigma(X_{jk1} + X_{jk2} + ... + X_{jkn}).$$

TL é o somatório das linhas:

$$TL_{1k} = \Sigma(TP_{11} + TP_{12} + ... + TP_{1k})$$
$$TL_{2k} = \Sigma(TP_{21} + TP_{22} + ... + TP_{2k})$$

e assim sucessivamente até:

$$TL_{1k} = \Sigma(TP_{11} + TP_{12} + ... + TP_{1k})$$

TC é o somatório das colunas:

$$TC_{j1} = \Sigma(TP_{11} + TP_{21} + ... + TP_{j1})$$
$$TC_{j2} = \Sigma(TP_{12} + TP_{22} + ... + TP_{j2})$$

e assim sucessivamente até:

$$TC_{jk} = \Sigma(TP_{1k} + TP_{2k} + ... + TP_{jk})$$

e TT_{jk} é o somatório total.

Após esses cálculos iniciais, deve-se obter o termo de correção (*TC*) e as somas dos quadrados total (S_{Total}), entre os tratamentos A e B (SA_{Trat} e SB_{Trat}) e a interação entre os dois fatores (SAB_{Trat}) e preencher a Tabela 2.32.

Em que:

j representa o total de níveis do Fator A, *k*, o total de níveis do fator B, e n_{jk}, a quantidade de repetições de cada célula:

$$TC = \frac{(TT_{jk})^2}{j \cdot k \cdot n_{jk}}$$

TABELA 2.32 — Tabela experimental

Fator A	Fator B					Totais
	B_1	B_2	B_3	...	B_k	
A_1	X_{111}	X_{121}	X_{131}		X_{1k1}	
	X_{112}	X_{122}	X_{132}		X_{1k2}	
	X_{113}	X_{123}	X_{133}	...	X_{1k3}	TL_{1k}
	...	...	...		...	
	X_{11n}	X_{12n}	X_{13n}		X_{1kn}	
	TP_{11}	TP_{12}	TP_{13}		TP_{1k}	
A_2	X_{211}	X_{221}	X_{231}		X_{2k1}	
	X_{212}	X_{222}	X_{232}		X_{2k2}	
	X_{213}	X_{223}	X_{233}	...	X_{2k3}	TL_{2k}
	...	...	...		...	
	X_{21n}	X_{22n}	X_{23n}		X_{2kn}	
	TP_{21}	TP_{22}	TP_{23}		TP_{2k}	
...	...	...	...		...	...
A_j	X_{j11}	X_{j21}	X_{j31}		X_{jk1}	
	X_{j12}	X_{j22}	X_{j32}		X_{jk2}	
	X_{j13}	X_{j23}	X_{j33}	...	X_{jk3}	TL_{jk}
	...	TP_{11}	...		...	
	X_{j1n}	X_{j2n}	X_{j3n}		X_{jkn}	
	TP_{j1}	TP_{j2}	TP_{j3}		TP_{jk}	
Totais	TC_{j1}	TC_{j2}	TC_{j3}		TC_{jk}	TT_{jk}

$$SA_{Trat} = \frac{\sum_{i=1}^{j}(TL_{ik})^2}{k \cdot n_{jk}} - TC = \left[\frac{(TL_{1k})^2}{k \cdot n_{jk}} + \frac{(TL_{2k})^2}{k \cdot n_{jk}} + \ldots + \frac{(TL_{jk})^2}{k \cdot n_{jk}}\right] - TC$$

$$SB_{Trat} = \frac{\sum_{i=1}^{k}(TC_{ji})^2}{j \cdot n_{jk}} - TC = \left[\frac{(TC_{j1})^2}{j \cdot n_{jk}} + \frac{(TC_{j2})^2}{j \cdot n_{jk}} + \ldots + \frac{(TC_{jk})^2}{j \cdot n_{jk}}\right] - TC$$

$$SAB_{Trat} = \frac{\sum_{j,k=1}^{a,b}(T_{jk})^2}{n_{jk}} - TC - SA_{Trat} - SB_{Trat} =$$

$$= \left[\frac{(TP_{11})^2}{n_{jk}} + \frac{(TP_{12})^2}{n_{jk}} + \ldots + \frac{(TP_{jk})^2}{n_{jk}}\right] - TC - SA_{Trat} - SB_{Trat}$$

$$S_{Erro} = \sum_{j,k,l=1}^{a,b,n}(X_{jkn}^2) - \frac{\sum_{j,k=1}^{a,b}(T_{jk})^2}{n_{jk}}$$

$$S_{Total} = SA_{Trat} + SB_{Trat} + SAB_{Trat} + S_{Erro}$$

$$MQA_{Trat} = \frac{SA_{Trat}}{j-1}$$

$$MQB_{Trat} = \frac{SB_{Trat}}{k-1}$$

$$MQAB_{Trat} = \frac{SAB_{Trat}}{(j-1) \cdot (k-1)}$$

$$MQ_{Erro} = \frac{S_{Erro}}{j \cdot k \cdot (n_{jk}-1)}$$

$$Fa_{calculado} = \frac{MQA_{Trat}}{MQ_{Erro}}$$

$$Fb_{calculado} = \frac{MQB_{Trat}}{MQ_{Erro}}$$

$$Fb_{calculado} = \frac{MQAB_{Trat}}{MQ_{Erro}}$$

O procedimento para verificação se os fatores controláveis A, B e interação AB são significativos é o mesmo do descrito no tópico anterior, ou seja, pela comparação do $F_{calculado}$ com o $F_{tabelado}$. Portanto, se:

$$Fa_{calculado} \rangle F_{tabelado}$$

o fator controlável A é significativo no experimento, e se

$$Fb_{calculado} \rangle F_{tabelado}$$

o fator controlável *B* é significativo no experimento e

$$Fab_{calculado} \rangle F_{tabelado}$$

a interação do fator *A* com o fator *B* é significativa no experimento.

O $F_{tabelado}$ (veja Tabela 2.33) é obtido da mesma forma que no tópico anterior, porém deve-se levar em conta o grau de liberdade do fator que está sendo analisado.

TABELA 2.33 — Projeto fatorial com dois fatores controláveis

Fonte de variação	Soma dos quadrados	Graus de liberdade	Médias quadradas	Fator *F*
Tratamento A	SA_{Trat}	$j-1$	MQA_{Trat}	$Fa_{calculado}$
Tratamento B	SB_{Trat}	$k-1$	MQB_{Trat}	$Fb_{calculado}$
Interação AB	SAB_{Trat}	$(j-1)\cdot(k-1)$	$MQAB_{Trat}$	$Fab_{calculado}$
Erro	S_{Erro}	$j\cdot k\cdot(n_{jk}-1)$	MQ_{Erro}	
Total	S_{Total}	$(j\cdot k\cdot n_{jk})-1$		

EXEMPLO

Um determinado aquarista solicitou que se avaliassem as condições químicas (principalmente o pH) de aquários de água doce com injeção eletromecânica de CO_2 e sem injeção de CO_2 (fator *A*) utilizado para o crescimento das plantas. Cada aquário contém uma das seguintes espécies de peixes (fator *B*): o popular disco (*Symphysodon discus*), a bótia palhaço (*Botia macracanthus*), o cascudo panaque (*Panaque migrolineatus*), o neon (*Paracheirodon axelrodi*) e o gato invertido (*Synodontis nigriventris*). Os resultados encontrados para o pH estão resumidos na Tabela 2.34.

TABELA 2.34 — Exemplo do ensaio de pH para os peixes do exemplo

Fator *A*	B_1	B_2	B_3	B_4	B_5	
Com CO_2	6,2	7,0	7,4	6,5	6,0	
	6,1	7,1	7,2	6,3	6,3	
	TP = 12,3	14,1	14,6	12,8	12,3	TL = 66,1
Sem CO_2	6,8	7,2	7,0	6,7	6,5	
	6,9	7,3	6,8	6,6	6,7	
	TP = 13,7	14,5	13,8	13,3	13,2	TL = 68,5
	TC = 26,0	28,6	28,4	26,1	25,5	TT = 134,6

Com a utilização das expressões fornecidas anteriormente, é possível construir a ANOVA – veja Tabela 2.35 (com $n_{jk} = 2$).

TABELA 2.35 — Projeto de experimento do tipo fatorial com 2 FC

Fonte de variação	Soma dos quadrados	Graus de liberdade	Médias quadradas	Fator *F*
Tratamento A	$SA_{Trat} = 0,29$	$j-1=1$	$MQA_{Trat} = 0,29$	$Fa_{calculado} = 29$
Tratamento B	$SB_{Trat} = 2,13$	$k-1=4$	$MQB_{Trat} = 0,53$	$Fb_{calculado} = 53$
Interação AB	$SAB_{Trat} = 0,67$	$(j-1)\cdot(k-1)=4$	$MQAB_{Trat} = 0,17$	$Fab_{calculado} = 17$
Erro	$S_{Erro} = 0,15$	$j\cdot k\cdot(n_{jk}-1)=10$	$MQ_{Erro} = 0,01$	

Verificando a tabela de distribuição *F*:

$$Fa_{calculado} \rangle F_{tabelado}$$

$$29 \rangle Fa_{[j\cdot k\cdot(n_{jk}-1)],(j-1),\alpha} = F_{10;1;0,05} = 4,96$$

(*continua*)

> (continuação)
>
> como 29 > 4,96, o Fator A é significativo, ou seja, a injeção de CO_2 ou a não injeção de CO_2 é significativa com relação ao parâmetro pH dos aquários.
>
> $$Fb_{calculado} > F_{tabelado}$$
> $$53 > Fb_{10;4;0,05} = 3,48$$
>
> como 53 > 3,48, o fator B é significativo, ou seja, os diferentes tipos de aquários com peixes de espécies diferentes são significativos com relação ao parâmetro pH dos aquários.
>
> $$Fab_{calculado} > F_{tabelado}$$
> $$17 > Fab_{10;4;0,05} = 3,48$$
>
> como 17 > 3,48, a interação entre os fatores A e B é significativa com relação ao pH dos aquários.
> Cabe observar que existem diversos outros métodos: classificação tripla, quadrados latinos etc., que podem ser consultados nas referências apresentadas no final deste capítulo.

2.9.3 Projeto de experimentos sem repetição

Relembrando o experimento fatorial com 2 FC da Tabela 2.35 o projetista desse experimento desejava responder 3 perguntas essenciais:

a. A variável de resposta muda em função dos dois fatores controláveis (da interação entre fatores)?
b. A variável de resposta muda em função do FC A?
c. A variável de resposta muda em função do FC B?

Se o objetivo do experimento não é responder estas 3 perguntas não existe a necessidade de realizar um experimento com 2 FC tipicamente mais caro e demorado do que um experimento com 1 FC. Além disso, em um experimento fatorial com mais de 1 FC geralmente a pergunta mais importante a ser respondida é se a interação entre fatores altera a variável de resposta.

Porém, é importante observar que no mínimo 2 repetições por célula ou tratamento devem ser realizadas. Nesse caso, o projeto de experimentos e sua análise serão válidos apenas para o experimento realizado com uma quantidade de amostras muito pequenas. O correto, dentro do possível (em muitas condições experimentais isso não é possível – principalmente devido ao custo e tempo de realização do experimento), seria realizar uma análise da quantidade de amostras adequadas para representar um dado experimento e, portanto, os resultados do projeto de experimentos poderão ser extrapolados a sua população.

Apesar disso, existe uma família de experimentos onde nenhuma repetição por célula ou tratamento é realizada. Esse tipo de experimento é chamado experimento sem repetição. Em situações experimentais onde este tipo de experimento é o único possível, o projetista deve observar que sua análise será mais pobre do que um experimento fatorial com repetição (os casos dos dois exercícios anteriores).

Considere o seguinte projeto de experimentos da Tabela 2.36.

Neste exemplo, temos um experimento fatorial, pois ele respeitou todas as premissas básicas e, ressaltando, foi completamente aleatorizado. A variável de resposta é a transmissibilidade de vibrações e os dois fatores controláveis são: marca de assento

TABELA 2.36 Exemplo de experimento sem repetição

Marca de assento	Tipo de veículo			
	A	B	C	D
1	1,2	0,9	1,1	0,5
2	1,0	0,8	1,1	0,5
3	1,1	0,7	0,9	0,6
4	1,2	0,9	0,9	0,5

(a 4 níveis) e tipo de veículo (a 4 níveis). As perguntas que poderiam ser respondidas são:

a. A transmissibilidade é alterada em função da marca de assento e do tipo de veículo, ou seja, a interação é significativa?
b. A transmissibilidade é alterada em função da marca de assento, ou seja, o fator controlável marca de assento é significativo?
c. A transmissibilidade é alterada em função do tipo de veículo, ou seja, o fator controlável tipo de veículo é significativo?

Porém, devido a custos, este experimento não apresenta repetição. Uma boa questão de ordem experimental é: *o que acarreta do ponto de vista de análise experimental este fato*?

Para ajudar a responder esta pergunta, voltamos a Tabela 2.36 – a tabela do Projeto de Experimentos do Tipo Fatorial com 2 FC.

Nesse exemplo, os graus de liberdade (GDL) do Erro é dado por:

$$j.k.(n_{jk}-1)$$

em que j representa a quantidade de níveis do FC A, k a quantidade de níveis do FC B e n_{jk} a quantidade de repetições por célula ou tratamento.

Em um experimento sem repetição:

$n_{jk} = 1$, logo o GDL do Erro será zero (0), ou seja, não temos GDL independentes para determinar a média quadrado do

TABELA 2.37 Parte da ANOVA de 2 fatores controláveis

Fonte de variação	Soma dos quadrados	Graus de liberdade	Médias quadradas
Tratamento A	SA_{Trat}	$j-1$	MQA_{Trat}
Tratamento B	SB_{Trat}	$k-1$	MQB_{Trat}
Interação (AB)	SAB_{Trat}	$(j-1).(k-1)$	$MQAB_{Trat}$
Erro	S_{Erro}	$j.k.(n_{jk}-1)$	MQ_{Erro}
Total	S_{Total}	$(j.k.n_{jk})-1$	

TABELA 2.39 Projeto de Experimentos do Tipo Fatorial com 3 FC

Umidade relative (FC A)	Temperatura (FC B)			
	20°C	30°C	40°C	50°C
	Capacitância (FC C)			
	100	200	300	400
100%	X	X	X	X
90%	X	X	X	X
80%	X	X	X	X

erro (MQ_{Erro}). Nesse caso será utilizado o fator anterior ao erro como seu estimador, ou seja, a interação AB será o estimador utilizado para o Erro. Portanto, o experimento anterior apresentará a Tabela 2.38.

O restante é exatamente igual aos procedimentos anteriores, ou seja, as Médias Quadradas são determinadas pela divisão da Soma dos Quadrados por seus correspondentes GDL e o cálculo do Fator *F* usará agora como denominador a estimativa do erro ($MQAB_{Trat}$), ou seja,

$$F_a = \frac{MQA_{Trat}}{MQAB_{Trat}}$$

$$F_b = \frac{MQB_{Trat}}{MQAB_{Trat}}$$

Portanto, *em um experimento sem repetição, não será possível responder se a interação é significativa*, pois não temos GDL do erro independentes. Nesse caso, só será possível responder duas das três perguntas, ou seja, se:

a. A transmissibilidade é alterada em função da marca de assento, ou seja, o fator controlável marca de assento é significativo?
b. A transmissibilidade é alterada em função do tipo de veículo, ou seja, o fator controlável tipo de veículo é significativo?

Este caso representa um dos maiores erros experimentais, pois muitos projetistas não cuidadosos realizam experimentos sem repetição devido, principalmente, a custos e tiram conclusões inválidas em relação à interação de fatores. Nesse caso, não é possível avaliar se a interação altera ou não a variável de resposta.

Essa discussão serve para qualquer outro tipo de Projeto de Experimentos, como por exemplo, considere a Tabela 2.39.

Considere que este experimento respeita todas as premissas básicas de um projeto fatorial, foi completamente aleatorizado e apresenta as seguintes características:

a. 1 variável de resposta (VR) X;
b. 1 repetição apenas por célula ou tratamento;
c. 3 FC: Umidade Relativa (a 3 níveis), Temperatura (a 4 níveis) e Capacitância (a 4 níveis).

Se fosse um Projeto de Experimentos do Tipo Fatorial de 3 FC com repetição seria possível responder as seguintes perguntas:

a. Se a VR é alterada em função da interação entre os 3 FC, ou seja, se a VR muda em função do FC ABC?
b. Se a VR é alterada em função da interação entre dois fatores – todas as possibilidades 2 a 2, ou seja se a VR muda em função do FC AB? Se a VR muda em função do FC AC? Se a VR muda em função do FC BC?
c. Se a VR é alterada em função do FC A?
d. Se a VR é alterada em função do FC B?
e. Se a VR é alterada em função do FC C?

Sendo assim, seria possível responder 7 perguntas relacionadas ao experimento. Porém, se esse experimento for sem repetição só será possível responder a 6 perguntas secundárias e não sobre a relação da VR com a maior interação de fatores, neste exemplo, a interação ABC. Sendo assim, a análise é similar à discutida anteriormente e a maior interação será a estimativa do erro (também chamado, nesta área, de resíduos).

2.9.4 Projeto de experimentos do tipo aninhado

A Tabela 2.40 apresenta a tabela experimental de um dado experimento fatorial.

TABELA 2.38 Projeto de experimentos sem repetição com 2 FC

Fonte de variação	Soma dos quadrados	Graus de liberdade	Médias quadradas	Fator *F*
Tratamento A	SA_{Trat}	$j-1$	MQA_{Trat}	F_a
Tratamento B	SB_{Trat}	$k-1$	MQB_{Trat}	F_b
Erro (Interação AB)	SAB_{Trat}	$(j-1).(k-1)$	$MQAB_{Trat}$	x
Total	S_{Total}	$(j.k.n_{jk})-1$	x	x

TABELA 2.40 Tabela experimental de um projeto de experimentos do tipo fatorial

Fornecedor de cola para cimentação do extensômetro (fator controlável A: FC A)	Fornecedor de extensômetro (fator controlável B: FC B)		
	1	2	3
a	X X	X X	X X
b	X X	X X	X X
c	X X	X X	X X

É possível verificar que existem 2 FC completamente cruzados. Se este projeto respeitou todas as premissas básicas de um Projeto Fatorial será chamado de Projeto de Experimentos do Tipo Fatorial com 2 FC (com repetição – 2 medidas por célula). Agora considere este experimento realizado como mostrado na Tabela 2.41 (esta tabela foi alterada apenas para facilitar a sua visualização).

Qual a diferença entre os dois experimentos? No primeiro exemplo todos os níveis dos 2 FC estão cruzados e no segundo exemplo nem todos os níveis dos 2 FC estão cruzados. Sendo assim, Fornecedor de Extensômetro e Fornecedor de Cola para Cimentação não estão cruzados, ou seja, dependendo do Fornecedor de Extensômetro, os níveis do Fornecedor de Cola para Cimentação são diferentes. Experimentos com essa característica recebem o nome de **Projeto de Experimento do Tipo Aninhado** e *evidentemente não é possível verificar a existência da interação entre os fatores controláveis A e B (FC AB)*. Portanto, este experimento quando comparado com um fatorial com repetição é mais pobre estatisticamente. Porém, é possível verificar o efeito dos fatores de forma individualizada, ou seja, se o FC A é significativo e se o FC B é significativo, no exemplo dado. É importante observar que em muitas situações experimentais o projeto do tipo aninhado é uma realidade; por exemplo, considere um determinado fabricante de tinta que para cada tipo de produto ele determina uma quantidade diferente de solvente.

TABELA 2.41 Projeto de experimento do tipo aninhado

Fornecedor de extensômetro (*FC B*)								
1		2			3			
Fornecedor de cola para cimentação (*FC A*)								
a	b	c	b	c	d	a	d	e
X X	X X	X X	X X	X X	X X	X X	X X	X X

O procedimento de cálculo utiliza os mesmos procedimentos do projeto fatorial e aglutina determinadas somas quadradas analisando qual fator controlável está aninhado no experimento. No exemplo da Tabela 2.42 o FC A está aninhado no FC B, ou seja, o Fornecedor da Cola está aninhado no Fornecedor do Extensômetro (FC A aninhado no FC B). A Tabela 2.42 apresenta os procedimentos a serem realizados.

2.9.5 Projeto de experimentos do tipo bloco aleatorizado

Vamos imaginar um experimento para analisar a transmissibilidade de vibrações em assentos veiculares, como o experimento representado na Figura 2.25. Neste experimento podemos ter as seguintes opções:

- Variável de Resposta (VR): transmissibilidade de vibrações em assentos (medida como uma razão de acelerações – para mais detalhes consultar o Vol. II desta obra);
- Fator Controlável (chamado também de variável principal): marca do assento (consideramos neste exemplo que é um fator a nível fixo, ou seja, 4 marcas fixas de assentos);
- Variáveis Secundárias: tipo de veículo, velocidade do veículo e tipo de piso de rodagem;
- Fatores Não Controláveis: pressão dos pneus, temperatura etc.

Existem diversas possibilidades para elaborar este experimento e serão apresentadas as principais aqui nesta abordagem.

TABELA 2.42 Projeto de Experimentos do Tipo Aninhado (onde o FC A está aninhado no FC B)

Parte da tabela do projeto fatorial com 2 FC		Projeto fatorial aninhado "FC A aninhado em FC B"			
SQ	GDL	SQ	GDL	MQ	$F_{calculado}$
SQ_B	$j-1$	SQ_B	$j-1$	MQ_B	MQ_B/MQ_{Erro}
SQ_A	$i-1$	$SQ_A(B) = SQ_A + SQ_{AB}$	$j.(i-1)$	$MQ_A(B)$	$MQ_A(B)/MQ_{Erro}$
SQ_{AB}	$(i-1).(j-1)$				
SQ_{Erro}	$i.j.(n_{ij}-1)$	SQ_{Erro}	$i.j.(n_{ij}-1)$	MQ_{Erro}	-
SQ_{Total}	$(i.j.n_{ij})-1$	SQ_{Total}	$(i.j.n_{ij})-1$	-	-

TABELA 2.43 — Primeira possibilidade experimental

	Tipo de veículo			
	I	II	III	IV
Marca de assento	a	b	c	d
	a	b	c	d
	a	b	c	d
	a	b	c	d

TABELA 2.44 — Segunda possibilidade experimental

	Tipo de veículo			
	I	II	III	IV
Marca de assento (VR: transmissibilidade)	a (1,1)	d (1,0)	a (2,1)	c (2,5)
	b (0,8)	b (0,4)	c (2,8)	d (0,9)
	b (0,4)	b (0,7)	d (0,8)	c (0,2)
	d (0,7)	a (0,6)	c (0,9)	a (1,7)

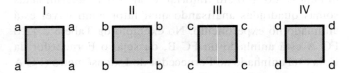

FIGURA 2.42 Composição experimental da Tabela 2.43.

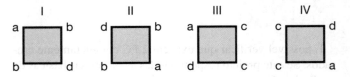

FIGURA 2.43 Composição experimental da Tabela 2.44.

Primeira possibilidade experimental

Análise do Fator Controlável *Marca do Assento* (indicado pelas letras: *a, b, c, d*) versus a variável secundária *Tipo de Veículo* (indicado pelos números romanos: *I, II, III, IV*) cujo experimento foi executado da forma indicada pela Tabela 2.43 e pela Figura 2.42.

Uma excelente pergunta a este planejamento experimental é se ele foi bem realizado? O que você acha?

De várias possibilidades de Projeto de Experimentos esse exemplo é uma excelente demonstração de um experimento mal planejado, pois o Efeito da *Marca de Assento* (*a, b, c, d*) e do *Tipo de Veículo* (*I, II, III, IV*) estão confundidos e a análise será prejudicada.

Segunda possibilidade experimental

A segunda possibilidade experimental é aleatorizar completamente o experimento, ou seja, distribuir de forma completamente aleatória a *Marca do Assento* (*a, b, c, d*) entre a variável *Tipo de Veículo* (*I, II, III, IV*) cujo experimento foi executado da forma indicada pela Tabela 2.44 e pela Figura 2.43.

Esta é uma situação bem interessante, pois apresenta um possível problema que pode ocorrer em ensaios totalmente aleatorizados com poucos ensaios (poucas amostras). Você percebeu o problema que ocorreu?

Pela distribuição totalmente aleatorizada deste experimento pode-se verificar que no *Tipo de Veículo I*, por exemplo, a *Marca de Assento c* não foi avaliada, no *Tipo de Veículo II*, novamente a *Marca de Assento c* também não foi avaliada e etc. Este tipo de experimento pode mascarar alguma análise de efeitos entre *Tipo de Veículo* e a *Marca de Assento*. Para analisar a variável principal e sua VR bastaria aplicar a metodologia apresentada para o Projeto de Experimentos do Tipo Fatorial com 1FC (veja a Tabela 2.45). Porém, para resolver este tipo de problema que pode surgir é possível desenvolver um ensaio através do *Projeto de Experimentos do Tipo Bloco Aleatorizado* que é apresentado como a Terceira Possibilidade Experimental.

Este teste demonstrou que o FC *Marca de Assentos* não altera a VR, ou seja, a Hipótese H_0 não pode ser descartada.

Terceira possibilidade experimental: blocos aleatorizados

A terceira possibilidade experimental é impor que cada *Marca de Assento* (*a, b, c, d*) apareça um mesmo número de vezes em cada *Tipo de Veículo* (*I, II, III, IV*). Como por exemplo, a Tabela 2.46 e a Figura 2.44 apresentam uma das possibilidades.

O modelo estatístico para este Projeto de Experimento é dado por:

$$X_{ij} = \mu + \tau_i + \beta_j + \varepsilon_{ij} \begin{cases} i = 1, 2, \ldots, a \\ j = 1, 2, \ldots, b \end{cases}$$

TABELA 2.45 — Projeto de experimentos fatorial com 1 FC

Fonte de variação	SQ	GDL	MQ	$F_{calculado}$	$F_{tabelado}$
Marcas de assentos	2,6	$i-1 = 4-1 = 3$	2,6/3=0,88	0,88/0,52=1,69	3,49
Resíduo	6,2	$(N-i)$=16-4=12	6,2/12=0,52		
Total	8,8	$(N-1)$=16-1 = 15			

TABELA 2.46 — Experimento bloco aleatorizado

	Tipo de veículo			
	I	II	III	IV
Marca de assento (VR: transmissibilidade)	a (1,0)	d (1,3)	a (1,9)	c (0,5)
	b (0,9)	b (1,4)	c (7,8)	a (0,7)
	d (0,7)	c (1,7)	b (0,7)	d (1,2)
	c (0,8)	a (2,1)	d (0,6)	b (0,7)

TABELA 2.47 — Projeto de experimentos do tipo bloco aleatorizado (reorganização da Tabela 2.46)

	Marcas de assento				Totais
	a	b	c	d	
Tipo de veículo I	1,0	0,9	0,8	0,7	3,4
II	2,1	1,4	1,7	1,3	6,5
III	1,9	0,7	1,8	0,6	5,0
IV	0,7	0,7	0,5	1,2	3,1
Totais	5,7	3,7	4,8	3,8	18

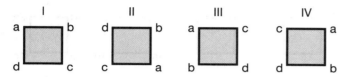

FIGURA 2.44 Composição experimental da Tabela 2.46.

em que X_{ij} representa cada uma das VR medidas, μ a média aritmética do experimento, β_j o efeito do Tipo de Veículo (que não constava no Experimento Fatorial com 1 FC – na análise da Segunda Possibilidade Experimental), τ_i o efeito de cada Marca de Assento e ε_{ij} o erro experimental.

Agora é possível testar as seguintes hipóteses:

- Hipótese Principal: existe diferença na transmissibilidade em função da Marca do Assento?
- Hipótese Secundária: avaliar também se existe diferença na variável medida (transmissibilidade) em função do Tipo de Veículo (considerado, neste exemplo, como variável secundária)?

Para esse tipo de experimento a decomposição dos Resíduos (Erro) será determinada por:

$S_{Total} = S_{Tipo\ de\ Veículo} + S_{Marca\ de\ Assento} + S_{Erro}$ associado aos seguintes GDL:

$$(N - 1) = (i - 1) + (i - 1) + (N - 2i + 1)$$

Indicando o número de Tipo de Veículos e o número de Marcas de Assento (indicado por i).

A Tabela 2.47 apresenta a reorganização da Tabela 2.46 para facilitar sua utilização.

Os respectivos cálculos (a descrição das correspondentes variáveis seguem a mesma metodologia dos Projetos de Experimentos representados anteriormente neste capítulo):

$$TC = \frac{18^2}{16} \cong 20,25$$

$$S_{Marca\ de\ Assento} = \left(\frac{\sum T_i^2}{j}\right) - TC = \left(\frac{5,7^2 + 3,7^2 + 4,8^2 + 3,8^2}{4}\right) - TC \cong 0,66$$

$$S_{Tipo\ de\ Veículo} = \left(\frac{\sum T_j^2}{i}\right) - TC = \left(\frac{3,4^2 + 6,5^2 + 5,0^2 + 3,1^2}{4}\right) -$$

$$TC \cong 1,8$$

$$S_{Total} = \left(\sum x_{ij}^2\right) - TC \cong 4,0$$

$$S_{Erro} = S_{Resíduos} = S_{Total} - S_{Marca\ de\ Assento} - S_{Tipo\ de\ Veículo} \cong 1,5$$

Comparando o segundo experimento ($S_{Resíduos} = 6,2$) com este ($S_{Resíduos} = 1,5$) percebe-se a redução do valor dos resíduos, pois foi extraído o Efeito do Tipo de Veículo neste último experimento. Em outras palavras, *o Projeto de Experimentos do Tipo Bloco Aleatorizado reduz a variância residual*. A Tabela 2.48 apresenta o Projeto de Experimentos do Tipo Bloco Aleatorizado.

Portanto, nenhum efeito é significativo, ou seja, a Marca de Assento não altera a transmissibilidade e o Tipo de Veículo não altera a transmissibilidade – neste exemplo. Por experiência própria na área, com este resultado experimental analisaríamos com bastante atenção o experimento realizado e a quantidade de amostras para verificar se o resultado encontrado está correto.

TABELA 2.48 — Projeto bloco aleatorizado para o exemplo dado

Fonte de variação	SQ	GDL	MQ	$F_{calculado}$	$F_{tabelado}$
Marca de assentos	0,66	$i-1 = 4-1 = 3$	0,66/3=0,22	1,29	3,86
Tipo de veículos	1,8	$i-1 = 4-1 = 3$	1,8/3=0,6	3,53	3,86
Resíduo	1,5	$(N-2i+1) = 16-8+1 = 9$	1,5/9=0,17		
Total	4,0	$(N-1)=16-1 = 15$			

Quarta possibilidade experimental: blocos aleatorizados do tipo quadrados latinos

Relembrando o exemplo experimental que possibilitou toda essa discussão sobre possibilidades de realização do ensaio:

- Variável de Resposta (VR): transmissibilidade de vibrações em assentos;
- Fator Controlável (variável principal): marca do assento;
- Variáveis Secundárias: tipo de veículo, velocidade do veículo, tipo de piso de rodagem etc.;
- Fatores Não Controláveis: pressão dos pneus, temperatura etc.

Também poderia ser interessante, neste experimento, analisarmos, por exemplo, o Tipo de Piso de Rodagem como um possível efeito que pode alterar a VR, ou seja, a transmissibilidade de vibração.

No exemplo da Terceira Possibilidade Experimental (chamado de Projeto de Experimentos do Tipo Bloco Aleatorizado) as 4 marcas de assento foram distribuídas em um determinado tipo de veículo sem considerar, por exemplo, o tipo de piso de rodagem. Se desenvolvermos um projeto de experimentos no qual cada célula ou tratamento (*Tipo de Piso de Rodagem*) apareça 1 vez apenas para cada linha (*Tipo de Veículo*) e em cada coluna (*Marca de Assento*) este projeto recebe o nome de Projeto de Experimentos Bloco Aleatorizado do Tipo Quadrado Latino ou normalmente chamado apenas de Projeto de Experimentos do Tipo Bloco Latino.

As Figuras 2.44 e 2.45 apresentam duas das diversas possibilidades de realização deste tipo de experimento. As letras *a*, *b*, *c*, *d* representam a *Marca de Assento*, os números Romanos *I*, *II*, *III*, *IV* o *Tipo de Veículo* e os números Indo-Arábicos *1*, *2*, *3*, *4* o *Tipo de Piso de Rodagem*.

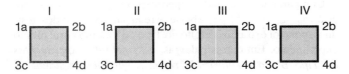

FIGURA 2.45 Uma possível composição experimental: *Marca de Assento (a, b, c, d)* e Tipo de Veículo (I, II, III, IV) estão em blocos, mas *Marca de Assento (a, b, c, d)* e *Tipo de Piso de Rodagem (1, 2, 3, 4)* estão confundidos.

TABELA 2.49 Ensaio da Figura 2.46: *a, b, c, d* representam a *marca de assento, I, II, III, IV* o *tipo de veículo* e *1, 2, 3, 4* o *tipo de piso de rodagem*

	I	II	III	IV
1	a	b	c	d
2	b	c	d	a
3	c	d	a	b
4	d	a	b	c

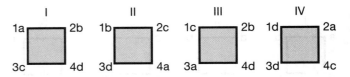

FIGURA 2.46 Uma possível composição experimental: *Marca de Assento (a, b, c, d)* e *Tipo de Veículo (I, II, III, IV)* estão em blocos e também *Marca de Assento (a, b, c, d)* e *Tipo de Piso de Rodagem (1, 2, 3, 4)*.

A Tabela 2.49 apresenta a distribuição entre variáveis da Figura 2.46.

Por exemplo, considere a matriz experimental fornecida na Tabela 2.50 cuja composição está representada na Figura 2.47.

A composição dos resíduos para esse experimento é dada pela seguinte soma dos quadrados:

$$S_{Total} = S_{Marca\ de\ Assento} + S_{Tipo\ de\ Veículo} + S_{Tipo\ de\ Piso\ de\ Rodagem} + S_{Resíduos}$$

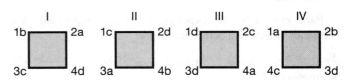

FIGURA 2.47 Composição experimental do exemplo anterior: *Marca de Assento (a, b, c, d)*, *Tipo de Veículo (I, II, III, IV)* e *Tipo de Piso de Rodagem (1, 2, 3, 4)*.

TABELA 2.50 Matriz experimental: *a, b, c, d* representam a *marca de assento, I, II, III, IV* o *tipo de veículo* e *1, 2, 3, 4* o *tipo de piso de rodagem*

		Marcas de assento				Ti		T(k)
		a	b	c	d			
Tipo de veículo (I, II, III, IV) e tipo de piso de rodagem (1, 2, 3, 4) e (VR: transmissibilidade)	I	2(1,0)	1(0,9)	3(0,8)	4(0,7)	3,4	1	3,9
	II	3(2,1)	4(1,4)	1(1,7)	2(1,3)	6,5	2	3,8
	III	4(1,9)	3(0,7)	2(1,8)	1(0,6)	5,0	3	5,2
	IV	1(0,7)	2(0,7)	4(0,5)	3(1,2)	3,1	4	5,1
Tj		5,7	3,7	4,8	3,8	18		18

Indicando o número de *Marcas de Assento*, *Tipos de Veículos* e *Tipo de Piso de Rodagem* pela letra ***a***, os correspondentes GDL são:

$$(N - 1) = (a - 1) + (a - 1) + (a - 1) + (N - 3a + 2)$$

Da mesma forma que no Projeto de Experimentos em Bloco Aleatorizado (terceira possibilidade experimental), ainda desejamos testar a hipótese principal que é a relação da Variável de Resposta *Transmissibilidade* em função da Variável Principal ou Fator Controlável *Marcas de Assentos*. Porém agora podemos testar se há diferenças entre os *Tipos de Veículos* ou entre os *Tipos de Piso de Rodagem*.

Da mesma maneira que no projeto anterior (terceira possibilidade experimental) as somas quadradas: S_{Total}, $S_{Marca\ de\ Assento}$, $S_{Tipo\ de\ Veículo}$ são calculadas da mesma forma. Agora resta calcular a $S_{Tipo\ de\ Piso\ de\ Rodagem}$ e a soma quadrada dos resíduos $S_{Resíduos}$. O cálculo do $S_{Tipo\ de\ Piso\ de\ Rodagem}$ é realizado da mesma forma que os anteriores e o SQR é determinado por:

$$S_{Resíduos} = S_{Total} - S_{Marca\ de\ Assento} - S_{Tipo\ de\ Veículo} - S_{Tipo\ de\ Piso\ de\ Rodagem}$$

Comparando com o Projeto de Experimentos do Tipo Bloco Aleatorizado (terceira possibilidade experimental) é possível perceber que a $S_{Resíduos}$ diminui ainda mais, pois o Projeto de Experimentos do Tipo Quadrado Latino reduz ainda mais a variância residual. A Tabela 2.51 apresenta o arranjo do Projeto de Experimentos do Tipo Quadrado Latino.

A análise da Tabela 2.51 é exatamente a mesma dos procedimentos anteriores. É importante observar que Projeto de Experimentos do Tipo Quadrado Latino só é possível quando todos os fatores analisados possuem o mesmo número de níveis, ou seja, constituem um quadrado: 4 × 4, 5 × 5, 6 × 6, 7 × 7 etc. Da mesma forma que no Projeto de Experimentos do Tipo Bloco Aleatorizado, o Projeto de Experimentos do Tipo Quadrado Latino não permite a análise de interações. Se em um experimento você desejar estudar possíveis interações deve escolher o Projeto de Experimentos Fatorial com Repetições. Por outro lado, o Projeto de Experimentos do Tipo Quadrado Latino é bastante utilizado, pois sua grande vantagem é que se trata de um experimento com poucos ensaios o que está relacionado ao tempo de desenvolvimento desses ensaios e ao custo financeiro para tal.

TABELA 2.51 Projeto de experimentos do tipo quadrado latino

Fonte de variação	SQ	GDL	MQ	Fc	Ft
Marcas de assentos		$(a-1)$			
Tipo de veículos		$(a-1)$			
Tipo de piso de rodagem		$(a-1)$			
Resíduo		$(N-3a+2)$			
Total		$(N-1)$			

Quinta possibilidade experimental: blocos aleatorizados do tipo quadrados grego-latinos

Este tipo de Projeto de Experimentos é popularmente conhecido como projetos $a \times a$ e que possibilitam analisar ***a*** fatores com cada um a ***a*** níveis. Sendo assim, o Projeto de Experimentos do Tipo Quadrado Grego-Latino é formado por dois Projetos de Experimentos Quadrado Latino ortogonais entre si superpostos.

EXEMPLO

Um profissional da área da saúde está avaliando a eficácia (representada pelos números 10 (baixa eficácia) até o número 100 (alta eficácia)) de um determinado remédio. Os fatores a serem avaliados são: o período de uso do remédio (1, 2, 3, 4), a concentração do produto x no remédio (α, β, γ, δ) e a sua dosagem (A, B, C, D). A análise realizada foi baseada em 4 lotes desse remédio (I, II, III e IV).

		Período de uso			
		1	2	3	4
Lote	I	Aα1	Bβ2	Cβ1	Dγ3
	II	Bγ3	Cγ3	Dδ1	Aβ4
	III	Cδ4	Dα4	Aγ1	Bδ4
	IV	Dβ5	Aδ5	Bα1	Cα3

(continua)

(*continuação*)

Totais de cada tratamento:

Período de uso
1 = 13
2 = 14
3 = 4
4 = 14
Total = 45

Concentração do produto x
α = 9
β = 12
γ = 10
δ = 14
Total = 45

Dosagem
A = 11
B = 10
C = 11
D = 13
Total = 45

Lote
I = 7
II = 11
III = 13
IV = 14
Total = 45

O procedimento para o cálculo da Somas Quadradas é exatamente o mesmo do método anterior. Deixamos como sugestão para o leitor terminar os cálculos:

$$TC = \frac{45^2}{16} \cong 126,56$$

$$S_{Total} = (x_{ij}^2) - TC = 159 - TC \cong 32,44$$

$$S_{Dosagem} = \frac{11^2 + 10^2 + 11^2 + 13^2}{4} - TC \cong$$

$$S_{Lote} = \frac{7^2 + 11^2 + 13^2 + 14^2}{4} - TC \cong$$

$$S_{\text{Concentração de Produto x}} = \frac{9^2 + 12^2 + 10^2 + 14^2}{4} - TC \cong$$

$$S_{Resíduos} = S_{Total} - S_{\text{Período de Uso}} - S_{\text{Concentração de Prodruto x}} - S_{Dosagem} - S_{Lote} \cong \ldots$$

Fonte de variação	SQ	GDL	MQ	Fc	Ft
Período de uso		4 – 1 = 3			
Concentração do produto x		4 – 1 = 3			
Dosagem		4 – 1 = 3			
Lote		4 – 1 = 3			
Resíduo		6			
Total		(N – 1) = 16 – 1 = 15			

EXERCÍCIOS

Problemas com Respostas

1. Como é medida a dispersão de dados?

   Resposta: Por meio da variança.

2. Determine a média aritmética dos seguintes dados: 12,2; 5; 8,5; 14,32; 7,5; 6,5; 6,5 e 5,5.

   Resposta:
   $$\frac{12,2 + 5 + 8,5 + 14,32 + 7,5 + 6,5 + 5,5}{8} = 8,2525$$

3. Determine a mediana do seguinte conjunto de dados: 5; 6; 4; 3; 2; 9 e 7.

   Resposta: Rearranjando: 2; 3; 4; 5; 6; 7; 9 assim a mediana é 5.

4. Determine a moda dos dados: 5; 6; 4; 3; 4; 2; 4; 7; 2; 9 e 4.

   Resposta: Rearranjando: 2; 2; 3; 4; 4; 4; 4; 5; 6; 7; 9. Assim a moda é 4.

5. Considere que você recebeu um prêmio de R$480,00 com o qual acabou viajando por 10 dias. Cada dia de viagem você gasta ½ do valor. Tabule esses valores, apresente um gráfico para esse conjunto de dados e calcule a média geométrica.

   Resposta:

	Valor no dia
Dia 1	R$480,00
Dia 2	R$240,00
Dia 3	R$120,00
Dia 4	R$60,00
Dia 5	R$30,00
Dia 6	R$15,00
Dia 7	R$7,50
Dia 8	R$3,75
Dia 9	R$1,875
Dia 10	R$0,9375

   $MG = 10^{(\log(480)+\log(240)+\log(120)+\log(60)+\log(30)+\log(15)+\log 7,5)+\log(3,75)+\log(1,875)+\log(0,9395))} = 21,2132$

   Observação: você pode utilizar o comando MÉDIA.GEOMÉTRICA() NO MS EXCEL.

6. Os seguintes preços são encontrados para uma certa fruta no período de 6 semanas. Calcule a média aritmética e a média harmônica dos seguintes dados: R$1,96; R$2,05; R$1,75; R$1,94; R$2,25 e R$2,10.

   Resposta: $M_A = 2,008333$; $M_H = 1,996316$

7. Encontre o valor RMS para uma senoide que apresenta uma tensão de pico de 45,3V.

   Resposta: $V_{RMS} = \dfrac{45,3}{\sqrt{2}} = 32,0319$

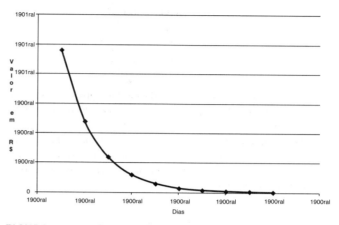

FIGURA 2.48 Solução do Exercício 5.

8. Um amplificador tem um sinal de saída de 3,6V RMS quando um sinal na entrada senoidal de 0,1 V RMS está presente. Determine o ganho em decibéis.

   Resposta: $G = 20 \log \dfrac{3,6}{0,1} = 31,1$ dB

9. Os seguintes dados foram obtidos com um voltímetro. Calcule: (a) a tensão média, (b) a variância, (c) o desvio padrão. Os dados são: 4,35; 6,21; 5,02; 3,99; 3,02; 6,00; 4,77; 3,30; 4,05; 5,43; 3,45; 1,99; 6,15; 5,75; 2,98; 5,43; 2,22; 3,49; 4,00; 4,40; 5,20; 5,70; 7,01; 8,10; 4,33; 4,00; 5,20; 4,65; 4,34; 3,90; 5,45 e 6,90.

   Resposta: $V_M = 4,711875$; $\sigma^2 = 1,917171$; $\sigma = 1,384619$

10. Pretende-se medir a velocidade com que um corpo parte após ser comprimido contra uma mola; fazendo a energia potencial $\left(k \cdot x^2 / 2\right)$ igual à energia cinética, quando o corpo começa a adquirir movimento $\left(m \cdot v^2 / 2\right)$, pode-se escrever:

    $$\frac{1}{6}Kx^2 = \frac{1}{2}mv^2 \text{ ou } x = v\sqrt{\frac{m}{k}}$$

    O fabricante da mola diz que a constante elástica é $k = 10\dfrac{N}{mm} + 5\%$. Dessa maneira, necessita-se de um dispositivo para medir x (da ordem de 10 cm) e a massa "m" (da ordem de 100 g). O encarregado solicitou a compra de um paquímetro com resolução de 0,1 mm e uma balança de 0,1 g. Comente a solicitação do encarregado levando-se em conta a teoria de propagação de incertezas. Considere possíveis correlações desprezíveis.

    Resposta: Como não foram fornecidos dados sobre a rastreabilidade dos equipamentos de medida, vamos apresentar uma abordagem qualitativa.

    Inicialmente, queremos a velocidade e facilmente obtemos a expressão:

    $$v = x\sqrt{\frac{k}{m}}$$

    Constante: foi dado: $k = 10\dfrac{N}{mm} = 10000\dfrac{N}{m}$. Como não foram dados sobre como foi obtida essa medida, por simplificação vamos considerar que a incerteza padrão é de 5% e ainda que ela inclui a incerteza de todo o processo:

$$0,05 \cdot 10\,000 = 500 \frac{N}{m} =$$

$$= \sqrt{\left(\frac{\partial k}{\partial x}\right)^2 \sigma_x^2 + \left(\frac{\partial k}{\partial y}\right)^2 \sigma_y^2 + \left(\frac{\partial k}{\partial z}\right)^2 \sigma_z^2 + ...}$$

em que x, y e z representam as variáveis desse processo. Na equação estão explícitas as parcelas com as sensibilidades e as incertezas de cada uma das variáveis consideradas.

Deslocamento x: a única informação que temos sobre x é que ela será medida com um paquímetro com resolução de 0,1 mm = 0,0001 m. Essa é apenas um componente da incerteza relacionada ao deslocamento:

$$\sigma_x = \sqrt{\left(\frac{\partial k}{\partial res}\right)^2 \sigma_{res}^2 + \left(\frac{\partial k}{\partial a}\right)^2 \sigma_a^2 + \left(\frac{\partial k}{\partial b}\right)^2 \sigma_b^2 + ...}$$

Como não foi dada nenhuma outra informação, vamos considerar que a parcela devido à resolução é pelo menos 10 vezes maior que as demais parcelas. O fator de sensibilidade no caso da resolução é geralmente 1 e assim:

$$\sigma_x \cong \sigma_{res}$$

Massa m: a única informação que temos sobre m é que a mesma será medida com uma balança de resolução 0,1 g = 0,0001 kg. Por simplicidade, a assumiremos como na variável x que:

$$\sigma_m \cong \sigma_{res}$$

Depois de assumir essas simplificações podemos calcular as sensibilidades para o cálculo da incerteza da velocidade:

$$\frac{\partial v}{\partial x} = \sqrt{\frac{k}{m}}$$

$$\frac{\partial v}{\partial k} = \frac{x}{2\sqrt{km}}$$

$$\frac{\partial v}{\partial m} = -\frac{x\sqrt{k}}{2m\sqrt{m}}$$

Podemos então, aproximadamente, calcular os valores dessas sensibilidades, com os dados das ordens de $x \cong 100$ mm e $m \cong 100$ g:

$$\frac{\partial v}{\partial x} = \sqrt{\frac{10000}{1}} = \cong 316,2$$

$$\frac{\partial v}{\partial k} = \frac{0,1}{2\sqrt{10000 \cdot 0,1}} = 0,0016$$

$$\frac{\partial v}{\partial m} = \frac{0,1\sqrt{10000}}{2 \cdot 0,1\sqrt{0,1}} = 158,1$$

Assim:

$$\sigma_v = \sqrt{(316,2)^2(0,0001/\sqrt{3})^2 + (0,0016)^2(500)^2 + (158,1)^2(0,0001/\sqrt{3})^2}$$

$$= \sqrt{(0,00034)^2 + (0,64)^2 + (0,000084)^2} \cong 0,80 \frac{m}{s}$$

Pelo resultado vemos que a segunda parcela domina a incerteza da velocidade. Essa parcela diz respeito à incerteza da constante k.

Dessa forma, a escolha dos instrumentos feita pelo encarregado foi acertada e até poderia apresentar resoluções mais pobres, se o custo fosse uma das prerrogativas.

Uma maneira de observar esse fato de forma bem mais rápida é observar a incerteza relativa. A constante k foi apresentada com 5% de incerteza. A resolução do paquímetro representa 0,1% do valor nominal do deslocamento, assim como a resolução da balança.

11. Aplica-se uma tensão $V = 100 \cdot V \pm 1\%$ a um resistor de $R = 10 \cdot \Omega \pm 1\%$, sendo a corrente medida igual a $I = 10 \cdot A \pm 1\%$. Deseja-se calcular a potência dissipada de três modos diferentes:

a. $P = \dfrac{V^2}{R}$

b. $P = RI^2$

c. $P = V \cdot I$

Qual dos modos você considera mais adequado? Por quê? Considere os dados apresentados com correlação desprezível.

Resposta: Não foram fornecidos dados de rastreabilidade nem de como as medidas de V, I e R foram efetuadas; dessa forma, consideraremos por questão de simplicidade e conveniência que as incertezas dessas variáveis σ_V, σ_I e σ_R representam as incertezas padrão com todos os efeitos dos respectivos processos de medidas, assim como da sua rastreabilidade.

Assim, o problema resume-se no cálculo das sensibilidades e da montagem da equação para o cálculo da incerteza propagada a Potência, em cada um dos casos:

Temos as seguintes incertezas padrão: $\sigma_V = 0,5$ V; $\sigma_I = 0,05$ A, $\sigma_R = 0,05$ Ω e a potência nominal em todos os métodos $P = 1000$ W.

a. $P = \dfrac{V^2}{R}$

As sensibilidades ficam:

$$\frac{\partial P}{\partial V} = \frac{2V}{R}$$

$$\frac{\partial P}{\partial R} = \frac{V^2}{R^2}$$

Assim:

$$\sigma_P = \sqrt{\left(\frac{2V}{R}\right)^2 \sigma_V^2 + \left(-\frac{V^2}{R^2}\right)^2 \sigma_R^2} =$$

$$= \sqrt{\left(\frac{2 \cdot 100}{10}\right)^2 (0,5)^2 + \left(-\frac{100^2}{10^2}\right)^2 (0,05)^2} = 11,18$$

b. $P = RI^2$:

As sensibilidades ficam:

$$\frac{\partial P}{\partial I} = 2IR$$

$$\frac{\partial P}{\partial R} = I^2$$

Assim:

$$\sigma_P = \sqrt{(2IR)^2 \sigma_I^2 + (I^2)^2 \sigma_R^2} =$$

$$= \sqrt{(2 \cdot 10 \cdot 10)^2 (0,05)^2 + ((10)^2)^2 (0,05)^2} = 11,18$$

c. $P = VI$

As sensibilidades ficam:

$$\frac{\partial P}{\partial V} = I$$
$$\frac{\partial P}{\partial I} = V$$

Assim:

$$\sigma_P = \sqrt{(I)^2 \sigma_V^2 + (V)^2 \sigma_I^2} = \sqrt{(10)^2(0,5)^2 + (100)^2(0,05)^2} = 7,07$$

Os resultados mostram que a escolha do modelo da letra c produziu uma incerteza padrão menor. Isso deve-se ao fato de que os termos (não lineares) quadráticos das letras a e b produziram uma incerteza propagada maior.

Multiplicando o resultado por 2 garantimos um nível de confiança de 95,4%. Uma vez que as informações fornecidas são limitadas, vamos considerar as incertezas do tipo B com um número de graus de liberdade infinito (confiamos totalmente nessas informações). Dessa forma assumimos que o resultado possui um número infinito de graus de liberdade.

12. O raio de uma peça cilíndrica mede $(6,0 \pm 0,2)$mm e sua altura é (20 ± 1)mm. Considere que as incertezas fornecidas já incluem as incertezas do processo com 95,4% de fator de abrangência e com número de graus de liberdade $\gg 30$. Determine

    a. a área transversal da peça;

    b. o seu volume;

    Resposta: $R = 6$ mm, $\sigma_R = 0,1$ mm, $h = 20$ mm, $\sigma_h = 0,5$ mm.

    a. $A = \pi R^2$

    A sensibilidade pode ser calculada com:

    $$\frac{\partial A}{\partial R} = 2\pi R$$

    Assim, $\sigma_A = \sqrt{(2\pi \cdot 6 \cdot 0,1)^2} = 3,77$ mm^2; $A \cong 113,1 \pm 7,54$ mm^2 com 95,4% de nível de confiança. Considerando as informações fornecidas totalmente confiáveis podemos considerar esse resultado com um número de graus de liberdade infinito.

    b. $V = A \cdot h = \pi h R^2$

    A sensibilidade pode ser calculada com:

    $$\frac{\partial V}{\partial R} = 2\pi h R$$
    $$\frac{\partial V}{\partial h} = \pi R^2$$

    Assim, $\sigma_V = \sqrt{(2\pi \cdot 6 \cdot 20 \cdot 0,1)^2 + (\pi \cdot 6^2 \cdot 0,5)^2} = 57,93$ mm^3; $V \cong 2261,9 \pm 115,86$ mm^2 com 95,4% de nível de confiança. Considerando as informações fornecidas totalmente confiáveis podemos considerar esse resultado com um número de graus de liberdade infinito.

13. Dados dois resistores, $R_1 = (20 \pm 4)\Omega$, $R_2 = (300 \pm 2)\Omega$, determine o valor da resistência equivalente, quando:

    a. Os resistores estiverem em série;

    b. Os resistores estiverem em paralelo.

    Os valores de R_1 e R_2 foram dados com as suas tolerâncias, as quais devem ser consideradas seus limites de dispersão. Considere também que as demais incertezas decorrentes do processo de medida e calibração são muito menores (< 10 vezes) que a faixa de variação fornecida. Por fim, considere quaisquer correlações entre as medidas completamente desprezíveis.

Resposta: Uma vez que apenas as incertezas de R_1 e R_2 são significativas, o problema resume-se em calcular as incertezas propagadas pelas associações. Dessa forma definimos as incertezas:

$$\sigma_{R_1} = \frac{4}{\sqrt{3}} \cong 2,31 \text{ e } \sigma_{R_2} = \frac{2}{\sqrt{3}} \cong 1,15$$

uma vez que trata-se de uma distribuição retangular.

a. $R_{eq} = R_1 + R_2$

Os fatores de sensibilidade nesse caso são iguais a 1 e a incerteza propagada é:

$$\sigma_{R_{eq}} = \sqrt{(\sigma_{R_1})^2 + (\sigma_{R_2})^2} \cong \sqrt{(2,31)^2 + (1,15)^2} \cong 2,58$$

$R_{eq} = 320 \pm 5,16$ Ω com 95,5% de nível de confiança.

b. $R_{eq} = \dfrac{R_1 \cdot R_2}{R_1 + R_2}$

Os fatores de sensibilidade podem ser calculados:

$$\frac{\partial R_{eq}}{\partial R_1} = \frac{R_2^2}{(R_1 + R_2)^2} \cong 0,88 \text{ e } \frac{\partial R_{eq}}{\partial R_2} = \frac{R_1^2}{(R_1 + R_2)^2} \cong 0,004$$

e incerteza propagada é:

$$\sigma_{R_{eq}} = \sqrt{\left[\frac{R_2^2}{(R_1+R_2)^2}\right](\sigma_{R_1})^2 + \left[\frac{R_1^2}{(R_1+R_2)^2}\right](\sigma_{R_2})^2} \cong$$
$$\cong \sqrt{(0,88)^2(2,31)^2 + (0,004)^2(1,15)^2} \cong 2,03$$

$R_{eq} = 18,75 \pm 4,06\Omega$ com 95,5% de nível de confiança.

Como não foram dadas mais informações, assumimos que os dados possuem um número de graus de liberdade infinito e assim também a resposta.

14. Considere que é necessário determinar a incerteza de medida de um voltímetro de 7 e 1/2 dígitos na faixa de 100 a 1000,0000 V utilizando um sistema de referência (calibrador). Tem-se os dados do calibrador e do voltímetro. O sistema de referência (calibrador) possui um certificado de sua última calibração. Esse certificado indica uma incerteza de 15 mV na faixa de interesse, com um nível de confiança de 95,4% e um número de graus de liberdade infinito.

    O voltímetro também possui um certificado de calibração que indica (na faixa de interesse) uma incerteza de 18 mV com fator de cobertura $k = 2$. Finalmente, uma componente de incerteza do voltímetro pode ser estimada a partir das medidas experimentais em conjunto com a resolução do instrumento, a qual pode ser obtida do dígito menos significativo (LSB) de um instrumento 7 e ½ dígitos. A parcela de incerteza experimental foi obtida, de 50 medidas cuja média $\overline{V} = 1000,0020$ V e o desvio padrão da amostra $\sigma = 0,0004500$ V. Determine a incerteza do voltímetro com um intervalo de confiança de 95%.

Resposta: nesse problema temos três parcelas distintas:

a. A incerteza da referência (calibrador): $u_{Ref} = \dfrac{15}{2} = 7,5$ mV.

Trata-se de uma incerteza do tipo B com número de graus de liberdade tendendo a infinito. Como não foi dada nenhuma informação extra como estabilidade temporal ou térmica, vamos apenas desprezar esses fatores.

b. A parcela de incerteza do voltímetro herdada da calibração:

$$u_{cal} = \frac{18}{2} = 9 \text{ mV}$$

Como não foi dada nenhuma informação extra como estabilidade temporal ou térmica, vamos apenas desprezar esses fatores.

c. A parcela de incerteza experimental (incerteza do tipo A) e devido à resolução:

i. experimental: $u_{exp} = \dfrac{0,0004500}{\sqrt{50}} = 63,6 \text{ μV}$

ii. resolução: o voltímetro na escala de interesse tem resolução igual 100 μV $u_{Res} = \dfrac{100}{\sqrt{3}} = 57,7 \text{ μV}$

O resultado é

$$u_T = \sqrt{(u_{Ref})^2 + (u_{Cal})^2 + (u_{exp})^2 + (u_{Res})^2}$$
$$= \sqrt{7,5^2 + 9^2 + 0,0636^2 + 0,0577^2} \cong 11,7 \text{ mV}$$

O número de graus de liberdade pode ser calculado com a equação de Welch Satterwaite:

$$v_{ef} = \frac{u^4(y)}{\sum_{i=1}^{N} \dfrac{u_i^4(y)}{v_i}} =$$

$$\frac{(11,7 \text{ mV})^4}{\dfrac{(7,5 \text{ mV})^4}{\infty} + \dfrac{(9 \text{ mV})^4}{\infty} + \dfrac{(0,0636 \text{ mV})^4}{49} + \dfrac{(0,058 \text{ mV})^4}{\infty}}$$

Essa equação gera um número muito alto e a distribuição do resultado pode ser considerada uma gaussiana e assim $u_T = 23,4$ mV com nível de confiança 95,4%.

15. Um termopar tipo K (que possui limites de erro ±0,75% da medida) está fornecendo uma temperatura da ordem de 700 °C e está acoplado a um milivoltímetro com resolução de 0,010 mV. Em cinco repetições, mediu-se $\overline{V} = 29,129$ mV com um desvio padrão $\sigma = 0,195$ mV, com a temperatura ambiente já compensada. Como a temperatura ambiente foi medida com um termômetro com resolução de 0,05 °C podemos desprezar essa parcela. Desprezando ainda erros associados a fontes como variações de temperatura ambiente, cabos etc., e ainda considerando que as fontes de incertezas fornecidas são as únicas significativas, pergunta-se qual é a incerteza na leitura da temperatura do forno? Resolva este problema utilizando o método clássico de propagação de incertezas e compare com o MMC.

Resposta: Como foram fornecidos os limites de erro, temos uma distribuição retangular com $a = 700 \cdot 0,0075 = 5,25$ °C.

Incerteza da temperatura indicada no termopar: $u_{termopar} = \dfrac{5,25°C}{\sqrt{3}} \cong 3,03$ °C. Consultando uma tabela em torno de 700 °C, verificamos que essa incerteza corresponde à variação aproximada de 0,126 mV.

Incerteza do milivoltímetro: como o problema sugere que se despreze a parcela da medição da temperatura ambiente, basta calcular a parcela com os dados das duas fontes de incerteza fornecidas: a resolução do voltímetro: $u_{Res} = \dfrac{0,010/2}{\sqrt{3}} \cong 0,029$ mV

e a parcela das repetições de medição: $u_{med} = \dfrac{100}{\sqrt{3}} = 0,087$ mV.

Assim podemos calcular a incerteza combinada do voltímetro:

$$u_{Volt} = \sqrt{(u_{Res})^2 + (u_{med})^2} = \sqrt{(0,029)^2 + (0,087)^2} \cong 0,092 \text{ mV}$$

A incerteza total, em mV, com os dados fornecidos pode ser calculada com:

$$u_T = \sqrt{(u_{Volt})^2 + (u_{termopolar})^2} = \sqrt{(0,092)^2 + (0,126)^2} \cong 0,156 \text{ mV}$$

O número de graus de liberdade efetivos são calculados com:

$$v_{ef} = \frac{u^4(y)}{\sum_{i=1}^{N} \dfrac{u_i^4(y)}{v_i}} =$$

$$\frac{(0,156 \text{ mV})^4}{\dfrac{(0,126 \text{ mV})^4}{\infty} + \dfrac{(0,029 \text{ mV})^4}{\infty} + \dfrac{(0,087 \text{ mV})^4}{4}} \cong 41$$

Podemos então, considerar a saída com uma distribuição gaussiana.

Calculando a incerteza expandida para 95,4% de nível de confiança temos:

$$u_T \cong 0,312 \text{ mV}$$

$$V_T = 29.129 \pm 0,312 \text{ mV}$$

Verificando na tabela, em torno da temperatura de 700 °C isso equivale a $T = 700 \pm 7$ °C com 95,4% de nível de confiança.

Pelo método de Monte Carlo

Incerteza da temperatura indicada no termopar: da primeira parte do problema, sabemos que $a = 5,25$ °C. Essa variação de temperatura pode ser convertida para tensão utilizando a tabela, o que nos fornece aproximadamente $a' = 233$ mV (poderíamos ser mais criteriosos e utilizar os polinômios, mas para manter a simplicidade do exercício vamos apenas fazer uma interpolação linear aproximada). Podemos então gerar uma distribuição retangular com esses limites em torno do valor medido. O ponto de temperatura é fixo, então podemos centrar a distribuição em zero.

Incerteza do milivoltímetro: assim como na primeira parte do problema, despreza-se a parcela da medição da temperatura ambiente, e basta calcular a parcela com os dados das duas fontes de incerteza fornecidas: a resolução do voltímetro: $u_{Res} = \dfrac{0,010/2}{\sqrt{3}} \cong 0,029$ mV e a parcela das repetições de medição: $u_{med} = \dfrac{0,195 \text{ mV}}{\sqrt{5}} = 0,087$ mV.

Esses valores são utilizados para gerar uma distribuição retangular (centrada em zero) e uma distribuição gaussiana com dados pseudoaleatórios.

Por fim, basta somar as três distribuições com a média para obter o resultado da tensão elétrica, em mV, referente ao termopar tipo K.

Um código em Matlab para este problema pode ser escrito:

```
nsim=5000000;% número de simulações
% geração da distribuição retangular - in-
   certeza termopar
a = 0.233; % tensão elétrica em mV (vide
   tabela termopar) referente a incerteza do
   termopar tipo K em 700 °C.
utemp = -a + 2*a * rand(1,nsim); %geração
   da distribuição retangular com os dados
   fornecidos
subplot (2,2,1),hist(utemp,100), title('In-
   certeza - Termopar ');
```

```
% geração da distribuição retangular - re-
   solução voltímetro
a = 0.1/(2*sqrt(3)); % tensão elétrica em
   mV referente a incerteza devido a resolu-
   ção do voltímetro.
ures_volt = -a + (2*a) * rand(1,nsim);%ge-
   ração da distribuição retangular com os
   dados fornecidos
subplot(2,2,2),hist(ures_volt,100), ti-
   tle('Incerteza - Resolução Voltímetro ')
% Incerteza - parcela experimental
mu=29.129; %valor da tensão em mV(vide ta-
   bela termopar) da temperatura de 700C.
s=0.195;% desvio padrão experimental
u=s/sqrt(5); %desvio padrão da média ou a
   incerteza da parcela experimental
umed= normrnd(0, u, 1, nsim);%geração da dis-
   tribuição normal com os dados fornecidos
subplot(2,2,3),hist(umed,100), title('In-
   certeza - Parcela Experimental ')
m=utemp+ures_volt+umed+mu; % modelo utili-
   zado para representar a saída
[n,xout]=hist(m,nsim/1000);% n é um vetor
   que indica o número de eventos em cada bar-
   ra do histograma;
%xout é um vetor que devolve a posição de
   cada uma dessas barras no eixo x
media=mean(m); % calcula a média da nova
   distribuição de saída
ic=nsim/2000; % inicializa a variável ic
   com a posição central do gráfico
area=n(ic);i=0; %o número de eventos é um
   indicativo da área da barra, já que a sua
   largura é fixa
prob=0;% inicializa a variável que indica
   a probabilidade
while(prob<0.95) %entra e permanece no la-
   ço até que 95% da área seja rastreada
i=i+1; %variável que incrementa a busca (po-
   sição da barra)
area=area+n(ic+i)+n(ic-i);% a área total é
   formada pela soma das áreas de cada barra
prob=area/nsim; %ao normalizar a área ob-
   temos a probabilidade
end
u_out=xout(ic+i)-media; %a incerteza de sa-
   ída é calculada com a posição fronteira
   xout com a
%probabilidade de 95%
subplot(2,2,4),hist(m,100), title('Incer-
   teza de saída em mV')
```

Os histogramas gerados por esse código podem ser vistos na Figura 2.49.

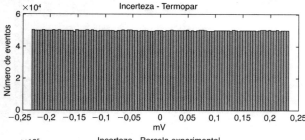
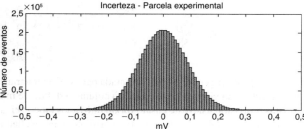
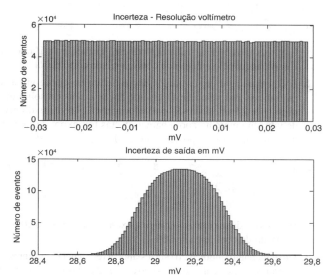

FIGURA 2.49 Distribuições geradas no Exercício 15.

Pode-se observar que a saída não é exatamente uma distribuição normal. No entanto a variável que representa a saída indica uma incerteza. Esse resultado pode variar, uma vez que os dados são gerados aleatoriamente a cada vez que o código é rodado.

16. Um corpo tem a sua massa medida em uma balança com resolução de 0,1g. Esse procedimento foi realizado com 20 medidas em g:

| 999,0 | 998,0 | 1001 | 999,0 | 1001 | 1000 | 1001 | 1001 | 1000 | 998,0 |
| 1000 | 1002 | 1002 | 1002 | 998,0 | 997,0 | 999,0 | 1003 | 1002 | 997,0 |

Sabe-se que essa balança apresenta um certificado de calibração contendo informações sobre:

a. Estabilidade térmica: 0,03 g/(°C); a calibração foi efetuada à temperatura de 20 °C e as temperaturas de medição podem ter variado de 23 °C a 25°C.

b. Estabilidade temporal: ±0,02 g/mês; a calibração foi realizada há seis meses.

c. A correção do erro sistemático foi realizada durante o processo de calibração (considere a parcela sistemática nula) e a incerteza na faixa de interesse foi dada: u(cal)=0,1g com nível de confiança de 95,4%.

Um sistema para medir velocidade registrou uma velocidade média de $\overline{V} = 100\frac{m}{s}$ e um desvio padrão de $2\frac{m}{s}$ em 6 repetições. Sabe-se que esse sistema foi calibrado recentemente e apresenta uma incerteza de $\pm 1\frac{m}{s}$ e 95,4% de nível de confiança (considere essa a única fonte de incerteza significativa da medida de velocidade). Calcule a energia cinética (e sua incerteza) desse corpo sabendo que: $E_c = \frac{1}{2}mV^2$.

Resposta: $E_c = 4999,5 \pm 95,0$ J

Problemas para Você Resolver

1. Em uma disciplina introdutória de Engenharia Biomédica foi desenvolvido um estudo experimental para relacionar o peso e a capacidade pulmonar CP (estimada por um espirômetro) de 20 alunas com idades entre 18 e 24 anos. Os resultados obtidos encontram-se na tabela abaixo:

Aluna	1	2	3	4	5	6	7	8	9	10
Peso (kg)	55,4	58,2	49,0	73,4	63,5	60,7	59,4	62,3	62,4	50,8
CP	3,87	3,26	4,13	2,14	3,44	2,78	2,91	3,33	3,20	2,17
Aluna	11	12	13	14	15	16	17	18	19	20
Peso (kg)	56,5	47,5	54,0	50,8	49,7	46,5	57,4	60,1	60,5	52,4
CP	3,13	2,37	2,98	2,45	2,15	3,01	3,04	3,58	2,64	2,59

Em uma ferramenta gráfica, plote este gráfico e verifique sua significância pelo cálculo do coeficiente de correlação.

2. A tabela a seguir apresenta os dados de um ensaio de vibração em um assento veicular. O assento foi posicionado sobre uma mesa vibratória excitando-o aleatoriamente. Medidas do nível de vibração junto ao apoio para as costas foram obtidas a partir do 3º dia do ensaio e posteriormente de dois em dois dias:

Dias	3	5	7	9	11	13
Aceleração $(a_{r.m.s})$ m/s²	7,7	13,0	17,5	23,0	26,7	29,7

Plote esses dados em um gráfico e examine a regressão com um intervalo de confiança de 95%.

3. Um engenheiro biomédico está testando a resistência à compressão de próteses da articulação do joelho com a adição percentual de uma nova liga metálica. Os resultados obtidos encontram-se abaixo:

Adição percentual	Resistência à Compressão			
0%	25,4	24,5	29,2	30,1
5%	41,3	45,4	39,8	41,0
15%	38,7	33,0	36,4	34,4
20%	44,6	39,9	41,1	40,8
25%	29,7	32,2	33,0	32,2

Verifique se os dados obtidos são significativos.

4. Em uma indústria farmacêutica um dado produto foi testado com ratos de laboratório para examinar o efeito da concentração de glicose. Verifique o significado estatístico desses dados.

Dias de inoculação	3	5	7	9
$10^{mg}/l$	4,9	8,4	9,8	11,1
$20^{mg}/l$	5,8	8,7	9,7	12,2

5. Um experimento envolvendo três pessoas diferentes com 12 tipos de produtos foi testado para determinar a dosagem adequada de um determinado produto para uma parcela da população. Determine se as variáveis são significativas.

Pessoas	Produtos											
	1	2	3	4	5	6	7	8	9	10	11	12
A	24,5	23,4	21,2	15,7	20,1	13,6	13,8	19,8	20,1	24,6	21,0	23,3
	24,2	23,3	29,3	18,9	19,3	18,6	15,7	20,0	20,5	25,6	19,9	23,2
B	20,2	17,8	15,1	17,6	20,4	23,0	17,8	21,1	20,6	24,0	19,9	23,5
	20,9	18,5	13,5	16,6	20,0	19,4	24,1	19,9	21,6	23,9	19,9	24,0
C	18,6	21,7	19,7	22,8	19,5	13,8	12,7	19,9	19,9	23,8	21,0	24,5
	14,5	21,6	20,1	21,4	18,9	13,5	10,7	20,4	19,9	23,8	21,1	24,6

6. Três circuitos resistivos foram montados com 4 configurações diferentes utilizando-se 4 diferentes resistores. Verifique se o valor de tensão determinado é significativo.

Configurações	Resistores			
	1	2	3	4
1	5,1	6,0	7,2	8,0
	4,5	6,2	4,0	7,8
	4,9	6,1	7,1	7,5
2	4,9	6,0	7,9	7,2
	4,8	5,9	7,5	7,4
	4,9	6,5	7,2	7,3
3	5,0	6,5	7,1	7,0
	5,1	6,7	7,2	7,1
	5,2	7,0	7,0	7,0
4	5,0	6,9	7,0	6,9
	5,1	6,8	7,0	6,9
	5,3	7,2	7,0	6,8

7. Uma equipe de engenheiros foi contratada para verificar a transmissibilidade da vibração relacionada à coluna vertebral de motoristas profissionais. Neste ensaio foram utilizados cinco veículos pesados com três tipos de assentos. Verifique se os resultados obtidos no ensaio são significativos.

Tipos de assentos	Veículos				
	1	2	3	4	5
Assento 1	1,0	0,9	1,1	1,5	1,5
	0,9	0,7	1,4	1,4	1,9
	0,8	0,8	1,2	1,2	1,9
Assento 2	1,0	1,1	1,1	1,4	1,5
	1,2	1,2	1,2	1,3	1,4
	1,1	0,9	1,1	1,7	1,3
Assento 3	2,0	1,9	1,8	2,5	2,0
	2,2	1,7	1,8	2,4	1,9
	1,9	2,2	2,1	2,2	2,1

8. Considerando o retificador de onda completa. Provar que a tensão V_{out} rms é igual a: $V_{r.m.s.} = \dfrac{V_p}{\sqrt{2}}$.

9. Recalcule o Problema 10 utilizando o MMC.

10. Recalcule o Problema 11 utilizando o MMC.

11. Recalcule o Problema 12 utilizando o MMC.

12. Recalcule o Problema 13 utilizando o MMC.

13. Recalcule o Problema 14 utilizando o MMC.

14. Recalcule o Problema 16 utilizando o MMC.

15. Uma barra de cobre retangular, cuja massa foi medida com 10 repetições em uma balança com resolução de 0,5 g. Esse processo de medida apresentou um valor médio $\overline{M} = 135$ g e um desvio padrão de $\sigma = 10$ g. Sabe-se que a balança foi calibrada recentemente e seu certificado indica uma incerteza de 0,8 g com $k = 2$. O comprimento da barra também foi medido (5 repetições) e apresentou um valor médio $\overline{a} = 80$mm com desvio padrão $\sigma = 4$, sua largura (também com 5 repetições) $\overline{b} = 10$ e desvio padrão $\sigma = 2,5$ e a altura (também com 5 repetições) $\overline{h} = 20$ e desvio padrão $\sigma = 2,5$ $h = (20 \pm 1)$mm; seu momento de inércia I em torno de um eixo central e perpendicular à face ab é: $I = \dfrac{M(a^2 + b^2)}{12}$. Sabe-se que o dispositivo utilizado para medir essas dimensões apresenta uma resolução de 0,5 mm e o mesmo foi calibrado recentemente. O certificado dessa calibração indica uma incerteza de 1 mm com $k = 2$. Determine:

   a. o valor do momento de inércia;

   b. a densidade da barra.

16. Nos exercícios abaixo, considere as variáveis A, B e C com unidades distintas. Assumindo que foram fornecidas as respectivas incertezas gaussianas (com número de graus de liberdade infinito) e fator de cobertura $k = 1$, determine a incerteza propagada na grandeza de saída F:

$$A = (25 \pm 1), B = (10 \pm 1), C = (25 \pm 5)$$

   a. $F = A \cdot B^{1/2}$

   b. $F = 3A^{3/2} - \dfrac{1}{B}$

   c. $F = \ln(A) + (BC)^2$

17. Considere uma lâmina triangular de base $b = 100{,}09$ mm com desvio padrão $\sigma_b = 0{,}08$ mm, $c = 2{,}06$mm com desvio padrão $\sigma_c = 0{,}05$ mm e altura (em relação à base b) $h = 200{,}05$ mm com desvio padrão $\sigma_h = 0{,}10$ mm. Esses resultados são decorrentes de 10 repetições de medidas. Essas medidas foram feitas com um paquímetro com resolução de 0,02 mm, o qual foi calibrado recentemente e seu certificado indica uma incerteza de 0,1 mm com 95,4% de nível de confiança. A deformação ε em qualquer ponto dessa barra quando submetida à flexão é a mesma em qualquer ponto da lâmina e pode ser calculada por:

$$\varepsilon = \dfrac{6Fh}{Ebc^2}$$

em que, $E = 21000 \cdot \dfrac{Kgf}{mm^2}$, com limites de variação de $\pm 10\%$ do valor nominal, é o módulo de elasticidade do material e a força é aplicada com uma massa com peso igual a $10 kgf \pm 2\%$ (95,4% de nível de confiança). A incerteza dessa massa foi obtida com 5 pesagens utilizando uma balança com resolução de 10 g, cujo último certificado de calibração indica o ajuste do erro sistemático (o erro sistemático foi anulado) e uma incerteza de 15 g com 95,4% de nível de confiança. Desconsidere fontes de incerteza não mencionadas e determine a deformação e a respectiva incerteza.

18. Um terreno tem dimensões de 50 por 150 m, medidos com uma trena de resolução de 1 mm. A incerteza obtida com 5 repetições na dimensão de 50 é de 0,01 m. Considere apenas as fontes de incertezas citadas e calcule a incerteza que a dimensão de 150 m deve ser medida para que a incerteza total da área do terreno não seja maior que 100% do valor se a dimensão de 150 m fosse exata.

19. Um importante parâmetro em motores é o torque T, o qual é definido como Força vezes distância ($F \times d$). Em um teste de motor foi medida a força aplicada com uma massa com peso igual a $1 \pm 0{,}5$ kgf (95,4% de nível de confiança). A incerteza dessa massa foi obtida com repetições de 5 pesagens utilizando uma balança com resolução de 1 g, cujo último certificado de calibração indica o ajuste do erro sistemático (o erro sistemático foi anulado) e uma incerteza de 2 g com 95,4% de nível de confiança. A força é aplicada a uma barra, que serve como alavanca de $1 \pm 0{,}1$ m, medida com uma trena com resolução de 1 mm. Considerando significativos apenas os dados fornecidos e as respectivas fontes de incerteza, calcule o torque resultante com a sua incerteza combinada.

BIBLIOGRAFIA

BARKER, F. I.; WHEELER, G. J. *Mathematics for electronics*. Reading:Addison-Wesley, 1968.

BELANGER, B. C. Traceability: an evolving concept. In: *A century of excellence in measurements, standards, and technology – a chronicle on selected NBS/NIST publications* 1901-2000.

GAITHESBURG: Ed. D.R. Lide, NIST SP 958, 2000.

BIPM, IEC, IFCC, ILAC, ISO, IUPAC, and OIML. *Guide to the Expression of Uncertainty in Measurement, Supplement 1, Propagation of distributions using a Monte Carlo method*, Final draft, 2006.

BIPM, IEC, IFCC, ISO, IUPAC, IUPAP, and OIML. *Guide to the Expression of Uncertainty in Measurement*, 1995. ISBN 92-67-10188-9 Corrected and reprinted.

BOLTON, W. *Instrumentação e controle*. São Paulo: Hemus, 1997.

BURY, K. *Statistical distributions in engineering*. Cambridge: Cambridge University Press, 1999.

COX, M. G; HARRIS, P. M. *SSfM best practice guide no. 6 – uncertainty evaluation*. Teddington, UK: Tech. Rep., National Physical Laboratory, 2004.

COX, M. G. Use of Monte Carlo simulation for uncertainty evaluation in metrology. In: *Advanced mathematical & computational tools in metrology* V. Singapore: World Scientific Publishing, 2001.

DOEBELIN, O. E. *Measurement systems: application and design*. New York: McGraw-Hill, 1990.

DONATELLI, G. D. *Capability of measurement systems for 100% inspection tasks*. Florianópolis: UFSC, 1999.

DONATELLI, G. D.; KONRATH, A. C. Simulação de Monte Carlo na avaliação de incertezas de medição. *Revista de Ciência e Tecnologia*, V. 13, no 25/26, p. 5-15, jan./dez. 2005.

GUIDE to the Expression of Uncertainty in Measurement, first edition, 1993, corrected and reprinted 1995, International Organization for Standardization (Geneva, Switzerland).

GUM Suppl 1. *Guide to the Expression of Uncertainty in Measurement* (GUM) – Supplement 1: numerical methods for the propagation of distributions. In accordance with the ISO/IEC Directives, Part 1, 2001.

GUM. *Guia para a Expressão da Incerteza de Medição.* 3. ed. bras. do Guide to the Expression of Uncertainty in Measurement. Rio de Janeiro: Inmetro, ABNT, 2003.

HERCEG, E. E. *Handbook of measurement and control*. New Jersey: Schaevitz Engineering, 1972.

INTERNATIONAL *Standard ISO 3534-1, Statistics - Vocabulary and symbols - Part I: Probability and General Statistical Terms,* first edition, 1993, International Organization for Standardization (Geneva, Switzerland)

INTERNATIONAL *Vocabulary of Basic and General Terms in Metrology,* second edition, 1993, International Organization for Standardization (Geneva, Switzerland).

ISO/TS 16949, *Quality Management Systems – particular requirements for the application of ISO 9001: 2000 for automotive production and relevant service part organizations*. 2nd. ed., 2002.

MONTGOMERY, D. C. *Design and analysis of experiments.* New York: John Wiley, 2001.

_____.; RUNGER, G. C. *Applied statistics and probability for engineers.* New York: John Wiley, 2003.

_____.; _____.; *Estatística aplicada e probabilidade para engenheiros.* Rio de Janeiro: LTC, 2003.

_____.; _____.; HUBELE, N. F. *Estatística aplicada à engenharia.* Rio de Janeiro: LTC, 2004.

NBR ISO 9000:2000. *Sistemas de gestão da qualidade – fundamentos e vocabulário.* Rio de Janeiro: ABNT, 2002.

NBR ISO/IEC 17025. *Requisitos Gerais para a Competência de Laboratórios de Ensaio e Calibração.* Rio de Janeiro: ABNT, 2001.

NOLTINGK, B. E. *Instrument technology.* London: Buttherworths, 1985.

SCHEID, F. *Análise numérica.* São Paulo: McGraw-Hill, 1991.

SOBOL, I. M. *A Primer for the Monte Carlo Method.* Florida: CRC, 1994.

SOUSA, J. A.; RIBEIRO, A. S. *Vantagens da utilização do método de Monte Carlo na avaliação das incertezas de medição.* 2º Encontro Nacional da Sociedade Portuguesa de Metrologia, Lisboa, 17 de novembro de 2006.

VIM. *Vocabulário Internacional de Termos Fundamentais e Gerais de Metrologia.* Brasília: Senai/DN, 2000.

VUOLO, J. H. *Fundamentos da teoria de erros.* São Paulo: Edgard Blücher, 1992.

CAPÍTULO 3

Conceitos de Eletrônica Analógica e Eletrônica Digital

Este capítulo (páginas 125 a 230) encontra-se integralmente *online*, disponível no site **www.grupogen.com.br**. Consulte a página de Materiais Suplementares após o Prefácio para detalhes sobre acesso e *download*.

CAPÍTULO 4

Sinais e Ruído

4.1 Sinais

O termo sinal, do latim *signalis*, apresenta diversas definições, entre elas indício, marca, vestígio, pista, anúncio, aviso, signo convencional, usado como meio de comunicação a distância etc.[1] Portanto, de maneira geral, um sinal é uma abstração ou uma indicação de algum fenômeno da natureza, como, por exemplo, o fluxo elétrico em um circuito, as alterações bioquímicas no cérebro, o canto dos pássaros, o batimento cardíaco, a contração muscular, a conversação entre pessoas em uma sala e assim por diante. Matematicamente, um sinal é definido como uma função de uma ou mais variáveis que representam um fenômeno físico.

Na área da instrumentação, o processamento ou tratamento de um determinado sinal deve ser baseado em métodos criteriosos, pois a sua natureza e a sua relação com o ruído determinam o desenvolvimento apropriado do sistema de medição. Quanto ao comportamento, os sinais podem ser caracterizados de duas maneiras principais: no domínio do tempo e no domínio de frequência. No domínio do tempo, é possível considerar sinais em dois formatos, com a utilização dos principais transdutores, tensão em função do tempo $v = f(t)$ ou corrente em função do tempo $i = f(t)$.

Resumidamente, os sinais podem ser divididos nas seguintes classes principais:

- Sinais estáticos $f(t)$ = valor: não alteram seu comportamento em um longo intervalo de tempo. Por exemplo, a tensão elétrica de uma pilha ideal (tensão constante em função do tempo de uso) seria sempre de 1,5 V, conforme esboço da Figura 4.1 (esse sinal é, essencialmente, um nível DC).
- Sinais periódicos $f(t) = f(t + T)$: caracterizados pela repetição regular, como os exemplos mostrados nas Figuras 4.2 e 4.3. Podem-se citar como exemplos típicos de sinais periódicos os senoidais, os quadrados, os triangulares, o sinal que representa a pressão arterial humana (sob certas condições), entre outros.
- Sinais transientes: sinais em que, em um dado intervalo de tempo, a duração de um evento é muito rápida quando comparada com o período da forma de onda (Figura 4.4).

- Sinais determinísticos: não existem incertezas com relação aos seus valores de amplitude; ou seja, esses sinais podem ser representados completamente por funções matemáticas no tempo. Exemplos típicos de sinais determinísticos (desconsiderando-se possíveis flutuações devidas ao ruído aleatório) são o seno, a onda quadrada, a onda triangular, entre outras (já exemplificadas nas Figuras 4.2 e 4.3). Em termos sucintos, são sinais descritos por funções matemáticas em função do tempo, por exemplo, como variável independente.

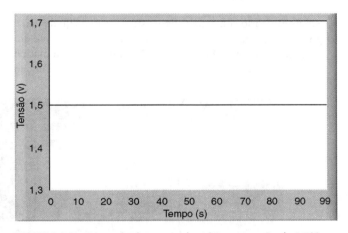

FIGURA 4.1 Exemplo de um sinal estático: a tensão de 1,5 V permanece a mesma durante um grande intervalo de tempo.

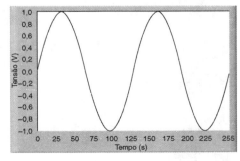

FIGURA 4.2 Exemplo de sinal periódico: sinal senoidal com 256 amostras e amplitude de pico de 1 V ou amplitude de pico a pico de 2 V.

---

[1] *Grande Dicionário Larousse Cultural da Língua Portuguesa*. Nova Cultural, 1999.

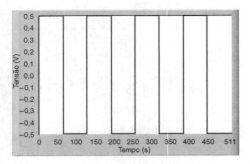

FIGURA 4.3 Exemplo de sinal periódico: onda quadrada com 512 amostras e amplitude de pico de 0,5 V, ou amplitude de pico a pico de 1 V.

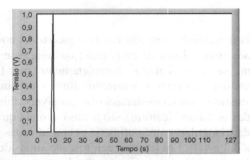

FIGURA 4.4 Exemplo de um sinal transiente: sinal cuja duração é rápida quando comparada com o seu período (128 amostras).

- Sinais aleatórios ou estocásticos: sinais para os quais não é possível caracterizar com precisão ou antecipadamente um determinado valor (Figura 4.5). O tratamento matemático necessário para se descrever esse tipo de sinal é em função de suas propriedades médias: média de potência, média da distribuição espectral, probabilidade de o sinal exceder determinado valor etc. Para descrever esse tipo de sinal são utilizados modelos estatísticos denominados processos estocásticos ou aleatórios. Exemplos típicos de sinais aleatórios ou estocásticos são: eletromiografia (EMG), eletroencefalografia (EEG), sinais de áudio em canais telefônicos, carga em sistemas de potência, vibração no corpo humano, aceleração no sistema assento–chassi de um veículo e vários outros. Resumidamente, são sinais que apresentam grau de incerteza; sendo assim, não é possível determinar exatamente seu valor em um instante qualquer.

As fotos da Figura 4.6 apresentam partes do projeto de um eletromiógrafo em que se veem detalhes do posicionamento dos eletrodos e da tela do osciloscópio mostrando o resultado de parte dos ensaios experimentais que são classificados como sinais aleatórios.

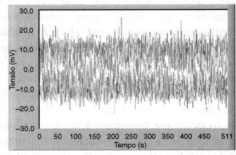

FIGURA 4.5 Exemplo de um sinal aleatório: ruído aleatório com 512 amostras.

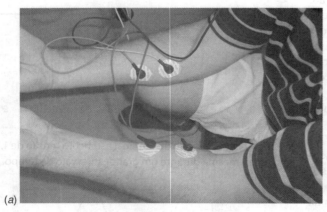

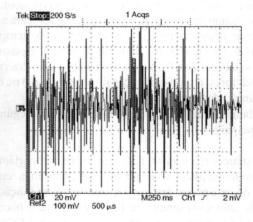

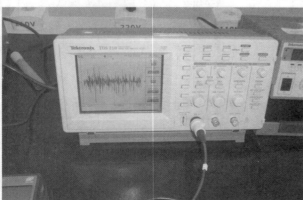

FIGURA 4.6 Exemplo de um sinal aleatório derivado da atividade muscular do braço humano: (a) posicionamento dos eletrodos; (b) sinal eletromiográfico; (c) detalhe do sinal eletromiográfico.

4.2 Introdução ao Domínio do Tempo

Conforme conceitos apresentados no Capítulo 3 (Conceitos de Eletrônica Analógica e Eletrônica Digital), os sinais também podem ser classificados como sinais analógicos, sinais digitais ou, de modo simplificado, como sinais contínuos ou discretos. Em geral a análise de sinais no domínio do tempo é baseada nos conceitos apresentados no Capítulo 2 (Fundamentos de Estatística, Incertezas de Medidas e Sua Propagação), ou seja, na utilização de técnicas que descrevam o sinal em termos de suas propriedades médias, como, por exemplo, medidas da tendência central (média aritmética, média geométrica, mediana, moda, rms) e medidas de dispersão (desvio padrão, variância).

Além disso, quando necessário, são utilizados outros parâmetros estatísticos: covariância, correlação, modelos probabilísticos, entre outros. Como os conceitos já foram apresentados no Capítulo 2, seguem alguns exemplos de sua aplicação em sinais. Considerando-se o sinal estático ou constante apresentado na Figura 4.1, a utilização de medidas da tendência central e de dispersão *não faz sentido*, pois o sinal não varia no tempo (veja a Figura 4.7). Pode-se observar, pelos resultados (lado direito do gráfico), que as diferentes médias apresentaram o valor constante e as medidas de dispersão (desvio padrão e variância) não servem absolutamente para nada, pois um sinal estático ideal ou constante não varia no tempo e, portanto, não apresenta dispersão de dados. Sinais constantes na área da instrumentação são raros.

Um erro frequente é a utilização de parâmetros equivocados de medidas da tendência central em sinais periódicos (comentário também válido para sinais aleatórios, porém existem técnicas em que são obtidas médias para eventos aleatórios, consulte referência apropriada) como, por exemplo, a média aritmética para os sinais das Figuras 4.2 e 4.3. Como são sinais que podem apresentar informações diferentes mas a média aritmética para ambos os sinais apresenta o mesmo valor, a uma análise descuidada poder-se-ia afirmar que são sinais iguais. As Figuras 4.8 e 4.9 apresentam a média aritmética e a raiz média quadrática para o sinal senoidal e a média aritmética para a onda quadrada, ressaltando o cuidado na escolha do parâmetro de avaliação de um determinado sinal. Propomos como exercício que o leitor explique por que para os dois senos o valor rms é diferente.

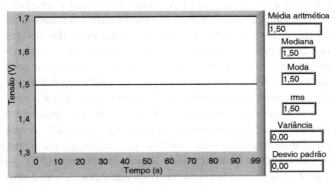

FIGURA 4.7 Sinal estático com tensão de 1,5 V constante e com suas correspondentes medidas da tendência central e de dispersão (esse tipo de abordagem não faz sentido).

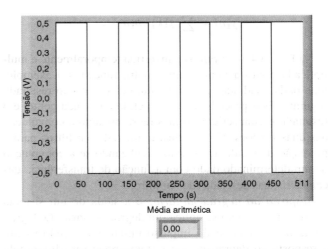

FIGURA 4.9 Sinal periódico onda quadrada com sua respectiva média aritmética.

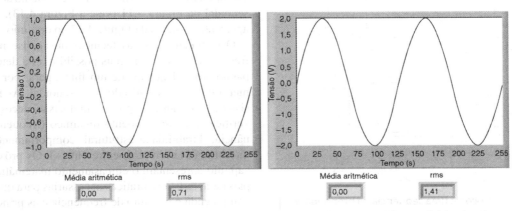

FIGURA 4.8 Sinal periódico senoidal com sua média aritmética e raiz média quadrática (rms).

Na análise no domínio do tempo, é essencial compreender as duas propriedades que apresentam grande interesse prático:

Resposta a um impulso: a resposta de um sistema em repouso a um impulso unitário $\delta(t)$ é denominada *resposta ao impulso*. A resposta de um sistema a um sinal contínuo no tempo é uma integral:

$$y(t) = \int_{-\infty}^{\infty} x(\tau) \cdot h(t - \tau) \, d\tau$$

sendo $x(\tau)$ o sinal contínuo no tempo e $h(t - \tau)$ a resposta ao impulso do sistema. Essa é a integral da superposição que informa que $y(t)$ é igual à convolução contínua da resposta ao impulso e dos dados de entrada. Essa propriedade é essencial na análise e no processamento de sinais, e geralmente é denominada **convolução**. A convolução descreve o processo de modificação de uma função $f(u)$ com outra função $h(n)$ para produzir uma terceira $y(n)$, conforme esboço da Figura 4.10. Portanto, a convolução para sinais analógicos é definida por:

$$y(n) = \int_{-\infty}^{\infty} f(u) \cdot h(n - u) \, du$$

e, para sinais discretos (sequências ou dados amostrados), por:

$$y[n] = \sum_{k=-\infty}^{\infty} f[k] \cdot h(n - k).$$

Na Figura 4.10, a rampa é invertida temporalmente e multiplicada ponto a ponto com a outra função (no exemplo, uma onda quadrada) e cada produto é somado ao resultado seguinte. Esse procedimento é repetido para cada ponto, e o resultado é uma série de somas representando a convolução das duas funções. Essa técnica é utilizada em filtros para a produção de resultados rápidos, realizando-se a convolução de um determinado dado com a função de transferência das características desejadas de um filtro.

Resposta ao degrau unitário: é a saída de um sistema em repouso quando se aplica um degrau unitário. O degrau unitário é a integral do impulso unitário, e, sendo assim, a resposta ao degrau de um sistema pode ser obtida pela integração da resposta ao impulso. A resposta ao degrau usualmente é fornecida em função dos seguintes parâmetros: tolerância aceitável, tempo de subida, *overshoot* e tempo de acomodação.

O erro relacionado à tolerância aceitável é o desvio da resposta esperada ou desejada fornecida pelo sistema. O tempo de subida t_r é definido como o tempo que o sistema leva para chegar a 90% do seu valor final, geralmente especificado pela razão de amortecimento e pela frequência natural do sistema ω_n:

$$t_r = \frac{\pi}{2 \cdot \omega_n \cdot \sqrt{1 - \xi^2}}.$$

Tempo de acomodação é o tempo necessário para que a curva de resposta alcance valores em uma faixa (de 2% a 5%) em torno do valor final, permanecendo indefinidamente. *Overshoot* é o máximo desvio percentual da resposta do sistema:

$$overshoot = 100 \cdot e^{\left(-\frac{\xi \cdot \pi}{\sqrt{1 - \xi^2}}\right)}.$$

4.3 Introdução ao Domínio de Frequência

Considere um transdutor que forneça um sinal correspondente à vibração senoidal de dois simples sistemas massa-mola ideais. A Figura 4.11 apresenta as formas de ondas obtidas por um sistema de aquisição de dados apropriado (acelerômetro, condicionadores, placa conversora analógica para digital e sistema de processamento de dados corretamente especificados para essa aplicação; essa observação é essencial na área de instrumentação). O sistema de processamento de dados ou sinais dispõe de ferramentas matemáticas que possibilitam avaliar sinais no domínio de frequência como, por exemplo, a Transformada Rápida de Fourier (FFT — *Fast Fourier Transform*). Os correspondentes sinais no domínio de frequência para os sinais da Figura 4.11 encontram-se nos gráficos da Figura 4.12.

Grande parte dos sistemas é caracterizada por sinais mais complexos e que apresentam diversas frequências. Seja, por exemplo, a adição de ruído branco gaussiano ao primeiro sinal senoidal da Figura 4.11 (veja a Figura 4.13). A Figura 4.14 apresenta os sinais da Figura 4.13 no domínio de frequência.

O conhecimento das técnicas de análise no domínio de frequência é essencial, pois possibilitam a determinação dos parâmetros adequados de um filtro, para, por exemplo, atenuar ou extrair o ruído do sinal senoidal. As frequências de sistemas mecânicos, por exemplo, são necessárias para se verificar o comportamento dinâmico (frequências de ressonância, durabilidade estrutural, comportamento de um prédio durante terremotos, entre outros). Os próximos itens do capítulo apresentam o embasamento matemático e as principais características práticas necessárias para que realmente se compreenda o domínio de frequência e as principais técnicas de análise e processamento no domínio da frequência.

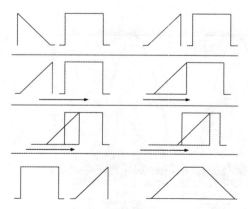

FIGURA 4.10 Esboço de uma sequência da propriedade convolução.

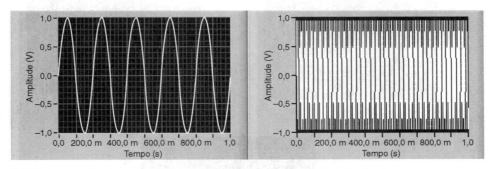

FIGURA 4.11 Sinais no domínio do tempo representando a vibração dos sistemas massa-mola (a amplitude representa a aceleração do sistema).

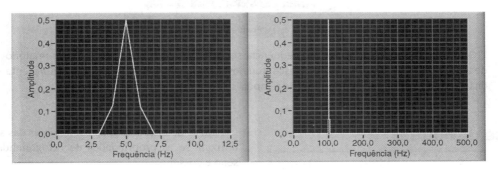

FIGURA 4.12 Sinais no domínio de frequência para os sinais senoidais representados na Figura 4.11.

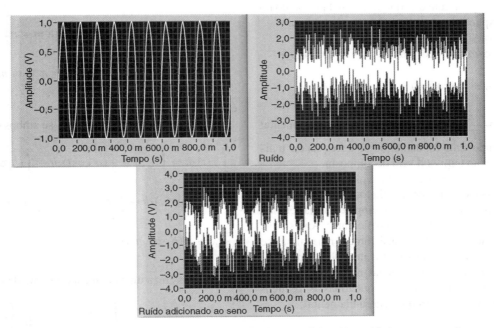

FIGURA 4.13 Sinal senoidal cuja frequência fundamental é 10 Hz, ruído branco gaussiano e resultado no domínio do tempo da adição de ambos.

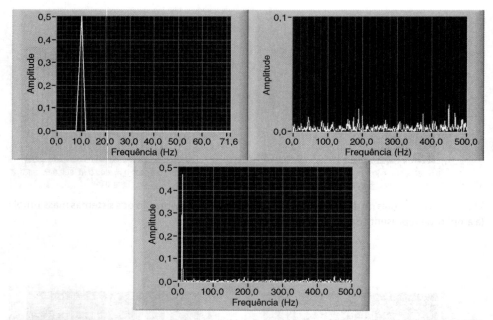

FIGURA 4.14 Sinais no domínio de frequência: seno puro, ruído branco gaussiano e somatório de ambos (percebe-se que o ruído acrescentou novas frequências ao sinal e que este apresenta distorções conforme sinal no domínio do tempo).

4.4 Análise de Fourier

4.4.1 Séries de Fourier

As séries de Fourier representam uma forma funcional de analisar um sinal periódico no tempo através dos coeficientes de funções seno e cosseno, os quais compõem o sinal original. As séries de Fourier postulam que qualquer sinal periódico no tempo pode ser expandido em termos de senos e cossenos:

$$f(t) = a_0 + a_1 \cos\omega_0 t + a_2 \cos 2\omega_0 t + \ldots + a_n \cos n\omega_0 t +$$
$$b_1 \sen \omega_0 t + b_2 \sen 2\omega_0 t + \ldots + b_n \sen n\omega_0 t$$

e a frequência $\omega_0 = \dfrac{2\pi}{T}$ é denominada frequência fundamental e representa o componente fundamental ou a frequência mais baixa em que a função temporal será decomposta.

Os coeficientes $a_0, a_1, a_2, a_n, \ldots, b_1, b_2, b_n$ multiplicam as funções sinusoidais e devem ser calculados. De fato, o trabalho de converter um sinal periódico no tempo em uma série de Fourier consiste em determinar esses coeficientes. Antes de se realizarem esses cálculos, no entanto, é comum normalizar-se a frequência para facilitar o procedimento. Dessa maneira, podem-se substituir todas as frequências ω_0 por 1 (dividem-se todas as frequências por ω_0, uma vez que todas as frequências são múltiplos inteiros da frequência fundamental).

Dessa forma,

$$f(t) = a_0 + a_1 \cos t + a_2 \cos 2t + \ldots + a_n \cos nt +$$
$$b_1 \sen t + b_2 \sen 2t + \ldots + b_n \sen nt$$

Para se determinarem os coeficientes das séries de Fourier, utilizam-se as propriedades de ortogonalidade das funções seno e cosseno:

$$\int_0^{2\pi} (\cos nt)\,dt = \int_0^{2\pi} (\sen nt)\,dt = \int_0^{2\pi} (\sen nt)(\cos nt)\,dt = 0$$

$$\int_0^{2\pi} (\sen mt)(\cos nt)\,dt = \int_0^{2\pi} (\cos mt)(\cos nt)\,dt =$$

$$= \int_0^{2\pi} (\sen mt)(\sen nt)\,dt = 0 \text{ para } m \neq n$$

$$\int_0^{2\pi} (\cos^2 nt)\,dt = \int_0^{2\pi} (\sen^2 nt)\,dt = \pi \text{ para } m = n$$

em que m e n são inteiros de 1 a ∞.

Para se determinar a_0, integram-se ambos os lados:

$$\int_0^{2\pi} f(t)\,dt = \int_0^{2\pi} a_0\,dt + \int_0^{2\pi} (a_1 \cos t)\,dt + \int_0^{2\pi} (a_2 \cos 2t)\,dt + \ldots +$$
$$+ \int_0^{2\pi} (a_n \cos nt)\,dt + \int_0^{2\pi} (b_1 \sen t)\,dt + \int_0^{2\pi} (b_2 \sen 2t)\,dt +$$
$$+ \ldots + \int_0^{2\pi} (b_n \sen nt)\,dt$$

Sendo assim, a única parcela diferente de zero é a primeira:

$$\int_0^{2\pi} f(t)\,dt = \int_0^{2\pi} a_0\,dt \Rightarrow a_0 = \dfrac{1}{2\pi} \int_0^{2\pi} f(t)\,dt$$

O termo a_0 representa o valor médio da função. Em uma amostragem de corrente, esse termo representaria a componente DC ou valor médio da corrente medida.

Para se determinar o coeficiente a_1, multiplicam-se ambos os lados da equação por $\cos(t)$ e integra-se sobre o período:

$$\int_0^{2\pi} f(t)(\cos(t))\,dt = \int_0^{2\pi} a_0(\cos(t))\,dt + \int_0^{2\pi} a_1(\cos^2(t))\,dt +$$
$$+ \int_0^{2\pi} (a_-(\cos t))(\cos(2t))\,dt + \ldots \int_0^{2\pi} b_1(\text{sen}(t))(\cos(t))\,dt +$$
$$+ \int_0^{2\pi} b_2(\text{sen}(2t))(\cos(t))\,dt + \ldots + \int_0^{2\pi} b_n(\text{sen}(nt))(\cos(t))\,dt$$

Entretanto, percebe-se que, aplicando-se as propriedades de ortogonalidade, todas as parcelas no lado direito são zero, exceto uma:

$$\int_0^{2\pi} f(t)(\cos(t))\,dt = \int_0^{2\pi} a_1(\cos^2(t))\,dt = a_1\pi \quad \text{ou} \quad a_1 =$$
$$= \frac{1}{\pi}\int_0^{2\pi} f(t)(\cos(t))\,dt$$

Aplicando-se um procedimento similar para os componentes seno, pode-se calcular o coeficiente b_1:

$$\int_0^{2\pi} f(t)(\text{sen}(t))\,dt = \int_0^{2\pi} b_1(\text{sen}^2(t))\,dt = b_1\pi \quad \text{ou} \quad b_1 =$$
$$= \frac{1}{\pi}\int_0^{2\pi} f(t)(\text{sen}(t))\,dt$$

E, procedendo-se dessa maneira, todos os coeficientes podem ser calculados, de modo que:

$$a_n = \frac{1}{\pi}\int_0^{2\pi} f(t)(\cos(nt))\,dt$$

$$b_n = \frac{1}{\pi}\int_0^{2\pi} f(t)(\text{sen}(nt))\,dt$$

EXEMPLO

- Determine os coeficientes da SF para a forma de onda da Figura 4.15.

Nesse caso, $f(t) = \begin{cases} 1, & \text{se } 0 < t < 1 \\ 0, & \text{se } 1 < t < 2 \end{cases}$ e $f(t + 2k) = f(t)$, k inteiro (período $T = 2$), $\omega_0 = \pi$ e a SF pode ser calculada:

$$a_0 = \frac{1}{T}\int_0^T f(t)\,dt = \frac{1}{2}\int_0^1 1\,dt + \frac{1}{2}\int_1^2 0\,dt = \frac{1}{2}$$

$$a_n = \frac{2}{T}\int_0^T f(t)(\cos(n\omega_0 t))\,dt = \frac{2}{2}\int_0^1 (\cos(n\pi t))\,dt + \frac{2}{2}\int_1^2 0(\cos(n\pi t))\,dt = \frac{1}{n\pi}\text{sen}(n\pi t)\Big|_0^1 = \frac{1}{n\pi}\text{sen}(n\pi) = 0$$

$$b_n = \frac{2}{T}\int_0^T f(t)(\text{sen}(n\omega_0 t))\,dt = \frac{2}{2}\int_0^1 (\text{sen}(n\pi t))\,dt + \frac{2}{2}\int_1^2 0(\text{sen}(n\pi t))\,dt = -\frac{1}{n\pi}\cos(n\pi t)\Big|_0^1 = \frac{1}{n\pi}[1 - \cos(n\pi)]$$

como $\cos(n\pi) = (-1)^n$, $b_n = \frac{1}{n\pi}[1 - (-1)^n] = \begin{cases} \frac{2}{n\pi}, & n \text{ ímpar} \\ 0, & n \text{ par} \end{cases}$

Conclui-se então que

$$f(t) = \frac{1}{2} + \frac{2}{\pi}\text{sen}(\pi t) + \frac{2}{3\pi}\text{sen}(3\pi t) + \frac{2}{5\pi}\text{sen}(5\pi t) + \frac{2}{7\pi}\text{sen}(7\pi t) \ldots$$

ou

$$f(t) = \frac{1}{2} + \frac{2}{\pi}\sum_{k=1}^{\infty}\frac{1}{n}\text{sen}(n\pi t), \, n = 2k - 1$$

(continua)

(continuação)

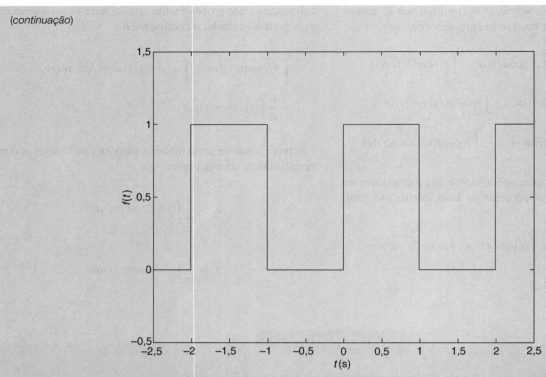

FIGURA 4.15 Sinal com forma de onda quadrada.

A Figura 4.16 mostra o detalhe dos primeiros componentes desse somatório.

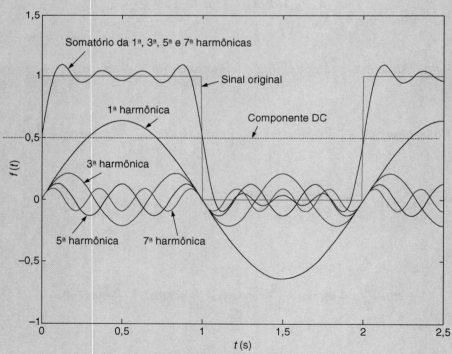

FIGURA 4.16 Somatório dos primeiros componentes da SF que compõem o sinal da onda quadrada.

(continua)

(continuação)

- Considere o sinal da Figura 4.17. Calcule a SF desse sinal.

Essa função é definida como $f(t) = t$, se $0 < t < 1$ e $f(t + k) = f(t)$, k inteiro. O período $T = 1$ e como $\omega_0 = \dfrac{2\pi}{T}$, $\omega_0 = 2\pi$. Podem-se então calcular os coeficientes:

$$a_0 = \frac{1}{T}\int_0^T f(t)\,dt = \frac{1}{1}\int_0^1 t\,dt = \left.\frac{t^2}{2}\right|_0^1 = \frac{1}{2}$$

$$a_n = \frac{2}{T}\int_0^T f(t)(\cos(n\omega_0 t))\,dt = \frac{2}{1}\int_0^1 t(\cos(2\pi n t))\,dt = 2\left[\frac{1}{4n^2\pi^2}\cos(2\pi n t) + \frac{t}{2\pi n}\sin(2\pi n t)\right]_0^1 =$$

$$= 2\left[\frac{1}{4n^2\pi^2}\cos(2\pi n) - \frac{1}{4n^2\pi^2}\cos(0) + \frac{1}{2\pi n}\sin(2\pi n) - \frac{0}{2\pi n}\sin(0)\right] = 0$$

$$b_n = \frac{2}{T}\int_0^T f(t)(\sin(n\omega_0 t))\,dt = \frac{2}{1}\int_0^1 t(\sin(2\pi n t))\,dt = 2\left[\frac{1}{4n^2\pi^2}\sin(2\pi n t) - \frac{t}{2\pi n}\cos(2\pi n t)\right]_0^1 = 2\left[\frac{1}{4n^2\pi^2}\sin(2\pi n) -\right.$$

$$\left.- \frac{1}{4n^2\pi^2}\sin(2\pi n) - \frac{1}{2\pi n}\cos(2\pi n) + \frac{0}{2\pi n}\cos(0)\right] = -\frac{2}{2\pi n}\cos(2\pi n) = -\frac{1}{\pi n}$$

assim,

$$f(t) = \frac{1}{2} - \frac{1}{\pi}\sum_{n=1}^{\infty}\frac{1}{n}\sin(2\pi n t)$$

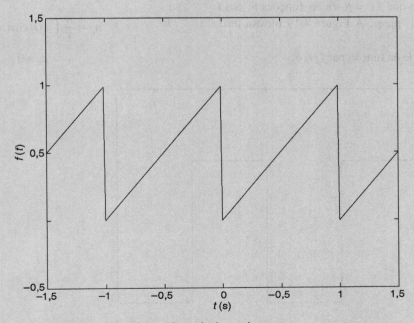

FIGURA 4.17 Sinal em forma de onda dente de serra.

A Figura 4.18 mostra o somatório dos primeiros componentes da SF do sinal dente de serra.

(continua)

(continuação)

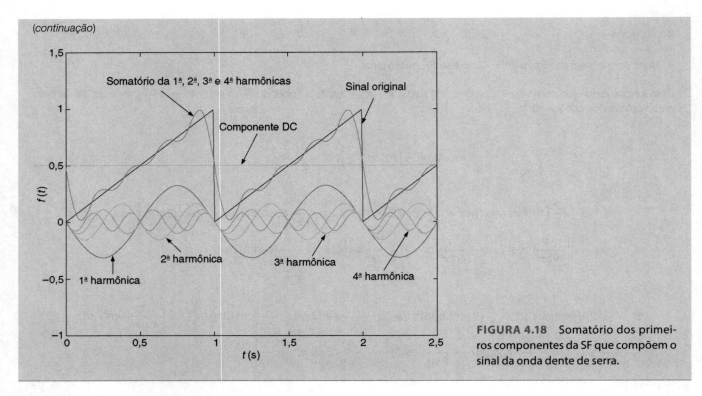

FIGURA 4.18 Somatório dos primeiros componentes da SF que compõem o sinal da onda dente de serra.

A determinação dos coeficientes dos componentes das séries de Fourier pode ser simplificada em alguns casos nos quais é possível classificar as funções como ímpares e pares. Nesses casos, podem-se aplicar algumas propriedades em relação à simetria dos sinais.

As **funções pares** possuem o gráfico simétrico em relação ao eixo vertical de modo que $f(t) = f(-t)$. As funções t^2, $\cos t$ são exemplos de funções pares. A Figura 4.19 mostra uma função par.

A principal propriedade da função par $f_p(t)$ é:

$$\int_{-T/2}^{T/2} f_p(t)\, dt = 2\int_{0}^{T/2} f_p(t)\, dt$$

A consequência direta para o cálculo da série de Fourier é que:

$$a_0 = \frac{2}{T}\int_{0}^{T/2} f(t)\, dt$$

$$a_n = \frac{4}{T}\int_{0}^{T/2} f(t)\cos(n\omega_0 t)\, dt$$

$$b_n = 0$$

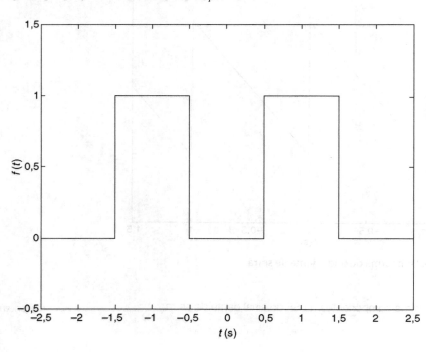

FIGURA 4.19 Exemplo de função par.

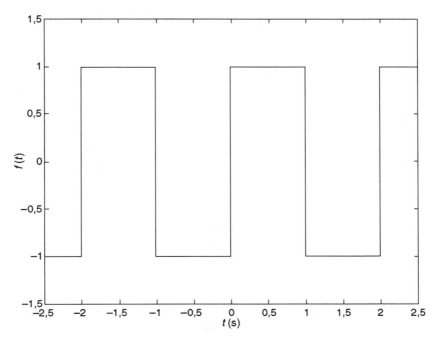

FIGURA 4.20 Exemplo de função ímpar.

De maneira análoga, diz-se que uma função é ímpar se o seu gráfico for antissimétrico em relação ao eixo vertical, ou

$$f(-t) = -f(t).$$

As funções t e sen t são exemplos de funções ímpares. A Figura 4.20 mostra uma função ímpar.

A principal característica de uma função ímpar é:

$$\int_{-T/2}^{T/2} f_i(t)\, dt = 0$$

e a consequência no cálculo dos coeficientes é

$$a_0 = 0$$

$$a_n = 0$$

$$b_n = \frac{4}{T} \int_0^{T/2} f(t)\, \mathrm{sen}(n\omega_0 t)\, dt$$

As funções pares resultam em séries em cossenos de Fourier, enquanto as funções ímpares resultam em séries em seno de Fourier.

Existe ainda outra família de funções que se caracteriza por possuir meio ciclo espelhado no meio ciclo seguinte. Essas funções apresentam simetria em meia-onda e podem ser relacionadas como: $f\left(t - \dfrac{T}{2}\right) = -f(t)$. A Figura 4.21 mostra uma função com simetria de meia-onda. A principal consequência dessa simetria no cálculo dos coeficientes da série de Fourier é:

$$a_0 = 0$$

$$a_n = \begin{cases} \dfrac{4}{T} \displaystyle\int_0^{T/2} f(t)\cos(n\omega_0 t)\, dt, & \text{se } n \text{ ímpar} \\ 0, & \text{se } n \text{ par} \end{cases}$$

$$b_n = \begin{cases} \dfrac{4}{T} \displaystyle\int_0^{T/2} f(t)\,\mathrm{sen}(n\omega_0 t)\, dt, & \text{se } n \text{ ímpar} \\ 0, & \text{se } n \text{ par} \end{cases}$$

Isso mostra que as funções que apresentam simetria de meia-onda possuem apenas harmônicas ímpares.

4.4.2 A integral de Fourier

A integral de Fourier é uma extensão das séries de Fourier. Sabe-se que uma série de Fourier pode representar apenas funções periódicas no tempo. Assim, pode-se analisar um pulso de duração finita periódico com uma frequência $f = \dfrac{1}{T}$, em que T é o período. Esse sinal pode ser representado por $f(t + nT)$, sendo

$$f(t) = f(t + nT)$$

para qualquer n inteiro.

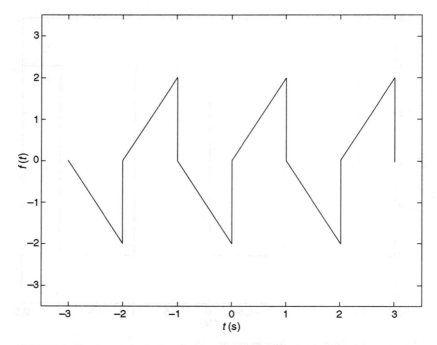

FIGURA 4.21 Exemplo de função com simetria ímpar de meia-onda.

Uma representação genérica de uma função através da série de Fourier pode ser:

$$f(t) = a_0 + \sum_{n=1}^{\infty}[a_n \cos(n\omega_0 t) + b_n \text{sen}(n\omega_0 t)]$$

e, como vimos na seção anterior,

$$a_0 = \frac{1}{T}\int_0^T f(t)\,dt$$

$$\omega_0 = \frac{2\pi}{T}$$

$$a_n = \frac{2}{T}\int_0^T f(t)\cos(n\omega_0 t)\,dt$$

$$b_n = \frac{2}{T}\int_0^T f(t)\text{sen}(n\omega_0 t)\,dt$$

Sabendo ainda que as funções seno e cosseno podem ser representadas por sua forma complexa

$$\cos n\omega_0 t = \frac{e^{jn\omega_0 t} + e^{-jn\omega_0 t}}{2}$$

$$\text{sen } n\omega_0 t = \frac{e^{jn\omega_0 t} - e^{-jn\omega_0 t}}{2j},$$

podemos reescrever o somatório:

$$f(t) = a_0 + \sum_{n=1}^{\infty}\left[a_n\left(\frac{e^{jn\omega_0 t} + e^{-jn\omega_0 t}}{2}\right) + b_n\left(\frac{e^{jn\omega_0 t} - e^{-jn\omega_0 t}}{2j}\right)\right]$$

e reduzi-lo para

$$f(t) = a_0 + \sum_{n=1}^{\infty}\left[C_n e^{jn\omega_0 t} + C_n^* e^{-jn\omega_0 t}\right]$$

em que os coeficientes:

$$C_n = \frac{a_n - jb_n}{2} \text{ e } C_n^* = \frac{a_n + jb_n}{2}.$$

Substituindo, temos:

$$C_n = \frac{2}{T}\int_0^T f(t)\left[\left(\frac{e^{jn\omega_0 t} + e^{-jn\omega_0 t}}{4}\right) - j\left(\frac{e^{jn\omega_0 t} - e^{-jn\omega_0 t}}{4j}\right)\right]dt$$

$$C_n = \frac{1}{T}\int_0^T f(t)e^{-jn\omega_0 t}\,dt \text{ e } C_n^* = \frac{1}{T}\int_0^T f(t)e^{jn\omega_0 t}\,dt.$$

Deve-se observar que, quando $n = 0$, o coeficiente C_0 assume o mesmo valor que a_0. E, ainda que para valores negativos de n, o cálculo dos coeficientes C_n leva ao mesmo resultado de n positivo. Isso possibilita descrever as equações gerais em forma mais reduzida:

$$f(t) = \sum_{n=-\infty}^{\infty} C_n e^{jn\omega_0 t}$$

$$C_n = \frac{1}{T}\int_0^T f(t)e^{-jn\omega_0 t}\,dt \text{ ou } C_n = \frac{1}{T}\int_{-T/2}^{T/2} f(t)e^{-jn\omega_0 t}\,dt$$

A série de Fourier complexa da equação $f(t) = \sum_{n=-\infty}^{\infty} C_n e^{jn\omega_0 t}$ expressa uma função periódica no tempo como uma soma de exponenciais positivas e negativas. As harmônicas sinusoidais nas séries são compostas de pares de termos positivos e negativos para cada frequência. A amplitude de uma harmônica é o dobro da amplitude de cada um dos termos exponenciais correspondentes, ou seja, o dobro da amplitude de C_n. A fase é o ângulo de C_n.

Como exemplo da série de Fourier complexa, considere o sinal da Figura 4.15. Lembrando que $f(t) = \begin{cases} 1, 0 < t < 1 \\ 0, 1 < t < 2 \end{cases}$ $T = 2$, $\omega_0 = \pi$, tem-se:

$$C_n = \frac{1}{2}\int_0^1 e^{-jn\pi t}\,dt + \frac{1}{2}\int_1^2 0 \cdot e^{-jn\pi t}\,dt = \frac{1}{2}\left.\frac{e^{-jn\pi t}}{-jn\pi}\right|_0^1 =$$

$$= \begin{cases} -\frac{1}{2}\frac{e^{-jn\pi}}{jn\pi} = \frac{1}{jn\pi}, & n \text{ ímpar} \\ 0, & n \text{ par} \end{cases}$$

Para o termo c_0 tem-se uma indeterminação, mas por inspeção pode-se concluir que o termo DC é $C_0 = \frac{1}{2}$.

Escrevendo o resultado em termos de uma série $f(t) = \sum_{n=-\infty}^{\infty} C_n e^{jn\omega_0 t}$, temos:

$$f(t) = \ldots - \frac{1}{3\pi j}e^{-j3\pi t} - \frac{1}{\pi j}e^{-j\pi t} + \frac{1}{2} + \frac{1}{\pi j}e^{j\pi t} + \frac{1}{3\pi j}e^{j3\pi t} + \ldots$$

Combinando-se os pares positivos e negativos dos exponenciais, pode-se reescrever a expressão para funções sinusoidais:

$$f(t) = \frac{1}{2} + \frac{2}{\pi}\text{sen}(\pi t) + \frac{2}{3\pi}\text{sen}(3\pi t) + \ldots$$

As Figuras 4.22(a) e 4.22(b) mostram o gráfico da amplitude e da fase dos coeficientes C_n em relação à frequência normalizada ω/ω_0.

Pode-se observar que a série complexa de Fourier representa os eventos repetitivos sobre um período definido, tal como apresentamos na seção anterior. A única diferença é que foi definido um novo parâmetro. As séries de Fourier,

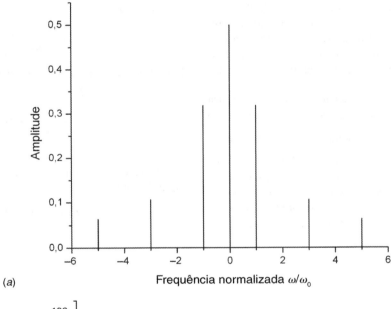

(a)

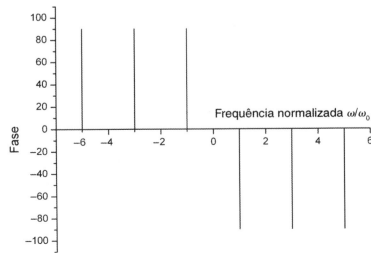

(b)

FIGURA 4.22 (a) Amplitude e (b) fase de C_n para a variação da frequência ω.

representadas em forma complexa ou não, podem representar as harmônicas de qualquer sinal periódico em função de uma frequência fundamental.

Considerando-se o sinal da Figura 4.23 e calculando-se os coeficientes da série complexa, tem-se:

$$C_n = \frac{1}{T} \int_{-\delta/2}^{\delta/2} f(t) e^{-jn\omega_0 t} dt = \frac{1}{T} \int_{-\delta/2}^{\delta/2} e^{-jn\omega_0 t} dt = \frac{1}{T} \left. \frac{e^{-jn\omega_0 t}}{-jn\omega_0 t} \right|_{-\delta/2}^{\delta/2} =$$

$$= \frac{1}{T} \frac{\delta}{2} \frac{e^{jn\omega_0 \delta/2} - e^{-jn\omega_0 \delta/2}}{jn\omega_0 \delta/2} = \frac{\delta}{T} \frac{\text{sen}\left(n\omega_0 \delta/2\right)}{n\omega_0 \delta/2}$$

sendo $T = \frac{2\pi}{\omega_0}$.

Se, em vez de um sinal periódico, for levada em conta uma função qualquer, tal como um pulso isolado, é necessário abstrair e fazer com que uma nova função periódica desses pulsos tenha um período que tenda a infinito. Essa abstração tem por objetivo apenas definir uma função, a qual pode ser submetida à análise de Fourier. A consequência direta é que a frequência fundamental tende a um valor próximo de zero. Em outras palavras, faz-se a função repetir em um período muito grande, e suas harmônicas tendem a ser não mais definidas por um n, mas contínuas, dando origem a um espectro de frequências.

Se aplicarmos o raciocínio descrito no sinal da Figura 4.23 e incrementarmos o período, a consequência direta é o decremento da frequência fundamental $\omega_0 = \frac{2\pi}{T}$; e as linhas no espectro tornam-se cada vez mais próximas e a amplitude das harmônicas tende a zero. Observe que, nas séries de Fourier, as harmônicas são finitas e têm uma potência finita associada. Quando $T \to \infty$, as harmônicas tendem a apresentar uma amplitude e uma potência associada zero. Entretanto, essas harmônicas continuam a representar uma quantidade finita de energia.

Se multiplicarmos o período T pelos coeficientes, obtemos o fasor que representa a função distribuição $F(n\omega_0) = T \cdot C_n$. No resultado obtido da Figura 4.23 temos:

$$F(n\omega_0) = TC_n = \delta \frac{\text{sen}\left(n\omega_0 \delta/2\right)}{n\omega_0 \delta/2}$$

Se essa função for plotada em função da frequência, tem-se o gráfico da Figura 4.24.

Nessa figura pode-se observar que, uma vez que o período tende a infinito, os pontos de frequências amostrados ficam mais próximos e no limite constituem um espectro contínuo de frequências.

Levando-se em consideração o desenvolvimento anterior, o fasor função distribuição $F(n\omega_0)$ é descrito:

$$F(n\omega_0) = C_n T = \int_{-T/2}^{T/2} f(t) e^{-jn\omega_0 t} dt$$

e a série de Fourier:

$$f(t) = \sum_{n=-\infty}^{\infty} \frac{F(n\omega_0)}{T} e^{jn\omega_0 t}$$

Fazendo o período tender a infinito, temos:

$$T \to \infty$$
$$\omega_0 = \frac{2\pi}{T} \to \Delta\omega \to d\omega$$
$$n\Delta\omega \to \omega$$

Obtém-se então a transformada direta de Fourier, a qual é definida como

$$F(\omega) = \int_{-\infty}^{\infty} f(t) e^{-j\omega t} dt,$$

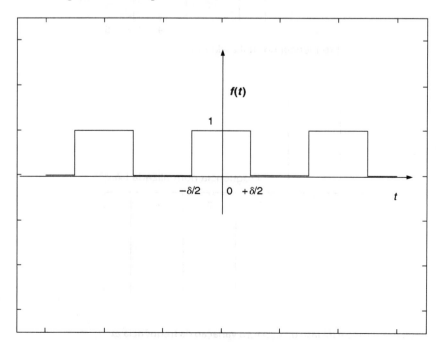

FIGURA 4.23 Pulso periódico com largura δ.

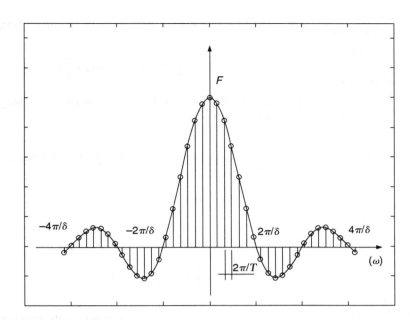

FIGURA 4.24 Função $F(n\omega_0)$ versus ω.

e a transformada de Fourier inversa:

$$f(t) = \frac{1}{2\pi} \int_{-\infty}^{\infty} F(\omega) e^{j\omega t} \, d\omega$$

Aplicando a transformada de Fourier ao pulso da Figura 4.25, temos:

$$F(\omega) = \int_{-\delta/2}^{\delta/2} f(t) e^{-j\omega t} \, dt = \int_{-\delta/2}^{\delta/2} e^{-j\omega t} \, dt = \left. \frac{e^{-j\omega t}}{-j\omega} \right|_{-\delta/2}^{\delta/2} =$$

$$= \frac{e^{j\omega\delta/2} - e^{-j\omega\delta/2}}{j\omega} = \delta \frac{\operatorname{sen}(\omega\delta/2)}{\omega\delta/2} = \delta \operatorname{sinc}(\omega\delta/2)$$

como a largura do pulso é unitária

$$\delta = 1 \Rightarrow F(\omega) = \frac{\operatorname{sen}\left(\dfrac{\omega}{2}\right)}{\omega/2}$$

e o que anteriormente era definido por um somatório agora pode ser definido por uma integral:

$$f(t) = \int_{-\infty}^{+\infty} \frac{\operatorname{sen}\left(\dfrac{\omega}{2}\right)}{\omega\pi} e^{j\omega t} \, dt$$

Interpretando essa equação, pode-se dizer que os pares exponenciais combinam-se para formar cossenos que, entre

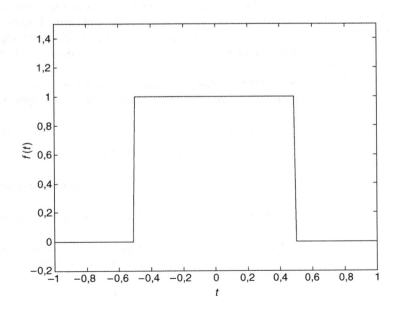

FIGURA 4.25 Pulso finito.

os limites $-\delta/2$ e $\delta/2$, estão em fase e somam-se para formar o pulso, ao passo que, fora desses limites, os componentes estão fora de fase e sua soma resulta em zero.

A transformada direta de Fourier fornece informações sobre os componentes (ou harmônicas) de frequência de um pulso não periódico e a transformada inversa de Fourier expressa uma função no tempo como uma soma infinita de harmônicas infinitesimais. Na prática, a transformada direta de Fourier é mais importante que a transformada inversa, e $F(\omega)$, por ser uma função composta de senos e cossenos, representa um fasor, podendo ser representado por uma parte complexa e outra real, ou, como geralmente é expresso, em uma amplitude e uma fase. Deve-se, entretanto, observar que a amplitude da transformada de Fourier não fornece uma unidade direta da amplitude (em unidades usuais) para qualquer frequência, como no caso da série de Fourier. Apesar de a forma do espectro de $F(\omega)$ de um sinal de um pulso de tensão ser semelhante à resposta obtida com as séries de Fourier, o $|F(\omega)|$ apresenta como unidade "volts por unidade de frequência". Utilizando a identidade de Euler, podemos escrever:

$$F(\omega) = \int_{-\infty}^{+\infty} f(t)\cos\omega t\, dt + j\int_{-\infty}^{+\infty} f(t)\operatorname{sen}\omega t\, dt = A(\omega) + jB(\omega)$$

$$|F(\omega)| = \sqrt{A^2(\omega) + B^2(\omega)}$$

$$\phi(\omega) = \tan^{-1}\frac{B(\omega)}{A(\omega)},$$

em que $|F(\omega)|$ e $\phi(\omega)$ representam, respectivamente, o módulo e a fase da transformada de Fourier. Pode-se observar que tanto $A(\omega)$ como $|F(\omega)|$ são funções pares, enquanto $B(\omega)$ e $\phi(\omega)$ são funções ímpares. Ao substituirmos ω por $-\omega$, ela fornece o conjugado de $F(\omega)$ e, assim,

$$F(-\omega) = A(\omega) + jB(\omega) = F^*(\omega)$$

e, desse modo,

$$F(\omega)F(-\omega) = F(\omega)F^*(\omega) = A^2(\omega) + B^2(\omega) = |F(\omega)|^2.$$

Para explicar o significado físico da transformada de Fourier, pode-se utilizar o exemplo de um resistor de 1 Ω com uma tensão ou corrente $f(t)$. Dessa forma, a potência dissipada pelo resistor será $f^2(\omega)$. Integrando-se essa potência no tempo, obtém-se a energia total fornecida por $f(t)$ ao resistor:

$$W_{R=1} = \int_{-\infty}^{+\infty} f^2(t)\, dt.$$

Substituindo-se a função $f^2(t)$ por $f(t)f(t)$ e ainda substituindo-se uma das $f(t)$ pelo seu equivalente da transformada inversa de Fourier

$$f(t) = \frac{1}{2\pi}\int_{-\infty}^{+\infty} F(\omega)e^{j\omega t}\, d\omega$$

temos

$$W_{R=1} = \int_{-\infty}^{+\infty} f(t)f(t)\, dt = \int_{-\infty}^{\infty} f(t)\left[\frac{1}{2\pi}\int_{-\infty}^{\infty} F(\omega)e^{j\omega t}\, d\omega\right] dt.$$

Manipulando essa equação, uma vez que $f(t)$ não é função de ω, temos:

$$W_{R=1} = \frac{1}{2\pi}\int_{-\infty}^{+\infty}\left[\int_{-\infty}^{\infty} F(\omega)e^{j\omega t}f(t)\, dt\right] d\omega$$

Desloca-se $F(\omega)$ para fora da integral interna, e a integral interna torna-se $F(-\omega)$:

$$W_{R=1} = \frac{1}{2\pi}\int_{-\infty}^{+\infty} F(\omega)\left[\int_{-\infty}^{\infty} e^{j\omega t}f(t)\, dt\right] d\omega = \frac{1}{2\pi}\int_{-\infty}^{+\infty} F(\omega)F(-\omega)\, d\omega =$$

$$= \frac{1}{2\pi}\int_{-\infty}^{+\infty} |F(\omega)|^2\, d\omega$$

e, finalmente,

$$W_{R=1} = \int_{-\infty}^{+\infty} f^2(t)\, dt = \frac{1}{2\pi}\int_{-\infty}^{+\infty} |F(\omega)|^2\, d\omega$$

Essa equação é conhecida como o **teorema de Parseval** e mostra que a energia pode ser obtida pela integração tanto da $f(t)$ como de $F(\omega)$. Esse teorema também ajuda a entender o verdadeiro significado da transformada de Fourier. Uma vez que a parcela da esquerda representa energia, $|F(\omega)|^2$ representa a **densidade de energia** ou energia por unidade de frequência. Quando a densidade de energia é integrada ou é feita uma soma de $|F(\omega)|^2 \cdot \Delta\omega$ sobre todo o espectro de frequências, tem-se a energia entregue ao resistor de 1 Ω (no exemplo utilizado).

4.4.3 Transformada de Fourier Discreta—TFD

Antes de apresentar o conceito da TFD, é necessário introduzir alguns conceitos relacionados a sinais discretos que, por definição, são sinais descontínuos no tempo. Sendo assim, o conceito de TFD deve ser descrito por uma função que assume valores apenas em pontos definidos na escala do tempo, como ilustra a Figura 4.26.

Um sistema discreto no tempo pode ser definido matematicamente como um operador que mapeia uma sequência de entrada $x[n]$ em uma sequência de saída $y[n]$. É importante esclarecer que as operações que serão vistas nesta seção se aplicam apenas a sistemas lineares e invariantes no tempo.

Sistemas lineares: diz-se que os sistemas são lineares se as propriedades de aditividade e homogeneidade se aplicam:

$$T\{x_1[n] + x_2[n]\} = T\{x_1[n]\} + T\{x_2[n]\} = y_1[n] + y_2[n]$$

$$T\{ax[n]\} = aT\{x[n]\} = ay[n]$$

sendo T um operador matemático e a uma constante arbitrária.

Sistemas invariantes no tempo: sistemas para os quais um atraso, ou *delay*, ou deslocamento na escala do tempo da sequência de entrada necessariamente causa um *atraso* ou deslocamento na escala do tempo da sequência de saída:

$$x[n - n_0] \Rightarrow y[n - n_0]$$

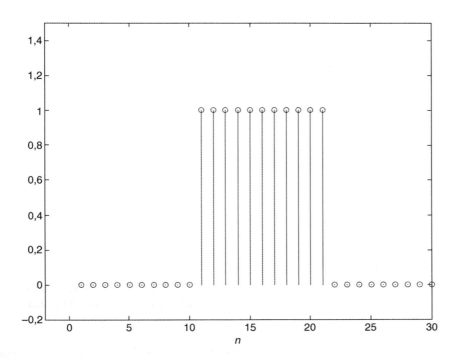

FIGURA 4.26 Sinal discreto.

A representação das amostras de um sinal discreto é feita pela unidade de amostragem, a qual geralmente é indicada pelos autores como $\delta[n]$, o mesmo símbolo do delta de Kronecker. O delta de Kronecker tem seus valores definidos em:

$$\delta[n] = \begin{cases} 0, \text{ se } n \neq 0 \\ 1, \text{ se } n = 0 \end{cases}$$

e pode ser observado na Figura 4.27.

Dessa maneira, uma sequência (por exemplo, Figura 4.28) pode ser escrita de forma genérica:

$$x[n] = \sum_{k=-\infty}^{\infty} x[k]\delta[n-k].$$

Considerando $\tilde{x}[n]$ uma sequência periódica com período N, tem-se $\tilde{x}[n] = \tilde{x}[n + rN]$ para qualquer r inteiro. Assim como no tempo contínuo, essa função pode ser representada pela soma dos termos das amplitudes das harmônicas da

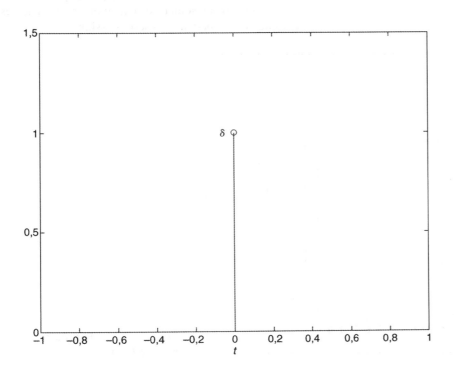

FIGURA 4.27 Unidade de amostragem (impulso).

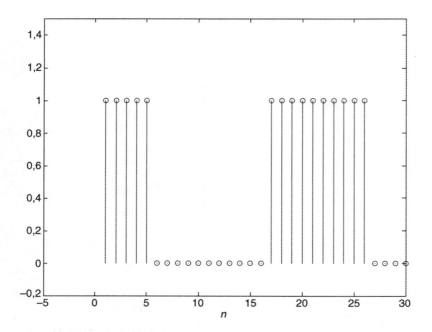

FIGURA 4.28 Exemplo de uma sequência representando um sinal amostrado no tempo.

frequência fundamental $\frac{2\pi}{N}$. Essas harmônicas podem ser representadas por exponenciais complexas:

$$e_k[n] = e^{j(2\pi/N)kn} = e_k[n + rN]$$

sendo k um inteiro. Observe que e_k assume valores idênticos para valores de k separados por N. A Figura 4.29 mostra uma sequência periódica com $N = 10$.

Nesse exemplo observa-se que $e_0[n] = e_N[n]$, $e_1[n] = e_{N+1}[n]$, ..., $e_k[n] = e_{k+\ell N}[n]$, sendo ℓ um inteiro. Assim sendo, a representação da série de Fourier tem a seguinte forma:

$$\tilde{x}[n] = \frac{1}{N}\sum_{k} \tilde{X}[k]e^{j(2\pi/N)kn}$$

Observe que no tempo contínuo geralmente são necessárias infinitas harmônicas para descrever o sinal. No tempo discreto para um sinal com frequência $1/N$ são necessárias apenas N exponenciais complexas. Assim, pode-se escrever:

$$\tilde{x}[n] = \frac{1}{N}\sum_{k=0}^{N-1} \tilde{X}[k]e^{j(2\pi/N)kn}$$

em que $\tilde{X}[n]$ representa a sequência dos coeficientes da série de Fourier. Observe que se optou por manter o termo $1/N$ fora da definição de $\tilde{X}[n]$ mas não na definição de $\tilde{x}[n]$.

Assim como no tempo contínuo, pode-se explorar as propriedades de ortogonalidade das funções exponenciais complexas (funções sinusoidais) e deduzir que os coeficientes das séries de Fourier podem ser escritos assim:

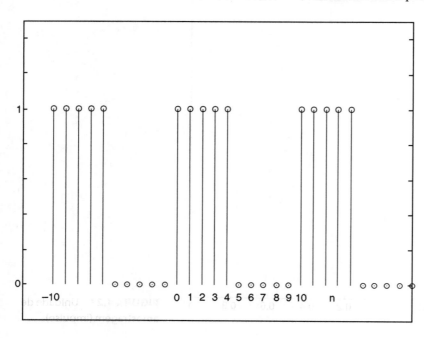

FIGURA 4.29 Função com período $N = 10$.

$$\tilde{X}[k] = \sum_{n=0}^{N-1} \tilde{x}[n]e^{-j(2\pi/N)kn}$$

Deve-se observar que $\tilde{X}[k]$ é periódica ou $\tilde{X}[k] = \tilde{X}[N+k]$ para qualquer k inteiro. As equações

$$\tilde{X}[k] = \sum_{n=0}^{N-1} \tilde{x}[n]e^{-j(2\pi/N)kn}$$

$$\tilde{x}[n] = \frac{1}{N} \sum_{k=0}^{N-1} \tilde{X}[k]e^{j(2\pi/N)kn}$$

são conhecidas como as séries de Fourier discreta, de análise e de síntese, respectivamente.

Considere a sequência da Figura 4.29, em que o período $N = 10$. Observe que $\tilde{x}[n] = 0$ para $n > 4$. Pode-se então calcular os coeficientes da série de Fourier:

$$\tilde{X}[k] = \sum_{n=0}^{4} e^{-j(2\pi/10)kn} = \frac{1-e^{-j(2\pi/10)5k}}{1-e^{-j(2\pi/10)k}} = e^{-j(4\pi k/10)5k} \frac{\operatorname{sen}\left(\pi k/2\right)}{\pi k/10}$$

A Figura 4.30 mostra a forma da amplitude e da fase dos coeficientes da série de Fourier da sequência mostrada na Figura 4.29. **Transformada de Fourier discreta:** considera-se uma sequência finita com um total de N amostras, sendo que $x[n] = 0$ fora da faixa $0 \le n \le N - 1$. Em muitos casos ainda se consideram N amostras, mesmo que a sequência contenha M amostras com $M \le N$. Nesses casos, basta fazer a amplitude igual a zero quando $M \le N$. A cada sequência finita com N amostras pode-se associar uma sequência periódica $\tilde{x}[n]$:

$$\tilde{x}[n] = \sum_{r=-\infty}^{\infty} x[n+rN]$$

Assim, a sequência finita $x[n]$ pode ser definida como:

$$x[n] = \begin{cases} \tilde{x}[n], \text{ se } 0 \le n \le N-1 \\ 0, \text{ se } n \ge N-1 \end{cases}$$

Os coeficientes da Série de Fourier Discreta (SFD) de $\tilde{x}[n]$ são amostras espaçadas na frequência por $\dfrac{2\pi}{N}$ da transformada de Fourier de $x[n]$. Uma vez que se supõe que $x[n]$ tem comprimento finito N, não existe superposição dos termos $x[n + rN]$ para os diferentes valores de r. Assim, a sequência finita $x[n]$ é obtida da sequência periódica $\tilde{x}[n]$ extraindo-se apenas um período.

Como definimos anteriormente, a sequência dos coeficientes da série de Fourier discreta $\tilde{X}[k]$ da sequência periódica $\tilde{x}[n]$

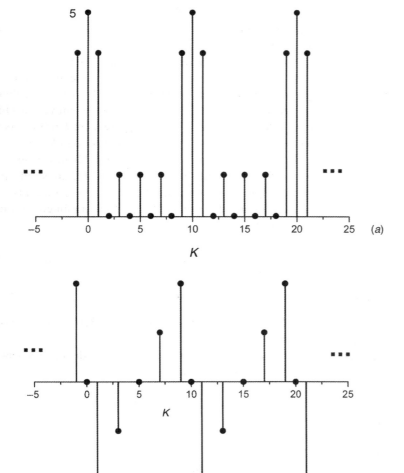

FIGURA 4.30 (a) Amplitude e (b) fase dos coeficientes da série de Fourier de uma sequência periódica quadrada com $N = 10$.

é uma sequência periódica com período N. Com o propósito de manter a dualidade entre os domínios do tempo e de frequência, pode-se escolher que os coeficientes de Fourier que são associados a uma sequência de duração finita serão uma sequência de duração finita correspondendo a um período de $\tilde{X}[k]$. Essa sequência de duração finita $X[k]$ é denominada Transformada de Fourier Discreta (TFD).

$$X[k] = \begin{cases} \tilde{X}[n], & \text{se } 0 \leq k \leq N-1 \\ 0, & \text{se } k \geq N-1 \end{cases}$$

Os termos $\tilde{X}[k]$ e $\tilde{x}[n]$ são relacionados por:

$$\tilde{X}[k] = \sum_{n=0}^{N-1} \tilde{x}[n] e^{-j(2\pi/N)kn}$$

$$\tilde{x}[n] = \frac{1}{N} \sum_{k=0}^{N-1} \tilde{X}[k] e^{j(2\pi/N)kn}$$

Uma vez que essas duas equações envolvem apenas o intervalo entre zero e $N-1$, pode-se escrever:

$$X[k] = \begin{cases} \sum_{n=0}^{N-1} x[n] e^{-j(2\pi/N)kn}, & \text{se } 0 \leq k \leq N-1 \\ 0, & \text{se } k \geq N-1 \end{cases}$$

$$x[n] = \begin{cases} \frac{1}{N} \sum_{k=0}^{N-1} X[k] e^{j(2\pi/N)kn}, & \text{se } 0 \leq n \leq N-1 \\ 0, & \text{se } n \geq N-1 \end{cases}$$

Geralmente as equações de análise e de síntese são escritas, respectivamente, como:

$$X[k] = \sum_{n=0}^{N-1} x[n] e^{-j(2\pi/N)kn}$$

$$x[n] = \frac{1}{N} \sum_{k=0}^{N-1} X[k] e^{j(2\pi/N)kn}$$

Assim como a SFD, a Transformada de Fourier Discreta (TFD) é igualmente uma amostragem da transformada de Fourier periódica, e, se a equação de síntese da TFD for analisada fora do intervalo $0 \leq n \leq N-1$, o resultado não será zero, mas uma extensão periódica de $x[n]$. A periodicidade estará sempre presente, e ignorar por completo esse fato pode gerar muitos problemas. A definição da TFD apenas reconhece que a região de interesse nos valores de $x[n]$ se encontra no intervalo $0 \leq n \leq N-1$, porque $x[n]$ é realmente zero fora desse intervalo e só estamos interessados nos valores de $X[k]$ no intervalo de $0 \leq k \leq N-1$, porque é desses valores que precisamos.

Como exemplo, considere a sequência da Figura 4.31. Essa sequência é na verdade a função pulso amostrada no tempo. O primeiro passo a ser tomado é determinar a função periódica, da qual cada período contém a sequência de interesse. A Figura 4.32 mostra uma função periódica que pode ser tomada para o cálculo.

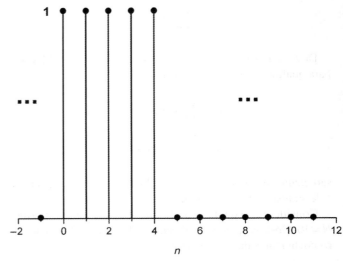

FIGURA 4.31 Sequência finita que representa a função pulso amostrada.

Se considerarmos a sequência periódica da Figura 4.32(a), temos:

$$\tilde{X} = \sum_{n=0}^{N-1} e^{-j(2\pi k/N)n} = \frac{1 - e^{-j2\pi k}}{1 - e^{-j(2\pi k/N)}}$$

e, assim, $\tilde{X} = N$ quando k for 0, $\pm N$, $\pm 2N$, $\pm 3N$, ... e $\tilde{X} = 0$ nos demais casos.

Esse resultado pode ser observado na Figura 4.33.

Apesar de sua forma parecer simples, deve-se observar que a Figura 4.33 é parecida com a da TF contínua, definida em apenas alguns valores de frequência. Se, em vez da TFD, fosse calculada a SFD, o pico que aparece em $K = 0$ se repetiria em $K = 5$, $K = 10$, ..., uma vez que o período $N = 5$.

Se for calculada a TFD da Figura 4.32(b), o resultado será o mesmo obtido no exemplo da SFD mostrado nas Figuras 4.30(a) para a amplitude e 4.30(b) para a fase. A única diferença é que a TFD apresenta um único período. Sendo assim,

$$\tilde{X}[k] = \sum_{n=0}^{4} e^{-j(2\pi/10)kn} = \frac{1 - e^{-j(2\pi/10)5k}}{1 - e^{-j(2\pi/10)k}} = e^{-j(4\pi k/10)5k} \frac{\text{sen}\left(\pi k/2\right)}{\pi k/10}$$

A TFD da função periódica da Figura 4.32(b) pode ser vista na Figura 4.34.

Por sua vez, a transformada de Fourier de uma sequência pode ser representada por

$$x[n] = \frac{1}{2\pi} \int_{-\pi}^{\pi} X(e^{j\omega}) e^{j\omega} d\omega,$$

em que

$$X(e^{j\omega}) = \sum_{-\infty}^{\infty} x[n] e^{-j\omega n}$$

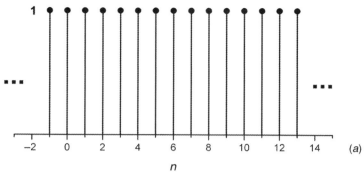

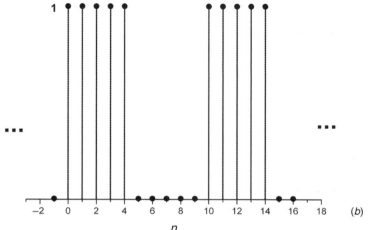

FIGURA 4.32 Sequências periódicas que podem representar a sequência finita proposta a cada período com (a) $N = 5$ e (b) $N = 10$.

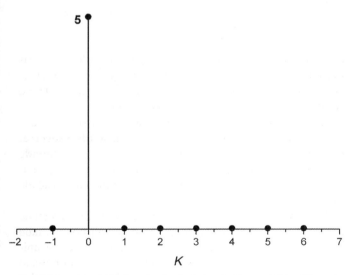

FIGURA 4.33 TFD da sequência finita da Figura 4.31, utilizando $N = 5$.

do mesmo modo que no tempo contínuo se pode definir módulo e fase da transformada de Fourier:

$$X(e^{j\omega}) = |X(e^{j\omega})| e^{j\angle X(e^{j\omega})}$$

sendo $X(e^{j\omega})$ o módulo e $e^{j\angle X(e^{j\omega})}$ a fase.

A transformada de Fourier é periódica, com período 2π. De fato $X(e^{j\omega})$ é uma função periódica de uma variável contínua e tem a forma de uma série de Fourier. A equação que expressa a sequência de valores $x[n]$ em termos da função periódica $X(e^{j\omega})$ tem a forma da integral que seria utilizada para se determinarem os coeficientes da série de Fourier. As representações de funções periódicas de variável contínua e da transformada de Fourier de sinais discretos no tempo são, portanto, equivalentes.

A questão da determinação da classe de sinais que podem ser representados por essas funções é equivalente a considerar a convergência de uma soma infinita. De fato, uma condição suficiente para a convergência é:

$$|X(e^{j\omega})| = \left| \sum_{n=-\infty}^{\infty} x[n] e^{-j\omega n} \right|$$

$$|X(e^{j\omega})| \leq \sum_{n=-\infty}^{\infty} |x[n]| |e^{-j\omega n}| \Rightarrow |X(e^{j\omega})| \leq \sum_{n=-\infty}^{\infty} |x[n]| < \infty$$

Desse modo, se $x[n]$ é absolutamente somável, então $X(e^{j\omega})$ existe. Nesse caso, a série convergirá para uma função contínua de ω. Uma vez que uma sequência estável é, por definição, absolutamente somável, toda sequência estável tem transformada de Fourier.

O fato de a TFD ser idêntica a amostras da transformada de Fourier em frequências igualmente espaçadas faz com que o cálculo de uma TFD de N amostras corresponda ao cálculo

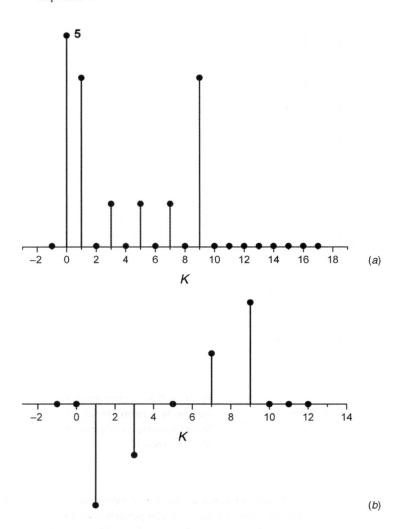

FIGURA 4.34 TFD da sequência finita da Figura 4.31, utilizando N = 10: (a) amplitude e (b) fase.

de N amostras da transformada de Fourier em N frequências igualmente espaçadas por $\omega_k = \dfrac{2\pi k}{N}$. Uma vez que a TFD pode ser explicitamente calculada, e aplicada à maioria dos sistemas reais (e consequentemente finitos), ela tem um papel importantíssimo no processamento de sinais, incluindo filtragem e análise espectral.

Em aplicações baseadas na avaliação explícita da transformada de Fourier, o que se deseja, em condições ideais, é a transformada de Fourier; entretanto, é a TFD que pode ser calculada por meio de algoritmos otimizados, definidos como FFT (*Fast Fourier Transform*). Existem diferentes algoritmos, que podem ser encontrados em literatura a respeito do assunto.

As inconsistências entre as amostragens finitas requeridas pela TFD e a realidade de sinais indefinidamente longos podem ser solucionadas aproximadamente através de conceitos de processamento digital de sinais.

4.5 Fundamentos sobre Ruído e Técnicas de Minimização

Os sinais podem ser classificados como **sinais de energia** e **sinais de potência**. Os sinais de energia são os que possuem potência média igual a zero como, por exemplo, os sinais transitórios. Os sinais de potência são os que possuem energia infinita, porém com uma potência média finita, tendo como exemplos os ruídos e os sinais periódicos.

São definidas duas importantes grandezas associadas aos sinais: uma para sinais de energia, a **densidade espectral de energia**, e outra para os sinais de potência, a **densidade espectral de potência** $S_x(\omega)$. Os ruídos são sinais de potência aleatórios, e por isso abordaremos o estudo da densidade espectral de potência.

A função densidade espectral de potência $S_x(\omega)$ ou $S_x(f)$ de um sinal $x(t)$ define a densidade de potência por unidade de banda em função da frequência (potência média por unidade de banda) desse sinal. A sua unidade é watt por radiano por segundo (W/rad/s) ou watt por hertz (W/Hz). A soma dos produtos (sua integral) de bandas estreitas pelas amplitudes correspondentes fornece a potência média do sinal.

Se um sinal com densidade espectral de potência $S_x(\omega)$ é aplicado a um sistema linear, invariante no tempo (amplificador ou filtro, por exemplo), com resposta em frequência $H(\omega)$, a densidade espectral de potência na saída do sistema é dada por:

$$S_r(\omega) = S_x(\omega)|H(\omega)|^2.$$

Essa propriedade pode ser usada para dois importantes fins:
i. Determinação da magnitude da resposta em frequência $H(\omega)$ de um sistema linear e invariante qualquer, desde que se conheça $S_x(\omega)$ (de um ruído branco, por exemplo) e se meça $S_r(\omega)$.
ii. Determinação da densidade espectral $S_x(\omega)$ de um sinal, desde que se conheça a magnitude da resposta em frequência $H(\omega)$ e se meça $S_r(\omega)$.

A função densidade espectral de potência $S_x(\omega)$ também é normalmente expressa nas unidades A^2/Hz e V^2/Hz; sendo assim, também é definida como potência média por unidade de banda em um resistor de 1 Ω. Isso se deve ao fato de que alguns sinais de ruído se apresentam na natureza sob a forma de correntes ou tensões. Como para um resistor de 1 Ω os valores eficazes de tensão e de corrente são a raiz quadrada positiva da potência média, os ruídos também são apresentados na forma de valor rms de corrente ou valor rms de tensão por raiz de Hz, nas unidades $A/\sqrt{Hz}$ e $V/\sqrt{Hz}$, respectivamente.

Considere um sinal $x(t)$ com uma densidade espectral $S_x(f)$ aplicado em um filtro passa-faixas de banda estreita Δf, com frequência central f_o. Considerando também que a resposta (dentro da banda do filtro) em magnitude do filtro é unitária tem-se:

$$S_r(f) \cong S_x(f)$$

Esse valor é tanto mais bem aproximado quanto menor for a banda. Fora da banda $S_r(f) = 0$.
A potência média P_r pode então ser aproximada por:

$$P_r \cong 2 \times S_x(f_o) \times \Delta f \quad \text{e assim} \quad S_x(f_o) \cong \frac{P_r}{2\Delta f}.$$

Como Δf é conhecida e P_r pode ser medida, essa última equação serve de base para a medida da densidade espectral de potência de um sinal. Variando-se f_o, é possível medir a densidade espectral de potência de um sinal qualquer, aplicado na entrada do filtro, em uma determinada banda de frequência de interesse.

Ruído é todo sinal indesejado que interfere em uma medida, limitando assim a exatidão do sistema de instrumentação. Esses sinais podem ter origem no próprio circuito de medição e na transmissão do sinal a pontos remotos.

Genericamente, ruídos são quaisquer sinais que têm a capacidade de reduzir a inteligibilidade de uma informação de som, imagem ou dados. Não fossem os ruídos, um sinal desejado poderia ser amplificado por uma cascata de amplificadores e/ou filtros de alto ganho, e, então, informações de reduzidíssima energia poderiam ser detectadas sem problema. Acontece que, quando amplificamos um sinal, o ruído é também amplificado.

Um dos objetivos de um projeto de instrumentação é a redução dos níveis de ruído induzido e transmitido, apesar de não ser possível eliminá-lo completamente.

No entanto, os ruídos também têm seu lado útil, pois, devido à sua riqueza espectral, alguns tipos de ruídos servem de fonte para a síntese da fala, de inúmeros sons da natureza e de sons de instrumentos musicais. Além disso, são úteis para a calibração de equipamentos eletrônicos, como sinais de teste, e nas medidas das características de filtros, amplificadores, sistemas de áudio eletroacústicos e outros sistemas. Os ruídos não possuem uma expressão matemática no tempo que os defina, não podendo ser preditos no tempo, nem mesmo depois de detectados, exceto em casos como o ruído de interferência de 60 Hz.

Em qualquer sistema de instrumentação existem dois fatores dominantes que limitam o desempenho:

- Ruído aditivo: gerado pelos dispositivos eletrônicos que são utilizados para filtrar e amplificar os sinais;
- Atenuação do sinal: é a redução da amplitude do sinal em função das perdas geradas no meio de transmissão-recepção, deixando-o mais vulnerável ao ruído aditivo. A atenuação do sinal pode ser contornada pela utilização de um amplificador que aumenta o seu nível de energia durante a transmissão. Porém, o amplificador introduzirá ruído aditivo, podendo corromper o sinal, que deve ser levado em consideração durante o projeto do sistema de instrumentação. A área da ciência que estuda a habilidade de um sistema eletrônico operar corretamente em um ambiente eletromagnético e a possibilidade de esse sistema operar como uma fonte de interferência se chama **compatibilidade eletromagnética**, ou simplesmente de EMC.

4.5.1 Caracterização do ruído

O ruído é um sinal puramente aleatório, portanto seu valor instantâneo não pode ser determinado em qualquer momento. O ruído pode ser gerado internamente em função do uso dos componentes passivos e ativos, ou ainda pode ser sobreposto ao circuito por fontes externas, como linhas de energia elétrica, motores elétricos, sistemas de ignição, sistemas de comunicação etc., como exemplificado no esboço da Figura 4.35. Portanto, o

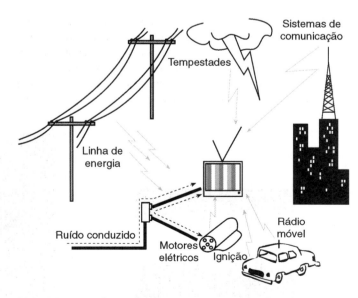

FIGURA 4.35 Exemplo de equipamento eletrônico sujeito a uma variedade de fontes de ruído eletromagnético.

TABELA 4.1 Tipos de ruído quanto a suas cores

Nome genérico	Forma da densidade espectral de potência	Exemplo de ruído
Ruído branco	1	Térmico
Ruído rosa ou ruído colorido	$1/f$	Flicker
Ruído marrom ou ruído vermelho	$1/f^2$	Popcorn

bom desenvolvimento de um sistema de instrumentação deve ser projetado para garantir a compatibilidade com o ambiente de utilização.

Vários são os tipos de ruídos, e várias são as formas de classificá-los. Aqui, serão classificados de duas formas: quanto à sua densidade espectral de potência e quanto à sua origem.

Primeiramente, como mostra a Tabela 4.1, os ruídos, quanto à forma da densidade espectral de potência (DEP), ou conforme a energia se distribui no espectro, podem ser classificados em cinco grandes grupos: amplitude constante, proporcional $1/f$, proporcional a $1/f^2$, proporcional a $1/f^{2,7}$ e forma irregular.

A Tabela 4.1 mostra a classificação dos principais tipos de ruídos quanto à forma da densidade espectral de potência, em que os nomes genéricos são dados na forma de cores. Algumas referências ainda citam os ruídos: azul (com o DEP proporcional a f), violeta (com o DEP proporcional a f^2) além de ruídos galácticos ($1/f^{2,7}$) e atmosféricos (forma irregular).

Como as fontes de ruído possuem amplitudes que variam aleatoriamente com o tempo, somente podem ser especificadas por alguma função densidade de probabilidade, como a gaussiana, que é a mais comum, ou então por funções de autocorrelação.

A função de autocorrelação algumas vezes é usada para diferenciar uma informação desejada (som, imagem ou dados) de um ruído. Por exemplo, a amostra de um sinal de fala ou imagem é grandemente correlacionada com uma amostra anterior. Como isso não acontece com os ruídos, essa característica é geralmente usada para tentar eliminá-los.

A transformada de Fourier da função de autocorrelação é a função densidade espectral de potência.

O **ruído branco** é por definição aquele que tem a sua potência distribuída uniformemente no espectro de frequência, ou seja, $S_\omega(f) = N_\omega$ é uma constante. O nome ruído branco vem da analogia com o espectro eletromagnético na faixa de luz. A luz branca contém todas as frequências do espectro visível.

Os ruídos branco e rosa, os mais importantes encontrados na natureza, têm a propriedade de serem ruídos com distribuição gaussiana, com valor médio nulo (ruídos com outros tipos de distribuição são produzidos artificialmente).

Pode ser mostrado, para processos ergódicos,[2] como é o caso, que o desvio padrão é o valor eficaz da tensão de ruído, V_{rms}. Assim sendo, o valor eficaz da tensão de ruído pode ser estimado como o valor pico a pico da tensão de ruído (desprezando os picos com poucas probabilidades de ocorrência) dividido por 6. A Figura 4.36 mostra um exemplo de ruído branco no tempo. O ruído térmico (*thermal noise*) e o ruído de disparo ou quântico (*shot noise*), descritos a seguir, são geralmente aproximados por ruído branco e apresentam distribuições gaussianas.

Uma das aplicações do ruído branco consiste na síntese de sinais de fala. O aparelho fonador humano é um complexo gerador de sons que pode ser modelado por um gerador de pulsos com frequência e amplitude controláveis (para a geração de vogais, por exemplo) e por um gerador de ruído branco (para a geração de fonemas como o /f/ e o /s/, por exemplo), mais um banco de filtros.

O ruído rosa é, por definição, aquele cuja densidade espectral de potência é proporcional ao inverso da frequência, na forma $S_p(f) = \dfrac{N_p}{f}$. O nome ruído rosa vem também de uma analogia com o espectro luminoso. A luz vermelha possui a mais baixa frequência do espectro visível, e o ruído rosa tem mais energia nas baixas frequências. Esse tipo de ruído é comumente encontrado na natureza. É chamado por muitos nomes: ruído $1/f$, ruído de baixa frequência, ruído de contato, ruído de excesso, ruído de semicondutor,

---
[2] Um processo aleatório é dito ergódico quando suas propriedades estatísticas podem ser determinadas a partir de uma amostra do processo.

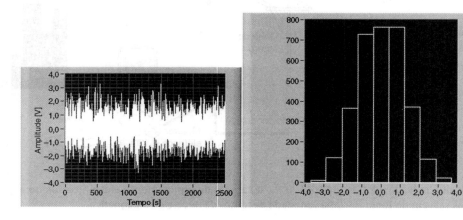

FIGURA 4.36 Ruído branco gaussiano e sua distribuição gaussiana de energia (2500 amostras e desvio padrão σ igual a 1,0).

ruído de corrente e ruído *flicker*. Ele aparece em diodos, transistores em geral, resistores de composição de carbono, microfones de carbono em contatos de chaves e relés etc. Como comentado anteriormente, os ruídos rosa têm a propriedade de serem ruídos com distribuição gaussiana. Dentre todos os ruídos, o ruído rosa é o que mais tem relação com os sons da natureza. Se convenientemente equalizado, pode ser usado para gerar sons de chuva, cachoeira, vento, rio caudaloso e outros sons naturais.

O ruído vermelho é assim denominado por analogia com a luz vermelha visível, que está na extremidade inferior do espectro de luz visível. O ruído vermelho/marrom apresenta uma densidade espectral de potência proporcional ao inverso do quadrado da frequência, na forma $1/f^2$.

O ruído *burst* e avalanche, apresentados a seguir, se aproximam das características do ruído vermelho/marrom, porém são mais bem definidos como ruído rosa onde as características em frequência são deslocadas para as menores frequências possíveis.

Tipos de ruído: todo circuito elétrico ou eletrônico é influenciado por acoplamentos capacitivos e indutivos provenientes de cabos de alimentação ou por radiação eletromagnética ionizante e não ionizante. Como exemplos, a rede de alimentação de 60 Hz, pulsos de altas frequências, aparelhos eletrodomésticos diversos, telefones celulares, sinais de rádio ou de formas de ondas erráticas conhecidas normalmente por **estática**. Existem quatro formas básicas ou mecanismos pelos quais o ruído aparece:

Ruído transmitido: recebido com o sinal original (às vezes gerado dentro do próprio transdutor sensor), e não há como distinguir um do outro;

Ruído intrínseco ou inerente: originado dentro dos dispositivos que constituem o circuito. Os ruídos intrínsecos ou inerentes estão presentes na maioria dos componentes eletrônicos, passivos e ativos, gerados por elementos de circuito, tais como: resistores, diodos, transistores bipolares, transistores de efeito de campo (isso será detalhado neste capítulo). Eles não podem ser completamente eliminados, mas podem ter seus efeitos reduzidos por um projeto apropriado dos componentes e dos sistemas.

Em 1928, Johnson demonstrou que o ruído elétrico era um problema significativo para os engenheiros que projetavam amplificadores muito sensíveis. O limite da sensibilidade de um circuito elétrico é definido pelo ponto no qual a relação sinal-ruído fica dentro de limites aceitáveis.

4.5.2 Tipos de ruído intrínseco ou inerente

Ruído shot

O nome ruído *shot* é a abreviação de ruído *schottky*. Às vezes é referenciado como ruído quântico. É causado pelas oscilações aleatórias do movimento dos portadores de carga em um condutor. O fluxo de corrente é constituído de partículas carregadas que se movem de acordo com a diferença de potencial aplicada. Quando os elétrons encontram uma barreira de potencial, eles vão se carregando de energia potencial até que conseguem energia suficiente para atravessar a barreira, transformando-a em energia cinética. Ao atravessar uma barreira de potencial (como em uma junção *pn*, por exemplo), cada elétron contribui com um pequeno ruído, ou oscilação de potencial. O efeito agregado dos elétrons atravessando essa barreira é o ruído *shot*. A corrente instantânea i, é composta de um grande número de pulsos independentes de corrente com valor médio. O ruído *shot* é geralmente especificado em termos da variação média quadrática do valor médio:

$$(\overline{I_{Sh}})^2 = \overline{(i - I_{DC})^2} = \int 2 \cdot k \cdot I_{DC} \cdot df$$

em que

df é o diferencial de frequência;

I_{DC} é a corrente em A;

q é a carga do elétron.

Se a banda B é constante (plana), então o ruído *shot* (também chamado de ruído *schottky*) em qualquer condutor é dado por:

$$I_{Sh} = \sqrt{2 \cdot q \cdot I \cdot B} \quad [A_{rms}]$$

em que

I_{Sh} é a corrente elétrica do ruído em ampères [A];

q é a carga elétrica ($1,6 \times 10^{-19}$C);

I é a corrente elétrica em ampères [A];

B é o comprimento de banda em hertz [Hz].

Algumas características do ruído *shot* são:

O ruído *shot* está sempre associado com o fluxo de corrente. Ele cessa quando a corrente é nula.

- o ruído *shot* existe independentemente da temperatura;
- o ruído *shot* possui uma densidade de potência uniforme, significando que, quando desenhada em função da frequência, a amplitude possui um valor constante;
- o ruído *shot* está presente em qualquer condutor, não somente nos semicondutores. As barreiras nos condutores podem ser simples imperfeições na estrutura cristalina dos metais ou impurezas dentro deles. O nível do ruído *shot* é muito pequeno devido ao enorme número de elétrons movendo-se no condutor e ao pequeno tamanho das barreiras de potencial. O ruído *shot* nos semicondutores é muito mais pronunciado.

O valor rms da corrente de ruído *shot* em junções semicondutoras é igual a:

$$I_{Sh} = \sqrt{(2qI_{DC} + 4qI_0) \times B}$$

em que

q é a carga do elétron ($1,6 \times 10^{-19}$C);

I_{DC} é a corrente média em A;

I_0 é a corrente de saturação inversa em A;

B é a largura de banda em Hz.

Se a junção *pn* for polarizada diretamente, I_0 é zero e o segundo termo desaparece. Usando a lei de Ohm e a resistência dinâmica da junção,

$$r_d = \frac{kT}{qI_{DC}}$$

O valor rms da tensão *shot* é igual a:

$$E_{Sh} = kT\sqrt{\frac{2B}{qI_{DC}}}$$

em que

K é a constante de Boltzmann ($1,38 \times 10^{-23}$ J/K);

q é a carga do elétron ($1,6 \times 10^{-19}$C);

T é a temperatura em K;

I_{DC} é a corrente média em A;

B é a largura de banda em Hz.

Ruído térmico

O ruído térmico é referenciado às vezes como ruído Johnson, o seu descobridor. É gerado pela agitação térmica dos elétrons em um condutor. O aumento da temperatura em um condutor faz com que aumente a agitação dos elétrons, e isso soma um componente aleatório nos seus movimentos. O ruído térmico somente cessa no zero absoluto. Assim como o ruído *shot*, o ruído térmico possui uma densidade de potência uniforme (ruído branco), com a diferença de que esse ruído é independente do fluxo de corrente. O espectro de potência do ruído térmico está uniformemente distribuído nas frequências até a região do infravermelho em torno de 10^{12} Hz. Essa distribuição indica que todas as frequências estão presentes em igual proporção, e que um número igual de elétrons está vibrando a cada frequência.

Para frequências abaixo de 100 MHz, o ruído térmico pode ser calculado usando a relação de Nyquist:

$$E_{Jh} = \sqrt{4 \cdot k \cdot T \cdot R \cdot B} \quad [V_{rms}]$$

ou

$$I_{Jh} = \sqrt{\frac{4 \cdot k \cdot T \cdot B}{R}} \quad [A_{rms}]$$

em que

E_{Jh} é a tensão de ruído em V_{rms};

I_{Jh} é a corrente de ruído em A_{rms};

K é a constante de Boltzmann ($1,38 \times 10^{-23}$ J/K);

T é a temperatura em K;

R é a resistência em Ω;

B é a largura de banda em Hz ($f_{máx} - f_{mín}$).

O ruído de um resistor é proporcional à sua resistência e à temperatura. É importante não utilizar resistores a temperaturas elevadas especialmente na entrada de estágios amplificadores de alto ganho. Diminuindo-se os valores de resistência, reduz-se também o ruído térmico.

Deve-se ter o cuidado de não utilizar resistores com valor elevado como entrada dos circuitos amplificadores porque o ruído térmico será amplificado pelo ganho do circuito. O ruído térmico em resistores é um problema frequente em equipamentos portáveis em que os resistores foram escalonados para valores grandes com o objetivo de diminuir o consumo de energia.

Ruído *flicker*

O ruído *flicker* é também conhecido como ruído $1/f$. Sua origem é um dos problemas mais antigos sem solução na física, e ele está presente em todos os componentes ativos e passivos. Pode estar relacionado a imperfeições na estrutura cristalina dos condutores e semicondutores e pode ser reduzido com melhorias nos processos de fabricação desses materiais. O ruído *flicker* está sempre associado com a corrente DC e possui o mesmo conteúdo de potência em cada década ou cada oitava.

A tensão ou corrente de ruído pode ser modelada por:

$$E_{Fl} = K_V \sqrt{\ln \frac{f_{máx}}{f_{mín}}},$$

ou

$$I_{Fl} = K_I \sqrt{\ln \frac{f_{máx}}{f_{mín}}}$$

em que K_V e K_I são constantes de proporcionalidade (V ou A) representando E_{Fl} e I_{Fl} a 1 Hz; e $f_{máx}$ e $f_{mín}$ são as frequências máximas e mínimas em Hz.

O ruído *flicker* é encontrado nos resistores de carbono, nos quais frequentemente é referenciado como **ruído de excesso** porque parece adicionado ao ruído térmico. Outros tipos de resistores também exibem o ruído *flicker* em vários níveis, e são os resistores de fio os que apresentam o menor valor. Já que o ruído *flicker* é proporcional à corrente DC no dispositivo, se a corrente for mantida pequena o suficiente, o ruído térmico predominará e o tipo de resistor usado não influenciará no ruído do circuito.

Reduzir o consumo de potência do circuito pelo escalonamento dos resistores para valores superiores pode reduzir o ruído $1/f$, com o custo de aumentar o ruído térmico.

Ruído *burst* ou rajada

O ruído *burst*, também chamado popularmente de ruído de rajada ou *popcorn noise*, está relacionado com as imperfeições nos materiais semicondutores e nas implantações de íons pesados. É caracterizado por pulsos discretos de alta frequência. A taxa dos pulsos pode variar, mas as amplitudes se mantêm constantes com valores de várias vezes o valor de amplitude do ruído térmico. O ruído *burst* apresenta um som similar ao de "pipocas estourando" (*popcorn*), em taxas abaixo de 100 Hz quando amplificado e colocado em um alto-falante. Atualmente é possível alcançar baixos níveis de ruído *burst* com a utilização de processos modernos de fabricação de dispositivos. A densidade espectral de potência desse ruído apresenta característica $1/f^n$ com n tipicamente igual a 2.

Ruído avalanche

O ruído avalanche aparece quando a junção *pn* é operada no modo de condução reversa. Sob a influência de um forte campo elétrico reverso dentro da região de depleção da junção, os elétrons possuem energia cinética suficiente para que quando colidirem com os átomos da rede cristalina sejam formados pares adicionais de elétrons-lacunas. Essas colisões são puramente aleatórias e produzem pulsos aleatórios de corrente similar ao ruído *shot*, porém muito mais intensos.

Quando os elétrons e lacunas da região de depleção de uma junção inversamente polarizada adquirem energia suficiente para ocasionar um efeito de avalanche, é originada uma série aleatória de grandes picos de ruído. A magnitude do ruído é difícil de predizer porque depende do material.

Uma vez que a ruptura Zener de uma junção *pn* ocasiona o ruído de avalanche, a melhor forma de eliminar o ruído de avalanche é projetar novamente o circuito sem a utilização de diodos Zener.

EXEMPLO

Para exemplificar o ruído inerente, considere um simples resistor que na realidade é uma fonte de ruído térmico, em qualquer sistema eletrônico, representado na Figura 4.37 por V_n (fonte de ruído térmico) em série com o resistor ideal R_i.

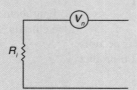

FIGURA 4.37 Ruído devido a um resistor comercial que se comporta como uma fonte de ruído térmico V_n.

Como foi descrito anteriormente, em qualquer temperatura acima do zero absoluto os elétrons em qualquer material apresentam um movimento aleatório constante. Porém, em função do comportamento aleatório desse movimento em qualquer direção, não existe nenhuma corrente detectável em direção alguma. Em outras palavras, os elétrons estão estatisticamente descorrelacionados. Contudo, existe uma série contínua de pulsos aleatórios de corrente gerados no material denominado ruído Johnson ou ruído térmico. Se o ruído Johnson é expresso por:

$$(V_n)^2 = 4 \cdot K \cdot T \cdot R \cdot B$$

em que

V_n é a tensão elétrica do ruído dada em volts [V];

K é a constante de Boltzmann $K = 1,3806503 \cdot 10^{-23} \dfrac{J}{K}$;

T é a temperatura em K;

R é a resistência em ohms [Ω];

B é o comprimento de banda em hertz [Hz].

Substituindo-se as constantes e normalizando a expressão para 1 kΩ:

$$V_n = 4\sqrt{\dfrac{R}{1\,k\Omega}}\left[\dfrac{nV}{\sqrt{Hz}}\right]$$

Esse resultado mostra que quanto maior o resistor R, maior a tensão de ruído térmico (rms).

Ruído de interferência ou EMI (*Electro-Magnetic Interference*): proveniente do ambiente externo ao circuito. Pode ter origem em fenômenos naturais, tais como descargas atmosféricas, ou estar relacionado ao acoplamento com outros equipamentos elétricos da sua vizinhança, por exemplo, computadores, fontes chaveadas, aquecedores controlados com

SCRs, transmissores de sinais de rádio, relés etc. Tipo mais comum de ruído e prejudicial aos sistemas de aquisição de dados e sistemas de medição. Além disso, é a única forma de ruído que pode ser influenciada pelas escolhas de cabeamento e blindagem, como será abordado a seguir.

Ruído por imperfeições nos processos: originado pelas imperfeições de pontos de solda (efeito termopar), efeito triboelétrico (ruído gerado dentro de condutores em movimento alternado), maus contatos nos conectores, discretização de valores analógicos, regiões não lineares de operação e imperfeições dos amplificadores operacionais, tais como tensões e correntes de *offset*, amplificação de modo comum e impedâncias de entrada e saída diferentes do ideal.

Relação sinal-ruído (SNR)

Como já foi citado no Capítulo 1, a relação sinal-ruído é uma figura de mérito que define a razão entre as potências do sinal e do ruído total presente nesse sinal.

$$SNR = 10 \cdot \log\left(\frac{\text{potência do sinal}}{\text{potência do ruído}}\right) [dB]$$

Também é possível definir a SNR como a relação de dois sinais rms. Nesse caso o resultado é adimensional e produz uma avaliação relativa entre o sinal e o ruído:

$$SNR = \frac{V_{rms} \text{ do sinal}}{V_{n\,rms} \text{ do ruído}}$$

Circuitos amplificadores (essenciais no projeto de condicionadores para sistemas de instrumentação) podem ser avaliados pela relação sinal-ruído (SNR), também denominada S_n. Como visto anteriormente, o ruído resultante da agitação térmica dos elétrons pode ser medido em termos de potência (P_n) dada em watts:

$$P_n = K \cdot T \cdot B [W]$$

em que

P_n é a potência do ruído em watts [W];
K é a constante de Boltzmann $K = 1{,}3806503 \cdot 10^{-23} \frac{J}{K}$;
T é a temperatura em kelvin;
B é o comprimento de banda em hertz [Hz].

Observe que na expressão $P_n = K \cdot T \cdot B$, não existe nenhum termo de frequência, somente o comprimento de banda (B). Dessa forma, o ruído térmico é gaussiano (ou aproximadamente gaussiano), tal que os conteúdos de frequência, fase e amplitudes são igualmente distribuídos ao longo do espectro de entrada. Assim sendo, em sistemas com comprimento de banda limitada, como amplificadores ou redes, a potência total do ruído está relacionada à temperatura e ao comprimento de banda.

Fator ruído, figura e temperatura: o ruído de um sistema ou rede pode ser definido de três formas diferentes, mas relacionadas: fator ruído (F_n), figura de ruído (NF) e temperatura de ruído equivalente (T_e) definidas em decibéis ou temperatura equivalente. Para componentes tais como os resistores, o fator ruído é a razão do ruído produzido pelo resistor real para o ruído térmico simples de um resistor ideal. O **fator ruído** de um sistema é a razão da potência ruído saída (P_{no}) pela potência ruído entrada (P_{ni}):

$$F_n = \left.\frac{P_{no}}{P_{ni}}\right|_{T = 290\,K}.$$

Para permitir comparações, o fator ruído é sempre medido em uma temperatura padronizada (T_o) de 290 K (denominada temperatura padronizada da sala). A potência de ruído entrada, P_{ni}, é definida como o produto da fonte ruído na temperatura padronizada (T_o) e o ganho do amplificador (G):

$$P_{ni} = G \cdot K \cdot B \cdot T_o.$$

É também possível definir o fator ruído F_n em termos de saída e entrada SNR:

$$F_n = \frac{S_{ni}}{S_{no}}$$

que também é:

$$F_n = \frac{P_{no}}{K \cdot T_o \cdot B \cdot G}$$

em que

S_{ni} é a relação sinal-ruído da entrada;
S_{no} é a relação sinal-ruído da saída;
P_{no} é a potência ruído da saída;
K é a constante de Boltzmann $K = 1{,}3806503 \cdot 10^{-23} \frac{J}{K}$;
T_o é 290 K;
B é o comprimento de banda da rede em hertz [Hz];
G é o ganho do amplificador.

O fator ruído pode ser avaliado em um modelo que considera o amplificador ideal. Sendo assim, o amplificador somente apresenta o ganho G do ruído produzido pela fonte ruído entrada:

$$F_n = \frac{K \cdot T_o \cdot B \cdot G + \Delta N}{K \cdot T_o \cdot B \cdot G}$$

ou

$$F_n = \frac{\Delta N}{K \cdot T_o \cdot B \cdot G}$$

em que ΔN é o ruído adicionado pela rede ou amplificador.
Figura ruído (também denominada **figura de mérito**): é

uma medida frequentemente usada em amplificadores. É o fator ruído convertido para a notação em decibel:

$$NF = 10 \times \log_{10}(F_n)$$

em que

NF é a figura ruído em decibéis (dB);

F_n é o fator ruído.

Temperatura ruído: é o termo utilizado para especificar ruídos em termos de uma temperatura equivalente. A temperatura ruído equivalente T_e não é uma temperatura física do amplificador, mas um aspecto teórico construído em função de uma temperatura equivalente que produz potência ruído. A temperatura ruído está relacionada ao fator ruído por:

$$T_e = (F_n - 1)T_o$$

e com a figura ruído:

$$T_e = \left[\log^{-1}\left(\frac{NF}{10}\right) - 1\right] \cdot K \cdot T_o.$$

Em função da definição da temperatura ruído T_e, podemos definir o fator ruído e a figura ruído em termos da temperatura ruído:

$$F_n = \frac{T_e}{T_o} + 1$$

e

$$NF = 10 \times \log_{10}\left(\frac{T_e}{T_o} + 1\right)$$

O ruído total em qualquer amplificador ou rede é a soma do ruído interno e externo. Em termos da temperatura ruído:

$$P_{n(total)} = G \cdot K \cdot B \cdot (T_o + T_e)$$

em que $P_{n(total)}$ é a potência ruído total.

4.5.3 Formas de infiltração do ruído

O ruído se infiltra nos sistemas de instrumentação de dois modos:

Ruído de modo série: atua em série com a tensão de saída do transdutor sensor primário, ocasionando erros muito significativos na saída de medição.

Ruído de modo comum: é menos sério porque ocasiona variações iguais dos potenciais em ambos os condutores do circuito de sinal e dessa forma o nível da saída de medição não é alterado. Apesar disso, esse tipo de ruído deve ser considerado cuidadosamente, uma vez que pode se transformar em tensões de modo série em algumas circunstâncias.

4.5.4 Procedimentos para redução de ruído em cabeamento

Os cabos utilizados nos sistemas eletrônicos (incluindo evidentemente sistemas de instrumentação) são essenciais e devem ser cuidadosamente escolhidos. Normalmente são elementos de comprimento considerável nos sistemas; sendo assim, atuam como eficientes antenas irradiando ruído. Assumindo que o acoplamento entre circuitos pode ser representado pelas capacitâncias e indutâncias entre condutores, por consequência o circuito pode ser analisado pela Teoria de Circuitos. Existem três tipos básicos de acoplamento:

Acoplamento capacitivo ou elétrico: resulta da interação dos campos elétricos entre os circuitos;

Acoplamento indutivo ou magnético: resulta da interação entre campos magnéticos de dois circuitos;

Acoplamento eletromagnético: combinação dos campos elétricos e magnéticos.

Acoplamento capacitivo: para compreensão do acoplamento capacitivo usaremos o modelo clássico de representação simplificada do acoplamento capacitivo entre dois condutores, conforme Figura 4.38. O circuito equivalente do acoplamento foi elaborado considerando a tensão elétrica V_1 no condutor 1 como fonte de interferência e no condutor 2 como circuito afetado ou receptor dessa interferência.

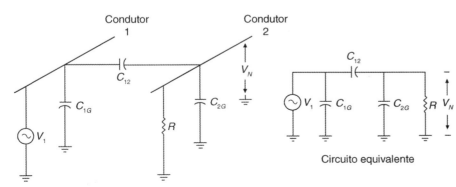

FIGURA 4.38 Exemplo clássico para o acoplamento capacitivo entre dois condutores.

Pela Teoria de Circuitos, a tensão ruído V_N produzida entre o condutor 2 e a referência pode ser expressa por (desprezando a capacitância G_{1G} em função da fonte de tensão V_1, pois não afeta no acoplamento):

$$V_N = \frac{j \cdot \omega \left[\dfrac{C_{12}}{C_{12} + C_{2G}} \right]}{j \cdot \omega + \dfrac{1}{R(C_{12} + C_{2G})}} \times V_1$$

em que

A impedância do capacitor é $Z_C = j\dfrac{1}{\omega \cdot C}$;

C_{12} é a capacitância parasita entre os condutores 1 e 2;

C_{1G} é a capacitância entre o condutor 1 e a referência;

C_{2G} é a capacitância total entre o condutor 2 e a referência e o efeito de qualquer circuito conectado ao conector 2;

R é a resistência do circuito 2 com relação à referência (resulta do circuito conectado ao condutor 2);

ω é a frequência angular ($\omega = 2 \cdot \pi \cdot f$), em que f é a frequência dada em hertz.

Considerando R uma impedância muito pequena:

$$R \ll \frac{1}{j \cdot \omega(C_{12} + C_{2G})}$$

a tensão ruído V_N pode ser simplificada para:

$$V_N = j \cdot \omega \cdot R \cdot C_{12} \cdot V_1$$

que descreve o **acoplamento capacitivo entre dois condutores**, mostrando que a tensão ruído V_N é diretamente proporcional à frequência ($\omega = 2 \cdot \pi \cdot f$) da fonte interferente (fonte geradora da interferência), à resistência R, à capacitância entre os condutores 1 e 2 e à magnitude da tensão V_1.

Uma questão importante é considerar que, se a tensão e a frequência da fonte de ruído não podem ser alteradas, restam, portanto, somente dois parâmetros para **redução do acoplamento capacitivo**: o circuito receptor (no exemplo o condutor 2) pode operar com baixa resistência R ou a capacitância C_{12} deve ser reduzida através do posicionamento adequado dos condutores, pela blindagem ou pela separação física dos condutores (a separação dos condutores reduz a capacitância C_{12}, reduzindo dessa forma a tensão induzida no condutor 2).

Agora vamos considerar uma R muito grande:

$$R \gg \frac{1}{j \cdot \omega(C_{12} + C_{2G})}$$

a tensão ruído V_N pode ser simplificada para:

$$V_N = \left(\frac{C_{12}}{C_{12} + C_{2G}} \right) V_1$$

Nessa condição, o ruído produzido entre o condutor 2 e a referência é devido ao divisor de tensão e, portanto, a tensão ruído é independente da frequência.

Blindagem: utiliza-se o mesmo exemplo da Figura 4.38, considerando-se, porém, que uma blindagem foi colocada ao redor do condutor receptor (condutor 2) com R infinito, gerando a configuração da Figura 4.39.

A tensão V_S é dada por:

$$V_S = \left(\frac{C_{1S}}{C_{1S} + C_{SG}} \right) \times V_1$$

Como nenhuma corrente flui através de C_{2S} (capacitância entre o condutor 2 e a blindagem), a tensão no condutor 2 é:

$$V_N = V_S.$$

Caso a **blindagem esteja aterrada**, a tensão $V_S = 0$ e a tensão ruído V_N no condutor 2 são reduzidas para ZERO (situação condutor e blindagem ideal). De qualquer forma, para uma boa blindagem do campo elétrico, é necessário (1) minimizar o comprimento do condutor central que excede a blindagem e (2) fornecer um bom aterramento à blindagem (uma simples conexão à referência fornece um bom aterramento

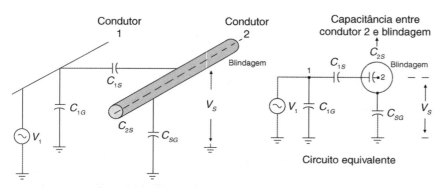

FIGURA 4.39 Acoplamento capacitivo com condutor 2 blindado.

para cabos não maiores do que $1/20$ do comprimento de onda, porém para cabos longos podem ser necessárias múltiplas referências).

Considerando R finito e bem menor do que:

$$R << \frac{1}{j \cdot \omega(C_{12} + C_{2G} + C_{2S})}$$

fato que normalmente ocorre, a tensão ruído de acoplamento é:

$$V_N = j \cdot \omega \cdot R \cdot C_{12} \cdot V_1.$$

Essa é exatamente a mesma expressão determinada para o cabo sem aterramento, porém a capacitância entre os condutores 1 e 2 C_{12} foi consideravelmente reduzida em função da blindagem.

Acoplamento indutivo: a discussão é similar à anterior, porém relacionada a campos magnéticos. Relembrando os conceitos de Eletromagnetismo, quando uma corrente I trafega em um circuito fechado, produz um fluxo magnético ϕ proporcional à corrente (a constante de proporcionalidade é denominada indutância L, que depende da geometria do circuito e das propriedades magnéticas do meio):

$$\phi = L \cdot I.$$

Considere que o fluxo de corrente em um circuito produz um fluxo magnético em um segundo circuito; sendo assim, uma indutância mútua entre os circuitos 1 e 2 é criada:

$$M_{12} = \frac{\phi_{12}}{I_1}$$

em que ϕ_{12} representa o fluxo magnético no circuito 2 devido à corrente no circuito 1 (I_1). Resumidamente, a tensão induzida V_N em um caminho fechado de área A devido ao campo magnético da densidade de fluxo B (derivada da lei de Faraday) é dada por:

$$V_N = j\omega \cdot B \cdot A \cdot \cos(\theta)$$

em que $B \cdot A \cdot \cos(\theta)$ representa o fluxo magnético total ϕ_{12} acoplado ao circuito receptor. Através de manipulação algébrica de $M_{12} = \dfrac{\phi_{12}}{I_1}$ e $V_N = j\omega \cdot B \cdot A \cdot \cos(\theta)$:

$$V_N = j\omega \cdot M \cdot I_1 = M \frac{di_1}{dt}$$

que descreve o acoplamento indutivo entre dois circuitos, conforme esboço da Figura 4.40, em que:

I_1 é a corrente no circuito interferente (fonte de ruído);

M é a indutância mútua entre os dois circuitos;

ω é a frequência angular (percebe-se que o acoplamento é diretamente proporcional à frequência).

Para reduzir a tensão ruído V_N, B, A ou $\cos(\theta)$ precisam ser reduzidos. A densidade de fluxo B pode ser reduzida pela separação física dos circuitos ou trançando os fios da fonte, fornecendo um fluxo de corrente no par trançado e não através do plano de terra. O $\cos(\theta)$ pode ser reduzido através da orientação apropriada da fonte e circuitos receptores. A área do circuito receptor pode ser reduzida pelo uso de condutores trançados entre si (par trançado).

Pode-se verificar na Figura 4.40 que a utilização de uma blindagem não magnética não terá efeito sobre o acoplamento magnético. Tampouco um aterramento nessa blindagem, uma vez que nela não serão modificadas as propriedades magnéticas do meio.

Considerando um cabo coaxial nesse caso, a indutância mútua entre a blindagem e condutor do centro do cabo é igual à indutância da blindagem ($L_S = M$). Nesse caso, o circuito equivalente entre a blindagem e o condutor central é mostrado na Figura 4.41.

E o ruído induzido pode ser calculado por:

$$V_N = \left(\frac{j\omega}{j\omega + R_s/L_s}\right) V_s$$

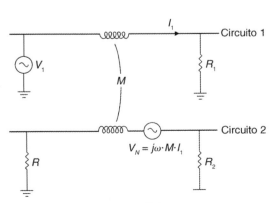
Representação física

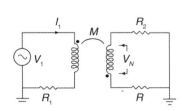
Circuito equivalente

FIGURA 4.40 Acoplamento magnético entre dois circuitos.

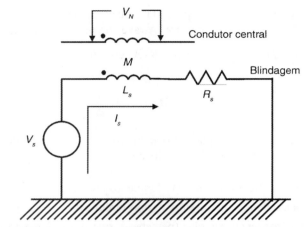

FIGURA 4.41 Circuito equivalente do condutor blindado.

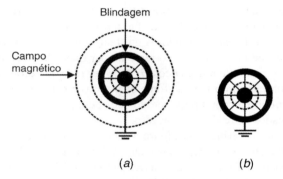

FIGURA 4.42 (a) Cabo coaxial blindado e conectado ao terra em uma ponta apenas; (b) cabo blindado e conectado ao terra em ambas as pontas.

Para evitar radiação magnética de cabos coaxiais, também se deve aterrá-lo. Ao se aterrar um ponto da blindagem, o campo elétrico é limitado nessa blindagem, porém o efeito do campo magnético não é cancelado. É preciso aterrar os dois lados da blindagem, forçando a circulação de correntes de mesma intensidade, que acabam por cancelar o campo magnético. Isso é ilustrado na Figura 4.42.

No caso de um receptor, a melhor maneira de proteger-se contra campos magnéticos é reduzir a área de *loop* (ou área de laço) do receptor. Isso geralmente é feito observando-se o caminho de retorno da corrente até a fonte. A Figura 4.43 ilustra o efeito da área de laço de corrente. Na Figura 4.43(a), a carga é ligada à fonte por um cabo sem blindagem e é caracterizada por uma área grande. Na Figura 4.43(b), a corrente de retorno tem um caminho de baixa impedância pela blindagem e a área de laço de corrente é reduzida, reduzindo os efeitos dos campos magnéticos. A Figura 4.43(c) mostra um condutor blindado com apenas uma das pontas conectada ao terra. Nesse caso, não ocorre a redução da área de laço da corrente.

Entretanto, deve ser enfatizado que, quando aterrado em ambos os lados da blindagem, devido à intensidade das correntes nos laços de terra, apenas uma quantidade limitada de proteção é possibilitada. De fato, mesmo se apenas um lado da blindagem estiver aterrado, as correntes de ruído ainda podem estar circulando (por essa blindagem), devido a acoplamentos capacitivos. **Assim, para máxima proteção em baixas frequências a blindagem não deve servir como condutor do sinal e um lado do circuito deve estar isolado do aterramento.**

Comparação do cabo coaxial e par trançado: ambos são evidentemente úteis em diversas aplicações. Pares trançados blindados são muito úteis em frequências até 100 kHz (com raras exceções), pois acima de 1 MHz as perdas na blindagem do par aumentam consideravelmente. Em contrapartida, os cabos coaxiais apresentam características de impedância mais uniformes com menores perdas. Apresentam uma faixa até as frequências VHF (cerca de 100 MHz) e em aplicações especiais até 10 GHz. Um par trançado apresenta maior capacitância do que o cabo coaxial; sendo assim, não apresenta bom desempenho em altas frequências ou em circuitos com alta impedância. Um cabo coaxial aterrado em um ponto apresenta um bom grau de proteção contra efeitos capacitivos. Porém se uma corrente ruído trafega na blindagem, uma tensão ruído é produzida (sua magnitude é igual à corrente na blindagem vezes a resistência da blindagem – lei de Ohm). Como a blindagem é parte do caminho do sinal, essa tensão ruído aparece como ruído em série com o sinal de entrada. Uma dupla blindagem, ou triaxial, com isolamento entre as duas blindagens, pode eliminar o ruído produzido pela resistência da blindagem.

4.5.5 Minimização do ruído pelo aterramento

Aterramento é uma das maneiras primárias para minimizar ruídos indesejados. O aterramento e o cabeamento podem resolver um percentual considerável dos problemas de ruído.

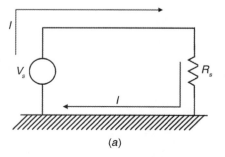 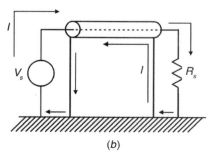 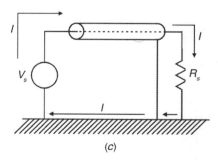

FIGURA 4.43 Laço (ou *loop* de corrente) de corrente entre uma fonte e uma carga: (a) sem blindagem; (b) com blindagem com ambas as pontas aterradas; (c) com blindagem aterrada em apenas uma ponta.

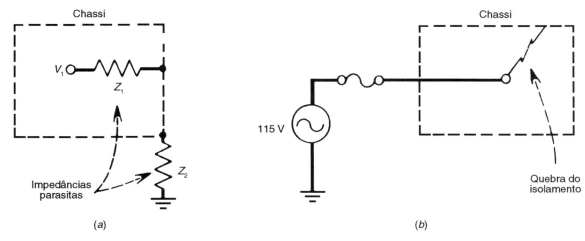

FIGURA 4.44 Para segurança, o chassi deve ser aterrado, caso contrário tensões danosas à saúde podem estar disponíveis sobre impedâncias parasitas ou podem quebrar o isolamento do instrumento.

Aterramento seguro: considerações relacionadas à segurança exigem que o chassi de um equipamento elétrico seja aterrado (esse conceito pode ser observado na Figura 4.44).

Na Figura 4.44(a) Z_1 é uma impedância parasita entre um ponto de potencial V_1 e o chassi e Z_2 é uma impedância parasita entre o chassi e a referência (terra). O potencial do chassi V_{ch} é determinado pelas impedâncias Z_1 e Z_2 atuando como um simples divisor de tensão:

$$V_{ch} = V_1 \times \left(\frac{Z_2}{Z_1 + Z_2}\right).$$

É importante observar que essa tensão pode apresentar níveis perigosos e danosos à saúde humana, pois é determinado pelos valores relativos das impedâncias parasitas, sobre os quais existe pouquíssimo controle. Porém, se o chassi estiver aterrado, seu potencial é zero. A Figura 4.44(b) apresenta outra situação perigosa: um fusível interligando a linha de alimentação (AC) ao chassi. Se ocorrer uma quebra de isolamento, a linha AC ficará em contato com o chassi, podendo liberar a capacidade total de corrente do circuito fusível. Se o chassi for aterrado e o isolamento quebrado, uma grande corrente da linha causará rompimento do fusível (queimará), removendo a tensão do chassi.

Aterramento de sinais: um terra (ou referência) é definido como um ponto equipotencial ou plano que serve como potencial de referência para um circuito ou sistema. Nas aplicações práticas ou no mundo real, uma definição mais adequada para aterramento de sinais é um caminho de baixa impedância para a corrente retornar para a fonte.

O aterramento de sinais é determinado pelo tipo de circuito, pela frequência de operação, pelo tamanho do sistema e por outras considerações, tais como segurança. Usualmente pertencem a três categorias: aterramento em um ponto, aterramento multiponto e aterramento híbrido. A Figura 4.45 apresenta as categorias de aterramento em um ponto e multiponto.

A principal limitação do sistema de aterramento em um ponto ocorre em altas frequências, em que as indutâncias dos condutores aterrados aumentam a impedância do aterramento.

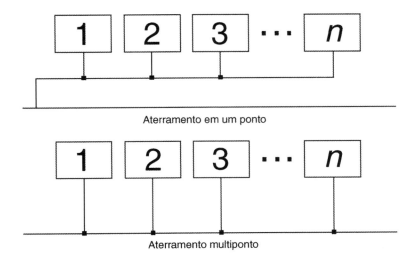

FIGURA 4.45 Aterramento em um ponto apenas e multiponto.

O sistema de aterramento multiponto é utilizado principalmente em altas frequências e circuitos digitais para minimizar a impedância do aterramento. Resumidamente, em frequências inferiores a 1 MHz um aterramento em um ponto é utilizado; acima de 10 MHz um sistema de aterramento multiponto deve ser implementado.

Blindagem de amplificadores: amplificadores de alto ganho muitas vezes são blindados para possibilitar uma proteção aos campos elétricos. A questão é onde a blindagem deve ser aterrada. Para evitar oscilações no circuito amplificador, a blindagem deve ser conectada ao terminal comum do mesmo.

Resumidamente, o sistema de aterramento deve respeitar as seguintes considerações:

- em baixas frequências, o aterramento em um ponto pode ser usado;
- em altas frequências e circuitos digitais, um sistema de aterramento multiponto deve ser utilizado;
- em sistemas de baixa frequência, devem ser projetadas, no mínimo, três referências separadas: referência para o sinal, referência para dispositivos que geram ruído como motores e *relays* e referência para a conexão aos invólucros mecânicos, *racks*, chassis etc.;
- o objetivo básico de um bom sistema de aterramento é minimizar a tensão ruído;
- para o caso de um amplificador aterrado com uma fonte não aterrada, a entrada do cabo blindado deve ser conectada ao terminal comum do amplificador;
- para o caso de uma fonte aterrada com um amplificador não aterrado, a entrada do cabo blindado deve ser conectada ao terminal comum da fonte;
- uma blindagem próxima de um amplificador de alto ganho deve ser conectada ao comum do amplificador;
- quando um circuito é aterrado em ambos os lados, o *loop* formado é suscetível ao ruído de campos magnéticos e tensões diferenciais;
- o método para impedir os *loops* de referência é utilizar transformadores isoladores, ou acopladores ópticos, ou amplificadores diferenciais ou amplificadores isoladores;
- em altas frequências, a blindagem dos cabos é usualmente aterrada em mais de um ponto.

4.5.6 O ruído intrínseco dos componentes eletrônicos

Os componentes eletrônicos não estão livres dos diversos tipos de ruído inerente mencionados nesta seção. Geralmente, esses componentes são tratados na forma de modelos que incluem os efeitos observados. A seguir, serão mostrados alguns modelos aplicados a alguns dos componentes eletrônicos.

4.5.6.1 O ruído intrínseco dos resistores

O ruído de um resistor pode ser modelado como uma fonte de tensão de ruído térmico (Johnson) em série com outro resistor

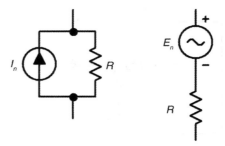

FIGURA 4.46 Modelo do resistor com ruído térmico.

sem ruído, ou como uma fonte de corrente em paralelo com o resistor sem ruído, como mostra a Figura 4.46. Esses modelos são equivalentes e podem ser intercambiados para facilitar a análise.

4.5.6.2 O ruído intrínseco nos diodos

O diodo é geralmente modelado com uma fonte de tensão representando o ruído térmico e uma outra de corrente representando os ruídos *shot* e *flicker* (veja seções anteriores) como mostrado na Figura 4.47.

4.5.6.3 O ruído intrínseco dos transistores de junção bipolares (TJB)

Com a exceção do ruído avalanche, o TJB, de forma geral, exibe todos os tipos de ruído que dependem do ponto de operação do dispositivo. Entretanto, prevalecem fonte de ruído *shot* na base e no coletor, modelados com duas fontes de corrente, superposta a uma fonte de tensão de ruído térmico na base. Apesar de o ruído nesse componente poder ser tratado com as três fontes de ruído na base e no coletor, é geralmente mais simples transferir as fontes para a base. Dessa forma, uma fonte de tensão representando uma parcela do ruído *shot* do coletor e uma parcela do ruído Johnson da resistência de base são ligadas em série com uma fonte de corrente representando ruídos *shot* e *flicker* da base e mais uma parcela do ruído *shot* do coletor, como mostra a Figura 4.48.

As densidades espectrais de potência para o TJB podem ser descritas por:

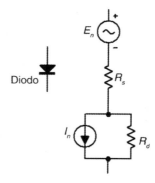

FIGURA 4.47 Modelo do diodo com fontes de ruído térmico, *flicker* e *shot*.

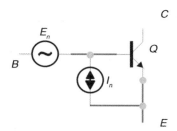

FIGURA 4.48 Fontes de corrente de ruído *shot* e *flicker* transferidos para a base e de tensão para o ruído térmico nos TJBs.

$$e_n^2 = 4kT\left(r_b + \frac{1}{2\,qI_c/KT}\right)$$

$$i_n^2 = 2q\left(I_b + K_1\frac{I_B^a}{f} + \frac{I_c}{|\beta(jf)|^2}\right)$$

em que

r_b é a resistência intrínseca da base;

I_B e I_c são as correntes DC da base e do coletor;

K_1 e a são constantes do dispositivo;

$\beta(jf)$ o ganho de corrente.

4.5.6.4 O ruído intrínseco dos MOSFET

As densidades espectrais de potência para os MOSFET são:

$$e_n^2 = \left[4kT\frac{2}{3g_m} + \frac{K_4}{WLf}\right] \quad \text{e} \quad i_n^2 = 2qI_G$$

sendo

g_m a transcondutância;

K_4 a constante do dispositivo;

W e L os parâmetros de espessura e comprimento do canal.

O ruído *shot*, representado pela fonte de corrente, é desprezível para a temperatura ambiente, mas passa a ser significativo quando esta também aumenta. Na expressão de e_n^2, o primeiro termo representa o ruído térmico devido à resistência do canal e o segundo representa o ruído *flicker*. Esse último é o de maior importância para o MOSFET. O ruído *flicker* é inversamente proporcional à área $W \times L$, assim ele só pode ser reduzido utilizando geometrias grandes. A Figura 4.49 mostra um modelo de um MOSFET com as fontes de ruído na entrada.

4.5.6.5 O ruído intrínseco dos JFET

As densidades espectrais de potência do ruído de entrada (utilizando o mesmo modelo que para o MOSFET) para o JFET são:

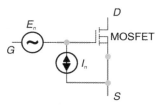

FIGURA 4.49 Modelo das fontes de ruído na entrada do MOSFET

$$e_n^2 = 4kT\left(\frac{2}{3g_m} + K_2\frac{I_D^a/g_m^2}{f}\right)$$

$$i_n^2 = 2qI_G + \left(\frac{2\pi fC_{gs}}{g_m}\right)^2\left(4kT\frac{2}{3g_m} + K_3\frac{I_D^a}{f}\right)$$

em que

g_m é a transcondutância;

I_D é a corrente de dreno DC;

I_G é a corrente de fuga do *gate*;

K_2, K_3 e a são constantes do dispositivo;

C_{gs} é a capacitância entre o *gate* e a *source*.

Na expressão de e_n^2, o primeiro termo representa o ruído térmico no canal e o segundo termo, o ruído *flicker* da corrente de dreno. Na temperatura ambiente, em frequências moderadas, todos os termos da corrente de entrada do JFET são desprezíveis, mas aumentam à medida que a temperatura é incrementada, tornando-se significativa. Comparados com os TJBs, os JFETs possuem valores de transcondutância mais baixos, indicando que amplificadores operacionais que contêm JFET na entrada tendem a exibir mais ruído em condições similares. Além disso, e_n^2 no JFET contém ruído *flicker*. Essas desvantagens são compensadas em parte por um desempenho melhor em relação à corrente de ruído, ao menos à temperatura ambiente.

4.5.6.6 O ruído intrínseco dos amplificadores operacionais

Em termos gerais, não temos conhecimento sobre a amplitude em um dado momento de um sinal de ruído. Porém, o comportamento estatístico nos dá informações sobre a parte invariante no tempo (valor médio μ_x) e sobre a parte dinâmica (variância σ_x^2).

No entanto, o ruído eletrônico é usualmente representado por um ruído gaussiano com média nula $\mu_x = 0$ e então a sua variância pode ser descrita por:

$$\sigma_x^2 = \lim_{T\to\infty}\frac{1}{T}\int_0^T x^2(t)dt$$

A variância do ruído tem a mesma formulação que a potência de ruído, usualmente representada por Ψ^2, que também representa o valor RMS ao quadrado. A densidade espectral de potência (veja a Seção 4.5) é usualmente o parâmetro utilizado para representar sinais aleatórios no domínio da frequência. Por exemplo, o ruído branco possui a mesma densidade de potência em todo o espectro de frequências.

Esse parâmetro é especialmente importante porque a maioria dos sinais na natureza são chamados de sinais de banda limitada. Na prática, a limitação da banda implica as fronteiras da análise do processo. Por exemplo, imagine um ruído branco, que por definição tem potência igual em todas as frequências. Se resolvermos processar esse ruído, por exemplo amplificá-lo, naturalmente teríamos estabelecido uma banda limitada com as fronteiras impostas pelas características do amplificador.

A potência de saída (ou valor RMS quadrado) do sinal pode ser calculada a partir da resposta em frequência do sistema:

$$\psi^2 = \int_0^\infty |H(f)|^2 G(f) df$$

em que $H(f)$ é a resposta em frequência do sistema (amplificador ou filtro, ou ambos) e $G(f)$ o sinal de entrada no domínio da frequência. Se o sistema tem banda limitada e plana entre f_L e f_H com ganho A, considerando-se um ruído branco como sinal de entrada de amplitude A tem-se:

$$\psi^2 = A\int_{f_L}^{f_H} |H(f)|^2 df = A|H(f)|^2 (f_H - f_L)$$

Nas aplicações de eletrônica, mais especificamente no cálculo das contribuições de ruído intrínseco na saída de amplificadores operacionais, utiliza-se o parâmetro de densidade espectral de potência (e_n^2 ou i_n^2) fornecida pelo fabricante e o valor RMS ao quadrado da tensão de ruído pode ser calculado de:

$$E_n^2 = \int_{f_L}^{f_H} e_n^2 \, df$$

ou o valor RMS da corrente de ruído:

$$I_n^2 = \int_{f_L}^{f_H} i_n^2 \, df$$

O amplificador operacional (opamps) é um conglomerado de resistores, transistores e capacitores integrados numa pastilha de silício. Seria bastante complicado, e não muito prático, analisar cada um dos componentes discretos do circuito com o seu modelo equivalente ruidoso. Ao invés, o ruído dos amplificadores operacionais não é especificado com um tipo de fonte de ruído, mas com um modelo geral, o qual descreve o comportamento do dispositivo. Isso é especificado com um gráfico do ruído equivalente de entrada *versus* frequência, evidenciando os efeitos predominantes devido ao ruído. Nos opamps geralmente o ruído rosa é o efeito dominante nas baixas frequências, e o ruído branco é o efeito dominante nas altas frequências.

Para calcular o ruído total do amplificador, é necessário dividir o ruído em duas seções, a parte rosa e a parte branca, e depois calcular o ruído total do amplificador.

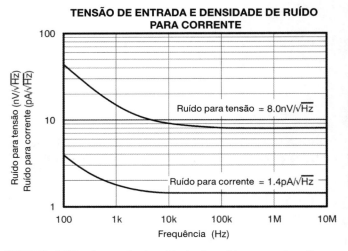

FIGURA 4.50 Curva de densidade do ruído para a tensão e corrente do amplificador operacional OPA2652. Cortesia Texas Instruments.

Especificamente nos OPAMPs temos caracteristicamente o seu espectro de potência fornecido pelo fabricante e caracterizado por uma sobreposição de um ruído branco (espectro plano) a um ruído $\frac{1}{f}$ nas baixas frequências. As densidades espectrais da tensão e corrente de ruído descrevem esse comportamento (geralmente fornecidas pelos fabricantes):

$$S_e(f) = e_n^2 \left(1 + \frac{f_{ce}}{f}\right)$$

$$S_i(f) = i_n^2 \left(1 + \frac{f_{ci}}{f}\right)$$

em que f_{ce} e f_{ci} representam as frequências de canto ou joelho da tensão e corrente de ruído, nos quais o ruído $\frac{1}{f}$ é igual ao ruído branco.

Se quisermos a potência de ruído na banda de frequência entre $f_{mín}$ e $f_{máx}$, basta resolver a integral:

$$E_n^2(f_{mín}, f_{máx}) = \int_{f_{mín}}^{f_{máx}} S_e(f) df = e_n^2(f_{máx} - f_{mín}) + e_n^2 f_{ce} \ln\frac{f_{máx}}{f_{mín}})$$

$$I_n^2(f_{mín}, f_{máx}) = \int_{f_{mín}}^{f_{máx}} S_i(f) df = i_n^2(f_{máx} - f_{mín}) + i_n^2 f_{ci} \ln\frac{f_{máx}}{f_{mín}})$$

A f_{nc} pode ser aproximada utilizando-se um gráfico, extrapolando-se duas retas que caracterizam os ruídos rosa e branco. Para o primeiro, basta estender a reta tangente que corta o eixo vertical (no ponto de menor frequência do gráfico), e para o segundo basta estender a reta horizontal. O ponto de intersecção é aproximadamente o ponto de f_{nc} e representa a frequência na qual os ruídos rosa e branco são iguais em amplitude. O ruído total é calculado somando-se os dois sinais. Quando existem várias fontes de ruído num circuito, o valor RMS de sinal de ruído total resultante é a raiz quadrada da soma dos valores médios quadrados das fontes individuais. Como as duas fontes de ruído têm amplitudes iguais no circuito, o ruído aumentará 3 dB ou $\sqrt{2} \times$ o valor da especificação do ruído branco, nesse caso. A Figura 4.50 mostra a curva do amplificador operacional OPA2652 (*datasheet* disponível em www.ti.com).

Também pode-se calcular (com aproximação melhor que o método gráfico) a frequência de joelho do ruído da seguinte forma:

(i) primeiro verifica-se no gráfico o ruído rosa na menor frequência disponível (no caso 100 Hz).
Verifica-se também o dado do ruído branco (no caso 8 $nV/\sqrt{Hz}$).
E procede-se:

$$\left[\left(\text{Valor do ruído } 1/f \text{ em 100 Hz} = 40\left[\frac{nV}{\sqrt{Hz}}\right]\right)^2 - \left(\text{Valor do ruído branco que é } 8\left[\frac{nV}{\sqrt{Hz}}\right]\right)^2\right] \times \begin{array}{l}\text{Freq. do}\\ \text{ruído}\\ 1/f[\text{Hz}]\end{array}$$

(ii) calculando temos:

$$e_{1/f}^2 \text{ em 100 Hz} = [(40)^2 - (8)^2] \times 100 = 153\,600\,(nV)^2$$

(iii) podemos então calcular f_{nc} fazendo:

$$f_{nc} = \frac{e_{1/f}^2 \text{ em 100 Hz}}{(\text{ruído branco})^2} = \frac{153\,600\,(nV)^2}{\left(\frac{8nV}{\sqrt{Hz}}\right)^2} = 2400 \text{ Hz}$$

(iv) verificando-se o gráfico da Figura 4.50 e aplicando-se o método aproximado descrito anteriormente, o resultado pode ser confirmado. Uma vez que a frequência de canto é conhecida, as componentes individuais do ruído podem ser somadas. Continuando com o exemplo para a faixa de frequências de 100 Hz a 10 MHz:

$$e_n = e_{branco}\sqrt{f_{nc} \ln \frac{f_{máx}}{f_{mín}} + (f_{máx} - f_{mín})}$$

$$e_n = 8\frac{nV}{\sqrt{Hz}}\sqrt{2400 \text{ Hz} \times \ln \frac{10\,000\,000}{100} + (10\,000\,000 - 100)} =$$
$$= 25{,}33\,\mu V \cong -92 \text{ dBV}.$$

Esse exemplo pressupõe que a largura de banda inclui f_{nc}. Se não for assim, toda a contribuição será ou do ruído rosa ou do ruído branco (a primeira parcela dentro da raiz da equação anterior diz respeito ao ruído rosa $1/f$, enquanto a segunda parcela é relativa ao ruído branco – faixa plana). Se a largura de banda for muito grande e se estender três décadas ou mais acima de f_{nc}, a contribuição do ruído $1/f$ (rosa) pode ser ignorada, que é o caso do exemplo apresentado. Pode-se verificar que o resultado muda pouco se dentro da raiz for deixada apenas a segunda parcela.

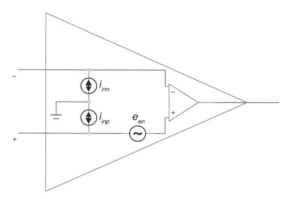

FIGURA 4.51 Modelo do amplificador operacional com as fontes de ruído.

Os fabricantes de amplificadores operacionais medem as características de ruído de um grande conjunto de amostras dos dispositivos. Essa informação é compilada e usada para determinar o desempenho típico do dispositivo. Essas especificações se referem à entrada de ruído no amplificador operacional. Algumas partes do ruído são mais bem representadas por fontes de tensão, e outras, como fontes de corrente. A tensão de ruído de entrada pode ser representada por uma fonte de tensão em série com a entrada não inversora. A corrente de ruído de entrada é sempre representada por uma fonte de corrente em ambas as entradas com relação ao ponto de terra, conforme mostra a Figura 4.51.

Na prática, os circuitos dos amplificadores operacionais são projetados para receber sinais de circuitos ou sensores com baixa impedância de saída, tanto na entrada inversora quanto na não inversora. As entradas inversora e não inversora são normalmente *gates* de transistores JFET ou CMOS, e somente a tensão de ruído é importante, já que a corrente de ruído é praticamente insignificante devido à altíssima impedância de entrada desses transistores.

Se o circuito anterior (desconsiderando as correntes de ruído) for conectado na forma de um estágio inversor com ganho, o circuito equivalente ficará como mostra a Figura 4.52.

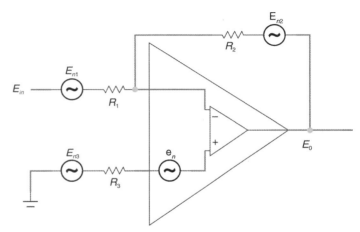

FIGURA 4.52 Modelo do circuito amplificador inversor com ganho.

Usando o princípio da superposição, considerando uma fonte de ruído de cada vez o problema poderá rapidamente ser resolvido.

As fontes de tensão adicional E_{n1} a E_{n3} representam as contribuições de ruído térmico dos resistores. O ruído dos resistores somente pode ser ignorado se os seus valores são pequenos. Na maioria dos casos de configurações inversoras, essa entrada é ligada diretamente ao terra, e nesse caso o resistor R_3 e sua fonte de ruído Johnson podem ser ignorados.

Se nesse exemplo for calculada apenas a contribuição do ruído do amplificador operacional, temos:

$$E_0 = \sqrt{\left(E_{in}\frac{R_2}{R_1}\right)^2 + \left(e_n\left(1 + \frac{R_2}{R_1}\right)\right)^2}$$

De maneira semelhante, pode-se calcular (considerando o OPAMP nas mesmas condições do exemplo anterior) a tensão de saída para a configuração não inversora (apenas invertendo as posições de E_{in} e da referência):

$$E_0 = \sqrt{E_{in}\left(1 + \frac{R_2}{R_1}\right)^2 + \left(e_n\left(1 + \frac{R_2}{R_1}\right)\right)^2}$$

e diferencial (adicionando um resistor à referência após R_3 de valor igual a R_2) fazendo E_{in1} o sinal na entrada inversora e E_{in2} o sinal na entrada não inversora:

$$E_0 = \sqrt{\left((E_{in2} - E_{in1})\frac{R_2}{R_1}\right)^2 + \left(e_n\left(1 + \frac{R_2}{R_1}\right)\right)^2}$$

EXEMPLO

Configuração diferencial

Consideremos a configuração diferencial completa com o modelo de ruído do OPAMP (in_n, in_p e e_n) e dos resistores (En_1 a En_3) (os primeiros são densidades espectrais fornecidas pelo fabricante e os últimos valores de tensão RMS). Nesse caso a resistência R_3 (Figura 4.52) é considerada uma simplificação – paralelo dos dois resistores conectados a essa entrada do OPAMP, nessa configuração:

As fontes de ruído representam apenas um comportamento geral e não um sinal no tempo como uma fonte real, por isso a polaridade (ou sentido no caso da corrente) das fontes não faz sentido.

Como passo intermediário, podemos calcular a tensão de saída desse modelo (sem nos importarmos com polaridades) utilizando o teorema da superposição de efeitos (considere E_n e In_p–In_n fontes de tensão e corrente RMS):

$$E_o = \left(1 + \frac{R_2}{R_1}\right)(E_n + En_3 + In_pR_3) + \frac{R_2}{R_1}En_1 + En_2 + In_nR_2$$

Como as fontes de ruído são descorrelacionadas, dadas (ou calculadas) podemos fazer:

$$E_o^2 = \left(1 + \frac{R_2}{R_1}\right)^2 (E_n^2 + En_3^2 + In_p^2R_3^2) + \left(\frac{R_2}{R_1}\right)^2 En_1^2 + En_2^2 + In_n^2R_2^2$$

Como na maioria das vezes, temos nessa configuração:

$$R_3 = \frac{R_1R_2}{R_1 + R_2}$$

$$E_o^2 = \left(1 + \frac{R_2}{R_1}\right)^2 (E_n^2 + En_3^2) + \left(\frac{R_2}{R_1}\right)^2 En_1^2 + En_2^2 + (In_n^2 + In_p^2)R_2^2$$

Agora, basta analisarmos as fontes de ruído como função das densidades espectrais de potência. Como mostrado anteriormente os resistores são fontes de ruído térmico (branco), que quando integradas em uma banda limitada resulta no valor (constante) do módulo do ruído multiplicado pela largura da banda. As fontes de ruído do OPAMP (branco e $\frac{1}{f}$) foram analisados anteriormente. Consideramos ainda as fontes de ruído de corrente idênticas $in_n = in_p = in$. Assim o valor RMS do ruído de saída dessa configuração pode ser calculado com:

(continua)

(continuação)

$$E_{o\_RMS} = \sqrt{\begin{array}{c}\left(1+\dfrac{R_1}{R_2}\right)^2\left(en_n^2\left(f_{máx}-f_{mín}+f_{ce}\ln\dfrac{f_{máx}}{f_{mín}}\right)+en_3^2(f_{máx}-f_{mín})\right)+\\ \left(\left(\dfrac{R_2}{R_1}\right)^2 en_1^2+en_2^2\right)(f_{máx}-f_{mín})\\ +2in^2R_2^2\left(f_{máx}-f_{mín}+f_{ci}\ln\dfrac{f_{máx}}{f_{mín}}\right)\end{array}}$$

em que e_n^2 e in^2 representam as densidades espectrais de potência do ruído intrínseco do OPAMP (fornecidos pelo fabricante) e en_1^2 a en_3^2 são as densidades espectrais de potência dos resistores, calculadas com:

$$en_x^2 = 4KTR_x\left[\dfrac{V^2}{Hz}\right]$$

EXEMPLO

Calcule a tensão de ruído RMS de saída de um amplificador montado em uma configuração diferencial na banda de 0,1 Hz a 10 kHz quando os resistores de entrada são $R_1 = R_3 = 1$ kΩ e o resistor de realimentação $R_2 = R_4 = 100$ kΩ (R_4 é o resistor ligado da entrada não inversora ao referência) com o amplificador operacional OP27A, considerando uma temperatura de operação de 25 °C.

Os dados técnicos desse componente fornecem as frequências de canto: 2,7 Hz para a tensão de ruído (ruído 1/f e branco igual a $3\dfrac{nV}{\sqrt{Hz}}$) e 140 Hz para a corrente de ruído (ruído 1/f e branco igual a $0,4\dfrac{pA}{\sqrt{Hz}}$ – confira essas informações no site do fabricante). Observe que nesse exemplo os dados de frequência de canto foram fornecidos pelo fabricante, mas nem sempre isso ocorre e essa frequência deve ser calculada ou interpretada como já mencionado.

Primeiramente calculamos os valores de densidade espectral de potência para os resistores:

$$en_1^2 = 4 \times 1{,}38 \times 10^{-23} \times 298 \times 1000 = 1{,}64496 \times 10^{-17}\left[\dfrac{V^2}{Hz}\right]$$

$$en_2^2 = 4 \times 1{,}38 \times 10^{-23} \times 298 \times 100000 = 1{,}64496 \times 10^{-15}\left[\dfrac{V^2}{Hz}\right]$$

o resistor equivalente $R_{eq} = \dfrac{R_1 R_2}{R_1 + R_2} = \dfrac{1000 \times 100000}{1000 + 100000} = 990{,}1\ \Omega$:

$$en_{R_{eq}}^2 = 4 \times 1{,}38 \times 10^{-23} \times 298 \times 990{,}1 = 1{,}62867 \times 10^{-17}\left[\dfrac{V^2}{Hz}\right]$$

Assim o ruído térmico para R_1 pode ser calculado já considerando o ganho (segunda parcela da equação apresentada anteriormente):

$$\left(\dfrac{R_2}{R_1}\right)^2 en_1^2(f_{máx}-f_{mín}) = \left(\dfrac{100}{1}\right)^2 \times 1{,}64496 \times 10^{-17} \times (10000 - 0{,}1) \cong (40{,}56\ \mu V)^2$$

(continua)

(continuação)

O ruído térmico para R_2 (segunda parcela da equação apresentada anteriormente):

$$en_2^2(f_{máx} - f_{mín}) = 1{,}64496 \times 10^{-15} \times (10000 - 0{,}1) \cong (4{,}06\ \mu V)^2$$

O ruído térmico para R_{eq} (primeira parcela da equação apresentada anteriormente):

$$\left(1 + \frac{R_1}{R_2}\right)^2 en_3^2(f_{máx} - f_{mín}) = (101)^2 \times 1{,}62867 \times 10^{-17} \times (10000 - 0{,}1) = (40{,}8\ \mu V)^2$$

Agora vamos calcular as contribuições das fontes de ruído intrínseco do OPAMP. Para a fonte de tensão:

$$\left(1 + \frac{R_1}{R_2}\right)^2 e_n^2 \left(f_{máx} - f_{mín} + f_{ce} \ln \frac{f_{máx}}{f_{mín}}\right) = (101)^2 \left(3 \frac{nV}{\sqrt{Hz}}\right)^2 \left(10000 - 0{,}1 + 2{,}7 \ln \frac{10000}{0{,}1}\right) = (30{,}3\ \mu V)^2$$

e finalmente para a fonte de ruído de corrente: $0{,}4 \frac{pA}{\sqrt{Hz}}$

$$2 in^2 R_2^2 \left(f_{máx} - f_{mín} + f_{ci} \ln \frac{f_{máx}}{f_{mín}}\right)$$
$$= 2 * \left(0{,}4 \frac{pA}{\sqrt{Hz}}\right)^2 (100000)^2 \left(10000 - 0{,}1 + 140 \ln \frac{10000}{0{,}1}\right)$$
$$= (6{,}1\ \mu V)$$

Na soma das parcelas temos:

$$E_o = \sqrt{(40{,}56\ \mu V)^2 + (4{,}06\ \mu V)^2 + (40{,}8\ \mu V)^2 + (30{,}3\ \mu V)^2 + (6{,}1\ \mu V)^2} \cong 65{,}4\ \mu V$$

Com esse valor, podemos calcular a relação sinal ruído por Volt de saída: $RSR = 20 \log \frac{1}{65{,}4\ \mu V} \cong 83{,}7$ dB por volt.

Como o ganho do sistema é de 100, o ruído equivalente na entrada também pode ser estimado em 654 nV.
Considerando agora um sistema de aquisição de sinais com uma faixa de entrada de 0 a 1 V e 13 bits, a resolução pode ser calculada: $Res = \frac{1}{2^{13} - 1} \cong 122\ \mu V$. O ruído adicionado ao sinal com valor igual à metade de 122 μV (61 μV) poderá provocar a alteração dos dígitos da conversão em 1 bit, já que a aproximação é feita em $\pm \frac{1}{2} LSB$. Um bit desse sistema é comprometido em um conversor ADC de 13 bits. Concluímos, então, que nessas condições, não adianta escolher um conversor ADC com mais de 12 bits porque o ruído intrínseco do próprio amplificador "sombrearia" o(s) bit(s) menos significativo(s) de um ADC de 13 bits (ou mais). A solução deste problema poderia passar por uma análise das fontes de maior ruído e tentar substituí-las por componentes que gerem um ruído menor. Também pode-se reduzir o ganho da etapa ou então escolher componentes com baixo ruído.

Em muitos casos, o fabricante apresenta no próprio *datasheet* do componente a análise com o circuito equivalente. Por exemplo, o *datasheet* do componente OPA2652 traz o circuito da Figura 4.53.

Nesse modelo, todas as fontes de tensão e corrente estão colocadas na forma de densidade espectral $\frac{nV}{\sqrt{Hz}}$ ou $\frac{pA}{\sqrt{Hz}}$. A tensão de saída para esse circuito também é fornecida:

$$E_0 = \sqrt{(E_{NI}^2 + (I_{BN} R_S)^2 + 4KTR_S)NG^2 + (I_{BI} R_F)^2 + 4KTR_F NG}$$

em que $NG = \left(1 + \frac{R_F}{R_G}\right)$.

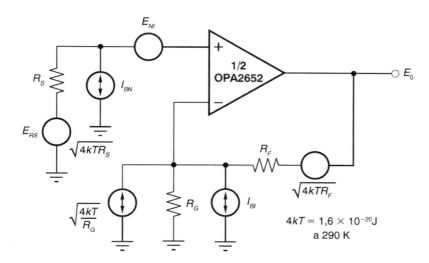

FIGURA 4.53 Modelo do OPAMP OPA2652 com fontes de ruído. Cortesia Texas Instruments.

Avaliando essa equação no circuito exemplo da Figura 4.54, chega-se aos resultados de:

Ruído total na saída do circuito: $17\dfrac{nV}{\sqrt{Hz}}$ e

Ruído total na entrada do circuito: $8,4\dfrac{nV}{\sqrt{Hz}}$.

Esses resultados já incluem o ruído adicionado pelo resistor de 205 Ω na entrada não inversora a fim de compensar a corrente de polarização. Observa-se que o fabricante também recomenda manter os resistores das entradas do amplificador com valores menores que 300 Ω (consulte o *datasheet* para mais detalhes).

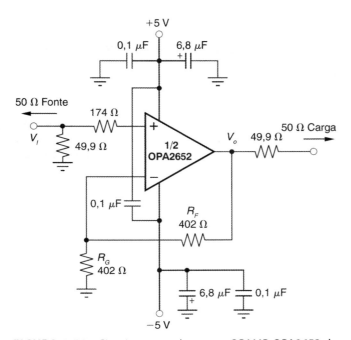

FIGURA 4.54 Circuito exemplo com o OPAMP OPA2652 de entrada não inversora para cálculo de ruído. Cortesia Texas Instruments.

De maneira geral, são oferecidos diversos tipos de amplificadores operacionais com características diferentes em relação ao ruído. Geralmente a aplicação é que vai determinar a necessidade e a escolha de um componente em específico. Atualmente os fabricantes de componentes disponibilizam muitas informações nas folhas de especificações (*datasheets*) ou na forma de notas de aplicações (*applications notes*).

Ruído em amplificadores em cascata: um sinal ruído é "considerado" pelo amplificador um sinal de entrada válido. Dessa forma, em um amplificador em cascata, o estágio final "considera" sinal de entrada o sinal original e o ruído amplificado por cada sucessivo estágio. Cada estágio em cascata altera os sinais e ruído dos estágios anteriores, contribuindo com algum ruído. O fator ruído sobreposto para um amplificador em cascata F_N pode ser calculado pela *equação de Friis*:

$$F_N = F_1 + \frac{F_2 - 1}{G_1} + \frac{F_3 - 1}{G_1 \cdot G_2} + \ldots + \frac{F_n - 1}{G_1 \cdot G_2 \ldots G_{n-1}}$$

em que

F_N é o fator de ruído sobreposto de N estágios em cascata;

F_1 é o fator ruído do estágio 1;

F_2 é o fator ruído do estágio 2;

F_n é o fator ruído do estágio n;

G_1 é o ganho do estágio 1;

G_2 é o ganho do estágio 2;

G_{n-1} é o ganho do estágio $(n-1)$.

Como se pode verificar pela equação, o fator ruído é dominado pela contribuição do ruído do primeiro ou do segundo estágio.

Amplificadores de alto ganho, baixo ruído (tais como os utilizados nos EEG) tipicamente utilizam um circuito amplificador de baixo ruído somente nos primeiros estágios em cascata.

Estratégias para redução do ruído em amplificadores: já foi possível perceber que o ruído é um sério problema para o desenvolvimento de sistemas, especialmente quando o sinal avaliado ou de interesse é caracterizado por ser de baixo nível (amplitude muito pequena, por exemplo). Algumas técnicas podem ser utilizadas para reduzir o ruído em amplificadores:

- A resistência da fonte e a resistência de entrada do amplificador devem ser as mais baixas possíveis. Utilizando-se resistências de valores altos aumenta-se o ruído térmico proporcionalmente.
- O ruído térmico total é também uma função da largura de banda do circuito. Portanto, a redução dessa largura de banda para o mínimo aceitável também minimiza o ruído.
- Prevenir o ruído externo que afeta o desempenho do sistema pelo uso apropriado de aterramento e filtragem.
- Utilizar amplificadores de baixo ruído no estágio de entrada do sistema.
- Para alguns circuitos semicondutores, utilizar a menor alimentação DC possível para o sistema funcionar.

Utilizando a realimentação para redução de ruído: a realimentação negativa é um método bem conhecido para reduzir erros de amplitude e fase, portanto reduz a distorção de um amplificador. O uso da realimentação pode também reduzir o ruído de saída do amplificador condicionador de sinal. Considere-se a Figura 4.55, que mostra o ganho distribuído em dois blocos G_1 e G_2. O ganho total do circuito G é o produto $G_1 \cdot G_2$. Uma fonte de ruído produz um sinal ruído V_n injetado no sistema. Uma rede com função de transferência β produz um sinal $\beta \cdot V_o$ que é somado ao sinal de entrada V_{in}.

Pela inspeção da Figura 4.55:

$$V_1 = V_{in} + \beta \cdot V_o$$
$$V_2 = V_1 \cdot G_1 + V_n$$
$$V_2 = (V_{in} + \beta \cdot V_o) \cdot G_1 + V_n$$

e

$$V_o = V_2 \cdot G_2$$

Substituindo:

$$V_o = [((V_{in} + \beta \cdot V_o) \cdot G_1 + V_n) \cdot G_2$$

e finalmente:

$$V_o = \frac{G_1 \cdot G_2}{1 - \beta \cdot G_1 \cdot G_2}\left[V_{in} + \frac{V_n}{G_1}\right].$$

Essa expressão é condizente com a *equação de Black* para amplificadores realimentados $\left[G_o = \dfrac{G}{1 - \beta \cdot G}\right]$ e demonstra que o ruído é reduzido pelo fator de ganho G_1.

Redução de ruído pela média do sinal: se o sinal é repetitivo ou periódico, é possível obter a relação sinal ruído médio do sinal (SNR) ou (S_n). Considerando-se essa técnica simples e assumindo que o ruído é aleatório ou um processo caótico,

$$S_n = 20 \times \log_{10}\left(\frac{V_{in}}{V_n}\right)$$

Então, para sistemas em que $V_{in} < V_n$, a redução do ruído pelo tempo médio é dada por:

$$\overline{S} = 20 \times \log_{10}\left(\frac{V_{in}}{\frac{V_n}{\sqrt{N}}}\right)$$

em que

$\overline{S}$ é a SNR tempo médio;

N é o número de repetições do sinal.

O efeito dessa técnica é o aumento do tempo necessário para coletar dados, tal que $f = \dfrac{1}{T}$.

4.5.7 Notas gerais de boas práticas para redução do ruído

Blindagem básica

A Figura 4.56(*a*) mostra um amplificador com entrada V_1, saída V_2 e um ponto de referência comum denominado V_4. O condutor em volta do amplificador está inicialmente desconectado; em outras palavras, o potencial V_3 está "flutuando".

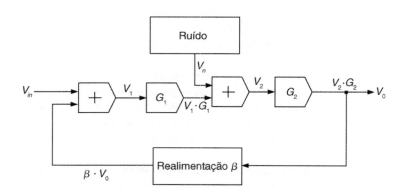

FIGURA 4.55 Diagrama de blocos de um amplificador em cascata: dois estágios.

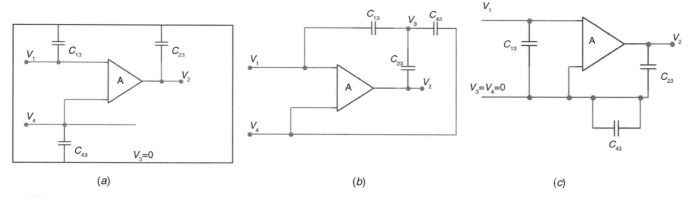

FIGURA 4.56 (a) Capacitâncias parasitas, (b) modelo eletrônico, (c) efeito do aterramento na blindagem.

A Figura 4.56(b) mostra que todos os condutores possuem capacitâncias mútuas denominadas C_{13}, C_{23} e C_{43}. Fica evidente, nesse circuito, que existe uma realimentação da saída até a entrada. Uma prática comum em circuitos analógicos é ligar a blindagem metálica (caixa do equipamento) ao comum do circuito. Como resultado, o efeito das capacitâncias parasitas é reduzido, como mostrado na Figura 4.56(c). Essa prática é denominada aterramento da blindagem.

A maioria dos circuitos necessita de conexões a pontos externos. A Figura 4.57(a) mostra uma conexão externa à entrada do amplificador. Observe que nesse caso a blindagem do cabo foi conectada ao comum do amplificador, e, devido a ruídos externos, uma tensão foi induzida no laço formado, e consequentemente surgiu uma corrente percorrendo o condutor. Se esse condutor é o comum do sinal, com uma resistência de 1 Ω, para cada mA um sinal de interferência de 1 mV surgirá adicionado ao sinal. A fim de remover esse acoplamento, a conexão da blindagem ao comum do circuito deve ser feita em um ponto em que o comum do circuito se conecta ao terra externo. Essa conexão, mostrada na Figura 4.57(b), mantém a circulação da corrente de interferência apenas na blindagem externa do cabo. Existe somente um ponto de potencial zero externo ao invólucro metálico, e esse ponto é justamente o ponto de conexão ao referência externo.

Nenhuma parte da blindagem do cabo de entrada deve ser conectada a qualquer outro ponto de terra a fim de evitar laços, o que poderia acarretar correntes induzidas em condutores expostos. Uma conexão errada de blindagem permitirá que essa corrente flua para o interior do invólucro.

Um circuito blindado deve ter o seu comum conectado no comum da fonte do sinal. Qualquer outra conexão de blindagem introduzirá interferências.

Alimentação AC

Quando uma fonte de alimentação AC é introduzida no invólucro, surgem novos problemas. O transformador acopla potência e campos externos do lado de fora para o interior do invólucro principalmente devido às capacitâncias entre o enrolamento primário e o secundário, que por sua vez está conectado ao comum do circuito. Dessa forma, um laço indesejado de corrente é formado, envolvendo o terra da

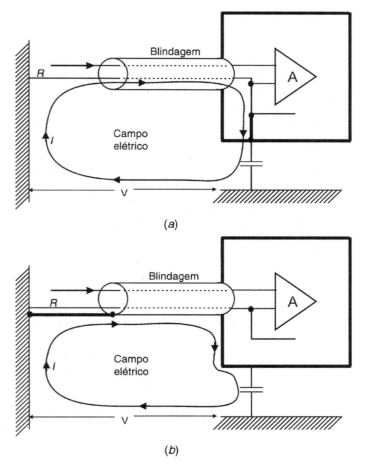

FIGURA 4.57 (a) O problema da conexão externa a um circuito de instrumentação – sem a ligação da blindagem, (b) ligação apropriada na referência externa para a blindagem do cabo de entrada no amplificador.

alimentação, o enrolamento primário do transformador e o comum do circuito, como mostra a Figura 4.58.

Os transformadores são geralmente construídos com o enrolamento primário separado por uma camada de isolante do secundário. Tipicamente, a capacitância entre enrolamentos é da ordem de centenas de picofarads (pF). Na frequência de 60 Hz, a reatância é da ordem de 10 MΩ, o que gera uma

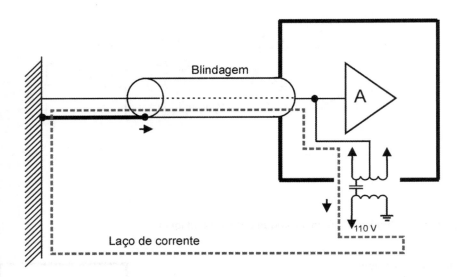

FIGURA 4.58 Laço indesejado de corrente formado quando é feita uma alimentação utilizando uma fonte AC com um transformador.

corrente da ordem de 12 μA ou ainda menor se for utilizado um condutor aterrado enrolado próximo ao secundário. Esse nível de corrente não é problema para a maioria das aplicações. Geralmente o problema está relacionado às correntes de ruído de alta frequência, resultante de campos eletromagnéticos, transientes na linha gerados por outro hardware conectado à linha ou queda de tensão no neutro.

Se o condutor comum de entrada é longo, a corrente que flui por ele pode causar uma queda de tensão significativa que é adicionada ao sinal. Em alguns casos, transientes vindos das linhas de alimentação que entram pelos condutores de sinal são suficientes para danificar o hardware. Porém esse tipo de interferência pode ser limitada com a utilização de filtros de linha ou circuitos de proteção.

Pequenos filtros de RF podem ser utilizados para prevenir variações decorrentes de portadoras de sinais, os quais são acoplados e retificados, causando uma variação no nível DC do sinal. Filtros passa-baixas típicos para essas aplicações utilizam um resistor de 100 Ω em série com um capacitor de 500 pF, localizados em cada entrada de sinal.

Considerando o caso de haver apenas um comum de saída, com a mesma fonte AC, nesse caso haverá corrente circulando ao terra pelo condutor comum de saída, o que geralmente não é problema, pois nesse caso os níveis de sinais possuem maior intensidade. Além disso, a queda de tensão não é amplificada e a impedância de saída é geralmente baixa.

O problema de dois terras

O circuito da Figura 4.59 possui um condutor de entrada aterrada além da conexão do transformador de alimentação. Se os comuns de entrada e saída do circuito são levados para fora do invólucro e aterrados, temos o problema de laço de terra. Esses laços podem surgir quando partes do comum do circuito são ligadas a equipamentos aterrados. Por exemplo, na bancada de testes, a utilização do osciloscópio faz com que um laço de terra seja formado. É interessante em alguns casos desconectar o aterramento do equipamento (usualmente denominado "terceiro pino" – utilizado por normas de segurança) para fazer a medida com um nível de interferência menor do meio externo. Recomenda-se também que nesses casos seja fixado algum aviso de que o equipamento não está aterrado, para evitar choques elétricos.

Na área da instrumentação, é muito comum a necessidade de condicionar um sinal associado a uma referência de tensão e transportá-lo, sem adicionar interferência a uma segunda referência de tensão, como mostrado na Figura 4.59.

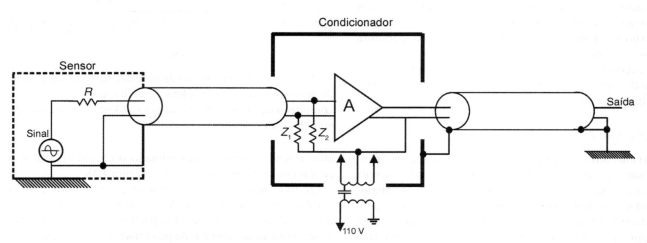

FIGURA 4.59 Circuitos utilizados para transportar o sinal entre referências.

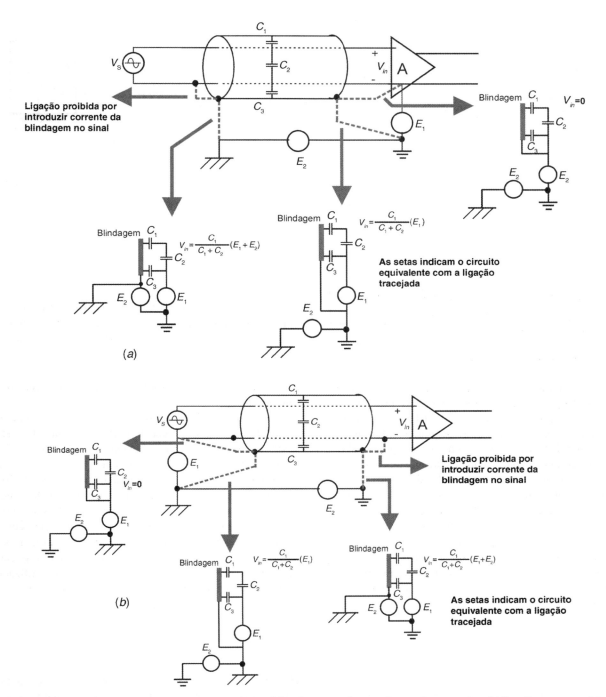

FIGURA 4.60 (a) Ligação para uma blindagem em um amplificador aterrado com fonte não aterrada e (b) ligação para uma blindagem em um amplificador não aterrado com fonte aterrada.

Nesse caso, os circuitos de entrada e saída foram separados de modo que o comum de entrada seja conectado diretamente na fonte do sinal e o comum de saída seja aterrado ao final do terminal de saída. Essa situação representa um difícil problema de instrumentação, pois a diferença de potencial entre os terras dos circuitos faz com que surja um fluxo de corrente entre a fonte de sinal, o resistor R e a impedância Z_1 (limitada por Z_1). Uma das medidas nesses casos é utilizar blindagem nos condutores de sinal, denominadas *guard shields*. De maneira geral:

- o melhor ponto de ligação para uma blindagem em um amplificador aterrado com fonte não aterrada é no terminal comum de entrada;
- o melhor ponto de ligação para uma blindagem em um amplificador não aterrado com fonte aterrada é no terminal comum da fonte.

Isso é ilustrado nas Figuras 4.60(a) e 4.60(b). Nessas figuras, E_1 e E_2 são as fontes de ruído, as capacitâncias representam acoplamentos elétricos, e V_{in} é a entrada do amplificador.

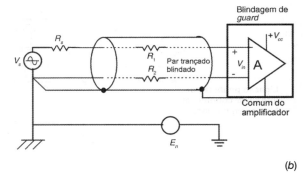
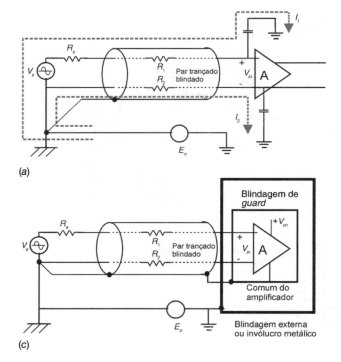

FIGURA 4.61 (a) Correntes parasitas devido ao acoplamento capacitivo, (b) implementação da blindagem de *guard* no amplificador e (c) utilização da segunda blindagem.

Como foi citado anteriormente, amplificadores com fonte de sinal aterrada oferecem caminho para correntes através de capacitâncias parasitas entre as entradas (do amplificador) e o terra – veja a Figura 4.61(a). Pode-se implementar uma blindagem no amplificador e colocá-la no mesmo potencial que a blindagem do cabo. Isso evita que a corrente de ruído circule. Observe que, nesse caso, o amplificador deve ser alimentado com baterias ou então com um transformador blindado eletrostaticamente, conforme mostrado na Figura 4.61(b).

A blindagem de *guard* deve sempre ser conectada de modo que não exista corrente fluindo entre os resistores de entrada. Isso geralmente significa conectar o *guard* no terminal de baixa impedância da fonte. Normalmente, em muitos circuitos projetados, ainda existe uma segunda blindagem, como o invólucro, por exemplo, conectado conforme mostra a Figura 4.61(c).

A blindagem de *guard* deve ser conectada ao condutor do sinal de entrada, onde este é ligado ao ponto de referência externa. Em um sistema multicanal, a melhor prática é prover um *guard* para cada sinal de entrada.

A blindagem de *guard* na entrada é necessária em áreas em que existem condutores que não estão no potencial de terra. Na Figura 4.59, o *guard* pode não ser necessário no bloco do sensor, uma vez que todos os condutores das redondezas estão no mesmo potencial de referência da entrada. No condicionador, a maioria dos condutores está referenciado ao comum de saída. Nesse caso, o *guard* deve ser utilizado com o potencial de entrada.

ESTUDO DE CASO

Instrumentação para uma ponte extensométrica

O caso da ponte com extensômetros é caracterizada por dois diferentes invólucros conectados como mostra a Figura 4.62.

O circuito é composto por uma ponte completa, formada por quatro extensômetros de resistência elétrica (para detalhes, veja o Capítulo 10 deste livro – Volume 2) além da fonte de excitação. Esse circuito deve possuir blindagem de *guard*. A capacitância da superfície de um condutor até um dos extensômetros pode ser de centenas de pF. É seguro assumir que haverá uma diferença de potencial entre a superfície testada (pelo ensaio com a célula de carga) e o aterramento da saída do circuito de instrumentação. Se o elemento sensor não estiver aterrado ao elemento sob teste, essa diferença de potencial será adicionada ao sinal de entrada. O pior caso ocorrerá se houver apenas um extensômetro ativo na célula de carga. A melhor proteção contra esse tipo de interferência é aterrar a ponte na estrutura da célula de carga e conectá-la à blindagem de *guard*. Uma ponte extensométrica requer muitos condutores, para excitação, sinal, blindagem de *guard*, entre outros. É necessário um grupo de condutores para cada sinal, ainda que a blindagem não possua emendas ou conexões intermediárias.

Quando um elemento sensor da ponte está sob tensão mecânica, a resistência pode variar em até 50 Ω (utilizando-se valores extremos). Se a interferência limite é de 10 μV, o fluxo de corrente é limitado em 0,2 μA, e se a tensão de modo comum é de 10 V, a impedância Z que permite o fluxo de corrente de modo comum deve ser de 5 MΩ. Essa é a reatância de 10 pF

(continua)

(*continuação*)

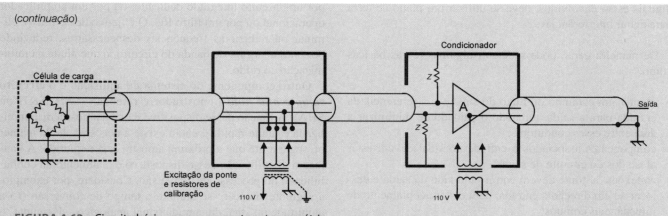

FIGURA 4.62 Circuito básico para uma ponte extensométrica.

em 10 kHz, que é a interferência máxima permitida pelo acoplamento. Nos casos em que não é possível conectar a blindagem de *guard* na estrutura, deve-se continuar conectando-a ao terminal da fonte.

ESTUDO DE CASO

Instrumentação para um termopar

O termopar é formado pela junção de dois metais diferentes (veja o Capítulo 6 deste volume). A tensão medida entre os dois condutores, depois de descontada a influência da temperatura ambiente, fornece a temperatura na junta. A junta do termopar é geralmente fixada a uma superfície condutora para se obter uma boa medida da temperatura. Teoricamente esse ponto de fixação é também o ponto em que a blindagem de *guard* deve ser ligada. Na prática, a blindagem de *guard* é usualmente conectada onde ocorre a transição do termopar para o condutor de cobre porque a resistência é muito baixa e a largura de banda não é problema.

Se o termopar é utilizado para medir a temperatura de um fluido, então a junta não entra (necessariamente) em contato com uma superfície condutora e a blindagem de *guard* do sinal de entrada deve ser ligada a um dos lados do sinal. Uma solução é conectar a blindagem a um dos fios do termopar na conexão com o cabo de cobre. Os cabos de entrada não devem ser deixados flutuando porque existe uma chance de sobrecarga se ocorrer um caminho de fuga. Também é uma boa prática filtrar o sinal do termopar. Se necessário, um filtro RC pode ser adicionado à entrada da instrumentação.

A blindagem de *guard* existe para proteger a entrada dos sinais em amplificadores em instrumentação em geral. Entretanto, essa mesma blindagem pode ser responsável pelo acoplamento de campos de altas frequências. Mesmo que esses sinais acoplados estejam fora da banda de interesse, eles podem causar flutuações no sinal devido à sua retificação no circuito. É uma boa prática conectar a blindagem ao gabinete em frequências acima de 100 kHz através de um circuito RC série. O circuito idealmente deveria ser conectado do lado de fora, mas geralmente é fixado próximo ao conector. Valores típicos são $R = 100\ \Omega$ e $C = 10$ nF. Esse circuito é mostrado na Figura 4.63.

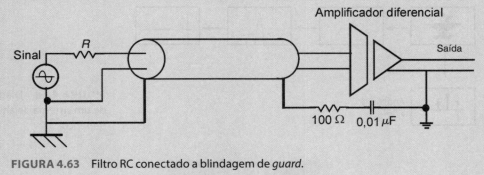

FIGURA 4.63 Filtro RC conectado a blindagem de *guard*.

Boas práticas no projeto de circuitos analógicos

Os componentes básicos que fazem parte de um circuito analógico são circuitos integrados, resistores, diodos, transistores, componentes para a fonte de alimentação, entre outros. Tipicamente, esses componentes são interconectados em uma placa de circuito do tipo dupla face. A fonte de alimentação DC é composta por um sistema retificador com reguladores de tensão, os quais são dispostos em regiões vizinhas na placa. Sinais externos, bem como, fontes de alimentação, devem ser feitos utilizando-se conectores (existe uma grande variedade de conectores – procure conectores apropriados para a necessidade do circuito) ou então com pinos soldados. Se circuitos digitais estão envolvidos, deve-se utilizar um plano de terra para evitar interferências.

De maneira geral, pode-se seguir algumas regras básicas como:

- manter um caminho ou fluxo do sinal e sua referência da entrada para a saída, tomando o cuidado de minimizar a área entre esses condutores;
- componentes associados à entrada do sinal devem estar afastados do circuito de saída;
- conexões da fonte devem entrar pelo lado da saída e deslocar-se em direção à entrada, para evitar acoplamento de impedâncias comuns;
- o comprimento de condutores de componentes que conecta ao caminho de entrada deve ser mantido curto, assim como o caminho de cobre conectado ao sinal.

4.6 Sistemas de Aquisição de Dados

4.6.1 Princípios básicos

Sistema de aquisição de dados é qualquer arranjo que permita transformar os sinais analógicos em digitais para permitir a interpretação e manipulação por sistemas digitais. A Figura 4.64 apresenta em diagrama de blocos os principais elementos de um sistema de aquisição de dados genérico.

O sinal é inicialmente preparado para a digitalização pelo **filtro** *antialiasing* (conceito apresentado a seguir), implementado por um circuito integrado dedicado, ou por um amplificador operacional ou por um filtro RC. O objetivo desse filtro é eliminar ou reduzir as frequências desnecessárias, reduzindo portanto a largura de banda do circuito, o que ajuda na minimização do ruído.

Outro componente do sistema de aquisição é o **circuito *sample and hold*** (amostrador e retenção – SH, S&H ou SHA). A função desse dispositivo é que a amostra disponibilizada é muita rápida e então existe a necessidade de manter ou segurar até que a próxima amostra seja requerida. A vantagem de utilização desse dispositivo é o aumento da confiabilidade do processo de conversão. Considere, por exemplo, a seguinte situação: se durante o tempo de conversão (t_c) a amplitude do sinal de entrada (sinal analógico – V) mudar, o resultado da conversão corresponderá a algum dos valores da entrada durante o tempo que durou a conversão. Para que essa incerteza seja inferior ao 1 LSB (1 bit menos significativo) do ADC (conversor analógico para digital) a seguinte relação deve ser respeitada:

$$\frac{dV}{dt} \leq \frac{M}{2^{n-1} \times t_c}$$

em que M representa a margem das tensões de entrada do ADC (normalmente indicada por M ou $V_{máx}$), n, a quantidade de bits do ADC, t_c, tempo de conversão do conversor ADC, e a relação dV/dt indica a velocidade máxima de alteração na entrada do ADC. Para compreender a importância dessa relação, considere os seguintes exemplos.

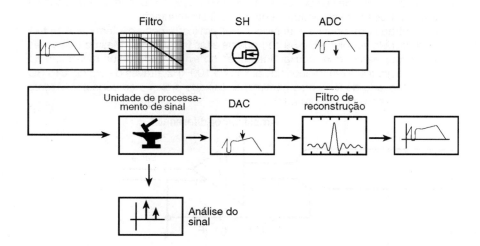

FIGURA 4.64 Diagrama de blocos de um sistema de aquisição de dados genérico.

EXEMPLO

Considere uma entrada analógica senoidal de amplitude de pico A e frequência f. Aceita-se uma incerteza máxima de 1 LSB cuja frequência do sinal não deva exceder:

$$f \leq \frac{M}{2\pi \times A \times (2^n - 1) \times t_c}$$

(continua)

(*continuação*)

Considera-se que o sinal tenha sido condicionado de modo que sua amplitude pico a pico (2 A) coincida com a margem de tensões do ADC (M). Qual a frequência máxima admissível?

$$f \leq \frac{M}{2\pi \times A \times (2^n - 1) \times t_c}$$

$$f \leq \frac{2A}{2\pi \times A \times (2^n - 1) \times t_c}$$

$$f \leq \frac{1}{\pi \times (2^n - 1) \times t_c}.$$

EXEMPLO

Considerando-se um conversor ADC de 12 bits com tempo máximo de conversão de 25 μs, aceita-se uma incerteza máxima de 1 LSB. Qual a frequência máxima para um sinal de entrada senoidal cuja amplitude de pico a pico coincide com a margem de entrada do ADC?

Para o ADC utilizado temos:

n = 12 bits

t_c = 25 μs

$$f \leq \frac{1}{\pi(2^n - 1)t_c}$$

$$f \leq \frac{1}{\pi \times (2^{12} - 1) \times 25\mu s}$$

$$f \leq 3{,}1 \text{ Hz}.$$

Esse resultado *demonstra uma limitação do ADC*, pois ele não consegue converter o valor instantâneo de sinais de evolução rápida. Para amenizar essa limitação, utiliza-se antes do ADC (muitos ADCs possuem esse dispositivo internamente) um dispositivo que adquire o valor da entrada analógica (1 amostra) e o retém durante a conversão – o denominado amostrador e retenha (*sample & hold* ou simplesmente SH ou S&H). Considere agora a análise do próximo exemplo.

EXEMPLO

Considerando-se um conversor ADC de 12 bits com tempo máximo de conversão de 12 s, aceita-se uma incerteza máxima de 1 LSB. O ADC é precedido de uma unidade S&H (esboço da Figura 4.65), por exemplo, o AD582 da Analog Devices, com tempo de abertura de 15 ns. Qual a frequência máxima para um sinal de entrada senoidal, cuja amplitude de pico a pico coincide com a margem de entrada do ADC?

Considerando agora o ADC e o S&H, temos:
n = 12 bits e t_c = 15 ns, portanto,

$$f \leq \frac{1}{\pi(2^n - 1)t_c}$$

$$f \leq \frac{1}{\pi \times (2^{12} - 1) \times 15 \text{ ns}}$$

$$f \leq 5{,}2 \text{ kHz}.$$

(*continua*)

(continuação)

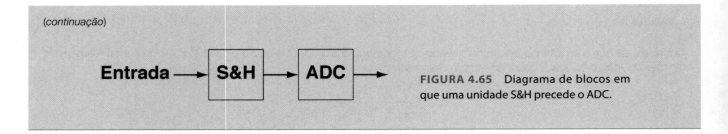

FIGURA 4.65 Diagrama de blocos em que uma unidade S&H precede o ADC.

Considere, por exemplo, um amplificador *sample and hold* típico que apresenta uma entrada analógica, uma saída analógica e uma entrada digital para controle, conforme esboço da Figura 4.66.

A entrada controle ou modo controle (*L*) determina quando o dispositivo está operando no modo *sample* (amostrador) ou modo *hold* (retenção). No modo *sample*, a chave é fechada e o circuito funciona como um típico amplificador operacional. Em contrapartida, quando a chave está aberta, a saída é idealmente constante e, portanto, independente da entrada. A Figura 4.67 apresenta os atrasos típicos que ocorrem durante a transição *sample* para *hold* e a Figura 4.68 apresenta a resposta para uma forma de onda qualquer.

Em que

- Controle atraso (*delay*) (t_{cd}): é o tempo entre a borda do comando *sample and hold* e o tempo quando a chave começa a abrir;
- Tempo de abertura (t_a): é o tempo necessário para a chave abrir e caracterizar somente o tempo de resposta da chave;

- Atraso (*delay*) analógico (t_{ad}): é o atraso entre a entrada analógica e a saída analógica no modo *sample*;
- Atraso de abertura (t_d): é o tempo entre a borda do comando *sample and hold* e o tempo quando a entrada fica igual ao valor desejado dado por:

$$t_d = t_{cd} + \frac{t_a}{2} - t_{ad}.$$

Tempo de aquisição: é o tempo entre a borda *hold* para *sample* quando apresenta a saída no amplificador. Esse tempo

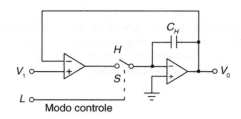

FIGURA 4.66 Amplificador *sample and hold*.

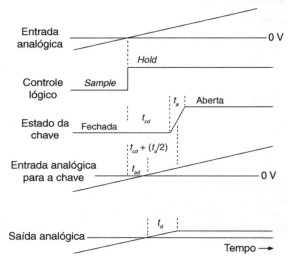

FIGURA 4.67 Atrasos (*delays*) durante a transição do modo *sample* para o modo *hold*.

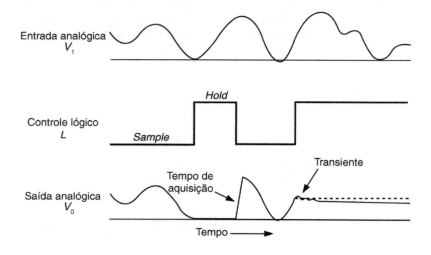

FIGURA 4.68 Resposta do amplificador *sample and hold* para uma forma de onda qualquer quando o controle lógico é exercido.

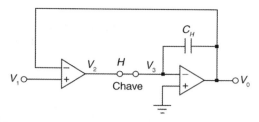

FIGURA 4.69 Resposta do amplificador *sample and hold* com o capacitor *hold* C_H.

inclui o tempo de atraso da chave e pode ser reduzido em função do valor escolhido para o capacitor *hold* C_H (Figura 4.69).

O ganho desse amplificador é dado por:

$$V_2 = A(V_1 - V_o)$$

$$V_o = A(-V_2) = A^2(V_o - V_1)$$

$$G = \frac{V_o}{V_1} = \frac{A^2}{(A^2 - 1)} \approx 1.$$

Como exemplo de alguns circuitos *sample and hold* encontrados no mercado, pode-se citar os amplificadores AD582, AD683 da Analog Devices.

Outro elemento constituinte do sistema de aquisição é o **conversor analógico para digital** (ADC ou simplesmente A/D – as arquiteturas típicas dos ADCs são apresentadas a seguir). Esse dispositivo é que determina o tipo de filtragem necessária no sistema e a necessidade ou não do uso do *sample and hold*. Segue-se uma discussão dos principais conceitos relacionados ao modelo matemático dos ADCs – veja a Figura 4.70.

Amostragem

Computadores digitais são incapazes de processar sinais analógicos, portanto é necessária uma representação digital desta informação. O conversor analógico para digital (ADC ou A/D) converte uma tensão da entrada (ou corrente) para uma quantidade binária representativa. O sinal amostrado não é exatamente o sinal original, e a utilização e especificação correta de um A/D são necessárias para a representação digital apresentar boa exatidão. Basicamente, o processo de amostragem (realizada pelo bloco amostrador da Figura 4.70) é a conversão de um sinal em intervalos discretos de tempo (usualmente igualmente espaçados). Assim, um sinal contínuo é amostrado em pontos discretos no tempo e armazenados na memória como um vetor de números proporcional à amplitude contínua no tempo amostrado.

Considerando a Figura 4.71(*a*), a forma de onda é uma tensão contínua em função do tempo: $V(t)$, nesse caso uma onda triangular. Se o sinal é amostrado por outro sinal $P(t)$, com frequência f_s e período de amostragem $T = \dfrac{1}{f_s}$, como mostrado na Figura 4.71(*b*) e então posteriormente reconstruído (Figura 4.71(*c*)).

Alguns sinais podem ser reconstruídos, porém podem necessitar de maior frequência de amostragem para a reconstrução apresentar boa fidelidade. A Figura 4.72 apresenta outro caso em que a onda senoidal $V(t)$ (Figura 4.72(*a*)) é amostrada por um pulso $P(t)$ representado pela Figura 4.72(*b*). O sinal amostrador $P(t)$ consiste em um trem de pulsos igualmente espaçados pelo tempo T cuja frequência de amostragem é dada por $f_s = 1/T$.

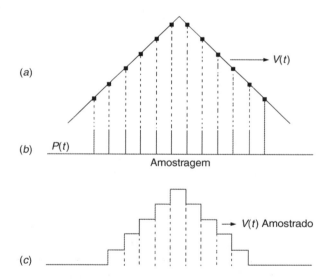

FIGURA 4.71 Sinal amostrado: (*a*) forma de onda contínua; (*b*) versão amostrada da forma de onda contínua e (*c*) forma de onda reconstruída.

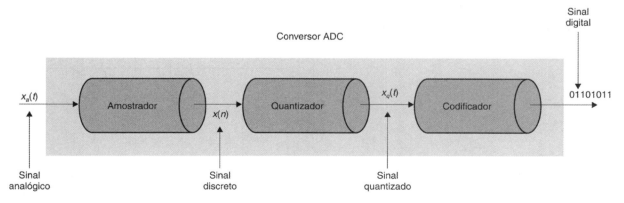

FIGURA 4.70 Modelo matemático do conversor ADC.

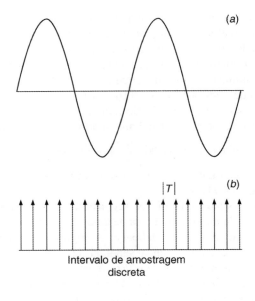

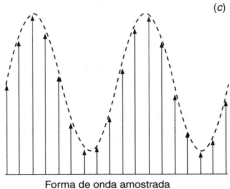

FIGURA 4.72 Sinal amostrado: (a) onda senoidal; (b) amostragem da onda senoidal; (c) onda senoidal amostrada.

A razão de amostragem, f_s, determinada pelo **teorema de Nyquist**, precisa ser duas vezes a frequência máxima (f_m) do espectro de Fourier do sinal analógico $V(t)$. Para reconstruir o sinal original após a amostragem, é necessário passar a forma de onda amostrada por um filtro passa-baixas que limita a banda passante em f_s. O processo de amostragem é similar à modulação por amplitude (AM), em que $V(t)$ é o sinal modulante, com espectro de DC a f_m, e $P(t)$ é a portadora. O espectro resultante está mostrado parcialmente na Figura 4.73.

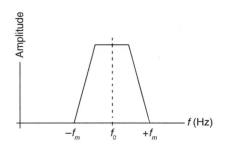

FIGURA 4.73 Espectro do sinal amostrado.

O espectro real é mais complexo que o da Figura 4.73. Ao considerarmos um rádio transmissor AM sem filtragem, a mesma informação espectral aparece não somente na frequência fundamental (f_s) da portadora (mostrado como zero na Figura 4.74), mas também suas harmônicas espaçadas em intervalos de f_s.

Considerando-se que a frequência de amostragem $f_s \geq 2 \times f_m$, o sinal original é reconstruído usando-se a versão amostrada passando por um filtro passa-baixas com frequência de corte f_c (conforme esboço da Figura 4.74). Um problema ocorre quando a frequência de amostragem f_s é menor do que $2 \times f_m$ (exemplificada na Figura 4.75). Visualizando-se a Figura 4.75, percebe-se a sobreposição que resulta no fenômeno conhecido *aliasing*. Caso esse sinal passe por um filtro passa-baixas, não irá produzir o sinal original.

Algumas **dicas para amostragem de alta fidelidade** são:

- limitar o comprimento de onda do sinal na entrada do amostrador ou do conversor A/D com um filtro passa-baixas com frequência de corte f_c selecionada para passar somente a frequência máxima f_m da forma de onda e não a frequência de amostragem;
- selecionar a frequência de amostragem f_s no mínimo duas vezes a frequência máxima do espectro de Fourier da forma de onda aplicada, ou seja, $f_s \geq 2 \times f_m$;
- a experiência tem mostrado que em algumas aplicações é importante trabalhar na prática com frequência de amostragem de três a cinco vezes maior do que f_m. Por exemplo, no estudo de sinais cardíacos, ECG ($f_m = 100$ Hz), tipicamente trabalha-se com frequência de amostragem da ordem de $5 \times f_m = 500$ Hz.

Após a digitalização do sinal pelo conversor ADC, o sinal está apto para ser analisado ou processado pela unidade de processamento de sinais, por exemplo, um computador. Se for de interesse, o sinal processado pode ser reconstruído através do uso de um conversor digital para analógico (DAC) e de um filtro para remover os componentes de alta frequência (conceitos relacionados à filtragem serão discutidos a seguir).

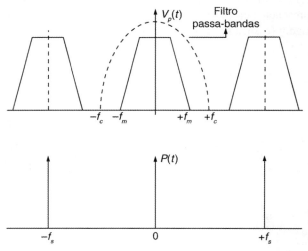

FIGURA 4.74 Espectro do sinal amostrado.

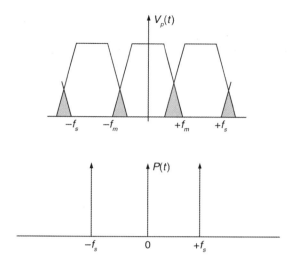

FIGURA 4.75 *Aliasing* que ocorre quando $f_s < 2 \times f_m$.

Um exemplo típico de digitalização são os sinais de áudio, em que a $f_s = 44$ kHz, pois os limites característicos da sensibilidade do ouvido humano são de 20 Hz a 20 kHz.

Quantizador

Bloco responsável por realizar o processo de quantização, ou seja, pela representação aproximada de um valor do sinal por um conjunto finito e valores (veja a Figura 4.76).

A resolução da amplitude é dada em termos do número de bits do conversor ADC (tipicamente 8, 12, 16 bits, ...), e o tamanho do passo da quantização (δ) é dado por:

$$\delta = \frac{V_{máx}}{2^n - 1}$$

em que $V_{máx}$ (ou M) é a margem de entrada do ADC e n, a quantidade de bits do ADC. Por exemplo, para um ADC de 8 bits com alimentação de referência de 5 V:

$$\delta = \frac{V_{máx}}{2^n - 1} = \frac{5}{2^8 - 1} \cong 19,61 \text{ mV}.$$

Erro de quantização ou ruído de quantização

Considere um ADC genérico de 3 bits ($n = 3$) cuja entrada analógica V_{input} produz uma palavra binária $b_n b_{n-1} ... b_2 b_1$ gerando o valor D_{output}, tal que:

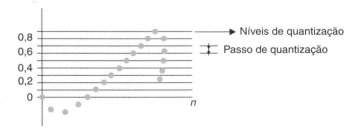

FIGURA 4.76 Modelo matemático do processo de quantização.

$$D_{output} = b_n 2^{-n} + ... + b_2 2^{-2} + b_1 2^{-1} = \frac{V_{input}}{K \times V_{ref}} = \frac{V_{input}}{V_{FE}}$$

em que K é um fator de escala, V_{ref} é a tensão de referência, b, os valores binários (0 ou 1) da saída do ADC e V_{FE} é o fundo de escala (nesse caso a tensão fundo de escala: $V_{FE} = K \times V_{ref}$).

De forma geral, o ADC possui pinos de controle para gerenciamento do processo de digitalização, como o pino para iniciar a conversão SOC (*Start Conversion*) e o pino para indicar o fim da conversão EOC (*End Conversion*). A Figura 4.77 apresenta o diagrama de blocos de ADC genérico de 3 bits com sua correspondente função de transferência ideal e o ruído de quantização. Por exemplo, o código de saída 100 corresponde ao de entrada $V_{imput} = \frac{4}{8}V$, representado na Figura 4.77 como $\left(\frac{4}{8} \pm \frac{1}{16}\right)V$. Isso devido ao fato de o ADC não conseguir distinguir valores dentro dessa faixa, ou seja, o código de saída pode apresentar um erro de $\pm \frac{1}{2}LSB$. Essa incerteza é chamada de erro de quantização, ou também de ruído de quantização (e_q) – limitação inerente a qualquer processo de digitalização (o ruído de quantização diminui com o aumento dos bits).

Como apresentado na Figura 4.77, e_q é variável com o valor de pico de $\frac{1}{2}LSB = \frac{V_{FE}}{2^n - 1}$. Seu valor rms é dado por:

$$e_q = \frac{\frac{1}{2}LBS}{\sqrt{3}}.$$

Codificador

Bloco destinado a associar algum código binário para cada valor quantizado. Portanto, é o processo de representar em código finito à saída do quantizador. São empregados diversos tipos de códigos em conversores ADC:

- códigos unipolares: binário, BCD, binário complemento de 1, Gray, entre outros;
- códigos bipolares: binário com complemento de 2, binário com complemento de 1, entre outros.

A Tabela 4.2 apresenta alguns dos códigos utilizados no processo de codificação (C2 – Complemento de 2 e C1 – Complemento de 1).

Margem dinâmica de uma cadeia ou sistema de medida

Os elementos que realizam as distintas funções de um sistema de aquisição de dados representam a transferência de informação entre elementos. A Figura 4.78 apresenta como exemplo as típicas margens de sinais e margens dinâmicas de uma cadeia genérica de medida.

284 ■ Capítulo 4

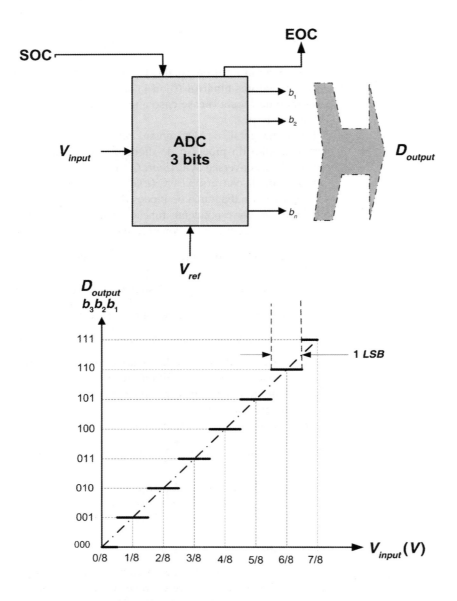

FIGURA 4.77 Diagrama de blocos de um ADC genérico de 3 bits com $V_{FE} = 1$ V (com pinos de controle SOC e EOC), sua correspondente função de transferência ideal e o erro de quantização (e_q).

| TABELA 4.2 | Alguns dos códigos utilizados em codificadores (em que FE ou FS representa fundo de escala) |

Fração decimal	Fração do FE (FS)	FE = ±5 V	C_2	C_1
+127/128	+FE − 1LSB	+4,961	01111111	01111111
+96/128	+(3/4)FE	+3,750	01100000	01100000
+64/128	+(1/2)FE	+2,500	01000000	01000000
+32/128	+(1/4)FE	+1,250	00100000	00100000
0	0	0	00000000	00000000
...	...	...	...	...
−64/128	−(1/2)FE	−2,500	11000000	10111111
−96/128	−(3/4)FE	−3,750	10100000	10011111
−127/128	−FE + 1LSB	−4,961	10000001	10000000
−128/128	−FE	−5,000	10000000	−

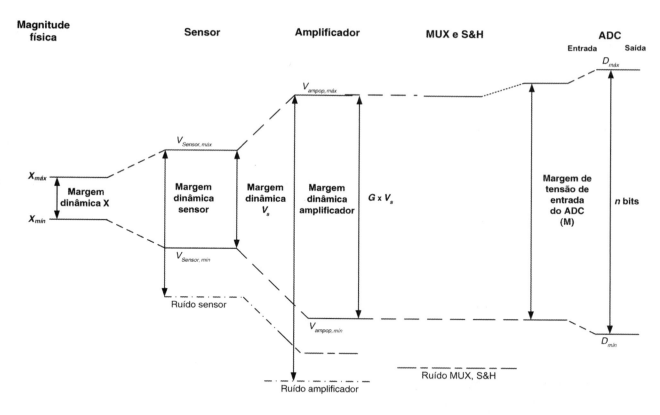

FIGURA 4.78 Margens de sinais e margens dinâmicas de uma cadeia genérica de medida.

Com base na Figura 4.78, observe que:

- o sensor deve ser capaz de discernir alterações no sinal de entrada (variações de X), ou seja, uma variação de X (ΔX) deve produzir uma variação significativa de tensão no sensor: $\Delta X \Rightarrow \Delta V_{sensor}$;
- o ADC terá uma margem de entrada (tensões) M. Se a margem for, por exemplo, de 0 V a M V, sua resolução será: $M/(2^n - 1)j$;
- a saída do ADC oferecerá 2^n códigos distintos, por exemplo, se for um ADC de 4 bits: 0000 até 1111, e, portanto, sua resolução é a alteração de um bit menos significativo (1 LSB);
- a adaptação entre a margem de tensões de saída do sensor e a margem de entrada do ADC é realizada pelo amplificador operacional ampop: a tensão máxima – módulo é limitada em qualquer caso a um valor inferior à tensão de alimentação do ampop (saturação) e em muitos casos por distorções não lineares para grande sinais (sobrecarga). O valor mínimo (em módulo) é limitado pelo ruído e por derivas intrínsecas, pelas distorções para pequenos sinais e por interferências externas;
- o MUX (multiplexador) e a unidade S&H (amostrador e retenha) normalmente não modificam a margem de tensões, mas é possível um aumento do nível de ruído.

A margem dinâmica (MD) de um sensor, elemento ou sistema é definida pelo quociente entre o nível máximo de saída (para não apresentar sobrecarga) pelo nível mínimo de saída aceitável (por ruído, distorção, interferência ou resolução). O valor máximo pode ser determinado segundo as especificações (por exemplo, distorções) válidas. Se os níveis não se referem ao mesmo parâmetro (valor de pico, pico a pico ou eficaz), eles devem ser especificados. Se o valor mínimo é determinado por um sinal aleatório, é frequentemente caracterizado mediante seu valor eficaz. A MD normalmente é expressa em dB – na Figura 4.78 se considera que na diferença entre níveis a unidade empregada são os decibéis (dB).

Portanto, para um ADC, a menor alteração na entrada para produzir uma alteração na saída se denomina resolução ou intervalo de quantização q. Logo, para um ADC de n bits com M representando a margem das tensões de entrada do ADC, a resolução é dada por:

$$q = \delta = \frac{V_{máx}}{2^n - 1} = \frac{M}{2^n - 1}.$$

Portanto, a faixa dinâmica da entrada (DR) do ADC é:

$$DR = \frac{V_{máx}}{q} = \frac{q \times (2^n - 1)}{q} = 2^n - 1.$$

Portanto, a saída do ADC tem $2^n - 1$ intervalos (ou 2^n estados) e a menor alteração é 1 LSB!

A faixa dinâmica (ou margem dinâmica) da saída do ADC é dada em dB por:

$$MD(\text{dB}) = 20 \log\left(\frac{M}{\delta}\right) \cong 6 \times n.$$

> **EXEMPLO**
>
> Considera-se que se deseja medir uma determinada temperatura que varia de 0 °C a 100 °C com uma resolução de 0,1 °C; a saída digital será obtida mediante o uso de um ADC com margem de entrada de 0 V a 10 V. Determine a margem dinâmica necessária para os elementos que formam esse sistema de medida.
>
> $$MD = \left(\frac{100\ °C - 0\ °C}{0,1\ °C}\right) = 1000$$
>
> $$MD(dB) = 20\log\left(\frac{100\ °C - 0\ °C}{0,1\ °C}\right) =$$
> $$= 20\log(100 - 0) - 20\log(0,1) = 60\ dB$$
>
> $$MD\ (dB) = 6 \times n$$
> $$60 = 6 \times n$$
> $$n = 10\ bits$$
>
> Com um ADC de 10 bits ($n = 10$) temos 1024 ($2^n = 2^{10} = 1024$) códigos para 1000 ($MD = 1000$) valores de temperatura. Portanto, um ADC de 10 bits é suficiente se assegurarmos que a margem (10 V a 0 V) corresponda a (100 °C a 0 °C).

4.6.2 Principais arquiteturas dos conversores digital para analógico (DAC ou D/A) e conversores analógico para digital (ADC ou A/D)

4.6.2.1 Conversão digital para analógico

São dispositivos (DAC ou D/A) que convertem um número binário de n bits para uma correspondente tensão de saída de 2^n distintos valores. A Figura 4.79 apresenta em diagrama de blocos o processo de conversão D/A ou DAC.

Como exemplo, considere um DAC genérico de 2 bits ($n = 2$) de entrada ($A_1 - A_0$) que possibilita 4 saídas analógicas diferentes, pois $2^n = 2^2 = 4$:

Entrada digital		Saída analógica
A_1	A_0	V_{out} (V)
0	0	0,0
0	1	0,5
1	0	1,0
1	1	1,5

De forma geral, um conjunto de n bits ($b_{n-1}...b_2 b_1 b_0$) forma uma palavra de n bits cuja relação, chamada de valor binário fracional, é dada por:

$$D = b_{n-1} 2^{-(n-1)} + ... + b_2 2^{-2} + b_1 2^{-1} + b_0 2^0.$$

Portanto, um DAC recebe na sua entrada uma palavra binária de n bits com valor binário fracional D_{input}; sendo assim, produz na sua saída um valor analógico (V_o) proporcional a D_{input}:

$$V_o = KV_{ref} D_{input} = V_{FE}(b_{n-1} 2^{-(n-1)} + ... + b_1 2^{-1} + b_0 2^0)$$

em que K é um fator de escala, V_{ref} é a tensão de referência, b, os valores binários (0 ou 1) da entrada do DAC e V_{FE} é o fundo de escala (nesse caso a tensão fundo de escala: $V_{FE} = K \times V_{ref}$).

Como exemplo, a Figura 4.80 apresenta o diagrama de blocos de um DAC de 2 bits ($n = 2$) com $V_{FE} = 1$ V e sua correspondente função de transferência ideal.

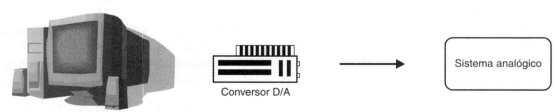

FIGURA 4.79 Sistemas básicos utilizados no processo de conversão digital para analógico.

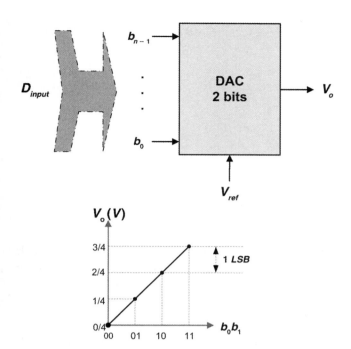

FIGURA 4.80 Diagrama de blocos de um DAC de 2 bits com sua função de transferência ideal.

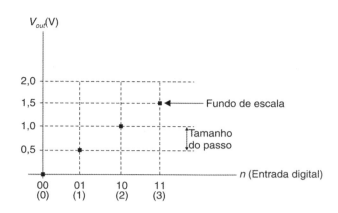

FIGURA 4.81 Saída ideal de um DAC genérico de 2 bits.

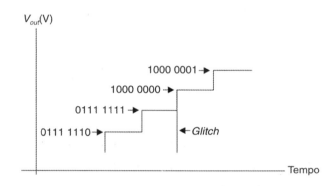

FIGURA 4.82 Um *glitch* ou tensão transiente pode ocorrer quando muitos bits se alteram ao mesmo tempo, como exemplo: 01111111 e 10000000.

Características básicas para escolha correta de um DAC

No DAC genérico de 2 bits do exemplo anterior, o passo ou resolução é de 0,5 V, conforme esboço da Figura 4.81.

Podem-se citar como principais características dos DAC:

- **resolução**: normalmente especificada em função do número de bits. É o passo ou a menor mudança possível na saída analógica em função da entrada. Para um conversor digital para analógico (DAC) de n bits de entrada, o número de combinações ou níveis será $N = 2^n$ e o número de passos, 2^{n-1};
- **erro de fundo de escala** (*FE*): diferença máxima da saída do conversor em relação ao valor ideal, normalmente indicada em percentual. Por exemplo, se um determinado DAC apresenta uma precisão de ±0,02%FE e apresenta um fundo de escala de 10 V, logo:

$$\pm 0{,}02\% \times 10 = \pm 2 \text{ mV};$$

- **erro de *offset***: quando uma entrada binária é zero, idealmente a saída deve ser 0 V, porém pode ocorrer uma pequena variação na tensão de saída, denominada erro de *offset*;
- ***glitch***: é um transiente na saída de um DAC que ocorre quando mais do que 1 bit altera no código de entrada e os correspondentes circuitos internos não mudam simultaneamente. Ocorre normalmente na transição de $\frac{1}{2}$ escala, quando os bits alteram, por exemplo, de 0111...1111 para 1000...0000, conforme exemplo hipotético da Figura 4.82.

- **sensibilidade relacionada à alimentação**: é a mudança percentual na tensão de saída por 1% da mudança na alimentação. Esse fator é muito importante em sistemas alimentados por bateria;
- **estabilidade de temperatura**: é a insensibilidade das características anteriormente descritas em função da temperatura.

Normalmente é expressa em unidades de $\%/°C$ ou $LSB/°C$.

Conversor D/A ponderado

Um dos conversores DAC mais simples. Utiliza um circuito somador (Figura 4.83), em que a corrente é individualmente chaveada através de um conjunto de resistores somados à entrada de um amplificador operacional. Cada chave fechada representa uma entrada nível alto (1) e inversamente, uma chave aberta representa um nível baixo (0).

Conforme aspecto teórico abordado sobre amplificadores operacionais nas seções anteriores, pode-se verificar que V_{out} é:

$$V_{out} = -\frac{R_f \cdot V_{in}}{R_{eq}} = -V_{in}\left(\frac{R_f}{R_D} + \frac{R_f}{R_C} + \frac{R_f}{R_B} + \frac{R_f}{R_A}\right)$$

$$V_{out} = -\left(V_D \frac{R_f}{R_D} + V_C \frac{R_f}{R_C} + V_B \frac{R_f}{R_B} + V_A \frac{R_f}{R_A}\right)$$

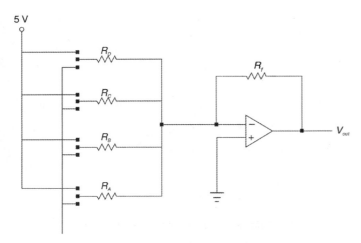

FIGURA 4.83 Conversor D/A ponderado genérico de 4 bits.

Supondo que $R_f = 1$ kΩ; $R_D = 1$ kΩ; $R_C = 2$ kΩ; $R_B = 4$ kΩ e $R_A = 8$ kΩ, por exemplo, as entradas $D = 5$ V $= V_D$, $C = 5$ V V_C, $B = A = 0$ V $= V_B = V_A$:

$$V_{out} = -\left(5\frac{1 \times 1000}{1 \times 1000} + 5\frac{1 \times 1000}{2 \times 1000} + 0\frac{1 \times 1000}{4 \times 1000} + 0\frac{1 \times 1000}{8 \times 1000}\right)$$

$$V_{out} = -\left(5 + \frac{5}{2} + 0 + 0\right) = -(5 + 2,5) = -7,5 \text{ V}$$

Como exemplo, para o DAC ponderado de 4 bits, as três tensões menos e mais significativas são:

D	C	B	A	V_{out} (V)
0	0	0	0	0
0	0	0	1	0,625
0	0	1	0	1,250
			...	
1	1	0	1	8,125
1	1	1	0	8,750
1	1	1	1	9,375

As principais limitações desse DAC são:

- as entradas digitais variam de 0 a 5 V;
- o conjunto de resistores deve ser preciso e com grande *range*, portanto a tensão de saída V_{out} é dependente da entrada e da precisão dos resistores utilizados.

Conversor D/A R-2R

O circuito integrado DAC mais comum é baseado na rede R-2R, que estabelece uma sequência binária de correntes que podem ser seletivamente somadas para produzir a saída analógica. Um DAC do tipo rede R/2R cujos valores de resistência variam em uma faixa de somente 2 a 1 encontra-se na Figura 4.84, cuja saída analógica é dada por:

$$V_{out} = -\frac{V_{ref}}{8} \times B$$

em que B é o valor da entrada binária, que pode variar, nesse exemplo, de 0000 (0_{10}) a 1111 (15_{10}).

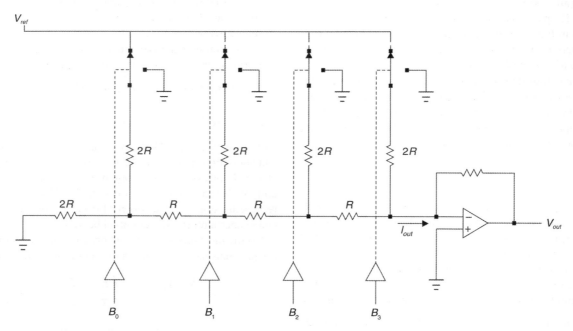

FIGURA 4.84 Conversor D/A de 4 bits baseado em uma rede R-2R.

Se considerarmos que a tensão de referência é V_{ref} = 5 V, o fundo de escala desse conversor ocorre quando $B = 1111_2 = 15_{10}$, ou seja:

$$FE = V_{out} = -\frac{5\,V}{8} \times 15 = -9{,}375\,V.$$

Alguns conversores DAC comerciais

O **DAC0808** (*national semiconductor*) fornece 256 (2^8) níveis discretos de tensão (ou corrente) na sua saída. A corrente total I_{out} fornecida na saída é função dos números binários das entradas D0-D7 do DAC e da corrente de referência (I_{ref}):

$$I_{out} = I_{ref}\left(\frac{D7}{2} + \frac{D6}{4} + \frac{D5}{8} + \frac{D4}{16} + \frac{D3}{32} + \frac{D2}{64} + \frac{D1}{128} + \frac{D0}{256}\right)$$

em que $D0$ é a entrada menos significativa, I_{ref} é a corrente de entrada de referência, que, nesse D/A, é aplicada no pino 14, conforme esboço da Figura 4.85.

No exemplo da Figura 4.85, se for utilizada uma corrente de referência de 2,0 mA, uma tensão de +5 V e resistores-padrão de 1 kΩ e 1,5 kΩ (é interessante também usar um diodo zener, como o LM336, para impedir qualquer flutuação com a fonte de alimentação). Considerando-se uma corrente de referência $I_{ref} = 2\,mA\left(\frac{5\,V}{2{,}5\,k\Omega}\right)$ e com todas as entradas binárias em nível alto, a máxima corrente de saída I_{out} é 1,99 mA:

$$I_{out} = I_{ref}\left(\frac{5}{2} + \frac{5}{4} + \frac{5}{8} + \frac{5}{16} + \frac{5}{32} + \frac{5}{64} + \frac{5}{128} + \frac{5}{256}\right) =$$

1,99 mA

e se $R = 5\,k\Omega$ e $I_{ref} = 2\,mA$, V_{out} para a entrada binária 1001 1001 é dado por:

$$I_{out} = 2\,mA \times \left(\frac{153}{255}\right) = 1{,}195\,mA$$

$$V_{out} = 1{,}195\,mA \times 5\,k\Omega = 5{,}975\,V$$

A National Semiconductor apresenta outros conversores DAC de 8 bits, entre eles DAC0800, DAC0801, DAC0802, DAC0806, DAC0807, DAC0830 entre outros, que diferem basicamente na linearidade e alimentação. Além disso, é possível adquirir sistemas de aquisição de dados, por exemplo, o LM12454 ou LM12L458. A Texas Instruments apresenta uma ampla gama de conversores DAC com diferentes configurações de velocidade, resolução e alimentação e possibilidades de interfaceamento. Destacam-se os DAC R-2R de 12 bits: DAC7800, DAC7802 entre outros, assim como os DAC R-2R de 16 bits: DAC7654, DAC7664, DAC7734, e a família TLV5620, TLC7225, de 8 bits. Outro fabricante de conversores DAC é a Analog Devices, com diversas linhas e configurações (resoluções de 8 a 18 bits). Como exemplo, a linha de 8 bits: AD558, AD7224, AD5330; a linha de 10 bits:

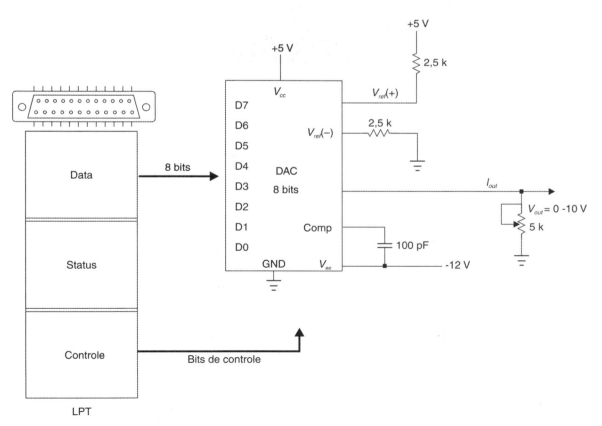

FIGURA 4.85 Esboço do interfaceamento do DAC de 8 bits a porta paralela IEEE1284-A.

AD5333, AD5310; a linha de 14 bits: AD5516, AD7538; a linha de 18 bits: AD760, entre diversas outras configurações. Cabe observar que diversos outros fabricantes apresentam uma linha de conversores DAC, destacando-se na atualidade a utilização de microcontroladores com conversores D/A internos (*on-chip*).

4.6.2.2 Conversão analógica para digital

São dispositivos (ADC ou A/D) que convertem um nível de tensão (entrada analógica) em um número binário (saída digital), normalmente a relação entre a tensão de entrada e o número de saída é linear.

Características básicas para a escolha correta de um ADC

- **resolução ou erro de quantização**: é a maior diferença entre qualquer tensão de entrada em relação ao número de saída. Como existe forte relação entre resolução e o número de bits do conversor, normalmente utiliza-se o termo "resolução de *n* bits";
- **tempo de conversão**: tempo necessário para produzir a saída digital após o início da conversão;
- **taxa de conversão**: é a maior taxa que o ADC pode realizar as conversões. Para ADCs simples, a máxima taxa é o inverso do tempo de conversão;
- **estabilidade à temperatura**: é a insensibilidade das características anteriores às alterações da temperatura.

ADC por aproximações sucessivas

Também chamado de ADC SA (*Sucessive-Approximation Converter*). Um dos conversores ADCs mais comuns no mercado, utiliza um método de procura binária para determinar os bits da saída (a sequência de números que formam a saída). Uma excelente analogia para compreender esse método é a pesagem de um determinado objeto usando uma balança e uma sequência binária de massas conhecidas, por exemplo, 1 kg, 2 kg, 4 kg, 8 kg, 16 kg e 32 kg, conforme exemplo da Figura 4.86. O objetivo é determinar o peso X com o uso das massas conhecidas – a solução para esse problema foi proposta pelo matemático Tartaglia em 1556. A proposta desse algoritmo é a mesma utilizada no ADC aproximações sucessivas.

O processo é contínuo, testando cada massa em uma sequência decrescente: 32 kg, 16 kg, 8 kg, 4 kg, 2 kg e 1 kg. Deseja-se determinar a massa de X; para isso, posiciona-se em um dos pratos da balança a massa X e no outro prato a massa

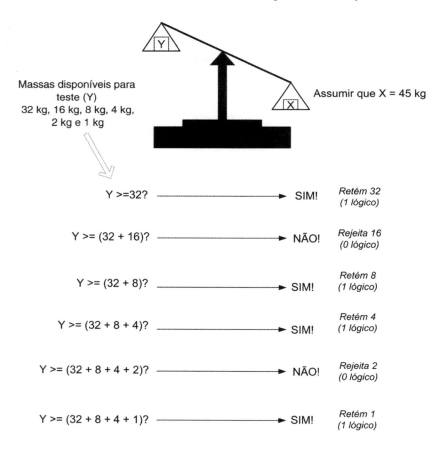

FIGURA 4.86 Algoritmo utilizado no método de aproximações sucessivas: considere a analogia com uma balança e determinadas massas para uma aproximação sucessiva.

conhecida: 32 kg. Após, ocorre a verificação da condição: $Y \geq 32$ kg? Se sim, se retém a massa teste (32 kg), e o nível lógico é 1; caso contrário, se descarta ou se rejeita a massa teste, e o nível lógico passa a ser zero. Portanto, os passos para esse teste são:

- $Y \geq 32$ kg? $\rightarrow$ Sim, logo se retém a massa 32 kg (ou seja, a massa 32 kg faz parte da solução final, que é obter a massa de X) e nível lógico 1;
- $Y \geq (32 + 16)$ kg? $\rightarrow$ Não, logo se rejeita a massa 16 kg e nível lógico 0;
- $Y \geq (32 + 8)$ kg? $\rightarrow$ Sim, logo se retém a massa 8 kg e nível lógico 1;
- $Y \geq (32 + 8 + 4)$ kg? $\rightarrow$ Sim, logo se retém a massa 4 kg e nível lógico 1;
- $Y \geq (32 + 8 + 4 + 2)$ kg? $\rightarrow$ Não, logo se rejeita a massa 2 kg e nível lógico 0;
- $Y \geq (32 + 8 + 4 + 1)$ kg? $\rightarrow$ Sim, logo se retém a massa 1 kg e nível lógico 1.
- Ao final do algoritmo temos: $X = 32 + 8 + 4 + 1 + 45$ kg = 101101_b, ou seja, o valor determinado da massa desconhecida X.

A balança é análoga ao comparador, cuja saída é um nível lógico 0 ou 1, dependendo das amplitudes das duas entradas analógicas. O conjunto de pesos é análogo ao conversor interno DAC, cuja saída é proporcional à soma dos pesos dos bits da entrada binária (veja Figura 4.87, que apresenta o diagrama de blocos dessa arquitetura e típicas formas de onda de controle). Essa técnica usa o registrador de aproximações sucessivas (SAR), e o processo de conversão cumpre os seguintes passos:

- início da conversão (SOC): habilitação de um comando CONVERT START. Essa habilitação obriga o módulo amostrador e retenha (SHA ou S&H) a ficar no modo *hold*, e todos os bits do SAR são *resetados*, exceto o MSB, que é *setado*;
- a entrada do DAC recebe a saída do SAR: se a saída do DAC é maior do que a entrada analógica, esse bit no SAR é 0; caso contrário é 1. O próximo bit mais significativo é então 1; se a saída do DAC é maior do que a entrada analógica, esse bit no SAR é 0; caso contrário é 1. O processo é repetido com cada bit;
- quando todos os bits foram *setados*, testados e *ressetados* de forma apropriada, o conteúdo do SAR corresponde ao valor da entrada analógica e a conversão foi completada.

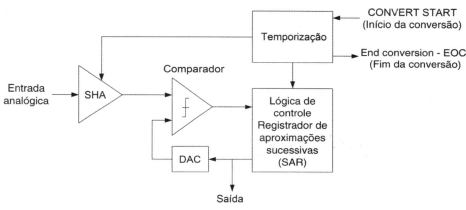

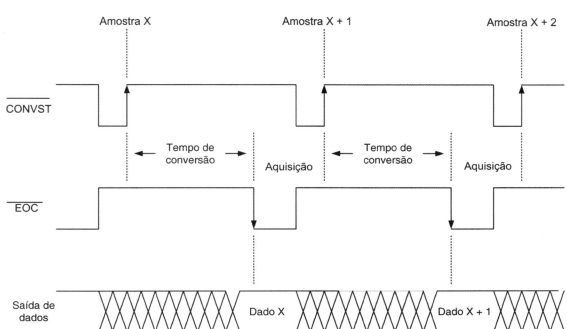

FIGURA 4.87 (*a*) Diagrama de blocos do ADC de aproximações sucessivas (o controle lógico é um hardware que implementa o fluxograma mostrado anteriormente – Figura 4.86) e (*b*) formas de onda demonstrando o processo de conversão até a disponibilidade do dado.

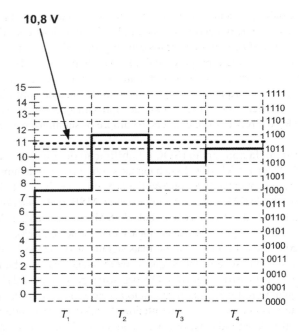

FIGURA 4.88 Exemplo da conversão de uma entrada analógica de 10,8 V e sua conversão por um ADC de aproximações sucessivas de 4 bits.

A Figura 4.88 mostra um exemplo desse conversor. Considere, nesse exemplo, uma entrada analógica de 10,8 V a ser convertida por um conversor de 4 bits com tensão fundo de escala de 16 V (V_{FE} = 16 V) – considerando um *offset* do DAC de $-\frac{1}{2} LSB$ ou –0,5 V, nesse exemplo:

$$V_o = V_{FE}(b_1 \times 2^{-1} + b_2 \times 2^{-2} + b_3 \times 2^{-3} + b_4 \times 2^{-4}) - \frac{1}{2} LSB$$

O comando CONVERT START (SOC) inicia o processo de conversão, o registrador SAR faz $b_1 = 1$ com todos os outros bits permanecendo em zero tal que foi gerado o código 1000 (considerando o exemplo de 4 bits apenas: $b_1 b_2 b_3 b_4$). Isso ocasiona que a saída do DAC é:

$$V_o = 16(1 \times 2^{-1} + 0 \times 2^{-2} + 0 \times 2^{-3} + 0 \times 2^{-4}) - 0,5 = 7,5 \text{ V}$$

No final do período de *clock* T_1, V_o é comparado com a entrada analógica $V_i = V_{input} = V_I = 10,8$ V, ou seja, 7,5 V < 10,8 V → $b_1 = 1$. No início de T_2, b_2 é setado ($b_2 = 1$), gerando um código 1100, e $V_o = 16(1 \times 2^{-1} + 1 \times 2^{-2} + 0 \times 2^{-3} + 0 \times 2^{-4}) - 0,5 = 11,5$ V, ou seja, na comparação temos 11,5 V > 10,8 V → $b_2 = 0$ no fim de T_2.

No início de T_3, b_3 é *setado* ($b_3 = 1$), tal que o código é 1010 e $V_o = 16(1 \times 2^{-1} + 0 \times 2^{-2} + 1 \times 2^{-3} + 0 \times 2^{-4}) - 0,5 = 9,5$ V, ou seja, na comparação temos 9,5 V < 10,8 V → $b_3 = 1$.

Finalizando o algoritmo, no início de T_4, b_4 é *setado* ($b_4 = 1$), tal que o código é 1011 e $V_o = 16(1 \times 2^{-1} + 0 \times 2^{-2} + 1 \times 2^{-3} + 1 \times 2^{-4}) - 0,5 = 10,5$ V, ou seja, na comparação temos 10,5 V < 10,8 V → $b_4 = 1$.

Portanto, no final de T_4, o registrador SAR gerou o código 1011 que idealmente corresponde a 11 V. Observe que qualquer tensão na faixa 10,5 V < V_{input} < 11,5 V terá esse mesmo código.

Esse ADC apresenta como principais vantagens o baixo custo, a velocidade, e o fato de ainda poder ser utilizado para grande número de bits. Apresenta porém como desvantagens a precisão e a linearidade limitadas em função da precisão do DAC. Além disso, apresenta a necessidade de um amplificador do tipo *sample and hold* (interno ou externo – muitos desses ADC possuem o SHA interno), por exemplo, o circuito integrado AD582, o AD683 da Analog Devices, para garantir uma entrada constante durante o processo de conversão.

ADC *Tracking*

Repetidamente compara sua entrada com a saída de um conversor D/A, conforme ilustração da Figura 4.89.

A tensão a ser convertida é comparada com a saída de um DAC que está conectado ao contador crescente/decrescente. Se a tensão é maior, o contador é incrementado (*contador up*) por 1 (incremento passo 1); caso contrário, o contador é decrementado (*contador down*). Esse ADC continuamente compara o sinal de entrada com uma representação reconstruída do sinal de entrada. O contador crescente/decrescente (contador *up/down*) é controlado pela saída do comparador. Se a entrada analógica excede a saída do DAC, o contador conta crescente até que as entradas sejam iguais. Se a saída do DAC excede a entrada analógica, o contador conta decrescente até que sejam iguais.

A principal vantagem desse tipo de conversor é o baixo custo, e as principais desvantagens estão relacionadas à lentidão, precisão e linearidade limitadas em função do conversor DAC.

ADC integrador (*charge-balancing* ADC e o *dual-slope* ADC)

Esses conversores realizam conversão ADC indiretamente pela conversão da entrada analógica em uma função linear do tempo e então para o correspondente código digital. Os dois tipos de conversores mais comuns desse tipo de arquitetura são: *charge-balancing* ADC e o *dual-slope* ADC. O tipo *charge-balancing* ADC converte o sinal de entrada para uma frequência, que é então medida por um contador e convertida em um código de saída proporcional à entrada analógica. Essa família de conversor ADC é muito usada em

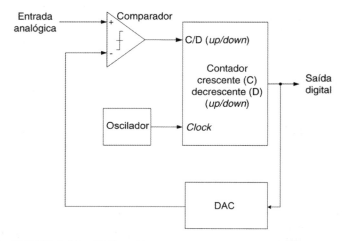

FIGURA 4.89 ADC *tracking*.

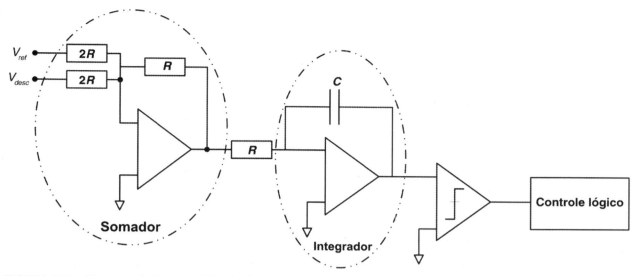

FIGURA 4.90 Diagrama de blocos do ADC dupla rampa.

aplicações de telemetria em que é necessário determinar que frequência é transmitida em ambientes ruidosos ou isolados. O tipo *dual-slope* ADC é também conhecido como ADC dupla rampa (*dual-ramp* ADC) – veja a Figura 4.90.

No início da conversão (SOC: *Start of Conversion*), a tensão de entrada desconhecida (V_{desc}) ou tensão de entrada analógica, é aplicada, juntamente com uma tensão de referência (V_{ref}), à entrada de um circuito somador, cuja saída é dada por:

$$V_a = -\frac{1}{2}(V_{desc} + V_{ref})$$

Em seguida a saída do circuito somador (V_a) é imposta ao circuito integrador, que integra essa tensão com relação ao tempo para obter (com tempo fixo de integração t):

$$V_i = -\frac{1}{2}(V_{desc} + V_{ref})\frac{t}{RC}.$$

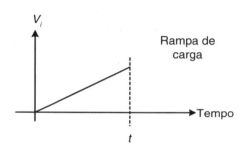

FIGURA 4.91 Rampa de carga.

A relação entre a tensão de saída do integrador e o tempo é dada pela reta ou rampa de carga (Figura 4.91).

Ao completar a integração no tempo t, uma chave na entrada do circuito integrador é ativada para desconectar o circuito somador e conectar a tensão de referência (V_{ref}) ao integrador (veja a Figura 4.92). Nesse momento a relação

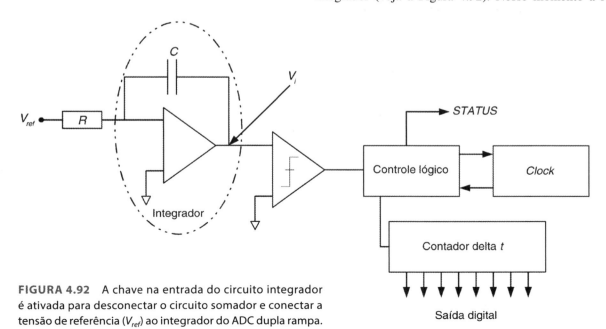

FIGURA 4.92 A chave na entrada do circuito integrador é ativada para desconectar o circuito somador e conectar a tensão de referência (V_{ref}) ao integrador do ADC dupla rampa.

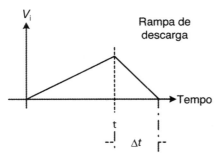

FIGURA 4.93 Forma de onda completa do ADC dupla rampa: representando as rampas de carga e de descarga.

entre a tensão de saída do integrador e o tempo é dada pela rampa de descarga (Figura 4.93).

A saída do integrador diminui com uma rampa de:

$$\frac{\Delta V_i}{\Delta t} = -\frac{V_{ref}}{RC}.$$

O comparador monitora a tensão de saída do integrador (V_i) com um sinal que interliga o controlador lógico quando V_i vai para zero. O cruzamento por zero (0) ocorre quando:

$$\frac{(V_{desc} + V_{ref})}{2RC} \times t = \frac{V_{ref}\Delta t}{RC}$$

$$\frac{\Delta t}{t} = \frac{1}{2}\left(\frac{V_{desc}}{V_{ref}} + 1\right)$$

A contagem de pulsos de *clock* $\Delta t/t$ está relacionada à relação V_{desc}/V_{ref}. Portanto, o contador terá uma representação binária da tensão desconhecida (V_{desc}).

Outro diagrama de blocos para explicar o funcionamento do ADC dupla rampa é apresentado na Figura 4.94. A entrada é mantida em um capacitor durante determinado período de tempo. Um *clock* é usado para medir o tempo de descarga do capacitor, e o número de pulsos de *clock* é a saída digital.

Esse ADC é relativamente lento, porém é preciso, linear e muito utilizado em analisadores lógicos. Os principais passos de funcionamento são:

- a chave CH_1 conecta a entrada analógica V_1 à entrada do circuito integrador para um conjunto de ciclos de *clock* n_1 (tempo fixo T).
- posteriormente, CH_1 conecta a tensão $-V_{ref}$ ao integrador para descarregar o capacitor em um determinado tempo fixo, enquanto a chave CH_2 conecta o contador para contar o número de *clocks* n_2 necessários para descarregar o capacitor C.
- a relação n_2/n_1 é o valor digital da integral V_1/V_{ref}.

Diversos instrumentos digitais utilizam esse ADC, por exemplo, multímetros em que é necessária precisão porém a velocidade de resposta não é significativa no processo.

ADC *Flash*

Também denominado comparador paralelo, é considerado o conversor A/D comercial mais rápido. Utiliza $2^n - 1$ comparadores simultaneamente para determinar todos os n bits da saída digital (Figura 4.95).

As principais características desse conversor são:

- conversão rápida, da ordem de nanossegundos (ns);
- taxa de amostragem elevada (dezena a centena de milhões de amostras por segundo);
- grande quantidade de comparadores que exigem tensões de referência de grande exatidão;
- a exatidão da conversão depende da exatidão de comparação de cada comparador;
- não alcança resoluções elevadas em função do grande número de comparadores necessários;

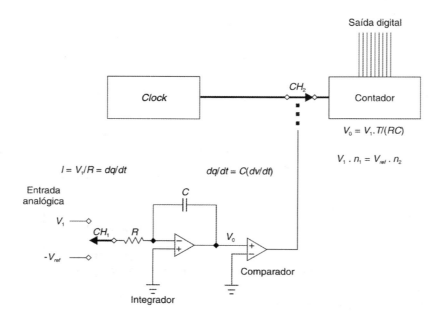

FIGURA 4.94 ADC integrador.

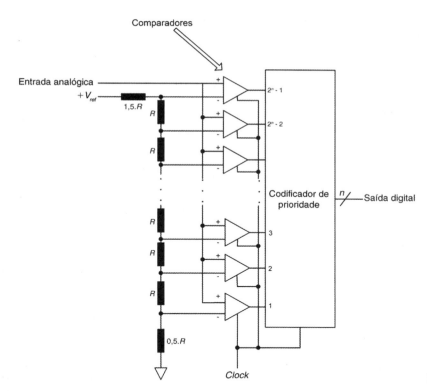

FIGURA 4.95 Esboço do ADC *flash*.

- sua principal desvantagem é seu custo, pois os $2^n - 1$ comparadores aumentam significativamente com o número de bits. Além disso, o aumento do número de comparadores está relacionado ao aumento da área do integrado, dissipação de potência;
- normalmente são encontradas unidades comerciais para 4 bits (15 comparadores no total), 6 bits (63 comparadores) e 8 bits (255 comparadores).

Basicamente, esse conversor é formado por uma rede de resistores utilizada para criar $2^n - 1$ níveis de referência separados entre si por 1 *LSB* e um banco de $2^n - 1$ comparadores de alta velocidade para simultaneamente comparar a tensão analógica de entrada (V_1) em cada nível. Todos os comparadores são interligados ao mesmo *clock*, e suas saídas são 1 (nível lógico alto), quando os níveis de referência nas entradas dos comparadores são inferiores a V_1.

A saída dos comparadores é a entrada de um decodificador (denominado, nesse conversor, codificador de prioridade) responsável pela geração do código binário. Seu nome, *flash converter*, deriva do fato de que todo o processo de digitalização (amostragem, *hold* e decodificação) ocorre em apenas um ciclo de *clock*. Esse conversor é utilizado em aplicações que necessitam de alta velocidade de conversão, como no processamento de vídeo em que taxas típicas na faixa de milhões de amostras por segundo são necessárias (Msps – *Mega samples por segundo*).

ADC Subfaixa

Também chamado de ADC dois passos, conversor $\frac{1}{2}$ *flash* ou *subranging converter*. A Figura 4.96 apresenta o diagrama de blocos de um típico conversor $\frac{1}{2}$ *flash*.

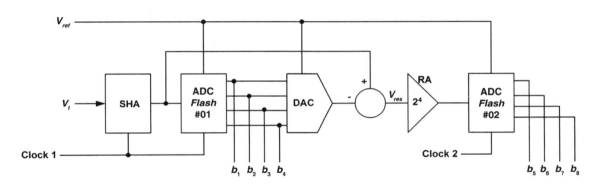

FIGURA 4.96 Diagrama de blocos de um típico conversor $\frac{1}{2}$ *flash*.

Essa arquitetura utiliza um ADC *flash* #01 para fornecer (digitalizar) de forma rápida e precisa os bits mais significativos[3] (n_{altos}) da palavra binária ou código binário final. Em sequência, esses bits são disponibilizados à entrada de um DAC de n bits para fornecer uma aproximação à entrada analógica (V_I). A diferença entre essa entrada analógica e a saída do DAC é denominada saída residual, é amplificada por um amplificador denominado amplificador residual (RA) e finalmente entregue ao ADC *flash* #02 para digitalizar a determinação dos bits menos significativos (n_{baixos}) da palavra binária ou código binário final, ou seja, $n = n_{altos} + n_{baixos}$. Cabe observar, na Figura 4.96, a importância do registrador amostrador e retenha (SHA), pois nesse conversor é importante manter (*hold*) o valor da entrada analógica V_I durante a digitalização do resíduo. Considerando o mesmo código do exemplo da Figura 4.96, ou seja, um código de 8 bits, seriam necessários, em um conversor *flash*, 255 comparadores ($2^8 - 1 = 256 - 1 = 255$). Nessa configuração ocorre uma redução drástica no número de comparadores, pois cada ADC *flash* é responsável apenas pela metade dos bits do código binário final. Sendo assim, nesse exemplo, temos $2^4 - 1 = 15$ comparadores para cada ADC. Como são 2 ADCs do tipo *flash* nessa arquitetura, temos ao todo apenas 30 comparadores! Evidentemente o preço pago pela redução no número de comparadores é o aumento do tempo de conversão, pois na primeira fase de conversão temos o tempo de conversão do ADC *flash* #01 acrescido do tempo dos blocos SHA, DAC, subtrator e RA. Na segunda fase, temos ainda o tempo de conversão do ADC *flash* #02. Portanto, essa arquitetura é mais lenta quando comparada ao ADC *flash*, mas é mais rápida do que a do ADC de aproximações sucessivas.

ADC *pipelined*

O conceito denominado *pipeline* deriva do desenvolvimento das arquiteturas de computadores, ou seja, resumidamente, da procura por procedimentos de melhoria do processamento por divisão de tarefas, isto é, a redução do tempo de processamento para determinada atividade. Apenas como exemplo, uma das características básicas do projeto do processador da INTEL 8086 era que ele tivesse a capacidade de processar informações de forma mais rápida. Basicamente, na época, se destacaram duas possíveis soluções:

- aumentar a frequência de trabalho do processador, o que necessitava de melhoria dos componentes usados nos circuitos impressos;
- ou modificar a arquitetura interna do processador – ***surgimento do conceito de pipeling***.

Como exemplo, considere a Figura 4.97, em que é apresentado um gráfico no tempo comparando a arquitetura 8085 com a arquitetura 8086.

De forma bem simplificada, um processador é responsável por controlar três atividades básicas: buscar informação na memória (o denominado ciclo de busca ou ciclo de *fetch*), decodificar informação na memória e executar informação da memória (na Figura 4.97 essas duas funções estão juntas no ciclo execução (EXEC)). Comparando os dois processadores:

- processador 8085: executa a busca (*fetch 1*) da primeira instrução (ou informação 1) da memória no tempo 1. A seguir executa (decodifica e executa), no tempo 2, essa informação 1. Somente após o final do ciclo de tempos: tempo 1 + tempo 2, o processador está habilitado a buscar a segunda instrução da memória (ou informação 2). Sem alterar a organização dessa arquitetura, uma das maneiras de melhorar o desempenho desse tipo de sistema seria aumentar a frequência do relógio do sistema (*clock*), reduzindo, portanto, os tempos entre diferentes operações do processador.
- os projetistas do processador 8086 resolveram implementar o conceito *pipeling* na sua arquitetura, ou seja, dividiram o processador em duas unidades autônomas, isto é, dividiram a estrutura interna do microprocessador em duas seções: unidade de execução (EU), que executa as instruções previamente "buscadas" (*fetched* – ciclo de busca), e unidade barramento interface (BIU), responsável por acessar a memória e periféricos (veja a Figura 4.98).

Uma boa analogia para comparar os processadores 8085 e 8086 e compreender o conceito de *pipeling* seria considerar um escritório₁ em que apenas um funcionário realizasse todas

---
[3] Cabe lembrar os conceitos apresentados no Capítulo 3, em que LSB representa o bit menos significativo ou de mais baixa ordem e MSB representa o bit mais significativo ou de mais alta ordem. Por exemplo, na explicação do conversor $\frac{1}{2}$ *flash*, podemos considerar uma palavra de 8 bits ou um código binário de 8 bits, como por exemplo 1100 0010, em que o *nibble* 1100 representa os 4 bits mais significativos (n_{alto}) e o *nibble* 0010, os 4 bits menos significativos (n_{baixo}).

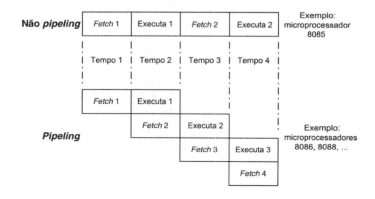

FIGURA 4.97 Comparação entre um processador (8085) que não utiliza *pipeling* e outro cuja arquitetura (8086) é *pipeling*.

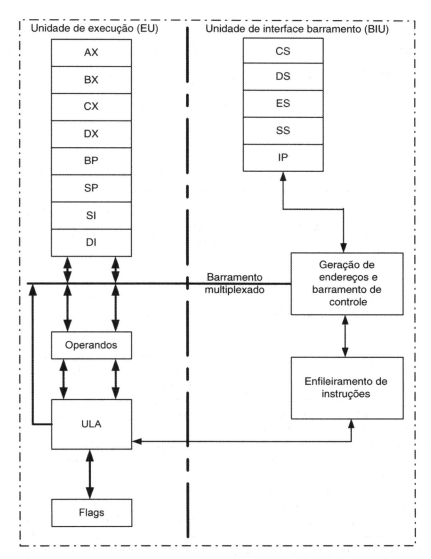

FIGURA 4.98 Esboço da organização interna do processador 8086 mostrando a implementação do conceito *pipeling*, ou seja, divisão em duas unidades com tarefas distintas (o ciclo de execução pode ser visualizado de forma resumida na Figura 4.97).

as atividades em sequência. Sendo assim, só poderia realizar a segunda tarefa no momento em que a primeira tarefa fosse terminada. Agora considere um escritório$_2$ em que trabalham dois funcionários especializados em tarefas diferentes. Sendo assim, quando o funcionário$_1$ termina a primeira tarefa, ela é direcionada para continuar a ser executada pelo funcionário$_2$. No momento em que o funcionário$_2$ inicia o trabalho na tarefa$_1$, seu colega, ou seja, o funcionário$_1$, se tornou ocioso? Claro que não! Nesse momento o funcionário$_1$ iniciou a execução da tarefa$_2$ e assim por diante, ou seja, em uma mesma base de tempo os dois funcionários estão trabalhando. Cabe observar que existem diversas técnicas de *pipeling*. Por exemplo, considere a multiplicação de dois números grandes: 200 000 × 100 000. Como os blocos multiplicadores e divisores normalmente são mais lentos do que os blocos somadores e subtratores, seria interessante utilizar o conceito denominado *pipeling* aritmético, ou seja, multiplicar números pequenos e somar o restante, como no exemplo: $(2 \times 1) \times 10^{5+5} = 2 \times 10^{10}$.

O ADC *pipeling* utiliza o mesmo conceito apresentado anteriormente, ou seja, divide a tarefa de conversão em uma sequência de subtarefas seriais (realizadas por unidades denominadas estágios). Entre os diversos estágios encontra-se um registrador SHA para permitir que as subtarefas individuais sejam executadas concorrentemente a fim de permitir a obtenção de altas taxas. Um exemplo de uma arquitetura ADC *pipelined* é dado na Figura 4.99.

No exemplo típico do ADC *pipelined* (Figura 4.99), percebe-se que cada estágio contém as seguintes unidades básicas: registrador SHA, um ADC, um DAC, um subtrator e um amplificador RA. O primeiro estágio amostra a entrada analógica (V_I), digitalizando-a em k bits, e utiliza o bloco DAC-subtrator-RA para criar um resíduo para o próximo estágio do bloco. O próximo estágio mostra esse resíduo e realiza uma sequência de operações similares enquanto o estágio anterior já está livre para processar a próxima amostra.

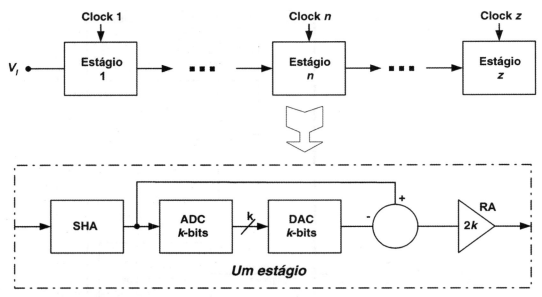

FIGURA 4.99 Diagrama de blocos de uma típica arquitetura ADC *pipelined*.

Conversores ADC sobreamostragem (*oversampling*)

O principal integrante dessa família de conversores é o ADC sigma-delta (ADC $\Sigma - \Delta$). De forma simplificada, um ADC $\Sigma - \Delta$ de primeira ordem consiste em um digitalizador de 1 bit ou modulador para converter a tensão de entrada analógica (V_I) em um fluxo de dados seriais (conjunto de dados seriais) de alta frequência (V_o), seguido por um filtro digital/decimador para converter esse fluxo de dados seriais (conjunto de dados seriais) em uma sequência de palavras de n bits do valor binário fracional D_0 em uma taxa de f_s palavras por segundo. O modulador é implementado de um *latch* comparador atuando como um ADC de 1 bit, um DAC de 1 bit e um integrador para integrar (Σ) a diferença (Δ) entre V_I e a saída do DAC – daí o nome do ADC. O comparador é *strobed* a uma taxa de kf_s amostras por segundo, em que k, usualmente uma potência de 2, é chamado de taxa de sobreamostragem.

De forma geral, o ADC delta-sigma apresenta as seguintes características principais: baixo custo, alta resolução (24 bits) e baixa potência. É muito utilizado em aplicações que envolvem processamento de sinais de áudio.

Alguns conversores ADC comerciais

Um conversor A/D clássico e muito utilizado em anos anteriores é o ADC0804 (National Semiconductor), que funciona com tensão de 5 V e apresenta uma resolução de 8 bits (Figura 4.100).

$V_{ref}/2$	$V_{ref}(V)$	Resolução (mV)
Não usado (aberto)	0 a 5	5/256 = 19,53
2	0 a 4	4/255 = 15,62
1,5	0 a 3	3/256 = 11,71
1,28	0 a 2,56	2,56/256 = 10
1	0 a 2	2/256 = 7,81
0,5	0 a 1	1/256 = 3,90

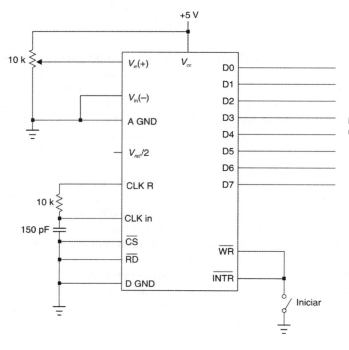

FIGURA 4.100 Pinagem, configuração modo teste e faixa de tensão de entrada relacionada à resolução do ADC0804 da National Semiconductor.

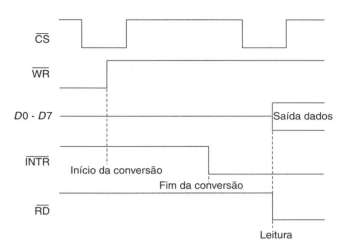

FIGURA 4.101 Formas típicas de onda do ADC0804.

As formas de onda apresentadas na Figura 4.101 explicam o funcionamento e o controle necessários para esse conversor. Com o pino de seleção *chip select* ($\overline{CS}$) em nível baixo, o ADC está habilitado e, assim, pronto para ser utilizado. Com a transição do pino de controle de escrita ou *WRite* ($\overline{WR}$) de 0 para 1 (nível baixo para alto), o ADC inicia o processo de conversão, ou digitalização, do sinal analógico disponível na entrada V_{in}. Com o monitoramento do pino de interrupção ($\overline{INTR}$), é possível verificar o término da digitalização indicada pela transição do nível alto para baixo no pino $\overline{INTR}$. Com a garantia da finalização da digitalização é possível realizar a leitura dos dados forçando a transição do nível alto para baixo, no pino de controle de leitura ou *ReaD* ($\overline{RD}$), disponibilizando os dados nos pinos de saída $D0$-$D7$.

D0-D7 são os pinos de saída digitais. São saídas *three-state*, e o dado convertido é acessado somente quando CS = 0 e RD é forçado para baixo. Para calcular a tensão de saída, utilize a seguinte expressão:

$$D_{out} = \frac{V_{in}}{\text{Resolução}} \text{ [em decimal]}$$

em que D_{out} é a saída do dado digital (em decimal), V_{in} é a tensão de entrada analógica e Resolução é a menor mudança, que é $\left(\frac{2 \times \frac{V_{ref}}{2}}{256 - 1}\right)$ para um conversor D/A de 8 bits. As típicas formas de onda encontram-se na Figura 4.101.

Como exemplo, considere a aquisição de temperatura através de um sensor LM35 e do conversor ADC0804. A faixa de temperatura aproximada do LM35 é de 55 °C a 150 °C, e sua saída é de 10 mV para cada °C, resumidamente apresentada na Tabela 4.3. O interfaceamento desse sistema (LM35 – ADC0804) pode ser realizado pela porta paralela IEEE1284-A de um computador (Figura 4.102, computadores antigos disponibilizavam

TABELA 4.3 Saída do ADC em função da entrada em mV do LM35

Temperatura (°C)	V_{in} (mV)	A/D 0804 v_{out} D7...D0
0	0	00000000
1	10	00000001
2	20	00000010
3	30	00000011
10	100	00001010
30	300	00011110

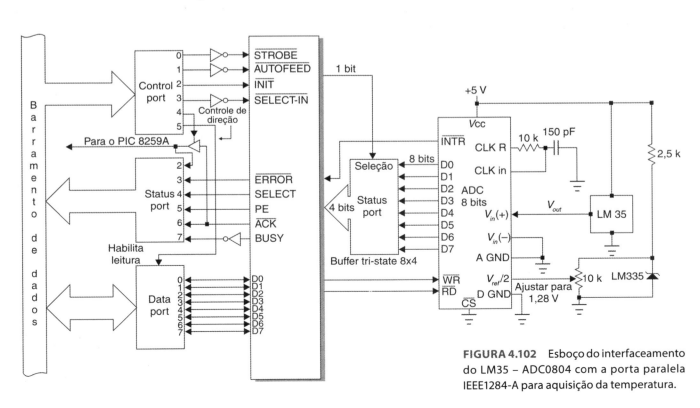

FIGURA 4.102 Esboço do interfaceamento do LM35 – ADC0804 com a porta paralela IEEE1284-A para aquisição da temperatura.

essa porta. Computadores atuais necessitam de uma placa paralela com acesso ao barramento do computador).

No esboço da Figura 4.102, a porta paralela está configurada no modo padrão (SPP). Nesse modo, a porta *data* é unidirecional (porta de saída), e, portanto, a temperatura digitalizada pelo ADC é armazenada temporariamente em um *buffer three-state* de 8 bits, cujo controle (nesse esboço realizado por um pino da porta *control*) disponibiliza 4 em 4 bits para a leitura pela porta *status* (essa porta não contém 8 bits para entrada).

A Figura 4.103 apresenta o fluxograma resumido para controlar o circuito da Figura 4.102, em que se percebe a relação direta com as formas de onda da Figura 4.101 do ADC. Uma das etapas importantes desse controle é a garantia de que os 8 bits digitalizados estejam corretamente armazenados (controle correto do *buffer three-state*).

Diversos outros fabricantes apresentam uma ampla linha de conversores ADC, entre eles Texas Instruments, Analog Devices, Philips, Maxim, entre outros. A Analog Devices apresenta uma linha com números diferentes de entradas analógicas, potência de dissipação, interfaces, taxas de digitalização e resolução (6 a 24 bits). Por exemplo, a família de 8 bits: AD9059, AD9057-80; a família de 12 bits: AD10226, AD9433-125; a família de 13 bits: AD7329, AD7321; a família de 14 bits: AD7484, AD9243 até a família de 24 bits: AD1555, AD7730 entre outros. Da mesma maneira, a Texas Instruments, apresenta uma ampla família de 8 a 24 bits de resolução com diferentes configurações. Por exemplo, a família de 16 bits: ADS1112, a família de 24 bits: ADS1224, entre outros.

4.7 Filtros Analógicos

4.7.1 Conceitos básicos

Foram desenvolvidos filtros para atenuar frequências maiores do que a frequência de Nyquist de uma determinada aplicação, que não são detectadas pelo conversor ADC. Geralmente a atenuação de um filtro deve ser menor que o nível de ruído de quantização rms definido por um determinado conversor. Considere, por exemplo, um conversor ADC de 12 bits, cuja resolução é dada por:

$$2^{12} = 4\,096 \text{ níveis de tensão.}$$

Caso a tensão de referência desse ADC seja 5 V, cada nível é igual a $\dfrac{5\text{ V}}{(2^{12}-1)} \cong 1 \text{ mV} \cong 0,001 \text{ V}$, denominado nível q. Cabe observar que, para se utilizarem todos os bits disponíveis em seu conversor (neste exemplo, 12 bits) para os dados e não para conversão de ruído, as frequências no passa-faixa (ou no rejeita-banda ou ainda no filtro *notch*) devem atenuar, no mínimo, o nível de **ruído de quantização rms** dado por $\dfrac{q}{2\sqrt{3}} = V_q$. Para o exemplo

$$q_{rms} = -20\log_{10}\left(\dfrac{V_{fundo\_escala}}{V_q}\right) = -20\log_{10}\left(\dfrac{5}{\dfrac{q}{2\sqrt{3}}}\right) =$$

$$= -20\log_{10}\left(\dfrac{5}{\dfrac{0,001}{2\sqrt{3}}}\right) = -84,77 \text{ dB}$$

necessitamos de −84,77 dB de atenuação para o filtro passa-faixa. A ordem desse filtro N é dada, em forma simplificada, por

$$N = \dfrac{|q_{rms}|}{6\log_2\left(\dfrac{f_s}{2\times f_{pb}}\right)}$$

sendo
q_{rms} a atenuação do filtro passa-faixa desejada;
f_{pb} a frequência de corte, e supondo-se que seja igual ao comprimento de banda da entrada analógica desejada;
f_s a frequência de amostragem (o período de transição inicia em $f_s/2$).

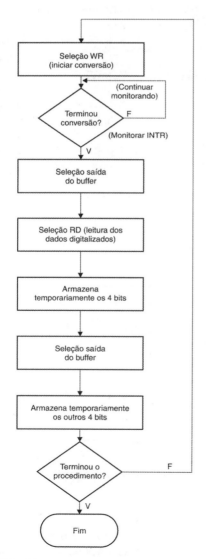

FIGURA 4.103 Fluxograma para o exemplo da Figura 4.102.

Considerando-se, por exemplo, o conversor ADC de 12 bits, que necessita de aproximadamente –85 dB de atenuação (filtro passa-faixa), uma razão de amostragem de 10 kHz e uma frequência de corte de 4 kHz (também denominada *cut-off frequency*), a ordem do filtro (ordem ou polo de um filtro é o número de componentes reativos — capacitores ou indutores) — deve ser de

$$N = \frac{|q_{rms}|}{6\log_2\left(\dfrac{f_s}{2 \times f_{pb}}\right)} = \frac{85 \text{ dB}}{6\log_2\left(\dfrac{10 \text{ kHz}}{8 \text{ kHz}}\right)} = 44.$$

Sendo assim, a faixa dinâmica desse sistema de aquisição para evitar problemas com o ruído necessita de um filtro de ordem 44. Cabe observar que o desenvolvimento de filtros de ordem maior do que 8 é caro, sendo, portanto, necessárias técnicas para redução da complexidade do projeto de filtros que serão abordadas no decorrer deste capítulo.

Filtro passa-baixas é um passa-banda até uma dada frequência específica denominada frequência de corte, cuja resposta ideal encontra-se representada na Figura 4.104, atenuando altas frequências.

Filtro passa-banda (passa-faixa) possibilita a passagem de uma banda específica de frequência, atenuando baixas e altas frequências. A diferença entre a frequência de corte superior e inferior determina a largura de banda do filtro. A frequência central é dada por

$$f_{central} = \sqrt{f_{superior} \times f_{inferior}},$$

cuja resposta ideal encontra-se representada na Figura 4.105.

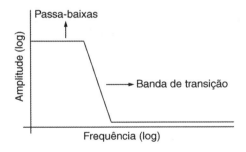

FIGURA 4.104 Filtro passa-baixas ideal.

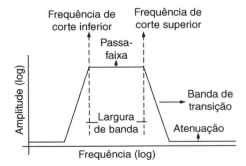

FIGURA 4.105 Filtro passa-faixa ideal.

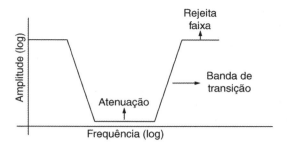

FIGURA 4.106 Filtro *notch* ideal.

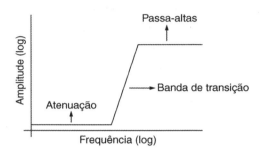

FIGURA 4.107 Filtro passa-altas ideal.

O **filtro *notch*** é uma variante do filtro passa-faixa em que as frequências inferiores e superiores a uma determinada frequência não são atenuadas, enquanto uma determinada frequência é atenuada ao máximo (pode ser visualizado como uma combinação dos filtros passa-baixas e passa-altas), conforme esboço da Figura 4.106.

O **filtro passa-altas** rejeita frequências inferiores a uma frequência específica, ou seja, atenua baixas frequências, cuja resposta ideal está representada na Figura 4.107.

4.7.2 Principais classes de filtros

Característica Butterworth: é um filtro cuja resposta é plana, ou seja, não apresenta *ripple* (ondulação); sendo assim, apresenta variação monotônica (derivada da magnitude não muda de sinal a uma dada faixa de frequência). A função normalizada é dada por:

$$|H(j\omega)|^2 = H^2 \frac{1}{1 + \omega^{2n}}$$

sendo H^2 um fator de escala. Esta expressão matemática produz polos para um filtro com características Butterworth, cuja resposta de segunda ordem é dada pela Figura 4.108.

Característica Chebyshev: filtros que apresentam melhor resposta próxima à frequência de corte quando comparados aos filtros de Butterworth. Porém, apresentam *ripple* na banda de transição. Esses filtros são baseados no uso de polinômios especializados, que convergem rapidamente introduzindo um erro mínimo na aproximação.

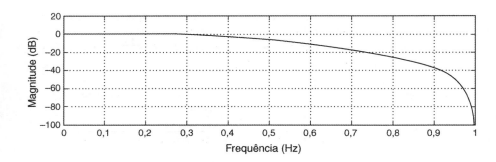

FIGURA 4.108 Resposta de um filtro com característica Butterworth de segunda ordem.

Esses polinômios são denominados polinômios de Chebyshev, em homenagem àquele que foi o primeiro a utilizá-los em seu estudo sobre motores a vapor, e apresentam a seguinte forma clássica:

$$T_{n+1}(x) - 2xT_n(x) + T_{n-1}(x) = 0.$$

Substituindo-se ω por x e considerando-se

$$T_0(\omega) = 1$$
$$T_1(\omega) = \omega$$
$$T_{n+1}(\omega) = 2 \cdot T_n(\omega) - T_{n-1}(\omega),$$

que pode ser utilizado para se determinarem os polinômios de qualquer ordem:

$$T_1(\omega) = \omega$$
$$T_2(\omega) = 2\omega^2 - 1$$
$$\vdots$$
$$T_{n+1}(\omega) = 2 \cdot \omega \cdot T_n(\omega) - T_{n-1}(\omega), \text{ para } n \geq 1.$$

A característica de um filtro passa-baixas Chebyshev tipo I é:

$$|H(j\omega)|^2 = H^2 \frac{1}{1 + \varepsilon^2 \cdot T_n^2(\omega)}$$

$$\varepsilon = \sqrt{10^{\frac{r}{10}} - 1}$$

em que ε representa a magnitude do desvio da banda passante, r representa o *ripple* da banda passante (dB) e a expressão $T_n^2(\omega)$ é o polinômio de Chebyshev de ordem n. Os gráficos da Figura 4.109 apresentam a resposta de um filtro com característica de Chebyshev de terceira e quinta ordens.

Equalizadores de atraso: filtros que também se denominam passa-tudo, e cuja função de transferência é:

$$H(s) = \frac{(s - \omega_1) \cdot \left(s^2 - \dfrac{s \cdot \omega_2}{Q_2} + \omega_2\right) \ldots}{(s + \omega_1) \cdot \left(s^2 + \dfrac{s \cdot \omega_2}{Q_2} + \omega_2\right) \ldots}$$

A proposta desse filtro é modificar as características de atraso do sinal pelo deslocamento da fase. Como exemplo,

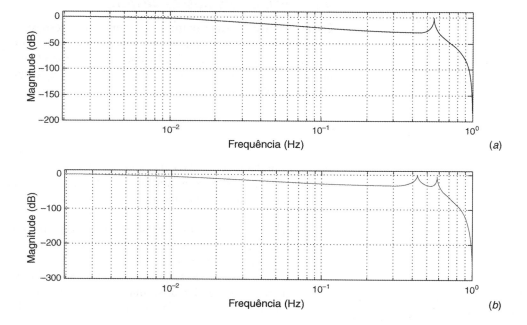

FIGURA 4.109 Resposta de um filtro com característica Chebyshev (*a*) de terceira e (*b*) de quinta ordens.

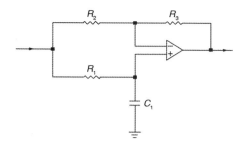

FIGURA 4.110 Filtro equalizador de primeira ordem (passa-tudo).

um filtro passa-tudo de primeira ordem encontra-se representado na Figura 4.110, que possibilita deslocar a fase de 0° a 180° apenas alterando R_1 e C_1.

4.7.3 Resposta em frequência

De maneira geral, são utilizados filtros para alterar ou modificar o comportamento em frequência de um sinal. Conforme salientamos anteriormente, o filtro passa-baixas atenua o conteúdo de frequência de um sinal que está acima de certa frequência de corte, f_c; o filtro passa-altas atenua as frequências inferiores a f_c. O filtro passa-faixa ou passa-banda é formado cascateando-se um filtro passa-altas e um passa-baixas e atenua as frequências de corte dos filtros cascateados. Como exemplo, a Figura 4.111 apresenta os filtros passa-baixas e passa-altas de primeira ordem com componentes passivos.

A resposta em frequência de um filtro pode ser determinada pela excitação do circuito por um sinal senoidal de magnitude e frequência conhecidas, como $V_{in}\cos(\omega t)$, e pelo cálculo ou medição da resposta de saída do circuito, como, por exemplo, $V_{out}\cos(\omega t + \theta)$, tal como mostra a Figura 4.112.

Uma das maneiras de se calcular a resposta em frequência é determinar a função de transferência $T(s)$ e manipular sua forma como se segue. As funções de transferência podem ser tratadas no formato de polos e zeros:

$$T(s) = K \frac{(s + z_1)(s + z_2) \ldots}{(s + p_1)(s + p_2) \ldots},$$

que pode ser alterada para um formato mais conveniente:

$$T(s) = \frac{K z_1 z_2 \ldots \left(1 + \dfrac{s}{z_1}\right)\left(1 + \dfrac{s}{z_2}\right) \ldots}{p_1 p_2 \ldots \left(1 + \dfrac{s}{p_1}\right)\left(1 + \dfrac{s}{p_2}\right) \ldots}$$

sendo K_d definido por:

$$K_d = \frac{K z_1 z_2 \ldots}{p_1 p_2 \ldots}.$$

Substituindo $s = j\omega = j2\pi f$, temos:

$$T(j\omega) = K_d \frac{\left(1 + \dfrac{j\omega}{z_1}\right)\left(1 + \dfrac{j\omega}{z_2}\right) \ldots}{\left(1 + \dfrac{j\omega}{p_1}\right)\left(1 + \dfrac{j\omega}{p_2}\right) \ldots},$$

que é uma função complexa:

$$T(j\omega) = |T(j\omega)| e^{j\theta_{T(j\omega)}}$$

sendo $\theta_{T(j\omega)}$ o ângulo ou fase, e $|T(j\omega)|$ a magnitude ou módulo. Percebe-se que essas variáveis estão relacionadas às respostas em frequência exemplificadas na Figura 4.112;

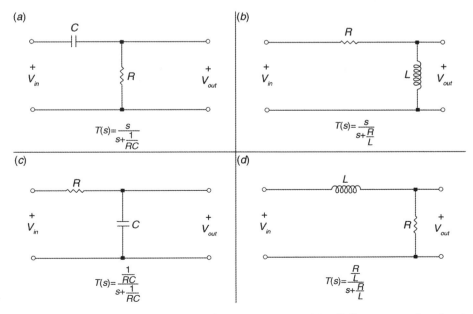

FIGURA 4.111 Divisores de tensão implementados como: (a) e (b) filtros passa-altas de primeira ordem; (c) e (d) filtros passa-baixas de primeira ordem.

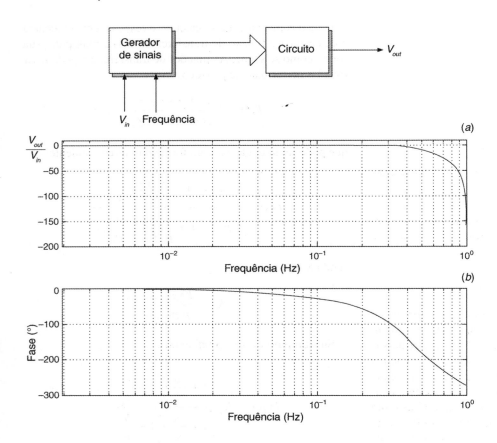

FIGURA 4.112 Resposta em frequência de um circuito com uma entrada senoidal de magnitude e frequência conhecidas: (a) módulo e (b) fase.

$$|T(j\omega)| = \frac{V_{out}}{V_{in}} \rightarrow \text{módulo}$$

$$\theta_{T(j\omega)} = \theta \rightarrow \text{fase}.$$

Para frequência angular $\omega = 0$, o circuito não oscila (estado DC) e $T(j0) = K_d$; sendo assim, K_d representa o ganho DC. A frequência de corte, f_c, é definida como a frequência em que

$$|T(j\omega_c)| = \frac{|T(j\omega)|_{máx}}{\sqrt{2}} = 0{,}707 |T(j\omega)|_{máx}$$

e

$$\omega_c = 2\cdot \pi \cdot f_c.$$

A Figura 4.113(a) apresenta um **filtro ativo passa-baixas** utilizando um amplificador operacional que apresenta a facilidade de alterar o ganho e uma impedância de entrada muito baixa. Em sequência, a Figura 4.113(b) mostra a configuração de um **filtro ativo passa-altas** e a Figura 4.113(c) mostra um **filtro ativo passa-faixa**.

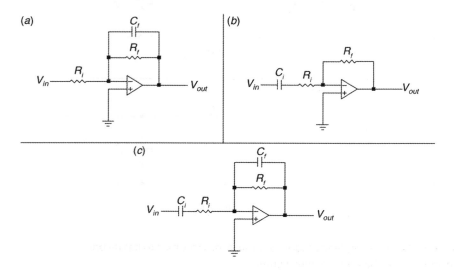

FIGURA 4.113 Filtros ativos: (a) passa-baixas, (b) passa-altas e (c) passa-faixa.

A resposta em frequência para o passa-baixas é dada por:

$$\frac{V_{out}(j\omega)}{V_{in}(j\omega)} = -\frac{\dfrac{\dfrac{R_f}{j\omega C_f}}{\dfrac{1}{j\omega C_f} + R_f}}{R_i}.$$

Por manipulação algébrica, temos:

$$\frac{V_{out}(j\omega)}{V_{in}(j\omega)} = -\frac{R_f}{R_i} \cdot \frac{1}{1 + j \cdot \omega \cdot \tau}$$

sendo $\tau = R_f \cdot C_f$. Para $\omega \ll \dfrac{1}{\tau}$, o circuito comporta-se como um amplificador inversor (veja o Capítulo 3), pois a impedância de C_f é maior, em comparação com R_f. Para $\omega \gg \dfrac{1}{\tau}$, o circuito comporta-se como um integrador (veja o Capítulo 3), pois C_f é a impedância dominante na realimentação.

A resposta em frequência para o passa-altas é dada por:

$$\frac{V_{out}(j\omega)}{V_{in}(j\omega)} = -\frac{R_f}{\dfrac{1}{j\omega C_i}R_i} = -\frac{R_f}{R_i}\frac{j\omega \cdot \tau}{1 + j\omega \cdot \tau}$$

sendo $\tau = R_i \cdot C_i$. Para $\omega \gg \dfrac{1}{\tau}$, o circuito comporta-se como um diferenciador, pois C_i é a impedância de entrada dominante, e para $\omega \gg \dfrac{1}{\tau}$, o circuito comporta-se como um amplificador inversor, pois a impedância de R_i é maior, em comparação com C_i.

4.7.4 Projeto de filtros passivos: uma introdução

Quando uma **rede LC** é alimentada por uma tensão senoidal a uma dada frequência, denominada **frequência de ressonância, ω_0**, ocorre um fenômeno interessante. Por exemplo, se um circuito *LC* em série (Figura 4.114(*a*)) é alimentado na sua frequência de ressonância, $\omega_0 = \dfrac{1}{\sqrt{LC}}$, ou $f_0 = \dfrac{1}{2\pi\sqrt{LC}}$, a impedância sobre a rede *LC* vai para zero (atua como um curto-circuito); sendo assim, o fluxo de corrente entre a fonte e a referência será máximo. Na mesma situação de alimentação, porém em uma rede *LC* paralela (Figura 4.114(*b*)), a impedância da rede tenderá para o infinito (o circuito atua como um circuito aberto); sendo assim, o fluxo de corrente entre a fonte e a referência será zero.

Como exemplo, considerando-se a impedância equivalente do circuito em série

$$Z_{eq} = Z_L + Z_C = j\omega L + \frac{1}{j\omega C} = j\left(\omega L - \frac{1}{\omega C}\right),$$

e aplicando-se a lei de Ohm com $Z_{eq} = 0$,

$$I(t) = \frac{V(t)}{Z_{eq}} = \frac{V_0 e^{j\omega t}}{0}$$

$$I(t) \to \infty.$$

E, para o circuito *LC* paralelo, a impedância equivalente é dada por

$$\frac{1}{Z_{eq}} = \frac{1}{Z_L} + \frac{1}{Z_C} = \frac{1}{j\omega L} + \frac{1}{1/j\omega C} = j\left(\omega C - \frac{1}{\omega L}\right)$$

ou

$$Z_{eq} = \frac{1}{\dfrac{1}{\omega L} - \omega C}.$$

Considerando-se $Z_{eq} \to \infty$:

$$I(t) = \frac{V(t)}{Z_{eq}} = \frac{V_0 e^{j\nu t}}{\infty}$$

$$I(t) \to 0$$

Considerando-se o circuito RLC, a frequência de ressonância é também $\omega_0 = \dfrac{1}{\sqrt{LC}}$; contudo, com o resistor o tratamento matemático e os resultados anteriores não ocorrem.

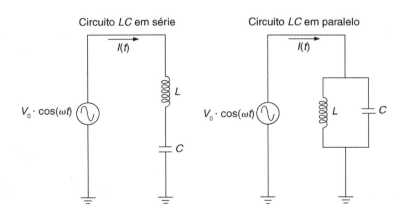

FIGURA 4.114 Rede *LC* em série e em paralelo.

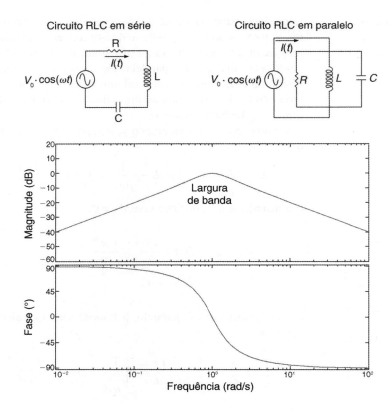

FIGURA 4.115 Redes RLC em série e em paralelo e a resposta $I(t) \times \omega$: magnitude e fase para o circuito série.

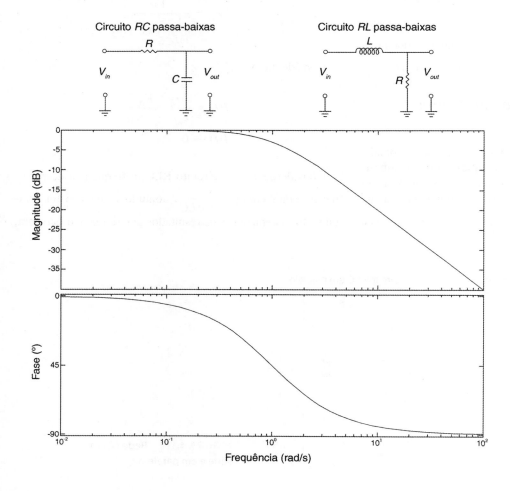

FIGURA 4.116 Redes RC e RL como filtro passa-baixas e a correspondente resposta em frequência para $R = L = C = 1$.

Como exemplo, observe a Figura 4.115, que apresenta as redes RLC série e paralelo e as correspondentes magnitude e fase da corrente em função da frequência (relacionada à tensão aplicada, evidentemente) para a corrente (circuito série) e tensão (circuito paralelo). Considere neste exemplo $R = L = C = 1$.

A distância entre os pontos ω_1 e ω_2 é denominada largura de banda: $\Delta\omega = \omega_2 - \omega_1$. Sendo que ω_1 e ω_2 representam as frequências nas quais a potência cai para a metade ou os pontos onde a magnitude cai –3 dB. **Fator qualidade**, ou fator Q, é a designação utilizada para descrever o formato do pico mostrado na magnitude da corrente em função da frequência no gráfico da Figura 4.115 definido por:

$$Q = \frac{\omega_0}{\Delta\omega} = \frac{\omega_0}{\omega_2 - \omega_1}$$

que, para o circuito RLC em série, é $Q = \frac{\omega_0 \cdot L}{R}$ e, para o paralelo, $Q = \omega_0 \cdot R \cdot C$.

Filtro passivo passa-baixas: os simples circuitos RC e RL atuam como filtros passa-baixas atenuando as altas frequências, conforme esboça a Figura 4.116, que apresenta os correspondentes circuitos e a resposta em frequência.

O divisor de tensão para o filtro passa-baixas RC é:

$$V_{out} = V_{in} \frac{Z_C}{Z_C + R}.$$

Manipulando algebricamente, temos:

$$\frac{V_{out}}{V_{in}} = \frac{Z_C}{Z_C + Z_R} = \frac{1}{1 + j\omega \cdot R \cdot C}.$$

Utilizando a forma exponencial e substituindo, temos:

$$1 + j\omega \cdot R \cdot C = A \cdot e^{j\alpha},$$

sendo a magnitude $A = \sqrt{1^2 + (\omega \cdot R \cdot C)^2}$ e a fase $\alpha = \text{tg}^{-1}(\omega \cdot R \cdot C)$:

$$\frac{V_{out}}{V_{in}} = \frac{1}{A \cdot e^{j\alpha}} = \frac{1}{A} e^{-j\alpha} = \frac{1}{\sqrt{1^2 + (\omega R \cdot C)^2}} e^{-j \cdot \text{tg}^{-1}(\omega R \cdot C)}.$$

A parte real (remoção do termo exponencial imaginário) é:

$$\left|\frac{V_{out}}{V_{in}}\right| = \frac{1}{\sqrt{1 + (\omega \cdot R \cdot C)^2}}$$

em que $\frac{V_{out}}{V_{in}}$ em filtros é denominado **atenuação**, ou seja, a medida de como a tensão de entrada, para determinada frequência, "encontra-se" na saída. A frequência de corte é dada por:

$$\omega_c = \frac{1}{RC} \quad \text{ou} \quad f_c = \frac{1}{2 \cdot \pi \cdot R \cdot C}.$$

Utilizando-se o mesmo tratamento matemático (deixamos como exercício para o leitor), o filtro passa-baixas LC apresenta a parte real dada por:

$$\left|\frac{V_{out}}{V_{in}}\right| = \frac{1}{\sqrt{1 + \left(\frac{\omega \cdot L}{R}\right)^2}}$$

e a frequência de corte

$$\omega_c = \frac{R}{L} \quad \text{ou} \quad f_c = \frac{R}{2 \cdot \pi \cdot L}$$

e a fase para ambos os filtros

$$\phi = \text{tg}^{-1}\left(\frac{\omega}{\omega_c}\right).$$

Na prática, a **atenuação é representada em decibéis** em função dos valores de entrada e saída:

$$A_{dB} = 20 \log \left|\frac{V_{out}}{V_{in}}\right|.$$

Filtro passivo passa-altas: os simples circuitos RC e RL atuam como filtros passa-altas atenuando as baixas frequências, conforme esboça a Figura 4.117, que apresenta os correspondentes circuitos e a resposta em frequência.

Com a mesma abordagem matemática anterior, a atenuação do filtro passa-altas RC é dada por

$$\left|\frac{V_{out}}{V_{in}}\right| = \frac{1}{\sqrt{R^2 + \left(\frac{1}{\omega \cdot C}\right)^2}},$$

cuja frequência de corte é:

$$\omega_c = \frac{1}{R \cdot C} \quad \text{ou} \quad f_c = \frac{1}{2 \cdot \pi \cdot R \cdot C}.$$

Da mesma forma, para o filtro passa-altas RL:

$$\omega_c = \frac{R}{L} \quad \text{ou} \quad f_c = \frac{R}{2 \cdot \pi \cdot L}$$

e a fase para ambos os filtros:

$$\phi = \text{tg}^{-1}\left(\frac{\omega_c}{\omega}\right).$$

Filtro passivo passa-faixa: o circuito RLC mostrado na Figura 4.118 com sua resposta em frequência, cuja frequência ω_0 é a frequência de ressonância.

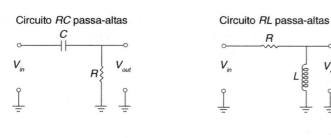
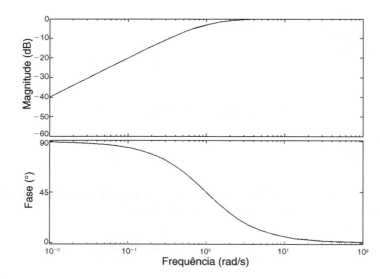

FIGURA 4.117 Redes RC e RL como filtro passa-altas e a correspondente resposta em frequência para $R = L = C = 1$.

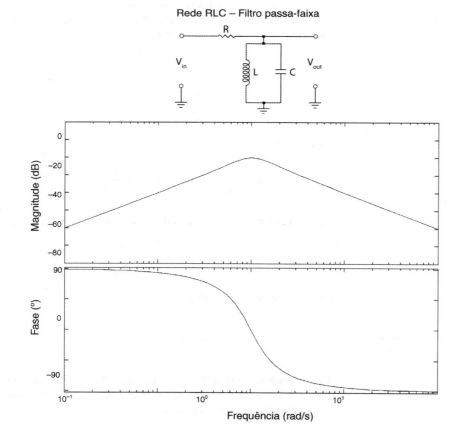

FIGURA 4.118 Rede RLC como filtro passa-faixa e a correspondente resposta em frequência para $R = L = C = 1$.

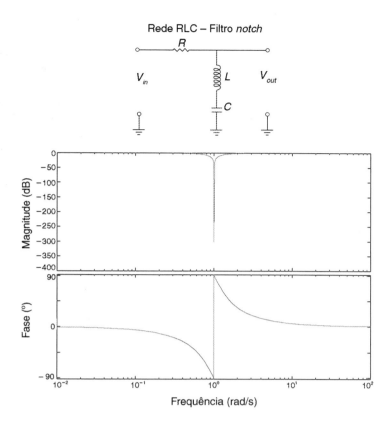

FIGURA 4.119 Rede RLC como filtro *notch* e a correspondente resposta em frequência para $R = L = C = 1$.

A impedância equivalente para esse filtro é dada por

$$\frac{1}{Z_{LC}} = \frac{1}{Z_L} + \frac{1}{Z_C} = \frac{1}{j \cdot \omega \cdot L} - \frac{\omega \cdot C}{j} = j\left(\omega \cdot C - \frac{1}{\omega \cdot L}\right)$$

$$Z_{LC} = j\frac{1}{\frac{1}{\omega \cdot L} - \omega \cdot C}.$$

O fator de qualidade desse filtro é dado por $\left(\omega_0 = 1/\sqrt{L \cdot C}\right)$:

$$Q = \frac{\omega_0}{\Delta\omega} = \omega_0 \cdot R \cdot C.$$

Filtro passivo *notch*: o circuito RLC mostrado na Figura 4.119 com sua resposta em frequência, cuja frequência ω_0 é a frequência de ressonância.

Com a mesma abordagem anterior, a impedância equivalente é dada por

$$Z_{LC} = Z_L + Z_C = j\omega \cdot L - j\frac{1}{\omega C} = j\left(\omega L - \frac{1}{\omega \cdot C}\right)$$

com $\left(\omega_0 = 1/\sqrt{L \cdot C}\right)$:

$$Q = \frac{\omega_0}{\Delta\omega} = \omega_0 \frac{L}{R}.$$

Procedimentos práticos para implementação de filtros passa-baixas: considere a necessidade de se projetar um filtro passa-baixas com resposta em frequência dada pela Figura 4.120.

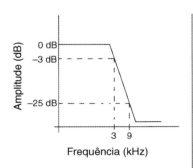

Resposta em frequência

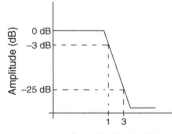

Resposta em frequência normalizada

FIGURA 4.120 Resposta em frequência de um filtro passa-baixas.

Pela resposta em frequência desejada (Figura 4.120) percebe-se que, à frequência de 3 kHz, a atenuação é de –3 dB (marcada como frequência f_{3dB}) e, à de 9 kHz, a atenuação desejada é de –25 dB. O passo seguinte é normalizar a curva de resposta em frequência; sendo assim, em –3 dB a frequência é de 1 rad/s e em –25 dB é de 3 rad/s $\left(\dfrac{9000 \text{ Hz}}{3000 \text{ Hz}} = 3 \right)$. Deve-se então determinar a classe desse filtro, ou seja, Butterworth, ou Chebyshev, ou Bessel, entre outros. Considerando-se que seja Butterworth, um dos mais populares, a próxima etapa é utilizar o gráfico de atenuação em função da frequência normalizada para o filtro passa-baixas Butterworth fornecida pela Figura 4.121.

Para o filtro desejado, de –25 dB a 3 rad/s, utilizando-se e consultando-se a curva de atenuação (Figura 4.121), encontra-se que, para $n = 3$, a curva fornece suficiente atenuação a 3 rad/s. Portanto, o filtro a ser desenvolvido é de terceira ordem (de três polos; sendo assim, será construído com três seções LC). Com a ordem determinada, o próximo passo é determinar o filtro (ordem 3) LC normalizado (pode-se utilizar a configuração π, pois são utilizados poucos indutores ou a configuração T, caso a impedância da carga seja maior que a impedância da fonte — Figura 4.122).

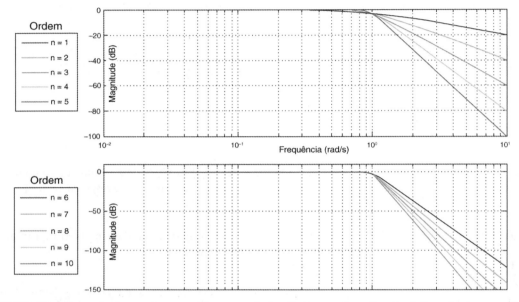

FIGURA 4.121 Curva de atenuação para o filtro passa-baixas Butterworth em função da frequência normalizada.

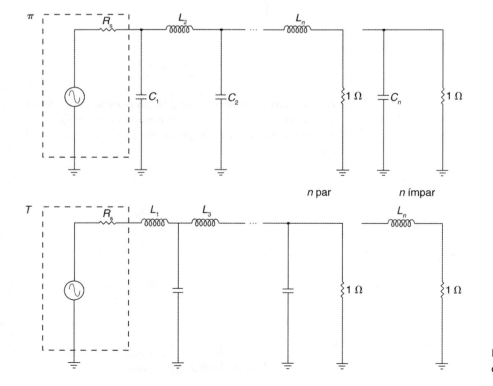

FIGURA 4.122 Filtros normalizados: configuração π e T.

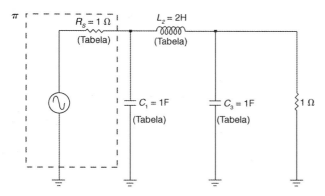

FIGURA 4.123 Filtro normalizado para o exemplo — configuração π.

Vamos considerar, para esse filtro, que a impedância da fonte de sinal R_s e a impedância da carga R_L sejam iguais a 50 Ω; assim sendo, optamos pela configuração π. Os valores dos indutores e dos capacitores estão disponibilizados na Tabela 4.4 e na Tabela 4.5 (para as aproximações de Chebyshev e Bessel, consulte outras referências).

A Figura 4.123 apresenta o filtro com valores indicados (em negrito) na Tabela 4.4 em função da escolha da configuração π.

Finalmente, basta determinar os valores reais usando:

$$L_n = \frac{R_L \cdot L_{n(tabelado)}}{2 \cdot \pi \cdot f_{3dB}}$$

$$C_n = \frac{C_{n(tabelado)}}{2 \cdot \pi \cdot f_{3dB} \cdot R_L},$$

cujos cálculos e cujo filtro passa-baixas a serem implementados são dados na Figura 4.124.

Procedimentos práticos para implementação de filtros passa-altas: considere a necessidade de projetar um filtro passa-altas com resposta em frequência dada pela Figura 4.125. A ideia é empregar as mesmas técnicas adotadas no exemplo do filtro passa-baixas e depois transformar para um filtro passa-altas. Para normalizar a resposta em frequência, basta dividir as

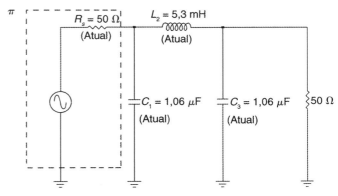

FIGURA 4.124 Filtro real passa-baixas — configuração π.

| TABELA 4.4 | Valores para os indutores e capacitores para filtro passa-baixas com características de Butterworth — configuração π |

Ordem (n)	R_s	C_1	L_2	C_3	L_4	C_5	L_6	C_7
2	1,000	1,4142	1,4142					
3	1,000	1,0000	2,0000	1,0000				
4	1,000	0,7654	1,8478	1,8478	0,7654			
5	1,000	0,6180	1,6180	2,0000	1,6180	0,6180		
6	1,000	0,5176	1,4142	1,9319	1,9319	1,4142	0,5176	
7	1,000	0,4450	1,2470	1,8019	2,0000	1,8019	1,2470	0,4450

Observação: valores dos indutores e capacitores são para 1 Ω de carga e –3 dB para frequência de 1 rad/s (unidades de H e F).

| TABELA 4.5 | Valores para os indutores e capacitores para filtro passa-baixas com características de Butterworth — configuração T |

Ordem (n)	$1/R_s$	L_1	C_2	L_3	C_4	L_5	C_6	L_7
2	1,000	1,4142	1,4142					
3	1,000	1,0000	2,0000	1,0000				
4	1,000	0,7654	1,8478	1,8478	0,7654			
5	1,000	0,6180	1,6180	2,0000	1,6180	0,6180		
6	1,000	0,5176	1,4142	1,9319	1,9319	1,4142	0,5176	
7	1,000	0,4450	1,2470	1,8019	2,0000	1,8019	1,2470	0,4450

Observação: valores dos indutores e capacitores são para 1 Ω de carga e –3 dB para frequência de 1 rad/s (unidades de H e F).

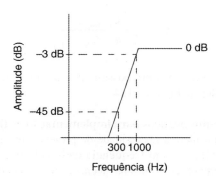

Resposta em frequência

FIGURA 4.125 Resposta em frequência de um filtro passa-altas.

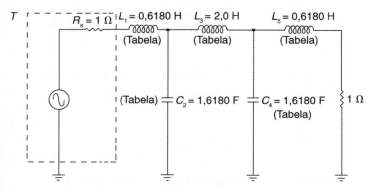

FIGURA 4.126 Filtro passa-baixas — configuração T.

frequências por 300 Hz. Cabe observar que a frequência f_{3dB} é a de 1000 Hz. Considerando-se a Figura 4.121, para uma atenuação de –45 dB a 3,3 rad/s a curva mais próxima é a de ordem 5; sendo assim, será desenvolvido um filtro de quinta ordem. Em geral o desenvolvimento é iniciado na configuração π, porém para transformar um passa-baixas em passa-altas é mais interessante utilizar a configuração T, pois será necessário substituir indutores por capacitores e capacitores por indutores. A Figura 4.126 apresenta o filtro passa-baixas de configuração T em que se utiliza o procedimento anterior.

Para converter o passa-baixas em um filtro passa-altas, trocando os indutores pelos capacitores com valor $1/L$ e capacitores por indutores de valor $1/C$, procedemos da seguinte maneira:

$$C_{1(transformado)} = \frac{1}{L_{1(tabelado)}} = \frac{1}{0,6180} = 1,6180 \text{ F}$$

$$C_{3(transformado)} = \frac{1}{L_{3(tabelado)}} = \frac{1}{2,0} = 0,5 \text{ F}$$

$$C_{5(transformado)} = \frac{1}{L_{5(tabelado)}} = \frac{1}{0,6180} = 1,6180 \text{ F}$$

$$L_{2(transformado)} = \frac{1}{C_{2(tabelado)}} = \frac{1}{1,6180} = 0,6180 \text{ H}$$

$$L_{4(transformado)} = \frac{1}{C_{4(tabelado)}} = \frac{1}{1,6180} = 0,6180 \text{ H}.$$

A transformação em filtro passa-altas é mostrada na Figura 4.127.

A transformação com valores não normalizados encontra-se ilustrada na Figura 4.128.

$$C_1 = \frac{C_{1(transformado)}}{2 \cdot \pi \cdot f_{3dB} \cdot R_L} = \frac{1,618}{2 \cdot \pi \cdot 1000 \cdot 50} = 5,1 \ \mu\text{F}$$

$$C_3 = \frac{C_{3(transformado)}}{2 \cdot \pi \cdot f_{3dB} \cdot R_L} = \frac{0,5}{2 \cdot \pi \cdot 1000 \cdot 50} = 1,6 \ \mu\text{F}$$

$$C_5 = \frac{C_{5(transformado)}}{2 \cdot \pi \cdot f_{3dB} \cdot R_L} = \frac{1,618}{2 \cdot \pi \cdot 1000 \cdot 50} = 5,1 \ \mu\text{F}$$

$$L_2 = \frac{L_{2(transformado)} \cdot R_L}{2 \cdot \pi \cdot f_{3dB}} = \frac{0,6180 \cdot 50}{2 \cdot \pi \cdot 1000} = 4,9 \text{ mH}$$

$$L_4 = \frac{L_{4(transformado)} \cdot R_L}{2 \cdot \pi \cdot f_{3dB}} = \frac{0,6180 \cdot 50}{2 \cdot \pi \cdot 1000} = 4,9 \text{ mH}$$

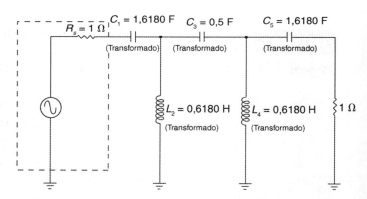

FIGURA 4.127 Transformação em filtro passa-altas.

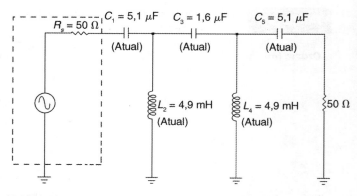

FIGURA 4.128 Filtro passa-altas com valores finais.

4.7.5 Projeto de filtros ativos: uma introdução

Em breves palavras, os filtros ativos são mais utilizados do que os filtros passivos porque neles não se utilizam indutores. Esses filtros são mais simples de projetar e são baseados em amplificadores operacionais.

Procedimentos práticos para implementação de filtro ativo passa-baixas: considere a necessidade de se projetar um filtro ativo passa-baixas com resposta em frequência dada pela Figura 4.129.

Pela resposta em frequência desejada, a 100 Hz o filtro deve atenuar −3 dB e; a 400 Hz, −60 dB. O procedimento de normalização é exatamente o mesmo empregado no desenvolvimento de filtros passivos; portanto, a frequência f_{3dB} é 100 Hz e à frequência de 400 Hz a sua correspondente normalizada é:

$$\frac{400 \text{ Hz}}{100 \text{ Hz}} = 4.$$

Considerando-se esse filtro com características de Butterworth (veja a Figura 4.121), a ordem é cinco (−60 dB a 4 rad/s). O desenvolvimento de filtros ativos, nesta abordagem, exige a utilização de um conjunto de filtros normalizados e diferentes tabelas que forneçam os componentes da rede. (Ressaltamos que o escopo deste livro não são filtros e lembramos que existem diversas referências clássicas na área.) A Figura 4.130 apresenta dois tipos de redes: uma de dois polos e outra de três polos (de segunda e de terceira ordens).

Para desenvolver um filtro passa-baixas de Butterworth de quinta ordem, deve-se utilizar a Tabela 4.6. Como o filtro é de quinta ordem, são necessárias, de acordo com a Tabela 4.6, duas seções: uma seção de três polos; outra seção de dois polos. Essas duas seções devem ser interligadas com os valores listados na Tabela 4.6, o que resulta no circuito normalizado da Figura 4.131.

Para projetar o filtro real, utilize um fator Z que permita que os valores do filtro normalizado sejam valores mais práticos, por exemplo, $Z = 10\ 000\ \Omega$:

$$C = \frac{C_{(tabelado)}}{Z \cdot 2 \cdot \pi \cdot f_{3dB}}$$
$$R = Z \cdot R_{(tabelado)}$$

que possibilita criar o filtro ativo passa-baixas de quinta ordem dado na Figura 4.132.

Procedimentos práticos para implementação de filtro ativo passa-altas: o procedimento é semelhante ao utilizado para desenvolver o filtro passivo passa-altas, ou seja, desenvolver um filtro passa-baixas normalizado, transformar para passa-altas e determinar os valores reais. Considere, como exemplo, o projeto de um filtro ativo passa-altas com resposta em frequência dada pela Figura 4.133.

A Figura 4.134 apresenta o filtro ativo passa-baixas normalizado, a Figura 4.135 mostra o filtro ativo passa-altas normalizado (transformado a partir do filtro passa-baixas) e a Figura 4.136 traz o filtro ativo real passa-altas. (Os passos intermediários ficam como sugestão de exercício.)

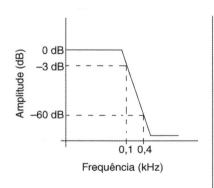
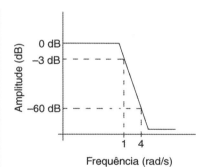

FIGURA 4.129 Resposta em frequência do filtro ativo passa-baixas e curva normalizada.

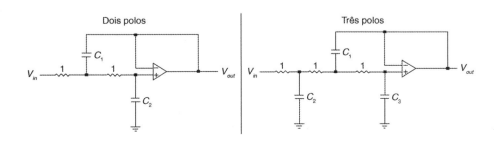

FIGURA 4.130 Filtro ativo passa-baixas: dois e três polos.

TABELA 4.6 — Valores dos componentes para o filtro ativo passa-baixas de Butterworth

Ordem (n)	Número de seções	Seções	C_1	C_2	C_3
2	1	2 polos	1,414	0,7071	
3	1	3 polos	3,546	1,392	0,2024
4	2	2 polos	1,082	0,9241	
		2 polos	2,613	0,3825	
5	2	3 polos	1,753	1,354	0,4214
		2 polos	3,235	0,3090	
		2 polos	1,035	0,9660	
6	3	2 polos	1,414	0,7071	
		2 polos	3,863	0,2588	
		3 polos	1,531	1,336	0,4885
7	3	2 polos	1,604	0,6235	
		2 polos	4,493	0,2225	
		2 polos	1,020	0,9809	
8	4	2 polos	1,202	0,8313	
		2 polos	2,000	0,5557	
		2 polos	5,758	0,1950	

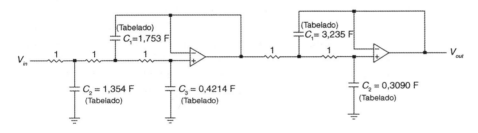

FIGURA 4.131 Filtro ativo passa-baixas normalizado de quinta ordem.

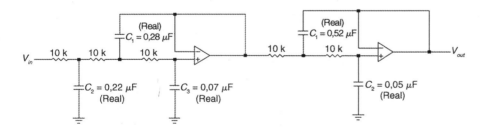

FIGURA 4.132 Filtro ativo passa-baixas real de quinta ordem.

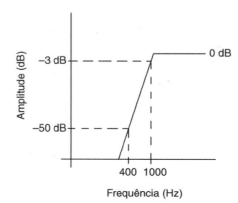

Resposta em frequência

FIGURA 4.133 Resposta em frequência do filtro ativo passa-altas.

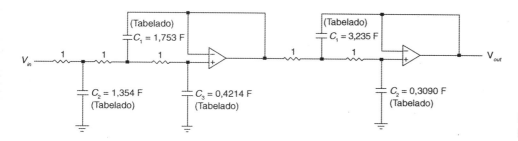

FIGURA 4.134 Filtro ativo passa-baixas normalizado ($n = 5$).

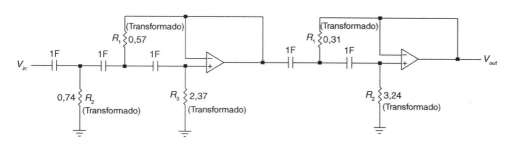

FIGURA 4.135 Filtro ativo passa-altas normalizado (transformado a partir do filtro da Figura 4.134).

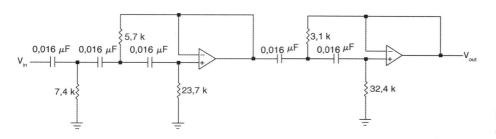

FIGURA 4.136 Filtro ativo passa-altas real.

Filtros integrados: existem no mercado diversos circuitos integrados como filtros que podem ser programados para implementar as funções de segunda ordem descritas anteriormente. Esses componentes são flexíveis, precisos, e simplificam o processo de desenvolvimento. Um exemplo é o filtro integrado da National Semiconductors AF100, que possibilita filtragens passa-baixas, passa-altas, passa-faixa e *notch*. Outros exemplos de dispositivos integrados para filtragem são: a família AD7725 da Analog Devices, o MAX280 ou o MAX291 da Maxim (Dallas Semiconductors) e o MF4 da National Semiconductors, entre outros.

4.8 Filtros Digitais

Os filtros digitais apresentam a mesma função dos filtros analógicos, mas a implementação é diferente, pois os filtros analógicos são desenvolvidos pela utilização de circuitos eletrônicos passivos ou ativos e filtram sinais contínuos. Em contrapartida, os filtros digitais são desenvolvidos por meio de circuitos digitais ou através de rotinas de programação. Nos dias de hoje, os filtros digitais são cada vez mais utilizados, devido à flexibilidade e à facilidade de utilização em diversas arquiteturas computacionais.

Os filtros digitais apresentam diversas vantagens quando comparados aos filtros analógicos. Entre elas destaca-se a alta imunidade ao ruído. A precisão desses filtros depende principalmente do número de bits utilizado na representação de suas variáveis. Uma das vantagens geralmente citada é a facilidade de alteração das características do filtro, como a frequência de corte apenas pela alteração de parte do seu algoritmo. Por outro lado, em um filtro analógico essa alteração passaria por mudanças de componentes, o que tornaria dispendioso o processo. Além disso, os componentes que constituem os filtros analógicos dependem da variação de temperatura, da alimentação do circuito etc. — fatores indesejados em aplicações sensíveis, por exemplo, no desenvolvimento de filtros para sistemas biomédicos que geralmente se caracterizam por sinais de baixa amplitude e baixa frequência que não podem ser distorcidos pelas variações dos circuitos analógicos.

4.8.1 Transformada Z

Conforme discutimos na introdução deste capítulo, o processo de amostragem está relacionado com a alteração de um sinal contínuo em uma sequência de números, tal como exemplifica a Figura 4.137, cuja sequência pode ser representada por:

$$a(t) = [a(0), a(T), a(2T), \ldots, a(nT + T) + \ldots + a(xT)]$$

sendo t o tempo $t = 0, T, 2T, \ldots, xT$ para a sequência amostrada no período T (denominado período de amostragem).

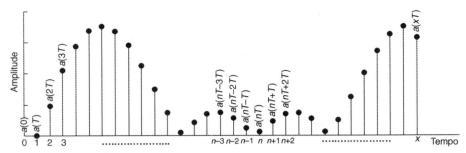

FIGURA 4.137 Amostragem de um sinal contínuo no tempo produzindo uma sequência.

TABELA 4.7 Alguns sinais comuns nos quais $f(t)$ é o sinal contínuo no tempo, $f(nT)$ é o sinal discreto no tempo e $F(z)$ é a transformada Z correspondente

$f(t), t \geq 0$	$f(nT), nT \geq 0$	$F(z)$
1 (degrau unitário)	1	$\dfrac{1}{1-z^{-1}}$
t	$n \cdot T$	$\dfrac{T \cdot z^{-1} - 1}{(1-z^{-1})^2}$
$e^{-a \cdot t}$	$e^{-a \cdot n \cdot T}$	$\dfrac{1}{1 - e^{-a \cdot T} \cdot z^{-1}}$
$t \cdot e^{-a \cdot t}$	$n \cdot T \cdot e^{-a \cdot n \cdot T}$	$\dfrac{T \cdot e^{-a \cdot T} \cdot z^{-1}}{(1 - e^{-a \cdot T} \cdot z^{-1})^2}$
$\text{sen}(\omega_c \cdot t)$	$\text{sen}(n \cdot \omega_c \cdot T)$	$\dfrac{(\text{sen}(\omega_c \cdot T)) \cdot z^{-1}}{1 - 2(\cos(\omega_c \cdot T) \cdot z^{-1}) + z^{-2}}$
$\cos(\omega_c \cdot t)$	$\cos(n \cdot \omega_c \cdot T)$	$\dfrac{1 - (\cos(\omega_c \cdot T)) \cdot z^{-1}}{1 - 2(\cos(\omega_c \cdot T) \cdot z^{-1}) + z^{-2}}$

Por definição, a transformada Z de qualquer sequência $f(t)$ para $t = 0, T, 2T, \ldots, xT$ é:

$$[f(0), f(T), f(2T), f(3T), \ldots, f(xT)]$$

$$F(z) = f(0) + f(T) \cdot z^{-1} + f(2T) \cdot z^{-2} + \ldots + f(xT) \cdot z^{-x}$$

e pode ser resumida por:

$$F(z) = \sum_{n=0}^{x} f(nT) \cdot z^{-n}.$$

em que z é um número complexo:

$$z = Ae^{j\theta} = A(\cos\theta + j\,\text{sen}\,\theta)$$

Cabe observar que a transformada Z é uma descrição matemática essencial, pois descreve o processo de amostragem, similar à importância das transformadas de Laplace no desenvolvimento de filtros analógicos.

Como exemplo, a Figura 4.138 apresenta dois sinais clássicos discretos no tempo: o impulso unitário e a sequência degrau unitário.

O sinal impulso unitário é descrito por (o impulso unitário é frequentemente utilizado como função padrão de entrada para estudo do desempenho dos filtros):

$$\begin{cases} f(nT) = 1; \text{ se } n = 0 \\ f(nT) = 0; \text{ se } n > 0, \end{cases}$$

correspondente à sequência: [1, 0, 0, 0, ..., 0]; portanto, a transformada Z da função impulso unitário é:

$$F(z) = \sum_{n=0}^{x} f(nT) \cdot z^{-n}$$
$$F(z) = f(0) + f(1) \cdot z^{-1} + \ldots + f(10) \cdot z^{210}$$
$$F(z) = 1 + 0 \cdot z^{-1} + \ldots + 0 \cdot z^{-10}$$
$$F(z) = 1.$$

Adotando-se o mesmo procedimento, a sequência degrau unitário é descrita por:

$$f(nT) = 1; \text{ se } n \geq 0,$$

correspondente à sequência: [1, 1, 1, ..., 1]; portanto, a transformada Z da função degrau unitário é:

$$F(z) = \sum_{n=0}^{x} f(nT) \cdot z^{-n}$$
$$F(z) = f(0) + f(1) \cdot z^{-1} + \ldots + f(10) \cdot z^{-10}$$
$$F(z) = 1 + 1 \cdot z^{-1} + \ldots + 1 \cdot z^{-10}.$$

Essa transformada caracteriza-se por ser uma soma infinita de termos não zero, podendo ser convertida em um formato mais conveniente de polinômios (utilizando-se o teorema binomial):

$$1 + x + x^2 + \ldots = \frac{1}{1-x}.$$

para $|x| < 1$.

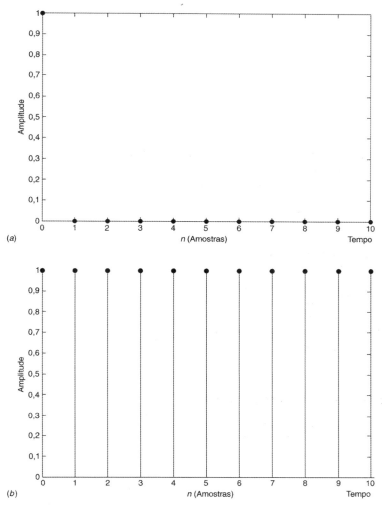

FIGURA 4.138 Sinais discretos no tempo: (a) impulso unitário e (b) degrau unitário.

Portanto, se $x = z^{-1}$, a transformada Z para o degrau unitário torna-se:

$$F(z) = \frac{1}{1 - z^{-1}}.$$

Para facilitar, a Tabela 4.7 apresenta alguns sinais contínuos no tempo com seu correspondente sinal discreto no tempo e suas transformadas Z. (Deixamos a sugestão de que o leitor deduza as transformadas.)

4.8.2 Operadores básicos

Para se implementar um filtro digital são necessárias três operações básicas: (a) armazenamento em relação a um intervalo de tempo (elemento memória ou atraso); (b) multiplicação por uma constante; e (c) adição. Os símbolos da Figura 4.139 representam essas operações.

Considerando-se, por exemplo, uma sequência:

$$[f(0), f(T), f(2T), f(3T), \ldots, f(nT)]$$

sua transformada Z é dada por:

$$F(z) = f(0) + f(T) \cdot z^{-1} + f(2T) \cdot z^{-2} + \ldots + f(nT) \cdot z^{-n}.$$

Se aplicarmos a sequência $F(z)$ na entrada do elemento (a) da Figura 4.139 (elemento memória), a sequência de saída será

$$[0, f(0), f(T), f(2T), \ldots, f(nT - T)],$$

que apresenta a transformada Z:

$$G(z) = 0 + f(0) \cdot z^{-1} + f(T) \cdot z^{-2} + \ldots + f(nT - T) \cdot z^{-n}.$$

Portanto, a sequência de saída $G(z)$ é idêntica à sequência de entrada, porém atrasada T segundos. Pode-se obter a função de transferência desse bloco de atraso pela divisão da sequência de saída pela sequência de entrada:

$$G(z) = F(z) \cdot z^{-1}$$
$$H(z) = \frac{G(z)}{F(z)} = z^{-1}.$$

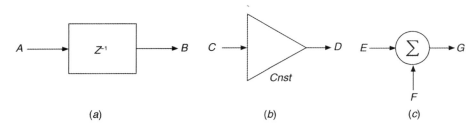

FIGURA 4.139 Símbolos dos operadores para implementação de filtros digitais: (a) armazenagem de um número por um período de *clock* (B = A exatamente T segundos após o sinal A estar disponível na entrada); (b) multiplicação por uma constante (D = Cnst × C instantaneamente); e (c) adição de dois números (G = E + F instantaneamente).

O segundo elemento da Figura 4.139 é o multiplicador (entrada multiplicada por uma constante) que, em condições ideais, não armazena nem atrasa a entrada. Por exemplo, se a sequência de entrada [0, 5, 8, 5, 3] é multiplicada pela constante 2, a correspondente sequência de saída é [0, 10, 16, 10, 6]. O terceiro elemento da Figura 4.139 representa o somador, como, por exemplo, somar as sequências $A_1(z)$ e $A_2(z)$, cujo resultado é $G(z) = A_1(z) + A_2(z)$.

4.8.3 Filtros não recursivos e filtros recursivos

Existem dois tipos básicos de filtros digitais: não recursivos e recursivos. Por definição, a função de transferência de filtros não recursivos contém um número finito de elementos e sua forma polinomial (conhecidos como filtros FIR – *Finite Impulse Response*) é:

$$H(z) = \sum_{i=0}^{n} h_i \cdot z^{-1} = h_0 + h_1 \cdot z^{-1} + \ldots + h_n \cdot z^{-n}.$$

Para filtros recursivos, a função de transferência é indicada pela razão de dois polinômios (conhecidos como filtros IIR – *Infinite Impulse Response*):

$$H(z) = \frac{\sum_{i=0}^{n} a_i \cdot z^{-1}}{1 - \sum_{i=1}^{n} b_i \cdot z^{-1}} = \frac{a_0 + a_1 \cdot z^{-1} + a_2 \cdot z^{-2} + \ldots + a_n \cdot z^{-n}}{1 - b_1 \cdot z^{-1} - b_2 \cdot z^{-2} - \ldots - b_n \cdot z^{-n}}$$

Cabe observar que os valores de z para os quais $H(z) = 0$ são chamados de *zeros* da função de transferência; os valores de z para os quais $H(z) \to \infty$ são chamados de *polos*. Para encontrar os zeros de um filtro, basta igualar o numerador a 0 e avaliar z; para encontrar os polos de um filtro, basta igualar o denominador a 0 e avaliar o z.

4.8.4 Plano Z

A transformada Z pode ser analisada de um ponto de vista prático por meio da definição

$$z = e^{s \cdot T},$$

na qual a frequência complexa é dada por:

$$s = \sigma + j\omega.$$

Portanto, $z = e^{s \cdot T} \to z = e^{\sigma \cdot T} e^{j\omega T}$ e, por definição, a magnitude é dada por

$$|z| = e^{\sigma \cdot T}$$

e a fase é

$$\angle z = \omega \cdot T$$

e, se $\sigma = 0$, a magnitude de z é 1 e temos:

$$z = e^{j\omega T} = \cos(\omega T) + j\,\text{sen}(\omega T),$$

que representa a equação de um círculo de raio unitário denominado *círculo unitário do plano Z*. A Figura 4.140 mostra algumas características importantes do plano z. Qualquer ângulo ωT especifica um ponto do círculo unitário. Como $\omega = 2 \cdot \pi \cdot f$ e $T = 1/f_s$, esse ângulo é:

$$\omega T = 2\pi \frac{f}{f_s},$$

sendo f_s a frequência de amostragem.

Como exemplo, considere a seguinte função de transferência:

$$H(z) = \frac{1}{3} + \frac{1}{3}z^{-1} + \frac{1}{3}z^{-2}$$

Manipulando algebricamente a função de transferência e multiplicando por z^2/z^2, temos:

$$H(z) = \frac{1}{3}(1 + z^{-1} + z^{-2}) \times \frac{z^2}{z^2} = \frac{1}{3}\frac{(z^2 + z + 1)}{z^2}$$

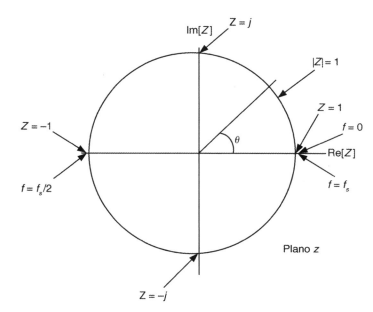

FIGURA 4.140 Círculo unitário do plano z: $\theta = \omega T = 2\pi \, f/f_s$ indicando diferentes maneiras de se identificar um ângulo no plano z.

e, resolvendo para os zeros (numerador = 0),

$$z^2 + z + 1 = 0,$$

encontramos o conjugado complexo (localizando, portanto, os zeros):

$$z = -0,5 \pm j0,866.$$

Os dois zeros estão localizados no círculo unitário em $\omega T = \pm 2\pi/3$ ($\pm 120°$). Determinando os polos (denominador igual a 0), temos $z^2 = 0$, com os dois polos localizados na origem do plano z ($z = 0$).

4.8.5 Características dos filtros de resposta impulsiva finita — FIR

A saída de um filtro FIR de ordem N é a soma dos valores armazenados, e pode ser observada na Figura 4.141.

O filtro FIR é basicamente um conjunto de elementos de memória ou de atrasos somados. A resposta impulsiva unitária desse filtro é:

$$y(nT) = \sum_{k=0}^{N} b_k \cdot x(nT - kT)$$

e sua função de transferência é

$$H(z) = b_0 + b_1 \cdot z^{-1} + \ldots + b_{N \cdot z} \cdot z^{-N}.$$

4.8.6 Filtro Hanning

Uma das tarefas mais comuns nos procedimentos de filtragem é a redução de ruído de alta frequência (passa-baixas). Um dos filtros simples para essa proposta é o filtro Hanning, cujo diagrama de operadores é dado na Figura 4.142.

A resposta desse filtro por meio da notação de equações de diferenças é

$$y(nT) = \frac{1}{4}[x(nT) + 2x(nT - T) + x(nT - 2T)]$$

e sua função no domínio Z é

$$Y(z) = \frac{1}{4}[X(z) + 2X(z)z^{-1} + X(z)^{z-2}].$$

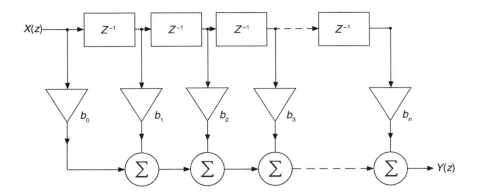

FIGURA 4.141 Diagrama com operadores básicos representando a saída de um filtro FIR de ordem N.

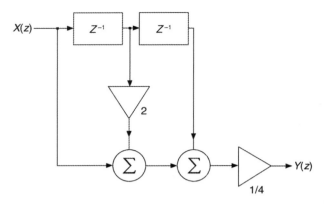

FIGURA 4.142 Diagrama com operadores básicos representando o filtro Hanning.

Pelo fluxo de sinais do filtro Hanning percebe-se que a expressão anterior está correta e sua função de transferência é dada por:

$$H(z) = \frac{1}{4}(1 + 2z^{-1} + z^{-2}).$$

Para se obter a resposta do filtro no domínio de frequência, basta substituir z por $e^{j\omega T}$:

$$H(\omega T) = \frac{1}{4}(1 + 2e^{-j\omega T} + e^{-j2\omega T})$$

Por manipulação algébrica temos

$$H(\omega T) = \frac{1}{4}[e^{-j\omega T}(e^{j\omega T} + 2 + e^{-j2\omega T})]$$

e, pela substituição da simples relação trigonométrica,

$$e^{j\omega T} = \cos(\omega T) + j\,\text{sen}(\omega T).$$
$$H(\omega T) = \frac{1}{4}[(2 + 2\cos(\omega T))e^{-j\omega T}].$$

Esta é a forma complexa da função de transferência cujo módulo e cuja fase são respectivamente,

$$|H(\omega T)| = \left|\frac{1}{2}(1 + \cos(\omega T))\right|$$
$$\angle H(\omega T) = -\omega T.$$

A implementação de filtros digitais está relacionada à implementação de um programa para ser executado em um determinado sistema microprocessado. A Figura 4.143 apresenta um fluxograma para o filtro Hanning (considerando-se que o dado foi previamente amostrado por um conversor analógico para digital (ADC) e armazenado em um vetor amostra [ ]).

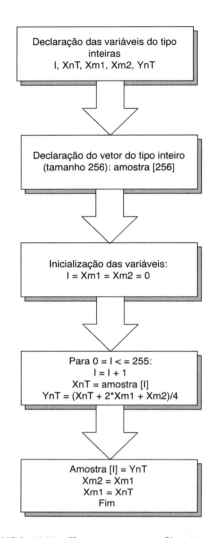

FIGURA 4.143 Fluxograma para o filtro Hanning.

4.8.7 Filtro polinomial

Uma das grandes famílias de filtros FIR são os filtros polinomiais, cuja equação geral é dada por

$$y(nT + kT) = a(nT) + b(nT)k + c(nT)k^2,$$

sendo k limitado por $-L$ a L. O diagrama de fluxo de sinais para um filtro polinomial geral encontra-se na Figura 4.144, cuja equação de diferenças para um filtro parabólico de cinco pontos é

$$y(nT) = \frac{1}{35}[(-3 \times (nT)) + 12 \times (nT - T) + 17 \times (nT - 2T) +$$
$$+ 12 \times (nT - 3T) - 3 \times (nT - 4T)]$$

e cuja função de transferência é

$$H(z) = \frac{1}{35}[(-3 + 12z^{-1} + 17z^{-2} + 12z^{-3} - 3z^{-4})].$$

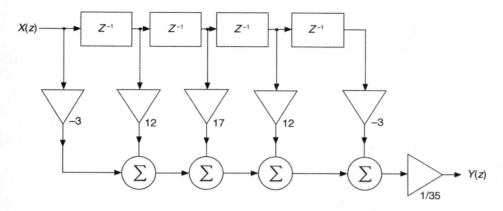

FIGURA 4.144 Filtro polinomial com L = 2.

4.8.8 Filtro *notch* (rejeita-banda ou passa-faixa)

Muitos sistemas necessitam da remoção de ruído em uma determinada frequência ou em uma faixa de frequência. Filtros que realizam esse tipo de tarefa são denominados *notch*, ou rejeita-banda.

Um simples método para remover completamente o ruído a uma frequência específica de um dado sinal é a colocação de um zero no círculo unitário (do plano Z) na localização que corresponde à frequência que se deseja remover.

Considere, como exemplo, um sinal amostrado com 180 amostras por segundo e que, em uma dada aplicação, seja necessário remover 60 Hz. Utilizando-se o método descrito anteriormente, basta colocar um zero no plano Z (círculo unitário) a $2\pi/3$. A equação de diferenças correspondente torna-se

$$y(nT) = \frac{1}{3}[x(nT) + x(nT - T) + x(nT - 2T)].$$

O filtro apresenta zeros em $z = -0{,}5 \pm j0{,}866$ e as correspondentes amplitude e fase são dadas por

$$|H(\omega T)| = \left|\frac{1}{3}(1 + 2\cos(\omega T))\right|$$

$$\angle H(\omega T) = -\omega T.$$

A Figura 4.145 mostra as características do filtro *notch* de 60 Hz.

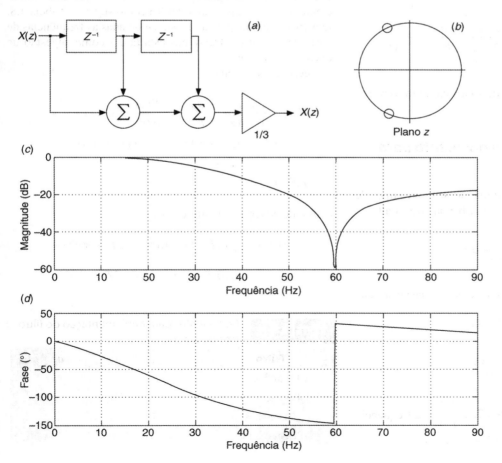

FIGURA 4.145 Filtro *notch* de 60 Hz: (*a*) fluxo de sinais; (*b*) círculo unitário (plano Z); (*c*) amplitude e (*d*) fase.

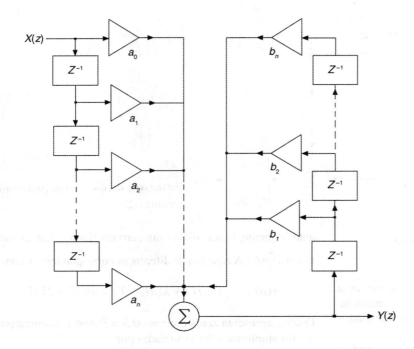

FIGURA 4.146 O fluxo de sinais para um filtro IIR típico.

4.8.9 Características dos filtros de resposta impulsiva infinita — IIR

Em termos genéricos, a função de transferência dos filtros IIR é descrita pela razão de dois polinômios:

$$H(z) = \frac{\sum_{i=0}^{n} a_i z^{-1}}{1 - \sum_{i=1}^{n} b_i z^{-1}} = \frac{a_0 + a_1 z^{-1} + \ldots + a_n z^{-n}}{1 - b_1 z^{-1} - \ldots - b_n z^{-n}} = \frac{Y(z)}{X(z)}.$$

A Figura 4.146 apresenta o fluxo de sinais para um filtro IIR genérico.

4.8.10 Métodos de desenvolvimento para filtros de dois polos

A equação genérica para desenvolvimento de quatro tipos de filtros padrões — passa-baixas, passa-banda, passa-altas e rejeita-banda é:

$$H(z) = \frac{1 + a_1 z^{-1} + a_2 z^{-2}}{1 - b_1 z^{-1} + b_2 z^{-2}}$$

na qual as localizações dos zeros e dos polos são, respectivamente,

$$z = \frac{-a_1 \pm \sqrt{a_1^2 - 4a_2}}{2}$$

$$p = \frac{b_1 \pm \sqrt{b_1^2 - 4b_2}}{2}$$

sendo $b_1 = 2 \cdot r \cdot \cos\theta$, $b_2 = r^2$ e $\theta = 2\pi\left(\frac{f_c}{f_s}\right)$, f_s a frequência de amostragem e f_c a frequência crítica ou de corte.

O diagrama de fluxo de sinais de um filtro genérico de dois polos é mostrado na Figura 4.147. Os valores dos coeficientes do numerador determinam a localização dos dois zeros do filtro e, portanto, determinam o tipo do filtro. Os valores dos coeficientes do denominador determinam a localização dos polos do filtro desejada. Pode-se observar que estes coeficientes determinam o tipo de filtro como sugere a Tabela 4.8. Observa-se ainda que não foram calculadas as frequências de corte destes filtros. Deixamos esta tarefa como sugestão de exercício ao leitor.

Reescrevendo, temos

$$H(z) = \frac{1 + a_1 z^{-1} + a_2 z^{-2}}{1 - b_1 z^{-1} + b_2 z^{-2}} = \frac{Y(z)}{X(z)}$$

$$Y(z) = b_1 Y(z) z^{-1} - b_2 Y(z) z^{-2} + X(z) + a_1 X(z) \cdot z^{-1} + a_2 X(z) z^{-2}$$

e, usando equações de diferenças,

$$y(nT) = b_1 y(nT - T) - b_2 y(nT - 2T) + x(nT) + a_1 x(nT - T) + a_2 x(nT - 2T).$$

TABELA 4.8 Coeficientes para implementação do filtro de dois polos

Filtro	a_1	a_2
Passa-baixas	2	1
Passa-banda	0	−1
Passa-altas	−2	1
Rejeita-banda	$2\cos\theta$	1

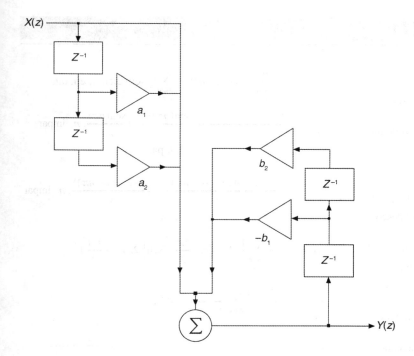

FIGURA 4.147 Fluxo de sinais de um filtro genérico de dois polos.

4.8.11 Uma introdução aos filtros adaptativos

Os filtros adaptativos apresentam a grande vantagem de não exigirem conhecimento de todas as características do sinal ou ruído, tal como ocorre com os filtros não adaptativos ou, como geralmente são chamados, os filtros fixos. Em Engenharia Biomédica, filtros adaptativos são utilizados na filtragem do ruído de linha, 60 Hz, em sinais derivados de eletroencefalogramas, eletrocardiogramas e eletromiogramas, remoção de outros artefatos dos sinais eletrofisiológicos em geral. A Figura 4.148 apresenta um modelo genérico de um filtro adaptativo para cancelamento do ruído que em geral interfere nos sinais ou os corrompe.

No caso de um sinal discreto no tempo, a entrada primária pode ser representada por $s(nT) + n_0(nT)$, onde o ruído ($n_0(nT)$) é adicionado à entrada e considerado não correlacionado com a fonte do sinal. Uma segunda entrada para o filtro, classicamente denominada entrada de referência, considera um ruído $n_1(nT)$ para gerar uma saída $\xi(nT)$ que é uma estimativa de $n_0(nT)$. O ruído $n_1(nT)$ está correlacionado de modo desconhecido com $n_0(nT)$.

A saída $\xi(nT)$ é subtraída da entrada primária para se produzir a saída do sistema $y(nT)$. Essa saída é também o erro $\varepsilon(nT)$ que é usado para se ajustarem os coeficientes do filtro adaptativo $\{w(1, ..., p)\}$:

$$y(nT) = s(nT) + n_0(nT) - \xi(nT).$$

Elevando ao quadrado, e por manipulação algébrica, temos:

$$y^2 = s^2 + (n_0 - \xi)^2 + 2s(n_0 - \xi)$$

calculando a média de ambos os lados:

$$E[y^2] = E[s^2] + E[(n_0 - \xi)^2] + 2E[s(n_0 - \xi)]$$

$$E[y^2] = E[s^2] + E[(n_0 - \xi)^2]$$

como a potência do sinal $E[s^2]$ não é afetada pelos ajustes do filtro, temos que

$$\min E[y^2] = E[s^2] + \min E[(n_0 - \xi)^2].$$

Portanto, quando a potência de saída do sistema for minimizada segundo a expressão anterior, o erro médio quadrático de $(n_0 - \xi)$ é mínimo e o filtro foi adaptado para sintetizar o ruído ($\xi \approx n_0$).

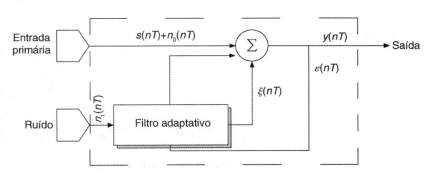

FIGURA 4.148 Diagrama de blocos de um filtro adaptativo para cancelamento do ruído.

EXERCÍCIOS

Questões

1. Apresentar as principais diferenças entre sinais estáticos, periódicos, determinísticos e aleatórios.
2. Quais são as principais técnicas de processamento no domínio tempo e domínio frequência?
3. O que é convolução?
4. Como os diferentes tipos de ruído são classificados?
5. Quais as principais diferenças entre ruído rosa e ruído branco?
6. Qual o significado em afirmar que um tipo de ruído é "descorrelacionado" do sinal?
7. O que é ruído intrínseco? Quais os principais tipos de ruído intrínseco?
8. Como é tratado o ruído em amplificadores operacionais?
9. Explique os mecanismos do ruído térmico, do ruído *shot* e do ruído *flicker*.
10. Como são modeladas as interferências por campos: a) magnéticos e b) elétricos?
11. Explique o mecanismo que utiliza cabos blindados para redução dos efeitos de interferências externas.
12. Explique o mecanismo que utiliza cabos trançados para redução do efeitos de interferências externas.
13. Quais os principais cuidados em relação ao aterramento de referências em sistemas de instrumentação?
14. O que é blindagem de *guard* no amplificador? Qual a sua utilidade?
15. Verifique as curvas de resposta do componente (Texas Instruments) INA101 e avalie o ruído na faixa de 10 a 1000 Hz para um ganho de 800.
16. Repita o exercício anterior para o componente AD620.
17. Qual a necessidade da utilização do circuito *sample and hold*?
18. O que é *aliasing*?
19. Uma parcela significativa dos sinais resultantes das atividades fisiológicos apresenta pequena amplitude e, portanto, são necessários amplificadores para permitir o correto processamento deles. Considerando esta afirmação, explique os principais parâmetros que caracterizam um amplificador: ganho, resposta em frequência, rejeição modo comum, CMRR, ruído e impedância de entrada.
20. Pesquise quais as faixas de frequência e amplitudes características dos sinais eletromiográficos (EMG), encefalográficos (EEG) e eletrocardiográficos (ECG).
21. Apresente os principais tipos e classes de filtros analógicos.

Problemas com respostas

1. Determine os coeficientes da série de Fourier para os sinais das Figuras 4.149, 4.150, 4.151, 4.152, 4.153 e 4.154.

   Resposta:

   a) $f(t) = \dfrac{1}{2} + \dfrac{2}{\pi}\sum_{k=1}^{\infty}\dfrac{1}{n}\text{sen}\left(n\pi t + \dfrac{n\pi}{2}\right)$, $n = 2k - 1$;

   b) $f(t) = -\dfrac{4}{\pi^2}\sum_{n=1}^{\infty}\dfrac{1}{(2n+1)^2}\cos(2n-1)2\pi t$

   c) $f(t) = \sum_{n=1}^{\infty}a_n\cos(2\pi nt) + \sum_{n=1}^{\infty}b_n\text{sen}(2\pi nt)$, em que

   $a_n = \begin{cases} 4\dfrac{(-1+\cos(n\pi)+n\pi\text{sen}(n\pi))}{n^2\pi^2} - 4\dfrac{\text{sen}(n\pi)}{n\pi}, & n \text{ ímpar} \\ 0, & n \text{ par} \end{cases}$

   $b_n = \begin{cases} 4\dfrac{(-n\pi\cos(n\pi)+\text{sen}(n\pi))}{n^2\pi^2} + 4\dfrac{(-1+\cos(n\pi))}{n\pi}, & n \text{ ímpar} \\ 0, & n \text{ par} \end{cases}$

   d) $f(t) = \dfrac{2}{\pi}\sum_{n=1}^{\infty}\dfrac{1}{n}\left(1 - \cos\left(\dfrac{n\pi}{2}\right)\right)\text{sen}\left(2\pi nt - \dfrac{\pi n}{2}\right)$

   e) $f(t) = \dfrac{2}{\pi} - \dfrac{4}{\pi}\sum_{n=1}^{\infty}\dfrac{1}{4n^2-1}\cos(4n\pi t)$

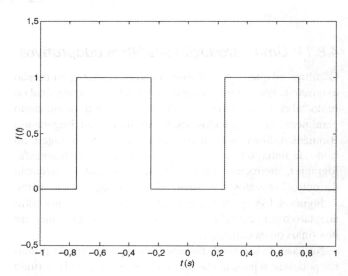

FIGURA 4.149 Sinal referente ao Problema 1.

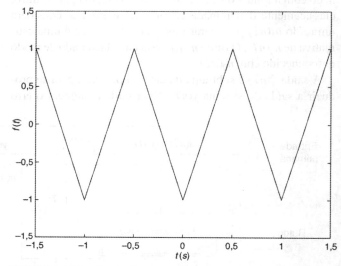

FIGURA 4.150 Sinal referente ao Problema 1.

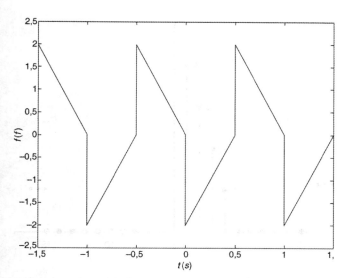

FIGURA 4.151 Sinal referente ao Problema 1.

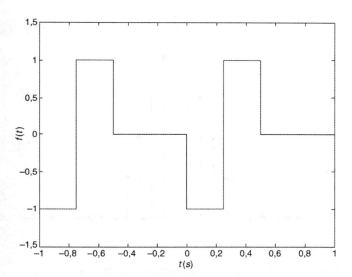

FIGURA 4.152 Sinal referente ao Problema 1.

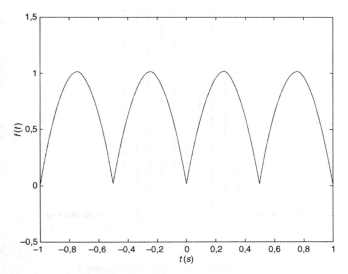

FIGURA 4.153 Sinal referente ao Problema 1.

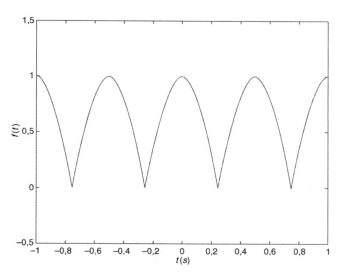

FIGURA 4.154 Sinal referente ao Problema 1.

2. Calcule a Transformada de Fourier da função $f(t) = \text{sen}(2\pi t)$ [0, 0, 5], plotada na Figura 4.155.

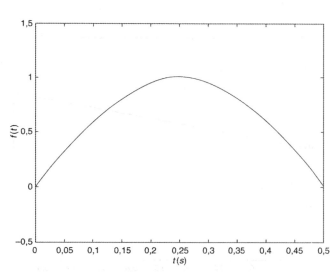

FIGURA 4.155 Função referente ao Problema 2.

R.: $\sqrt{2\pi}\left(\dfrac{1 + \text{Cos}\left(\dfrac{\omega}{2}\right) + i\text{Sen}\left(\dfrac{\omega}{2}\right)}{4\pi^2 - \omega^2}\right)$

3. Calcule a Transformada de Fourier da função triangular multiplicada pelo pulso [0, 1], plotada na Figura 4.156.

Resposta: $-2\sqrt{\dfrac{2}{\pi}}\dfrac{\left(-1 + e^{\frac{i\omega}{2}}\right)^2}{\omega^2}$

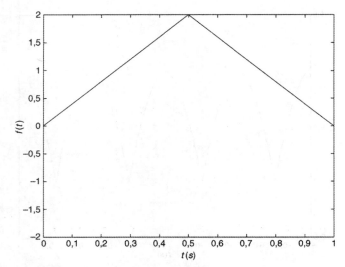

FIGURA 4.156 Função referente ao Problema 3.

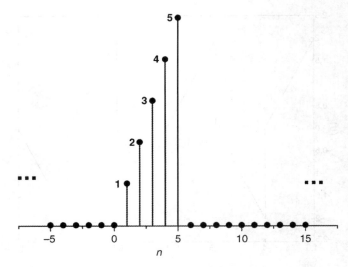

FIGURA 4.158 Sequência referente ao Problema 5.

4. Calcule a Transformada de Fourier da função dente de serra multiplicada pelo pulso [0, 1], plotada na Figura 4.157.

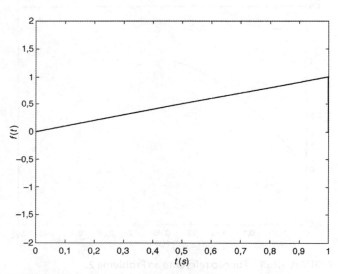

FIGURA 4.157 Função referente ao Problema 4.

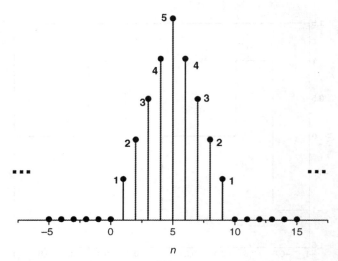

FIGURA 4.159 Sequência referente ao Problema 5.

R.: $\dfrac{e^{\frac{i\omega}{2}}\left(-2i\omega\mathrm{Cos}\left(\dfrac{\omega}{2}\right) + 4i\mathrm{Sen}\left(\dfrac{\omega}{2}\right) + \omega^2\mathrm{Sinc}\left(\dfrac{\omega}{2}\right)\right)}{2\sqrt{2\pi}\,\omega^2}$

5. Calcule a Transformada de Fourier Discreta e desenhe o gráfico da amplitude e da fase para as sequências das Figuras 4.158, 4.159, 4.160, 4.161 e 4.162.

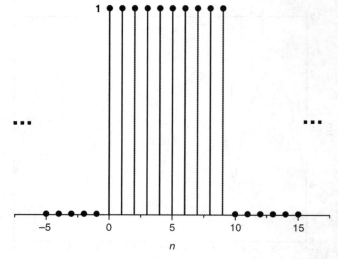

FIGURA 4.160 Sequência referente ao Problema 5.

Sinais e Ruído ■ **327**

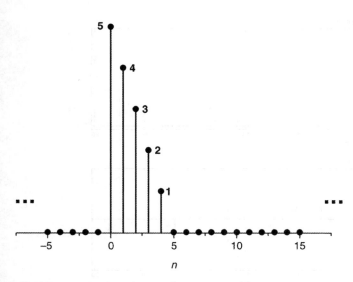

FIGURA 4.161 Sequência referente ao Problema 5.

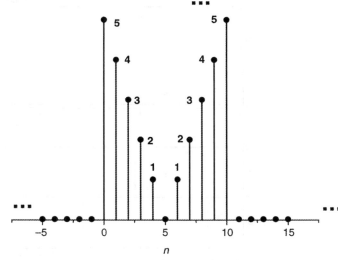

FIGURA 4.162 Sequência referente ao Problema 5.

Resposta:

a.

b.

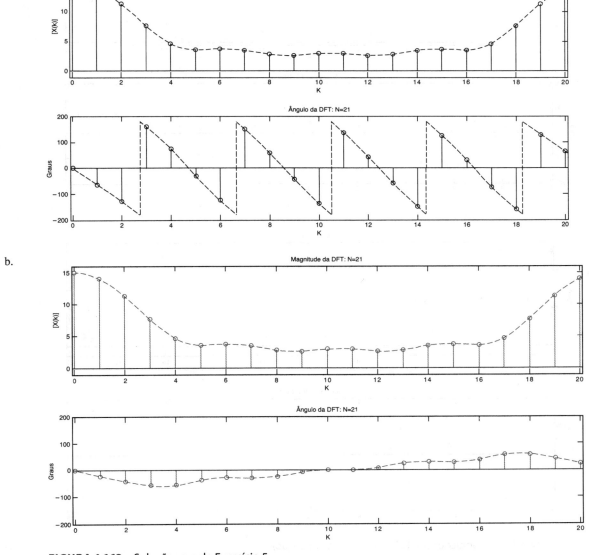

FIGURA 4.163 Soluções a-e do Exercício 5.

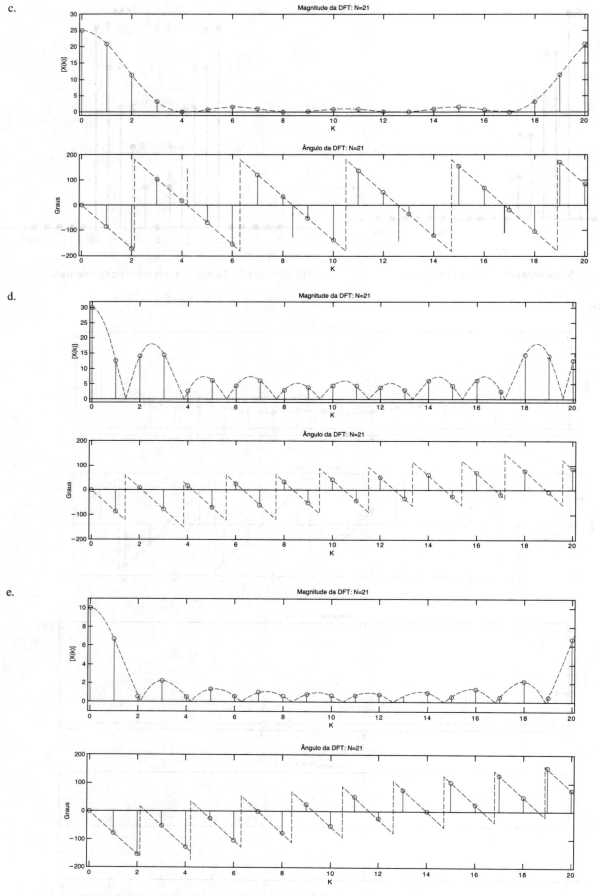

FIGURA 4.163 Soluções c-e do Exercício 5. (continuação)

6. Avalie o circuito da Figura 4.52 para configuração inversora e calcule a tensão de saída E_o

   Resposta: i. Se considerarmos $R_3 = 0$ então $En_3 = 0$ e:

   $$E_{o\_RMS} = \sqrt{\left(1 + \frac{R_1}{R_2}\right)^2 \left(E_n^2 \left(f_{máx} - f_{mín} + f_{ce} \ln \frac{f_{máx}}{f_{mín}}\right)\right) + \left(\left(\frac{R_2}{R_1}\right)^2 En_1^2 + En_2^2\right)(f_{máx} - f_{mín}) + in^2 R_2^2 \left(f_{máx} - f_{mín} + f_{ci} \ln \frac{f_{máx}}{f_{mín}}\right)}$$

   ii. Se $R_3 \neq 0$, considerando $R_3 = \dfrac{R_1 R_2}{R_1 + R_2}$:

   $$E_{o\_RMS} = \sqrt{\left(1 + \frac{R_1}{R_2}\right)^2 \left(E_n^2 \left(f_{máx} - f_{mín} + f_{ce} \ln \frac{f_{máx}}{f_{mín}}\right) + En_3^2 (f_{máx} - f_{mín})\right) + \left(\left(\frac{R_2}{R_1}\right)^2 En_1^2 + En_2^2\right)(f_{máx} - f_{mín}) + 2in^2 R_2^2 \left(f_{máx} - f_{mín} + f_{ci} \ln \frac{f_{máx}}{f_{mín}}\right)}$$

7. Avalie a configuração não inversora e calcule a tensão de saída E_o.

   Resposta: i. Se considerarmos $R_3 \neq 0$ então $En_3 = 0$ e:

   $$E_{o\_RMS} = \sqrt{\left(1 + \frac{R_1}{R_2}\right)^2 \left(E_n^2 \left(f_{máx} - f_{mín} + f_{ce} \ln \frac{f_{máx}}{f_{mín}}\right)\right) + \left(\left(\frac{R_2}{R_1}\right)^2 En_1^2 + En_2^2\right)(f_{máx} - f_{mín}) + in^2 R_2^2 \left(f_{máx} - f_{mín} + f_{ci} \ln \frac{f_{máx}}{f_{mín}}\right)}$$

   ii. Se $R_3 \neq 0$, considerando $R_3 = \dfrac{R_1 R_2}{R_1 + R_2}$:

   $$E_{o\_RMS} = \sqrt{\left(1 + \frac{R_1}{R_2}\right)^2 \left(E_n^2 \left(f_{máx} - f_{mín} + f_{ce} \ln \frac{f_{máx}}{f_{mín}}\right) + En_3^2 (f_{máx} - f_{mín})\right) + \left(\left(\frac{R_2}{R_1}\right)^2 En_1^2 + En_2^2\right)(f_{máx} - f_{mín}) + 2in^2 R_2^2 \left(f_{máx} - f_{mín} + f_{ci} \ln \frac{f_{máx}}{f_{mín}}\right)}$$

8. Avalie a configuração diferencial e calcule a tensão de saída E_o.

   Resposta:

   $$E_{o\_RMS} = \sqrt{\left(1 + \frac{R_1}{R_2}\right)^2 \left(E_n^2 \left(f_{máx} - f_{mín} + f_{ce} \ln \frac{f_{máx}}{f_{mín}}\right) + En_3^2 (f_{máx} - f_{mín})\right) + \left(\left(\frac{R_2}{R_1}\right)^2 En_1^2 + En_2^2\right)(f_{máx} - f_{mín}) + 2in^2 R_2^2 \left(f_{máx} - f_{mín} + f_{ci} \ln \frac{f_{máx}}{f_{mín}}\right)}$$

9. Avalie as Figuras 4.61(a) e 4.61(b) e deduza as tensões de entrada V_{in} do amplificador para os dois casos apresentados.

   Resposta: As respostas estão na própria figura. Todas as soluções passam pela regra do divisor capacitivo: Sejam os capacitores C_1 e C_2 em série ligados a uma fonte de tensão E. A tensão em C_1 é:

   $$e_{c1} = \frac{EC_2}{C_1 + C_2}$$

   e em C_2:

   $$e_{c2} = \frac{EC_1}{C_1 + C_2}$$

Problemas para você resolver

1. Avalie e calcule a tensão de saída E_o para o circuito da Figura 4.53.
2. Considerando a utilização de um conversor ADC de 10 bits em um determinado projeto. As características desse sistema são: um filtro passa-faixas com atenuação de –75 dB, frequência de amostragem de 20 kHz e frequência de corte de 2 kHz. Determine qual a ordem desse filtro?
3. Projete um filtro passa-baixas passivo (classe Butterworth) cuja curva de resposta é dada pela Figura 4.164. É possível implementar esse filtro?

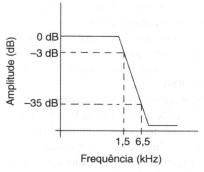

FIGURA 4.164 Figura relacionada ao Problema 3.

4. Considerando as características do exercício anterior, projete o filtro ativo. É possível implemente esse filtro?
5. Considerando amplificador INA102 da *Texas Instruments*, implementar um circuito que permita alterar seu ganho (este componente apresenta ganho programável). Calcule o modo rejeição comum.

6. Implemente um filtro passa-baixas passivo (segunda ordem) para um amplificador biopotencial qualquer. Esse circuito deve permitir a seleção manual (por chaves) das frequências de corte (−3dB) conforme tabela abaixo:

Posição-chave	Frequência de corte (Hz)
1	1,59
2	2,84
3	7,23
4	15,92

7. Considerando o filtro *notch* 50/60 Hz da Figura 4.165. Prove que se $C_1 = C_3$, $C_2 = 2 \times C_1$, $R_1 = R_3$ e $R_2 = R_1/2$ a frequência *notch* ocorre quando a reatância capacitiva é igual à resistência ($X_C = R$) e é dada por: $f_{notch} = \dfrac{1}{2\pi R_1 C_1}$.

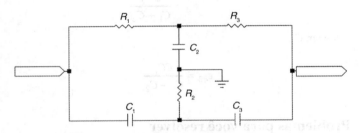

FIGURA 4.165 Figura relacionada ao Problema 7.

8. Considerando o filtro *notch* 50/60 Hz adicione a sua saída um amplificador (configuração ganho unitário). Qual a vantagem ou desvantagem desse sistema? Obtenha as curvas de resposta para os exercícios anteriores.

9. Com um ferramenta de simulação determine as curvas de resposta de um filtro passa-baixas classe Butterworth com frequência de corte de 300 Hz e frequência de amostragem de 1500 Hz.

10. A transformada Z de um filtro é: $H(z) = 2 - 2z^{-3}$. Qual é sua resposta (a) em amplitude e (b) fase.

11. Quais são as principais diferenças entre filtros FIR e IIR?

12. Considerando o Plano Z fornecido pela Figura 4.166, determine: (a) $H(z)$ e (b) a resposta ao impulso.

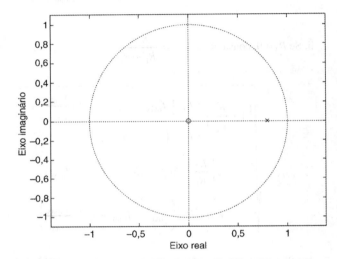

FIGURA 4.166 Figura relacionada ao Problema 12.

BIBLIOGRAFIA

BAESE, U. M. *Digital signal processing with field programmable gate arrays*. New York: Springer-Verlag, 2001.

FRANCO, S. *Design with operational amplifiers and analog integrated circuits* 3. ed. New York: McGraw-Hill, 2002.

HAYKIN, S. *Sistemas de comunicação analógicos e digitais*. Porto Alegre: Bookman, 2004.

MANCINI, R. *Op amps for everyone*: design reference. Texas Instruments, 2002.

MITRA, S. K. *Digital signal processing*. New York: McGraw-Hill, 2001.

MORRISON, R. *Grunding and shielding* – circuits and interference, 5. ed. New York: John Wiley, 2007.

_____. *Noise and other interfering signals*. John Wiley, 1992. National Instruments corporation. LabVIEW function and VI reference manual. National Instruments, 1997.

NOCETI FILHO, S. *Fundamentos sobre ruídos*: definição, caracterização e tipos de ruídos. Backstage, v. 8, n. 89, p. 144-148, 2002.

_____. *Fundamentos sobre ruídos*: densidade espectral de potência. Backstage, v. 8, n. 88, p. 140-144, 2002.

_____. *Fundamentos sobre ruídos*: geração de ruído rosa a partir de ruído branco. Backstage, v. 9, n. 91, p. 156-158, 2002.

_____. *Fundamentos sobre ruídos*: ruído branco e ruído rosa. Backstage, v. 8, n. 90, p. 172-173, 2002.

OPPENHEIM, A. V.; SCHAFER. R. W. *Discrete-time signal processing*. Prentice-Hall, 1989.

OTT, H. W. *Noise reduction techniques in electronic systems*. New York: John Wiley, 1988.

RICH, A. *Understanding interference*: type noise. Analog Dialogue 16-3. Analog Devices, 1982.

TEXAS Instruments application report. noise analysis in operational Amplifier Circuits – SLVA043A, 1999.

ZIEL, A. *Noise*. New Jersey: Prentice Hall, 1954.

CAPÍTULO 5

Medidores de Grandezas Elétricas

Os medidores de tensão, corrente e resistência elétrica são instrumentos que podem ser simples, baratos e apresentar outras funções, medindo também capacitâncias, ganhos de transistores, testes de diodos e temperatura. Esses equipamentos geralmente são denominados **multímetros**. A integração de componentes eletrônicos, bem como a variedade de funções implementadas em processadores, proporcionou a melhoria de qualidade e a garantia de constante inovação de equipamentos dessa natureza.

Instrumentos para medição de grandezas elétricas como o multímetro e o osciloscópio são ferramentas necessárias em qualquer laboratório de desenvolvimento ou manutenção de produtos. Neste capítulo, apresentamos os princípios de funcionamento desses equipamentos. São apresentadas também técnicas de medição de outras grandezas elétricas, tais como as pontes de balanceamento, que são constantemente aplicadas em instrumentação.

5.1 Galvanômetros e Instrumentos Fundamentais

5.1.1 Instrumentos analógicos

Os primeiros instrumentos tinham seus princípios de funcionamento baseados em engenhosos efeitos eletromagnéticos com a função de movimentar um ponteiro sobre uma escala graduada e calibrada. O fato de os valores lidos serem mostrados através de ponteiros caracteriza os medidores analógicos. Apesar de terem surgido muito tempo atrás, muitos medidores analógicos são utilizados ainda hoje, principalmente em quadros de controle, nos quais é necessária monitoração rápida, a longas distâncias e com poucos recursos financeiros. Apesar de serem ainda muito utilizados, esses instrumentos perderam popularidade para os instrumentos digitais, principalmente devido à quantidade de recursos que podem ser inseridos no processo pelos mesmos. A Figura 5.1 mostra exemplos de instrumentos analógicos.

O erro de leitura mais comum nos instrumentos analógicos é o erro de paralaxe, quando a vista do observador, a ponta do ponteiro e o valor indicado na escala não se situam no mesmo plano (veja a Figura 5.2). Esse é o motivo de se utilizarem espelhos no fundo de escala. Nesse caso, o operador da Figura 5.2(*b*) deve posicionar-se de modo a que o ponteiro coincida exatamente com o seu reflexo, garantindo o ângulo de 90° entre observador e instrumento.

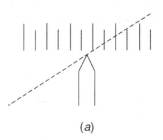
(*a*)

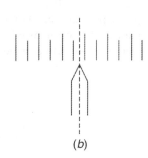
(*b*)

FIGURA 5.2 Erro de paralaxe.

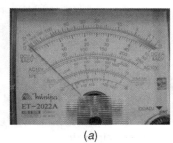
(*a*)

(*b*)

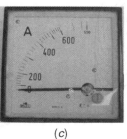
(*c*)

FIGURA 5.1 Instrumentos analógicos: (*a*) de bancada (Cortesia de Minipa do Brasil Ltda.); (*b*) detalhe do galvanômetro; e (*c*) de painel.

331

Princípios de funcionamento

Instrumentos de medidas elétricas analógicos são construídos a partir de um instrumento fundamental, denominado galvanômetro, que é sensível ao fluxo de baixas correntes. A partir desses instrumentos fundamentais são acrescidos componentes, tais como resistores, entre outros, a fim de tornar o mesmo um medidor de corrente, um medidor de tensão ou um medidor de resistência elétrica.

Os galvanômetros podem ser construídos de diferentes maneiras, e os mais comuns são os de ferro móvel e os de bobina móvel.

Ferro móvel: esse galvanômetro tem como uma das principais características a simplicidade de construção. Consiste basicamente em duas barras metálicas paralelas adjacentes, imersas em um campo eletromagnético gerado por uma bobina na qual passa uma corrente elétrica. As barras metálicas estão sob a ação de um campo, e as mesmas terão uma magnetização cuja polaridade é determinada pelo sentido da corrente na bobina. Como as polaridades nas barras surgem em lados coincidentes, surge uma força de repulsão. Na prática, uma das barras é fixa e a outra é móvel. A barra móvel também é anexada a uma mola que exerce uma força no sentido contrário à força gerada pelo campo magnético. Essa mola é calibrada juntamente com uma escala, sobre a qual desloca-se um ponteiro fixado ao ferro ou placa móvel. As Figuras 5.3(a) e (b) mostram o esboço de um galvanômetro de ferro móvel e o seu símbolo, respectivamente. Uma característica interessante desse tipo de galvanômetro é que, independentemente da polaridade na magnetização das placas, as mesmas sempre estarão se repelindo. Pode-se fazer uma análise mais detalhada e determinar que esse galvanômetro tem saída proporcional ao quadrado da corrente que passa pela bobina. Por esse motivo, o mesmo é utilizado para medir correntes e tensões contínuas e alternadas, indicando valores eficazes ou RMS.

Bobina móvel: esse galvanômetro utiliza um ímã permanente. Os polos desse ímã são montados em conjunto com uma bobina presa apenas em dois extremos, de modo que a mesma possa movimentar-se livremente sobre um eixo. Quando uma corrente é injetada na bobina, um novo campo eletromagnético é gerado, de modo que surge uma interação entre as forças causadas pelo ímã permanente e pela corrente impressa. A bobina — denominada bobina móvel — está fixada a um ponteiro e a uma mola. A força resultante faz com que a bobina se movimente assim que a força da mola é vencida. Nesse tipo de instrumento, o movimento do ponteiro é proporcional à intensidade da corrente elétrica: $F \propto i$.

Mudando o sentido da corrente, inverte-se também o sentido da força e, em consequência, o sentido de deslocamento do ponteiro. Quando uma corrente alternada é impressa nesse instrumento, a sua saída será proporcional à média desse sinal de entrada. Consequentemente, se o componente DC for zero, o ponteiro ficará imóvel. A frequências baixas, o movimento do ponteiro é de uma excursão em torno de um valor médio. As Figuras 5.4(a) e (b) mostram detalhes da construção de um galvanômetro de bobina móvel e seu símbolo, respectivamente.

A maioria dos instrumentos analógicos de bancada é construída a partir de um galvanômetro de bobina móvel. Isso acontece porque esses instrumentos podem fornecer respostas mais precisas que os instrumentos de ferro móvel.

Apesar de o galvanômetro do tipo bobina móvel ler apenas sinais de baixa frequência ou sinais DC, é possível a utilização do mesmo nas medidas de sinais AC. Isso geralmente é feito com a utilização de semicondutores retificadores (diodos). Com configurações adequadas, é possível transformar um sinal AC que apresenta excursão de –V a +V em sinais AC que têm excursão de 0 a um determinado fundo de escala de saída em V, resultando em um componente médio diferente de zero, conforme mostra a Figura 5.5. Esses dispositivos são chamados de retificadores de meia-onda e de onda completa, respectivamente.

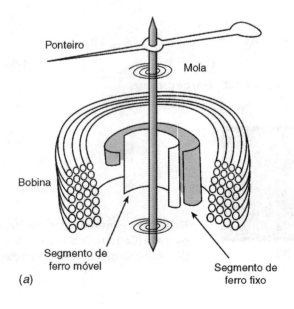

FIGURA 5.3 (a) Princípio de funcionamento do galvanômetro de ferro móvel e (b) seu símbolo.

Medidores de Grandezas Elétricas ■ **333**

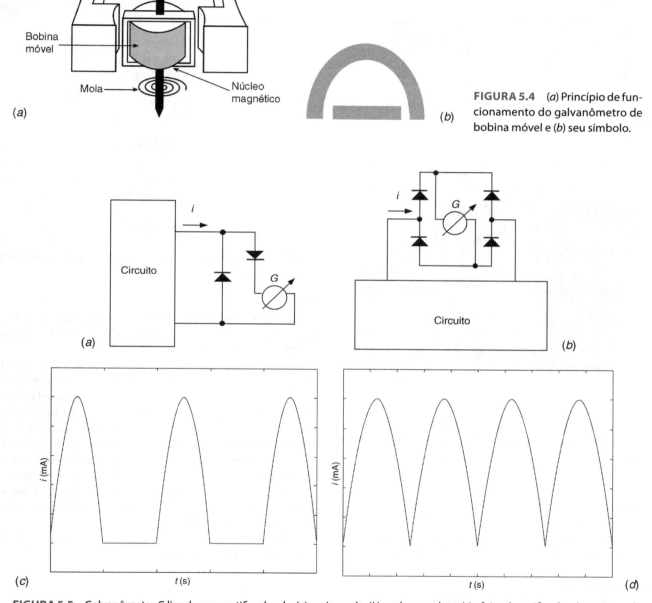

FIGURA 5.4 (a) Princípio de funcionamento do galvanômetro de bobina móvel e (b) seu símbolo.

FIGURA 5.5 Galvanômetro G ligado a um retificador de: (a) meia-onda, (b) onda completa, (c) efeito do retificador de meia-onda e (d) efeito do retificador de onda completa.

5.1.2 Instrumentos digitais

Os medidores digitais fornecem a leitura em forma de dígitos, como mostra a Figura 5.6, em vez de mostrar a grandeza em função da posição de um ponteiro em uma escala.

Um voltímetro digital pode ser considerado basicamente um conversor analógico digital conectado a um pequeno circuito de seleção e tratamento além de uma unidade de visualização (*display*). Uma determinada tensão elétrica a ser medida é amostrada durante certo período de tempo e é convertida mediante o conversor A/D em um sinal digital.

A resolução dos instrumentos digitais é fornecida em função do número de dígitos, uma vez que o dígito mais à direita

FIGURA 5.6 Instrumentos digitais. Cortesia de Minipa do Brasil Ltda.

TABELA 5.1	Relação entre resolução de *display* e contagens	
Dígitos	**Contagens**	**Total**
3½	0 a 1 999	2 000
3¾	0 a 3 999	4 000
4½	0 a 19 999	20 000
4¾	0 a 39 999	40 000
4⁴⁄₅	0 a 49 999	50 000

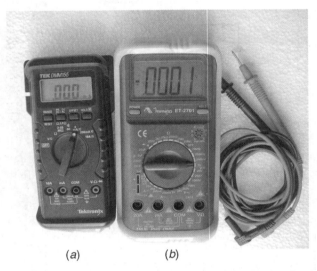

(a) (b)

FIGURA 5.7 *Display* de 3½ e 4½ dígitos. (a) Copyright de Tektronix, Inc. (b) Cortesia de Minipa do Brasil Ltda. Reproduzido com permissão. Todos os direitos reservados.

FIGURA 5.8 Instrumento digital com 3¾ dígitos. Cortesia de Minipa do Brasil Ltda.

representa a menor variação lida por esse instrumento. Se um determinado instrumento mostrar uma grandeza como 999, diz-se que a mesma é representada por 3 dígitos e apresenta uma resolução de 1 unidade. *Displays* LCDs regulares de baixo custo representam as grandezas com um fundo de escala do tipo 1999 (2 000 contagens). Nesse caso, diz-se que esse instrumento é 3½ dígitos. Caso o fundo de escala seja 19999 (20 000 contagens), diz-se que o instrumento é 4½ dígitos. Observe que a definição ½ dígito diz respeito ao primeiro algarismo, que pode assumir o valor 1 apenas, ou então essa casa permanece desativada. Por exemplo, ao ler 1,2 V em um voltímetro de 3½ dígitos na escala de 2 V, o visor mostrará 1,200. Ao medir 2,2 V na escala de 20 V, o visor mostrará 2,20 V. A Figura 5.7 mostra um *display* LCD de 3½ e 4½ dígitos.

Fundos de escala típicos em instrumentos digitais apresentam valores como 20 mA, 200 mA, 2 V, 20 V, 200 V etc.,

e quando, por exemplo, for medida uma tensão de 2 V no instrumento de 3½ dígitos, o visor indicará 1,999 e mostrará 1,9999 se for 4½ dígitos.

Existem ainda instrumentos cujo fundo de escala do primeiro dígito é diferente de 1. Nesses casos, a especificação é diferente: diz-se que o instrumento tem outras relações de resolução de *display*. Por exemplo, se o multímetro apresenta 3¾ dígitos, o mesmo pode fazer 4 000 contagens, de 0 a 3 999. Se forem 4¾ dígitos, então podem ser feitas 40 000 contagens, de 0 a 39 999. Um exemplo de instrumento de 3¾ dígitos pode ser observado na Figura 5.8. Nesse caso, pode-se observar que o dígito zero apareceu por inteiro. Se fosse um instrumento de 3½ dígitos na mesma situação, apareceriam apenas os três últimos dígitos.

A Tabela 5.1 mostra uma relação de especificação de *display* e número de contagens.

Fator de crista

A maioria dos multímetros fornece valores médios, ou então valores RMS, desde que nesse caso o sinal seja senoidal puro. Esses multímetros não podem ser utilizados para medir sinais não senoidais.

Os sinais periódicos variáveis no tempo não senoidais devem ser medidos com multímetros TRUE RMS, porém com um limite especificado pelo chamado **fator de crista (FC)**. O fator de crista é a proporção entre um pico do sinal (V_{pico}) e seu valor RMS (V_{RMS}). Outra limitação de multímetros está relacionada com a frequência (faixas de frequências típicas em multímetros digitais vão de 50 Hz a 500 Hz). O fator de crista é determinado por:

$$FC = \frac{|V_{pico}|}{V_{RMS}}.$$

O fator de crista é um parâmetro importante que deve ser levado em conta no emprego de um instrumento, pois fornece uma ideia do impacto de um pico no sinal. Considere o exemplo hipotético com um multímetro digital que apresenta uma precisão de 0,02% para medidas em sinais senoidais, porém, se observarmos sua especificação, ele pode adicionar uma incerteza de 0,2% para fatores de crista entre 1,414 e 5. Assim, a incerteza total na medida de uma onda triangular (fator de crista igual a 1,73) será uma composição (geralmente fornecida nos manuais do fabricante) entre as duas incertezas.

Na área de acústica, o fator de crista é geralmente especificado em dB. Por exemplo, o sinal senoidal 20 log(1,414) = 3 dB. A maioria do ruído ambiente possui um fator de crista de 10 dB, enquanto disparos de armas de fogo vão a aproximadamente 30 dB.

A seguir são fornecidos alguns fatores de crista de alguns sinais:

a. sinais senoidais e senoidais retificados em onda completa possuem $FC = \sqrt{2} \approx 1,414$;
b. sinais retificados em meia-onda possuem $FC = 2$;
c. sinais com forma de onda triangular possuem $FC = \sqrt{3} \approx 1,732$;
d. sinais com forma de onda quadrada possuem $FC = 1$.

Parcela de incerteza devido aos instrumentos analógicos e digitais

Vimos no Capítulo 2 que a incerteza é um parâmetro que fornece uma estimativa quantitativa da distribuição dos valores medidos em determinado processo. A incerteza é, portanto, uma descrição aproximada da distribuição dos erros desse processo. Vimos também, que embora essa distribuição não seja necessariamente uma gaussiana, essa é geralmente uma consideração aceitável (verifique que nem sempre consideramos a distribuição gaussiana). Ainda vimos que incerteza de medida é dada com um nível de confiança que caracteriza o intervalo de confiança.

Exemplos do Capítulo 2 mostram que a composição do parâmetro de incerteza deve levar em conta os principais fatores que de alguma forma influenciam no processo de medida. Basicamente, temos erros de natureza aleatória e sistemática. Os erros sistemáticos são minimizados pelos processos de calibração e, assim, as incertezas herdadas desse processo devem compor a incerteza de medida. Fatores que influenciam na instabilidade do processo de medida como variação de temperatura ou variação temporal (entre outros) também são levados em conta. Por fim, a incerteza ou as fontes de variabilidade do próprio instrumento, junto com a incerteza herdada da calibração, e com aquelas devidas a fontes de instabilidade compõem a incerteza de medida.

Dessa forma, devemos ser capazes de identificar as incertezas dos próprios instrumentos. Para isso pode-se compor essa parcela com a resolução do sistema de medida (incerteza tipo B), juntamente com uma parcela estatística (incerteza tipo A) contra um padrão. Se nos concentrarmos apenas na incerteza do instrumento, essas são as duas parcelas básicas (embora cada caso em específico pode apresentar peculiaridades e fontes de variabilidade). Como visto em exemplos no Capítulo 2, a parcela de incerteza tipo A é dependente do número de experimentos (ou ensaios de medidas) e a parcela do tipo B depende da resolução. No caso de instrumentos analógicos é comum assumir que a resolução é dada pela menor divisão do mostrador e por consequência a incerteza dessa parcela é calculada com (distribuição considerada retangular):

$$u_{Res} = \frac{(\text{Menor divisão})/2}{\sqrt{3}}$$

Em um *display*, a resolução é dada pela menor variação do dígito menos significativo e por consequência a incerteza dessa parcela é calculada com (distribuição considerada retangular):

$$u_{Res} = \frac{(\text{Variação do } DMS)/2}{\sqrt{3}}$$

Esse método para determinar a parcela de incerteza do instrumento (e não da medida) demanda um padrão (com precisão de 3 a 10 vezes melhor que o instrumento) em um processo de calibração, e toda a análise demandada desse processo. Outra forma de determinar a mesma incerteza é considerá-la do tipo B, fornecida pelo fabricante (obviamente desde que o instrumento seja rastreado). Os instrumentos são classificados em função de sua precisão de acordo com padrões internacionais como IEC (International Electrotechnical Commission) ou ANSI (American National Standards Institute). Por exemplo, a IEC751 define a precisão de temperatura de sensores de classe B em ± 0,15 °C. O padrão ANSI C12.20 define a precisão de medidores elétricos, por exemplo, de classe 0,5 em 0 ± 0,5% do fundo de escala de leitura e classe 0,2 em 0,2% do fundo de escala de leitura. Esse valor representa o limite do erro, sendo então necessário o cálculo da incerteza, no caso, levando-se em conta uma distribuição retangular.

Muitos instrumentos digitais são instrumentos flexíveis, que medem várias grandezas em diferentes condições. Isso faz com que a utilização de um parâmetro que indique precisão seja mais complicado. Por exemplo, um multímetro de 7 e 1/2 dígitos tem uma determinada precisão a uma determinada taxa de leituras, provavelmente mais lenta que o mesmo multímetro sendo usado com 5 e 1/2 dígitos, que obviamente apresentará uma precisão menor devido a resolução.

As especificações de multímetros digitais DMM em relação a incertezas são usualmente fornecidas com ± **(percentagem de leitura + número de variação do dígito menos significativo)** ou então ± **(percentagem de leitura + número de contagens** do dígito menos significativo). O segundo termo de ambas as equações tem o mesmo significado: indicam a faixa de variação do dígito menos significativo. Se a faixa é 20.0000 então um dígito ou uma contagem significa 0.0001. **Como se trata de uma incerteza do tipo B, o usuário deve buscar informações com o fabricante de como as especificações foram feitas. Por exemplo, em uma *Application note* de instrumentos FLUKE, é registrado que as incertezas fornecidas por essas equações utilizam um intervalo de confiança de 99% (ou seja, é preciso dividir a incerteza por 2,6 para obter a incerteza padrão).**

Considere o exemplo: se quisermos medir 10 V em uma faixa de 20 V na qual o dígito menos significativo representa 0.0001 V. Considerando a incerteza para a faixa de 20 V ± 0,003% + 2 contagens então podemos calcular ±(0,003% × 10 V + 2 × 0,0001 V) = ±(0,0003 V + 0,0002) = ±(0,0005 V) ou ±0,5 mV para $K = 2,6$ ou 99% de confiança. Alguns manuais utilizam a forma: ± (porcentagem de leitura + porcentagem da faixa) e o resultado é similar. A segunda parcela dessas equações representa a variação do indicador devido ao ruído e *offset* da faixa.

5.2 Medidores de Tensão Elétrica

Voltímetro: o voltímetro consiste em um instrumento cuja função é medir tensão elétrica. Esse instrumento tem como principal característica alta impedância de entrada. De fato, um voltímetro ideal tem uma impedância de entrada infinita. Esse conceito é importante, uma vez que todo instrumento de medida deve medir sem interferir no processo. Se a impedância de entrada for infinita, a corrente desviada do circuito é nula e, em consequência, o processo não "perceberá" a presença do instrumento durante a medida. No caso experimental, pode-se esperar uma impedância elevada porém finita, e, quanto maior a impedância de entrada do voltímetro, melhor será o instrumento. O voltímetro deve ser conectado em paralelo aos pontos em que a medida será feita (Figura 5.9).

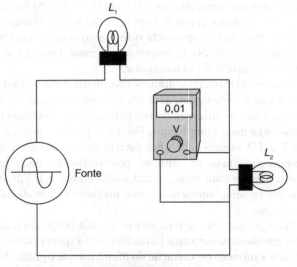

FIGURA 5.9 Voltímetro ligado em paralelo com a carga.

Ligando um voltímetro em paralelo com um circuito, a corrente que circula pelo mesmo será nula (aproximadamente zero no caso experimental) e, em consequência, toda a tensão elétrica da fonte será medida.

5.2.1 Voltímetro analógico

A construção do voltímetro analógico consiste em ligar uma resistência em série com o galvanômetro. O valor dessa resistência, juntamente com as características elétricas do galvanômetro, tais como resistência elétrica interna e corrente elétrica máxima ou corrente de fundo de escala da deflexão do ponteiro, é que determinará a tensão elétrica máxima suportada pelo instrumento (Figura 5.10).

Assim, conhecendo-se o galvanômetro e sabendo-se a tensão elétrica de fundo de escala a medir, basta calcular a resistência elétrica R:

$$iFE = \frac{Em}{R_{calc} + Ri} \Rightarrow R_{calc} = \frac{Em}{iFE} - Ri$$

Os multímetros comerciais apresentam diferentes escalas de medida. No caso do voltímetro, essas escalas podem ser implementadas simplesmente adicionando-se resistências que podem ser conectadas através de uma chave rotativa, conforme as Figuras 5.11 e 5.12.

Observe que, no caso da Figura 5.12(*a*), as resistências que determinam as escalas são associadas em série, de modo que o cálculo das mesmas deve levar em conta a resistência equivalente para uma determinada escala.

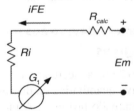

FIGURA 5.10 Esquema de um voltímetro construído com um galvanômetro.

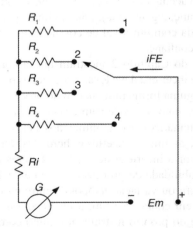

FIGURA 5.11 Esquema de um voltímetro analógico com escalas.

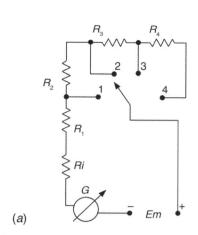

FIGURA 5.12 (a) Esquema de um voltímetro analógico com escalas; (b) escalas de um multímetro analógico. Cortesia de Minipa do Brasil Ltda.

Por exemplo, determine as resistências do voltímetro analógico da Figura 5.12(a), sabendo que a corrente de fundo de escala de deflexão do galvanômetro é de $iFE = 1$ mA e sua resistência interna é $Ri = 10$ Ω. As escalas das tensões desejadas são: 200 mV, 2 V, 20 V e 200 V.

$$R_1 = \frac{0,2}{0,001} - 10 = 190 \ \Omega$$

$$R_2 = \frac{2}{0,001} - 10 - 190 = 1800 \ \Omega$$

$$R_3 = \frac{20}{0,001} - 10 - 190 - 1800 = 18\ 000 \ \Omega$$

$$R_4 = \frac{200}{0,001} - 10 - 190 - 1800 - 18\ 000 = 180\ 000 \ \Omega$$

Observe que as resistências calculadas são bastante altas se comparadas à resistência interna do galvanômetro. A soma da resistência R_{calc} com a resistência interna Ri do galvanômetro resulta na resistência de entrada do voltímetro, e a mesma deve ser alta. A corrente necessária para deslocar o ponteiro é desviada do processo em que a medida está sendo tomada.

Em um voltímetro analógico, a sensibilidade é assim definida:

$$S = \frac{1}{iFE}$$

sendo iFE a corrente que causa deflexão máxima no galvanômetro. A sensibilidade é fornecida, portanto, em $\frac{\Omega}{V}$. Esse parâmetro costuma ser impresso no painel do instrumento, e valores comuns são: $10\ 000\frac{\Omega}{V}$, $20\ 000\frac{\Omega}{V}$, $30\ 000\frac{\Omega}{V}$. Quanto maior é a sensibilidade, melhor é a qualidade do instrumento.

Entre outros aspectos, pode-se utilizar a sensibilidade para determinar a resistência interna do multímetro, quando utilizado na escala de tensão. Assim, um instrumento de $S = 10\ 000\frac{\Omega}{V}$, quando na escala de 10 V, terá uma resistência interna de 100 000 Ω; na escala de 2,5 V, terá uma resistência interna de 25 000 Ω, e assim por diante.

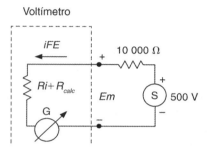

FIGURA 5.13 Voltímetro ligado a uma carga.

Para ilustrar os efeitos da sensibilidade do voltímetro, pode-se resolver o seguinte exemplo: considere 3 voltímetros de diferentes sensibilidades: $100\frac{\Omega}{V}$, e $20\ 000\frac{\Omega}{V}$. Determine o efeito da resistência interna na tensão lida em cada um dos casos quando ligados como na Figura 5.13.

As correntes de fundo de escala podem ser calculadas em cada caso:

Caso 1: $iFE = \frac{1}{100} = 10$ mA

Caso 2: $iFE = \frac{1}{1000} = 1$ mA

Caso 3: $iFE = \frac{1}{20\ 000} = 0,05$ mA

No caso 1, a queda de tensão na resistência $R = 10$ kΩ será de 100 V, e na entrada do voltímetro restarão apenas 400 V. Nesse caso, apenas 75% da tensão da fonte é medida.

No caso 2, a queda de tensão na resistência $R = 10$ kΩ será de 10 V, e na entrada do voltímetro restarão apenas 490 V. Nesse caso, 98% da tensão da fonte é medida.

No caso 3, a queda de tensão na resistência $R = 10$ kΩ será de 0,5 V, e na entrada do voltímetro restarão 499,5 V. Nesse caso, 99,9% da tensão da fonte é medida.

Como vimos a classe do instrumento determina o limite de erro em função do fundo de escala. Por exemplo, um

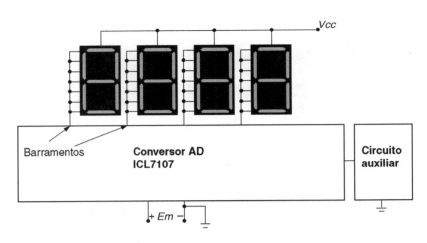

FIGURA 5.14 Diagrama de blocos de um multímetro digital.

instrumento classe 0,5 quando usado na escala de 10 V fazendo a leitura de uma tensão de 9 V, o valor da tensão com o respectivo limite de erro será:

$$Em = 9 \pm 0,5\%FE$$

ou o limite do erro é de 50 mV.

Isso quer dizer que a menor probabilidade de erro ocorre quando está sendo feita uma medida que coincide com o valor do fundo de escala (10 V, no caso do exemplo). Em termos percentuais, qualquer outra medida (2 V, 3 V, 5 V, ...) sempre implicará uma probabilidade de erro percentual maior.

Você dispõe, por exemplo, de um instrumento hipotético classe 5 com as seguintes escalas: 1 V, 4 V, 10 V, e precisa medir uma tensão de aproximadamente 2,0 V. Qual das escalas escolherá? Apesar de poder usar qualquer escala, com exceção da escala de 1 V, essas escalas teriam precisões diferentes para uma leitura da mesma tensão:

Escala de 4 V
$Em = 2,0$ V $\Rightarrow Em = (2 \pm 0,2)$V, ou $Em = 2,0$ V $\pm 10\%$
Escala de 10 V
$Em = 2,0$ V $\Rightarrow Em = (2 \pm 0,5)$V, ou $Em = 2,0$ V $\pm 20\%$

Portanto, a escala de 4 V é a mais aconselhável, porque o erro percentual de leitura é menor (escala em que a deflexão do ponteiro é maior e, em consequência, está mais perto do fundo de escala).

5.2.2 Voltímetro digital

A construção de um voltímetro digital depende apenas de um conversor analógico digital e de um *display* de visualização, que pode ser de cristal líquido (LCD) ou de leds. A Figura 5.14 mostra o esquema em blocos de um voltímetro digital em que se utiliza o conversor AD 7107, o qual tem saída codificada para o *display* de sete segmentos.

Os detalhes de construção bem como as características do instrumento dependem basicamente das características do conversor AD. Em geral um voltímetro não necessita de velocidades altas de leitura e atualização do *display*, mas necessita de precisão. Sendo assim, o conversor AD do tipo **dupla rampa** ou **integrador** é muito utilizado. Esse conversor utiliza os tempos de carga e descarga de um capacitor. Como apenas a relação desse tempo é utilizada, a medida independe do capacitor e sua não idealidade. Esse conversor AD foi apresentado no Capítulo 4.

5.2.3 Voltímetro vetorial

Esse tipo de voltímetro faz a medida da amplitude e da fase da tensão. Um diagrama de blocos de um voltímetro vetorial pode ser visto na Figura 5.15.

O sistema consiste em um multiplicador ou um detector de fase síncrono (DA) da tensão medida Em em relação a uma tensão de referência v_{dn}, um integrador (I), um voltímetro digital (V) e um processador (P). O princípio de funcionamento do voltímetro vetorial baseia-se na determinação da amplitude V_m e do ângulo de fase entre a tensão medida v e a tensão de referência V_1, a qual é proporcional à corrente. Admitindo que a tensão a ser medida é:

$$v = V_m \text{sen}(\omega t + \phi) =$$
$$= V_m(\text{sen}\omega t \cos\phi + \cos\omega t \,\text{sen}\phi)$$

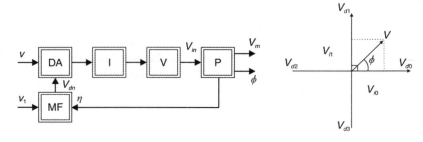

FIGURA 5.15 Diagrama de blocos de um voltímetro vetorial: MF, multiplexador de fase; DA, detector de fase; I, integrador; V, voltímetro; P, processador.

e considerando,

$$v_{dn} = V_{md}\,\text{sen}\left(\omega t + \eta\frac{\pi}{2}\right) \text{ para } \eta = 0, 1, 2, 3$$

o ângulo de fase $\eta\frac{\pi}{2}$ da tensão v_{dn} pode assumir valores 0, $\frac{\pi}{2}$, π, $3\frac{\pi}{2}$, possibilitando a detecção do ângulo ϕ nos quatro quadrantes do sistema de coordenadas cartesianas. Um detector síncrono de fase multiplica as tensões v e v_{dn}, e o integrador faz a média dessa multiplicação durante o período T_i.

$$V_{in} = \frac{1}{T_i}\int_0^{T_i} v v_{dn}\, dt$$

O tempo médio é múltiplo do período T da tensão medida $T_i = kT, k = 1, 2, 3, \ldots$ Por exemplo, para $0 \leq \phi \leq \frac{\pi}{2}$ e $\eta = 0, \eta = 1$, é obtido um par de números

$$V_{i0} = 0{,}5\, V_m V_{md} \cos\phi \text{ e } V_{i1} = 0{,}5\, V_m V_{md}\,\text{sen}\,\phi$$

que representam os valores de coordenadas cartesianas da tensão medida v. O módulo e a fase da tensão são calculados de:

$$V_m = \frac{2}{V_{md}}\sqrt{V_{i0}^2 + V_{i1}^2} \text{ e } \phi = \arctan\frac{V_{i1}}{V_{i0}}$$

Ambas as coordenadas da tensão medida v podem ser calculadas de maneira similar nos demais quadrantes do sistema de coordenadas cartesianas. Um voltímetro vetorial determina a tensão medida como um fasor (um vetor girante) medindo módulo e fase.

5.2.4 Medidores de tensão eletrônicos

Na verdade, esse subtítulo pode ser visto como uma redundância, uma vez que todos os voltímetros podem ser interpretados como eletrônicos. Entretanto, nesta seção vamos explorar uma abordagem mais alternativa e amplamente adotada como parte de condicionadores de sinais.

A medição de sinais de tensão pode ser implementada com circuitos eletrônicos que podem ser analógicos ou digitais. O circuito da Figura 5.16 mostra um medidor analógico para tensão DC. Supondo-se o amplificador operacional ideal e que $R_1 = R_2$ e ainda que essas resistências sejam muito maiores que R_0, a corrente que passa pelo galvanômetro é:

$$i_m = -\frac{V_i}{R_0}$$

Na verdade, o circuito mostra uma configuração simples de um amplificador operacional. No caso, a equação mostra que a deflexão do ponteiro é proporcional à entrada e depende apenas da constante R_0.

O circuito da Figura 5.17 implementa um medidor de tensão AC. Na sua entrada, é colocado um diodo cuja função é retificar o sinal de tensão. Dessa maneira, se o sinal de entrada for AC, variando de um mínimo a um máximo, apenas o semiciclo positivo permite a condução do diodo. Como a configuração utilizada é de um seguidor de tensão,

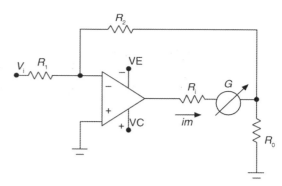

FIGURA 5.16 Esquema de um medidor de tensão eletrônico implementado com um OPAMP e um galvanômetro.

o sinal sobre R_0 será o próprio valor na entrada não inversora e, assim,

$$i_0(t) = \frac{V_i(t)}{R_0} = \frac{V_i\,\text{sen}(\omega t + \phi)}{R_0}$$

Entretanto, o valor medido pelo galvanômetro será o valor médio do sinal retificado:

$$\overline{i_0} = \frac{V_i}{R_0}\frac{1}{\pi} = \frac{2\sqrt{2}}{R_0\pi}V_{RMS}$$

Essa estrutura ainda pode ser significativamente melhorada utilizando-se um retificador de onda completa com um integrador na saída (filtro passa-baixas) como o da Figura 5.18. Nesse caso, o sinal na saída será o valor médio da entrada:

$$\overline{V_0} = \frac{2\sqrt{2}}{\pi}V_{RMS} = \frac{2\,V_i}{\pi}$$

sendo $\overline{V_0}$ um valor constante ou tensão DC.

Também se podem utilizar circuitos analógicos implementados com amplificadores operacionais para medir sinais RMS, como, por exemplo, em instrumentos denominados voltímetros **true RMS**. Observa-se que o valor RMS de um sinal $v_i(t)$ é definido como:

$$V_{RMS} = \sqrt{\frac{1}{T}\int_0^T V_i^2(t)\,dt}$$

O circuito mostrado na Figura 5.19 utiliza um retificador de onda completa implementado na primeira etapa. Na segunda etapa, a configuração com o amplificador e os transistores caracteriza um multiplicador logarítmico. O transistor na saída da segunda etapa tem a função de implementar a função antilogarítmica, e o resultado é uma operação matemática de multiplicação. Por fim, a terceira etapa implementa um integrador por meio de um filtro passa-baixas, e a equação de saída torna-se:

$$V_0 = \frac{k}{T}\int_0^T V_i^2(t)\,dt = kV_{RMS}^2$$

Ou seja, a saída desse circuito é proporcional ao quadrado do valor RMS de entrada.

Os exemplos de circuitos eletrônicos analógicos apresentados na medição de tensão elétrica são apenas alguns da vasta quantidade de possibilidades amplamente encontradas na literatura especializada, como fabricantes de componentes, entre outros.

340 ■ Capítulo 5

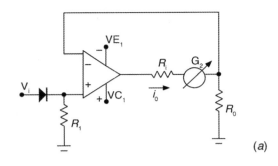

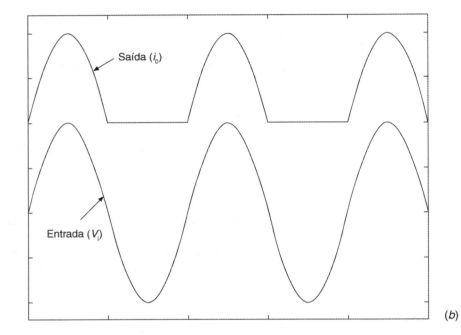

FIGURA 5.17 (a) Esquema de um medidor de tensão AC eletrônico implementado com um OPAMP e um galvanômetro e (b) efeito do retificador na forma de onda.

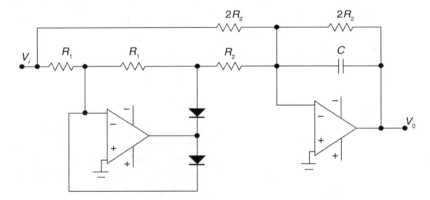

FIGURA 5.18 Esquema de um medidor de tensão AC eletrônico de onda completa com um passa-baixas na saída.

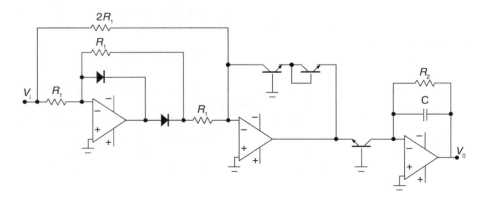

FIGURA 5.19 Esquema de um medidor de tensão *true* RMS.

Apesar de utilizados ao menos para a etapa de entrada, os circuitos analógicos são cada vez mais preteridos pelos circuitos digitais, uma vez que esses possibilitam agregar recursos, precisão, velocidade e, consequentemente, um diferencial de qualidade aos novos produtos.

A implementação de medidores de tensão digital é simplesmente uma aplicação de um conversor AD. Como vimos no Capítulo 4, existem vários tipos de conversores analógicos digitais. Entre eles podemos citar: AD por aproximações sucessivas, AD integrador ou dupla rampa, *flash*, conversão tensão frequência (veja o Capítulo 4). Quando é implementada uma aplicação simples como a digitalização de um sinal de saída de um sensor, na verdade a função do circuito é fazer a medição do sinal de tensão.

A implementação de medidores de tensão com conversores analógicos digitais pode ser executada por meio de blocos separados dos sistemas de controle, como, por exemplo, na implementação de um medidor de tensão utilizando a porta de um computador, em que o computador representa o bloco de controle e o conversor AD, o medidor de tensão. Outra maneira de abordar o sistema é utilizar um sistema integrado de controle e conversor AD para medir tensão. Atualmente, isso pode ser facilmente implementado com a utilização de sistemas microcontrolados ou ainda com microcontroladores de DSP, os quais necessitam, para funcionar, apenas de um programa mínimo de controle do hardware. Existem muitos microcontroladores diferentes fornecidos por fabricantes como Microchip, Motorola, Texas Instruments, National, Holtek, entre outros. Cada um desses dispositivos possui diferentes mnemônicos e hardware interno. A escolha de um microcontrolador deve estar diretamente ligada à aplicação e às ferramentas disponíveis para a programação. A Figura 5.20 mostra um microcontrolador Microchip PIC16F877® implementando uma medição de tensão através de suas portas

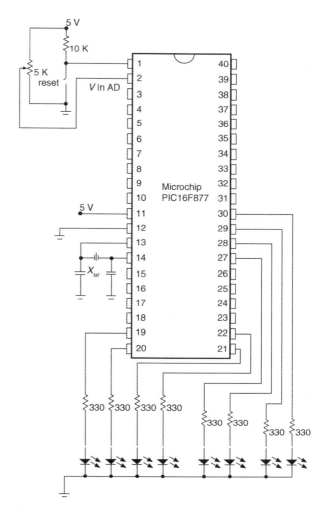

FIGURA 5.20 Esquema de um conversor AD implementado com um Microchip PIC16F877® para medição de tensão elétrica.

TABELA 5.2 Código do software para um conversor AD implementado em linguagem C para o PIC16F877

```
#include <16F877.h>
#use delay (clock=20000000)
int value ;
void main ( ) {

set_tris_a (0xff) ;              // Port A é definido como entrada
set_tris_d (0x00) ;              // Port D é definido como saída
setup_port_a (ALL_ANALOG) ;
setup_adc (adc_clock_internal) ;
set_adc_channel ( 0 ) ;          // Configurações para canal 0 do conversor AD
while (TRUE)                     // Executa este laço eternamente
{
value=read_adc ( ) ;             // Lê o conversor AD
Delay_ms (500) ;                 // Pausa de 500 ms(opcional)
output_d (value) ;               // Manda para a porta D os bits menos significativos do AD
Delay_ms (500) ;                 // Pausa de 500 ms (opcional)
}
}
```

Nota: Este programa roda apenas em um compilador que contém nas suas bibliotecas as funções utilizadas (no caso foi utilizado o PCWH Compiler).

5.3 Medidores de Corrente

Amperímetro: o amperímetro é um instrumento cuja função consiste em medir corrente elétrica. Esse instrumento tem como principal característica uma baixa impedância de entrada. De fato, um amperímetro ideal tem uma impedância de entrada nula. Esse conceito é importante, uma vez que todo instrumento de medida deve medir sem interferir no processo. Se a impedância de entrada for zero, a queda de tensão do circuito (no instrumento) é nula e, consequentemente, o processo não "perceberá" a presença do instrumento durante a medida. Em uma aplicação experimental, pode-se esperar uma impedância baixa, porém não nula, e, quanto menor a impedância de entrada do amperímetro, melhor será o instrumento. O amperímetro deve ser conectado em série com o circuito ao medir a corrente (Figura 5.21). Se ligarmos um amperímetro em paralelo com um circuito, a corrente será toda desviada pelo instrumento e, em consequência, surgirá um curto-circuito. Se o amperímetro for ligado em paralelo com uma carga L_1 e em série com a carga L_2, a corrente que passará pelo instrumento será limitada apenas pela resistência da carga L_2, conforme mostra a Figura 5.22. Entretanto, se o amperímetro for ligado em paralelo com a fonte, o mesmo drenará uma corrente muito alta, queimando o fusível de proteção ou danificando o instrumento.

5.3.1 Amperímetro analógico

A construção do amperímetro analógico consiste em ligar uma resistência em paralelo com o galvanômetro. O valor

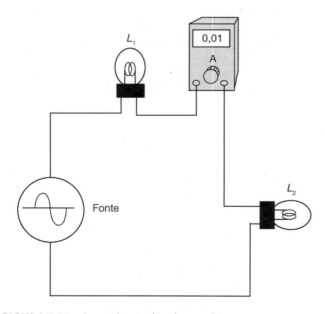

FIGURA 5.21 Amperímetro ligado em série.

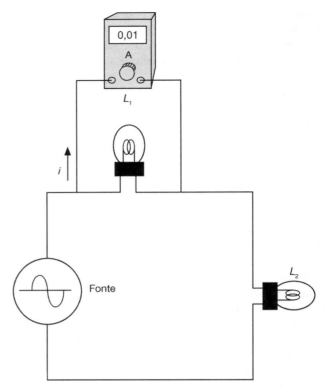

FIGURA 5.22 Ligação errada de um amperímetro (em paralelo com a carga).

dessa resistência, juntamente com as características elétricas do galvanômetro, tais como resistência interna e a corrente de fundo de escala da deflexão do ponteiro, é que determinará a corrente máxima suportada pelo instrumento (Figura 5.23).

Sendo assim, conforme a Figura 5.23, conhecendo-se o galvanômetro e sua corrente de fundo de escala iFE e a corrente de fundo de escala a medir Im, basta calcular a resistência R_{calc}:

$$iFE = \frac{Im\, R_{calc}}{R_{calc} + R_i} \Rightarrow R_{calc} = \frac{R_i \cdot iFE}{Im - iFE}$$

Os multímetros comerciais geralmente vêm com diferentes escalas de medidas. No amperímetro, essas escalas podem ser implementadas simplesmente adicionando-se resistências em paralelo que podem ser conectadas por meio de uma chave rotativa, conforme as Figuras 5.24 e 5.25. No caso da Figura 5.24, o cálculo das resistências é individual, e a equação geral acima pode ser aplicada. Observe no entanto que, no caso da Figura 5.25, as resistências que determinam as escalas são

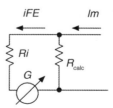

FIGURA 5.23 Esquema de um amperímetro construído com um galvanômetro.

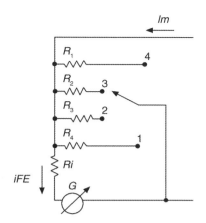

FIGURA 5.24 Amperímetro com várias escalas de corrente.

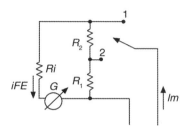

FIGURA 5.25 Outra configuração de amperímetro com várias escalas de corrente.

associadas em série em um ramo paralelo, de modo que o cálculo das resistências deve ser determinado por meio da resolução de um sistema linear de equações.

Por exemplo, determine as resistências do amperímetro analógico da Figura 5.25, sabendo que a corrente de fundo de escala de deflexão do galvanômetro é $iFE = 1$ mA e sua resistência interna é $Ri = 10\ \Omega$. As escalas das correntes desejadas são: 2 A, 20 A.

Monta-se o sistema com as duas equações (uma para cada situação). A equação da malha do caso 1 (2 A):

$$1{,}999\ R_1 + 1{,}999\ R_2 = 10 \times 0{,}001$$

A equação da malha do caso 2 (20 A):

$$19{,}999\ R_1 - 0{,}001\ R_2 = 10 \times 0{,}001$$

Resolvendo o sistema, temos:

$$R_1 \cong 0{,}0005\ \Omega$$

$$R_2 \cong 0{,}0045\ \Omega$$

O circuito final pode ser visto na Figura 5.26.

Observe que as resistências calculadas são bastante baixas se comparadas à resistência interna do galvanômetro. A resistência equivalente do paralelo de R_{calc} com a resistência interna Ri do galvanômetro resulta na resistência de entrada

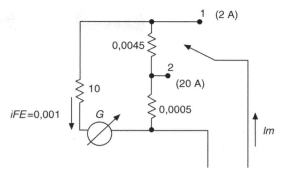

FIGURA 5.26 Circuito do amperímetro para escalas de corrente de 2 A e 20 A.

do amperímetro, que deve ser baixa. A corrente necessária para deslocar o ponteiro é desviada do processo em que a medida está sendo tomada.

5.3.2 Amperímetro digital

A construção de um amperímetro digital, a exemplo do voltímetro, depende apenas de um conversor analógico digital e de um *display* de visualização, que pode ser de cristal líquido (LCD) ou de leds. A principal diferença é que o sinal de corrente deve ser transformado em tensão por um circuito intermediário. Esse circuito pode ser simples como um resistor (fazendo a função denominada *shunt* — nesse caso, mede-se a queda de tensão sobre esse resistor), mas também pode ser implementado de outras maneiras, como, por exemplo, um circuito com elementos passivos como um amplificador operacional. Existem várias formas de implementar um sensor para medir corrente elétrica. Os melhores resultados serão alcançados se forem utilizados sensores de alta precisão, boa resposta em frequência e mínimo deslocamento de fase. Podem-se destacar alguns tipos de sensores (consultar Vol. II desta obra) utilizados para detectar corrente elétrica:

Sensores resistivos: apresentam como vantagem a simplicidade de utilização e como desvantagem o fato de gerarem perdas (calor) e, ainda, de precisarem ser introduzidos no circuito (método intrusivo) e não apresentarem isolamento elétrico. Além disso, esse tipo de sensor tem capacitâncias e indutâncias parasitas que limitam a sua utilização a altas frequências.

Sensores implementados com transformadores de corrente: podem ser uma ótima opção, por não apresentarem perdas (desprezíveis) e não necessitarem de fonte externa. Entretanto, têm uma grave desvantagem, que é o fato de funcionarem apenas para correntes alternadas.

Sensores magnetorresistivos: esses sensores são sensíveis às variações de campo magnético e, portanto, servem para medir corrente. Contudo, apresentam uma relação de linearidade muito baixa e, além disso, são bastante dependentes da temperatura.

Sensores de efeito Hall: também são sensores sensíveis à variação de campo magnético, e podem ser utilizados na medição de correntes desde DC até dezenas de kHz. Têm como principais vantagens a versatilidade, o baixo custo,

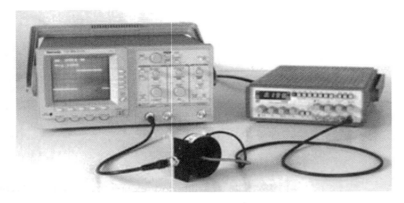

FIGURA 5.27 Transformador de corrente TC. Copyright de Tektronix, Inc. Reproduzido com permissão. Todos os direitos reservados.

a confiabilidade e a facilidade de utilização. A principal desvantagem desse tipo de sensor é a sua dependência da temperatura.

Sensores CMOS de campo magnético: são considerados sensores de alta sensibilidade, baixa potência de consumo e baixa sensibilidade à temperatura. Suas principais desvantagens estão relacionadas às dificuldades de uso e de calibração.

A Figura 5.27 traz um exemplo de medida sem contato em que se utiliza um transformador de corrente.

A medida sem contato pode ser um benefício particular quando altas-tensões estão presentes ou quando é necessário medir tensões (ou correntes) com referências diferentes com um osciloscópio.

5.3.3 Amperímetros do tipo alicate

Esse tipo de instrumento caracteriza-se por proporcionar uma medida sem contato. Isso pode ser especialmente interessante em circuitos em que é necessário realizar uma medida com isolamento elétrico ou mesmo por questão de facilidade, uma vez que não é necessário interromper o circuito para executar a medição.

Geralmente esse instrumento é constituído pelo secundário de um transformador de corrente (elemento sensor), encontrado no "gancho" do medidor. Esse gancho caracteriza-se por ser móvel, de modo que é possível envolver um condutor no qual se deseja executar a medida de corrente (seja o circuito trifásico ou monofásico). O condutor envolvido funciona como o enrolamento primário de um transformador de corrente que induz uma corrente no secundário (gancho), a qual é então processada e mostrada em um visor do tipo LCD (em um instrumento digital) ou enviada ao galvanômetro e mostrada em uma escala graduada (instrumento analógico). Uma prática comum nesse tipo de instrumento é utilizar mais de uma espira em volta do gancho do amperímetro. Isso é comum principalmente em instrumentos mais antigos, nos quais o início da escala não apresentava boa precisão. Utilizando-se n espiras enroladas no gancho, deve-se dividir o valor lido por n. Atualmente existem amperímetros alicate com diversas funções integradas, tais como leitura de valor RMS, leituras de baixos valores de corrente, integração com outros tipos de medidores, entre outros.

FIGURA 5.28 Amperímetro do tipo alicate. Cortesia de Minipa do Brasil Ltda.

Existem medidores de corrente do tipo alicate para correntes AC (mais comuns) e também para correntes DC. A diferença é o tipo de sensor utilizado. Os primeiros são implementados com transformadores TCs e os últimos, com outros sensores, tais como o de efeito Hall (veja o Volume II desta obra). A Figura 5.28 mostra um amperímetro do tipo alicate.

5.3.4 Medidores de corrente eletrônicos

Assim como existem diversos circuitos eletrônicos para a medição de tensão, existem muitas maneiras de medir corrente utilizando circuitos eletrônicos. O circuito da Figura 5.29 mostra um medidor de corrente implementado com um OPAMP e um resistor na realimentação negativa.

A característica de curto-circuito virtual de uma realimentação negativa no OPAMP garante que a corrente que chega à entrada inversora é a mesma que flui pelo resistor de realimentação. Sendo assim,

$$V_0 = -Ri(t)$$

Uma das maneiras mais simples de medir corrente é utilizando um resistor tipo *shunt*. Nesse caso, o resistor de valor fixo tem a função de transformar a corrente em tensão pela

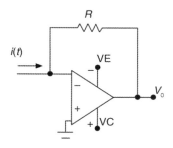

FIGURA 5.29 Conversor corrente–tensão.

relação direta da lei de Ohm $v = Ri$, e o circuito para processar o sinal de tensão pode ser semelhante aos apresentados na seção de medidores de tensão, de modo que a saída de uma tensão será proporcional a uma entrada de corrente.

A Figura 5.30 mostra um circuito de um amperímetro de baixa impedância implementado com um amplificador operacional. O circuito é formado por uma ponte de diodos disposta no laço de realimentação desse amplificador. A saída será um sinal de tensão DC.

Nessa configuração, a corrente medida no indicador será:

$$i_{Galv} = |\bar{i}| \frac{R}{R + R_i}$$

A Figura 5.31 mostra um circuito também implementado com um amplificador operacional apto a medir correntes da ordem de nanoampères. Observe que o circuito é implementado com uma configuração não inversora (portanto, a saída é em tensão) e a queda de tensão em cima dos resistores deve ser no máximo de 0,01 V para que a influência no resto do circuito seja desprezível.

Existe no mercado uma série de componentes dedicados à medição de corrente. A escolha desses componentes é feita de acordo com as necessidades, e fabricantes como National Instruments, Texas Instruments, Maxim, entre outros, oferecem muitas possibilidades. A Figura 5.32 mostra um circuito implementado por um MAX4172 (Maxim), apto a medir corrente unidirecional. Observe que o condutor de cobre funciona como um resistor de *shunt*.

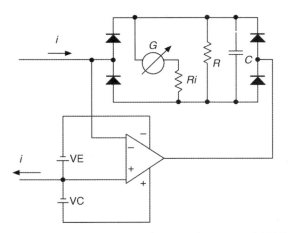

FIGURA 5.30 Amperímetro implementado com um OPAMP.

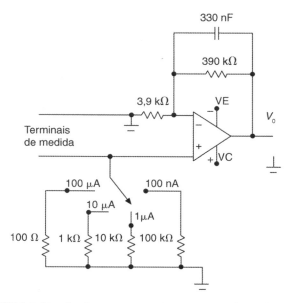

FIGURA 5.31 Configuração com OPAMP capaz de medir várias escalas de corrente.

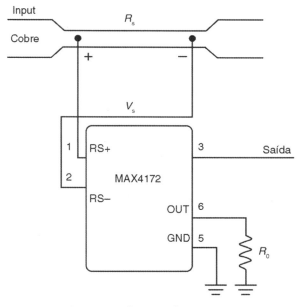

FIGURA 5.32 Circuito implementado com um Maxim MAX4172.

Outros circuitos muito úteis para medir corrente são os componentes utilizados em conversores corrente-tensão. Esse tipo de circuito é especialmente útil em sistemas de transmissão, nos quais, por questões principalmente de imunidade a ruídos eletromagnéticos externos, é preferível enviar um sinal de tensão medido na saída de um transdutor em forma de corrente por um condutor que percorre a distância da aplicação até o sistema que faz a leitura propriamente dita (por exemplo, um controlador). Nesse caso, uma vez que é comum a necessidade de obter novamente o sinal em tensão, utiliza-se sistemas receptores corrente–tensão. A Figura 5.33 traz um exemplo de sistema em que se utiliza um *loop* de corrente.

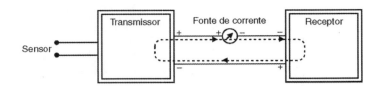

FIGURA 5.33 Sistema em que se utiliza um *loop* de corrente.

Existem valores normalizados, como, por exemplo, sinal em corrente de 4 a 20 mA e sinal em tensão de 0 a 5 V. O esquema da Figura 5.34(*a*) é um circuito para medidas genérico, implementado com os circuitos integrados Burr-Brown XTR110, XTR115 e RCV420 — transmissor e receptor, respectivamente. O XTR115 transforma o sinal de tensão em corrente e o RCV420 transforma novamente esse sinal de corrente em tensão, conforme as Figuras 5.34(*b*) e (*c*).

5.4 Medição de Resistência Elétrica, Capacitância e Indutância

5.4.1 Medição de resistência elétrica

5.4.1.1 Ohmímetro

Trata-se de um instrumento analógico ou digital cuja função é medir a resistência de um determinado elemento. Esse instrumento deve ter no seu interior uma fonte de energia (em geral uma bateria) responsável por manter uma corrente circulando quando os terminais do ohmímetro são fechados através de um curto-circuito (resistência = 0) ou através de um componente eletrônico como um resistor, por exemplo. As Figuras 5.35 e 5.36 mostram os esquemas simplificados de ohmímetros. O início e o fundo da escala de um ohmímetro serão atingidos, portanto, em duas situações:

a. Quando os terminais do instrumento estão abertos — nesse caso, o indicador mostra resistência infinita. Obviamente, o valor dessa resistência não é infinito, mas indica que superou a capacidade do instrumento de indicar a resistência.
b. Quando os terminais do instrumento forem curto-circuitados — nesse caso, estará passando a corrente de fundo de escala pelo galvanômetro. Uma vez que se sabe que essa resistência é aproximadamente nula, essa posição é utilizada como ponto de zero ($R = 0\ \Omega$). É importante salientar que, mesmo quando dois condutores estão em curto-circuito, a resistência entre eles é diferente de zero, porém para medir valores de resistência tão baixos é necessário utilizar outras técnicas.

No ohmímetro analógico o ponteiro se deslocará em sentido inverso ao do voltímetro e do amperímetro, uma vez que a corrente (que faz o galvanômetro deslocar-se) diminui à medida que a resistência aumenta. De fato, o deslocamento do ponteiro em um ohmímetro analógico é não linear. Isso se deve ao fato de a corrente ser proporcional ao inverso da resistência:

$$i \propto \frac{1}{R}.$$

Observa-se também a necessidade de um resistor variável para o ajuste de zero (veja as Figuras 5.35 e 5.36). Isso se faz necessário porque a resistência interna da bateria varia com o tempo. O ohmímetro deve ser ligado de modo que as ponteiras sejam conectadas diretamente aos terminais do componente a medir. Um detalhe importante é que esse instrumento não deve ser utilizado em componentes energizados. A bateria interna deve ser a única fonte do sistema de medição, e, se um circuito externo estiver de alguma maneira alimentado por meio de outra fonte, necessariamente ocorrerá uma interferência na medida, levando a erro de medida ou até a inutilização do instrumento. Outro detalhe desse instrumento é que, quando uma medida de resistência é executada, deve-se ter o cuidado de isolar o componente. Ao medir uma resistência, deve-se evitar que os dedos entrem em contato com os dois terminais. Se isso acontecer, a medida registrada será a do resistor em paralelo com a resistência do corpo. A Figura 5.37 ilustra essas situações.

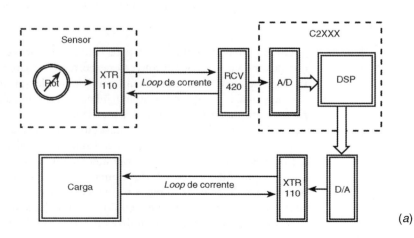

(a)

FIGURA 5.34 (*a*) Esquema implementado por componentes Burr-Brown XTR110 e RCV420.

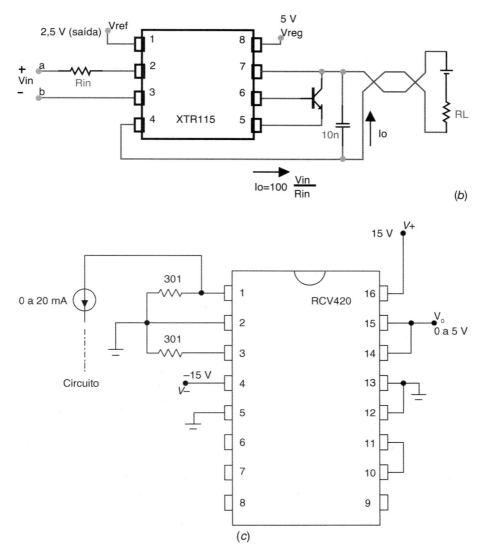

FIGURA 5.34 (Continuação) (b) circuito implementado com o XTR115 para transformar entrada de tensão em saída de corrente. (c) circuito implementado com o RCV420 para transformar uma entrada de corrente de 0 a 20 mA em uma saída de 0 a 5 V.

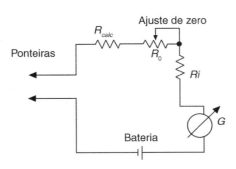

FIGURA 5.35 Esquema simplificado de um ohmímetro analógico.

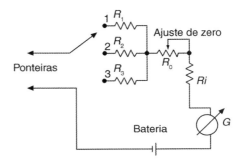

FIGURA 5.36 Esquema simplificado de um ohmímetro analógico com diferentes escalas.

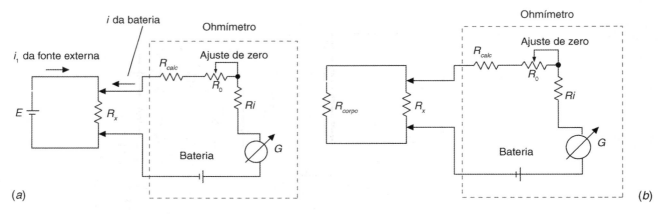

FIGURA 5.37 (a) Ligação errada de um ohmímetro a um circuito energizado; (b) medida de resistência com os dois terminais da resistência em paralelo com a resistência do corpo.

Esse método de medição de resistência consiste, sucintamente, em detectar a tensão ou a corrente em um circuito fechado pelo resistor a medir. Os multímetros são instrumentos que integram no mínimo as funções de amperímetro, voltímetro e ohmímetro e consistem em equipamentos essenciais nos laboratórios ou em bancadas de trabalho. Os multímetros digitais modernos geralmente integram outras funções, tais como medição de capacitância, medição de temperatura, ganho de transistores, entre outras.

Assim como no caso do amperímetro e do voltímetro, o ohmímetro pode ser implementado com circuitos eletrônicos. O circuito da Figura 5.38 mostra um medidor de resistência baseado em uma fonte de corrente. O princípio de funcionamento é aplicar uma corrente conhecida em uma resistência desconhecida e medir a tensão resultante. A relação $\frac{v}{i}$ vai fornecer o valor da resistência. Pode-se implementar uma seleção de escala mudando-se o ganho da configuração.

Neste exemplo a saída do circuito será:

$$V_0 = \left(\frac{R_n}{R} + 1\right) \times R_x I_{Fonte}$$

sendo R_n uma das resistências da escala selecionada (neste exemplo, R_1 ou R_2 ou R_3).

Para se implementar um multímetro digital, basta que a tensão gerada seja colocada em um conversor AD e então disponibilizada em um *display* de visualização.

Os ohmímetros mais usuais são alimentados com baterias de 9 V ou menos. Isso é perfeitamente adequado quando é necessário medir resistências abaixo de algumas dezenas de megaohms. Entretanto, para resistências muito elevadas, essas fontes não são suficientes para gerar correntes com ordens de grandeza mensuráveis. Também é importante salientar que a resistência nem sempre é uma grandeza estável e aproximadamente linear como nos resistores. Por exemplo, pode-se citar o comportamento da corrente em um *gap* de ar no qual é aplicada uma tensão. Alguns materiais exibem propriedades importantes de isolamento e/ou condução sob altas-tensões. Nesses casos, é necessário utilizar um megôhmetro.

5.4.1.2 Megôhmetro

O megôhmetro apresenta uma construção diferente do ohmímetro, para que seja possível medir os casos em que ocorre uma variação abrupta de resistência e, consequentemente, de corrente (se a tensão foi mantida fixa). Pode-se observar esse caso, por exemplo, em um *gap* de ar em que, sob alta-tensão elétrica, a resistência varia abruptamente.

A Figura 5.39(a) mostra os detalhes da construção de um megôhmetro com um caso em que uma resistência muito alta (circuito aberto) está sendo medida, e a Figura 5.39(b) mostra o esquema elétrico de um megôhmetro analógico. A Figura 5.39(c) mostra o caso em que a resistência que está sendo medida cai a valores muito baixos.

Os blocos retangulares ilustrados na Figura 5.39(a) representam as seções transversais de bobinas. Existem três bobinas que se movimentam com o mecanismo da agulha

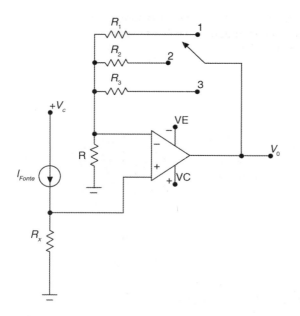

FIGURA 5.38 Medidor de resistência baseado em uma fonte de corrente.

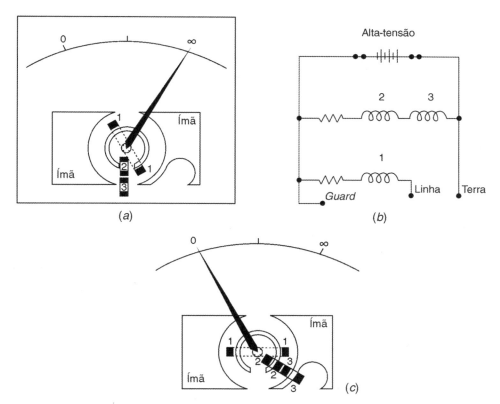

FIGURA 5.39 (a) Megôhmetro medindo uma resistência muito alta; (b) esquema elétrico do megôhmetro; e (c) megôhmetro medindo uma resistência muito baixa.

representadas pelos números de identificação. Não existe nenhuma mola para trazer a agulha a uma posição inicial; portanto, quando não existe polarização, essa agulha fica aleatoriamente solta.

Em um circuito aberto (resistência infinita entre os terminais — Figura 5.39(a)), não existirá corrente fluindo pelos terminais da bobina 1. Existirá corrente fluindo apenas pelas bobinas 2 e 3. Quando energizadas, essas bobinas tentam centralizar-se junto ao *gap* entre os polos do ímã permanente, forçando a agulha para a direita, apontando para infinito. Qualquer corrente que flua pela bobina 1 (corrente de medida passando pelos terminais de medida) vai tender a levar a agulha de volta à esquerda junto ao zero (Figura 5.39(c)). Os resistores internos desse instrumento devem estar calibrados de forma que, quando os terminais externos estiverem curto-circuitados, a agulha aponte para o zero. Uma vez que qualquer variação de tensão na bateria afetará todas as bobinas (as bobinas 2 e 3 tendem a levar a agulha para a direita e a bobina 1 tende a levar a agulha para a esquerda), essas variações não afetarão a calibração do movimento. Em outras palavras: a precisão desse megôhmetro não é afetada pela variação de tensão da bateria (como ocorre no caso de um ohmímetro convencional).

Uma resistência a ser medida produzirá uma deflexão do ponteiro, não importando se a tensão da fonte é alta ou baixa. O único efeito que uma variação na tensão terá é o grau em que uma resistência varia com a tensão aplicada. Dessa maneira, se for utilizado para medir a resistência de uma lâmpada de descarga (de algum gás), o megôhmetro vai ler altos valores de resistência para baixas tensões e baixos valores de resistência para altas-tensões, e, em consequência, o ponteiro fará uma grande excursão.

Por questão de segurança, alguns dos megôhmetros são equipados com geradores manuais para produzir valores elevados de tensão DC (mais de 1000 V). Se o usuário levar um choque elétrico, o mesmo tenderá a parar o movimento da alavanca do gerador manual, fazendo a tensão cair.

Alguns megôhmetros são providos de bateria. Por questão de segurança, esses megôhmetros são acionados por um botão do tipo *pushbutton*. Sendo assim, essa chave não pode permanecer sempre ligada. Esse é o caso dos megôhmetros digitais mostrados na Figura 5.40.

Os megôhmetros são geralmente equipados com três terminais de conexão: linha, referência e *guard*.

Se a resistência for medida entre a linha e os terminais de referência, a corrente percorrerá a bobina 1. O terminal *guard* é próprio para situações especiais em que uma resistência deve estar isolada da outra, como, por exemplo, o caso em que a resistência de isolamento deve ser medida em um cabo de dois fios. Para medir a resistência de isolamento de um condutor em relação ao exterior do cabo, é necessário conectar o terminal "linha" do megôhmetro a um dos condutores e conectar a conexão "referência" do megôhmetro a um fio condutor enrolado à blindagem do cabo (Figura 5.41).

(a)

(b)

FIGURA 5.40 (a) e (b) Dois exemplos de megôhmetros digitais. Cortesia de Minipa do Brasil Ltda.

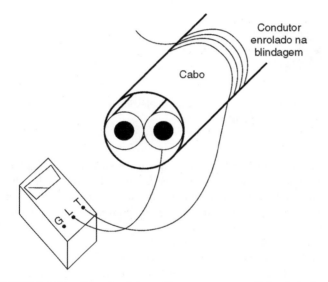

FIGURA 5.41 Ligação do megôhmetro para medição do isolamento entre um condutor e a blindagem de um cabo.

A Figura 5.42 mostra o diagrama esquemático dessa ligação. Em vez de medir apenas a resistência entre o condutor e o lado externo do cabo (blindagem), o que será medido é essa resistência em paralelo com a combinação série da resistência condutor–condutor e o condutor que não está conectado ao megôhmetro com a blindagem.

Para medir apenas a resistência entre o condutor e a blindagem, é necessário utilizar o terminal *guard*. O circuito esquemático resultante fica como o da Figura 5.43. Conectando-se o terminal *guard* ao primeiro condutor, os dois condutores ficam quase ao mesmo potencial. Com pequena ou total ausência de tensão entre esses condutores, a resistência de isolamento entre os mesmos é aproximadamente infinita, e assim não existe corrente entre esses dois condutores.

De modo consistente, a resistência indicada pelo megôhmetro será exclusivamente baseada na corrente que flui pelo

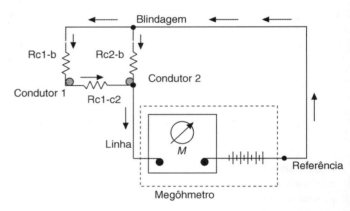

FIGURA 5.42 Diagrama elétrico da ligação da Figura 5.41.

isolamento do condutor que está sob teste, através da blindagem e pelo fio enrolado.

Megôhmetros são instrumentos de campo, ou seja, são projetados para serem portáteis e operados pelo técnico no local da tarefa, e oferecem facilidade semelhante ao ohmímetro. São instrumentos muito úteis na verificação de falhas de isolamento entre cabos condutores devidas a umidade ou degradação do isolamento.

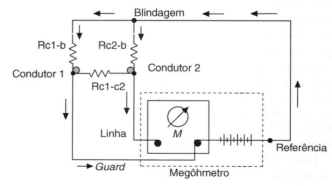

FIGURA 5.43 Ligação do megôhmetro por meio do terminal *guard*.

Existem ainda outros instrumentos para medir isolamento, como, por exemplo, outro tipo de ohmímetro denominado *Hi-pot*. Esses instrumentos produzem tensões maiores que 1 kV e podem ser utilizados para medir a resistência de isolamento de óleos, cerâmicas, entre outros. Uma vez que produzem altas-tensões, devem ser operados com cuidados especiais e por pessoal qualificado. Tanto os *Hi-pots* como os megôhmetros podem causar a degradação do isolamento se aplicados de maneira incorreta; por isso, devem ser utilizados por pessoas treinadas para cada operação específica.

5.4.1.3 Método de Kelvin para medição de resistência

Dada a necessidade de medir uma resistência a certa distância do ohmímetro, seria necessário ligar cabos do ponto a ser medido até o instrumento. Sendo assim, uma nova resistência pequena, porém desconhecida, seria inserida no circuito, conforme mostra a Figura 5.44.

Uma maneira de evitar esse problema é utilizar um amperímetro e um voltímetro para medir a corrente e a tensão sobre o elemento cuja resistência deve ser medida. Nesse caso, a resistência pode ser calculada pela lei de Ohm:

$$R = \frac{V_{volt}}{I_{amp}}$$

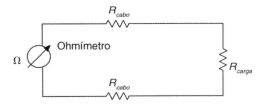

FIGURA 5.44 Influência dos cabos do ohmímetro na medição de resistência.

em que R é a resistência em ohms (Ω), V_{volt}, a tensão medida pelo voltímetro em volts (V), e I_{amp}, a corrente medida pelo amperímetro em ampères (A). Essa abordagem pode ser observada na Figura 5.45(*a*).

Uma vez que a medida é realizada a certa distância do local em que a resistência se encontra, são necessários quatro fios para conectar os dois instrumentos. Por esse motivo, esse método também é conhecido como "método dos quatro fios". Observe que o amperímetro mede a corrente que circula pela resistência, que é necessário medir, e também pela resistência dos cabos, mas o voltímetro mede a queda de tensão apenas na resistência de interesse. A Figura 5.45(*b*) evidencia o método dos quatro fios para casos em que o voltímetro também está distante da resistência medida. Como a corrente que passa por esse instrumento é muito pequena, ela pode ser desprezada.

Conectores especiais denominados conectores de Kelvin são feitos para facilitar a conexão entre os instrumentos e o ponto a ser medido. Esses conectores têm dois fios cada: um para ser ligado ao amperímetro e outro para ser conectado ao voltímetro.

O método de quatro pontas é também utilizado em conjunto com *shunts* (resistências, geralmente pequenas e precisas) para medir correntes de alta intensidade. Esse resistor tem a função de converter a corrente em um valor de tensão proporcional. Essa técnica constitui uma maneira bastante precisa de medição de corrente. Em geral, nesse tipo de aplicação os valores de resistência são bastante baixos (na ordem de miliohms ou micro-ohms). Uma vez que essas resistências são tão baixas e uma conexão com problemas de contato causaria resistências também dessa ordem, geralmente esses *shunts* vêm com terminais para que se possa aplicar o método de quatro pontas.

A Figura 5.46(*a*) traz a fotografia de uma ponte de Kelvin digital, e a Figura 5.46(*b*) mostra o seu esquema de ligação.

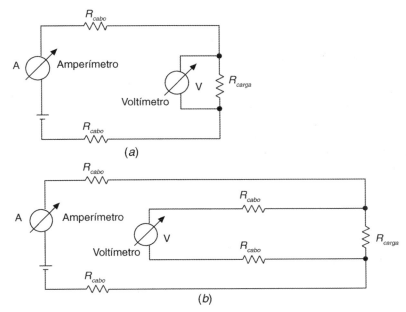

FIGURA 5.45 Utilização do método dos quatro fios para medição de resistência (*a*) com o voltímetro próximo ao ponto de medida e (*b*) com o voltímetro distante do ponto de medida.

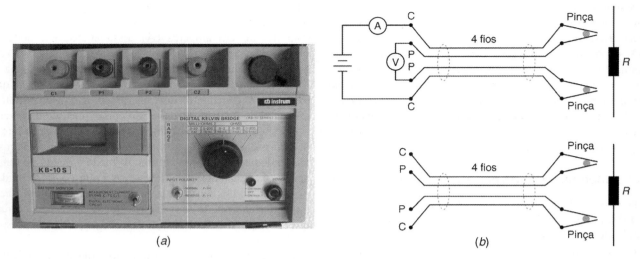

FIGURA 5.46 (a) Fotografia de uma ponte de Kelvin comercial e (b) esquema de ligação.

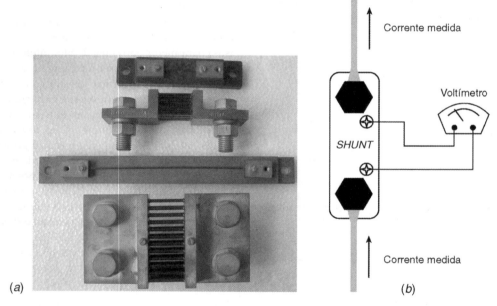

FIGURA 5.47 (a) Fotografia de resistências tipo *shunt* e (b) esquema de ligação de uma resistência tipo *shunt*.

A Figura 5.47 traz a foto de diferentes resistências de *shunts*.

O método da medição de resistência a quatro fios constitui um método simples e eficaz de medição de resistências e resistividades, e é amplamente utilizado em aplicações diversas em que se faz necessário medir baixos valores de resistência.

5.4.2 Circuitos em ponte

Os circuitos em ponte utilizam a técnica de detecção de balanceamento de tensões para a medição de grandezas elétricas como resistências, indutâncias ou capacitâncias.

5.4.2.1 Ponte de Wheatstone e ponte dupla de Kelvin

Uma das configurações de ponte de balanceamento de tensão mais utilizadas é conhecida como ponte de Wheatstone. A Figura 5.48 traz um exemplo desse tipo de ponte. O princípio de funcionamento desse circuito é que, quando a relação de resistências $\dfrac{R_a}{R_b} = \dfrac{R_1}{R_2}$ for obtida, a tensão nos pontos a e b será a mesma (em relação a um dos polos da fonte de alimentação). Em consequência, $V_A - V_B = 0$, e o circuito está **balanceado**.

Uma vez que essa condição depende exclusivamente da relação dos resistores, o circuito torna-se extremamente

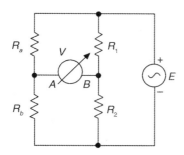

FIGURA 5.48 Ponte de Wheatstone.

poderoso, já que não depende da tensão da fonte de alimentação. Na verdade, se a fonte estiver injetando algum ruído indesejável no circuito, o mesmo tende a anular-se, uma vez que a tensão final $V_0 = V_A - V_B$ é diferencial.

Para se executar a medida de uma resistência desconhecida, a mesma deve ser conectada no lugar de R_a ou R_b, enquanto os demais resistores são de valores conhecidos. Qualquer um dos outros três resistores pode ser ajustado até que a ponte alcance o balanço, e, uma vez nessa condição, o valor da resistência desconhecida pode ser calculado pela relação das resistências $\dfrac{R_a}{R_b}$ e $\dfrac{R_1}{R_2}$.

Para que um sistema de medição se torne confiável, é necessário apenas que possua um conjunto de resistores variáveis precisos cujas resistências sejam conhecidas para que sirvam de referência. Por exemplo, se um resistor R_x for conectado na ponte para ser medido, é necessário conhecer exatamente os valores dos outros três resistores. Supondo-se que R_x seja conectado na posição de R_b, o mesmo pode ser calculado quando a ponte estiver balanceada:

$$R_x = \dfrac{R_a R_2}{R_1}.$$

Cada um dos pares de resistores em série constitui um braço da ponte de Wheatstone. O resistor em série com o resistor R_x é geralmente um resistor variável (potenciômetro multivoltas de precisão), e os outros dois resistores do outro braço são chamados de resistores de relação da ponte. A Figura 5.49 traz a fotografia de uma ponte de Wheatstone, e a Figura 5.50 mostra a fotografia de um padrão de resistências.

As pontes de Wheatstone são consideradas um meio de medição de resistência mais preciso que o ohmímetro regular. Pela sua simplicidade e pela precisão que oferece, esse é um poderoso método de medição de parâmetros elétricos. Trata-se do método preferido para calibração em laboratórios,

FIGURA 5.49 Fotografia de uma ponte de Wheatstone.

FIGURA 5.50 Fotografia de um padrão de resistências. Cortesia de Minipa do Brasil Ltda.

uma vez que depende apenas dos resistores padrões e não terá nenhuma influência externa (na verdade, se houver alguma, será naturalmente anulada pelo fato de que a tensão de saída é diferencial).

Existem muitas variações da ponte de Wheatstone. A maioria das pontes DC (excitadas por uma fonte de alimentação DC) é utilizada para medir resistências, enquanto as pontes AC (excitadas por uma fonte de alimentação AC) são utilizadas para medir capacitâncias ou indutâncias ou frequência.

Uma variação interessante da ponte de Wheatstone é a ponte dupla de Kelvin, utilizada para medir resistências menores que 1/10 de ohm. A Figura 5.51 mostra uma ponte dupla de Kelvin.

Evoluindo de uma ponte de Wheatstone simples (Figura 5.52(a)), tem-se a seguinte situação: quando o indicador de tensão indicar zero volt (0 V), isso significa que a relação dos ramos está igual e, em consequência, pode-se determinar R_x. Entretanto, se a resistência R_x for muito baixa, os cabos da própria ponte oferecerão uma resistência que causará uma queda de tensão e estarão interferindo na medida, tal como sugere a Figura 5.52(b).

Como a ponte de Wheatstone necessita apenas das tensões nos resistores, utiliza-se um artifício que lembra o método dos quatro fios, conectando-se na ponte de balanceamento apenas a queda de tensão sobre R_a e R_x, como mostra a Figura 5.53.

Entretanto, observa-se ainda que, nessa configuração, os fios que estão abaixo de R_a e acima de R_x causam um curto-circuito na ponte de Wheatstone, de modo que é necessário colocar, nesse ponto, resistências extras para que a maior parte da corrente seja desviada para o braço que não está conectado ao detector. A melhor escolha é colocar as resistências do outro braço com a mesma relação $\dfrac{R_m}{R_n}$, tal como mostra a Figura 5.51.

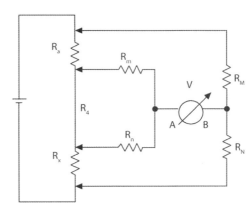

FIGURA 5.51 Ponte dupla de Kelvin.

Com a razão R_m/R_n igual a R_M/R_N, o resistor variável R_a é ajustado até o detector indicar 0 V, e então pode-se dizer que $\dfrac{R_a}{R_x} = \dfrac{R_M}{R_N}$ ou, simplesmente,

$$R_x = R_a \frac{R_N}{R_M}.$$

Isso é possível porque a equação geral de balanceamento da ponte dupla de Kelvin é a seguinte:

$$\frac{R_x}{R_a} = \frac{R_N}{R_M} + \frac{R_{fio}}{R_a}\left(\frac{R_m}{R_m + R_n + R_{fio}}\right)\left(\frac{R_N}{R_M} - \frac{R_n}{R_m}\right)$$

Assim que a relação R_m/R_n for igual a R_M/R_N, a equação de balanceamento é tão simples quanto a equação da ponte de Wheatstone com $\dfrac{R_a}{R_x} = \dfrac{R_M}{R_N}$ porque o último termo será zero, cancelando o efeito de todas as resistências exceto R_x, R_a, R_M e R_N.

Em muitas pontes duplas de Kelvin, $R_M = R_m$ e $R_N = R_n$. Entretanto, quanto menores as resistências R_m e R_n, mais sensível será o detector de zero, porque existe uma resistência menor em série com ele. Incrementar a sensibilidade do detector de zero é interessante porque possibilita que sejam detectadas menores tensões de desbalanços e, em consequência, um grau mais refinado de balanceamento. Portanto, algumas pontes de Kelvin de alta precisão utilizam valores de R_m e R_n na ordem de 1.100 de sua relação no outro braço (R_M e R_N, respectivamente). Infelizmente, entretanto, os baixos valores de R_m e R_n fazem fluir uma corrente maior, o que faz aumentar o efeito de resistência de junções e contato presentes em que R_m e R_n têm seus terminais conectados a R_x e R_a.

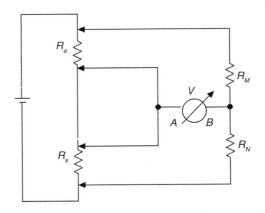

FIGURA 5.53 Rearranjo da ponte de Wheatstone para a ponte dupla de Kelvin.

Em geral, para se produzirem instrumentos de alta precisão é preciso ter conhecimento de todas as fontes de erros e estabelecer compromisso de minimizá-los, procurando a otimização dos parâmetros passíveis de controle.

5.4.2.2 Pontes capacitivas e medidores de capacitância

As pontes de balanceamento de tensão também são utilizadas para medidas precisas de capacitâncias. A Figura 5.54 mostra uma ponte RC série, em que C_x representa a capacitância desconhecida e R_x a resistência associada a ela (considerando-se uma capacitância real com um modelo série RC ideal). Assim como nos circuitos em ponte apresentados na seção anterior, o princípio de funcionamento é baseado no balanceamento da ponte.

Sendo assim, essa ponte é complementada simetricamente por uma resistência e uma capacitância conhecidas. Geralmente o equilíbrio da ponte é mais fácil de ser alcançado quando os capacitores têm um componente resistivo

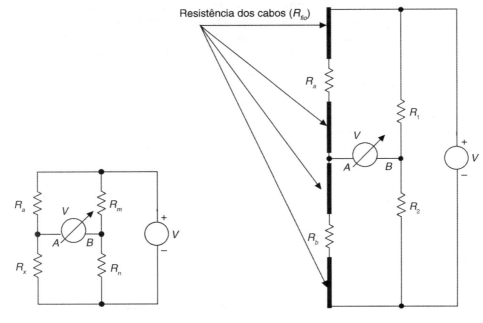

FIGURA 5.52 (a) Ponte de Wheatstone; (b) representação de quedas de tensão devidas a resistências dos cabos.

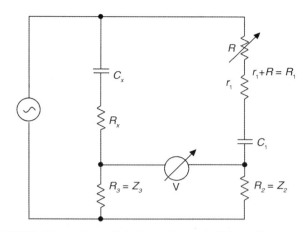

FIGURA 5.54 Ponte de balanço de tensão RC em série.

significativo. Esse tipo de ponte tem um desempenho melhor para capacitores com alta resistência dielétrica e baixa corrente de fuga entre suas placas.

A capacitância desconhecida é comparada com a capacitância conhecida. A queda de tensão em R_1 equilibra a tensão resistiva. O resistor variável de R_1 ou mesmo os de R_2 e R_3 são ajustados alternativamente para alcançar o equilíbrio. Nessa condição de balanço, tem-se a seguinte situação:

$$Z_1 Z_3 = Z_2 Z_x.$$

Substituindo os valores de impedância temos:

$$\left(R_i - \frac{j}{\omega C_1} \right) R_3 = \left(R_x - \frac{j}{\omega C_c} \right) R_2$$

e, finalmente, isolando-se os termos reais e complexos, temos:

$$R_x = \frac{R_1 R_3}{R_2} \quad \text{e} \quad C_x = \frac{C_1 R_2}{R_3}$$

Outra versão de ponte capacitiva é a ponte RC paralela, tal como a que se vê na Figura 5.55.

Nesse caso a capacitância desconhecida é representada por um circuito equivalente R_x, C_x paralelo. As impedâncias Z_2 e Z_3 são resistores puros, que podem ser ajustáveis.

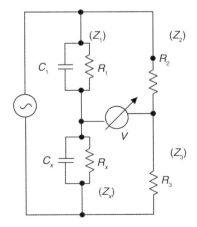

FIGURA 5.55 Ponte de balanço de tensão RC em paralelo.

A impedância Z_1 é composta por um capacitor padrão C_1 em paralelo com um resistor R_1. O balanço da ponte é alcançado pelo ajuste de R_1, R_2 ou R_3. Essa configuração é melhor se for aplicada em capacitores de baixa resistência dielétrica com correntes de fuga significativas (por exemplo, em capacitores eletrolíticos).

No equilíbrio tem-se:

$$\frac{1}{\left(\dfrac{1}{R_1} + \dfrac{1}{j\omega C_1} \right)} R_3 = \frac{1}{\left(\dfrac{1}{R_x} + \dfrac{1}{j\omega C_x} \right)} R_2$$

Igualando-se os termos reais e complexos, tem-se:

$$R_x = \frac{R_1 R_3}{R_2} \quad \text{e} \quad C_x = \frac{C_1 R_3}{R_3}$$

Outra configuração utilizada na medição de capacitâncias é a ponte de Wien, mostrada na Figura 5.56.

Essa estrutura possibilita que duas capacitâncias sejam comparadas uma vez que todas as resistências da ponte sejam conhecidas. No balanço, as relações para as resistências e capacitâncias são:

$$R_x = \frac{R_3 (1 + \omega^2 R_1^2 C_1^2)}{\omega^2 R_1 R_2 C_1^2} \quad \text{e} \quad C_x = \frac{C_1 R_2}{[R_3 (1 + \omega^2 R_1^2 C_1^2)]},$$

em que $\omega = \sqrt{\dfrac{1}{R_1 C_1 R_x C_x}}$.

A ponte de Wien tem uma importante aplicação na determinação de frequência em osciladores RC.

Outra configuração utilizada para a medição de capacitância é a ponte de Schering (Figura 5.57). Nesse caso, a capacitância desconhecida C_x é diretamente proporcional à capacitância conhecida C_3.

$$R_x = \frac{C_2 R_1}{C_3} \quad \text{e} \quad C_x = \frac{C_3 R_2}{R_1}$$

Geralmente R_1 e R_2 são fixos e C_2 e C_3 são feitos variáveis. Essas pontes são geralmente aplicadas para medição em sistemas de altas-tensões nos quais C_3 é um capacitor de alta-tensão. Também são utilizadas em altas frequências.

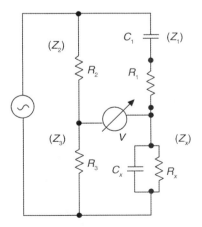

FIGURA 5.56 Ponte de Wien para a medição de capacitâncias.

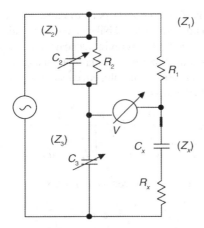

FIGURA 5.57 Ponte de Schering para a medição de capacitâncias.

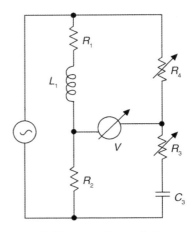

FIGURA 5.59 Ponte de Hay.

5.4.2.3 Pontes indutivas e medidores de indutância

Também para a medição de indutâncias são utilizadas pontes de balanceamento de tensão em que novamente a medida é executada na condição de balanço de tensões dos braços da ponte utilizando a relação $Z_1 Z_3 = Z_2 Z_4$. Para a determinação de um valor de impedância desconhecido ou mesmo do valor dos componentes, procede-se separando e igualando as partes real e complexa.

A Figura 5.58 mostra a ponte Maxwell-Wien. Essa ponte é utilizada para amplas faixas de frequências (20 Hz a 1 MHz).

A ponte de Maxwell-Wien é balanceada variando-se R_2 e R_3 ou R_3 e C_3. Algumas dificuldades são esperadas na aplicação de indutores com grandes constantes de tempo. As relações dessa ponte são:

$$R_1 = R_2 \frac{R_4}{R_3} \quad \text{e} \quad L_1 = R_2 R_4 C_3$$

e a constante de tempo $\tau = \dfrac{L_1}{R_1} = R_3 C_3$.

A Figura 5.59 mostra a ponte de Hay, utilizada para a medição de indutores com constantes de tempo elevadas. As condições de balanceamento dessa ponte dependem dos valores de frequência.

Sendo assim, a frequência deve ser mantida constante através de uma fonte AC estabilizada e livre de distorções harmônicas.

O balanço desta ponte é alcançado variando-se R_3 e R_4 ou ainda substituindo-se C_3.

$$R_1 = R_2 R_4 \frac{\omega^2 C_3^2 R_3}{1 + \omega^2 C_3^2 R_3^2} \quad \text{e} \quad L_1 = R_2 R_4 \frac{C_3}{1 + \omega^2 C_3^2 R_3^2}$$

e a constante de tempo $\tau = \dfrac{L_1}{R_1} = \dfrac{1}{\omega^2 R_3 C_3}$.

A Figura 5.60 mostra a ponte de Carey-Foster, utilizada na medição de indutâncias mútuas.

Essa ponte pode ser utilizada em uma ampla faixa de frequências e pode ser balanceada variando-se R_1 e R_4 e ainda substituindo-se outros componentes, em que k é o coeficiente de acoplamento magnético entre as duas bobinas e M é a indutância mútua. As relações podem ser descritas como:

$$M = R_1 R_3 C_4$$

$$k = \frac{M}{\sqrt{L_{p3} L_{s3}}}$$

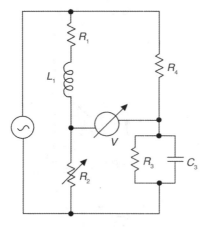

FIGURA 5.58 Ponte de Maxwell-Wien.

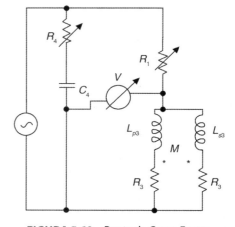

FIGURA 5.60 Ponte de Carey-Foster.

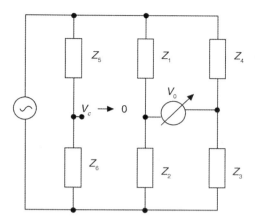

FIGURA 5.61 Ponte com braço de Wagner.

e, finalmente,

$$L_{p3} = R_1 R_3 C_4 \left(1 + \frac{R_4}{R_1}\right),$$

em que L_{p3} e L_{s3} representam as indutâncias das bobinas do enrolamento primário e secundário.

Quando existem problemas de desvios de impedâncias em relação a um ponto comum, pode-se adicionar um circuito denominado braço de Wagner (Figura 5.61).

Variando as impedâncias Z_5 e Z_6, a tensão V_c pode ser reduzida a zero (potencial da referência). Variando as demais impedâncias, a tensão V_0 pode ser zerada, e, dessa forma, a ponte torna-se simétrica em relação à referência e os problemas de desvios de impedância em relação a esse ponto podem ser minimizados.

É possível ainda executar a medição de indutâncias por ressonância. Esse método baseia-se na aplicação de circuitos LC em série ou em paralelo como elementos de uma ponte ou rede qualquer. Pode-se ver um exemplo na Figura 5.62.

No circuito em ponte da Figura 5.62, pode-se observar um circuito ressonante. Esse estado de ressonância é alcançado

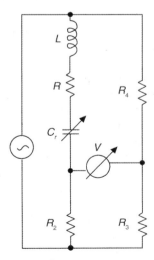

FIGURA 5.62 Circuito ressonante em série.

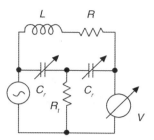

FIGURA 5.63 Circuito ressonante em série.

variando-se o capacitor C_r e a ponte é balanceada por meio dos resistores. Podem-se obter as seguintes expressões do estado de ressonância e balanceamento dessa ponte:

$$L = \frac{2}{\omega^2 C_r} \quad \text{e} \quad R = R_2 \frac{R_4}{R_3}$$

No circuito da Figura 5.63, o balanço é atingido quando a tensão de saída V é minimizada. Isso é alcançado variando-se a impedância do circuito RLC até atingir ressonância paralela. As relações desse circuito são:

$$L = \frac{2}{\omega^2 C_r} \quad \text{e} \quad R = \frac{1}{\omega^2 C_r^2 R_t}$$

5.5 Osciloscópios

Os osciloscópios são instrumentos que, além de medirem grandezas elétricas, ainda mostram a forma do sinal da grandeza. O osciloscópio foi inventado em 1897 por Ferdinand Brown, e sua utilização foi essencial na evolução tecnológica e científica. Esse instrumento é fundamental nas engenharias e em qualquer tipo de pesquisa que de alguma maneira produza um sinal elétrico.

Os osciloscópios podem ser analógicos ou digitais. Os osciloscópios analógicos são assim chamados por apresentarem um tubo de raios catódicos (TRC). Além disso, esses osciloscópios possuem apenas funções analógicas — ou seja, não podem armazenar dados, ou fazer ajustes que necessitem de algum recurso mais avançado. Existe uma grande variedade de osciloscópios disponíveis no mercado; existem, por exemplo, osciloscópios que utilizam eletrônica analógica e digital. Por esse motivo, muitos equipamentos, apesar de possuírem um TRC, também possuem recursos como armazenagem, transmissão e até processamento de sinais. Neste livro serão abordados detalhes puramente analógicos separados de detalhes puramente digitais.

5.5.1 Osciloscópios analógicos

Os osciloscópios analógicos funcionam a partir de um TRC. A Figura 5.64 mostra o princípio de funcionamento de um osciloscópio analógico e o TRC. O canhão de elétrons (raios catódicos), que emite elétrons em forma de feixe, consiste em um filamento aquecido, um catodo, uma grade de controle, um anodo de foco e um anodo para acelerar os elétrons.

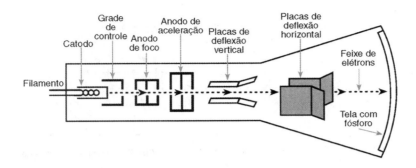

FIGURA 5.64 Tubo de raios catódicos.

O conjunto do TRC é também conhecido como válvula elétrica. O filamento aquecido é, na maioria dos casos, energizado com corrente alternada.

O **filamento** é uma resistência elétrica, geralmente alimentada com uma tensão AC baixa, responsável pelo aquecimento do catodo que o encobre.

O **catodo** é responsável pela emissão de elétrons. É formado por um cilindro metálico recoberto com óxidos que, quando aquecido pelo filamento e excitado por uma diferença de potencial (negativo), torna-se a fonte de elétrons que formarão o feixe.

A **grade de controle** tem por função regular a passagem de elétrons do catodo para o anodo. Consiste em um cilindro circular com um orifício circular. Apresenta o mesmo potencial que o anodo, e, quando é controlado, ocorre uma variação no brilho do feixe visto na tela.

O **anodo de foco** e o **anodo de aceleração** são elementos em forma cilíndrica com pequenos orifícios que têm alto potencial positivo em relação ao catodo. Sendo assim, o feixe de elétrons é acelerado e mantido coeso. Essa etapa é também conhecida como lente eletrônica, por aplicar ao feixe de elétrons um processamento semelhante ao fenômeno que ocorre em uma lente óptica.

As **placas de deflexão horizontal e vertical** são os dispositivos responsáveis pela movimentação do feixe de elétrons. Essas placas tornam possível a excursão de um (ou mais, dependendo do tipo de osciloscópio) sinal por qualquer ponto da tela.

O princípio de funcionamento dessas placas baseia-se na aplicação de um campo eletrostático. Como os elétrons têm carga negativa, quando é aplicada uma diferença de potencial em uma das placas de deflexão surgem uma força de atração do polo positivo da placa de deflexão e uma repulsão do polo negativo em relação ao feixe de elétrons (Figura 5.65). O resultado é um desvio do feixe e a consequente mudança do ponto de impacto de feixe com a tela fosforescente.

A Figura 5.66 mostra o resultado da aplicação de um potencial em placas de deflexão horizontal e vertical, independente e depois simultaneamente. Pode-se esperar, portanto, que as intensidades dos campos aplicados terão grande influência na trajetória do feixe. Na verdade, os controles dessas placas são os mais importantes do osciloscópio, e em parte são disponibilizados ao usuário através do controle da base de tempo e do controle de amplitude dos canais de entrada (como será mostrado a seguir).

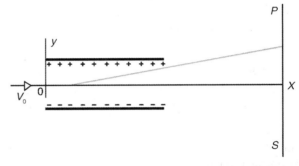

FIGURA 5.65 Deflexão do feixe de elétrons pela aplicação de um campo eletrostático.

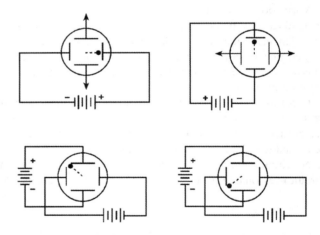

FIGURA 5.66 Tela do osciloscópio controlada por placas de deflexão vertical e horizontal.

A **tela fosforescente** é o dispositivo em que o feixe de elétrons choca-se e tem como resultado a liberação de energia em forma de luz. No painel frontal do osciloscópio encontra-se um controle de brilho (intensidade do feixe), controle de foco, controle de deslocamento e rotação dos feixes, entre outros. O objetivo geralmente é ajustar da maneira mais clara possível o sinal de interesse na tela do osciloscópio, para fazer uma medida de tensão, frequência ou tempo, ou mesmo para verificar alguma característica na forma desse sinal. O bombardeio constante e intenso da tela por um feixe pode danificá-la permanentemente; por isso, deve-se sempre ajustar a intensidade do feixe antes de se iniciar a utilização do osciloscópio.

A utilização do osciloscópio consiste no controle do TRC; para isso existem alguns controles que estão ao alcance do usuário através de *knobs* ou botoeiras.

O **controle da base de tempo** consiste em um circuito apto a executar a excursão do feixe de elétrons da borda esquerda da tela até a borda direita em um tempo precisamente constante. Isso possibilita que o usuário meça qualquer parâmetro dependente do tempo. Para facilitar essa medida, a tela está subdividida em *n* divisões (geralmente 8), de modo que o controle da base de tempo permite ao usuário escolher uma base de tempo adequada. Por exemplo, a Figura 5.67 mostra um osciloscópio medindo um sinal de 50 Hz em duas diferentes escalas de tempo: (a) 10 μs/div e (b) 5 ms/div. As escalas foram colocadas apenas para facilitar a interpretação.

O circuito eletrônico que garante a excursão do feixe no eixo do tempo (eixo *x*) produz uma onda do tipo dente de serra (Figura 5.68) com diferentes inclinações. Esse sinal aplicado nas placas de deflexão horizontal faz com que a tensão inicial, −V, corresponda ao ponto bem à esquerda da tela, e a tensão final, +V, corresponda ao ponto bem à direita da tela. A inclinação do dente de serra determina a velocidade pela qual o feixe se propaga da esquerda para a direita e determina o tempo de varredura. O controle da base de tempo geralmente está na parte frontal do osciloscópio.

O **controle de amplitude** do osciloscópio é formado por um circuito eletrônico que tem a função de adequar as intensidades dos sinais de entrada.

Pela sua ampla gama de aplicação, o osciloscópio é um instrumento versátil. No item anterior pode-se verificar que o controle da base de tempo possibilita a utilização do mesmo para a análise de sinais de diferentes frequências. O controle de amplitude permite que sejam analisados sinais da ordem de centenas de volts (em condições normais do instrumento), bem como sinais da ordem de milivolts. Isso é possível através do circuito amplificador vertical, que garante que um determinado sinal intenso seja atenuado ou que um sinal de baixa intensidade seja amplificado. Para facilitar as medidas, a tela também vem subdividida na escala horizontal (de amplitude), de modo que o ajuste de escala é feito através de controle de amplitude com diferentes escalas graduadas em V/div. As Figuras 5.69(a) e (b) mostram um sinal em uma escala de amplitude de 1 V/div e 0,5 V/div, respectivamente.

Apesar de normalmente o osciloscópio ser utilizado para medir ou analisar sinais como amplitude × tempo, há situações em que é necessário analisar um sinal em contraposição a outro. Para esse tipo de análise existe também um controle que desativa a base de tempo e acopla um dos sinais de entrada na escala *x* da tela. Esse controle denomina-se **controle xy**.

5.5.2 Osciloscópios digitais

O princípio de funcionamento do osciloscópio digital é bastante diferente do osciloscópio analógico, uma vez que os sinais são amostrados e adquiridos por um sistema de aquisição de dados que trabalha a altas velocidades. Eles podem utilizar ou não o TRC: se utilizarem o TRC, as principais diferenças

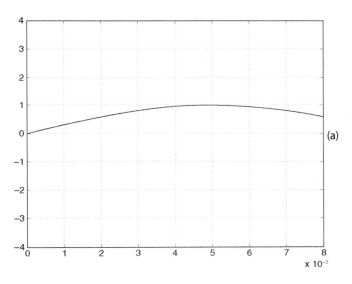
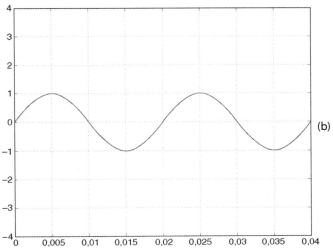

FIGURA 5.67 Osciloscópio em duas escalas de tempo: (a) 10 μs/div; (b) 5 ms/div, com escala de amplitude 1 V/div.

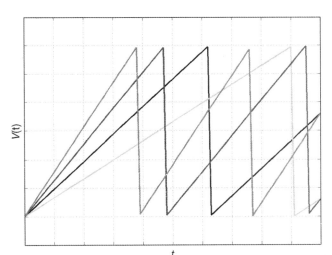

FIGURA 5.68 Forma de onda do tipo dente de serra com diferentes inclinações para controle da base de tempo.

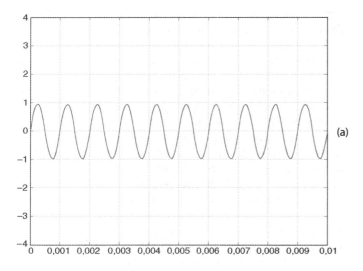

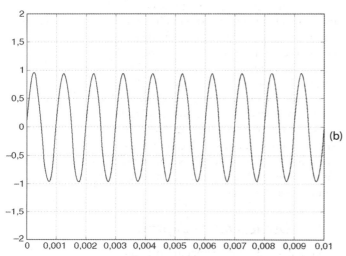

FIGURA 5.69 Escala de amplitude em (a) 1 V/div e (b) 0,5 V/div.

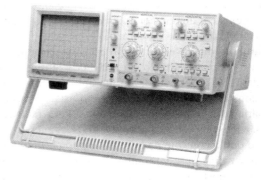

FIGURA 5.70 Osciloscópio analógico. Cortesia de Minipa do Brasil Ltda.

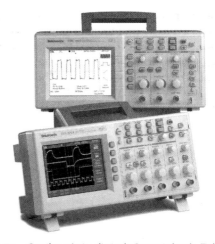

FIGURA 5.71 Osciloscópio digital. Copyright de Tektronix, Inc. Reproduzido com permissão. Todos os direitos reservados.

ficam por conta do poder de armazenamento de sinais e da possibilidade de tratamento dos mesmos. As funções oferecidas por osciloscópios digitais dependem do modelo e do fabricante. Entre algumas dessas funções podemos citar:

- Visualização contínua de sinais de baixa frequência
- Possibilidade de congelamento de telas
- Possibilidade de programação de modo de disparo de telas (*trigger*)
- Programação do modo de visualização de parâmetros (VRMS, VMÉDIA, frequência, tempo etc.)
- Autoajuste de canais
- Possibilidade de ligar o instrumento em rede (GPIB)
- Dispositivos com interface para armazenamento de sinais
- Recursos para medição precisa nas ordenadas e nas abscissas — como barras móveis que permitem o posicionamento exato do início e fim de trecho de interesse do sinal
- *Zoom* de parte da tela
- Recurso de FFT (Transformada Rápida de Fourier do sinal)
- Comunicação USB

A Figura 5.70 apresenta a fotografia de um osciloscópio analógico, e a Figura 5.71 mostra a fotografia de dois osciloscópios digitais.

Se o osciloscópio digital não utilizar o TRC, seu volume e seu peso se reduzem drasticamente.

Uma informação bastante importante acerca de osciloscópios de modo geral é o seu limite de frequência. Essa característica determina o limite do instrumento e também da máxima frequência do sinal que pode ser analisado. Para o caso de osciloscópios digitais, é importante ainda distinguir os parâmetros frequência máxima e frequência de amostragem (*sampling*). A frequência de *sampling* mínima (segundo o teorema de Nyquist) deve ser o dobro da frequência máxima do sinal amostrado, porém quanto maior a $f_{sampling}$, mais fiel e melhor a qualidade do sinal amostrado. Portanto, um osciloscópio que tenha a $f_{sampling} = 10 \times f_{máxima}$ será melhor que um osciloscópio com $f_{sampling} = 5 \times f_{máxima}$.

De modo geral, os osciloscópios (analógicos ou digitais) têm um painel frontal que pode ser semelhante ao da Figura 5.72 e apresentam controles básicos que serão descritos a seguir. Observa-se que estas são características gerais e que podem variar em diferentes equipamentos. A tendência dos osciloscópios digitais é tornar os equipamentos autoajustáveis.

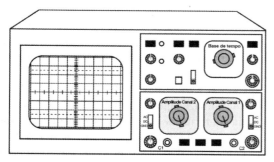

FIGURA 5.72 Esquema do painel frontal de um osciloscópio genérico.

Interruptor: liga ou desliga o osciloscópio. Geralmente é acompanhado de uma lâmpada-piloto que indica se o instrumento está ligado ou desligado.
Brilho: ajusta a luminosidade do ponto ou do traço. O controle do brilho é feito por meio de uma regulagem no potencial da grade do TRC. Deve-se evitar o uso de brilho excessivo, sob pena de danificar a tela.
Foco: é o controle que ajusta a nitidez do ponto ou traço luminoso. O ajuste do foco é feito através da regulagem do foco eletrônico do TRC.

Os ajustes de brilho e de foco são ajustes básicos que devem ser feitos sempre que o osciloscópio for utilizado.
Iluminação da retícula: possibilita o controle da luminosidade do quadriculado ou divisões na tela.
Entrada de sinal vertical: nessa entrada é conectada a ponta de prova do osciloscópio. Se o canal estiver ativo, as variações de tensão aplicadas nessa entrada aparecem na tela.
Chave de seleção de modo de entrada CA-CC-GND: essa chave é selecionada de acordo com o tipo de forma de onda a ser observada ou ainda para referenciar o traço na tela.
Chave seletora de ganho: essa chave permite a amplificação ou atenuação da amplitude de projeção na tela do osciloscópio (altura da imagem). Essa chave é graduada em *tensão/div*, e *div* representa as divisões horizontais da tela.
Posição vertical: possibilita movimentar a referência de cada canal para cima ou para baixo na tela. A movimentação não interfere na forma da figura projetada na tela.
Chave seletora de base de tempo: é o controle que permite variar o tempo de varredura horizontal do ponto na tela. Por meio desse controle é possível reduzir ou ampliar horizontalmente na tela a forma de onda projetada. Essa chave é graduada em *tensão/div*, e *div* representa as divisões verticais da tela.
Ajuste horizontal: é o ajuste que permite controlar horizontalmente a forma de onda na tela. Ao girarmos o controle de posição horizontal, toda a figura projetada na tela move-se para a direita ou para a esquerda.
Chave seletora de fonte de sincronismo: seleciona o sinal de sincronismo para fixar a imagem na tela do osciloscópio. Geralmente essa chave apresenta pelo menos quatro posições: CH1, CH2, REDE, EXTERNO.

Posição CH1 ou CH2: o sincronismo é controlado pelo sinal aplicado ao canal 1 ou ao canal 2.

Posição REDE: realiza o sincronismo com base na frequência da rede de alimentação do osciloscópio (60 Hz no Brasil). Nessa posição pode-se facilmente sincronizar na tela sinais aplicados na entrada vertical que sejam obtidos a partir da rede elétrica.
Posição EXTERNO: nesta posição o sincronismo é obtido a partir de outro equipamento externo conectado ao osciloscópio. O sinal que controla o sincronismo na posição externo é aplicado à entrada de sincronismo.
Chave de modo de sincronismo: normalmente esta chave tem duas ou três posições: auto, normal+, normal–.

No modo auto o osciloscópio realiza o sincronismo automaticamente, com base no sinal selecionado pela chave seletora de fonte de sincronismo.

No modo normal+ o sincronismo é positivo, ajustado manualmente pelo controle de nível de sincronismo (*trigger*), de modo que o primeiro pico que aparece na tela seja o positivo.

No modo normal– o sincronismo é negativo, também ajustado manualmente; mas o primeiro pico a aparecer é negativo.
Controle de nível de sincronismo (*trigger*): é um controle manual que possibilita o ajuste do sincronismo quando não se consegue um sincronismo automático. Tem atuação nas posições NORMAL+ e NORMAL–.

Geralmente os osciloscópios apresentam no mínimo duas entradas (ou dois canais). Para que se observem dois sinais simultaneamente, é necessário que se aplique uma tensão em cada uma das entradas verticais.

Um osciloscópio para duplo traço dispõe de dois grupos de controles verticais: um grupo para o canal A ou canal 1 (CH1); um grupo para o canal B ou canal 2 (CH2).

Cada grupo controla um dos sinais na tela (amplitude, posição vertical etc.). Cada canal dispõe de uma entrada vertical, uma chave seletora CA–O–CC, chave seletora de ganho vertical, posição vertical, seleção de inversão da forma projetada.

Uma chave seletora possibilita que se selecione cada canal individualmente ou os dois simultaneamente. Essa chave apresenta pelo menos três posições: CH1; CH2; DUAL.

- Na posição CH1 aparecerá na tela apenas a imagem que estiver sendo aplicada na entrada vertical do canal 1.
- Na posição CH2 aparecerá na tela apenas a imagem que estiver sendo aplicada na entrada vertical do canal 2.
- Na posição DUAL aparecem as duas imagens. Em osciloscópios mais sofisticados, essa chave pode apresentar mais posições, de modo a permitir mais alternativas de uso.

Pontas de prova: as pontas de prova são utilizadas para interligar o osciloscópio aos pontos de medida. A Figura 5.73 mostra diferentes pontas de prova para osciloscópios.

Uma das extremidades da ponta de prova é conectada a uma das entradas do osciloscópio por meio de um conector, e a extremidade livre serve para conexão aos pontos de medida. A extremidade livre possui uma garra-jacaré, denominada garra de referência, que deve ser conectada à referência (terra) do circuito, e uma ponta de entrada de sinal, que deve ser conectada ao ponto a ser medido. Existem diferentes tipos de ponta de prova (também denominadas ponteiras). Os tipos mais usuais em geral vêm com uma chave de ajuste 1:1 e 10:1.

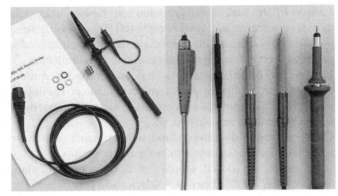

FIGURA 5.73 Diferentes pontas de prova para osciloscópios. Copyright de Tektronix, Inc. Reproduzido com permissão. Todos os direitos reservados.

Com a ponta de prova 1:1 a entrada do osciloscópio é conectada diretamente à ponta de medição. Com a ponta de prova 10:1 a entrada do osciloscópio recebe apenas a décima parte da tensão aplicada. Essas pontas de prova 10:1 permitem que o osciloscópio consiga observar tensões dez vezes maiores que a sua capacidade. Por exemplo, um osciloscópio que permite a leitura de tensões de 50 V com ponta de prova 1:1 poderá medir, com ponta de prova 10:1, tensões de até 500 V (10 × 50 V).

Observação:

quando não se tem total certeza da grandeza da tensão envolvida, é aconselhável iniciar a medição com a posição 10:1.

5.6 Medidores de Potência Elétrica e Fator de Potência

Potência é, por definição, o trabalho realizado em uma unidade de tempo. A unidade de potência é: $\dfrac{J}{s} = \dfrac{J}{C}\dfrac{J}{s} = VA = W$,

em que:

J, joule
s, segundos
C, coulombs
V, volts
A, ampères
W, watts

Existem grandes diferenças na medição de potência em circuitos DC e AC. Nos primeiros, o produto simples do valor da tensão pelo valor da corrente fornece a potência elétrica consumida por uma carga ou fornecida por uma ou mais fontes. Entretanto, em se tratando de circuitos AC, é preciso levar em conta a fase de I e V, de modo que existem alguns cuidados a serem tomados, como veremos nesta seção.

Em circuitos de corrente alternada, a direção do fluxo de potência é muito importante, uma vez que, em meio ciclo, uma fonte pode estar fornecendo energia a um circuito, enquanto na outra metade pode estar recebendo energia desse mesmo circuito. O fluxo de energia em uma resistência é sempre em um sentido, variando de um valor mínimo de zero a um valor máximo duas vezes em cada ciclo.

Os capacitores e indutores também são conhecidos como elementos de armazenagem de energia. O capacitor armazena energia em forma de campo elétrico, enquanto o indutor armazena energia em forma de campo magnético. A principal diferença entre esses dois elementos em relação ao resistor é que este dissipa energia, enquanto o L e o C apenas armazenam. Sendo assim, em um circuito excitado por uma fonte em que varia a polaridade, esses elementos carregam e descarregam de modo que a energia oscile entre fonte e elementos LC ou entre elementos LC apenas.

Como uma concessionária deve garantir o fornecimento de energia elétrica, ela deve prover os meios (os cabos, bem como o sistema de distribuição). Os cabos que transportam a energia são construídos de metais, os quais possuem resistividade e, portanto, dissipam energia. Como explicamos anteriormente, os capacitores e os indutores armazenam energia e, se ela for proveniente de uma fonte AC, esses elementos ficam carregando e descarregando de acordo com a excitação. Essa energia é denominada energia reativa, e não produz trabalho como gerar torque em motores, aquecer resistências, entre outros.

Se essa energia fica oscilando entre a concessionária e um usuário final, os cabos conduzem corrente elétrica que, além de não gerar trabalho, ainda aquece os condutores, surgindo dois problemas: a energia gerada não está sendo utilizada (pelo menos não totalmente) para gerar trabalho e, ainda, o limite de corrente útil dos cabos diminui.

Desse modo, é comum que as concessionárias apliquem multas a consumidores que ultrapassem certo nível de energia que oscila entre fonte e carga, denominada potência reativa. Também é definido um parâmetro denominado fator de potência, que relaciona a potência que gera trabalho, denominada potência ativa ou potência útil, e a potência reativa.

Considerando-se uma fonte com excitação do tipo $e(t) = |E|\cos(\omega t)$ e corrente $i(t) = |I|\cos(\omega t - \theta)$ que passa por uma carga, conforme a definição de potência instantânea, tem-se:

$$p(t) = e(t)i(t) = |E| \cdot |I|\cos(\omega t)\cos(\omega t - \theta)$$

Utilizando-se as relações trigonométricas,

$$\cos(\omega t - \theta) = \cos(\omega t)\cos(\theta) + \text{sen}(\theta)\text{sen}(\omega t)$$

$$\cos^2(\omega t) = \frac{(1 + \cos(2\omega t))}{2}$$

$$\text{sen}(2\omega t) = 2\text{sen}(\omega t)\cos(\omega t)$$

e ainda, sabendo-se que $E_{RMS}I_{RMS} = \dfrac{|E| \cdot |I|}{2}$ e substituindo-se,

$$p(t) = E_{RMS}I_{RMS}\cos(\theta) + E_{RMS}I_{RMS}\cos(\theta)\cos(2\omega t) + \\ + E_{RMS}I_{RMS}\text{sen}(\theta)\text{sen}(2\omega t)$$

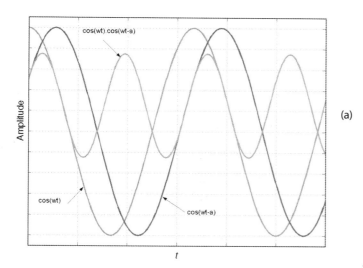

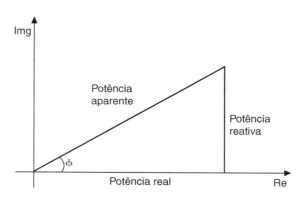

FIGURA 5.75 Triângulo das potências.

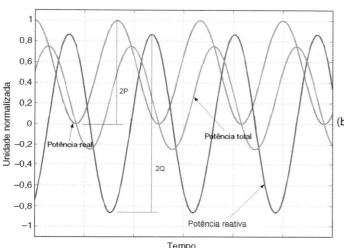

FIGURA 5.74 Potência ativa e reativa: (a) multiplicação das senoides defasadas de corrente e tensão; (b) potência real, reativa e total.

As duas primeiras parcelas dessa equação representam a potência ativa. Pode-se observar na Figura 5.74 que ela varia de 0 a $2E_{RMS}I_{RMS}\cos(\theta)$, e sua média representa um valor positivo. A terceira parcela, no entanto, varia de um mínimo e máximo simétricos, de modo que a sua média no tempo é zero. Essa parcela representa a energia reativa.

A partir da equação anterior, pode-se definir P e Q. P representa a potência ativa ou útil, Q, a potência reativa e P_{AP}, a potência aparente. Esta é definida como a soma vetorial das duas primeiras:

$$P_{AP} = P + jQ$$

em que Q recebe o número complexo para indicar que se encontra 90° defasada de P. Graficamente, essa relação pode ser vista em forma de um triângulo, denominado triângulo das potências, conforme mostra a Figura 5.75. Nessa figura também é possível observar que $P = P_{AP}\cos\varphi$ e $Q = P_{AP}\sen\varphi$, em que cos representa o fator de potência.

5.6.1 Medição de potência em circuitos DC

Para medir a potência em um circuito DC, são necessários apenas um voltímetro e um amperímetro ligados adequadamente, conforme a Figura 5.76. Nessas configurações são registradas tanto a tensão como a corrente da carga, as quais são multiplicadas para se obter a potência.

Entretanto, esse método apresenta alguns inconvenientes, tais como o fato de utilizar dois instrumentos para medir uma grandeza. Além disso, em qualquer das configurações são introduzidos erros devido ao próprio instrumento (pelo voltímetro flui uma corrente e existe queda de tensão no amperímetro). Além disso, a incerteza associada pelas duas medidas se propaga com a relação de multiplicação das grandezas medidas.

Com a utilização do voltímetro e do amperímetro, a potência calculada será $P = V \cdot I$.

5.6.2 Wattímetro analógico

Um instrumento comum em medidas de potência elétrica é o dinamômetro, ou instrumento eletrodinâmico, ou apenas wattímetro analógico. Trata-se de um instrumento construído com duas bobinas fixas ligadas em série e posicionadas coaxialmente. Entre essas duas bobinas existe ainda uma terceira bobina, que é móvel e equipada com um ponteiro, responsável por fazer a indicação do valor medido sobre uma escala graduada. A Figura 5.77 mostra um esquema simplificado desse instrumento.

Nesse sistema, o torque produzido na agulha móvel é proporcional ao produto da corrente que flui pelas bobinas fixas e pela corrente da bobina móvel. As bobinas fixas são geralmente denominadas bobinas de corrente, e a bobina móvel é

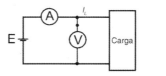 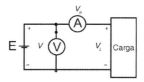

FIGURA 5.76 Medição de potência por meio de um voltímetro e um amperímetro.

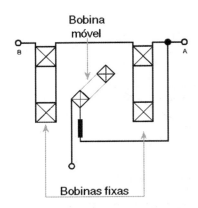
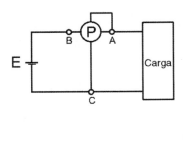

FIGURA 5.77 Esquema simplificado do instrumento eletrodinâmico (wattímetro analógico).

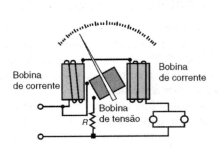

FIGURA 5.78 Detalhe de um wattímetro analógico.

chamada bobina de tensão. Em outras palavras, as bobinas fixas têm baixa impedância, enquanto a bobina de tensão tem alta impedância.

Deve-se observar que, com esse dispositivo, tem-se um circuito simulando um voltímetro e um amperímetro. Sendo assim, pode-se esperar um erro devido ao posicionamento das bobinas. A Figura 5.78 mostra detalhes de um wattímetro analógico. Apesar de existirem instrumentos analógicos (ou digitais) para medição de potência reativa (denominados frequentemente varímetros, devido à unidade VAr), o wattímetro analógico mede potência útil (watts), ou seja, $P = V \cdot I\cos\varphi$.

5.6.3 Método dos três voltímetros

Pode-se medir a potência de uma carga utilizando-se um pequeno resistor e três voltímetros ligados, conforme se vê na Figura 5.79.

Considerando-se a corrente que flui pelo voltímetro desprezível, pode-se afirmar que:

$$v_{AC} = v_L + Ri_L \Rightarrow v_{AC}^2 = v_L^2 + (Ri_L)^2 + 2(v_L Ri_L).$$

Se v_L e i_L são valores instantâneos, podem-se calcular os valores RMS, de modo que o resultado será:

$$V_{AC}^2 = V_L^2 + (RI_L)^2 + 2(V_L RI_L)$$

e, como $P_L = V_L I_L$, conclui-se que a potência da carga será:

$$P_L = \frac{V_{AC}^2 - (RI_L)^2 - V_L^2}{2R}$$

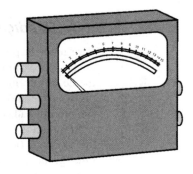

FIGURA 5.79 Método dos três voltímetros para a medição da potência de uma carga.

5.6.4 Wattímetros térmicos

O princípio de funcionamento desse tipo de wattímetro baseia-se em dois termopares idênticos. A saída dos mesmos é proporcional ao quadrado do valor RMS das correntes que fluem pelos aquecedores mostrados na Figura 5.80.

Considerando-se a resistência S, muito menor que os aquecedores r, pode-se afirmar que, quando não existe carga, a

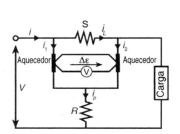

FIGURA 5.80 Esquema de um wattímetro térmico.

corrente que flui por esses aquecedores é igual e, portanto, a diferença de tensão dos termopares é nula.

Quando uma carga L é aplicada, surge uma corrente i_L, fazendo com que aumente a queda de tensão sobre S. Isso faz com que ocorra um desbalanço das correntes que fluem pelos aquecedores, gerando uma diferença de temperatura lida pelos termopares e registrada no voltímetro.

5.6.5 Wattímetros eletrônicos

5.6.5.1 Wattímetros baseados em multiplicadores analógicos

Os multiplicadores analógicos são circuitos eletrônicos que operam em quatro quadrantes. De maneira bastante genérica, pode-se dizer que esses circuitos têm a função de processar os sinais de tensão e corrente e fornecer a potência instantânea.

Na saída do multiplicador existe um integrador cuja função é fazer uma média da potência no tempo.

Uma técnica de multiplicação utilizada é denominada TDM (*Time Division Multiplier*), ou multiplicação por divisão de tempo. Segundo essa técnica, é gerada uma onda quadrada com período constante T e com *duty cicle* (ciclo de trabalho) e amplitude determinados pela corrente e tensão $i(t)$ e $v(t)$.

O *duty cicle* do sinal que sai do comparador é determinado pela duração do pulso que vem de um circuito em que o nível de corrente i_x, após ser convertido em tensão, é comparado com um sinal triangular $Vg(t)$ com um valor de pico V_{g0}. Esse processo gera uma onda quadrada cuja duração depende de i_x. A Figura 5.81 mostra o diagrama em blocos e as formas de onda de um TDM.

O sinal de tensão entra em um circuito modulador de amplitude. Esse circuito é determinado por um amplificador

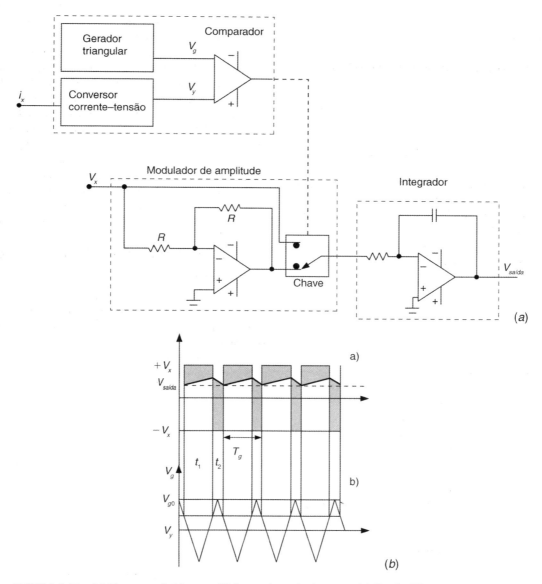

FIGURA 5.81 (*a*) Diagrama de blocos e (*b*) forma de onda de um multiplicador TDM.

de ganho −1 e por um condutor direto, de modo que na saída tem-se $+V_x$ ou $-V_x$. O processo de multiplicação propriamente dito ocorre no chaveamento do sinal de tensão pela onda quadrada vinda do circuito comparador (a corrente modulada em largura de pulso). Considerando-se t_1 o tempo em que o sinal de corrente é maior que a onda triangular, a chave é ligada e garante que a tensão que chega ao integrador é $+V_x$. Caso contrário, a chave está desligada e na entrada do integrador haverá $-V_x$.

O resultado é que a tensão de saída do integrador é proporcional à multiplicação do sinal de corrente pelo sinal de tensão.

Como $V_g(t) = \dfrac{4V_{g0}}{T_g}$ quando $0 \le t \le \dfrac{T_g}{4}$, $t_2 = 2\left(\dfrac{T_g}{4} - \dfrac{V_y T_g}{4V_{g0}}\right)$

e, assim, $t_1 - t_2 = \dfrac{T_g}{V_{g0}} V_y$. A tensão na saída do circuito fica então:

$$V_{saída} = \frac{1}{RC}\int_0^t V_m(t)\,dt = C_1\left(\int_0^{t_1} V_x(t)\,dt - \int_{t_1}^{t_2+t_1} V_x(t)\,dt\right) =$$
$$= C_2 V_x V_y,$$

em que C_1 e C_2 são constantes.

5.6.5.2 Wattímetros baseados em efeito Hall

A tensão de saída de um transdutor de efeito Hall é dependente da corrente que passa pelo transdutor e do campo magnético ortogonal.

$$V_H(t) = R_H i(t) B(t)$$

em que R_H é a constante Hall, $i(t)$, a corrente que passa pelo transdutor, e $B(t)$, a indução magnética.

Como se pode observar na Figura 5.82, é possível determinar a potência medindo-se $V_H(t)$.

Considerando $V_x(t) = K_1 i(t)$ e $i_x(t) = K_2 B(t)$, sendo K_1 e K_2 constantes, T o período em que a medida foi realizada e V_{HF} a média de $V_H(t)$, temos:

$$P = \frac{1}{T}\int_0^T V_x(t) i_x(t)\,dt = K_1 K_2 \frac{1}{T}\int_0^T i(t) B(t)\,dt = K V_{HF}$$

na qual K é uma constante.

Como o campo magnético é proporcional a V_x o princípio de funcionamento desse wattímetro é baseado no multiplicador proporcionado pelo próprio princípio do efeito Hall.

Esse tipo de wattímetro pode medir potência de sinais com amplas faixas de frequências (MHz).

5.6.5.3 Wattímetros baseados em multiplicadores digitais

Os wattímetros digitais são dispositivos eletrônicos que utilizam multiplicadores digitais. Hoje em dia, esses dispositivos podem ser facilmente implementados com microprocessadores integrados a uma série de dispositivos periféricos.

A utilização de tais dispositivos faz com que seja possível, em um único sistema, adquirir um sinal de tensão e corrente e fazer a multiplicação. Ainda com a utilização desse sistema é possível processar tanto os sinais de entrada quanto os de saída, o que otimiza a precisão do resultado. Além disso, a disponibilidade de sistemas digitais torna o projeto de instrumentos um tanto flexível. É comum encontrar instrumentos que têm portas de comunicação (serial, paralela, GPIB, USB, TCPIP, entre outros). Além disso, é possível fazer o controle de dispositivos de entrada e saída implementando-se uma interface homem–máquina (IHM). A Figura 5.83 mostra o diagrama de blocos de um sistema digital básico de um wattímetro digital.

Como se pode observar, o problema pode ser resumido em implementar um conversor AD de dois canais e processar esses sinais. Dispositivos digitais como os DSPs (*Digital Signal Processing*) são rápidos o suficiente para fazer amostragens a altas frequências e garantir grandes precisões de medida.

5.6.5.4 Medição de potência em sinais de alta frequência

Medidores de potência de sinais nas faixas de micro-ondas e rádio em geral são implementados com sensores como termistores, termopares, diodos ou sensores de radiação. Geralmente o método resume-se a medir a potência em uma carga determinada:

$$P_{carga} = P_{incidente} - P_{refletida}.$$

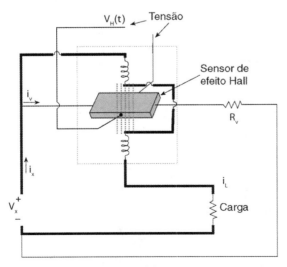

FIGURA 5.82 Medidor de potência baseado no efeito Hall.

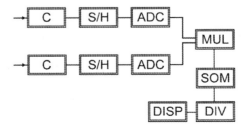

FIGURA 5.83 Diagrama de blocos de um sistema digital para medição de potência.

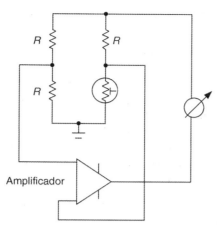

FIGURA 5.84 Ponte de balanceamento de tensão com um termistor para implementação de um wattímetro.

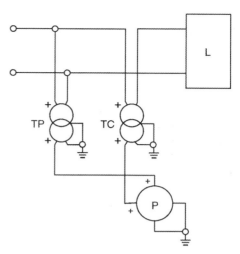

FIGURA 5.86 Utilização de TCs e TPs na medição de potência.

Para separar as energias incidentes e refletidas, são utilizados acopladores direcionais, compostos basicamente de guias de ondas. Dessa maneira, é medida a potência dissipada em uma carga, em forma de temperatura. No Capítulo 6, são apresentados sensores de temperatura.

A Figura 5.84 mostra uma ponte resistiva implementada com um termistor. Esse sensor tem a função de detectar a potência de um sinal de radiofrequência. Quando a ponte é desbalanceada (pelo sinal RF), um circuito amplificador compensa esse desbalanço variando o nível da tensão DC. Nesse caso, a variação de tensão necessária para anular o efeito da variação de resistência do termistor é relacionada com a potência do sinal RF.

Um medidor de potência implementado com um termopar pode ser visto na Figura 5.85. Esse tipo de instrumento pode detectar sinais de mais de 40 GHz. Nesse caso, geralmente se utilizam resistores de filmes finos. Os valores potência que podem ser detectados são da ordem de até 1 μW.

Como os sinais de tensão são extremamente baixos, é necessário muito cuidado na eletrônica de condicionamento para implementar esses instrumentos.

5.6.5.5 Ligação de wattímetros em linhas de alimentação

A medição de potência em sistemas de entrada de energia elétrica é bastante comum. Existem várias situações que podem requisitar diferentes ligações. A seguir são mostradas algumas dessas situações.

Em sistemas de alimentação em que a corrente e/ou a tensão excedem a capacidade do instrumento, é necessária a utilização de TCs e TPs (transformadores de corrente e de tensão). A função desses dispositivos é baixar os níveis de tensão e corrente a níveis que podem ser medidos pelo instrumento. A Figura 5.86 mostra um exemplo dessa ligação.

Em sistemas monofásicos, a ligação de um wattímetro é simples. Os instrumentos apresentam os terminais das bobinas de tensão e de corrente. A bobina de corrente deve ser ligada em série com o circuito, enquanto a bobina de tensão deve ser ligada em paralelo, como mostramos nas seções anteriores.

A ligação de wattímetros em sistemas trifásicos (ou eventualmente com um número maior de fases) é feita utilizando-se n wattímetros (n = número de fases) ligados, tal como mostra a Figura 5.87.

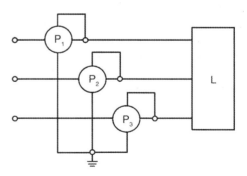

FIGURA 5.87 Medição de potência de um sistema trifásico.

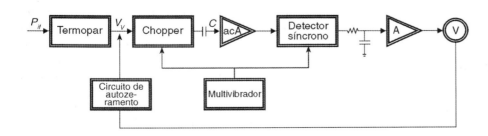

FIGURA 5.85 Medidor de potência implementado com um termopar.

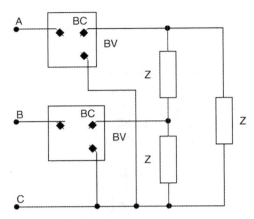

FIGURA 5.88 Método dos dois wattímetros para medição de potência em circuitos trifásicos.

Nesse caso, a potência total será a corrente de cada fase pela tensão em relação a um ponto comum que pode ser o neutro (se existir).

$$P = \sum_{1}^{n}(V_{iO} \times I_i)$$

Existe, entretanto, um método no qual se podem utilizar dois wattímetros para determinar a potência total do circuito trifásico (Figura 5.88). Denominado método dos dois wattímetros, esse método possui a restrição de não poder ser utilizado quando as cargas estiverem ligadas em **Y** com o neutro ligado.

Nesse caso, a potência da carga é a soma dos valores indicados pelos dois wattímetros:

$$P = \text{Watt}_1 + \text{Watt}_2$$

Para a hipótese de tensões simétricas e cargas balanceadas, as leituras dos wattímetros podem indicar também, conforme a sequência de fase, o fator de potência das cargas. Para os wattímetros mostrados na Figura 5.88, ligados nas fases A e B, B e C, C e A, respectivamente, tem-se para a determinação do fator de potência (ângulo φ):

$$\text{tg}(\varphi) = \pm\sqrt{3}\frac{\text{Watt}_A - \text{Watt}_B}{\text{Watt}_A + \text{Watt}_B}$$

$$\text{tg}(\varphi) = \pm\sqrt{3}\frac{\text{Watt}_B - \text{Watt}_C}{\text{Watt}_B + \text{Watt}_C}$$

$$\text{tg}(\varphi) = \pm\sqrt{3}\frac{\text{Watt}_C - \text{Watt}_A}{\text{Watt}_C + \text{Watt}_A}$$

O sinal será especificado pela sequência de fase: se a sequência for direta ⇒ +, e se a sequência for inversa ⇒ –.

5.6.6 *Medição do fator de potência*

Não existem instrumentos que possam medir fator de potência diretamente. De fato, como se pode verificar nas seções anteriores, as únicas grandezas que podem ser medidas diretamente em sinais alternados no tempo são tensão, corrente e suas relações. Todas as outras grandezas são obtidas matematicamente.

Os medidores de potência real ou ativa, como vimos nas seções anteriores, implementam a seguinte equação:

$$P_{ativa} = EI \cos \varphi$$

em que φ representa a defasagem entre a tensão e a corrente medidas, e a saída, por exemplo é implementada por meio de um registrador eletromecânico. Para a implementação de registro ou visualização da potência reativa, é utilizada a relação trigonométrica:

$$\cos(\theta - 90°) = \cos\theta\cos 90° + \text{sen}\,\theta\,\text{sen}\,90° = \text{sen}\,\theta$$

Desse modo, a potência reativa $P_{reativa} = EI \cos(\varphi - 90)$ pode ser implementada da mesma forma, apenas defasando a tensão e o resultado mostrado da mesma maneira que a potência reativa. A relação entre potência ativa e potência reativa possibilita então determinar o fator de potência.

Antigamente, o atraso da tensão era implementado por meio de transformadores, especialmente enrolados para esse propósito. Hoje, a eletrônica possibilita que essa defasagem seja implementada de maneira bem mais precisa, analogicamente ou então utilizando-se eletrônica digital. Com a eletrônica digital pode-se calcular uma série de outros parâmetros importantes na definição de qualidade de energia elétrica, tais como frequências harmônicas ou mesmo o fator de potência, bem como parâmetros para qualquer forma de onda. A maneira mais usual de se medir fase é por meio de um osciloscópio. Outra maneira é utilizar a transformada de Fourier.

5.6.6.1 Medida de fase por meio de um osciloscópio

Uma das maneiras mais fáceis de executar uma medida de fase é utilizar o osciloscópio com dois canais para medir os dois sinais defasados (necessariamente de igual frequência). Um deles é colocado como referência na escala de tempo, como, por exemplo, no ponto de tempo em que o sinal passa por um valor zero na escala de amplitude, tal como o sinal A na Figura 5.89.

A partir do ponto de referência no tempo, mede-se o tempo até o mesmo ponto do sinal do segundo canal. Esse é o tempo de atraso entre os dois sinais. Basta então medir o período do sinal (inverso da frequência) e fazer a seguinte relação:

$$\text{Defasagem} = \frac{360° t_{atraso}}{T}$$

na qual T representa o período do sinal e t_{atraso}, o tempo entre os dois sinais.

Outra maneira de medir fase com o osciloscópio é utilizar as figuras de Lissajous (para frequências iguais dos dois sinais). Essas figuras são criadas conectando-se os sinais em dois canais do osciloscópio, colocado no modo XY. Nesse modo, um dos canais toma a direção horizontal e o outro, a direção vertical. Assim, se as frequências dos dois sinais

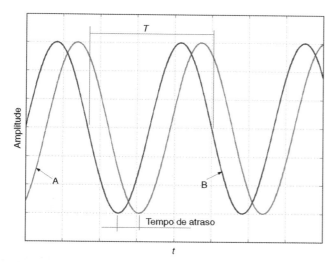

FIGURA 5.89 Exemplo de utilização de um osciloscópio para a medição de defasagem entre dois sinais.

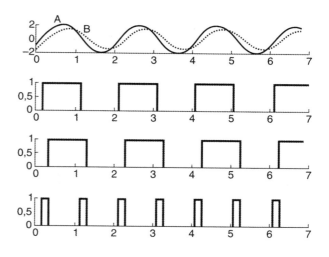

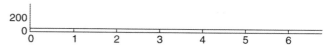

FIGURA 5.91 Utilização de detecção por zero para determinação do ângulo de fase entre dois sinais.

forem iguais, a forma de onda na tela do osciloscópio será uma elipse. Dependendo do atraso, os parâmetros e sua consequente forma variam. Considerando Y a distância do ponto em que a figura corta o eixo vertical até o ponto central e H a distância desse ponto central até o ponto máximo da figura, também no eixo vertical, pode-se utilizar a seguinte relação para calcular a fase:

$$\operatorname{sen}\phi = \pm\frac{Y}{H},$$

em que o sinal depende da direção de inclinação. A Figura 5.90 mostra alguns exemplos de figuras de Lissajous.

5.6.6.2 Medida de fase eletrônica por meio da detecção de passagem por zero

Esse é o método mais popular na implementação de um sistema para medir a fase. Esse método é semelhante ao procedimento descrito na seção anterior para medição de fase com o osciloscópio.

No caso de dois sinais de onda sinusoidal, a primeira etapa deve ser responsável por transformar o sinal em uma onda quadrada, e as bordas de subida e descida são determinadas pela passagem do sinal pelo zero em amplitude. Um dos meios de fazer essa transformação é utilizando uma porta lógica.

No exemplo da Figura 5.91 os dois sinais quadrados originários das entradas sinusoidais são processados (por exemplo, utilizando uma porta digital XOR) e a saída representa apenas um pulso com a largura temporal do atraso dos sinais originais.

As ondas quadradas representam as passagens por zero dos sinais A e B. Na mesma figura podem-se observar pulsos de largura menor originados pela diferença dos tempos de passagem por zero, representando a diferença de fase. Pode-se finalmente integrar esses pulsos, gerando um sinal DC proporcional à diferença de fase dos dois sinais de entrada.

5.6.6.3 Método das bobinas cruzadas

O medidor de fase de bobinas cruzadas constitui a parte central da maioria dos medidores de fator de potência analógicos. A Figura 5.92 mostra os detalhes do funcionamento do método das bobinas cruzadas.

Nesse sistema existem duas bobinas cruzadas móveis, dispostas em um ângulo fixo β, além de uma terceira bobina fixa, que é dividida em duas metades. Essas duas metades englobam as bobinas móveis. A função da bobina fixa é manter um campo magnético praticamente constante entre as duas metades (sobre as bobinas móveis). Geralmente a corrente é ligada à bobina fixa C, enquanto a tensão alimenta a bobina A através de um resistor (a fim de limitar a corrente). A bobina B, por sua vez, é também alimentada pela tensão, mas passa por um circuito indutivo, de modo que a fase é deslocada 90°. Na prática, o ângulo entre as correntes das bobinas A e B

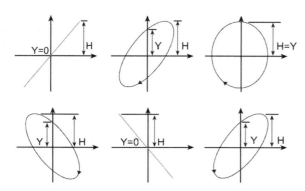

FIGURA 5.90 Exemplos de figuras de Lissajous traçadas com o osciloscópio.

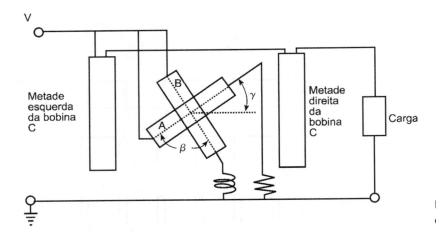

FIGURA 5.92 Método das bobinas cruzadas para a medição de fase.

não é exatamente de 90°, devido a problemas com elementos puramente resistivos ou puramente indutivos. Pode-se supor que esse ângulo seja β, e, supondo-se que o ângulo entre as bobinas A e C seja φ, o ângulo entre as correntes das bobinas A e C é $\beta + \varphi$. O torque médio induzido na bobina A é proporcional ao produto da média das correntes nas bobinas A e C e o cosseno do ângulo entre a bobina e a perpendicular à bobina C. Escrevendo em forma de equação, temos:

$$\overline{T}_A \propto I_A I_C \cos(\varphi + \beta)\cos\gamma = K_A \cos(\varphi + \beta)\cos\gamma$$

em que I_A e I_C são as correntes das bobinas;
$\varphi + \beta$, a fase relativa entre as bobinas A e C;
γ, o ângulo entre a bobina A e perpendicular à bobina C.

Supondo-se que a diferença de fase entre a bobina B e a bobina A é de β, o torque médio na bobina B é descrito por:

$$\overline{T}_B \propto I_B I_C \cos(\varphi + \beta)\cos\gamma = K_B \cos(\varphi)\cos(\gamma + \beta)$$

Sendo assim, a bobina A estará alinhada na direção da diferença de fase entre a tensão e a corrente da carga. Dessa maneira, um indicador é fixado no plano da bobina A. Na prática, esses instrumentos são calibrados para indicar o cosseno do ângulo entre a corrente e a tensão da carga, caracterizando o fator de potência.

Esses medidores de bobinas cruzadas eram a base de conexão de sistemas de geradores de energia. Quando dois sistemas geradores estiverem operando e gerando tensão AC, eles devem ser conectados em paralelo apenas no momento em que ambas as tensões estiverem sincronizadas em frequência e em fase.

5.6.6.4 Voltímetros vetoriais para a medição de fase

Um método moderno de medir fase e amplitude de sinais é utilizar voltímetros vetoriais (princípio já abordado neste capítulo). Esses instrumentos têm o funcionamento baseado na transformada de Fourier dos sinais em uma grande faixa de frequências. Uma vez que precisa ser rápido, esse equipamento deve possuir processadores velozes, tais como os conhecidos DSPs (*Digital Signal Processing*), os quais podem executar tarefas como aquisição e processamento (filtragem, FFT etc.) em tempos curtos o suficiente para a medição de grandes faixas de frequência.

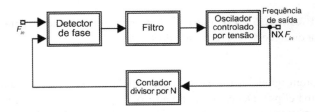

FIGURA 5.93 Diagrama de blocos de um PLL.

Quando a frequência do sinal muda muito rapidamente em um determinado período, os métodos em que se utilizam FFT para medir fase podem introduzir erros consideráveis. Nesse caso, um dispositivo indicado para estimar a fase do sinal é o PLL (*Phase Locked Loop*). Com esses dispositivos, o sinal é considerado juntamente com uma frequência fixa e modulado em fase (por um sinal de fase dependente do tempo). Os PLLs são dispositivos eletrônicos, e podem ser analógicos ou digitais. Esses dispositivos são amplamente conhecidos e comercializados no mercado.

O PLL é basicamente um sistema de controle de frequência de laço fechado. Seu funcionamento baseia-se na detecção sensitiva da diferença de fase entre a entrada e a saída de um oscilador controlado por tensão. A Figura 5.93 mostra o diagrama de blocos de um PLL.

O detector de fase é um dispositivo que compara dois sinais de entrada, gerando uma saída que representa a sua diferença de fase. Se a frequência de entrada não é igual à frequência do oscilador, o sinal de erro de fase, depois de filtrado e amplificado, faz com que a frequência do oscilador controlado por tensão (VCO) desvie em direção à frequência de entrada. Se as condições estiverem corretas, o VCO vai tentar manter sua frequência fixa em relação ao sinal de entrada.

Existem vários modelos de PLLs, de diferentes fabricantes: NE 560 a 567 (Signetics), MC4046 (Motorola), LM 565 (National), NTE989 (NTE Electronics), entre outros.

5.6.7 Medidores de energia elétrica

A energia pode ser definida como a quantidade de trabalho que um sistema é capaz de realizar. Em termos matemáticos,

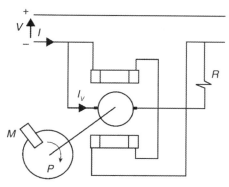

FIGURA 5.94 Detalhes da construção de um medidor de energia eletrodinâmico.

a energia pode ser definida como a integral definida em um intervalo de tempo da potência.

$$E = \int_{t}^{t+\Delta t} p(t)\, dt$$

Dessa forma, a medida de energia é dinâmica. Em outras palavras, a medida de energia varia com o tempo. A unidade de energia é o joule, mas para medição de energia elétrica o Watt-hora (Wh) é a unidade mais utilizada.

5.6.7.1 Medida de energia DC

Ao longo do tempo, a medida de energia DC tem sido feita de diversas maneiras, implementadas com instrumentos eletrodinâmicos. Esses instrumentos são construídos segundo o princípio de motores DC, de modo que o campo magnético é gerado pela própria corrente de linha que passa por uma bobina fixa e bipartida. O rotor é conectado em série com um resistor à tensão da linha. A Figura 5.94 mostra detalhes da construção de um medidor de energia eletrodinâmico.

Nessa configuração, o fluxo magnético no rotor é proporcional à corrente I. A corrente do rotor é:

$$I_V = \frac{V - E}{R}$$

em que $E = k_1 \Gamma \phi$, a força eletromotriz induzida pela velocidade angular Γ, e R é a resistência total do circuito alimentado pela tensão de linha V. Pode-se desprezar a força eletromotriz devido ao fato de a velocidade angular ser muito baixa, a amplitude do fluxo ser limitada e o valor da resistência R ser significativo. Sendo assim,

$$I_V = \frac{V}{R},$$

e o torque gerado no motor pode então ser descrito:

$$C_m = k_2 \phi I_V \approx \frac{k_3 IV}{R} = k_4 P$$

Esse torque é então proporcional à potência que está sendo consumida na linha.

A fim de evitar que o torque cause uma velocidade angular Γ significativa, é acoplado ao rotor um disco que gira entre um ímã permanente, de modo que correntes nele induzidas gerem um torque (proporcional a Γ). O objetivo desse mecanismo é introduzir um amortecimento ao sistema, de modo que o disco gire suavemente e, no equilíbrio, exista uma dependência linear de Γ com a potência P.

$$E = \int_{\Delta t} P\, dt = k_5 \int_{\Delta t} \Gamma\, dt$$

Por fim, é acoplado um contador de voltas do disco que indica a energia total consumida após um intervalo de tempo.

5.6.7.2 Medidores de energia AC por indução

Os medidores de energia AC por indução são os medidores de energia mais conhecidos e tradicionais. O sistema é composto de três circuitos elétricos, acoplados magneticamente: dois fixos e um disco móvel que gira em torno do eixo do sistema. Os dois circuitos fixos são compostos pelas bobinas de corrente e tensão. O terceiro circuito, um disco geralmente construído de alumínio, é montado em um eixo rígido. Esse disco ainda é ligado a um contador que tem a função de registrar o número de voltas para então relacionar esse número à energia consumida em um período de tempo. A Figura 5.95(a) mostra um esquema simplificado de um medidor de energia por indução, a Figura 5.95(b) mostra um esquema mais detalhado, e a Figura 5.95(c) mostra uma fotografia de um medidor de energia AC eletrodinâmico.

Os circuitos fixos da Figura 5.95(a) (bobinas de tensão e corrente) mantêm o fluxo magnético interagindo com o disco móvel. Outra estrutura similar que utiliza um ímã permanente é também colocada sobre o disco. O fluxo magnético gerado pela corrente e pela tensão são sinusoidais e têm a mesma frequência. Eles induzem uma corrente no disco móvel, que, por sua vez, produz um torque resultante:

$$C_m = KVI \operatorname{sen} \alpha,$$

em que

C_m é o torque mecânico
K, a constante do sistema
V, o valor RMS da tensão da linha
I, o valor RMS da corrente da linha
α, o valor do ângulo de defasagem entre a tensão e a corrente.

A rotação do disco alcança um equilíbrio dinâmico balanceando o torque originário dos fluxos consequentes das bobinas de tensão e corrente com o torque originário do ímã permanente.

Considerando-se que a velocidade angular do disco Γ é muito menor que a frequência ω da tensão e da corrente e, ainda, que a diferença de fase entre os fluxos da tensão e da corrente é $\alpha = \pi - \varphi$, sendo φ a diferença de fase entre os sinais de tensão e de corrente, a velocidade angular Γ é proporcional ao fluxo de potência.

$$\Gamma = \frac{1}{K} \omega \frac{R_3}{(Z_3)^2} M_1 I \cdot \frac{M_2 V}{Z_2} \cos \phi = KP,$$

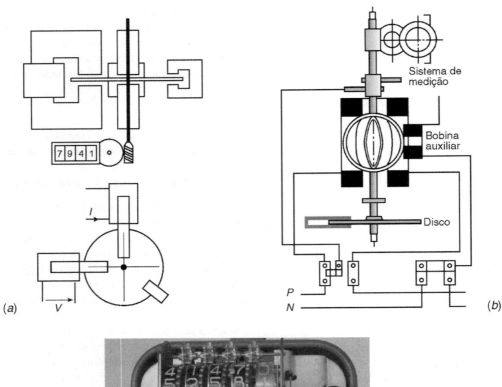

FIGURA 5.95 (a) Diagrama simplificado de um medidor de energia por indução; (b) detalhamento de um medidor de energia AC; (c) fotografia de um medidor AC.

em que

Γ, é a velocidade angular de rotação do disco em rad/s

K, a constante do instrumento em rad/sW

P, a potência média no circuito em W

$1/K$, a constante em Ω/V^2s^2

ω, a frequência da tensão e da corrente em rad/s

R_3 e Z_3, a resistência e a impedância equivalente do disco, relativas às correntes induzidas em Ω

$\dfrac{M_2 V}{Z_2}$, os valores RMS do fluxo comum relacionados aos circuitos 1 e 3 em Wb

$M_1 I$, valores RMS do fluxo comum relacionados aos circuitos 2 e 3 em Wb

Z_2, a impedância do circuito de tensão

V, o valor RMS da tensão aplicada em V

I, o valor RMS da corrente aplicada em A

ϕ, a diferença de fase entre os sinais de tensão e de corrente.

5.6.7.3 Medidores de energia estáticos (eletrônicos)

A exemplo do que já descrevemos nas seções anteriores sobre a medição de potência, os medidores de energia também sofreram grandes modificações. A evolução da eletrônica possibilitou que fossem construídos medidores sem partes móveis, baseados em multiplicadores de tensão e de corrente. Esses multiplicadores (como vimos na seção sobre potência) podem ser analógicos ou digitais. Os primeiros medidores eram implementados com multiplicadores analógicos; os mais modernos, porém, são implementados com sistemas digitais dedicados, tais como os DSPs, aptos a realizar medidas precisas, rápidas e com uma série de parâmetros relacionados à energia, tais como tensão, corrente, potência ativa, potência reativa, fator de potência, além de periféricos e memórias que possibilitam a flexibilização da leitura e do processamento dos dados coletados.

Medidores de energia analógicos com saída digital

Esse tipo de instrumento faz o produto dos dois sinais de entrada através de um multiplicador analógico, resultando em uma grandeza proporcional à potência dos sinais. Para o processamento da energia, ainda é necessária a integração desse produto em um intervalo de tempo que pode ser implementado das seguintes maneiras:

a. **Utilizando um conversor tensão-frequência:** nesse caso, o produto dos sinais de entrada, representado em forma de tensão, passa por um conversor tensão-frequência (bloco eletrônico que transforma um valor em tensão dentro de uma faixa conhecida de frequência — exemplo de componente LM331 da National). Esse sinal, em forma de frequência, pode então ser ligado a um contador conectado a um *display* ou a alguma outra forma de visualização. Também pode ser acoplado a um motor de passo, de modo que a sua posição pode ser incrementada. O rotor do motor pode ser ligado a um contador de maneira semelhante aos medidores por indução. Em geral, essa maneira é mais utilizada, por prover uma medida permanente de energia e ainda não ser influenciada pela falta de energia.

b. **Utilizando um conversor AD na saída do multiplicador analógico:** o cálculo, bem como o controle da visualização do valor de energia, é feito por meio de um processador dedicado (como, por exemplo, um microcontrolador). O valor de energia pode ser armazenado em memória, e a grande vantagem de um sistema dessa natureza é que ainda existe a possibilidade de implementar algum controle de atuação que dependa do valor da energia medida.

Medidores de energia digitais

Esses medidores constituem a solução mais moderna atualmente. Nesse tipo de instrumento, os sinais de entrada de tensão e corrente são digitalizados e todo o processamento é feito por meio de um processador dedicado.

O tipo de processador pode variar de simples microcontroladores dedicados providos de pequenos recursos de hardware até potentes DSPs, rápidos o suficiente para prover processamento em tempo real, bem como transmissão via rede ou algum outro meio de comunicação. Nesses processadores, também podem ser implementados filtros e outros blocos inteligentes, que fazem com que o instrumento desenvolvido se torne rápido, flexível e com dimensões reduzidas. Modernos medidores de energia também podem fazer o monitoramento e a análise de harmônicas, gerando informações importantes no que diz respeito à qualidade de energia.

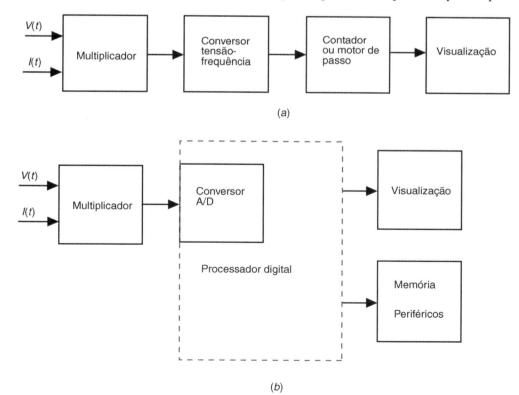

FIGURA 5.96 Diagrama de blocos de (a) medidor de potência utilizando conversor tensão-frequência e (b) utilizando conversor AD.

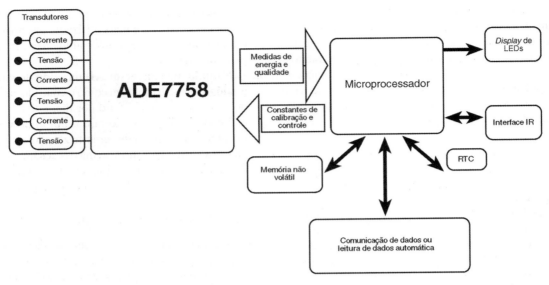

FIGURA 5.97 Aplicação típica de um componente dedicado (ADE7758) em um sistema de medição e monitoramento de energia. (Cortesia da Analog Devices.)

Exemplos de componentes dedicados para a medição de energia são o ADE7753 e o ADE7758, da Analog Devices. Esses componentes podem medir energia ativa, energia reativa e aparente de sistemas monofásicos (ADE7753) e trifásicos (ADE7758). A Figura 5.97 mostra uma aplicação típica desse componente.

EXERCÍCIOS

Questões

1. Explique as principais diferenças entre um instrumento fundamental de ferro móvel e um instrumento fundamental de bobina móvel (galvanômetro).
2. O que é um voltímetro vetorial?
3. O que é um voltímetro *true* RMS?
4. Uma tensão varia de -30 a 130 V. Projete um circuito para que o sinal de saída tenha uma variação de 0 a 5 V.
5. Explique as etapas e desenhe as formas de onda do circuito da Figura 5.20 quando é aplicado na entrada do circuito um sinal senoidal.
6. O conversor analógico tipo dupla rampa utilizado em muitos multímetros AD 7107 ou ADC 7106 com *driver* de saída para *display* pode ter sua faixa de entrada variada de acordo com alguns ajustes. Estude estes componentes acessando documentação por meio da internet (http://www.maxim-ic.com/products.cfm) e sugira uma ligação para que ocorra uma contagem até 1999 em escalas de: (a) 2,0 V e (b) 200 mV. Qual a diferença entre os conversores AD 7106 e o 7107?
7. No esquema em que se utiliza o microchip o PIC da Figura 5.21, faça uma sugestão de hardware para que seja conectado um *display* de 3½ dígitos.
8. Na questão anterior, reescreva o software (utilize o compilador C de sua preferência).
9. Ainda em relação à Figura 5.21, adicione mais um canal AD de leitura e reescreva o software.
10. Projete um medidor de corrente eletrônico para que, em uma faixa de corrente de entrada de 0 a 1 μA, na saída seja produzido um sinal de tensão de 0 a 200 mV.
11. Projete um dispositivo eletrônico para converter a faixa de 4 a 20 mA para uma saída de 0 a 5 V.
12. Repita a questão anterior utilizando o componente XTR115 (http://www.ti.com).
13. Cite a principal vantagem de se transmitir um sinal em corrente em vez de tensão.
14. Explique a diferença entre os ohmímetros analógicos da Figura 5.98.

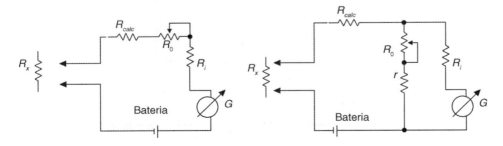

FIGURA 5.98 Ohmímetros – Questão 14.

15. Descreva uma aplicação prática para o megôhmetro.
16. Por que é importante conhecer os limites de rigidez dielétrica e a resistência entre cabos isolados de alta-tensão?
17. Qual a diferença entre o método das quatro pontas e o método de duas pontas para medição de resistência?
18. Por que o ohmímetro convencional não é adequado para a medição de resistências muito baixas?
19. O que é uma resistência tipo *shunt*?
20. Por que o controle da base de tempo do osciloscópio é feito com uma onda do tipo dente de serra?
21. Em um osciloscópio digital, explique a diferença entre frequência de amostragem (*sampling*) e frequência de medida.
22. Qual a função do controle de sincronismo (*trigger*) no osciloscópio?
23. É possível medir tensões altas (entre 350 e 1 000 V) com um osciloscópio convencional?
24. Explique o funcionamento do wattímetro analógico.
25. Os wattímetros utilizam multiplicadores para efetuar o produto de tensão e corrente. Explique o funcionamento da técnica de multiplicação TDM (multiplicadores por divisão de tempo). Utilize para sua explanação, a Figura 5.81.
26. Explique o funcionamento de wattímetros baseados no efeito Hall.
27. Frequentemente TCs e TPs são utilizados como dispositivos auxiliares nas medições de potência. Explique a função destes dispositivos.
28. É possível medir potência de uma linha trifásica com dois wattímetros? Caso a resposta seja afirmativa, explique e deduza as relações.
29. Como funciona o método de medição de fase por passagem por zero?
30. Qual a diferença entre medidores de energia estáticos e dinâmicos?
31. Explique o princípio de funcionamento de medidores de energia eletrodinâmicos.
32. Explique por meio de blocos o princípio de funcionamento de medidores de energia estáticos eletrônicos.
33. Qual o princípio de funcionamento de amperímetros tipo alicate?

Problemas com Respostas

1. Qual a resolução de um voltímetro que apresenta as seguintes características:

   a. 3½ dígitos na escala de 200 mV.
   b. 4½ dígitos na escala de 2 V.
   c. 3¾ dígitos na escala de 400 mV.
   d. 4¾ dígitos na escala de 4 V.

   Resposta: a. 0,1 mV; b. 0,0001 V; c. 0,1 mV; d. 0,0001 V;

2. Calcule os resistores relativos aos projetos de voltímetros analógicos das Figuras 5.99 (a) e 5.99 (b), sabendo que o galvanômetro tem uma corrente de fundo de escala de 1 mA e resistência interna de 10 Ω.

   Resposta: a. $R_1 = 199990\ \Omega$, $R_2 = 19990\ \Omega$, $R_3 = 1990\ \Omega$, $R_4 = 190\ \Omega$.
   $R_1 = 190\ \Omega$, $R_2 = 1800\ \Omega$, $R_3 = 18000\ \Omega$, $R_4 = 180000\ \Omega$.

3. Considere dois voltímetros com sensibilidades $1000\ \Omega/V$ e $10000\ \Omega/V$. Calcule o erro relativo de medida no fundo de escala para o circuito da Figura 5.100.

   Resposta: $\dfrac{5}{380} \cong 1,3\%$, $\dfrac{0,5}{380} \cong 0,13\%$

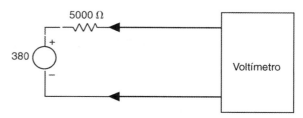

FIGURA 5.100 Circuito relativo ao Problema 3.

4. Qual o valor medido em um voltímetro *true* RMS de um sinal do tipo:

   a. senoidal de amplitude 1, período 2π.
   b. quadrada de amplitude 1, , período 2π.
   c. triangular de amplitude 1, , período 2π.

   Resposta: a. $\dfrac{1}{\sqrt{2}}$; b. 1; c. $\dfrac{1}{\sqrt{3}}$;

5. Se, no problema anterior, o voltímetro não for *true* RMS, calcule o valor lido para os três casos.

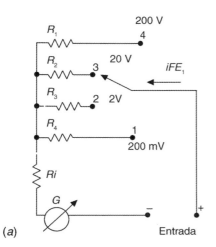

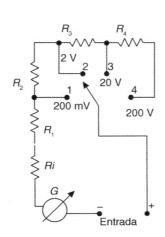

FIGURA 5.99 Voltímetros analógicos referentes ao Problema 2.

Resposta: a. Se o voltímetro estiver medindo na escala de tensão DC, o valor nos três casos é zero, já que o valor médio desses casos é zero.

b. Se o voltímetro estiver medindo na escala AC e não for *true* RMS, o mesmo estará calibrado para mostrar o valor RMS de uma onda senoidal a 60 Hz (no Brasil).

6. Na Figura 5.101, faça ligação de 3 voltímetros para medir a tensão da fonte, a tensão sobre a lâmpada 1 e a tensão sobre a lâmpada 2 e mais a lâmpada 3.

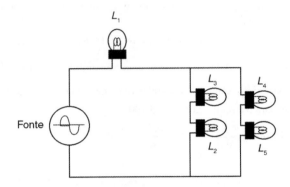

FIGURA 5.101 Circuito referente ao Problema 6.

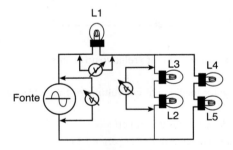

FIGURA 5.102 Solução do Problema 6.

7. Faça o cálculo dos resistores no projeto de amperímetro analógico da Figura 5.103 (a) e (b), sabendo que o fundo de escala do galvanômetro é de 1 mA e a resistência interna é de 10 Ω.

Resposta: a. $R_1 \cong 0,0005\ \Omega$, $R_2 \cong 0,005\ \Omega$, $R_3 \cong 0,0502\ \Omega$;
b. $R_1 \cong 0,0005\ \Omega$, $R_2 \cong 0,0045\ \Omega$, $R_3 \cong 0,0452\ \Omega$.

8. No circuito da Figura 5.104, ligue 3 amperímetros de modo a medir a corrente da lâmpada 1, da lâmpada 4 e a corrente na fonte.

Resposta: A corrente na fonte é igual à corrente que passa pela lâmpada L1.

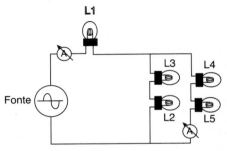

FIGURA 5.104

9. Na ponte de Wheatstone da Figura 5.105, calcule a tensão V_{ab}.

Resposta: $v_{ab} = E\left(\dfrac{R_2}{R_1 + R_2} - \dfrac{R_4}{R_3 + R_4}\right)$

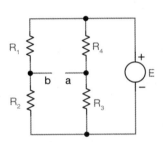

FIGURA 5.105 Ponte de Wheatstone – Problema 9.

10. Demonstre que a ponte de Wheatstone não é linear. Considere que $R_1 = R_2 = R_3$ fixos. Faça um gráfico da resposta de saída em função da variação de $R_4 = R$.

Resposta: $v_{ab} = E\left(\dfrac{1}{2} - \dfrac{R}{R_3 + R}\right)$. Pela equação pode-se ver que a resposta é não linear. Considerando as resistências fixas iguais a 100 Ω e a fonte de excitação igual a 1 V temos $v_{ab} = \left(\dfrac{1}{2} - \dfrac{R}{100 + R}\right)$. O gráfico mostra a variação da tensão v_{ab} quando a resistência R varia de 0 a 500 Ω, e evidenciando o comportamento não linear.

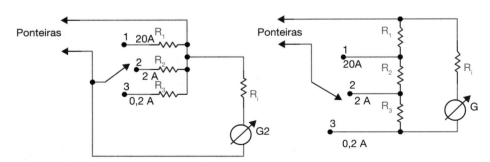

FIGURA 5.103 Amperímetros analógicos – Problema 7.

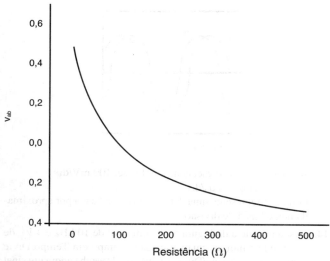
FIGURA 5.106

11. Deduza a equação de saída para a ponte de Kelvin dupla mostrada na Figura 5.51.

    Resposta: Considerando a resistência entre R_a e R_x a resistência do fio e E o valor da fonte, podemos inicialmente definir as correntes dos ramos:

    $$i_1 = \frac{E}{(R_a + R_x) + [R_{fio} // (R_m + R_n)]}$$

    $$i_2 = \frac{E}{(R_M + R_N)}$$

    a corrente nos resistores R_m e R_n:

    $$i = \frac{ER_{fio}}{[(R_a + R_x) + (R_{fio} // (R_m + R_n))][R_{fio} + R_m + R_n]}$$

    e então

    $$v_{ab} = \frac{ER_{fio}R_n}{\left[(R_a + R_x) + \left(\frac{R_{fio}(R_m + R_n)}{R_{fio} + R_m + R_n}\right)\right][R_{fio} + R_m + R_n]} +$$

    $$\frac{ER_x}{(R_a + R_x) + \left(\frac{R_{fio}(R_m + R_n)}{R_{fio} + R_m + R_n}\right)} - \frac{ER_N}{(R_M + R_N)}$$

    no equilíbrio $v_{ab} = 0$ e

    $$\frac{R_{fio}R_n}{\left[(R_a + R_x) + \left(\frac{R_{fio}(R_m + R_n)}{R_{fio} + R_m + R_n}\right)\right][R_{fio} + R_m + R_n]} +$$

    $$\frac{R_x}{(R_a + R_x) + \left(\frac{R_{fio}(R_m + R_n)}{R_{fio} + R_m + R_n}\right)} = \frac{R_N}{(R_M + R_N)}$$

    continuando:

    $$\frac{R_{fio}R_n + R_x(R_{fio} + R_m + R_n)}{(R_a + R_x)(R_{fio} + R_m + R_n) + R_{fio}(R_m + R_n)} = \frac{R_N}{(R_M + R_N)}$$

    $$\frac{\frac{R_{fio}}{R_a}R_n + \frac{R_x}{R_a}(R_{fio} + R_m + R_n)}{\left(1 + \frac{R_x}{R_a}\right)(R_{fio} + R_m + R_n) + \frac{R_{fio}}{R_a}(R_m + R_n)} = \frac{R_N}{(R_M + R_N)}$$

    $$\frac{\frac{R_{fio}}{R_a}R_n \frac{1}{(R_{fio} + R_m + R_n)} + \frac{R_x}{R_a}}{\left(1 + \frac{R_x}{R_a}\right) + \frac{R_{fio}}{R_a}\frac{(R_m + R_n)}{(R_{fio} + R_m + R_n)}} = \frac{R_N}{(R_M + R_N)}$$

    $$\frac{R_{fio}}{R_a}R_n \frac{(R_M + R_N)}{(R_{fio} + R_m + R_n)} + (R_M + R_N)\frac{R_x}{R_a} = \left(1 + \frac{R_x}{R_a}\right)R_N + \frac{R_{fio}}{R_a}\frac{(R_m + R_n)}{(R_{fio} + R_m + R_n)}R_N$$

    $$R_M\frac{R_x}{R_a} = R_N + \frac{R_{fio}}{R_a}\frac{(R_m + R_n)}{(R_{fio} + R_m + R_n)}R_N - \frac{R_{fio}}{R_a}R_n\frac{(R_M + R_N)}{(R_{fio} + R_m + R_n)}$$

    $$\frac{R_x}{R_a} = \frac{R_N}{R_M} + \frac{R_{fio}}{R_a}\frac{(R_m + R_n)}{(R_{fio} + R_m + R_n)}\frac{R_N}{R_M} - \frac{R_{fio}}{R_a}\frac{R_n}{R_M}\frac{(R_M + R_N)}{(R_{fio} + R_m + R_n)}$$

    $$\frac{R_x}{R_a} = \frac{R_N}{R_M} + \frac{R_{fio}}{R_a}\frac{1}{(R_{fio} + R_m + R_n)}\left((R_m + R_n)\frac{R_N}{R_M} - R_n\frac{(R_M + R_N)}{R_M}\right)$$

    $$\frac{R_x}{R_a} = \frac{R_N}{R_M} + \frac{R_{fio}}{R_a}\frac{R_m}{(R_{fio} + R_m + R_n)}\left(\frac{R_N}{R_M} - \frac{R_n}{R_m}\right)$$

12. Faça o projeto de uma ponte para medição de capacitâncias de valores: 1 pF e 1 nF. Considere uma resistência parasita série de 0,15% (ESR = 0,15%) e utilize uma fonte de tensão $v(t) = 2 \text{sen}(2\pi 1000 t)$. Calcule para as seguintes estruturas:

    a. Ponte RC série

    b. Ponte RC paralela

    c. Ponte de Wien

    Resposta:

    a.

    i. $C_x = 1$ pF

    Essa questão é simples na medida que conhecermos a resistência parasita. No caso, consideramos ESR = 0,15% então:

    $$R_x = \frac{0,0015}{2\pi 1000 \times 10^{-12}} \cong 238853,5 \text{ Ω}$$

    Com esse valor definido basta encontrar os valores de componentes. Podemos então definir $C_1 = 1$ nF, e assim a relação $\frac{R_3}{R_2} = 1000$. Por exemplo, $R_3 = 100000$ Ω e $R_2 = 100$ Ω. $R_1 \cong 238,8$ Ω o que pode ser implementado com um resistor fixo de 200 Ω em série com um resistor variável de 100 Ω.

    ii. $C_x = 1$ nF

Ao considerarmos ESR = 0,15% então:

$$R_x = \frac{0,0015}{2\pi 1000 \times 10^{-9}} \cong 238,8 \ \Omega$$

Com esse valor definido basta encontrar os valores de componentes. Podemos então definir $C_1 = 1$ nF, e assim a relação $\frac{R_3}{R_2} = 10$.

Por exemplo, $R_3 = 10000 \ \Omega$ e $R_2 = 1000 \ \Omega$. $R_1 \cong 23,8 \ \Omega$ o que pode ser implementado com um resistor fixo de 20 Ω em série com um resistor variável de 10 Ω.

b.

i. Se $C_{x\_série} = 1$ pF

Nesse caso o resistor parasita não é série, mas paralelo. Assim, precisamos do equivalente paralelo do valor resistor série utilizado como R_x.

Então, $R_x = 106157352795,4 \ \Omega$.

Da mesma forma precisamos calcular o capacitor equivalente paralelo, que é aproximadamente ao valor série. Assim, $C_{x\_paral} \cong 1$ pF.

Utilizando um critério semelhante à questão anterior, podemos escolher $C_1 = 100$ nF e assim $\frac{R_3}{R_2} = 100000$. Assim,

$$R_1 = \frac{R_x}{100000} = 1061573,5 \ \Omega$$

ii. Se $C_{x\_série} = 1$ nF

Precisamos do equivalente paralelo do capacitor e do resistor.

Então, $R_x = 106157352,8 \ \Omega$ e $C_{x\_paral} \cong 1$ nF

Utilizando um critério semelhante à questão anterior, podemos escolher $C_1 = 1 \ \mu F$ e assim $\frac{R_3}{R_2} = 1000$. Assim,

$$R_1 = \frac{R_x}{1000} = 106157,3 \ \Omega$$

c.

i. Se $C_x = 1$ pF então $R_x = 106157352795,4 \ \Omega$
ii. Se $C_x = 1$ nF então $R_x = 106157352,8 \ \Omega$

Em ambos os casos, a relação $\frac{R_3}{R_2} = 5,693 \times 10^{-14}$ o que impossibilita uma implementação prática.

13. Considere a tela do osciloscópio na Figura 5.107. Desenhe nessa tela um sinal de 100 kHz e 0,5 V_{pp} de amplitude e indique quais escalas de tempo em Tempo/Div e amplitude em Tensão/Div você utilizou. Justifique sua escolha de escala. Desenhe agora um sinal de frequência e amplitude iguais defasado de 45° .

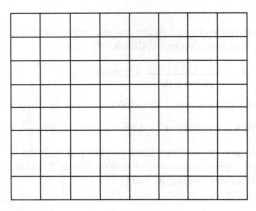

FIGURA 5.107 Tela do osciloscópio referente ao Problema 13.

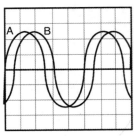

FIGURA 5.108

Resposta: Sinal A: escala de amplitude: 100 mV/div
escala de tempo: 2 μs/div
O sinal B representa uma defasagem de 45° dada por aproximadamente 0,625 de divisão.

14. Desenhe na tela da Figura 5.107 um sinal de 10 kHz e 4 V_{pp} de amplitude e indique quais escalas de tempo em Tempo/Div e amplitude em Tensão/Div você utilizou. Desenhe agora um sinal de 20 kHz e 1 V_{pp} na mesma tela.

Resposta: Sinal A: escala de amplitude: 1 V/div
escala de tempo: 20μs/div
O sinal B, representa um sinal de 20 kHz e 1 V_{pp}.

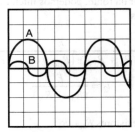

FIGURA 5.109

15. Considere 2 consumidores usuários de uma rede com tensão de 220 V_{rms}. A resistência das linhas da rede é de $R_T = 0,2 \ \Omega$. Sabendo que o consumidor 1 utiliza uma carga com 11 kW com fator de potência 1 e o consumidor 2 utiliza 11 kW com fator de potência 0,5, calcule as perdas nas linhas para os dois casos. Calcule ainda o percentual do total de energia gerado que é recebido por esses usuários.

Resposta: Caso 1: 500 W; caso 2: 2000 W.

16. Sabendo que uma carga consome potência útil ou real de 100 kW e a potência reativa de 10 kVAr, calcule o fator de potência dessa carga.
Resposta: FP = 0,995

Problemas para você resolver

1. No instrumento da Figura 5.110, desenhe a forma de onda da corrente no galvanômetro, quando o circuito é excitado com um sinal do tipo: $v(t) = 220\sqrt{2}\text{sen}(2\pi 60t)$.

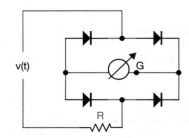

FIGURA 5.110 Figura relativa ao Problema 1.

2. Projete um ohmímetro analógico capaz de medir 3 escalas de resistências de 10 Ω a 30 MΩ.

3. Faça o projeto de uma ponte para medição de indutâncias de valores: 1 µH e 150 µH. Utilize uma fonte de tensão $v(t) = 2\,\text{sen}(2\pi 1000 t)$. Calcule para as seguintes estruturas:

a. Ponte de Maxwell-Wien.

b. Ponte de Hay.

c. Por um método de ressonância.

■ BIBLIOGRAFIA

BOLTON, W. *Instrumentação e controle*. São Paulo: Hemus, 1997.

CONSIDINE, D. A. *Proccess instruments and controls handbook*. New York: McGraw-Hill, 1974.

DOEBELIN, O. E. *Measurement systems*: application and design. New York: McGraw-Hill, 1990.

ECKMAN, D. P. *Industrial Instrumentation*. New Delhi: Wiley Eastern, 1986.

FIBRANCE, A. E. *Industrial instrumentation fundamentals*. New Delhi: TMH, 1981.

HASLAN, J. A. *Engineering instrumentation and control*. London: Edward Arnold Publishers, 1981.

HERCEG, E. E. *Handbook of measurement and control*. New Jersey: Schaevitz Engineering, 1972.

HOLMAN, J. P. *Experimental methods for engineers*. New York: McGraw-Hill, 2000.

NOLTINGK, B.E. *Instrument technology*. London: Buttherworths, 1985.

SOISSON, H. E. *Instrumentação industrial*. São Paulo: Hemus, 2002.

WEBSTER, J. G. *Measurement, instrumentation and sensors handbook*. Boca Raton, FL: CRC Press, 1999.

CAPÍTULO 6

Medição de Temperatura

6.1 Introdução

Desde o início do século XVII, quando Galileu inventou o primeiro termômetro, vêm sendo desenvolvidos instrumentos para aprimorar a medição de temperatura, seja para aplicações em laboratório, seja para aplicações industriais em linhas de produção.

Os primeiros termômetros foram utilizados para fins médicos e meteorológicos. Eram tubos de vidro, abertos em um dos lados, parcialmente preenchidos com ar e completados com água. Somente cerca de 50 anos depois é que surgiram os primeiros termômetros de vidro com líquido fechados, desenvolvidos por Leopoldo, *Cardinal dei Medici*. Conhecidos como termômetros fiorentinos, esses instrumentos eram graduados entre 50, 100 e 300 graus e calibrados com o calor do sol e o frio do gelo. Esses termômetros eram preenchidos com vinho tinto destilado.

Termômetros de mercúrio e água também foram experimentados pelos fiorentinos, mas sua expansão era muito pequena. Esse problema foi resolvido mais tarde, com a construção de termômetros mais estreitos, o que aumentou a sensibilidade dos mesmos.

Em meados do século XVIII, o termômetro de mercúrio já era o mais popular, pela sua expansão uniforme.

Atualmente o termômetro de vidro está disponível em uma variedade de calibrações, estilos de imersão, versões, comprimentos, escalas, mercúrio ou líquidos mais seguros. Sem dúvida o termômetro foi uma importante ferramenta nos processos de evolução do conhecimento das ciências.

O termômetro de Galileu é mostrado na Figura 6.1. Pode-se observar um recipiente de vidro preenchido com água e algumas bolhas que flutuam. Nas bolhas são presos diferentes pesos, que mudam a densidade do sistema bolha + peso. Quando a temperatura ambiente muda, muda também a temperatura da água no interior do vidro, variando seu volume e, em consequência, sua densidade. As bolhas que tiverem densidade menor que a da água flutuam, e as que tiverem densidade maior que a da água afundam. A temperatura medida será relativa (calibrada) à bolha que fica flutuando na parte central do tubo de vidro. Na Figura 6.1 pode-se ver que as bolhas de número 1 estão flutuando (80 °C e 75 °C, respectivamente), enquanto as bolhas de número 2 estão afundando

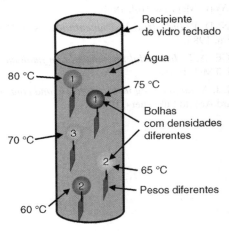

FIGURA 6.1 Termoscópio (termômetro de Galileu): tubo de vidro preenchido por água e bolhas de vidro com alguma substância colorida e com densidades diferentes.

(60 °C e 65 °C). A bolha de número 3, que representa 70 °C, está na posição central e indica a temperatura. Pelo fato de não possuir uma escala, esse termômetro rudimentar foi denominado termoscópio.

Mas o que é temperatura? Embora esteja associada ao calor, temperatura não é calor. Calor é uma das formas que a energia se apresenta na natureza – a energia térmica. A temperatura é uma grandeza física que caracteriza o estado médio de movimento ou a agitação das partículas (energia cinética) que compõem um corpo ou sistema quando o mesmo encontra-se em equilíbrio térmico. O grau de agitação dessas partículas pode ser percebido pela sensação de quente ou frio ao tocar esse corpo tanto pelos nossos sentidos humanos como por sensores de temperatura.

Corpos em temperaturas iguais podem ter diferentes quantidades de calor, assim como corpos em temperaturas diferentes podem ter quantidades de calor iguais. Por exemplo, um litro de água morna pode apresentar uma quantidade de calor maior que uma colher de água fervente, embora a temperatura do litro de água morna seja menor do que a temperatura da água fervente da colher. O calor adicionado ou removido de um corpo aumenta ou diminui (respectivamente) a sua temperatura.

A temperatura é uma das sete grandezas básicas expressa pelo Sistema Internacional (SI) de unidades pelo Kelvin (K). A escala Kelvin é defasada da escala Celsius, comumente utilizada em ambientes industriais, em 273,15 graus.

Outro conceito relacionado com a medição de temperatura é a **sensação térmica**. A temperatura do ambiente registrada nos termômetros é uma medida feita sob certas condições, ao ar livre. A sensação térmica, é um ajuste da medida da temperatura do ambiente feito para quantificar o efeito térmico que sentimos. A mesma sofre forte influência da velocidade do vento, umidade, além da própria sensibilidade da nossa pela (que é distinta de pessoa para pessoa).

A temperatura do corpo humano é resultado do equilíbrio entre a produção e a perda de calor. Um dos principais mecanismos do nosso corpo para redução da temperatura em nosso corpo é a transpiração. A transpiração consiste na liberação de água e sais minerais através da pele (o suor) e é a evaporação dessa água à sua superfície que permite o seu resfriamento. Se existir vento, o mesmo influenciará na taxa de evaporação da camada de água da superfície da pele intensificando a sensação de frio.

No entanto, se a umidade relativa do ar for muito elevada a dinâmica do mecanismo de evaporação do suor é reduzida, e por consequência, torna a liberação de calor menos eficaz. Para valores de umidade relativa mais altas, isso resulta em maior sensibilidade do corpo humano a temperaturas elevadas.

Conclui-se facilmente que não é possível medir a **sensação térmica** de maneira direta e objetiva como a temperatura. No entanto, existem **índices de sensação térmica** dados em tabelas (ou equações empíricas) em função de velocidades do vento. Em dias de frio, com vento, a sensação térmica é ainda mais baixa. Também são definidos índices de calor devido ao efeito da umidade relativa sobre a temperatura aparente do ar. Em dias muito quentes, sob umidade relativa do ar elevadas a sensação térmica tende a ser ainda mais elevada.

A medição de temperatura não está presente apenas nos meios industrial e científico, mas também nas praças, em que se vê a temperatura ambiente mostrada em painéis. Está também nos fornos de cozinha, nos refrigeradores, e até mesmo no processador do computador em que estas páginas foram primeiramente escritas tem um controle e, em consequência, uma medida de temperatura.

Assim como na maioria dos sensores, os avanços tecnológicos proporcionados pela sofisticação eletrônica dos dias de hoje possibilitaram o surgimento de uma ampla gama de sensores. Neste capítulo, vamos abordar alguns métodos aplicados na medição da temperatura, sem, contudo, pretender esgotar o assunto relativo à instrumentação, mas apresentar os princípios básicos dos instrumentos mais empregados no campo da engenharia.

6.2 Efeitos Mecânicos

6.2.1 *Termômetros de expansão de líquidos em bulbos de vidro*

Alguns instrumentos para medição de temperatura podem ser classificados como instrumentos de efeitos mecânicos.

Exemplos muito conhecidos de termômetro de efeito mecânico são o termômetro de mercúrio e o termômetro de álcool. Esse último leva vantagem sobre o primeiro por ter um coeficiente de expansão maior que o mercúrio, mas tem um limite de temperatura mais baixo (o álcool ferve a altas temperaturas). Por sua vez, o mercúrio solidifica abaixo de −37,8 °C.

O mecanismo desse tipo de termômetro baseia-se no coeficiente de dilatação térmica. Com o aumento da temperatura, o líquido que está dentro de um bulbo começa a se expandir e é obrigado a passar por um capilar no interior de um tubo de vidro graduado. É interessante observar que a expansão observada na escala é a diferença entre a dilatação do líquido e a dilatação do bulbo de vidro. Esses termômetros geralmente são construídos de duas maneiras:

1. *Termômetros de imersão parcial:* são calibrados para ler a temperatura corretamente quando expostos a temperaturas desconhecidas e ainda imersos até uma profundidade indicada.
2. *Termômetros de imersão total:* são calibrados para ler a temperatura corretamente quando expostos a temperaturas desconhecidas e ainda imersos totalmente, ficando visível apenas a porção necessária para se fazer a leitura.

A diferença fundamental entre esses dois instrumentos é que o termômetro de imersão parcial estará sujeito a erros maiores, devido à diferença de temperatura entre uma parte do corpo do instrumento e o ponto de medição.

A tendência é que cada vez mais esse tipo de termômetro desapareça do mercado — principalmente os termômetros de mercúrio, por questões de segurança, por ser o mercúrio um elemento contaminante e tóxico. Na verdade, o vapor de mercúrio é tóxico a ponto de ser letal; por isso, é altamente

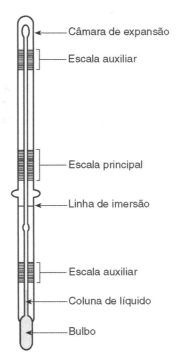

FIGURA 6.2 Termômetro de imersão parcial.

FIGURA 6.3 Detalhe de termômetro de vidro com líquido.

FIGURA 6.4 Fotografia de um medidor de temperatura em que se utilizam bimetálicos. Cortesia Rueger S.A.

recomendável que o monitoramento da temperatura de fornos e equipamentos que apresentem risco de ruptura ao vidro não seja feito com esse tipo de instrumento. A Figura 6.2 mostra o esquema de um termômetro de imersão parcial, e a Figura 6.3 traz a foto de um termômetro de uso geral de baixo custo.

Apesar de esses termômetros aparentemente serem de fácil utilização, a simplicidade desaparece quando são necessárias precisões da ordem de 1 °C ou mais. Nesses casos, deve-se aplicar procedimentos cuidadosos, bem como correções, que estão fora do escopo deste livro. Segundo referências do NBS (National Bureau of Standards) dos EUA, a utilização adequada desse tipo de termômetro pode alcançar medidas de até ±0,05 °C.

6.2.2 Termômetros bimetálicos

Esses sensores constituem-se de duas tiras de metal com coeficientes de dilatação térmica diferentes, fortemente fixadas. Quando uma temperatura é aplicada, as duas tiras de metal começam a se expandir. Entretanto, uma delas vai se expandir mais que a outra, o que resulta na deformação do conjunto, com a consequente formação de um raio que geralmente é utilizado para "chavear um circuito" (abrir ou fechar determinada chave ligada a um circuito), mas que também pode ser utilizado para indicar uma temperatura sobre uma determinada escala calibrada. Nesse último caso existem várias geometrias que já foram implementadas para fazer com que o movimento de um ponteiro ou indicador seja repetitivo e sensível. A Figura 6.4 traz a foto de um medidor de temperatura baseado em um bimetal, e a Figura 6.5 mostra o princípio de funcionamento e as barras com dimensões alteradas depois que a temperatura varia.

Algumas geometrias podem ser variadas tal como mostra a Figura 6.6.

Esse tipo de sensor geralmente é utilizado em sistemas de controle ON/OFF, mais conhecidos como liga-desliga. Uma aplicação bastante conhecida desse tipo de sensor pode ser encontrada em termostatos, que são bastante aplicados em sistemas de segurança. A grande vantagem desse tipo de sensor é o baixo custo.

A aplicação prática desses sensores como detectores de temperaturas específicas é normalmente encontrada embutida em equipamentos ou dispositivos. Por exemplo, um disjuntor é uma

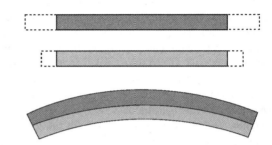

FIGURA 6.5 Princípio de funcionamento de um bimetal.

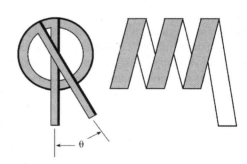

FIGURA 6.6 Bimetal com geometria espiral e helicoidal.

chave elétrica que possui um sistema de proteção de corrente. Em alguns disjuntores, o sistema de proteção é implementado utilizando-se um bimetálico. Quando uma corrente máxima flui por esse bimetálico, ele aumenta sua temperatura e deforma-se a ponto de movimentar uma chave mecânica que desarma a chave elétrica, interrompendo o caminho da corrente. A Figura 6.7 mostra um disjuntor e seu bimetálico, e a Figura 6.8 mostra um termostato implementado com um bimetálico.

6.2.3 Termômetros manométricos

São termômetros que utilizam a variação de pressão obtida pela expansão de algum gás ou vapor como meio físico para relacionar com temperatura. No caso, mede-se a variação de pressão.

A Figura 6.9 mostra o esquema de um sensor de temperatura utilizando esse método, e a Figura 6.10 mostra um termômetro manométrico industrial.

Os termômetros manométricos de mercúrio cobrem uma faixa que vai de 38 a 590 °C, enquanto os termômetros

FIGURA 6.7 Disjuntor elétrico e seu bimetálico.

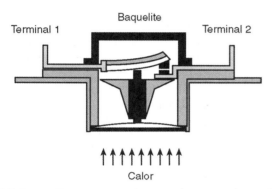

FIGURA 6.8 Termostato implementado com um bimetálico.

manométricos preenchidos com gás cobrem a faixa de –240 a 645 °C. Muitos termostatos são implementados com o princípio da expansão de um gás em uma câmara que faz movimentar um dispositivo mecânico para fechar ou abrir uma chave.

6.3 Termômetros de Resistência Elétrica

6.3.1 Termômetros metálicos — RTDs

Um tipo de medidor de temperatura bastante conhecido e preciso são os termômetros baseados na variação de resistência elétrica. Esses sensores geralmente são denominados RTDs (*Resistance Temperature Detectors*). Os termômetros de resistência funcionam com base no fato de que, de modo geral, a resistência dos metais aumenta com a temperatura. Boas precisões podem ser alcançadas com esse tipo de sensores: RTDs comuns podem fazer medidas com limites de erros da ordem de ±0,1 °C, enquanto os termômetros de resistência de platina podem chegar a erros da ordem de 0,0001 °C.[1]

[1] John G. Webster, *Measurement, Instrumentation, and Sensors Handbook*. CRC Press LLC, 1999.

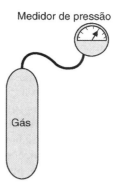

FIGURA 6.9 Sensor de temperatura que utiliza o princípio de expansão dos gases.

FIGURA 6.10 Fotografia de um termômetro manométrico industrial. Cortesia Rueger S.A.

O metal mais comum para essa aplicação é a platina, e às vezes é denominado PRT (*Platinum Resistance Thermometer*), cujo símbolo está apresentado na Figura 6.11.

As principais características dos RTDs são:

- condutor metálico (a platina é o metal mais utilizado);
- são dispositivos praticamente lineares;
- dependendo do metal são muito estáveis;
- apresentam baixíssima tolerância de fabricação (0,06% a 0,15%).

Os termômetros de resistência são, portanto, considerados sensores de alta precisão e ótima repetibilidade de leitura. Em geral, esses sensores são confeccionados com um fio (ou um enrolamento) de metal de alto grau de pureza, usualmente cobre, platina ou níquel. Esses sensores também são construídos depositando-se um filme metálico em um substrato cerâmico. Geralmente a platina é a melhor escolha, por ser um metal quimicamente inerte e, assim, conservar suas características a altas temperaturas (não se deixa contaminar com facilidade), além de poder trabalhar a altas temperaturas devido ao seu elevado ponto de fusão. A platina tem uma

FIGURA 6.11 Símbolo padrão para um resistor que apresenta uma dependência linear com a temperatura; sensor resistivo com três e com quatro terminais.

relação resistência/temperatura estável sobre a maior faixa de temperatura (–184,44 a 648,88 °C). Elementos de níquel têm uma faixa limitada, tornando-se bastante não lineares acima de 300 °C. O cobre tem uma relação resistência/temperatura bastante linear, porém oxida a temperaturas muito baixas e não pode ser utilizado acima de 150 °C.

A platina é o melhor metal para construção de RTD, basicamente por três motivos: dentro de uma faixa, a relação resistência/temperatura é bastante linear; essa faixa é muito repetitiva; sua faixa de linearidade é a maior dentre os metais. A precisão de um RTD é significativamente maior que um termopar quando utilizado dentro da faixa de –184,4 a 648,88 °C.

O padrão DIN-IEC-751 define as classes de tolerâncias A e B para a platina, cujas respectivas tolerâncias a 0 °C introduzem um limite de erro de ±0,15 °C e ±0,30 °C.

Atualmente, as termorresistências de platina mais usuais são: PT-25,5 Ω, PT-100 Ω, PT-120 Ω, PT-130 Ω, PT-500 Ω, e o mais conhecido e mais utilizado industrialmente é o PT-100 Ω. Essas siglas significam o metal (PT, platina) e a resistência à temperatura de 0 °C. A nomenclatura de outros RTDs segue esse padrão. Por exemplo: NI-50 Ω é um RTD construído com níquel que apresenta 50 Ω a 0 °C.

A faixa de atuação de RTDs pode variar de acordo com a especificação do fabricante. Um sensor de filme de platina para aplicação industrial pode atuar na faixa de –50 a 260 °C, enquanto os sensores de enrolamentos de fio de platina atuam entre –200 e 648 °C. A faixa de temperatura mais comum de sensores industriais vai de –200 a 500 °C. Entretanto, um resistor de platina padrão (SPRT) pode ser utilizado de 200 a 1000 °C (o sensor padrão é bastante frágil e caro, sendo utilizado apenas para calibrar padrões secundários). Os sensores de platina também são bastante conhecidos por serem estáveis e manterem suas características por longo período. Apesar de não ser o sensor mais sensível, esse é o motivo pelo qual a platina é mais utilizada que o níquel. A Figura 6.12 mostra a variação de alguns metais com a temperatura.

Além da temperatura, impurezas e ainda tensões mecânicas internas influem nas características resistência–temperatura dos elementos. De certo modo, são fatores como contaminações químicas e ainda tensão mecânica que reduzem a vida útil dos RTDs. Como se pode observar na Figura 6.12, cada metal apresenta uma sensibilidade diferente. O valor dessa sensibilidade está relacionado com o coeficiente de temperatura da resistência.

Definindo a variação de resistência do metal em função da variação de temperatura temos a função de transferência clássica:

$$R = R_0(1 + \alpha(T - T_0))$$

sendo

R a resistência à temperatura T;
R_0 a resistência de referência à temperatura de referência T_0;
α o coeficiente térmico do resistor (TCR – *Temperature Coefficient of Resistance*).

Podem-se citar alguns α (faixa de 0 a 100 °C) de materiais comumente utilizados em RTDs:

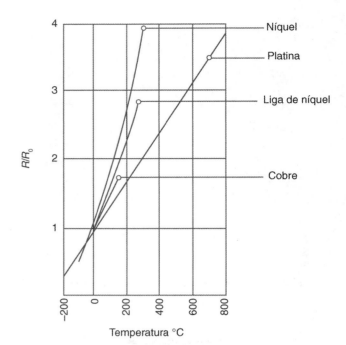

FIGURA 6.12 Variação da resistência de metais com a temperatura.

Cobre → 0,0043 Ω/Ω°C

Níquel → 0,00681 Ω/Ω°C (DIN 47760)

Platina → 0,00392 Ω/Ω°C (MIL T 24388)

→ 0,00385 Ω/Ω°C (IEC 751) (PRT)

Tungstênio → 0,0046 Ω/Ω°C

α é, portanto, o coeficiente térmico do resistor calculado pela resistência medida a duas temperaturas de referência (por exemplo, 0 °C e 100 °C).

Pode-se isolar o coeficiente de temperatura α:

$$\alpha = \frac{R - R_0}{R_0(T - T_0)}$$

ou, de maneira específica, entre 0 °C e 100 °C:

$$\alpha = \frac{R_{100} - R_0}{(100\ °C) \cdot R_0}.$$

Essa equação é utilizada em faixas de temperaturas pequenas, nas quais se pode considerar a variação da resistência em função da temperatura uma curva linear.

A sensibilidade do sensor de temperatura é, por definição, a razão da variável de saída pela variável de entrada. Nesse caso, $S_{RTD} = \dfrac{\Omega}{°C}$. Sendo assim, é necessário derivar a equação de modo a calcular S:

$$S_{RTD} = \frac{dR}{dT} = \frac{d[R_0(1 + \alpha(T - T_0))]}{dT} = \alpha R_0$$

TABELA 6.1 — Especificações para diferentes RTDs

Parâmetro	Platina	Cobre	Níquel	Molibdênio
Span °C	−200 a +850	−200 a +260	−80 a +320	−200 a +200
α^a a 0 °C $[\frac{\Omega/\Omega}{K}]$	0,00385 (IEC751)	0,00427	0,00672	0,003786
R a 0 °C, [ ]	25, 50, 100, 200, 500, 1000, 2000	10 (20 °C)	50, 100, 120	100, 200, 500, 1000, 2000
Resistividade a 20 °C [$\mu\Omega$m]	10,6	1,673	6,844	5,7

^{a}O coeficiente de temperatura depende da pureza do metal. Para a platina a 99,999% → α = 0,00395/°C.

EXEMPLO

Um dado RTD apresenta uma resistência de 100 Ω e $\alpha = 0,00389\ (\Omega/\Omega)/K$ a 0 °C. Calcule a sensibilidade e o coeficiente de temperatura do RTD a 70 °C.

Solução:
A sensibilidade pode ser dada por: $S = \alpha_0 \cdot R_0 = \alpha_{70} \cdot R_{70}$ e, para esse sensor,

$$S = 0,00389 \times 100 = 0,389 \frac{\Omega}{K}.$$

O TCR pode ser dado em partes por milhão:

$$TCR = \frac{R_{100} - R_0}{R_0 \times 100} \times 10^6 \ (ppm/°C)$$

A 70 °C:

$$\alpha_{70} = \frac{\alpha_0 \cdot R_0}{R_{70}} = \frac{\alpha_0 \cdot R_0}{R_0 \cdot [1 + \alpha_0 \cdot (70°C - 0°C)]} = \frac{\alpha_0}{1 + \alpha_0 \times 70} = \frac{0,00389}{1 + 0,00389 \times 70} = 0,00350 \ \frac{\Omega/\Omega}{K}$$

Fazendo uma análise mais profunda neste exemplo, podemos mostrar ainda que o coeficiente de temperatura diminui com o aumento da temperatura.

Considerações sobre o uso de pontes com sensores de temperatura resistivos

O condicionamento de sensores de temperatura resistivos baseado em pontes é normalmente dividido em dois tipos: o método chamado potenciométrico e as típicas pontes.

O **método potenciométrico** (*este nome deve-se ao uso histórico de potenciômetros para medir resistência antes da invenção dos voltímetros digitais*) é baseado na Figura 6.13

Para medir uma resistência elétrica, com este método, é utilizado um resistor padrão e devem ser realizadas duas medições de tensão elétrica com alta precisão. Uma corrente irá fluir através do resistor padrão (R_S) e do resistor desconhecido $R(T)$ – neste caso o sensor de temperatura resistivo, sendo assim, a medição das duas quedas de tensão é a razão das duas resistências:

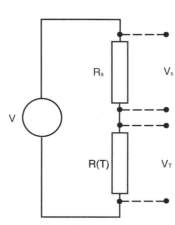

FIGURA 6.13 Esboço simplificado do método potenciométrico para medição de resistência.

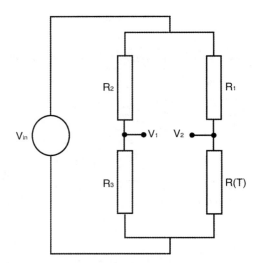

FIGURA 6.14 A ponte de Wheatstone elimina a necessidade de medir tensões elétricas com alta precisão (o sensor está representado por R(T)).

$$R(T) = \frac{V_T}{V_S} R_S$$

Essa técnica é particularmente adequada para medições baseadas em conversores ADC tal como os usados em muitos multímetros digitais, termômetros portáteis e de bancada.

O outro método é conhecido como **método ponte** e é baseado na Ponte de Wheatstone como mostrado na Figura 6.14.

A saída da ponte da Figura 6.15 é dada por:

$$V_{out} = V_1 - V_2 = \frac{R_2 R(T) - R_3 R_1}{(R_2 + R_3)(R_1 + R(T))} V_{in}$$

Nesse tipo de ponte existem dois modos de operação: o *modo balanço* onde um dos resistores da ponte é ajustado até que a saída em tensão seja ZERO, e então a resistência desconhecida é determinada pela relação:

$$R(T) = \frac{R_3}{R_2} R_1$$

A resistência $R(T)$ pode então ser determinada em termos de 3 resistências bem definidas. Quando a equação

$$R(T) = \frac{R_3}{R_2} R_1$$

é satisfeita, as tensões nos dois braços da ponte são iguais – neste caso dizemos que a ponte está balanceada!

No *segundo modo de operação da ponte*, os resistores variáveis são ajustados tal que a ponte é balanceada em uma dada temperatura chamada T_0, tal que a equação anterior:

$$R(T) = \frac{R_3}{R_2} R_1$$

fica

$$R(T_0) = \frac{R_3}{R_2} R_1$$

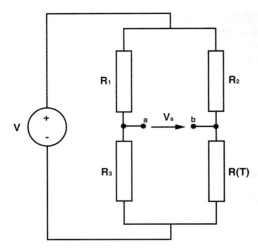

FIGURA 6.15 A ponte de Wheatstone.

Então a saída em tensão da ponte fica:

$$V_{out} = \frac{R(T) - R(T_0)}{(R_1 + R(T))(R_1 + R(T_0))} R_1 V_{in}$$

Agora se R_1 é também relativo a $R(T)$ a saída em tensão é aproximadamente dada por

$$V_{out} = \frac{V_{in}}{R_1} R(T_0) \alpha T$$

Desta forma, a saída é aproximadamente proporcional à temperatura. O sinal de saída é não linear com relação à temperatura, mas suficiente para muitos sistemas de controle de temperatura, que tentam restaurar a ponte para a condição de balanço em que $R(T) = R(T_0)$, isto é $T = T_0$. Muitos controladores de temperatura de alta precisão operam usando este princípio.

Vamos agora considerar o modelo linear do RTD

$$R(T) = R_0(1 + \alpha \Delta T)$$

O objetivo é determinar um sinal de tensão proporcional à temperatura a ser medida!

A tensão de saída desta ponte é:

$$V_s = V_b - V_a = V \cdot \frac{R_0(1 + \alpha \Delta T)}{R_0(1 + \alpha \Delta T) + R_2} - V \cdot \frac{R_3}{R_1 + R_3}$$

Forçando o balanço desta ponte, ou seja, $V_S = 0$ V, por exemplo, para T = 0°C, então a seguinte relação deve ser satisfeita:

$$\frac{R_0}{R_0 + R_2} = \frac{R_3}{R_1 + R_3}$$

Observações práticas:

1. É comum o uso de resistências iguais nos ramos superiores da ponte e com um valor r vezes maior do que R_0 do RTD:

$$R_1 = R_2 = R = r \cdot R_0$$

assim como, selecionar $R_3 = R_0$ para manter a boa simetria do circuito se as variações de $R(T)$ forem pequenas;
2. Neste tipo de circuito em ponte as resistências devem ser de grande qualidade e as fontes de alimentação (ou referências de tensão) muito estáveis.

Portanto, a tensão de saída da ponte fica:

$$r = R/R_0$$

$$V_s = V \cdot \frac{r \cdot \alpha \Delta T}{(r + 1) \cdot (r + 1 + \alpha \Delta T)}$$

sendo r chamado de Razão Característica de Resistências da Ponte.

Considerações sobre a linearidade das pontes

Considere novamente a ponte da Figura 6.15 e sua equação de saída:

$$V_s = V \cdot \frac{r \cdot \alpha \Delta T}{(r + 1) \cdot (r + 1 + \alpha \Delta T)}$$

É importante observar que a relação entre a tensão de saída V_S e a temperatura T não é linear.

Porém na maioria das aplicações comerciais (tipicamente na maioria dos RTDs comerciais: $|\alpha \cdot \Delta T| \langle 0,5 \rangle$):

$$r \gg \alpha \cdot \Delta T$$

Logo,

$$V_s = V \cdot \frac{r \cdot \alpha \Delta T}{(r + 1) \cdot (r + 1 + \alpha \Delta T)}$$

pode ser aproximada para um modelo de dependência linear entre V_{sl} e T:

$$V_{sl} = V \cdot \frac{r \cdot \alpha \Delta T}{(r + 1)^2}$$

O erro de linearidade desta aproximação é dado por:

$$\%\varepsilon_{LV} = \frac{V_S - V_{SL}}{V_S} \times 100\% = -\frac{\alpha \cdot \Delta T}{r + 1} 100\%$$

E a sensibilidade deste sistema é dada por:

$$S_V = \frac{dV_S}{dT} = V \cdot \alpha \frac{r}{(r + 1 + \alpha \cdot \Delta T)^2} \ [V/°C]$$

fortemente dependente da temperatura ou pela sensibilidade determinada pela relação linear:

$$S_{LV} = \frac{dV_{SL}}{dT} = V \cdot \alpha \frac{r}{(r + 1)^2}$$

Como exercício, deixamos que você leitor elabore um gráfico que deve representar a sensibilidade normalizada ($S_{LV}/V.\alpha$) em função da razão característica da ponte (considerando-se o exemplo da Figura 6.16 com alimentação por tensão). Neste caso, vocês irão verificar que a máxima sensibilidade desta ponte irá ocorrer com $r = 1$ e $S_{normalizada} = 0,25$. Em situações experimentais deve-se avaliar o compromisso entre linearidade e sensibilidade da ponte.

De acordo com as expressões anteriores é possível verificar que a tensão de saída da ponte e sua sensibilidade dependem diretamente do valor e da estabilidade da fonte de alimentação de tensão. Por este motivo, para aplicações de alta precisão é imprescindível a utilização de referências de tensão na alimentação da ponte capaz de entregar uma tensão muito estável e com uma capacidade de corrente adequada à aplicação desejada, ou seja, tipicamente na faixa de mA. Existem diversos componentes comerciais que podem ser utilizados como referência de tensão em instrumentação, como por exemplo, o AD581, REF05, LM336, MC1404, entre outros. Existem aplicações em que as pontes necessitam de correntes maiores do que as referências de tensão podem fornecer (tipicamente pontes em que $r \leq 4$ e $R_0 \leq 100$). Nestes casos a alimentação da ponte com alta estabilidade pode ser obtida com o uso adicional de amplificadores operacionais.

Considere os exemplos da Figura 6.16. Na Figura 6.16(a) o circuito utiliza uma resistência em série R_S e uma fonte não estabilizada $+V_i$ em conjunto com uma referência de tensão (REF) V_{ref}. A fonte $+V_i$ fornecerá a maior parte da corrente demandada pela ponte que será máxima quando $R(T)$ for mínimo. Deve-se cuidar muito na seleção de R_S para não exceder os limites de corrente mínimo e máximo devido a V_{ref} ao variar a resistência $R(T)$ em função de uma dada aplicação.

Nos casos onde a ponte de medida encontra-se a uma grande distância da alimentação, o que resulta tipicamente na utilização de cabos longos, deve-se avaliar as discussões apresentadas no Capítulo 6.3.1.2 – Montagem com RTDs. Se a corrente demandada pela ponte é muito alta, a queda de tensão desses cabos longos pode ser considerável e introduzir erros na medida em função de suas variações temporal e térmica. Para medidas de precisão, o circuito da Figura 6.16(b) oferece uma boa solução. Neste exemplo, foi utilizada a técnica a 4 fios, dois fios para alimentação da ponte e outros dois para medir a tensão V. A saída do ampop1 é comparada com a referência de tensão V_{ref} e o ampop2 se encarrega de manter estável a alimentação da ponte no valor desejado com independência da queda de tensão que exista nos cabos.

A mesma discussão anterior da Figura 6.15 pode ser estendida para uma ponte alimentada por corrente (veja a Figura 6.17).

Neste caso:

$$I = V/R_{eq}$$

$$R_{eq} = \frac{R_0(r + 1)(r + 1 + \alpha \cdot \Delta T)}{2r + 2 + \alpha \cdot \Delta T}$$

Logo,

$$V_s = IR_0 \frac{r \cdot \alpha \cdot \Delta T}{2(r + 1) + \alpha \cdot \Delta T}$$

388 ■ Capítulo 6

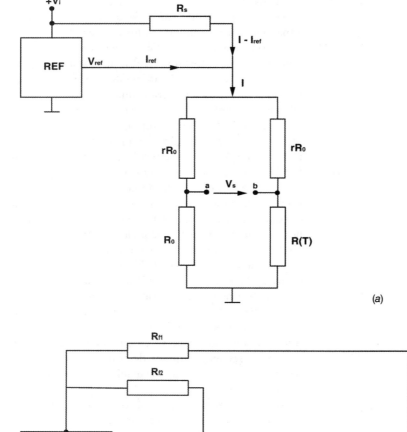

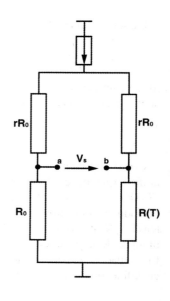

FIGURA 6.16 Ponte de Wheatstone com (*a*) referência de tensão e (*b*) com amplificadores operacionais para medidas remotas.

FIGURA 6.17 Ponte alimentada por fonte de corrente.

$$V_{SL} = I \cdot R_0 \frac{r}{2(r+1)} \cdot \alpha \cdot \Delta T$$

$$\%\varepsilon_L = \frac{V_S - V_{SL}}{V_S} 100\% = -\frac{\alpha \cdot \Delta T}{2(r+1)} 100\%$$

$$S_L = \frac{dV_S}{dt} = 2IR_0 \alpha \frac{r(r+1)}{(2r+2+\alpha\Delta T)^2}$$

$$S_{LI} = \frac{dV_{SL}}{dt} = IR_0 \alpha \frac{r}{2(r+1)}$$

Também deixamos como sugestão que elaborem o gráfico sensibilidade normalizada ($S_{LI}/IR_0\alpha$) *versus* a razão característica da ponte (r).

Tipicamente não é fácil de obter uma fonte de corrente de alta capacidade com alta precisão. Para aplicações em que a corrente demandada pela ponte seja pequena, existem algumas referências de corrente monolíticas, assim como fontes de corrente controladas por tensão mediante circuitos com amplificadores operacionais e referências de tensão que podem ser utilizadas nos casos em que as referências de corrente integradas não satisfaçam a demanda de corrente pela ponte. Como exemplo, pode-se citar a fonte de corrente REF200 da Burr-Brown.

Existem diferentes especificações para o coeficiente de temperatura para RTDs de platina:

- A ITS90 (International Temperature Scale) especifica um mínimo de coeficiente de temperatura de 0,003925 para RTDs padrão de platina. As normas IEC751 e ASTM 1137 padronizaram o coeficiente de 0,0038500 para platina.
- É importante salientar que, quando o elemento é comercializado, o seu coeficiente é impresso na embalagem.
- Existem diferentes construções de RTDs de platina para uso industrial. Em uma das configurações, o fio de platina é enrolado em sentido radial (a fim de não causar indutâncias). Em outra configuração, o fio é enrolado e suspenso, de modo que se encaixe em pequenos furos interiores ao corpo do sensor (Figura 6.18). Existem também os filmes depositados sobre um substrato cerâmico (Figura 6.19). Em geral, o bulbo de resistência é montado em uma bainha de aço inoxidável, totalmente preenchida com óxido de magnésio, de tal maneira que existam uma ótima condução térmica e proteção do bulbo com relação a choques mecânicos. A Figura 6.20 mostra os detalhes de uma construção desse tipo de sensor. O isolamento elétrico entre o bulbo e a bainha obedece à mesma norma.
- A construção dos sensores é de extrema importância e vai determinar a vida útil do elemento e a sua consequente precisão de medida.

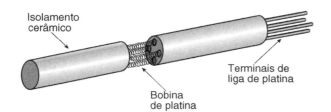

FIGURA 6.18 Bobina bifilar metálica enrolada sobre um substrato de cerâmica e encapsulada em cerâmica.

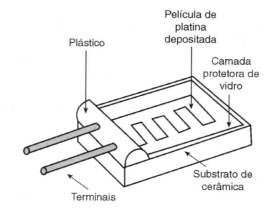

FIGURA 6.19 Detalhe de um sensor de temperatura de platina depositada sobre substrato cerâmico.

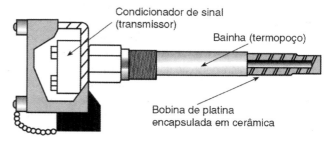

FIGURA 6.20 Detalhes da construção de um RTD de platina em uma bainha de aço inoxidável.

- A faixa de temperatura de elementos de filme de platina vai de −50 a 400 °C, com uma precisão de 0,5 a 2,0 °C. Os sensores de filme de platina mais comuns possuem 100 Ω a 0 °C (PT100) e um coeficiente de temperatura de 0,00385 $\Omega/\Omega°C$.

Para se utilizar um sensor do tipo RTD é necessário fazer uma corrente elétrica passar por ele. Essa corrente será responsável pela dissipação de potência por efeito joule. Isso faz com que o sensor indique uma temperatura mais alta que o valor real dessa temperatura. A isso se chama erro de autoaquecimento.

A fim de reduzir esses erros, deve-se reduzir a potência dissipada pelo sensor (geralmente se utiliza uma corrente de 1 mA). Pode-se também utilizar um sensor com baixa resistência térmica, o que favorece a dissipação do calor. Uma resistência térmica baixa está geralmente ligada ao tamanho desse sensor. Deve-se ainda aumentar ao máximo a área de contato do sensor.

A estabilidade de um sensor do tipo RTD depende do seu ambiente de trabalho. Quanto mais altas as temperaturas, maior a rapidez com que ocorrem desvios indesejáveis e contaminações. Abaixo de 400 °C, os desvios impressos são insignificantes, porém entre 500 °C e 600 °C eles tornam-se um problema, causando erros de até alguns graus por ano. Além disso, choques mecânicos, vibrações e a utilização inadequada do sensor também mudam as características do sensor, e podem ser introduzidos erros instantâneos. Também a umidade pode introduzir erros, uma vez que a água é condutora, podendo mudar a resistividade do RTD, de modo que é importante que o sensor esteja isolado elétrica e mecanicamente do ambiente em que está inserido para medir temperatura.

Em condições de uso extremo, é recomendável que o sensor seja calibrado mensalmente. Sob uso moderado, recomenda-se que a calibração seja executada ao menos uma vez por ano.

6.3.1.1 Calibração de termômetros de resistências metálicas

Existem dois métodos comumente utilizados para a calibração dos RTDs: método do ponto fixo e método de comparação.

O **método de ponto fixo** é utilizado para calibrações de alta precisão (0,0001 °C) e consiste na utilização de temperaturas de fusão ou solidificação de substâncias como água, zinco e argônio para gerar os pontos fixos e repetitivos de temperatura. De maneira geral, esse processo costuma ser lento e caro. Um método de calibração por ponto fixo comumente utilizado em ambiente industrial é o banho de gelo, uma vez que o equipamento necessário pode acomodar vários sensores de uma só vez, além do fato de ser possível obter precisões de até 0,005 °C.

O **método de comparação** utiliza um banho isotérmico estabilizado e aquecido eletricamente, no qual são colocados os sensores a calibrar e um sensor padrão que servirá de referência.

É importante salientar que, quaisquer que sejam, os métodos de calibração devem seguir os rigores das normas (não descritas neste trabalho).

A utilização do RTD em faixas de temperaturas estendidas através de pontos de calibração pode ser feita utilizando-se processos de ajuste de pontos definidos pela ITS90 (International Temperature Scale, de 1990). Entretanto, devido aos baixos padrões de erros exigidos, são necessários laboratórios especializados, bem como equipamentos sob extrema condição de controle e softwares que resolvam equações de relativa complexidade.

Para executar uma calibração em condições em que erros muito pequenos são exigidos, justifica-se a escolha de métodos complexos e de equipamentos caros como os descritos anteriormente; entretanto, para situações em que é suficiente uma incerteza maior ou igual a 0,1 °C, é possível utilizar técnicas mais simples de interpolação. Trata-se de equações de segunda e de quarta ordens, facilmente implementadas por controladores programáveis.

Para um termômetro de resistência de platina o padrão IEC751 determina:

De 0 °C a 850 °C:
$$R(t) = R_0(1 + At + Bt^2)$$
De –200 °C a 0 °C:
$$R(t) = R_0(1 + At + Bt^2 + C(t - 100)t^3),$$

sendo

$R(t)$ a resistência do termômetro de platina à temperatura t
t a temperatura em °C
R_0 a resistência do sensor a 0 °C

A, B, C coeficientes de calibração $\rightarrow \begin{cases} A = 0,003083 \ °C^{-1} \\ B = 5,775 \times 10^{-7} \ °C^{-2} \\ C = 4,183 \times 10^{-12} \ °C^{-4} \end{cases}$

TCR = α = 0,00385055 °C^{-1}

Essas equações devem ser iteradas no mínimo cinco vezes. Como alternativa, para aplicações industriais podem-se utilizar técnicas de regressão e ajuste de curvas como, por exemplo, mínimos quadrados, podendo-se alcançar incertezas de 0,05 °C.

Pela sua precisão e facilidade de utilização, os sensores do tipo RTD são amplamente utilizados, e ainda se busca aperfeiçoar algumas de suas limitações, tais como:

Utilização acima de 600 °C: para que isso seja possível, é necessário que os invólucros protetores consigam de fato suportar tais temperaturas sem iniciar um processo de contaminação no próprio elemento sensor para evitar desvios e não repetibilidade.

Simplificação em processos de calibração: a utilização desses sensores em ambientes industriais requer, antes de mais nada, praticidade. Novas técnicas de calibração aliadas ao poder das máquinas digitais têm facilitado esse processo.

Um dos problemas relacionados a RTDs diz respeito às resistências dos cabos e contatos. Elas podem ser importantes fontes de erro, se somadas à resistência do sensor.

6.3.1.2 Montagens com RTDs

Uma das maneiras mais populares de utilização de RTDs é por meio de uma fonte de corrente para excitar o sensor e medir a tensão sobre ele. A Figura 6.21 mostra o esquema de uma fonte de corrente excitando um sensor do tipo RTD.

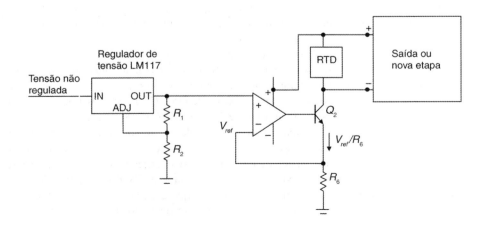

FIGURA 6.21 Fonte de corrente excitando um RTD.

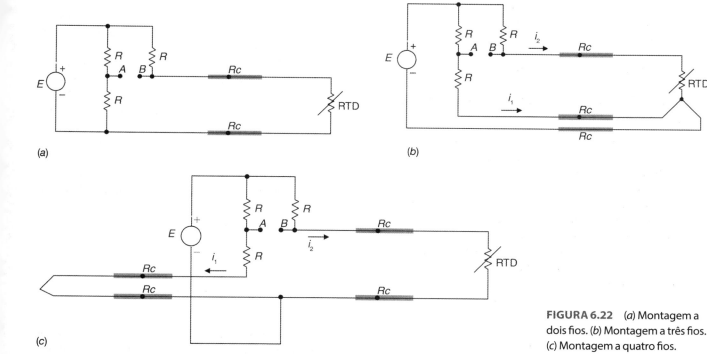

FIGURA 6.22 (a) Montagem a dois fios. (b) Montagem a três fios. (c) Montagem a quatro fios.

Outra maneira de implementar um termômetro com RTDs é utilizar um circuito em ponte de Wheatstone. A Figura 6.22(a) mostra uma montagem denominada ligação a dois fios. Nesse caso tem-se uma ligação para cada terminal do bulbo. Normalmente, essa montagem é satisfatória em locais em que o comprimento do cabo do sensor ao instrumento não ultrapassa 3 m para bitola de 20 AWG.

Considerando-se o circuito da Figura 6.22(a) e substituindo-se R_C por R_{f1} e R_{f2} (apenas para facilitar a discussão) e destacando-se apenas parte deste circuito (veja a Figura 6.23).

Considerando-se para o RTD ($R(T)$ na Figura 6.23) sua função de transferência clássica:

$$R(T) = R_0 + R_0\alpha(T - T_0)$$

Considerando-se que a resistência total fica:

$R_T = R(T) + R_{f1} + R_{f2}$ e então:

$R(T) + R_{f1} + R_{f2} = R_0 + R_0\alpha(T - T_0)$

$R(T) + R_{f1} + R_{f2} = R_0 + R_0\alpha T - R_0\alpha T_0$

Considerando-se que os cabos são iguais, ou seja, $R_{f1} = R_{f2} = R_L$:

$$R(T) + 2R_f + R_0 + R_0\alpha T - R_0\alpha T_0$$

Se $T = T_0$ na função de transferência:

$R(T) = R_0 + R_0\alpha T - R_0\alpha T_0$

$R(T) = R_0$

Logo:

$R(T) + 2R_f + R_0 + R_0\alpha T - R_0\alpha T_0$

$R_0 + 2R_f = R_0 + R_0\alpha(T - T_0)$

$2R_f = R_0 + R_0\alpha(T - T_0) = R_0\alpha T\Delta$

$$\Delta T = \frac{2R_f}{\alpha R(0°C)} \cong \frac{500R_f}{R(0°C)} °C$$

Para exemplificar, um medidor portátil com fios de 1 a 2 metros de comprimento apresenta uma resistência total de aproximadamente 1 Ω (evidentemente isso depende do tipo de fio ou cabo) o que resulta aproximadamente um erro de 2,5 °C devido apenas ao cabeamento.

A Figura 6.22(b) mostra a montagem de três fios; nesse tipo de montagem, haverá uma compensação da resistência elétrica pelo terceiro fio. Na montagem a quatro fios (Figura 6.22(c)) existem duas ligações para cada lado da ponte também, anulando os efeitos das resistências dos cabos.

A diferença entre essas montagens é que, na ligação a dois fios, haverá influência dos cabos de ligação na tensão de saída. Considerando-se a situação de equilíbrio, quando a resistência do RTD for R, a tensão na ponte será

$$V_{AB} = \frac{1}{2} - \frac{(R_{RTD} + 2Rc)}{R + R_{RTD} + 2Rc} = \frac{1}{2} - \frac{R + 2Rc}{2R + 2Rc},$$

em que Rc representa a resistência dos cabos.

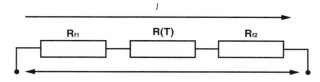

FIGURA 6.23 Parte destacada da montagem a 2 fios.

Ou seja, se os valores das resistências dos cabos (cabos longos) forem significativos, será introduzido um erro devido a eles. No caso da montagem a três fios, pode-se observar a Figura 6.22(b), em que se vê a seguinte situação:

$$V_{AB} = (R + Rc)i_1 - (R_{RTD} + Rc)i_2$$

No equilíbrio ou quando a resistência do RTD for igual a R, tem-se:

$$V_{AB} = 0$$

Isso acontece porque a ligação do terceiro fio compensou a queda de tensão devido à resistência dos cabos.

Na ligação a quatro fios (Figura 6.22 (c)), o raciocínio pode ser o mesmo para se chegar a

$$V_{AB} = (R + 2Rc)i_1 - (R_{RTD} + 2Rc)i_2,$$

e, novamente no equilíbrio, ou, quando a resistência do RTD for igual a R, tem-se:

$$V_{AB} = 0$$

Embora os circuitos em ponte apresentados nas Figuras 6.22 (a), (b) e (c) ilustrem muito bem o problema da resistência dos cabos, eles possuem uma grande desvantagem devido a sua natureza não linear. Isso não é um problema grave se considerarmos uma variação pequena do RTD, mas como vimos no Capítulo 5 a tensão diferencial V_{AB} é de fato não linear.

Por sua vez, ao utilizar uma fonte de corrente constante, pela lei de Ohm podemos observar que a tensão dependerá apenas da variação da resistência do RTD. Dessa forma, podemos utilizar o conceito das ligações a três e a quatro fios conforme ilustram as Figuras 6.24 e 6.25.

Na Figura 6.24 temos um amplificador de ganho 2 ligado a um amplificador diferencial de ganho G. Nessa configuração, a corrente I percorre pelos fios 1 e 2. A corrente pelo fio 2 é desprezível e, portanto, na entrada do amplificador de ganho igual a 2 temos:

$$v_{in\_ganho\_2} = IR_{fio}$$

consequentemente na saída dessa etapa:

$$v_{out\_ganho\_2} = 2IR_{fio}$$

que encontra-se ligada à entrada inversora do amplificador diferencial de ganho G. Já a entrada não inversora desse

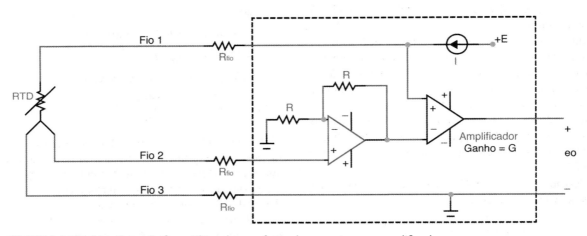

FIGURA 6.24 Ligação a três fios, utilizando uma fonte de corrente e um amplificador.

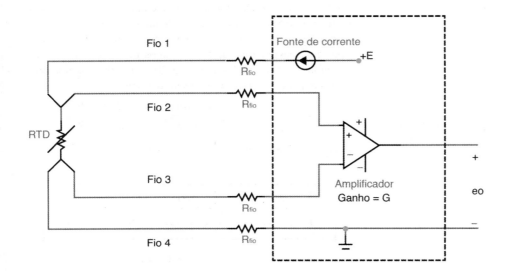

FIGURA 6.25 Ligação a quatro fios, utilizando uma fonte de corrente e um amplificador.

amplificador está ligada à saída da fonte de corrente, cuja tensão total é a queda de potencial nos resistores do circuito:

$$v_{in\_+\_ganho\_G} = I(2R_{fio} + RTD)$$

Na saída dessa etapa temos:

$$v_{out\_ganho\_G} = G(2IR_{fio} + IRTD - 2IR_{fio}) = GIRTD$$

ou seja, na saída temos uma tensão proporcional ao valor do RTD e independente das resistências dos cabos, em que G é o ganho do amplificador diferencial, I é o valor da fonte de corrente constante e RTD é o valor de resistência do sensor de temperatura.

No circuito da Figura 6.25, temos a ligação a quatro fios. Nesse caso temos a corrente percorrendo os fios 2 e 3 desprezada e consequentemente a entrada do amplificador de instrumentação de ganho G:

$$v_{in\_ganho\_G} = IRTD$$

e a saída:

$$v_{out\_ganho\_G} = GIRTD$$

e novamente temos uma tensão proporcional à variação do RTD e independente das resistências dos cabos.

Erros devido ao autoaquecimento em RTD

Como tipicamente uma corrente flui através do RTD, este elemento dissipa calor, que por sua vez acarreta o aumento da temperatura do sensor. Este erro devido ao autoaquecimento pode ser modelado como a potência dissipada dividida pela constante de dissipação do sensor, indicada por h. O erro na temperatura de medição pode ser dado por:

$$\Delta T = \frac{R(T)I^2}{h}$$

em que $R(T)$ é a resistência do sensor e I a corrente fluindo pelo sensor. A constante de dissipação h é normalmente expressa em termos do coeficiente de autoaquecimento:

$$s = 1/h$$

normalmente indicado por Kelvin por mW. Portanto:

$$\Delta T = sR(T)I^2$$

Como o erro de autoaquecimento aumenta com o quadrado da corrente, a corrente é o fator mais significativo deste erro. Além disso, este erro é altamente dependente do ambiente ao redor do termômetro.

Para mais detalhes sobre o uso de RTD em aplicações comerciais consultar as seguintes normas:

- ASTM E1137(1997): Standard Specification for Industrial Platinum Resistance Thermometers;
- ASTM E879-93 (1993): Standard Specification for Thermistor Sensors for Clinical Laboratory Temperature Measurements;
- BS 1041: Part 3 (1989): Temperature Measurement (Guide to the selection and use of industrial resistance thermometers);
- EN 60751 (1996): Industrial platinum resistance thermometer sensors e DIN 43760.

6.3.2 Termistores

Os termistores são semicondutores cerâmicos que também têm sua resistência alterada como efeito direto da temperatura, mas que geralmente possuem um coeficiente de variação maior que os RTDs. Esses dispositivos são formados pela mistura de óxidos metálicos prensados e sintetizados em diversas formas ou em filmes finos, podendo ser encapsulados em vidro (herméticos para maior estabilidade) ou em epóxi. A palavra termistor vem de *thermally sensitive resistor*. São designados como NTC (*negative temperature coeficient*) quando apresentam um coeficiente de temperatura negativo e como PTC (*positive temperature coefficient*) quando apresentam um coeficiente de temperatura positivo. A Figura 6.26 apresenta os símbolos dos termistores (a linha horizontal no final da linha diagonal indica que a variação da resistência não é linear, segundo as publicações da IEC — 117-6).

Esses dispositivos não são lineares e apresentam uma sensibilidade elevada com faixa de operação típica de −100 °C a 300 °C.

Os termistores são disponibilizados em tamanhos e formas variados. A Figura 6.27 traz alguns exemplos de termistores comerciais. A sua faixa de tolerância de fabricação também varia (geralmente de 5 a 20%).

Michael Faraday foi, em 1833, o primeiro a descrever um termistor. Os termistores são dispositivos baseados na dependência da temperatura de uma resistência semicondutora, que varia o número de cargas portadoras disponíveis e sua mobilidade. Quando a temperatura aumenta, o número de cargas portadoras também aumenta e a resistência diminui. Para o coeficiente de temperatura negativa, essa dependência varia com as impurezas; e, quando a dopagem é considerável, o semicondutor apresenta propriedades metálicas e um coeficiente de temperatura positivo em uma determinada faixa de temperatura.

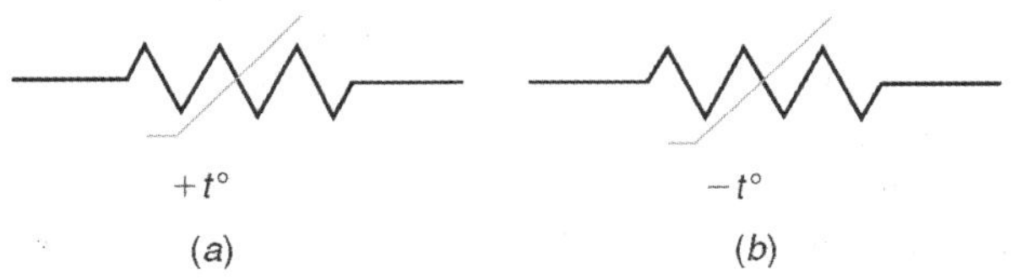

FIGURA 6.26 Símbolos padrão dos termistores que apresentam uma dependência não linear com temperatura (*a*) positiva e (*b*) negativa.

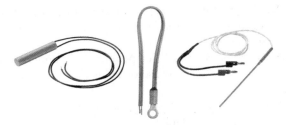

FIGURA 6.27 Exemplos de termistores comerciais. Cortesia Vishay, Intertechnology. Inc.

6.3.2.1 Coeficiente de temperatura positivo — PTC

Os PTCs aumentam a sua resistência com o aumento da temperatura e são usualmente separados em duas grandes famílias: podem ser construídos de silício, e consequentemente suas características dependem deste semicondutor dopado. Neste caso, a dependência da resistência com a temperatura é quase linear (*Linear Silicon PTC Thermistors Temperature Sensors* ou às vezes citados como silistores). O silício é inerentemente estável e assim o sensor é confiável, possuindo uma vida útil longa. Sua faixa de operação típica vai de –60 °C a 150 °C. Esses sensores apresentam um coeficiente de temperatura típico em torno de +0,77%/°C. Uma aplicação desses dispositivos é na própria compensação de temperatura de dispositivos semicondutores (por exemplo, sensores de pressão do tipo MEMs).

A outra família de termistores com coeficiente positivo é construída com titanatos de bário, chumbo e estrôncio, juntamente com outros componentes. Em temperaturas muito baixas (abaixo de 0°C) o valor de resistência é baixo e a curva da resistência × temperatura exibe uma pequena faixa de coeficiente negativo de temperatura até atingir um ponto denominado temperatura crítica ou temperatura de transição. A partir desse ponto a sensibilidade é bastante elevada com um coeficiente de temperatura positivo. Consequentemente, a resistência aumenta muito até chegar em seu limite, onde novamente ocorre uma inversão do coeficiente de temperatura, tornando-se negativo. Devido a essas conversões do coeficiente, este PTC é denominado PTC de chaveamento (*switching type thermistor*), conforme ilustrado na Figura 6.28. A temperatura crítica ou de transição é variada (tipicamente entre 60 e 120°C).

Dependendo da aplicação, os termistores do tipo PTC podem ser usados em dois modos de operação: autoaquecimento (*self-heated*) e modo sensor ou de dissipação zero.

Aplicações que utilizam o **modo de autoaquecimento** exploram o fato de o PTC ser um resistor e, portanto, apresentar uma dissipação de calor ao se fazer passar uma corrente pelo mesmo. Ao atingir a temperatura de transição a resistência aumenta significativamente, fazendo com que a corrente diminua. A variação da resistência pode ser de algumas ordens de magnitude para a variação de alguns °C.

No modo sensor ou de dissipação zero, o efeito de aquecimento do termistor é muito pequeno e desconsiderável. Nesse caso, utiliza-se a curva de resistência × temperatura do PTC.

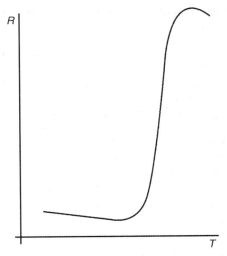

FIGURA 6.28 Curva típica R×T de um termistor do tipo chave (*switching type thermistor*).

A maioria das aplicações com PTCs utiliza o modo de autoaquecimento explorando a característica de tensão × corrente ou então explorando a característica de corrente × tempo. Podemos citar algumas dessas aplicações:

Fusíveis ressetáveis: a alta sensibilidade do PTC (tipo chave) acima da temperatura de transição possibilita que o mesmo seja utilizado como dispositivo de proteção. Um circuito pode ser projetado para que abaixo de uma corrente de limiar a potência dissipada no resistor não seja suficiente para atingir a temperatura de transição. No entanto, se ocorrer uma sobrecorrente o termistor atinge a temperatura de transição e a resistência aumenta consideravelmente limitando a corrente.

Partida suave de motores: inicialmente o PTC encontra-se a temperatura ambiente (quando não há fluxo de corrente) e com uma resistência baixa. Ao iniciar a operação, com a aplicação de uma tensão surge uma corrente elevada. À medida que o PTC vai aquecendo essa corrente vai diminuindo até atingir um valor de regime. Esse mesmo procedimento é utilizado em outras aplicações similares.

Aquecedor e termostato: o PTC pode ser implementado como aquecedor e termostato em um mesmo dispositivo. Flutuações na tensão de alimentação são compensadas por mudanças correspondentes na corrente. Isso é possível porque a curva de tensão corrente dos PTCs é semelhante a uma curva de potência constante. Além disso, a temperatura ambiente aumenta a resistência do PTC, reduzindo a potência dissipada.

Sensores de fluxo: embora essa aplicação também possa ser implementada com outros sensores de temperatura (veja o capítulo sobre sensores de fluxo), o PTC pode ser utilizado como elemento de aquecimento mantido a uma temperatura constante em meio a um fluido como ar ou líquido. À medida que o fluxo desses fluidos varia, a resistência do PTC também varia. Por meio de um circuito de compensação e medida pode-se fazer o monitoramento da potência, que está relacionada com o fluxo.

6.3.2.2 Coeficiente de temperatura negativo — NTC

Os termistores do tipo NTC são constituídos com compostos cerâmicos contendo óxidos metálicos tais como cromo, níquel, cobre, ferro, manganês e titânio. Esses componentes diminuem a sua resistência elétrica com o aumento da temperatura. A dependência da resistência em relação à temperatura do termistor do tipo NTC é aproximadamente igual à característica apresentada por semicondutores intrínsecos, para os quais a variação na resistência elétrica é devida à excitação de portadores no *gap* de energia. Nesses componentes, o logaritmo da resistência tem uma variação aproximadamente linear com o inverso da temperatura absoluta. Para pequenas faixas de temperatura, e ainda desconsiderando-se efeitos como o autoaquecimento, pode-se escrever a seguinte relação:

$$\ln(R_T) \cong A + \frac{\beta}{T},$$

sendo

β a constante do termistor dependente do material;
T a temperatura absoluta em K;
A uma constante.

Considerando-se que a uma temperatura T_0 de referência (em K) tem-se uma resistência conhecida R_0, pode-se fazer:

$$R_T \cong R_0 \cdot e^{\beta\left(\frac{1}{T} - \frac{1}{T_0}\right)}$$

Para R_0 a 25 °C, $T_0 = 273{,}15$ K $+ 25$ K ≈ 298 K.
β é chamado coeficiente de temperatura do termistor e seu valor varia de acordo com o tipo de NTC.

De $R_T = R_0 \cdot e^{\beta\left(\frac{1}{T} - \frac{1}{T_0}\right)}$, a sensibilidade relativa ou TCR pode ser calculada por

$$\alpha = \frac{\frac{dR_T}{dT}}{R_T} = -\frac{\beta}{T^2},$$

Essa equação mostra uma dependência não linear de T. Por exemplo, a 25 °C e com $\beta = 4\,000$ K, $\alpha = -4{,}5\%/$K, que é mais do que 10 vezes o coeficiente do transdutor PT100. Em geral, altas resistências apresentam altos TCRs.

Cabe observar que a dependência da temperatura de α no PT100 (ou, de maneira geral, nos RTDs) é linear e muito menor que o coeficiente do termistor.

A constante β pode ser calculada pela resistência do termistor NTC a duas temperaturas de referência T_1 e T_2. Se as resistências medidas são, respectivamente, R_1 e R_2, sucessivamente recolocando esses valores em $R_T = R_0 \cdot e^{\beta\left(\frac{1}{T} - \frac{1}{T_0}\right)}$ e resolvendo para β, temos

$$R_1 = R_2 \cdot e^{\beta\left(\frac{1}{T_1} - \frac{1}{T_2}\right)} \Rightarrow \ln\left(\frac{R_1}{R_2}\right) = \beta\left(\frac{1}{T_1} - \frac{1}{T_2}\right)$$

e, finalmente,

$$\beta = \frac{\ln\left(\frac{R_1}{R_2}\right)}{\frac{1}{T_1} - \frac{1}{T_2}}$$

β é então especificado como β_{T_1/T_2}, como, por exemplo, $\beta_{20/70}$.

EXEMPLO

Calcule β para um termistor NTC que tem 10 000 Ω a 25 °C e 3 800 Ω a 50 °C:

$R_2 = 10\,000$ Ω; $R_1 = 3\,800$ Ω; $T_2 = 273{,}15 + 25$ K; $T_1 = 273{,}15 + 50$ K;

$$\beta = \frac{\ln\left(\frac{3\,800}{10\,000}\right)}{\left(\frac{1}{273{,}15 + 50\text{ K}} - \frac{1}{273{,}15 + 25\text{ K}}\right)} \cong 3728$$

Observe que o resultado não depende da temperatura de referência. Para um termistor típico, o modelo de dois parâmetros fornece uma precisão de ±0,3 °C para uma faixa de 50 °C. Um modelo de três parâmetros reduz esse erro para ±0,01 °C em uma faixa de 100 °C. O modelo é então descrito pela equação empírica de Steinhart e Hart:

$$R_T = e^{\left(A + \frac{B}{T} + \frac{C}{T^3}\right)}.$$

Ou, alternativamente,

$$\frac{1}{T} = a + b \cdot \ln(R_T) + c \cdot (\ln(R_T))^3.$$

Medindo R_T a três temperaturas conhecidas e resolvendo a equação resultante do sistema, o valor de R_T para uma temperatura T é dado por:

$$R_T = \exp\left(\sqrt[3]{-\frac{m}{2} + \sqrt{\frac{m^2}{4} + \frac{n^2}{27}}} + \sqrt[3]{-\frac{m}{2} - \sqrt{\frac{m^2}{4} + \frac{n^2}{27}}}\right),$$

sendo $m = \left(a - \frac{1}{T}\right)/c$ e $n = b/c$.

6.3.2.3 Limitações dos termistores

As limitações dos termistores para a medição de temperatura e de outras quantidades físicas são similares às dos RTDs, mas os termistores são menos estáveis que os RTDs. Os termistores são amplamente utilizados, e apresentam alta sensibilidade e alta resolução para medição de temperatura. Sua alta resistividade permite massa pequena com rápida resposta e cabos de conexão longos.

A Tabela 6.2 apresenta algumas características gerais dos termistores NTC frequentemente utilizados.

TABELA 6.2 Características gerais dos termistores NTC de uso mais frequente

Faixa de temperatura	–100 °C a 450 °C
Resistência a 25 °C	0,5 Ω a 100 MΩ (1 kΩ a 10 MΩ é comum)
β	2 000 K a 5 500 K
Temperatura máxima	> 125 °C (300 °C em repouso; 600 °C intermitente)
Constante de dissipação δ	1 mW/K no ar; 8 mW/K no óleo
Constante de tempo térmica	1 ms a 22 s
Dissipação de potência máxima	1 mW a 1 W

6.3.2.4 Aplicações de termistores

Um circuito para medição de uma faixa de temperatura, como, por exemplo, no sistema de aquecimento de veículos formado por uma bateria, um resistor variável em série, um termistor e um microamperímetro, pode ser visto na Figura 6.29. A corrente no circuito é uma função não linear da temperatura em função do termistor, mas a escala do microamperímetro pode estar calibrada de acordo.

Outra aplicação comum de termistores do tipo NTC não é exatamente como sensores. Fontes chaveadas são conversores estáticos CC-CC que utilizam capacitores com valores relativos altos. No momento em que são ligados, esses capacitores são carregados por um pico de corrente que pode inutilizá-los. É comum utilizar um NTC na entrada desses componentes (circuito de *rush-in*), pois de início o NTC está à temperatura ambiente e sua resistência está relativamente alta, limitando, portanto, a corrente de carga inicial dos capacitores. Como as correntes de trabalho também podem ser altas (da ordem de alguns A), o NTC esquenta e baixa sua resistência e, em consequência, a queda de tensão sobre ele. Esses NTCs têm valores nominais muito mais baixos que os dos NTCs utilizados como sensores. A Figura 6.30(a) traz a fotografia de um desses NTCs, e a Figura 6.30(b) traz a fotografia de uma fonte chaveada de computador com um NTC. O fato de o NTC iniciar com uma resistência baixa e aumentar com o aumento da corrente (sensor de autoaquecimento) faz com que o mesmo seja empregado em situações onde a partida de sistemas gera picos elevados de corrente como o apresentado.

6.3.2.5 Linearização — NTCs

Para analisar um termistor NTC em um circuito, pode-se considerar a resistência equivalente de Thévenin R vista entre os terminais aos quais o termistor NTC está conectado. Considerando-se o circuito da Figura 6.31, a resistência equivalente de Thévenin é a combinação paralela de ambos os resistores:

$$R_P = \frac{R \times R_T}{R + R_T}$$

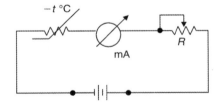

FIGURA 6.29 Aplicação de um termistor em um sistema de aquecimento automotivo.

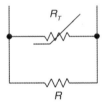

FIGURA 6.31 Circuito equivalente para cálculo da resistência vista dos terminais do NTC.

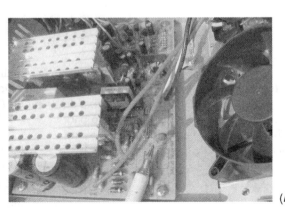

FIGURA 6.30 (a) Fotografia de um NTC utilizado em fontes chaveadas; (b) fotografia de uma fonte chaveada utilizando um NTC.

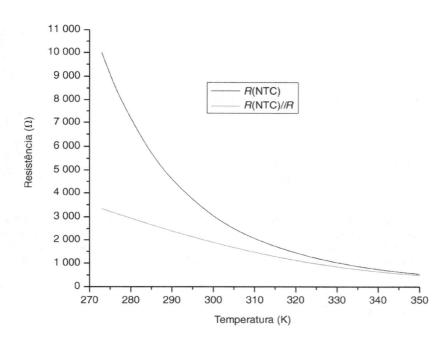

FIGURA 6.32 Característica resistência-temperatura de um termistor NTC desviada por um resistor R.

E a sensibilidade à temperatura pode ser assim calculada:

$$\frac{dR_P}{dT} = \frac{R^2}{(R_T + R)^2} \cdot \frac{dR_T}{dT}$$

R_P não é linear, mas sua variação com a temperatura é menor que a de R_T, pois o fator multiplicador dR_T/dT é menor que 1.

A melhora da linearidade é ganha a um custo — ou seja, a diminuição da sensibilidade. A Figura 6.32 apresenta o resultado para o caso específico: $R_0 = 10$ kΩ, $\beta = 3\,600$ K e $R = 5\,000$ Ω. (R_0 é a resistência do NTC a 273 K.)

O resistor R, ou, como alternativa, o termistor NTC, pode ser escolhido para melhorar a linearidade na faixa de medição. Um método analítico para se calcular R é forçar três pontos equidistantes na curva resistência-temperatura para coincidir com uma linha tracejada. Se $T_1 - T_2 = T_2 - T_3$, a condição é:

$$R_{p1} - R_{p2} = R_{p2} - R_{p3}.$$

Considerando-se $R_P = \dfrac{R \times R_T}{R + R_T}$:

$$\frac{R \times R_{T1}}{R + R_{T1}} - \frac{R \times R_{T2}}{R + R_{T2}} = \frac{R \times R_{T2}}{R + R_{T2}} - \frac{R \times R_{T3}}{R + R_{T3}}$$

Resolvendo para R, temos:

$$R = \frac{R_{T2} \cdot (R_{T1} + R_{T3}) - 2 \cdot R_{T1} \cdot R_{T3}}{R_{T1} + R_{T3} - 2 \cdot R_{T2}}.$$

Essa expressão não depende de nenhum modelo matemático para R_T. O mesmo método pode ser aplicado para termistores PTC e outros sensores resistivos não lineares. Outro método analítico consiste em forçar a curva resistência-temperatura a ter um ponto de inflexão no centro da faixa de medição (T_C). Para se obter o valor necessário para R, é necessária a derivada de $\dfrac{dR_P}{dT} = \dfrac{R^2}{(R_T + R)^2} \cdot \dfrac{dR_T}{dT}$ com relação à temperatura e igualar o resultado a zero. Isso fornece o valor de R:

$$R = R_{T_C} \cdot \frac{\beta - 2 \cdot T_C}{\beta + 2 \cdot T_C}$$

A expressão $R = R_{T_C} \cdot \dfrac{\beta - 2 \cdot T_C}{\beta + 2 \cdot T_C}$ possibilita uma melhor linearização próxima de T_C. A equação $R = \dfrac{R_{T2} \cdot (R_{T1} + R_{T3}) - 2 \cdot R_{T1} \cdot R_{T3}}{R_{T1} + R_{T3} - 2 \cdot R_{T2}}$ fornece uma melhor linearização nas zonas próximas dos pontos de ajuste.

EXEMPLO

Considere o mesmo termistor da Figura 6.32 ($R_0 = 10$ kΩ a 0 °C, $\beta = 3\,600$ K). Determine o valor de R para que a resposta seja linearizada entre 280 e 380 K.

Pelo método dos três pontos equidistantes:
Em $T_3 = 280$ K $\Rightarrow R_3 = 7\,191$ Ω
Em $T_2 = 330$ K $\Rightarrow R_2 = 1\,025$ Ω
Em $T_1 = 380$ K $\Rightarrow R_1 = 244$ Ω

(continua)

(continuação)

Aplicando a equação, temos:

$$R = \frac{1\,025 \cdot (244 + 7\,191) - 2 \times 244 \times 7\,191}{244 + 7\,191 - 2 \times 1\,025} \cong 763{,}5\ \Omega$$

Utilizando o método do ponto central, temos:

$$T_C = 330\ K\ \text{e}\ R_{TC} = 1\,025\ \Omega$$

$$R = 1\,025 \cdot \frac{3\,600 - 2 \times 300}{3\,600 + 2 \times 300} \cong 707\ \Omega$$

Combinando resistores em série e em paralelo, é possível linearizar a característica resistência-temperatura, e é mais rápido do que fazê-lo via software (por meio de modelos). O procedimento para incluir resistores em série e em paralelo é o mesmo que se adotou anteriormente (para um resistor em paralelo apenas), porém a resistência equivalente deve ser recalculada. Por exemplo, a Figura 6.33 mostra um circuito com um NTC em série com um resistor e em paralelo com outro. Nesse caso a resistência equivalente é

$$R_{eq} = R_{AB} = \frac{(R_{termistor} + R_1)R_2}{R_2 + R_1 + R_{termistor}}.$$

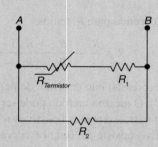

FIGURA 6.33 Exemplo de um circuito de linearização de um NTC em que se utilizam um resistor em série e outro em paralelo.

Algumas unidades comerciais linearizadas incluem um ou mais resistores em série e em paralelo com um ou mais termistores adotando o critério anteriormente discutido. Obviamente, sua "linearidade" é limitada a uma faixa especificada pelo fabricante caracterizada por um desvio típico.

EXEMPLO

Condicionamentos para NTCs

O condicionamento dos termistores pode ser feito com um simples divisor de tensão. Considere o circuito da Figura 6.34.

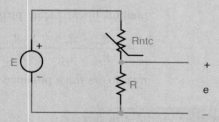

FIGURA 6.34

A tensão de saída pode ser calculada:

$$e = \frac{ER}{R + R_{ntc}} = \frac{E}{1 + \dfrac{R_{ntc}}{R}}$$

(continua)

(continuação)

A sensibilidade pode ser calculada:

$$\frac{\partial e}{\partial R_{ntc}} = -\frac{ER}{(R + R_{ntc})^2}$$

Embora a tensão de saída seja não linear, pode-se verificar que se a parcela $\frac{R_{ntc}}{R} \geq 1$, temos uma resposta aproximadamente linear. O resultado pode ser visto na Figura 6.35 (a) com $R = 500\ \Omega$ (vinte vezes menor que R_{ntc}), $E = 10$ V e o NTC apresentado na Figura 6.32 (resistência de 10 kΩ a 0 °C). Uma maneira de escolher o valor de R é utilizar o valor calculado anteriormente em paralelo com o NTC com o método dos três pontos equidistantes. Nesse caso o ponto central é determinado para forçar a simetria no centro da curva de resposta, como pode ser visto na Figura 6.35 (b) ($R = 763\ \Omega$). Observe que, nesse caso, o resistor equivalente (Thévenin) é o mesmo calculado anteriormente (em paralelo).

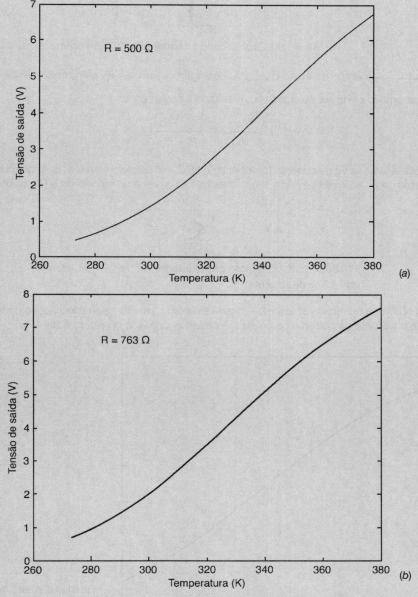

FIGURA 6.35 Resposta do condicionador para NTC, com um divisor de tensão para (a) $R = 500\ \Omega$ e (b) $R = 763\ \Omega$.

(continua)

(*continuação*)

Em outra configuração, pode-se utilizar o termistor em um circuito do tipo ponte, como mostrado na Figura 6.36. Nesse caso, a saída diferencial permite o ajuste do zero, com a variação de uma das resistências R_1 ou R_2 como pode ser verificado na equação.

$$e = E\left(\frac{R}{R + R_T} - \frac{R_2}{R_1 + R_2}\right)$$

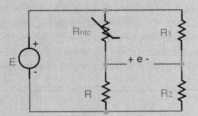

FIGURA 6.36 Circuito condicionador para NTC em ponte.

Quando a relação $\frac{R_{ntc}}{R} = \frac{R_1}{R_2}$ então a tensão de saída será igual a zero. Se $R_1 = R_2$ então temos $e = E\left(\frac{R}{R + R_T} - 0,5\right)$. A sensibilidade desse circuito pode ser calculada e o resultado é novamente:

$$\frac{\partial e}{\partial R_{ntc}} = -\frac{ER}{(R + R_{ntc})^2}$$

Também podemos utilizar uma fonte de corrente para excitar o NTC (em paralelo com o resistor de linearização) conforme mostra a Figura 6.37. Nesse caso, a tensão de saída tem a mesma forma que a resistência do NTC em paralelo com o resistor R.

FIGURA 6.37 Circuito condicionador de um NTC utilizando uma fonte de corrente.

Utilizando o mesmo NTC dos exemplos anteriores em paralelo com o resistor para linearização (também calculado anteriormente ($R = 763\ \Omega$)) e uma fonte de corrente de $I = 10$ mA obtemos o gráfico da Figura 6.38.

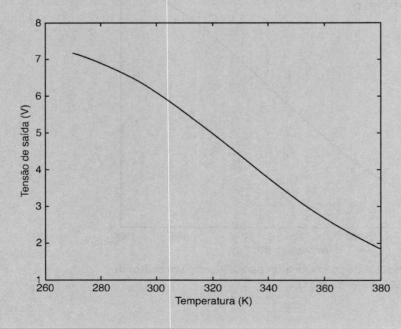

FIGURA 6.38 Resultado do circuito da Figura 6.38 implementado com $R = 763\ \Omega$, $I = 10$ mA e um NTC com resistência $R_{0\,°C} = 10\ 000$ kΩ.

6.4 Termopares

6.4.1 Introdução

Sensores *self-generating* ou sensores ativos, como, por exemplo, os piezoelétricos, os termopares, os piroelétricos, os fotovoltaicos, os eletroquímicos, entre outros, geram um sinal elétrico a partir de um mensurando sem necessitar de alimentação. Essa família de sensores oferece métodos alternativos para muitas medições, como, por exemplo, de temperatura, de força, de pressão e de aceleração. Além disso, podem ser usados como atuadores para se obterem saídas não elétricas de sinais elétricos. Muitas vezes são denominados transdutores elétricos, pois fornecem tensão ou corrente elétrica em resposta ao estímulo. Um dos principais sensores dessa família que são utilizados industrialmente é o termopar, cujos princípios de funcionamento e principais características serão descritos nesta seção.

Entre 1821 e 1822, Thomas J. Seebeck observou a existência dos circuitos termelétricos quando estudava o efeito eletromagnético em metais. Observou que um circuito fechado, formado por dois metais diferentes, é percorrido por uma corrente elétrica quando as junções estão expostas a uma diferença de temperatura — efeito de Seebeck (Figura 6.39). Se o circuito é aberto, uma força eletromotriz (fem) termelétrica aparece e depende somente dos metais e das temperaturas das junções do termopar. A relação entre a fem e a diferença de temperatura T entre as junções define o coeficiente de Seebeck S_{ab}, definido por:

$$S_{ab} = \frac{d(fem)}{dT} = S_a - S_b$$

sendo que S_a e S_b representam, respectivamente, a potência termelétrica absoluta entre dois pontos a e b do termopar. Pela definição do coeficiente de Seebeck, percebe-se que ele depende da temperatura T e geralmente aumenta com o aumento da temperatura.

Em 1834, Jean C. A. Peltier descobriu que, quando existe um fluxo de corrente na junção de dois metais diferentes, há liberação ou absorção de calor, conforme esboço da Figura 6.40. Esse fenômeno é conhecido como efeito de Peltier, e pode ser definido como a mudança no conteúdo de calor

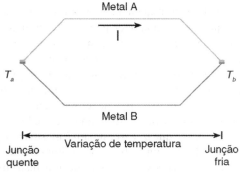

FIGURA 6.39 Circuito de Seebeck.

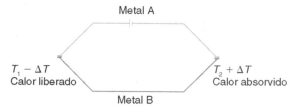

FIGURA 6.40 Efeito de Peltier.

quando uma quantidade de carga (1 coulomb) atravessa a junção. Cabe observar que esse efeito é reversível e não depende da forma ou das dimensões dos condutores. Portanto, depende apenas da composição das junções e da temperatura. Essa dependência é linear e é descrita pelo coeficiente de Peltier π_{ab} (cuja unidade é o volt), que é definido como o calor gerado na junção entre a e b para cada unidade de fluxo entre b e a:

$$\pi_{ab}(T) = T \times (S_b - S_a) = -\pi_{ba}(T).$$

Em 1851, Lord Kelvin (Sir William Thomson Kelvin) verificou que um gradiente de temperatura em um condutor metálico é acompanhado de um pequeno gradiente de tensão, cuja magnitude e direção dependem do tipo de metal. Esse efeito é conhecido como efeito Thomson. Quando a fonte de calor está parada (Figura 6.41(*a*)) ocorre um deslocamento aleatório de portadores. Nesse caso, o fluxo médio de elétrons é nulo. Entretanto, ao deslocar a fonte de calor (Figura 6.41(*b*)), são gerados (no sentido do deslocamento) elétrons livres que se deslocam em número majoritário. Isso gera a polarização do sistema e um fluxo de corrente.

Esse fenômeno é causado pelo gradiente térmico no condutor. Desde que ocorra uma diferença térmica nesse condutor haverá fluxo de corrente.

Um fato interessante ocorre ao se inserir uma bateria no circuito (Figura 6.41(*c*)). Nesse caso, os elétrons movem-se do polo negativo para o positivo. Ao aproximar uma fonte de calor ocasiona um deslocamento aleatório de elétrons (em ambas as direções). Nesse caso, os elétrons que se deslocam na mesma direção, daqueles excitados pela bateria, vão liberar calor e este lado do condutor ficará aquecido. Por sua vez, os elétrons que se deslocam na direção contrária absorvem calor e deixam esta parte do condutor mais fria.

O efeito Thomson pode ser descrito por:

$$q = \rho J^2 - \mu J \frac{dT}{dx}$$

em que

q é o calor por unidade de volume;
ρ é a resistividade do material;
J é a densidade de corrente;
μ é o coeficiente de Thomson;

$\frac{dT}{dx}$ é o gradiente de temperatura ao longo do condutor.

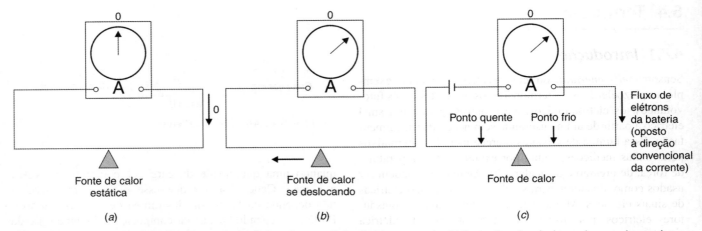

FIGURA 6.41 Efeito Thomson: (a) fonte estática de calor com fluxo de corrente nula, (b) fonte de calor deslocando-se pelo condutor produzindo um fluxo de corrente e (c) com a inserção de uma bateria, os elétrons gerados pela fonte de calor que se deslocam no mesmo sentido dos elétrons gerados pela bateria liberam calor e aquecem o condutor. Os elétrons que se deslocam no sentido inverso absorvem calor reduzindo a temperatura do condutor.

Nessa equação a primeira parcela é relativa ao efeito Joule e a segunda ao efeito Thomson.

Dos três princípios apresentados o efeito Seebeck é o único que converte energia térmica em energia elétrica na forma de diferença de potencial, utilizado na termometria. Usualmente as aplicações dos termopares são feitas utilizando-se o sensor como um circuito aberto, o que faz com que a corrente percorrendo o mesmo seja nula e consequentemente os efeitos Peltier e Thomson, dependentes dessa corrente, sejam nulos.

6.4.2 Princípios fundamentais

Os termopares são sensores muito populares por cobrirem uma faixa de temperatura muito larga (abaixo de −200 °C até temperaturas acima de 2000 °C), portanto maior que os termômetros baseados em resistências (termorresistências), com um custo relativamente baixo (varia de acordo com o tipo de termopar).

Nesta subseção, serão descritas resumidamente as leis termelétricas que são necessárias para se compreender o funcionamento dos termopares. O circuito de Seebeck, denominado par termelétrico ou, comumente, termopar, é uma fonte de força eletromotriz (tensão elétrica). O termopar pode ser utilizado como um sensor de temperatura (efeito Seebeck) ou como uma fonte de energia elétrica (conversor de energia termelétrica aplicando o efeito Peltier); porém, na maioria das aplicações, é utilizado somente como sensor de temperatura, pois os termopares metálicos apresentam baixíssimo rendimento.

A polaridade e a magnitude da tensão (denominada tensão de Seebeck) V_S dependem da temperatura das junções e do tipo de material que constitui o elemento termopar. No exemplo da Figura 6.42, a tensão ou força eletromotriz é devido à diferença das temperaturas T_1 e T_2 não é afetada pelas temperaturas intermediárias, T_3 e T_4.

A principal aplicação relacionada à tensão de Seebeck e sua dependência é que, se a junção q, por exemplo, é mantida

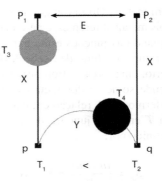

FIGURA 6.42 Tensão de Seebeck: depende apenas das características dos materiais constituintes do termopar e das temperaturas das junções.

a uma temperatura fixa (em geral denominada temperatura de referência), T_2, a tensão de Seebeck é unicamente função da T_1 da outra junção (na Figura 6.42, denominada junção p). Portanto, medindo-se a tensão de Seebeck pode-se determinar a temperatura T_1, desde que se tenha levantado experimentalmente a função $V_S(T_1)$ relativa à temperatura de referência T_2. Esta breve descrição demonstra o uso do termopar como sensor de temperatura.

A lei dos metais intermediários é outra importante regra prática utilizada com frequência no uso dos termopares. A lei estabelece que, se em qualquer ponto do termopar for inserido um metal genérico, desde que as novas junções, criadas pela inserção do metal genérico, sejam mantidas a temperaturas iguais, a tensão de Seebeck não se altera (Figura 6.43).

Essa lei é aplicada no momento em que um instrumento de medição — como, por exemplo, de tensão elétrica — é ligado ao termopar. Nesse caso, o instrumento de medida é o metal intermediário, desde que q_1 e q_2 estejam à mesma temperatura T_2. A Figura 6.44 traz um esboço desse importante conceito que apresenta aplicações na ligação de um instrumento de medida ao termopar ou na conexão de extensões ao termopar.

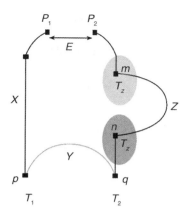

FIGURA 6.43 Lei dos metais intermediários: a tensão de Seebeck não se altera em função da inserção do metal intermediário, desde que as junções novas (m, n) sejam mantidas à mesma temperatura (T_z).

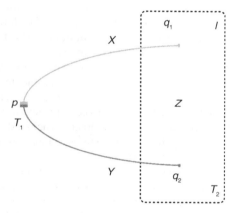

FIGURA 6.44 Aplicação da lei dos metais intermediários: o instrumento de medida é o metal intermediário e não altera a tensão de Seebeck, desde que suas junções estejam à mesma temperatura.

Outra lei essencial para a correta utilização dos termopares é a chamada lei das temperaturas sucessivas, que descreve a relação entre a fem obtida para diferentes temperaturas de referência ou de junção fria. Essa lei permite compensar ou prever dispositivos que compensem mudanças de temperatura da junta de referência. A relação $V_S = V_S(T)$ pode ser obtida graficamente (a chamada *curva de calibração*) para um termopar com a junta de referência em $T_1 = 0\ °C$, conforme exemplifica a Figura 6.45.

Com a curva de calibração ou com a função de calibração de um determinado termopar pode-se determinar qualquer outra curva relativa à junta de referência a uma dada temperatura. As curvas de calibração dos termopares geralmente não são lineares, por isso são fornecidas tabelas. Em alguns casos pode-se considerá-las lineares, a depender da faixa de temperatura utilizada e da sensibilidade do medidor de fem.

A inclinação da curva $V_S \times T$ em um ponto qualquer dV_s/dT é

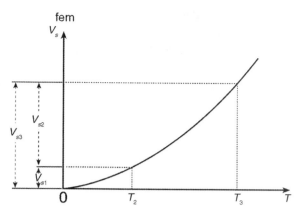

FIGURA 6.45 Curva de calibração de um determinado termopar.

denominada *potência termelétrica*, que geralmente é pequena e varia com a natureza do termopar. Por exemplo:

- Para cromel-alumel → quatro dezenas de $\mu V/°C$
- Para ferro-constantã → cinco dezenas de $\mu V/°C$

A dependência da diferença de potencial entre as juntas com a temperatura pode ser aproximada por funções do tipo:

$$V_S = a + b \cdot T + c \cdot T^2 + \ldots + \ldots$$

em que a, b, c são constantes determinadas experimentalmente. (Cabe observar que, se a junção de referência está a 0 °C, → $a = 0$.) Portanto, a variação da fem (Δfem) em função da variação da temperatura (ΔT) é a potência termelétrica:

$$P = \frac{dV_S}{dT} = b + 2 \cdot c \cdot T + \ldots$$

ou, para um intervalo de temperatura,

$$P = \frac{\Delta V_S}{\Delta T}.$$

É importante observar que a potência termelétrica (P) representa a sensibilidade de resposta (ΔV_S) do par termelétrico (ou termopar) à variação de temperatura (ΔT). Portanto, se um termopar apresenta uma potência termelétrica $20\ mV/°C$ e outro $40\ mV/°C$ para uma mesma faixa de temperatura, prevalece a opção pelo segundo termopar, pois apresenta uma variação maior de fem para cada °C, o que torna mais fácil e eventualmente mais precisa a medição.

6.4.3 Os principais termopares comerciais

Sensores termopares ou termelétricos estão sujeitos aos efeitos descritos anteriormente, mas estão baseados principalmente no efeito Seebeck. Podem-se simplificadamente citar os requisitos gerais e simultâneos desejados na escolha dos metais para formação de um par termelétrico:

TABELA 6.3 — Alguns termopares comerciais e suas características básicas (padrão ANSI)

Tipo (ANSI)	Faixa (°C)	Saída (fundo de escala — mV)	Incerteza (°C)
B	38 a 1800	13,6	—
C	0 a 2300	37,0	—
E	0 a 982	75,0	±1,0
J	184 a 760	43,0	±2,2
K	−184 a 1260	56,0	±2,2
N	−270 a 1300	51,8	—
R	0 a 1593	18,7	±1,5
S	0 a 1538	16,0	±1,5
T	−184 a 400	26,0	±1,0

- Resistência à oxidação e à corrosão consequentes do meio e de altas temperaturas;
- Linearidade dentro do possível;
- Ponto de fusão maior que a maior temperatura à qual o termopar é usado;
- Sua fem deve ser suficiente para ser medida com precisão razoável;
- Sua fem deve aumentar continuamente com o aumento da temperatura (evidentemente, dentro da faixa de utilização do termoelemento);
- Os metais devem ser homogêneos;
- Suas resistências elétricas não devem apresentar valores que limitem seu uso;
- Sua fem deve ser estável durante a calibração e o uso dentro de limites aceitáveis;
- Sua fem não deve ser alterada consideravelmente por mudanças químicas, físicas ou pela contaminação do ambiente;
- Deve ser facilmente soldado pelo usuário.

O número de características desejadas limita a escolha dos materiais para formação do termopar. A Tabela 6.3 apresenta alguns termopares comerciais e suas características básicas. A Figura 6.46 traz um esboço de um termopar industrial com bainha (cobertura). Cabe observar que:

- Os termopares do tipo J (ferro-constantã) são versáteis, de baixo custo e indicados para atmosferas inertes ou redutoras (até 760 °C). Devem ser utilizados com tubos de proteção; isso porque, uma vez que contêm ferro, não são indicados para ambientes oxidantes. Muitas vezes utilizados em têmperas, fornos elétricos abertos e em processos de recozimento;
- Os termopares do tipo K (cromel-alumel) têm uma faixa de medição maior do que a dos tipos E, J e T em ambientes oxidantes. Apresentam boa resistência mecânica a altas temperaturas e não são indicados para atmosferas redutoras. Utilizados principalmente em tratamentos térmicos, fornos, processos de fundição e banhos;
- Os termopares do tipo T (cobre-constantã) são resistentes à corrosão e úteis em ambientes excessivamente úmidos. Resistem a atmosferas redutoras e oxidantes e são muito utilizados a temperaturas negativas. A principal desvantagem está relacionada à oxidação do cobre acima de 315 °C. Utilizados principalmente em estufas, banhos, fornos elétricos para baixas temperaturas.
- O termopar do tipo E (cromel-constantã) apresenta alta sensibilidade e resiste a processos corrosivos inferiores a 0 °C e a ambientes oxidantes;
- O termopar do tipo N (nicrosil (Ni-Cr-Si)–nisil (Ni-Si-Mg)) resiste à oxidação e é estável a altas temperaturas;
- Os termopares baseados em metais nobres (B(Pt(6%)-ródio–Pt(30%)-ródio), R (Pt(13%)-ródio-Pt) e S (Pt(10%)-ródio-Pt)) são altamente resistentes à oxidação e à corrosão. São baseados em ligas de platina com ródio;
- Os termopares dos tipos C e N não são padrões ANSI; são filmes finos para medição de temperatura superficial.

Tabelas padrão fornecem a tensão de saída correspondente às temperaturas quando a junção fria ou de referência está a 0 °C. Sistemas computacionais podem usar polinômios para aproximar os valores das tabelas com precisão relacionada ao grau do polinômio. A Figura 6.47 apresenta algumas curvas dos termopares mais utilizados.

Com base nessas formas de onda, as sensibilidades aproximadas são:

- Tipo E → 70 $\mu V/°C$
- Tipo J → 55 $\mu V/°C$
- Tipo T → 50 $\mu V/°C$
- Tipo K → 40 $\mu V/°C$.

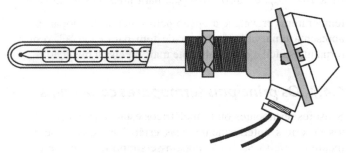

FIGURA 6.46 Esquema de um termopar industrial com bainha protetora e estrutura para ligação de cabos de compensação.

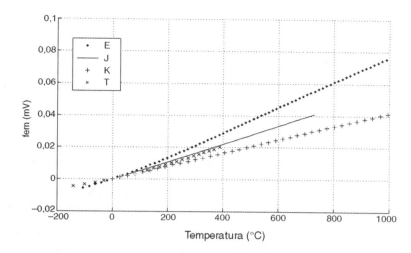

FIGURA 6.47 Características de alguns termopares com junção de referência a 0 °C.

A utilização do gráfico da Figura 6.47 é restrita. Portanto, para boas medições são necessárias tabelas padrão ou representações polinomiais dessas características (em sistemas microprocessados, é facilmente empregada a aproximação polinomial). A expressão geral, conforme já salientamos, apresenta a forma:

$$T = a_0 + a_1 \cdot V + a_2 \cdot V^2 + a_3 \cdot V^3 + \ldots + a_n \cdot V^n$$

sendo V a fem observada em volts (V), T a temperatura da junção (°C). Os coeficientes da equação anterior considerando a junta de referência a 0 °C para os tipos particulares de termopares são dados na Tabela 6.4.

Suponha, por exemplo, que um termopar do tipo J apresente uma saída de 10,0 mV relativa à junção de referência a 0 °C. Então pela equação:

$$T = a_0 + a_1 \cdot V + a_2 \cdot V^2 + a_3 \cdot V^3 + \ldots + a_n \cdot V^n$$

Pelos coeficientes fornecidos na Tabela 6.4, a temperatura indicada por esse termopar é de aproximadamente $T \approx 186$ °C.

Observa-se que existem procedimentos normalizados para utilização de tabelas em função de precisão e tempo de medida. Alternativamente, podem-se estilizar polinômios definindo a curva do termopar em faixas limitadas de temperatura.

6.4.4 Medição da tensão do termopar

Pode-se observar experimentalmente que a diferença de potencial (ddp) que surge nos terminais de um termopar não depende do ponto escolhido para se abrir o circuito. Porém, normalmente o ponto de medição corresponde a uma das junções que recebem os nomes mostrados na Figura 6.48.

Pode-se medir a tensão de Seebeck (V_S) diretamente conectando-se um voltímetro ao termopar (se as junções da conexão do voltímetro ao termopar estiverem à mesma temperatura, os terminais do voltímetro são considerados metais intermediários, ou seja, não interferirão na tensão de Seebeck), como, por exemplo, ao medir a fem de um termopar do tipo T pelo uso de um voltímetro adequado (escala de mV e com resistência interna *maior* que a resistência do termopar), conforme o esboço da Figura 6.49.

TABELA 6.4 Coeficientes para os termopares E, J, K e T

	Tipo E –100 a 1000 °C	Tipo J 0 a 760 °C	Tipo K 0 a 1370 °C	Tipo T –160 a 400 °C
a_0	0,104967248	–0,048868252	0,226584602	0,100860910
a_1	17189,45282	19873,14503	24152,10900	25727,94369
a_2	–282639,0850	–218614,5353	67233,4248	–767345,8295
a_3	12695339,5	11569199,78	2210340,682	78025595,81
a_4	–448703084,6	–264917531,4	–860963914,9	–9247486589
a_5	$1,10866 \times 10^{+10}$	2018441314	$4,83506 \times 10^{+10}$	$6,97688 \times 10^{+11}$
a_6	$-1,76807 \times 10^{+11}$		$-1,18452 \times 10^{+12}$	$-2,66192 \times 10^{+13}$
a_7	$1,71842 \times 10^{+12}$		$1,38690 \times 10^{+13}$	$3,94078 \times 10^{+14}$
a_8	$-9,19278 \times 10^{+12}$		$-6,33708 \times 10^{+13}$	
a_9	$2,06132 \times 10^{+13}$			

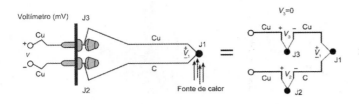
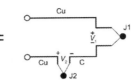

FIGURA 6.49 Uso de um voltímetro para medir a fem de um termopar do tipo T e seu circuito equivalente.

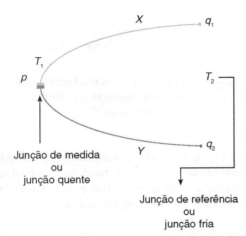

FIGURA 6.48 Ponto de medição (junção q aberta, denominada junção fria ou de referência).

Neste exemplo, a junção de medida, ou junção quente, é a J1; portanto, essa junção está exposta ao ambiente ou ponto cuja temperatura se deseja conhecer. A junção fria desse termopar do tipo T (cobre-constantã) está conectada aos bornes do voltímetro cujos contatos internos são de cobre (Cu). Percebe-se pelo circuito equivalente que essa ligação cria uma junção J2 de metais diferentes (cobre-constantã) e que a junção J3 não (Cu-Cu) de iguais metais não gera fem de acordo com o estudo experimental de Seebeck ($V_3 = 0$ V). A junção J2 adiciona uma fem (V_2) em oposição a V_1; portanto, o voltímetro indica a tensão proporcional à diferença de temperatura entre as junções J1 e J2 (esse tipo de circuito é essencial para a utilização correta do termopar. Como a temperatura de interesse, na maioria das vezes é a temperatura da junção J1, deve-se utilizar algum método para compensá-la, ou seja, cancelar o efeito indesejado da junta J2).

6.4.5 Compensação da junta fria (junta de referência)

Na maioria das aplicações, o instrumento de medida e o termopar estão afastados. Dessa forma, se forem ligados cabos de cobre até o medidor, estaremos introduzindo novas juntas no sistema, que adicionarão erros ao sistema se houver algum gradiente de temperatura, como nos casos em que não são utilizados cabeçotes isotérmicos. Sendo assim, os terminais do termopar poderão ser conectados a uma espécie de cabeçote, e a partir desse cabeçote são adaptados *fios de compensação* (praticamente com as mesmas características dos fios do termopar, porém mais baratos) até o instrumento.

Para reduzir o efeito da junção J2 (da Figura 6.49), é preciso que uma junção permaneça a uma temperatura fixa (temperatura de referência) para se poder aplicar corretamente o efeito de Seebeck na medição de temperatura. A seguir serão apresentados alguns métodos para compensação da junta fria.

Banho de gelo: uma solução (trabalhosa) é a colocação da junção de referência (ou junta de referência) em um banho de gelo. Facilmente se obtém uma boa precisão, mas é necessário manutenção frequente do banho, o que acarreta alto custo e, em algumas situações práticas, torna-se inviável. Pode-se considerar um bom método para um experimento de uma disciplina de instrumentação (laboratório de instrumentação). Portanto, no exemplo da Figura 6.49, pode-se colocar a junção J2 em um banho de gelo, forçando a temperatura a 0 °C e caracterizando essa junção como de referência. A Figura 6.50 esboça esse método.

Como as junções nos bornes do voltímetro são ambas de cobre (Cu), a medição realizada pelo voltímetro é proporcional à diferença de temperatura entre as junções J1 e J2 (de referência). A Figura 6.51 apresenta o circuito equivalente para esse método empregado na Figura 6.50.

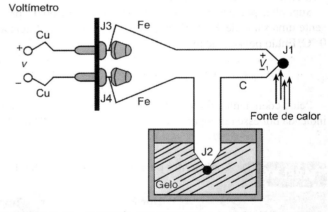

FIGURA 6.50 Exemplo anterior com a junção J2 imersa em banho de gelo agora caracterizada como junção de referência (a temperatura de referência deve ser constante).

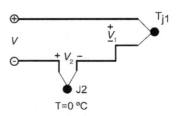

FIGURA 6.51 Circuito equivalente para a junção J2 imersa em banho de gelo.

Neste exemplo o voltímetro está indicando:

$$V = V_1 - V_2 \approx \alpha(t_{J1} - t_{J2})$$

Especificando as temperaturas em °C temos:

$$t_{J1}(K) = T_{J1}(°C) + 273,15$$
$$t_{J2}(K) = T_{J2}(°C) + 273,15$$

e, substituindo na expressão da tensão,

$$V = V_1 - V_2 \approx \alpha(t_{J1} - t_{J2})$$
$$V = \alpha[(T_{J1} + 273,15) - (T_{J2} + 273,15)]$$
$$V = \alpha(T_{J1} + 273,15 - T_{J2} - 273,15)$$
$$V = \alpha(T_{J1} - T_{J2})$$

Como na junção de referência a temperatura é zero (indicativo da importância da manutenção do banho de gelo),

$$V = \alpha(T_{J1} - 0) = \alpha \times T_{J1}$$

A temperatura em J2 é zero e assim a tensão nessa junta. Adicionando a tensão da junção de referência, obtemos V referenciado a 0 °C. Cabe observar que, em função da precisão, esse método é utilizado pelo National Institute of Standard and Technology (NIST – USA, como ponto de referência para suas tabelas padrão dos termopares.

Deve-se observar que esse método empregado com um termopar — por exemplo, do tipo J — irá criar outras junções na ligação do voltímetro ao termopar, pois são metais diferentes, conforme o esboço da Figura 6.52.

Para evitar erros na medição de temperatura através da junção J1, deve-se garantir que os bornes do voltímetro (portanto, seus contatos internos) estejam à mesma temperatura (lei dos metais intermediários). Para medições mais precisas, o voltímetro deve ser ligado a um cabeçote isotérmico (Figura 6.53).

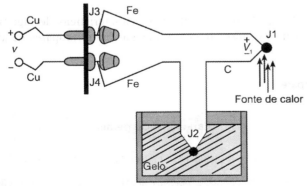

FIGURA 6.52 Termopar do tipo J ligado a um voltímetro com contatos internos de cobre. A ligação do termopar aos bornes do voltímetro criou duas novas junções.

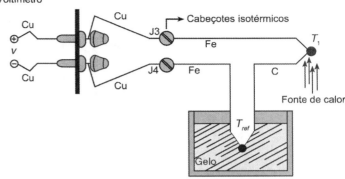

FIGURA 6.53 Uso de um cabeçote isotérmico interligando os terminais do voltímetro (Cu) ao termopar.

Um bom cabeçote isotérmico deve ser isolante elétrico, mas um bom condutor de calor. O cabeçote deve garantir que as junções J4 e J3 estejam à mesma temperatura. A saída de tensão é dada por:

$$V = \alpha(T_{J1} - T_{ref}),$$

que continua dependente do banho de gelo.

Pode-se utilizar outro método usando *apenas fios de cobre*, mas a necessidade de uma temperatura de referência permanece (Figura 6.54). Quando a faixa de interesse é pequena com relação à temperatura ambiente, podemos deixar a junção de referência exposta ao ambiente.

Um método amplamente empregado é a utilização do *bloco isotérmico* em vez do banho de gelo. Porém, é necessário medir a temperatura do bloco isotérmico (como junção de referência) e utilizar essa medida para determinar a temperatura desconhecida (da junção de medida). Pode-se utilizar um termistor para medir a temperatura da junção de referência e com um multímetro adequado:

- Meça a resistência do termistor (resistência é função da temperatura, conforme apresentamos nas seções anteriores) para encontrar a temperatura de referência (T_{ref}) e converter a equivalente tensão de referência (V_{ref});
- Meça a tensão V e adicione a V_{ref} para encontrar V_1 e, finalmente, converter para a temperatura T_{J1}.

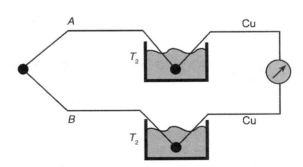

FIGURA 6.54 Medição de temperatura por meio de duas junções a temperatura constante e metais comuns (cobre, Cu) como extensão.

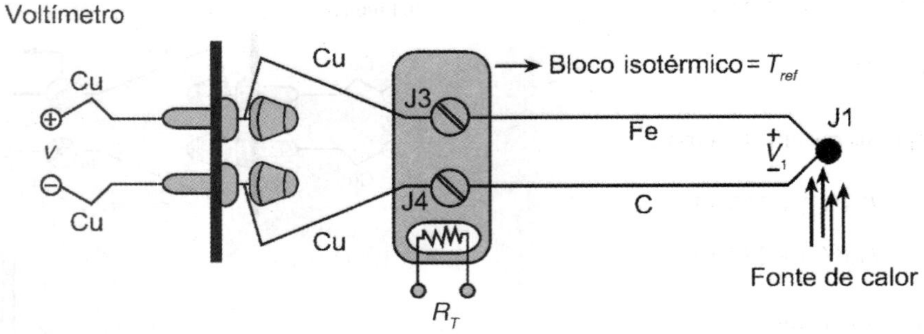

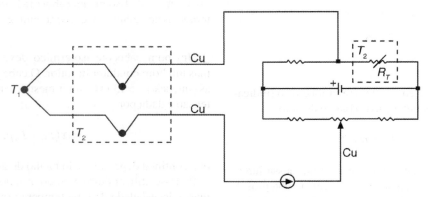

FIGURA 6.55 Bloco isotérmico em vez de banho de gelo.

FIGURA 6.56 Compensação eletrônica para a junção de referência.

A Figura 6.55 traz um esboço desse método, geralmente chamado de Compensação por Software, pois em geral a temperatura fornecida pelo termistor é compensada automaticamente pelo instrumento de medida adequado a esse método.

Outra possibilidade é deixar a junção de referência à temperatura ambiente (sujeita, evidentemente, a flutuações), mas ao mesmo tempo medir com outro sensor de temperatura posicionado próximo à junção de referência. Depois, uma tensão igual à gerada na junção fria é somada a uma tensão produzida pela junta de medida fazendo a compensação, como mostra o esboço da Figura 6.56.

Existem circuitos que medem a temperatura ambiente e fornecem a compensação de tensão para alguns termopares específicos. Por exemplo, o LT1025 (da National Semiconductors) trabalha com os tipos E, J, K, R, S e T. O AD594/AD595 da Analog Devices é um amplificador de instrumentação e compensador de junta fria. Os AD596/AD597 são controladores que incluem o amplificador e compensação de junta fria para os termopares J e K.

Cabe observar que os termopares estão sujeitos a gradientes de temperatura, e a incidência de tais erros pode ser reduzida pela especificação de sensores longos, de pequeno diâmetro e pelo uso de bainhas ou coberturas com baixa condutividade térmica e que possibilitem alta transferência de calor por convecção entre o fluido e o termopar. Os principais materiais que protegem os termopares são constituintes de duas famílias:

- Metais, tais como o inconel 600, e diversos tipos de aço inoxidável: 310SS, 304SS, 316SS, 347SS;
- Materiais cerâmicos tais como alumina, *frystan* e porcelanas de diversos tipos.

A Tabela 6.5 traz algumas características de algumas coberturas normalmente utilizadas em termopares de alta

TABELA 6.5 Alguns tipos de coberturas protetoras para termopares

Material	Máxima temperatura e operação	Ambiente de trabalho	Características gerais
Molibdênio	2 205 °C	Inerte, vácuo, redutor	Sensível à oxidação acima de 500 °C, resiste a muitos metais líquidos
Tântalo	2 582 °C	Inerte, vácuo	Resiste a muitos ácidos e meios alcalinos; muito sensível à oxidação acima de 300 °C
Inconel 600	1 149 °C	Oxidante, inerte, vácuo	Excelente resistência à oxidação a altas temperaturas

temperatura. Os metais que formam o termopar precisam ser isolados (tradicionalmente, a cerâmica é utilizada como isolante dos diferentes metais), como mostra a Figura 6.57. Nos últimos anos, os termopares denominados cimentados (Figura 6.58) tiveram seu uso aumentado. Normalmente esses termopares são laminados com plásticos para cimentar diretamente no equipamento.

As Figuras 6.59 a 6.62 apresentam a tensão (mV) para uma dada faixa de temperatura para os termopares do tipos E, J, K e T.

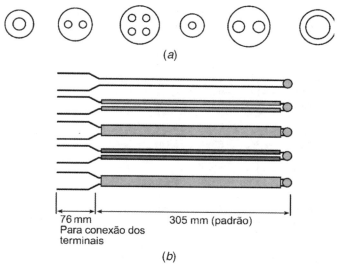

FIGURA 6.57 Isolantes dos fios do termopar: (a) faixa de tamanhos (da esquerda para a direita): 3,2; 2,4; 2,0; 1,6; 1,2; 0,8 e 0,4 mm de diâmetro; (b) aplicação dos isolantes em várias configurações de termopares.

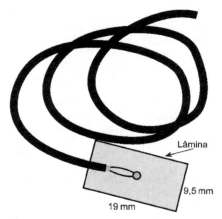

FIGURA 6.58 Termopar do tipo cimentado.

EXEMPLO

Um termopar do tipo K fornece uma tensão de 4,096 mV referente à temperatura de um forno. Sabendo que a temperatura ambiente é de 25 °C, determine a temperatura real do forno.

Tmedida = Tjunta quente − Tjunta fria

Tjunta fria em 25 °C = 1 mV (da tabela)

Tjunta quente = Tmedida + Tjunta fria

Tjunta quente = 5,096 mV.

Da tabela, novamente, podemos concluir que

Tjunta quente = Tforno e Tforno ≅ 124 °C.

mV × T(°C) — junção de referência a 0 °C

°C	0	1	2	3	4	5	6	7	8	9	10	°C
				Tensão termelétrica (mV)								
−270	−9,835											−270
−260	−9,797	−9,802	−9,808	−9,813	−9,817	−9,821	−9,825	−9,828	−9,831	−9,833	−9,835	−260
−250	−9,718	−9,728	−9,737	−9,746	−9,754	−9,762	−9,770	−9,777	−9,784	−9,790	−9,797	−250
−240	−9,604	−9,617	−9,630	−9,642	−9,654	−9,666	−9,677	−9,688	−9,698	−9,709	−9,718	−240
−230	−9,455	−9,471	−9,487	−9,503	−9,519	−9,534	−9,548	−9,828	−9,563	−9,577	−9,591	−230
−220	−9,274	−9,293	−9,313	−9,331	−9,350	−9,368	−9,386	−9,404	−9,421	−9,438	−9,455	−220
−210	−9,063	−9,085	−9,107	−9,129	−9,151	−9,172	−9,193	−9,214	−9,234	−9,254	−9,274	−210
−200	−8,825	−8,850	−8,874	−8,899	−8,923	−8,947	−8,971	−8,994	−9,017	−9,040	−9,063	−200
−190	−8,561	−8,588	−8,616	−8,643	−8,669	−8,696	−8,722	−8,748	−8,774	−8,799	−8,825	−190
−180	−8,273	−8,303	−8,333	−8,362	−8,391	−8,420	−8,449	−8,477	−8,505	−8,533	−8,561	−180
−170	−7,963	−7,995	−8,027	−8,059	−8,090	−8,121	−8,152	−8,183	−8,213	−8,243	−8,273	−170
−160	−7,632	−7,666	−7,700	−7,733	−7,767	−7,800	−7,833	−7,866	−7,899	−7,931	−7,963	−160
−150	−7,279	−7,315	−7,351	−7,387	−7,423	−7,458	−7,493	−7,528	−7,563	−7,597	−7,632	−150
−140	−6,907	−6,945	−6,983	−7,021	−7,058	−7,096	−7,133	−7,170	−7,206	−7,243	−7,279	−140
−130	−6,516	−6,556	−6,596	−6,636	−6,675	−6,714	−6,753	−6,792	−6,831	−6,869	−6,907	−130
−120	−6,107	−6,149	−6,191	−6,232	−6,273	−6,314	−6,355	−6,396	−6,436	−6,476	−6,516	−120
−110	−5,681	−5,724	−5,767	−5,810	−5,853	−5,896	−5,939	−5,981	−6,023	−6,065	−6,107	−110
−100	−5,237	−5,282	−5,327	−5,372	−5,417	−5,461	−5,505	−5,549	−5,593	−5,637	−5,681	−100
−90	−4,777	−4,824	−4,871	−4,917	−4,963	−5,009	−5,055	−5,101	−5,147	−5,192	−5,237	−90
−80	−4,302	−4,350	−4,398	−4,446	−4,494	−4,542	−4,589	−4,636	−4,684	−4,731	−4,777	−80
−70	−3,811	−3,861	−3,911	−3,960	−4,009	−4,058	−4,107	−4,156	−4,205	−4,254	−4,302	−70
−60	−3,306	−3,357	−3,408	−3,459	−3,510	−3,561	−3,611	−3,661	−3,711	−3,761	−3,811	−60
−50	−2,787	−2,840	−2,892	−2,944	−2,996	−3,048	−3,100	−3,152	−3,204	−3,255	−3,306	−50
−40	−2,255	−2,309	−2,362	−2,416	−2,469	−2,523	−2,576	−2,629	−2,682	−2,735	−2,787	−40
−30	−1,709	−1,765	−1,820	−1,874	−1,929	−1,984	−2,038	−2,093	−2,147	−2,201	−2,255	−30
−20	−1,802	−1,797	−1,808	−1,813	−1,817	−1,821	−1,825	−1,828	−1,831	−1,833	−1,835	−20
−10	−0,582	−0,639	−0,697	−0,754	−0,811	−0,868	−0,925	−0,982	−1,039	−1,095	−1,152	−10
0	0,000	−0,059	−0,117	−0,176	−0,234	−0,292	−0,350	−0,408	−0,466	−0,524	−0,582	0
0	0,000	0,059	0,118	0,176	0,235	0,294	0,354	0,413	0,472	0,532	0,591	0
10	0,591	0,651	0,711	0,770	0,830	0,890	0,950	1,010	1,071	1,131	1,192	10
20	1,192	1,252	1,313	1,373	1,434	1,495	1,556	1,617	1,678	1,740	1,801	20
30	1,801	1,862	1,924	1,986	2,047	2,109	2,171	2,233	2,295	2,357	2,420	30
40	2,420	2,482	2,545	2,607	2,670	2,733	2,795	2,858	2,921	2,984	3,048	40
50	3,048	3,111	3,174	3,238	3,301	3,365	3,429	3,492	3,556	3,620	3,685	50
60	3,685	3,749	3,813	3,877	3,942	4,006	4,071	4,136	4,200	4,265	4,330	60
70	4,330	4,395	4,460	4,526	4,591	4,656	4,722	4,788	4,853	4,919	4,985	70
80	4,985	5,051	5,117	5,183	5,249	5,315	5,382	5,448	5,514	5,581	5,648	80
90	5,648	5,714	5,781	5,848	5,915	5,982	6,049	6,117	6,184	6,251	6,319	90
100	6,319	6,386	6,454	6,522	6,590	6,658	6,725	6,794	6,862	6,930	6,998	100
110	6,998	7,066	7,135	7,203	7,272	7,341	7,409	7,478	7,547	7,616	7,685	110
120	7,685	7,754	7,823	7,892	7,962	8,031	8,101	8,170	8,240	8,309	8,379	120
130	8,379	8,449	8,519	8,589	8,659	8,729	8,799	8,869	8,940	9,010	9,081	130
140	9,081	9,151	9,222	9,292	9,363	9,434	9,505	9,576	9,647	9,718	9,789	140
150	9,789	9,860	9,931	10,003	10,074	10,145	10,217	10,288	10,360	10,482	10,503	150
160	10,503	10,575	10,647	10,719	10,791	10,863	10,935	11,007	11,080	11,152	11,224	160
170	11,224	11,297	11,369	11,442	11,514	11,587	11,660	11,733	11,805	11,878	11,951	170
180	11,951	12,024	12,097	12,170	12,243	12,317	12,390	12,463	12,537	12,610	12,684	180
190	12,684	12,757	12,831	12,904	12,978	13,052	13,126	13,199	13,273	13,347	13,421	190
°C	0	1	2	3	4	5	6	7	8	9	10	°C

FIGURA 6.59 Tensão (mV) x T(°C) para o termopar E.

mV × T(°C) — junção de referência a 0 °C

Tensão termelétrica (mV)

°C	0	1	2	3	4	5	6	7	8	9	10	°C
−210	−8,095											−210
−200	−7,890	−7,912	−7,934	−7,955	−7,976	−7,996	−8,017	−8,037	−8,057	−8,076	−8,095	−200
−190	−7,659	−7,683	−7,707	−7,731	−7,755	−7,778	−7,801	−7,824	−7,846	−7,868	−7,890	−190
−180	−7,403	−7,429	−7,456	−7,482	−7,508	−7,534	−7,559	−7,585	−7,610	−7,634	−7,659	−180
−170	−7,123	−7,152	−7,181	−7,209	−7,237	−7,265	−7,293	−7,321	−7,348	−7,376	−7,403	−170
−160	−6,821	−6,853	−6,883	−6,914	−6,944	−6,975	−7,005	−7,035	−7,064	−7,094	−7,123	−160
−150	−6,500	−6,533	−6,566	−6,598	−6,631	−6,663	−6,695	−6,727	−6,759	−6,790	−6,821	−150
−140	−6,159	−6,194	−6,229	−6,263	−6,298	−6,332	−6,366	−6,400	−6,433	−6,467	−6,500	−140
−130	−5,801	−5,838	−5,874	−5,910	−5,946	−5,982	−6,018	−6,054	−6,089	−6,124	−6,159	−130
−120	−5,426	−5,465	−5,503	−5,541	−5,578	−5,616	−5,653	−5,690	−5,727	−5,764	−5,801	−120
−110	−5,037	−5,076	−5,116	−5,155	−5,194	−5,233	−5,272	−5,311	−5,350	−5,388	−5,426	−110
−100	−4,633	−4,674	−4,714	−4,755	−4,796	−4,836	−4,877	−4,917	−4,957	−4,997	−5,037	−100
−90	−4,215	−4,257	−4,300	−4,342	−4,384	−4,425	−4,467	−4,509	−4,550	−4,591	−4,633	−90
−80	−3,786	−3,829	−3,872	−3,916	−3,959	−4,002	−4,045	−4,088	−4,130	−4,173	−4,215	−80
−70	−3,344	−3,389	−3,434	−3,478	−3,522	−3,566	−3,610	−3,654	−3,698	−3,742	−3,786	−70
−60	−2,893	−2,938	−2,984	−3,029	−3,075	−3,120	−3,165	−3,210	−3,255	−3,300	−3,344	−60
−50	−2,431	−2,478	−2,524	−2,571	−2,617	−2,663	−2,709	−2,755	−2,801	−2,847	−2,893	−50
−40	−1,961	−2,008	−2,055	−2,103	−2,150	−2,197	−2,244	−2,291	−2,338	−2,385	−2,431	−40
−30	−1,482	−1,530	−1,578	−1,626	−1,674	−1,722	−1,770	−1,818	−1,865	−1,913	−1,961	−30
−20	−0,995	−1,044	−1,093	−1,142	−1,190	−1,239	−1,288	−1,336	−1,385	−1,433	−1,482	−20
−10	−0,501	−0,550	−0,600	−0,650	−0,699	−0,749	−0,798	−0,847	−0,896	−0,946	−0,995	−10
0	0,000	−0,050	−0,101	−0,151	−0,201	−0,251	−0,301	−0,351	−0,401	−0,451	−0,501	0
0	0,000	0,050	0,101	0,151	0,202	0,253	0,303	0,354	0,405	0,456	0,507	0
10	0,507	0,558	0,609	0,660	0,711	0,762	0,814	0,865	0,916	0,968	1,019	10
20	1,019	1,071	1,122	1,174	1,226	1,277	1,329	1,381	1,433	1,485	1,537	20
30	1,537	1,589	1,641	1,693	1,745	1,797	1,849	1,902	1,954	2,006	2,059	30
40	2,059	2,111	2,164	2,216	2,269	2,322	2,374	2,427	2,480	2,532	2,585	40
50	2,585	2,638	2,691	2,744	2,797	2,850	2,903	2,956	3,009	3,062	3,116	50
60	3,116	3,169	3,222	3,275	3,329	3,382	3,436	3,489	3,543	3,596	3,650	60
70	3,650	3,703	3,757	3,810	3,864	3,918	3,971	4,025	4,079	4,133	4,187	70
80	4,187	4,240	4,294	4,348	4,402	4,456	4,510	4,564	4,618	4,672	4,726	80
90	4,726	4,781	4,835	4,889	4,943	4,997	5,052	5,106	5,160	5,215	5,269	90
100	5,269	5,323	5,378	5,432	5,487	5,541	5,595	5,650	5,705	5,759	5,814	100
110	5,814	5,868	5,923	5,977	6,032	6,087	6,141	6,196	6,251	6,306	6,360	110
120	6,360	6,415	6,470	6,525	6,579	6,634	6,689	6,744	6,799	6,854	6,909	120
130	6,909	6,694	7,019	7,074	7,129	7,184	7,239	7,294	7,349	7,404	7,459	130
140	7,459	7,514	7,569	7,624	7,679	7,734	7,789	7,844	7,900	7,955	8,010	140
150	8,010	8,065	8,120	8,175	8,231	8,286	8,341	8,396	8,452	8,507	8,562	150
160	8,562	8,618	8,673	8,728	8,783	8,839	8,894	8,949	9,005	9,060	9,115	160
170	9,115	9,171	9,226	9,282	9,337	9,392	9,448	9,503	9,559	9,614	9,669	170
180	9,669	9,725	9,780	9,836	9,891	9,947	10,002	10,057	10,113	10,168	10,224	180
190	10,224	10,279	10,335	10,390	10,446	10,501	10,557	10,612	10,668	10,723	10,779	190
200	10,779	10,834	10,890	10,945	11,001	11,056	11,112	11,167	11,223	11,278	11,334	200
210	11,334	11,389	11,445	11,501	11,556	11,612	11,667	11,723	11,778	11,834	11,889	210
220	11,889	11,945	12,000	12,056	12,111	12,167	12,222	12,278	12,334	12,389	12,445	220
230	12,445	12,500	12,556	12,611	12,667	12,722	12,778	12,833	12,889	12,944	13,000	230
240	13,000	13,056	13,111	13,167	13,222	13,278	13,333	13,389	13,444	13,500	13,555	240
°C	0	1	2	3	4	5	6	7	8	9	10	°C

Termopar J

FIGURA 6.60 Tensão (mV) x T(°C) para o termopar J.

Termopar K

mV × T(°C) — junção de referência a 0 °C

°C	0	1	2	3	4	5	6	7	8	9	10	°C
					Tensão termelétrica (mV)							
−270	−6,458											−270
−260	−6,411	−6,444	−6,446	−6,448	−6,450	−6,452	−6,453	−6,455	−6,456	−6,457	−6,458	−260
−250	−6,404	−6,408	−6,413	−6,417	−6,421	−6,425	−6,429	−6,432	−6,435	−6,438	−6,441	−250
−240	−6,344	−6,351	−6,358	−6,364	−6,370	−6,377	−6,382	−6,388	−6,393	−6,399	−6,404	−240
−230	−6,262	−6,271	−6,280	−6,289	−6,297	−6,306	−6,314	−6,322	−6,329	−6,337	−6,344	−230
−220	−6,158	−6,170	−6,181	−6,192	−6,202	−6,213	−6,223	−6,233	−6,243	−6,252	−6,262	−220
−210	−6,035	−6,048	−6,061	−6,074	−6,087	−6,099	−6,111	−6,123	−6,135	−6,147	−6,158	−210
−200	−5,891	−5,907	−5,922	−5,936	−5,951	−5,965	−5,980	−5,994	−6,007	−6,021	−6,035	−200
−190	−5,730	−5,747	−5,763	−5,780	−5,797	−5,813	−5,829	−5,845	−5,861	−5,876	−5,891	−190
−180	−5,550	−5,569	−5,588	−5,606	−5,624	−5,642	−5,660	−5,678	−5,695	−5,713	−5,730	−180
−170	−5,354	−5,374	−5,395	−5,415	−5,435	−5,454	−5,474	−5,493	−5,512	−5,531	−5,550	−170
−160	−5,141	−5,163	−5,185	−5,207	−5,228	−5,250	−5,271	−5,292	−5,313	−5,333	−5,354	−160
−150	−4,913	−4,936	−4,960	−4,983	−5,006	−5,029	−5,052	−5,074	−5,097	−5,119	−5,141	−150
−140	−4,669	−4,694	−4,719	−4,744	−4,768	−4,793	−4,817	−4,841	−4,865	−4,889	−4,913	−140
−130	−4,411	−4,437	−4,463	−4,490	−4,516	−4,542	−4,567	−4,593	−4,618	−4,644	−4,669	−130
−120	−4,138	−4,166	−4,194	−4,221	−4,249	−4,276	−4,303	−4,330	−4,357	−4,384	−4,411	−120
−110	−3,852	−3,882	−3,911	−3,939	−3,968	−3,997	−4,025	−4,054	−4,082	−4,110	−4,138	−110
−100	−3,554	−3,584	−3,614	−3,645	−3,675	−3,705	−3,734	−3,764	−3,794	−3,823	−3,852	−100
−90	−3,243	−3,274	−3,306	−3,337	−3,368	−3,400	−3,431	−3,462	−3,492	−3,523	−3,554	−90
−80	−2,920	−2,953	−2,986	−3,018	−3,050	−3,083	−3,115	−3,147	−3,179	−3,211	−3,243	−80
−70	−2,587	−2,620	−2,654	−2,688	−2,721	−2,755	−2,788	−2,821	−2,854	−2,887	−2,920	−70
−60	−2,243	−2,278	−2,312	−2,347	−2,382	−2,416	−2,450	−2,485	−2,519	−2,553	−2,587	−60
−50	−1,889	−1,925	−1,961	−1,996	−2,032	−2,067	−2,103	−2,138	−2,173	−2,208	−2,243	−50
−40	−1,527	−1,564	−1,600	−1,637	−1,673	−1,709	−1,745	−1,782	−1,818	−1,854	−1,889	−40
−30	−1,156	−1,194	−1,231	−1,268	−1,305	−1,343	−1,380	−1,417	−1,453	−1,490	−1,527	−30
−20	−0,778	−0,816	−0,854	−0,892	−0,930	−0,968	−1,006	−1,043	−1,081	−1,119	−1,156	−20
−10	−0,392	−0,431	−0,470	−0,508	−0,547	−0,586	−0,624	−0,663	−0,701	−0,739	−0,778	−10
0	0,000	−0,039	−0,079	−0,118	−0,157	−0,197	−0,236	−0,275	−0,314	−0,353	−0,392	0
0	0,000	0,039	0,079	0,119	0,158	0,198	0,238	0,277	0,317	0,357	0,397	0
10	0,397	0,437	0,477	0,517	0,557	0,597	0,637	0,677	0,718	0,758	0,798	10
20	0,798	0,838	0,879	0,919	0,960	1,000	1,041	1,081	1,122	1,163	1,203	20
30	1,203	1,244	1,285	1,326	1,366	1,407	1,448	1,489	1,530	1,571	1,612	30
40	1,612	1,653	1,694	1,735	1,776	1,817	1,858	1,899	1,941	1,982	2,023	40
50	2,023	2,064	2,106	2,147	2,188	2,230	2,271	2,312	2,354	2,395	2,436	50
60	2,436	2,478	2,519	2,561	2,602	2,644	2,685	2,727	2,768	2,810	2,851	60
70	2,851	2,893	2,934	2,976	3,017	3,059	3,100	3,142	3,184	3,225	3,267	70
80	3,267	3,308	3,350	3,391	3,433	3,474	3,516	3,557	3,599	3,640	3,682	80
90	3,682	3,723	3,765	3,806	3,848	3,889	3,931	3,972	4,013	4,055	4,096	90
100	4,096	4,138	4,179	4,220	4,262	4,303	4,344	4,385	4,427	4,468	4,509	100
110	4,509	4,550	4,591	4,633	4,674	4,715	4,756	4,797	4,838	4,879	4,920	110
120	4,920	4,961	5,002	5,043	5,084	5,124	5,165	5,206	5,247	5,288	5,328	120
130	5,328	5,369	5,410	5,450	5,491	5,532	5,572	5,613	5,653	5,694	5,735	130
140	5,735	5,775	5,815	5,856	5,896	5,937	5,977	6,017	6,058	6,098	6,138	140
150	6,138	6,179	6,219	6,259	6,299	6,339	6,380	6,420	6,460	6,500	6,540	150
160	6,540	6,580	6,620	6,660	6,701	6,741	6,781	6,821	6,861	6,901	6,941	160
170	6,941	6,981	7,021	7,060	7,100	7,140	7,180	7,220	7,260	7,300	7,340	170
180	7,340	7,380	7,420	7,460	7,500	7,540	7,579	7,619	7,659	7,699	7,739	180
190	7,739	7,779	7,819	7,859	7,899	7,939	7,979	8,019	8,059	8,099	8,138	190
°C	0	1	2	3	4	5	6	7	8	9	10	°C

FIGURA 6.61 Tensão (mV) x T(°C) para o termopar K.

mV × T(°C) — junção de referência a 0 °C

°C	0	1	2	3	4	5	6	7	8	9	10	°C
					Tensão termelétrica (mV)							
−270	−6,258											−270
−260	−6,232	−6,236	−6,239	−6,242	−6,245	−6,248	−6,251	−6,253	−6,255	−6,256	−6,258	−260
−250	−6,180	−6,187	−6,193	−6,198	−6,204	−6,209	−6,214	−6,219	−6,223	−6,228	−6,232	−250
−240	−6,105	−6,114	−6,122	−6,130	−6,138	−6,146	−6,153	−6,160	−6,167	−6,174	−6,180	−240
−230	−6,007	−6,017	−6,028	−6,038	−6,049	−6,059	−6,068	−6,078	−6,087	−6,096	−6,105	−230
−220	−5,888	−5,901	−5,914	−5,926	−5,938	−5,950	−5,962	−5,973	−5,985	−5,996	−6,007	−220
−210	−5,753	−5,767	−5,782	−5,795	−5,809	−5,823	−5,836	−5,850	−5,863	−5,876	−5,888	−210
−200	−5,603	−5,619	−5,634	−5,650	−5,665	−5,680	−5,695	−5,710	−5,724	−5,739	−5,753	−200
−190	−5,439	−5,456	−5,473	−5,489	−5,506	−5,523	−5,539	−5,555	−5,571	−5,587	−5,603	−190
−180	−5,261	−5,279	−5,297	−5,316	−5,334	−5,351	−5,369	−5,387	−5,404	−5,421	−5,439	−180
−170	−5,070	−5,089	−5,109	−5,128	−5,148	−5,167	−5,186	−5,205	−5,224	−5,242	−5,261	−170
−160	−4,865	−4,886	−4,907	−4,928	−4,949	−4,969	−4,989	−5,010	−5,030	−5,050	−5,070	−160
−150	−4,648	−4,671	−4,693	−4,715	−4,737	−4,759	−4,780	−4,802	−4,823	−4,844	−4,865	−150
−140	−4,419	−4,443	−4,466	−4,489	−4,512	−4,535	−4,558	−4,581	−4,604	−4,626	−4,648	−140
−130	−4,177	−4,202	−4,226	−4,251	−4,275	−4,300	−4,324	−4,348	−4,372	−4,395	−4,419	−130
−120	−3,923	−3,949	−3,975	−4,000	−4,026	−4,052	−4,077	−4,102	−4,127	−4,152	−4,177	−120
−110	−3,657	−3,684	−3,711	−3,738	−3,765	−3,791	−3,818	−3,844	−3,871	−3,897	−3,923	−110
−100	−3,379	−3,407	−3,435	−3,463	−3,491	−3,519	−3,547	−3,574	−3,602	−3,629	−3,657	−100
−90	−3,089	−3,118	−3,148	−3,177	−3,206	−3,235	−3,264	−3,293	−3,322	−3,350	−3,379	−90
−80	−2,788	−2,818	−2,849	−2,879	−2,910	−2,940	−2,970	−3,000	−3,030	−3,059	−3,089	−80
−70	−2,476	−2,507	−2,539	−2,571	−2,602	−2,633	−2,664	−2,695	−2,726	−2,757	−2,788	−70
−60	−2,153	−2,186	−2,218	−2,251	−2,283	−2,316	−2,348	−2,380	−2,412	−2,444	−2,476	−60
−50	−1,819	−1,853	−1,887	−1,920	−1,954	−1,987	−2,021	−2,054	−2,087	−2,120	−2,153	−50
−40	−1,475	−1,510	−1,545	−1,579	−1,614	−1,648	−1,683	−1,717	−1,751	−1,785	−1,819	−40
−30	−1,121	−1,157	−1,192	−1,228	−1,264	−1,299	−1,335	−1,370	−1,405	−1,440	−1,475	−30
−20	−0,757	−0,794	−0,830	−0,867	−0,904	−0,940	−0,976	−1,013	−1,049	−1,085	−1,121	−20
−10	−0,383	−0,421	−0,459	−0,496	−0,534	−0,571	−0,608	−0,646	−0,683	−0,720	−0,757	−10
0	0,000	−0,039	−0,077	−0,116	−0,154	−0,193	−0,231	−0,269	−0,307	−0,345	−0,383	0
0	0,000	0,039	0,078	0,117	0,156	0,195	0,234	0,273	0,312	0,352	0,391	0
10	0,391	0,431	0,470	0,510	0,549	0,589	0,629	0,669	0,709	0,749	0,790	10
20	0,790	0,830	0,870	0,911	0,951	0,992	1,033	1,074	1,114	1,155	1,196	20
30	1,196	1,238	1,279	1,320	1,362	1,403	1,445	1,486	1,528	1,570	1,612	30
40	1,612	1,654	1,696	1,738	1,780	1,823	1,865	1,908	1,950	1,993	2,036	40
50	2,036	2,079	2,122	2,165	2,208	2,251	2,294	2,338	2,381	2,425	2,468	50
60	2,468	2,512	2,556	2,600	2,643	2,687	2,732	2,776	2,820	2,864	2,909	60
70	2,909	2,953	2,998	3,043	3,087	3,132	3,177	3,222	3,267	3,312	3,358	70
80	3,358	3,403	3,448	3,494	3,539	3,585	3,631	3,677	3,722	3,768	3,814	80
90	3,814	3,860	3,907	3,953	3,999	4,046	4,092	4,138	4,185	4,232	4,279	90
100	4,279	4,325	4,372	4,419	4,466	4,513	4,561	4,608	4,655	4,702	4,750	100
110	4,750	4,798	4,845	4,893	4,941	4,988	5,036	5,084	5,132	5,180	5,228	110
120	5,228	5,277	5,325	5,373	5,422	5,470	5,519	5,567	5,616	5,665	5,714	120
130	5,714	5,763	5,812	5,861	5,910	5,959	6,008	6,057	6,107	6,156	6,206	130
140	6,206	6,255	6,305	6,355	6,404	6,454	6,504	6,554	6,604	6,654	6,704	140
150	6,704	6,754	6,805	6,855	6,905	6,956	7,006	7,057	7,107	7,158	7,209	150
160	7,209	7,260	7,310	7,361	7,412	7,463	7,515	7,566	7,617	7,668	7,720	160
170	7,720	7,771	7,823	7,874	7,926	7,977	8,029	8,081	8,133	8,185	8,237	170
180	8,237	8,289	8,341	8,393	8,445	8,497	8,550	8,602	8,654	8,707	8,759	180
190	8,759	8,812	8,865	8,917	8,970	9,023	9,076	9,129	9,182	9,235	9,288	190
°C	0	1	2	3	4	5	6	7	8	9	10	°C

Termopar T

FIGURA 6.62 Tensão (mV) x T(°C) para o termopar T.

6.4.6 Alguns exemplos de circuitos condicionadores

Podem-se resumir os conceitos anteriormente apresentados pelo circuito genérico da Figura 6.63, que representa a necessidade de compensar a junta fria ou junta de referência. O bloco isotérmico deve manter as junções Metal A-Cobre e Metal B-Cobre à mesma temperatura, e a tensão desse bloco isotérmico que substitui o banho de gelo deve ser descontada da tensão da junta de medida ou junta quente (neste exemplo é V_1).

O circuito da Figura 6.64 condiciona a saída de um termopar do tipo K compensando a junta fria para temperaturas entre 0 °C e 250 °C. O circuito é alimentado por uma tensão de +3,3 V a +12 V e foi desenvolvido para apresentar uma saída de $10\,\mathrm{mV/°C}$.

O termopar do tipo K apresenta um coeficiente de Seebeck de aproximadamente $41\,\mathrm{\mu V/°C}$. Desse modo, na junção fria o sensor de temperatura TMP35 com um coeficiente de temperatura de $10\,\mathrm{mV/°C}$ é usado com dois resistores (R_1 e R_2) para introduzir um coeficiente de temperatura de $+41\,\mathrm{\mu V/°C}$.

O ganho do circuito é de 246,3. O capacitor de 0,1 μF reduz o ruído de acoplamento da entrada não inversora do amplificador OP193. (Um bom exercício é definir a configuração desse amplificador e seu cálculo correspondente.)

Conforme salientamos anteriormente, os AD594/AD595 (da Analog Devices) são amplificadores com compensação interna da junta fria, conforme esquema representado na Figura 6.65.

Esse circuito integrado da Analog Devices combina uma referência ao ponto de gelo com um amplificador pré-calibrado para fornecer uma saída de $10\,\mathrm{mV/°C}$ diretamente do sinal termopar. Além disso, inclui um alarme de falha do termopar que indica se um ou mais fios do termopar estão abertos.

Cabe ressaltar que na utilização dos termopares devem-se observar as principais fontes de erros: compensação, linearização, medição, fios de compensação do termopar e erros experimentais. O erro de compensação da junção fria é devido principalmente à baixa precisão do sensor de temperatura e às diferenças de temperatura entre o sensor e seus terminais. Uma solução é utilizar um bloco isotérmico para limitar os gradientes de temperatura com termistores de alta precisão.

Os erros de linearização devem-se às aproximações dos polinômios e estão relacionados diretamente com o grau do polinômio. A Tabela 6.6 traz os erros de linearização para os polinômios NIST.

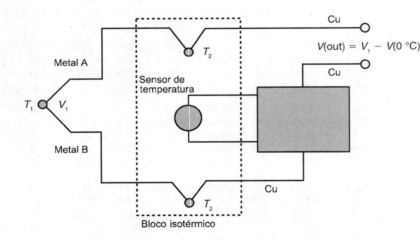

FIGURA 6.63 Circuito genérico para compensação da junta de referência. O bloco isotérmico substitui o banho de gelo, e sua tensão deve ser medida para ser adicionada à tensão da junta quente.

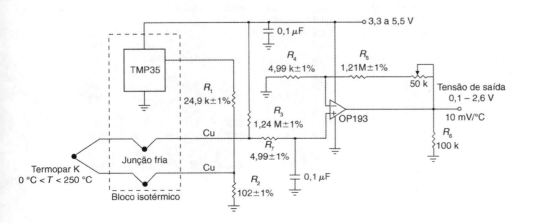

FIGURAS 6.64 Utilização de um sensor de temperatura (TMP35) para compensação da junta fria.

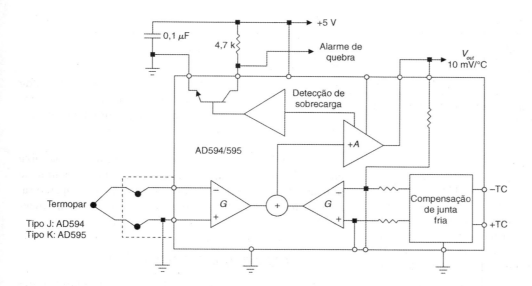

FIGURA 6.65 Amplificador para termopar AD594/AD595 com compensação da junção fria. Cortesia Analog Devices.

TABELA 6.6 Erros de linearização para os polinômios NIST

Termopar	Erro
E	±0,02 °C
J	±0,05 °C
K	±0,05 °C
R	±0,02 °C
S	±0,02 °C
T	±0,03 °C

Os erros de medição — como, por exemplo, erro de offset, erro no ganho, não linearidades, resolução do conversor ADC, entre outros — devem-se a limitações das tecnologias dos conversores e condicionadores de sinais utilizados. Outra fonte considerável de erro é o próprio sensor termopar. Por exemplo, a não homogeneidade na fabricação dos fios do termopar é uma fonte de erro, podendo variar em até ±2 °C (valor típico), dependendo do termopar utilizado. Uma das maneiras de reduzir esses erros é calibrar frequentemente todos os termopares utilizados.

6.5 Termômetros de Radiação

Todos os corpos da natureza são formados por moléculas, formadas por átomos, que são formados por partículas ainda mais elementares. Cada substância formada por moléculas ou átomos pode apresentar-se nos estados sólido, líquido ou gasoso, dependendo das condições de temperatura a que for submetida. Tanto os átomos como as moléculas estão em constante movimento de vibração e rotação, e são dotados de energia cinética e potencial.

A temperatura absoluta de um objeto é uma medida da agitação média dos átomos e moléculas que o constituem. Um sólido, por exemplo, tem seus átomos vibrando muito rapidamente em torno de uma posição de equilíbrio. Quando sua temperatura é aumentada, eles vibram a uma velocidade ainda maior, afastando-se mais da sua posição de equilíbrio.

Os átomos, apesar de serem partículas de carga total neutra, são formados por cargas positivas e negativas (além das cargas neutras — nêutrons). Uma vez que os átomos estão em constante movimento, essas cargas estarão submetidas às leis eletrodinâmicas, que, em síntese, sustentam que toda carga em movimento está associada a um campo elétrico variável, o qual, por sua vez, produz um campo magnético variável. Pode-se concluir, portanto, que qualquer corpo na natureza (todos os corpos têm temperatura absoluta maior que 0 K) será uma fonte de campo eletromagnético denominado radiação térmica. Essa radiação é determinada pelas leis da óptica, podendo ser refletida, filtrada etc., além de ser medida para se relacionar à temperatura de qualquer objeto.

Essa radiação eletromagnética pode ser caracterizada por sua intensidade ou por seu comprimento de onda. Objetos muito quentes irradiam energia eletromagnética na região visível do espectro entre 0,4 μm (azul) e 0,7 μm (vermelho). Esse fenômeno pode ser observado em uma lâmpada incandescente, com controle de potência. Quando a lâmpada estiver muito quente, sua cor será muito intensa e brilhante. À medida que a potência diminui, a lâmpada torna-se amarelada, vermelha, até perder a cor (ficando da cor original do filamento). Nesse ponto, apesar de não haver emissão na faixa da luz visível, o filamento continua quente, emitindo em uma faixa do espectro conhecido como infravermelho. A pele do corpo humano emite radiação térmica na faixa entre 5 μm e 15 μm. A Figura 6.66 mostra os comprimentos de ondas eletromagnéticas para algumas faixas, destacando-se a região de infravermelho.

Pode-se concluir então que é possível medir a temperatura de um corpo medindo a radiação térmica por ele emitido. Isso pode ser feito medindo-se a intensidade de radiação ou analisando-se as características do espectro de frequência (ou comprimento de onda).

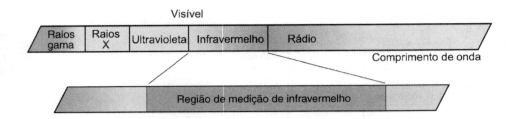

FIGURA 6.66 Comprimentos de ondas eletromagnéticas, destacando-se a região de infravermelho.

6.5.1 Radiação térmica

O olho humano utiliza apenas uma minúscula fração da luz emitida pelo Sol dentro da faixa visível. Na verdade, a medição de temperatura através de radiação térmica vem sendo praticada há milhares de anos. Há muito tempo é evidente que o ser humano utilizou propriedades de metais para forjar ferramentas ou materiais. Era usual que quem desempenhasse essa tarefa soubesse (a partir da experiência) a que cores relacionadas com temperaturas se poderiam obter os melhores resultados. Entretanto, somente na Renascença é que o termômetro foi inventado, e a partir do século XVI importantes nomes da ciência, tais como Newton, Huygens, Hershel, Fraunhofer, Maxwell, Helmholtz, Kirchhoff, Stefan, Boltzman, Wien, Planck e Eisntein, deram importantes contribuições, que serviram não apenas como base para o entendimento da radiação térmica, mas também como base para a teoria da física quântica.

As características do espectro de radiação dependem da temperatura absoluta do corpo e de sua vizinhança. A lei de Planck, bem como a teoria quântica, constitui a base matemática para se quantificar a energia de radiação térmica. Planck supôs que a radiação térmica era formada por pacotes de energia denominados fótons ou quanta e a sua magnitude era dependente do comprimento de onda dessa radiação. A energia total de um quantum é calculada multiplicando-se a constante de Planck $h = 6,6256 \times 10^{-34}$ e a frequência de radiação v. Em 1905, Einstein postulou que esses quanta são formados por partículas que se movimentam à velocidade da luz. Com isso, chegou à relação:

$$E = hv = hc/\lambda$$

A interpretação dessa equação implica que a quantidade de energia depende do comprimento de onda ou da frequência da radiação. A radiação emitida consiste em uma distribuição contínua, não uniforme de componentes monocromáticos que variam com o comprimento de onda e com a direção. A quantidade de radiação por intervalo de um comprimento de onda (concentração espectral) também varia com o comprimento de onda. Além disso, a magnitude da radiação em qualquer comprimento de onda e também a distribuição espectral variam com as propriedades e as temperaturas da superfície emissora. A radiação também é direcional, e a superfície pode ter uma determinada direção para irradiar mais energia.

Dentro do espectro eletromagnético, a região de radiação térmica estende-se de 0,1 a 1000 μm. Essa faixa inclui ultravioleta, luz visível e infravermelho, e denomina-se radiação térmica (muito importante no estudo de termometria por radiação).

Apesar de os sensores geralmente medirem em uma faixa entre 0,78 e 1000 μm (invisíveis a olho nu), costuma-se utilizar a faixa entre 0,7 e 14 μm na medição de temperatura. A atmosfera é quase transparente nessa faixa de comprimentos de onda.

6.5.2 Corpo negro e emissividade

A energia que incide em um objeto pode ser absorvida, refletida ou transmitida (se o objeto não for opaco). Se esse objeto possui temperatura constante, então a taxa de energia absorvida deve ser igual à taxa de energia emitida; caso contrário, o objeto esquentaria ou esfriaria, respectivamente. A Figura 6.67 mostra a energia radiante incidindo, podendo ser absorvida, refletida ou transmitida.

Sendo assim, pode-se concluir que, quando a temperatura é constante, a absorção, a reflexão e a transmissão devem formar um fator de valor unitário.

Em 1860, Kirchhoff definiu o corpo negro como uma superfície que não reflete nem transmite, mas apenas absorve energia, independentemente da direção ou do comprimento de onda. Se a fração absorvida por um corpo real é denominada α e para o corpo negro

$$\alpha = \alpha_{cn} = 1.$$

Para corpos que não se comportam como corpo negro ideal, $0 \leq \alpha < 1$. O calor de radiação transferido pode ser escrito como:

$$q_{absorvido} = \alpha \cdot q_{incidente}.$$

Além de absorver toda a radiação incidente, o corpo negro também deve ser um perfeito irradiador (ou emissor). A fim de avaliar as capacidades de emissão de uma superfície real em relação ao corpo negro, Kirchhoff definiu a emissividade

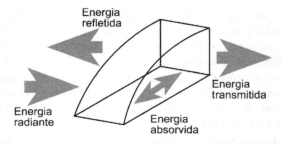

FIGURA 6.67 Decomposição da energia radiante em parcelas refletida, transmitida e absorvida.

ε como a razão da radiação térmica emitida por uma superfície à temperatura T com a do corpo negro considerando as mesmas condições.

$$\varepsilon = \frac{G_{emitida\ pelo\ corpo}}{G_{corpo\ negro}}.$$

A emissividade depende da temperatura e da superfície do corpo. Esse parâmetro constitui um importante fator na medição de temperatura sem contato.

No final do século XIX, Stefan e Boltzmann desenvolveram trabalhos experimentais que levariam à conclusão de que a radiação emitida da superfície de um objeto é proporcional à quarta potência da temperatura absoluta:

$$q = \sigma T_s^4,$$

em que $\sigma = 5{,}67 \times 10^{-8}$ W/m². A taxa de transferência de calor por radiação para um corpo que não tem comportamento de corpo negro por unidade de área é definida como

$$q = \sigma\alpha(T_s^4 - T_{viz}^4),$$

sendo T_s a temperatura da superfície e T_{viz} a temperatura da vizinhança.

Apesar de algumas superfícies terem comportamento parecido com o do corpo negro, todos os objetos reais têm emissividade ε menor que a unidade. Esses objetos são classificados como:

- Corpos cinza: quando a emissividade não varia com o comprimento de onda.
- Corpos não cinza: quando a emissividade varia com o comprimento de onda.

A maioria dos objetos orgânicos são corpos cinza com emissividade entre 0,9 e 0,95. A Figura 6.68 mostra a resposta de um corpo negro, de um corpo cinza e de um comportamento variável com o comprimento de onda.

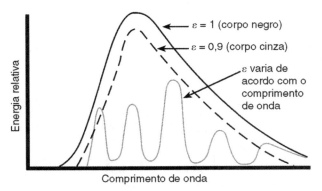

FIGURA 6.68 Comportamento de um corpo negro, de um corpo cinza e de um objeto que tem resposta variada segundo o comprimento de onda.

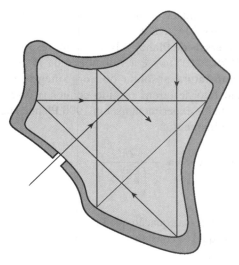

FIGURA 6.69 Aproximação da definição de um corpo negro.

O conceito do corpo negro é importante porque mostra que a potência radiante depende da temperatura. Ao utilizarmos sensores de temperatura sem contato para medir a energia emitida de um objeto, dependendo da natureza da superfície, devemos levar em conta e corrigir a emissividade. Por exemplo, um objeto com emissividade 0,7 irradia apenas 70% da energia irradiada pelo corpo negro.

A melhor aproximação para um corpo negro constitui-se de uma cavidade com a temperatura interna uniforme e o contato com a vizinhança, feito através de um pequeno orifício (muito menor que a cavidade), como mostra a Figura 6.69. A grande maioria da radiação que entrar na cavidade é absorvida ou então refletida internamente até ser absorvida. O pequeno orifício garante que apenas uma radiação desprezível consegue escapar da cavidade. Dessa forma, o corpo se aproxima de um perfeito absorvedor de radiação.

Uma vez que a temperatura interna da cavidade é mantida constante, a taxa de absorção deve ser igual à taxa de emissão. Para ilustrar essa consequência, pode-se colocar um novo corpo negro dentro da cavidade à mesma temperatura. Se as temperaturas forem realmente iguais e uniformes, o corpo negro mantém T constante. Em muitas aplicações de engenharia, o meio é opaco à radiação incidente e a parcela relativa à energia transmitida é desprezada. Nesse caso, é apropriado afirmar que a radiação é absorvida e refletida. Essas parcelas apresentam magnitudes que dependem do comprimento de onda e da natureza da superfície.

As características espectrais da radiação do corpo negro foram determinadas por Wilhelm Wien em 1896:

$$E_{\lambda,\ cn}(\lambda, T) = \frac{2h^2}{\lambda^5 \left(e^{\frac{hC_0}{\lambda KT}}\right)},$$

sendo que $E_{\lambda,\ cn}$ representa a intensidade de radiação emitida por um corpo negro à temperatura T, para um comprimento de onda λ por unidade de comprimento de onda, por unidade de tempo, por unidade de ângulo sólido, por unidade de área. $h = 6,626 \times 10^{-24}$ J·s e $K = 1,3807 \times 10^{-23}$ J·K^{-1} são as constantes universais de Planck e Boltzmann, respectivamente. $C_0 = 2,9979 \times 10^8$ m/s é a velocidade da luz no vácuo e T é a temperatura absoluta do corpo negro em kelvin. Devido ao fato de terem surgido pequenas discrepâncias entre resultados experimentais, em 1900 Planck sugeriu um pequeno refinamento:

$$E_{\lambda,cn}(\lambda, T) = \frac{2h^2}{\lambda^5 \left(e^{\frac{hC_0}{\lambda KT}} - 1 \right)} = \frac{C_1}{\lambda^5 \left(e^{\frac{C_2}{\lambda T}} - 1 \right)}.$$

Foi a partir dessa equação que Planck postulou a sua teoria quântica, na qual as constantes de radiação são:

$$C_1 = 2\pi h c_0^2 = 3,742 \times 10^8 \text{ W} \cdot \mu\text{m}^4/\text{m}^2$$

$$C_2 = \frac{hc_0}{K} = 1,439 \times 10^4 \ \mu\text{m} \cdot \text{K}$$

A distribuição de Planck pode ser observada na Figura 6.70, e indica que a radiação emitida varia continuamente com a variação do comprimento de onda. Com o aumento da temperatura, a quantidade total de energia aumenta e o pico da curva se desloca para a esquerda, ou para um comprimento de onda menor (ou frequência mais elevada). Pode-se observar também que, a temperaturas muito elevadas, a energia emitida fica dentro do espectro visível.

A distribuição espectral da Figura 6.70 mostra que existe um comprimento de onda no qual a energia irradiada é máxima. Diferenciando-se a equação de Planck em relação a λ e igualando-se o resultado a zero, pode-se calcular o ponto de máximo dependente da temperatura. Pode-se então determinar $\lambda_{máx} \cdot T = C_3$, sendo $C_3 = 2\,897,7\ \mu\text{m} \cdot \text{K}$. Esse resultado é conhecido como lei de deslocamento de Wien, e indica a máxima radiação emitida para cada temperatura em um comprimento de onda específico.

Observe na Figura 6.70 que as máximas radiações estão associadas a pequenos comprimentos de onda e altas temperaturas. Apesar de a figura mostrar a variação da radiação em todo o espectro, um medidor de temperatura por infravermelho não utiliza toda a faixa. Existem várias explicações para isso. Pode-se observar que, em comprimentos de onda menores, ocorre uma taxa de variação de radiação maior que em comprimentos de onda maiores. Isso pode significar uma medida que tem maior precisão; entretanto, em um dado comprimento de onda existe um limite de temperatura que pode ser medido. Com o decréscimo da temperatura, o termômetro infravermelho se desloca para comprimentos de onda maiores, diminuindo a precisão.

Existem problemas também em relação ao material, já que na natureza nenhum corpo consegue emitir com a eficiência do corpo negro. Mudanças na emissividade do material, radiação de outras fontes e perdas da radiação devidas a fumaça, poeira ou absorção atmosférica podem introduzir erros. Dessa forma, a emissividade ε é composta basicamente de três importantes parâmetros:

A **capacidade de absorção de um material** significa a fração de radiação absorvida pela superfície do material. Apesar de essa capacidade de absorção depender da distribuição direcional dessa radiação e do comprimento de onda, pode-se definir α como a capacidade de absorção hemisférica total, representando a média direcional e o comprimento de onda. A mesma é definida como a fração total de radiação absorvida pela superfície.

$$\alpha \cong \frac{G_{abs}}{G},$$

em que G_{abs} representa a radiação absorvida pela superfície e G a radiação incidente total. O valor de α, portanto, depende da distribuição espectral da radiação incidente e da natureza da superfície de absorção.

A **capacidade de reflexão de uma superfície** define a fração de radiação que incide sobre uma superfície que é refletida. Admitindo-se que a capacidade de reflexão representa

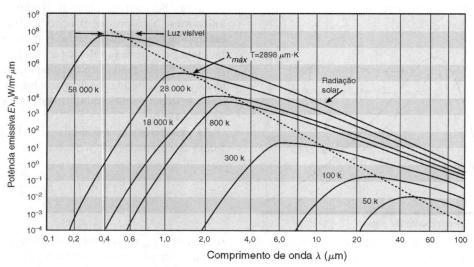

FIGURA 6.70 Potência emissiva do corpo negro prevista por Planck.

uma média integrada sobre o hemisfério associado à radiação refletida, pode-se definir a capacidade de reflexão hemisférica total como:

$$\rho \cong \frac{G_{ref}}{G},$$

em que G_{ref} representa a radiação refletida pela superfície e G a radiação incidente total. Se a intensidade da radiação refletida total é independente da direção da radiação incidente e da direção da radiação refletida, a superfície é denominada emissora difusa. Caso contrário, se o ângulo incidente é equivalente ao ângulo refletido, a superfície é denominada refletora especular. Apesar de não existirem nem superfícies difusas nem especulares perfeitas, pode-se aproximar um comportamento especular por um espelho, enquanto um comportamento difuso pode ser aproximado por uma superfície áspera irregular.

Transmissividade ou a capacidade de transmissão é a propriedade de transmitir uma quantidade de radiação por meio de um material. Novamente supondo que a transmissividade representa uma média integral, pode-se definir a transmissividade hemisférica total como

$$\tau \cong \frac{G_{Trans}}{G},$$

em que G_{Trans} representa a radiação transmitida pela superfície e G representa a radiação incidente total. A Figura 6.71 mostra um esquema de uma medição sem contato de um objeto sob influência dos três parâmetros comentados. Observe que a energia absorvida é agora emitida pelo objeto.

Como comentado anteriormente, a soma das frações totais de energia absorvida, refletida e transmitida deve ser igual à energia incidente total. Para qualquer comprimento de onda tem-se:

$$\alpha_\lambda + \rho_\lambda + \tau_\lambda = 1$$

Considerando-se o comportamento médio sobre o espectro total,

$$\alpha + \rho + \tau = 1$$

Para um meio opaco, o valor de transmissão pode ser desprezado e $\alpha + \rho = 1$. Para um corpo negro, as frações transmitidas e refletidas são zero (como apresentado anteriormente).

6.5.3 Termômetros infravermelhos e pirômetros

O termo pirômetro foi originalmente empregado para denominar instrumentos utilizados para medir temperatura de objetos em alta incandescência (acima do brilho necessário ao olho humano). Os pirômetros originais eram instrumentos ópticos que mediam temperatura sem contato através da avaliação da radiação visível emitida por objetos quentes e brilhantes.

Um conceito mais moderno seria o de que o pirômetro é um instrumento para medição de temperatura sem contato que intercepta e avalia a radiação emitida por determinada superfície. Os termos pirômetros e termômetros de radiação são muitas vezes utilizados por diferentes referências bibliográficas para descrever o mesmo instrumento. A Figura 6.72

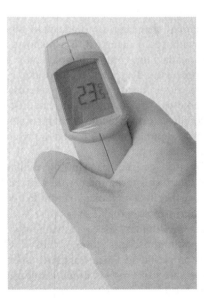

FIGURA 6.72 Medição com um termômetro sem contato. Cortesia Minipa do Brasil Ltda.

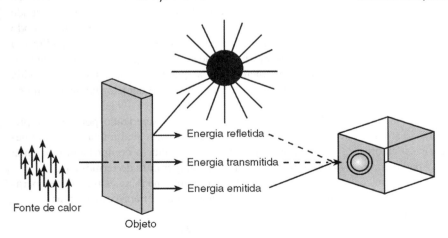

FIGURA 6.71 Influência da energia emitida, transmitida e refletida na medida de um termômetro sem contato.

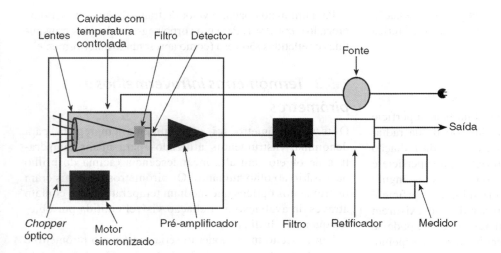

FIGURA 6.73 Diagrama de blocos de um termômetro infravermelho.

mostra a execução de uma medição com um termômetro de radiação medindo temperatura sem contato.

Basicamente, um termômetro de radiação consiste em um sistema óptico e um detector. O sistema óptico foca a energia emitida por um objeto sobre o detector. A saída do detector é proporcional à energia irradiada pelo objeto menos a energia absorvida (pelo detector), e a resposta desse detector está relacionada a um comprimento de onda específico. A Figura 6.73 mostra um diagrama de blocos de um termômetro infravermelho. Esses instrumentos são interessantes para a medição de objetos em movimento ou então de objetos cuja posição ou condição torna a medida de temperatura uma tarefa difícil ou que de alguma maneira ponha em risco a saúde das pessoas envolvidas no processo.

Os termômetros de radiação infravermelha constituem uma família dentro dos termômetros de radiação, por medirem uma faixa específica de radiação emitida que vai de 0,7 a 20 μm de comprimento de onda.

Apesar das facilidades, esses instrumentos apresentam algumas desvantagens, tais como o custo. O preço dos termômetros de radiação varia bastante, mas esses sistemas são mais caros que os sistemas implementados com RTDs e com termopares. Além disso, não existem regras aceitas e definidas em processos de calibração, como no caso dos dois primeiros.

Os termos **emissividade** e **emitância** apresentam diferenças fundamentais. A emissividade é a razão entre as emitâncias: real e do corpo negro. Enquanto a emissividade se refere às propriedades do material, a emitância se refere às propriedades do objeto. Desse modo, a emissividade é apenas um fator entre outros, como geometria, oxidação e estado da superfície para se determinar a emitância. A emitância também depende da temperatura e do comprimento de onda no qual a medida é executada. A condição da superfície afeta os valores de emitância. Superfícies polidas apresentam valores baixos, enquanto superfícies ásperas ou mal-acabadas apresentam valores de emitância mais elevados. Além disso, à medida que os materiais oxidam, os valores de emitância tendem a aumentar e a dependência das condições da superfície tende a diminuir.

Os valores de emissividade para quase todas as substâncias são conhecidos e publicados. Entretanto, valores de emissividades determinados em laboratório raramente são iguais aos valores publicados. Como regra prática, pode-se admitir que materiais não metálicos opacos possuem emissividade alta e estável (0,85 a 0,90). A maioria dos materiais metálicos não oxidados apresenta valores de emissividade baixos a médios (0,20 a 0,50). O ouro, a prata e o alumínio são exceções, por apresentarem valores de emissividade dentro de uma faixa de 0,02 a 0,04. A temperatura desses metais não é simples de medir.

Uma maneira de se determinar a emissividade experimentalmente é comparar as medidas do termômetro de radiação com os valores de sensores como RTDs e termopares. A diferença nas leituras deve-se à emissividade. Para temperaturas de até 250 °C o valor de emissividade pode ser determinado experimentalmente fixando-se uma pequena máscara preta (fita adesiva) na superfície do objeto cuja temperatura se deseja medir. Utilizando um termômetro de radiação ajustado para uma emissividade de 0,95, meça a temperatura da fita adesiva. Em seguida, meça a temperatura da superfície sem a fita adesiva. A diferença entre os valores é relativa à emissividade da superfície do objeto.

A resposta de um detector utilizado em um termômetro de radiação pode ser diferente em diferentes comprimentos de onda. A transmissão dos elementos ópticos também depende do comprimento de onda. Assim, podemos concluir de modo geral que a resposta de um termômetro infravermelho em qualquer comprimento de onda é proporcional à energia irradiada pelo objeto-alvo, a quantidade de energia absorvida pelo sistema óptico e a resposta do detector naquele comprimento de onda específico.

Esse termômetro pode ser caracterizado por um comprimento de onda efetivo específico, o qual muda com a temperatura, porém podemos determinar o comprimento de onda efetivo para uma faixa de temperatura do termômetro.

Em uma temperatura (ou em uma faixa estreita de temperatura) a função de calibração pode ser aproximada por:

$$V(T) = KT^N$$

em que K é uma constante de proporcionalidade e T a temperatura em Kelvin. Um termômetro recebendo radiação de um alvo com temperatura elevada em uma faixa larga de comprimentos de onda teria a função de calibração com a forma aproximada da lei de Stefan-Boltzmann, com o fator N próximo de 4. Em termômetros com comprimento de onda restrito o valor de N é mais elevado.

O valor de N pode ser aproximado por:

$$N = \frac{C_2}{\lambda_{eT}} = \frac{14388}{\lambda_e T}$$

em que λ_e é o comprimento de onda efetivo em μm.
T é a temperatura do objeto-alvo em K.

O significado do valor do fator N em um termômetro infravermelho é que o mesmo permite uma estimativa rápida do efeito de mudar a emissividade do objeto-alvo, quando a temperatura é mantida constante. Ou seja, se o objeto está a uma temperatura T e a emissividade é ε, a resposta do termômetro infravermelho pode ser descrita como:

$$V(T) = \varepsilon K T^N$$

em que K é uma constante que depende da construção do termômetro. Podemos observar que a resposta é proporcional à emissividade do objeto-alvo.

Podemos ainda analisar como a temperatura é afetada pela variação de ε. Se a equação de calibração do termômetro é:

$V(T) = KT^N$, então $T = \left(\dfrac{V}{K}\right)^{\left(\frac{1}{N}\right)}$.

Podemos então derivar em função de T:

$$\frac{dV}{dT} = KNT^{N-1}$$

e calcular o diferencial: $dV = dTKNT^{N-1}$, ou $\Delta V = \Delta TKNT^{N-1}$. Dividindo por $V(T)$ em ambos os lados da equação:

$$\frac{\Delta V}{V} = \frac{\Delta TKNT^{N-1}}{KT^N} \text{ e, finalmente, } \frac{\Delta V}{V} = \frac{\Delta T N}{T}$$

ou

$$\frac{\Delta T}{T} = \frac{1}{N}\frac{\Delta V}{V}$$

Esse resultado mostra que, uma vez que a tensão de saída é proporcional a ε, quanto maior o valor de N menor a dependência da saída com emissividade do objeto-alvo. Esse fato estende-se a outros fatores que influenciam na tensão de saída, como interferências no caminho entre o objeto-alvo e o detector causadas por partículas, fumaça, distorções ópticas causadas pelas lentes, entre outros.

Pela equação que define N pode-se observar que comprimentos de onda pequenos levam a N maiores e, consequentemente, são as melhores opções.

Muitos instrumentos apresentam a possibilidade de ajuste de emissividade. O ajuste pode ser feito utilizando-se tabelas ou experimentalmente. Para maiores precisões, recomenda-se um ajuste experimental.

Geralmente os valores de emissividades tabelados são obtidos por meio de pirômetros localizados perpendicularmente aos objetos de interesse. Se a posição do instrumento no processo de medida ultrapassar 30°, é necessário recalibrar o instrumento. A presença de janelas de vidro ou outro material no caminho também afeta a medida (aproximadamente 4% da radiação na faixa do infravermelho é refletida).

Como regra geral, a utilização de termômetros com pequenos comprimentos de onda na aplicação do princípio da razão de radiação anula grande parte dos problemas com a emitância. Pequenos comprimentos de onda, de cerca de 0,7 μm, são interessantes porque têm um ganho de sinal alto, o que tende a reduzir efeitos de problemas de variações de emitância, além de efeitos de absorção de radiação devidos a vapor, poeira e fumaça, como já citado anteriormente.

6.5.4 Tipos de termômetros de radiação

Basicamente, os termômetros de radiação consistem em um sistema óptico para redirecionar a energia emitida pelo objeto, um detector que converte essa energia em um sinal elétrico, um ajuste de emissividade e um circuito de ajuste de compensação de temperatura, para garantir que variações no interior do instrumento não afetem a medida.

Na escala de tempo, pode-se observar que os antigos termômetros de radiação funcionavam dessa maneira, e a diferença entre esses instrumentos e os instrumentos mais modernos consistem nos avanços tecnológicos de cada uma destas partes: filtros ópticos seletivos, sensores precisos e com dimensões reduzidas além de processamento microprocessado.

6.5.4.1 Termômetros de radiação de banda larga

São os mais simples e baratos. Em geral apresentam uma resposta dentro da faixa de 0,3 a 20 μm. Tanto o limite superior como o inferior são funções do sistema óptico. Termômetros de banda larga dependem da emitância total da superfície medida. Um controle de emissividade no instrumento permite que o usuário compense os erros de emitância, desde que esta seja constante.

Tipicamente os termômetros infravermelhos de banda larga apresentam uma faixa de medição muito mais larga que os termômetros de banda estreita. Embora os problemas devidos à emissividade possam ser minimizados com o seu ajuste, devemos lembrar que a emissividade varia com o comprimento de onda. Dessa forma, casos onde a emissividade tem uma variação muito grande na faixa de comprimentos de onda (de $\lambda_{mín}$ a $\lambda_{máx}$) inviabilizam a leitura correta da temperatura, pois a resposta do detector é uma função dependente da integral dessa faixa. Considere, como exemplo, um termômetro infravermelho que mede a radiação na faixa de comprimentos de onda de 7 a 10 μm. Nesse caso a banda tem uma largura de

3 μm. O desempenho desse detector depende da variação da emissividade do objeto-alvo dentro dessa faixa.

O caminho entre o instrumento e o objeto de interesse deve estar desobstruído e com o mínimo de vapores, fumaça ou poeira (esses componentes atenuam a radiação). O sistema óptico deve ser mantido limpo e protegido. Faixas padrão de 0 a 1 000 °C e 500 a 900 °C com precisão total de 0,5 a 1% do fundo de escalas são típicas desse tipo de termômetro.

6.5.4.2 Termômetros de radiação de banda estreita

Os termômetros de banda estreita podem também ser classificados como termômetros de cor única. O detector, juntamente com um sistema de filtro óptico, determina qual faixa específica pode ser medida com esse instrumento. Um dos maiores avanços na termometria de radiação foi a introdução de filtros seletivos, o que permite ao instrumento ser ajustado para aplicações específicas, aumentando a precisão da medida. Considere como exemplo a resposta de um detector em um comprimento de onda $\lambda = 1,5$ μm com uma largura de faixa de 0,07 μm.

Exemplos de respostas espectrais seletivas estão na faixa de 8 a 14 μm, que diminuem a influência atmosférica em longas distâncias; 7,9 μm, utilizados para medição de alguns plásticos finos; 5 μm, para medição de superfícies de vidro; 3,86 μm, que evitam interferência do dióxido de carbono e do vapor de água em chamas e gases de combustão.

A escolha dos comprimentos de onda também é função da temperatura. Os picos de intensidade de radiação movimentam-se na direção de comprimentos de onda menores à medida que a temperatura aumenta. Por essa razão, termômetros de radiação de banda estreita com pequenos comprimentos de onda são utilizados em aplicações que impliquem temperaturas altas.

Se as considerações anteriores não se aplicam, uma boa escolha é trabalhar com pequenos comprimentos de onda, tais como 0,7 μm, uma vez que os efeitos de variação de emitância têm sua influência reduzida. Esses termômetros podem apresentar-se em diversas formas, desde instrumentos portáteis até medidores fixos com transmissão remota. As faixas de temperatura variam com o fabricante, mas alguns exemplos comerciais de faixas podem ser citados: –37,78 a 600 °C, 0 a 1 000 °C, 600 a 3 000 °C e 500 a 2 000 °C. A precisão típica está dentro de uma faixa de 0,25% a 2% do fundo de escala.

6.5.4.3 Termômetros de radiação de duas cores

Esses termômetros também são conhecidos como termômetros de razão de radiação. Eles captam a radiação emitida por um objeto em duas faixas de comprimentos de onda. Esse instrumento é conhecido pela denominação termômetro de duas cores, porque originalmente os comprimentos de onda caíam em uma faixa dentro do espectro relativo à luz visível. Atualmente, o infravermelho também foi acrescido. A medida de temperatura depende apenas da razão das duas medidas de radiação, e não de seus valores absolutos. Isso faz com que o termômetro seja inerentemente mais preciso, uma vez que todas as incertezas causadas por parâmetros, tais como emissividade, acabamento de superfícies, além de elementos que absorvem energia no caminho, como vapores de água, são anuladas, já que em ambos os comprimentos de onda as influências ocorrerão de maneira muito semelhante. A Figura 6.74 traz um exemplo da utilização de dois comprimentos de onda para a implementação de um termômetro de duas cores. A Figura 6.75 mostra um esquema de um

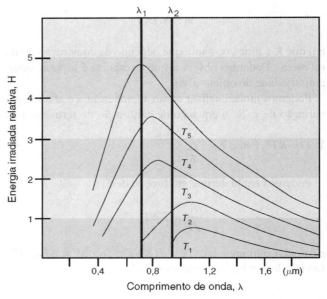

FIGURA 6.74 Princípio de funcionamento do termômetro de radiação de duas cores.

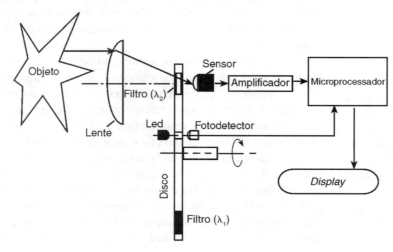

FIGURA 6.75 Diagrama de blocos de um termômetro de radiação de duas cores.

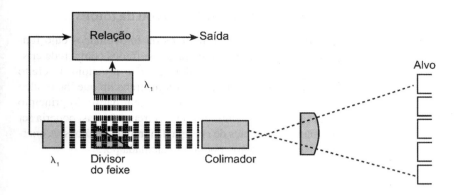

FIGURA 6.76 Divisor do feixe de radiação.

termômetro de duas cores. Observe que existem duas janelas com filtros para dois comprimentos de onda diferentes. Existe ainda um sensor que detecta qual é a posição atual do disco. Dessa maneira, o microprocessador pode relacionar as informações dos diferentes λ. Como essa informação vem do mesmo material, e é feita uma relação, o efeito da emissividade é cancelado.

Erros nesses sistemas são introduzidos em materiais que não se comportam como corpos cinza (a emissividade varia com o comprimento de onda), e ainda quando os caminhos até o objeto-alvo não atenuam a radiação de maneira igual. A implementação de um termômetro de duas cores pode ser feita também dividindo-se o feixe através de um sistema óptico. A Figura 6.76 traz o esquema de um divisor de feixe.

Alguns termômetros de razão de radiação utilizam mais que dois comprimentos de onda. Esses equipamentos implementam uma detalhada análise das características da superfície do objeto-alvo, tais como emissividade, resposta em função do comprimento de onda, temperatura e propriedades químicas da superfície. Com esses dados é possível implementar um processamento eficaz por meio de um computador. O detector consiste em um sistema óptico divisor de feixe e filtros para a radiação incidente.

Deve-se considerar seriamente o uso de termômetros de radiação de duas cores ou multicomprimentos de onda para aplicações em que a precisão e a repetitividade são parâmetros críticos, ou ainda em aplicações em que o objeto-alvo sofre modificações químicas e físicas. Sem dúvida, a grande vantagem desse termômetro é que ele não depende da emissividade do objeto. Esses instrumentos cobrem grandes faixas de temperatura. Faixas comerciais típicas vão de 900 a 3 000 °C, de 50 a 3 700 °C. As precisões típicas desses instrumentos estão na faixa de 0,5% a 2% do fundo de escala.

6.5.4.4 Pirômetros ópticos

Os pirômetros ópticos medem a radiação do objeto-alvo em uma pequena banda de comprimentos de onda do espectro térmico. Os instrumentos antigos (em que se aplicava esse princípio) utilizavam o brilho avermelhado (portanto, dentro do espectro visível) em aproximadamente 0,65 μm. Esses instrumentos também eram denominados instrumentos de uma cor apenas.

Os pirômetros ópticos também podem ser considerados termômetros de radiação de banda estreita. Aqui, no entanto, foram classificados como um tipo de termômetro de radiação.

Os modernos termômetros de radiação podem medir na faixa do infravermelho. A Figura 6.77 mostra o princípio de funcionamento de um termômetro óptico.

Os pirômetros ópticos medem temperatura por comparação. O instrumento seleciona uma faixa específica da radiação visível (geralmente o vermelho) e compara-a com a radiação de uma fonte calibrada — no caso da Figura 6.77, o filamento de uma lâmpada incandescente. A escolha de filtro vermelho deve-se ao fato de que com a cor vermelha se consegue uma radiação praticamente monocromática, sem perdas de intensidade, o que não se consegue com filtros de outras cores. A lente objetiva é focalizada de modo a formar uma imagem do objeto no plano do filamento da lâmpada; a ocular é focalizada sobre o filamento. Ambas as lentes estão simultaneamente em foco, com o filamento do pirômetro atravessando a imagem da fonte de radiação.

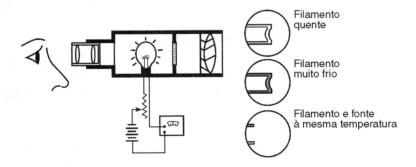

FIGURA 6.77 Princípio de funcionamento de um termômetro óptico.

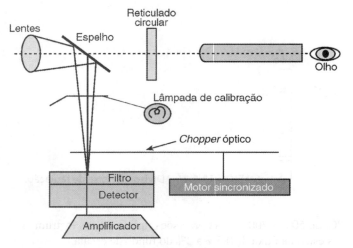

FIGURA 6.78 Princípio de funcionamento do pirômetro óptico automático.

Ajustando-se a corrente do filamento, faz-se variar a intensidade da cor do filamento, até confundir-se com a cor do objeto. Em vez de se calibrar a escala do reostato em corrente, calibra-se diretamente em temperatura.

Os pirômetros modernos não são manuais; por isso, em vez de se mudar a potência dissipada no filamento, utiliza-se um sistema óptico móvel tal como o mostrado na Figura 6.78. Trata-se de pirômetros ópticos para medir na região do infravermelho. Esses instrumentos utilizam um detector de radiação eletrônico, em vez do olho humano (alguns utilizam o olho humano para fazer o foco, como se vê na Figura 6.78). Uma quantidade de radiação emitida pelo objeto-alvo é comparada com a radiação emitida pela fonte interna de referência. A saída do instrumento é proporcional à diferença de radiação entre a referência e o alvo. Um sistema de chaveamento denominado *chopper* óptico faz com que, em um momento, o detector esteja exposto à radiação do alvo e, em outro, à radiação da fonte de referência.

Essa energia irradiada passa por uma lente e chega a um espelho que reflete a radiação infravermelha para o detector, mas permite que a luz visível entre por um pequeno orifício ajustável para se fazer o ajuste focal. Existe ainda uma lâmpada que produz uma radiação de referência. Em determinados momentos sincronizados, o detector deixa de receber a radiação do objeto e passa a receber a radiação da lâmpada, compondo um sistema de comparação. Pirômetros ópticos como esses descritos geralmente têm precisão de 1 a 2% do fundo de escala.

6.5.5 Detectores ou sensores de radiação térmica

De modo geral, existem dois tipos de sensores conhecidos por sua capacidade de resposta espectral: próxima à região de infravermelho e afastada da região de infravermelho, aproximadamente de 0,8 a 40 μm. O primeiro tipo é conhecido como detector quântico, e o segundo tipo, como detector térmico.

6.5.5.1 Detectores quânticos ou de fótons

São componentes fotocondutivos ou fotovoltaicos cujo funcionamento baseia-se na interação de fótons com a rede cristalina de materiais semicondutores. É o princípio do efeito fotoelétrico descoberto por Einstein (trabalho que lhe rendeu o Prêmio Nobel). Basicamente, Einstein partiu do princípio de que a luz, pelo menos em certas circunstâncias, poderia ser modelada por pacotes de energia denominados fótons. A energia de um único fóton podia ser calculada por:

$$E = hv.$$

Quando um fóton atinge a superfície de um material, pode ocorrer a geração de um elétron livre. Isso vai depender da energia do fóton e do material. A teoria quântica é capaz de explicar algumas propriedades de sólidos. Por exemplo, sabe-se que a diferença entre condutores, semicondutores e isolantes é devida basicamente às diferenças de suas bandas energéticas de valência, que em poucas palavras traduzem a energia necessária para arrancar ou deslocar elétrons de suas posições.[2]

Quando um fóton de frequência v_1 atinge um cristal semicondutor, sua energia será suficiente para deslocar um elétron da banda de valência para a banda de condução em um nível de energia mais elevado. A falta de um elétron na banda de valência cria uma lacuna que também serve como um portador de carga, resultando em uma redução da resistividade específica do material.

Para a medida de objetos que emitam fótons com energia de 2 eV ou mais, são utilizados detectores quânticos à temperatura ambiente. Para valores de energia menores (comprimentos de onda maiores), são necessários semicondutores com *gaps* de energia menores. Entretanto, se esses componentes têm um *gap* de energia muito pequeno, a própria temperatura ambiente faz com que exista um ruído intrínseco, que impossibilita qualquer medição, uma vez que o componente apresentará um ruído de fundo que será da ordem de grandeza do sinal a medir. Uma maneira de reduzir esse efeito é resfriar o semicondutor; entretanto, a velocidade de resposta terá um decréscimo.

Muitos termômetros de radiação utilizam detectores quânticos ou de fótons, apesar de os mesmos medirem em uma faixa de espectro muito menor. Isso se deve ao fato de a sensibilidade dos mesmos ser 1000 a 100.000 vezes maior que a de sensores térmicos. O tempo de resposta desses detectores é da ordem de μs. Esses detectores, porém, são instáveis para comprimentos de onda muito grandes e altas temperaturas. Em geral, são utilizados em pirômetros de faixas estreitas a temperaturas médias, tais como 93 °C a 427 °C, por exemplo.

6.5.5.2 Detectores térmicos

Outro tipo de detectores de radiação são os chamados detectores térmicos, que, ao contrário dos detectores quânticos, respondem ao calor gerado pela absorção de radiação térmica pela superfície do elemento sensor.

---

[2] Para mais detalhes sobre teoria quântica, consulte a Bibliografia no final do capítulo.

A lei de Stefan-Boltzmann especifica a potência radiante que vai emanar de uma superfície à temperatura T, em direção ao espaço frio infinito (zero absoluto). Quando a radiação térmica é detectada pelo sensor, a radiação oposta do objeto à fonte deve ser levada em conta. Um sensor térmico é capaz de responder apenas ao fluxo térmico da rede, ou seja, o fluxo térmico originado na fonte menos o fluxo térmico dele mesmo.

A equação

$$\Phi = \Phi_O + \Phi_s = A\varepsilon\varepsilon_s\sigma(T^4 - T_s^4),$$

em que Φ_O é o fluxo térmico do objeto, Φ_s o fluxo térmico do sensor, $\sigma = 5,67 \times 10^{-8}$ W/m²K⁴ a constante de Stefan-Boltzmann, ε e ε_s as emissividades e T e T_s as temperaturas absolutas, relaciona a potência térmica absorvida pelo sensor e as temperaturas absolutas do sensor e do objeto-alvo.

Esses tipos de detectores geralmente são lentos, por dependerem da sua massa. De fato, eles precisam atingir um equilíbrio térmico toda vez que a temperatura varia. Os tempos de resposta podem chegar a 1 segundo ou mais.

6.5.5.3 Termopilhas

As termopilhas são classificadas como detectores térmicos passivos (não necessitam de excitação externa). Podem ser definidas como termopares ligados em série. As juntas frias são fixadas no substrato, no qual ainda está acoplado um sensor de referência para a compensação da temperatura ambiente. Ainda existe uma membrana na qual as juntas quentes são colocadas. Nesse ponto é que reside o elemento sensor da radiação térmica. A Figura 6.79 ilustra um detector em que se utilizam termopilhas.

O desempenho das termopilhas caracteriza-se por alta sensibilidade e baixo ruído, o que é alcançado utilizando-se materiais com alto efeito termoelétrico, baixa condutividade térmica e baixa resistividade. Os processos de construção da termopilha podem variar de acordo com o material utilizado, mas geralmente utilizam técnicas de deposição a vácuo. O número de junções varia de 20 a algumas centenas. As juntas

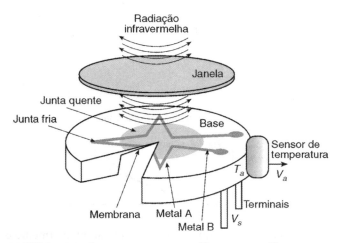

FIGURA 6.79 Detector em que se utilizam termopilhas.

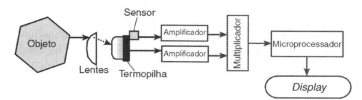

FIGURA 6.80 Termômetro infravermelho implementado com uma termopilha.

quentes são geralmente escurecidas para aumentar a absorção da radiação infravermelha. Seu tempo de resposta é da ordem de 10 a 15 ms. A termopilha é, portanto, um sensor com saída DC que segue a variação de temperatura de suas juntas quentes. Pode ser modelada por uma fonte de tensão controlada por um fluxo térmico em série com uma resistência. A tensão de saída é praticamente proporcional à radiação incidente. A Figura 6.80 mostra um termômetro infravermelho implementado com uma termopilha.

6.5.5.4 Detectores piroelétricos

Os sensores piroelétricos também são classificados como sensores infravermelhos passivos. Esses sensores mudam a carga superficial em resposta à radiação recebida, não precisando esperar equilíbrio térmico quando a temperatura varia.

A radiação incidente deve passar por um sistema de chaveamento óptico (*chopper*), que consiste em um aparato móvel, geralmente construído com um motor e um anteparo com um orifício. Esse orifício possibilita que a radiação passe em determinados instantes e bloqueie o sinal em outros, de modo que o sensor passa a receber um sinal alternado.

Os sensores piroelétricos geralmente são construídos com um revestimento absorvente de radiação e podem ser classificados como sensores de resposta espectral de banda larga.

6.5.5.5 Bolômetros

Bolômetros são sensores em miniatura do tipo RTD ou termistores em contato com uma superfície específica construída com o intuito de absorver a radiação incidente. Geralmente são utilizados para gerar valores RMS de sinais eletromagnéticos sobre uma faixa espectral bastante larga (micro-ondas até próximo ao infravermelho). É necessário um circuito para transformar o sinal de variação de resistência em variação de tensão ou corrente. Para a aplicação de termômetros infravermelhos, os bolômetros são geralmente fabricados em forma de filmes finos e apresentam uma área relativa grande. O princípio de funcionamento desses sensores é baseado na relação fundamental de energia absorvida de um sinal eletromagnético e a potência dissipada. Esses sensores são relativamente pequenos e são utilizados quando não há necessidade de resposta rápida. Para imagens térmicas, os bolômetros são disponibilizados em arranjos matriciais com aproximadamente 80.000 sensores.

6.5.5.6 Sensores ativos de radiação infravermelha

Ao contrário dos detectores descritos até aqui, nos quais havia uma dependência da temperatura do objeto-alvo e da temperatura ambiente, os sensores ativos apresentam um circuito de controle de temperatura da superfície de medida. Para controlar a temperatura da superfície do detector, é necessária uma potência elétrica P. A fim de regular a temperatura de superfície T_s, o circuito mede esse ponto e compara com uma referência interna.

Isso faz com que T_s se mantenha alguns décimos de °C mais elevada que a temperatura ambiente. Assim, o elemento perde energia térmica para a sua vizinhança, em vez de passivamente absorvê-la, como no caso dos sensores apresentados anteriormente.

Parte desse calor é perdida em forma de condução térmica e parte se perde em forma de convecção. Outra parte é perdida em forma de radiação, a qual deve ser medida. Parte dessa radiação vai para o invólucro do próprio elemento, e o restante vai para o objeto ou vem do objeto. O essencial é que o fluxo térmico deve sempre partir do sensor. Depois de aquecer a superfície sensora, a temperatura é mantida constante:

$$\frac{dT_s}{dT} = 0$$

Pode-se então deduzir que

$$P = P_L + \Phi,$$

ou seja, em condições ideais, a potência elétrica controlada P é igual à soma das perdas não irradiadas P_L com a potência total irradiada Φ. Em outras palavras, pode-se fazer um dispositivo que siga com grande fidelidade o fluxo de energia irradiado. A Figura 6.81 mostra um diagrama simplificado de um sensor ativo de radiação infravermelha.

Uma maneira de se implementar esse tipo de sensor é utilizar termistores de grande superfície e fazer com que o sensor se autoaqueça. Uma vez que o termistor é uma resistência, ela deve dissipar potência. Dessa forma, tem-se um elemento sensor de temperatura, capaz de dissipar potência.

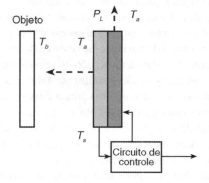

FIGURA 6.81 Diagrama simplificado de um sensor ativo de radiação infravermelha.

6.5.6 Termopares infravermelhos

Como mostramos anteriormente, termopares podem ser utilizados como detectores de pirômetros de radiação, geralmente em forma de uma termopilha em que vários termopares são ligados em série. Entretanto, existe uma classe de sensores de baixo custo, denominados termopares infravermelhos, utilizados na medição sem contato.

Os termopares infravermelhos, a exemplo dos termopares convencionais, têm na sua saída a variação de uma tensão (mV) em função da variação da temperatura. A Figura 6.82 mostra a resposta típica de um termopar infravermelho e a faixa em que ele é utilizado.

Esses dispositivos contêm um sofisticado sistema óptico e eletrônico embutido em um invólucro de forma tubular e aparentemente simples. Utilizam uma termopilha, especialmente desenvolvida para produzir tensão suficiente para substituir diretamente um termopar convencional. Atualmente uma enorme variedade é disponibilizada comercialmente, abrangendo uma ampla faixa de temperatura (–45 a 2760 °C) com até 0,01 °C de precisão.

Podem-se citar alguns modelos oferecidos:

- Unidades padrão que simulam termopares convencionais do tipo J, K, T, E, R e S.
- Modelos manuais de varredura para se detectar temperatura de superfície, tal como com equipamentos elétricos.
- Chaves térmicas que podem ser utilizadas no controle de qualidade de linhas de produção a velocidades de até 300 m/min.

Todos os termopares infravermelhos são autoalimentados, ou seja, utilizam apenas a radiação infravermelha para produzir a tensão na saída. Cada modelo é geralmente projetado para um desempenho otimizado na região em que ocorre o melhor ajuste da tensão × temperatura. Entretanto, o sensor pode ser utilizado fora dessa faixa, bastando para isso que seja calibrado

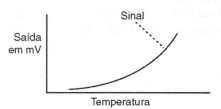

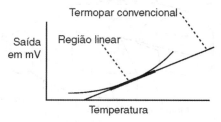

FIGURA 6.82 Curva típica de um termopar infravermelho e exemplo de utilização de uma faixa linear.

Medição de Temperatura 427

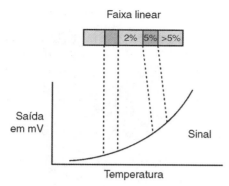

FIGURA 6.83 Exemplo de faixa de utilização de um termopar infravermelho.

apropriadamente. Em geral se assegura uma repetibilidade de 1% dentro de toda a faixa especificada. A Figura 6.83 mostra um exemplo de faixa de utilização de um termopar infravermelho.

Tal como todos os termômetros de radiação, o termopar infravermelho deve ser calibrado segundo as propriedades da superfície que se deseja medir. A calibração é feita medindo-se a superfície-alvo com outro medidor de temperatura confiável.

A precisão desses equipamentos é alterada no tempo pelas mesmas razões que os termopares convencionais: alterações mecânicas e alterações metalúrgicas. Sabe-se que as propriedades metalúrgicas dos materiais têm forte relação com a temperatura (a temperatura ambiente tem influência desprezível, mas as temperaturas altas modificam as propriedades dos materiais). Os termopares infravermelhos resolvem esses dois problemas, uma vez que fazem a medição a uma certa distância do objeto-alvo e, além disso, trabalham à temperatura ambiente medindo apenas a radiação térmica incidente.

6.5.7 Campo de visão e razão distância/alvo

O campo de visão de um termômetro de radiação define em essência o tamanho do objeto-alvo a uma distância específica do instrumento. Para que uma medida feita com um termômetro de radiação seja precisa, é necessário que o objeto-alvo esteja completamente dentro do campo de visão do instrumento. Alguns modelos de fabricantes possuem um sistema a *laser* para indicar a área que está sendo medida. A Figura 6.84 mostra um esquema de campo de visão.

Esses parâmetros podem ser definidos (fornecidos pelo fabricante do equipamento) em forma de diagrama, tabela de dimensões do objeto-alvo *versus* distância, dimensões do objeto-alvo *versus* a distância focal, ou como um campo angular de visão.

Com um ângulo amplo do campo de visão as dimensões do objeto-alvo caem a um mínimo na distância focal. Com um ângulo estreito, o campo de visão abre mais suavemente. Em qualquer dos casos, a área da seção transversal pode variar de forma, dependendo do formato da abertura do sistema óptico.

Telescópios ou um sistema de lentes especiais podem possibilitar que sejam medidas superfícies de objetos muito pequenos. Sistemas ópticos comuns podem medir um alvo de 2,5 mm a 38 mm de distância. A Figura 6.85 mostra o caminho de visão de um termômetro de radiação.

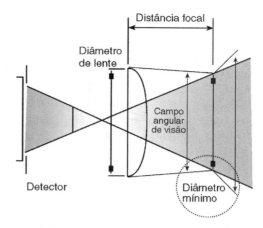

FIGURA 6.84 Campo de visão de um termômetro infravermelho.

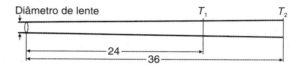

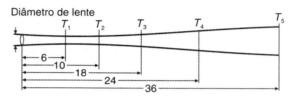

FIGURA 6.85 Caminho de visão de um termômetro de radiação. Os pontos $T_n (n = 1 \ldots 5)$ representam os diferentes diâmetros dos alvos a diferentes distâncias de medição.

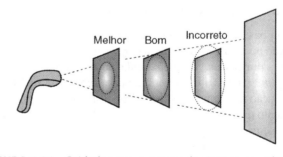

FIGURA 6.86 Cuidados com o campo de visão ao se utilizarem termômetros infravermelhos.

O ângulo de visão também afeta o alvo e sua forma. Quando o termômetro é calibrado, deve-se ter certeza de que o campo de visão é preenchido. Se o campo de visão não estiver preenchido, o termômetro vai ler um valor de temperatura menor. Se o campo de visão do termômetro de radiação não for bem definido, a sua leitura será maior quando o objeto-alvo for maior que o mínimo. A Figura 6.86 mostra exemplos de medições corretas e incorretas.

Como o sistema óptico foca a região que está sendo medida sobre o detector, a resolução desse sistema óptico é definida como a razão da distância do instrumento ao objeto pelo

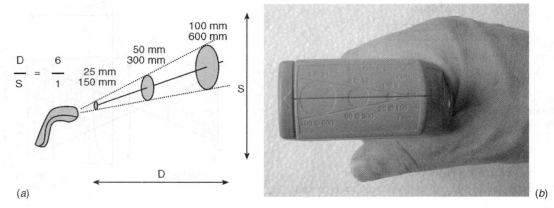

FIGURA 6.87 (a) Detalhes da relação D:S em um termômetro infravermelho; (b) fotografia da relação D:S em um termômetro infravermelho. (Cortesia Minipa do Brasil Ltda.)

diâmetro máximo de medição (razão D:S Distance:Spot). A Figura 6.87 mostra detalhes da relação D:S: quanto maior essa relação, maior a resolução do instrumento e menor a dimensão do objeto que pode ser medido. Por exemplo, a 300 mm de distância, um termômetro de radiação de relação $\frac{D}{S} = 6$ mede a temperatura em uma região de diâmetro $\phi = 50$ mm. Atualmente, muitos instrumentos possuem uma mira a *laser* que indica o ponto central. Alguns instrumentos incluem focos para *closes*, o que possibilita a medida de áreas muito pequenas sem incluir a temperatura de fundo (de objetos ou ambiente que rodeiam o alvo).

6.5.8 Medidores de temperatura unidimensionais e bidimensionais — termógrafos

A ideia básica desse tipo de medida é estender o conceito de medição pontual de temperatura por radiação térmica para uma ou duas dimensões. Também conhecidos como escâneres de linha (*linescanners*) ou termografia de linha, os termômetros de radiação para uma dimensão têm vasta aplicação no monitoramento de temperatura em processos de produção de fibras, carpetes, papel, laminados, vidros, entre outros. Já os termógrafos ou câmeras termográficas (medidores de temperatura bidimensionais) são bastante utilizados em áreas como manutenção, prevenção, engenharia biomédica, entre outras.

Destaca-se a utilização desse tipo de equipamento no monitoramento de linhas de transmissão de energia.

6.5.8.1 Termógrafos de linha

Esses dispositivos utilizam um detector único que é limitado a medir a temperatura de apenas um ponto. Entretanto, um conjunto de peças móveis e um espelho fazem com que o ponto de medição esteja em constante movimento. Assim, o detector faz a medida da imagem de um ponto sobre uma linha conforme o movimento do sistema óptico.

Apesar de uma medida térmica com resolução suficiente necessitar de apenas algumas varreduras por segundo, existem unidades sensoras que oferecem leituras de até 500 varreduras por segundo. O circuito eletrônico do sistema capta a medida de cada um dos passos (que contém a temperatura de cada uma das posições). Um sistema de aquisição de alta velocidade digitaliza e processa esses sinais e os converte em temperatura × distância. Outro sistema então mostra o resultado em tempo real.

Um sistema de termografia unidimensional não tem muito sentido se for montado para medir um objeto estático. Geralmente esse sistema é utilizado para medição de uma linha móvel, de modo a constituir uma curva dinâmica de temperaturas referentes aos pontos de uma linha de um processo. A Figura 6.88 mostra um sistema de termografia unidimensional.

A resolução desse tipo de equipamento é função da velocidade do corpo medido, do número de medidas por varredura e do número de linhas varridas.

A medida também depende da limpeza do caminho óptico. Alguns desses dispositivos são disponibilizados com um sistema de purga para a limpeza frequente do sistema óptico. Geralmente a saída do sistema eletrônico de processamento alimenta um software em um computador para transformar

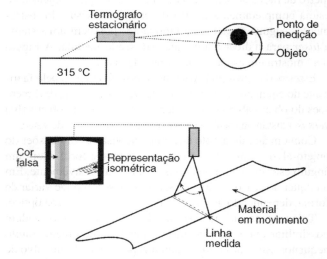

FIGURA 6.88 Varredura de temperatura em uma linha de um sistema em movimento.

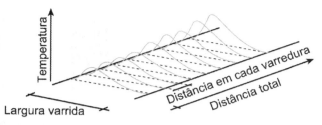

FIGURA 6.89 Gráfico tridimensional originado da varredura de linhas de temperaturas de um sistema em movimento.

os dados em uma imagem em tempo real. A saída do sistema transforma o sinal em uma imagem tridimensional: temperatura, largura da varredura e evolução das linhas varridas, como se pode observar na Figura 6.89.

Uma aplicação de um termógrafo unidimensional pode ser encontrada na indústria de produção de vidro, na qual uma placa de vidro é aquecida e tratada a fim de apresentar as propriedades desejadas. Como essa placa se desloca sobre uma esteira, aquecedores elétricos garantem que ela se aqueça uniformemente. Depois de um tempo mantido a uma temperatura de processo, a placa de vidro é resfriada uniformemente por meio de ar comprimido.

6.5.8.2 Termógrafos bidimensionais

O acréscimo de mais uma dimensão geométrica ao dispositivo apresentado anteriormente leva à análise termográfica bidimensional (Figura 6.90).

Nesse caso, apenas duas escalas são apresentadas na imagem. Essa imagem apresenta as dimensões do objeto com diferentes tonalidades de acordo com a temperatura da imagem, simulando no espectro infravermelho o que os olhos enxergam no espectro visível, relacionando cores e temperaturas. Na verdade, um equipamento termográfico é uma câmera infravermelha comparável em tamanho a uma câmera de vídeo. Enquanto uma câmera de vídeo responde à radiação visível, o termógrafo responde à radiação infravermelha emitida pelo objeto.

Superfícies especulares, especialmente as metálicas, refletem radiação infravermelha. A imagem da superfície de um metal brilhante vista através de uma câmera infravermelha contém informação inerente e irradiada pela superfície, assim como informação de sua vizinhança através da energia refletida. No monitoramento de um objeto transparente, o sistema pode detectar ainda uma terceira fonte de radiação, que é transmitida através do objeto. Esses sistemas de aquisição de imagens térmicas também são conhecidos como *imagers* e têm ajuste de emissividade. Como qualquer outro instrumento que detecta radiação térmica, também no termógrafo é necessário ter cuidado com a emissividade, bem como com a transmissão no caminho de visão. Esses instrumentos podem trabalhar em regiões de amplos comprimentos de onda, em distâncias curtas (ambientes de laboratório ou indústria); entretanto, para distâncias médias e longas (acima de 10 m) é necessário consultar bibliografia técnica para otimizar resultados, uma vez que existem peculiaridades devidas aos gases que compõem o meio de transmissão. Muitos gases, tais como amônia ou metano, apresentam altos índices de absorção na região do infravermelho.

Os sensores básicos utilizados nesses equipamentos são os mesmos utilizados nos instrumentos para medição de temperatura sem contato apresentados neste capítulo: térmicos ou quânticos. Os primeiros sistemas de imagem eram implementados com um sensor único montado junto a um sistema de espelhos móveis (impulsionado por um motor), cuja função era focar os pontos bidimensionalmente. Isso é feito de modo que cada valor processado corresponda a um pixel de um quadro de imagem térmica. Vários ciclos do mesmo processo possibilitam que a cada novo quadro seja feito um *update* da imagem, de modo que, se um corpo muda de posição ou temperatura, o usuário verá o efeito de um deslocamento ou de alteração de tonalidade da imagem. O problema desse sistema é que, para se formar uma imagem com uma resolução relativamente baixa, gasta-se muito tempo no processamento, de modo que a imagem final é muito lenta.

Os sistemas atuais de imagem térmica substituem o detector único por um detector de estado sólido que apresenta uma linha ou uma área sensora (*staring arrays*) na qual a imagem é focada, de modo que não há mais a necessidade de gastar tempo para processamento pontual. Essa linha, ou então essa área sensora, apresenta um arranjo de sensores que detectam simultaneamente o nível de radiação. No caso da linha sensora, ainda existe a necessidade de uma peça móvel para receber a radiação relativa a uma dimensão. Os detectores são frequentemente arranjados de modo que possam ser varridos sucessiva e rapidamente. As Figuras 6.91, 6.92 e 6.93 mostram um esquema desses três sistemas.

Grandes arranjos de detectores quânticos geralmente são construídos de forma híbrida. Os elementos sensores são fixados a um circuito de endereçamento do tipo CCD (Charge Coupled Device) de silício ou CMOS (Complementary Metal Oxide Silicon). A dimensão típica de um elemento é da ordem de dezenas de μm. Uma matriz pode ser montada, por exemplo, com 640×480 elementos. A Figura 6.94 mostra detalhes de uma matriz sensora.

Isso possibilitou que os termógrafos se tornassem mais precisos, menores e mais leves. Na verdade, um termógrafo moderno não é maior que uma câmera portátil. A resolução de arranjos sensores é muito maior que a oferecida por sensores únicos. Uma resolução mais fina em uma imagem óptica significa a possibilidade de distinguir pontos menores de temperatura na imagem térmica.

Alguns detectores utilizados nesses equipamentos precisam ser mantidos a temperaturas controladas e baixas (usualmente 80 a 120 K). Isso se faz necessário pela mesma razão que um

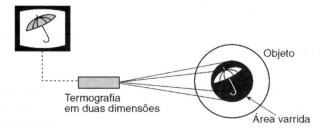

FIGURA 6.90 Câmera termográfica ou termógrafo.

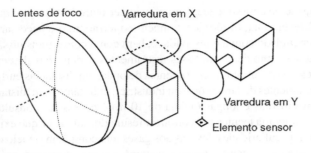

FIGURA 6.91 Sistema de varredura com um único sensor.

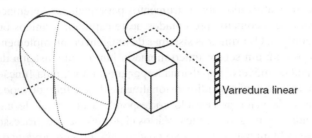

FIGURA 6.92 Sistema de varredura com uma linha de sensores.

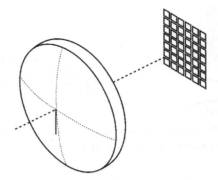

FIGURA 6.93 Sistema com uma matriz de sensores.

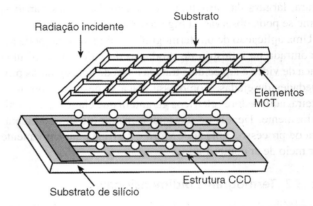

FIGURA 6.94 Detalhes de construção de uma matriz de detectores híbridos. Os elementos MCT no substrato de transmissão são compostos de mercúrio, cádmio e telúrio (MCT).

astrônomo precisa se afastar das luzes das grandes cidades se quiser enxergar algum astro. Isso se deve ao fato de que a luz (radiação) emitida por uma estrela distante (ou algum outro astro) tem baixíssima intensidade, e se o cientista tentasse fazer o estudo de um ponto com várias fontes de luz, dificilmente conseguiria perceber o alvo naquela confusão de luzes. No caso do termógrafo, ocorre uma similaridade, pois é difícil o detector perceber a variação de temperatura externa se o próprio ambiente de detecção está emitindo alta energia térmica. Dependendo do equipamento, os detectores são mantidos a temperaturas criogênicas (–200 °C, utilizando-se máquinas cíclicas de Stirling), ao passo que alguns detectores são mantidos a temperaturas próximas à temperatura ambiente (utilizando-se refrigeração termelétrica). Geralmente os arranjos sensores resfriados a baixas temperaturas mantêm uma boa sensibilidade em uma grande faixa de comprimentos de onda, enquanto os sensores que operam a temperaturas mais elevadas têm boa sensibilidade apenas em comprimentos de onda elevados.

O detector é colocado em um dispositivo com o sistema de refrigeração mostrado na Figura 6.95. Essa montagem garante a manutenção da temperatura nos padrões exigidos. Em frente ao detector ainda existe uma máscara que limita o ângulo incidente de radiação.

Os dispositivos para detecção de imagens térmicas mais precisos são implementados com detectores quânticos a temperaturas criogênicas, o que os torna sensivelmente caros. Entretanto, existem arranjos sensores que apresentam bom desempenho à temperatura ambiente, configurando câmeras térmicas de dimensões reduzidas. A Figura 6.95 mostra detalhes de um detector a temperatura controlada.

Os detectores térmicos apresentam a desvantagem de serem lentos (alguns milissegundos), mas têm a grande vantagem de não necessitarem de resfriamento. A radiação incidente é absorvida por um eletrodo escurecido, e o calor gerado é transferido

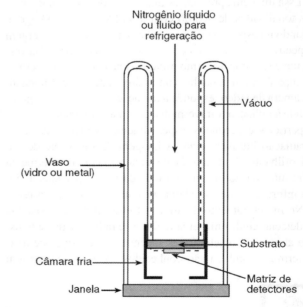

FIGURA 6.95 Detector com arranjo de sensores a temperatura controlada.

à camada piroelétrica ligada a um dielétrico polarizado. As cargas geradas pelo sensor piroelétrico mudam a polarização do dielétrico, a qual é adquirida e associada à temperatura. Uma das principais variáveis desse processo de detecção é a isolação

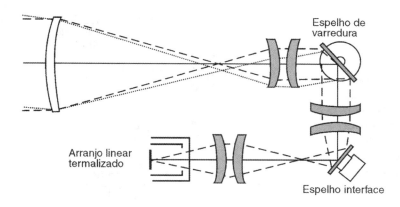

FIGURA 6.96 Ilustração mostrando grande quantidade de dispositivos ópticos em um equipamento de termografia.

térmica entre os elementos sensores. É necessário que exista uma estrutura isolante adicional entre os elementos para que seja garantida uma imagem térmica fiel.

O material mais utilizado na fabricação de janelas ópticas nesses equipamentos é o germânio. Todo o sistema óptico, constituído de lentes, espelhos, filtros e janelas, tem papel fundamental no resultado final, como se pode observar na Figura 6.96.

A resolução de um termógrafo está relacionada a duas variáveis: temperatura e espaço. A primeira é função do tipo e das características do elemento detector, enquanto a segunda é função do número de elementos detectores. Os *datasheets* de *imagers* infravermelhos descrevem a resolução espacial em termos de milirradianos de um ângulo sólido. O valor em milirradianos é relacionado à área teórica do objeto coberto por um pixel no campo de visão instantâneo. Obviamente, grandes distâncias significam uma resolução menor para uma superfície fixa de um objeto, comparado a uma imagem próxima.

Apesar de simples, o manuseio desse equipamento deve ser feito com cuidado. Há situações em que uma pequena rotação do equipamento para a direita ou para a esquerda produz uma grande diferença no resultado da imagem. Isso pode ser devido a reflexões de radiações pelas vizinhanças do ponto em que a medida está sendo executada. Há ainda situações em que alterações devidas a um vento frio ou quente podem alterar a temperatura do alvo e do ambiente de interesse. Apesar de as câmeras modernas oferecerem resolução de alguns décimos de °C, se o equipamento não for manuseado corretamente a medida pode conter erros grosseiros. A Figura 6.97 apresenta alguns exemplos de imagens termográficas reais.

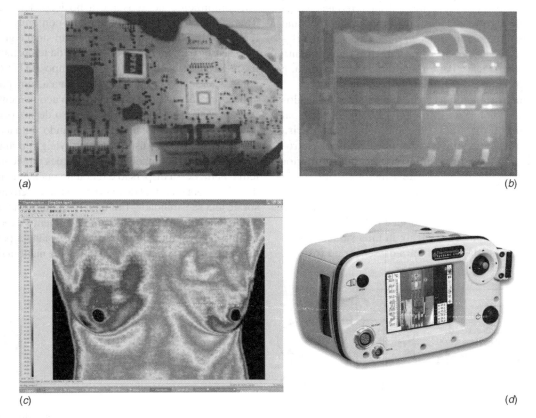

FIGURA 6.97 Imagens termográficas: (*a*) circuito impresso; (*b*) disjuntor; (*c*) tórax feminino para diagnóstico médico; (*d*) exemplo de câmera termográfica. Cortesia Thermoteknix.

6.6 Medidores de Temperatura com Fibras Ópticas

Assim como muitos outros desenvolvimentos tecnológicos, o desenvolvimento da fibra óptica foi impulsionado por interesses militares após a Segunda Guerra Mundial. Inicialmente, os principais interesses estavam voltados para telecomunicações e giroscópios a *laser* para navegação de naves e mísseis. Mais tarde, o desenvolvimento de sensores robustos, também para aplicações militares, foi incluído no programa de pesquisa.

Independentemente da aplicação, a fibra óptica tem algumas vantagens:

- Insensibilidade a interferências eletromagnéticas (causadas por motores, transformadores etc.), incluindo radiofrequência (telecomunicações);
- Não conduz corrente elétrica (ideal para ambientes explosivos);
- Pode ser posicionada a uma certa distância do ponto a ser medido;
- Os cabos de fibra óptica podem ser condicionados em dutos comuns (com aproveitamento de estrutura existente);
- Alguns cabos de fibra óptica podem suportar temperaturas de até 300 °C;
- Capacidade para medidas distribuídas intrínsecas;
- Passividade química e imune a corrosão;
- Rigidez e flexibilidades mecânicas.

Qualquer sensoreamento via fibra óptica requer que a variável cause, de alguma maneira, uma modulação no sinal óptico. Basicamente, essa modulação deve causar uma diferença de intensidade na radiação, na fase, no comprimento de onda ou na polarização. Para a medida de temperatura, a variação da intensidade é o efeito que prevalece.

Um dos primeiros medidores de temperatura baseados em fibras ópticas foi lançado nos anos 1980. O principal objetivo era medir temperaturas de maneira bastante precisa em meios que apresentassem grandes interferências eletromagnéticas, tais como fornos a micro-ondas ou no interior de transformadores. O princípio de funcionamento pode ser visto na Figura 6.98, que mostra um sensor de fósforo (terras raras de fósforo) sendo excitado por uma fonte de luz ultravioleta. O espectro que retorna é dividido nos componentes verde e vermelho, e a razão da intensidade desses feixes é função apenas da temperatura do sensor de fósforo.

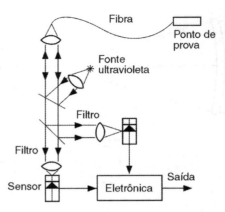

FIGURA 6.98 Medidor de temperatura em que se utilizam fibras ópticas.

Gerações modernas desse princípio de medida conseguem precisões da ordem de 0,1 °C, dentro de uma faixa de temperatura aproximada de –50 a 250 °C.

6.6.1 Sistema de sensoreamento distribuído de temperatura — DTS

O primeiro sistema de sensoreamento distribuído de temperatura por fibra óptica (DTS) foi apresentado em 1981 na Universidade de Southampton. Com o DTS é possível medir temperatura ao longo de grandes distâncias, utilizando-se como sensor apenas um cabo de fibra óptica. Esses sistemas são autocalibrados e podem ser configurados para detectar um rompimento no sensor e a posição desse rompimento. Tais sistemas também possibilitam configurar um valor de temperatura-alarme, acima da qual um sinal é gerado.

O sensor de fibra óptica distribuído de temperatura é baseado na refletometria no domínio do tempo (OTDR) conhecido como *backscatter*. Segundo essa técnica, um pulso de luz é aplicado na fibra óptica através de um acoplamento direcional. A luz é dispersa à medida que o pulso de luz percorre a fibra através de alguns mecanismos, incluindo flutuações de densidade e composição (dispersão de Rayleigh) e ainda dispersão de Raman e Brillouin, devido a vibrações moleculares e do sistema. Parte dessa dispersão é retida no núcleo da fibra e guiada de volta à fonte. O sinal de retorno é filtrado e enviado a um sensor de alta sensibilidade. Em uma fibra uniforme, a intensidade da luz que retorna apresenta um decaimento exponencial com o tempo, possibilitando o cálculo da distância percorrida pela luz, levando em conta a velocidade da luz na fibra (Figura 6.99).

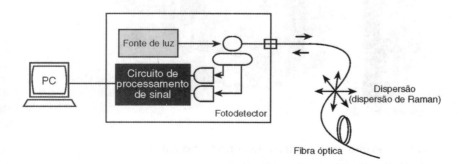

FIGURA 6.99 Sistema de sensoreamento distribuído de temperatura — DTS.

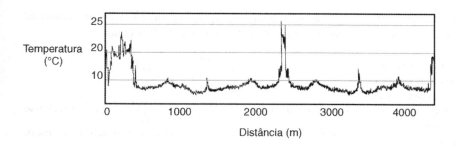

FIGURA 6.100 Distribuição de temperatura ao longo de alguns quilômetros de fibra óptica.

Variações nos parâmetros, tais como composição e temperatura ao longo do comprimento da fibra, causam algumas imperfeições desse decaimento exponencial.

A Figura 6.100 mostra a variação de temperatura em alguns quilômetros de fibra óptica.

A técnica ODTR é bem estabelecida e extensamente utilizada na indústria de telecomunicações para a qualificação de um *link* de fibra óptica ou para a detecção de um problema na fibra óptica. No ODTR, é a dispersão de Rayleigh que é analisada, que é o retorno de um sinal de luz incidente estimulante (*backscattering Rayleigh band*). A Figura 6.101 mostra o espectro de retorno da linha. O sinal que volta é comparado com o sinal que foi aplicado. Com essa informação é possível determinar perdas em *links*, rupturas e heterogeneidades. Os outros componentes (dispersão de Raman e de Brillouin) são devidos a vibrações moleculares e de rede devidas a variações na temperatura.

Na prática, as linhas de Brillouin são separadas do sinal enviado por alguns décimos de GHz, e é praticamente impossível separar esse sinal do sinal de Rayleigh. O sinal de Raman, entretanto, é suficientemente intenso e distinto para ser utilizado na medição de temperatura.

O sinal de Raman é compreendido de dois outros elementos: as bandas de Stokes e de anti-Stokes. Essas bandas são deslocadas do comprimento de onda do sinal de Rayleigh e podem, portanto, ser filtradas. A intensidade do pico de anti-Stokes é menor que a intensidade do pico de Stokes, mas tem forte relação com a temperatura (a intensidade do Stokes tem relação mais fraca com a temperatura). Calculando-se a relação de intensidades dos sinais de anti-Stokes para Stokes, pode-se fazer uma medida precisa da temperatura. Combinando-se essa medida da temperatura com a medida da distância, é possível então medir a temperatura ao longo da fibra. Em condições ideais (mas não essenciais), a fibra deve ser testada nos dois terminais. Ou seja, deve-se utilizar um laço de fibra, a qual deve ser testada por um terminal e depois pelo outro. Esse tipo de medida apresenta duas vantagens, se comparada com a técnica de medição em apenas um terminal. Primeiramente, a precisão é melhorada, pois os efeitos de perda da fibra na medição de temperatura são eliminados, de modo que o sistema se torna insensível a microdeformações e a perdas de conexões. Ambos os efeitos podem mudar com o tempo, e, se não forem detectados, vão provocar erros no perfil de temperaturas. Medindo-se em ambas as extremidades e fazendo-se a média geométrica, esses erros são eliminados. A segunda vantagem reside no fato de que, se uma das metades da fibra se romper, o sistema pode continuar funcionando, uma vez que ainda pode funcionar aplicando-se o sinal em apenas uma das extremidades. A Figura 6.102 mostra o esquema completo de um sistema de medição de temperatura distribuída.

6.7 Sensores Semicondutores para Temperatura

6.7.1 Introdução

Dispositivos semicondutores, tais como os diodos e os transistores, são sensíveis à temperatura e podem, portanto, ser utilizados como sensores de temperatura. As principais vantagens na utilização desses dispositivos são a linearidade, a simplicidade e a boa sensibilidade. A principal desvantagem

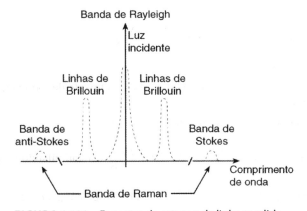

FIGURA 6.101 Espectro de retorno da linha medida.

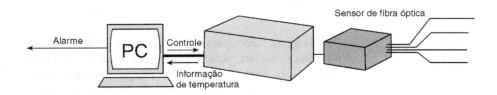

FIGURA 6.102 Sistema para medição de temperatura distribuída.

é a limitação da faixa de temperatura, aproximadamente 200 °C, pois acima dessa temperatura esses dispositivos podem ser danificados.

Um semicondutor puro é um isolante a baixa temperatura, e sua condutividade aumenta com o aumento da temperatura. Os semicondutores mais comuns são Si, Ge e o GaAs. Esses sólidos apresentam uma faixa de condutividade se forem adicionados dopantes. A condutividade de um semicondutor puro está diretamente relacionada com o número de elétrons da banda de condução e de lacunas na banda de valência dada por:

$$\sigma = \frac{1}{\rho} = n \cdot q \cdot \mu_n + p \cdot q \cdot \mu_p \left[S/m \right]$$

sendo

q a carga do elétron em Coulomb [C];

n e p as respectivas densidades dos elétrons e das lacunas $\left[/m^3 \right]$;

μ_n e μ_p as respectivas mobilidades dos elétrons e das lacunas $\left[m^2/V \cdot s \right]$.

As densidades dos elétrons e das lacunas dependem da ocupação dos estados eletrônicos nas bandas de energia e da função distribuição Fermi-Dirac. Como $f(E)$ é a probabilidade de que um elétron tenha uma energia igual a E, seu complemento $1 - f(E)$ fornece a probabilidade para uma lacuna com energia E. Assim sendo, essa probabilidade é dada por

$$1 - f(E) = \frac{e^{\frac{E - E_F}{K \cdot T}}}{e^{\frac{E - E_F}{K \cdot T}} + 1}$$

sendo

E a energia de um elétron dada em eV;
E_F uma constante denominada energia de Fermi dada em eV;
K a constante de Boltzmann $\left[eV/K \right]$;
T a temperatura absoluta em K.

6.7.2 Característica V × I da junção p-n

Essa característica pode ser analisada experimentalmente, bastando para isso que se forneça uma tensão fixa V_a na junção p-n e se registre o fluxo de corrente I para diferentes valores de V_a.

A característica V × I não é linear; porém, se plotarmos na escala logarítmica, torna-se uma reta quando uma tensão positiva é aplicada no lado p da junção. Com base nessa observação, pode-se empiricamente desenvolver uma relação corrente-tensão para a junção p-n:

$$I = I_0 \times e^{\left(\frac{V_a}{V_t} \right)} [A]$$

sendo

V_a a tensão na junção;
V_t uma constante [V];
I_0 uma constante [A].

Pode-se utilizar essa equação para calcular a resistência da junção p-n (chamada de resistência dinâmica):

$$R_{din} = \frac{d(V_a)}{dI} = \frac{V_t}{I} [\Omega].$$

Combinando-se $I = I_0 \times e^{\left(\frac{V_a}{V_t} \right)}$ e $R_{din} = \frac{d(V_a)}{dI} = \frac{V_t}{I} [\Omega]$, percebe-se que R_{din} diminui exponencialmente com o aumento da tensão. Fisicamente, é possível medir a resistência dinâmica R_{din} de uma junção p-n em diferentes pontos — a corrente reversa da junção p-n, que é muito pequena e relativamente independente da tensão. A junção p-n comporta-se nessa situação como um circuito aberto. Incluindo-se a corrente reversa em

$$I = I_0 \times e^{\left(\frac{V_a}{V_t} \right)}$$

obtém-se

$$I = I_0 \times e^{\left(\frac{V_a}{V_t} \right)} - I_r$$

sendo

I_r a corrente reversa [A] e, se I_r for idêntico a I_0,

$$I = I_0 \times \left(e^{\left(\frac{V_a}{V_t} \right)} - 1 \right).$$

Essa equação denomina-se **equação do diodo ideal**, e I_0 é a corrente de saturação (essa corrente pode ser entendida como o valor de corrente quando V_a se aproxima de $-\infty$). Essa expressão pode ser reescrita da seguinte maneira:

$$I = I_0 \times \left(e^{\left(\frac{q \cdot V}{K \cdot T} \right)} - 1 \right)$$

sendo

K a constante de Boltzmann em $\left[eV/K \right]$;

q a carga elétrica;

I e V a corrente e a tensão do diodo, geralmente denominadas I_D e V_D;

T a temperatura absoluta do dispositivo [K].

Com a relação $K/q = 86170{,}9 \, \mu V/K$ e manipulando-se a expressão $I_D = I_0 \times \left(e^{\left(\frac{q \cdot V}{K \cdot T} \right)} - 1 \right)$ para se obter V_D, tem-se:

$$V_D = \left(86170{,}9 \frac{\mu \cdot V}{K} \right) \times T \times \ln\left(1 + \frac{I_D}{I_0} \right).$$

Infelizmente, não é possível utilizar V_D para determinar a temperatura absoluta, pois I_0 depende da temperatura. Além disso, a dependência do diodo com relação à temperatura é não linear e não repetitiva, considerando-se medidas precisas.

6.7.3 Sensor de estado sólido

Para medidas mais precisas, é interessante utilizar a dependência com relação à temperatura da tensão base-emissor v_{BE} de um transistor alimentado com uma corrente constante no coletor. Pela manipulação algébrica do modelo de Ebers-Moll, é possível determinar que a tensão base-coletor v_{BE} é dada por:

$$V_{BE} = \frac{KT}{q} \ln\left(\frac{I_C}{I_S}\right)$$

sendo

K a constante de Boltzmann em $\left[\text{eV}/\text{K}\right]$;

q a carga elétrica;

T a temperatura absoluta do dispositivo [K];

i_C a corrente no coletor;

i_S ou i_o a corrente de saturação,

que mostra que v_{BE} e i_S são dependentes da temperatura:

$$I_S = B \cdot T^3 e^{\frac{q \cdot V_{g0}}{K \cdot T}},$$

sendo B uma constante que depende do nível de dopagem e da geometria, mas não depende da temperatura, e V_{g0} a tensão banda-*gap* (1,12 V a 300 K para o silício). Portanto, após uma breve manipulação algébrica temos:

$$v_{BE} = \frac{KT}{q} \ln\left(\frac{I_C}{B \cdot T^3} + V_{g0}\right).$$

Considerando V_{BE0} a tensão base-emissor correspondente à corrente de coletor constante I_{C0} a uma dada temperatura T_0, temos:

$$v_{BE} = \frac{KT}{q} \ln \frac{i_C}{I_{C0}} \left(\frac{T_0}{T}\right)^3 + (V_{BE0} - V_{g0})\frac{T}{T_0} + V_{g0}.$$

Essa expressão mostra que a relação entre v_{BE} e T não é linear e depende da corrente no coletor. Utilizando-se os conceitos abordados nos capítulos anteriores, pode-se quantificar a não linearidade derivando em relação à temperatura T para uma dada corrente de coletor constante ($i_C = I_{C0}$):

$$\left.\frac{dv_{BE}}{dT}\right|_{i_C = I_{C0}} = \frac{V_{BE0} - V_{g0}}{T_0} - \frac{3k}{q}\left(1 + \ln \frac{T}{T_0}\right)$$

O termo $\frac{V_{BE0} - V_{g0}}{T_0}$ indica a sensibilidade (próxima de $-2,2\,\text{mV}/°\text{C}$ para o silício) e o segundo termo $\frac{3k}{q}\left(1 + \ln \frac{T}{T_0}\right)$ descreve a não linearidade (próxima de $0,34\,\text{mV}/°\text{C}$ para o silício).

A não linearidade da tensão base-emissor e a necessidade de que a corrente no coletor seja constante no tempo e com a temperatura tornam não atrativa a utilização dessa configuração. Em geral a solução para esse problema consiste na utilização de dois transistores bipolares cuja densidade de

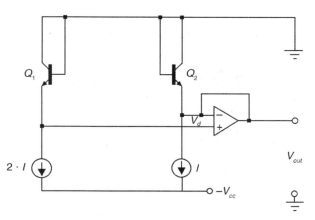

FIGURA 6.103 Esboço resumido de um transistor bipolar como sensor de temperatura.

corrente no emissor apresenta uma razão constante. Uma possível solução é a utilização de dois transistores idênticos, tal como no circuito da Figura 6.103.

Se ambos os sensores estiverem à mesma temperatura, a diferença entre a respectiva corrente base-emissor é dada por:

$$V_d = v_{BE1} - v_{BE2} = \frac{K \cdot T}{q} \ln \frac{i_{C1}}{i_{S1}} - \frac{K \cdot T}{q} \ln \frac{i_{C2}}{i_{S2}}.$$

Como os dois transistores são idênticos,

$$i_{S1} = i_{S2}$$

e, portanto,

$$V_d = v_{BE1} - v_{BE2} = \frac{K \cdot T}{q} \ln \frac{i_{C1}}{i_{C2}}$$

e, se a relação i_{C1}/i_{C2} é constante, então V_d é proporcional à temperatura T sem a necessidade de nenhuma fonte de corrente constante. No exemplo da Figura 6.103, $i_{C1}/i_{C2} = 2$, sendo

$$v_d/T = 59,73\,\mu \cdot \text{V}/\text{K}.$$

A Figura 6.104 apresenta outra configuração para um tipo de termômetro amplamente utilizado que é popularmente conhecido por conversor temperatura-corrente. Considerando-se que os transistores Q_3 e Q_4 são iguais, tem-se:

$$i_{C1} = i_{C2} = \frac{I_T}{2}$$

Q_2 (8) são 8 transistores em paralelo, iguais entre si e iguais a Q_1. Portanto, a corrente no emissor é 8 vezes maior em Q_1 do que em Q_2. Após manipulação algébrica, a tensão de saída é dada por

$$V_T = \frac{K \cdot T}{q} \ln 8 = 179 \frac{\mu \cdot \text{V}}{\text{K}} \times T$$

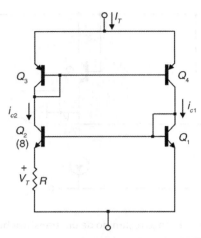

FIGURA 6.104 Esboço de um conversor temperatura-corrente.

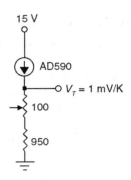

FIGURA 6.105 Termômetro baseado no integrado AD590, da Analog Devices, configurado para saída de 1 mV/K.

e a corrente de entrada:

$$I_T = 2 \cdot i_{C2} = \frac{2 \cdot V_T}{R}.$$

Para $R = 358\ \Omega$, independentemente da tensão aplicada (para uma dada faixa),

$$\frac{I_T}{T} = 1\frac{\mu \cdot A}{K}.$$

A saída no formato de corrente é interessante principalmente em sistemas remotos, em função do comprimento dos cabos de comunicação e de interferências. A Figura 6.105 apresenta um circuito integrado da Analog Devices configurado para se obter uma tensão na saída proporcional à variação de temperatura. Apenas como exemplo, a Tabela 6.7 apresenta alguns dos sensores semicondutores fabricados pela Analog Devices.

Nos últimos anos, diversos fabricantes lançaram sensores semicondutores para temperatura com saída digital (veja a Tabela 6.8), os quais apresentam diversas vantagens, principalmente pela facilidade de utilização em sistemas remotos e interfaceamento com sistemas microcontrolados.

TABELA 6.7 Exemplo de alguns sensores semicondutores para temperatura, da Analog Devices (com saída analógica)

Modelo	Faixa	Sensibilidade
AD592	−25 °C a +105 °C	$1\mu \cdot A/K$
TMP17	−40 °C a +105 °C	$1\mu \cdot A/K$
AD22100	−50 °C a +150 °C	$22{,}5\ mV/°C$
TMP35	+10 °C a +125 °C	$10\ mV/°C$
ADT50	−40 °C a +125 °C	$10\ mV/°C$

TABELA 6.8 Exemplo de alguns sensores semicondutores para temperatura, da Analog Devices (com saída digital)

Modelo	Faixa	Erro
TMP03/04	−40 °C a +100 °C	±1,5 °C
AD7415	−40 °C a +125 °C	±2 °C
AD7416	−40 °C a +125 °C	±2 °C
AD7314	−35 °C a +85 °C	±1 °C
TMP37	+5 °C a +100 °C	±2 °C

A Figura 6.106 traz um exemplo simples de utilização do sensor de estado sólido AD590. Esse sensor pode ser alimentado com 4 V a 30 V, e neste exemplo está alimentado com 15 V. Um resistor de 1 kΩ ± 1% está conectado entre a saída do sensor AD590 e a referência. Esse resistor converte a saída $1\mu \cdot A/K$ para $1\ mV/K$, que é amplificado pelo amplificador de instrumentação AD524 configurado com ganho 10.

Existem diversos outros fabricantes de sensores semicondutores para medição de temperatura, entre os quais se podem destacar a National Semiconductors e a Texas Instruments. A família LM135, LM253 e LM335, da National Semiconductors, é constituída de sensores semicondutores, cuja saída é no formato de tensão analógica (na escala Kelvin). A saída dessa família é proporcional à temperatura absoluta com uma sensibilidade de $10\ mV/K$.

A Figura 6.107 apresenta uma configuração típica para esse sensor.

O terceiro terminal desse sensor possibilita o ajuste (por exemplo, com um *trimpot*) da tensão de saída para uma temperatura conhecida, como, por exemplo, de 2,982 V para 25 °C, ajustando-se o sistema para uma precisão de ±1 °C para uma faixa de temperatura de −55 °C a +150 °C. Da mesma maneira, a família LM35, LM34, LM45 é constituída de dispositivos com três terminais, que fornecem na saída uma tensão proporcional na escala °C $\left(10\ mV/°C\right)$.

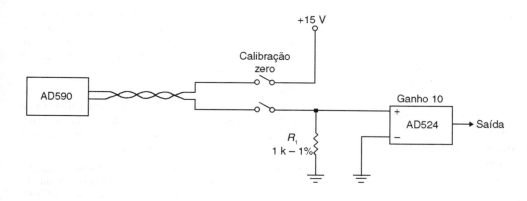

FIGURA 6.106 Circuito simples utilizando o sensor de estado sólido AD590.

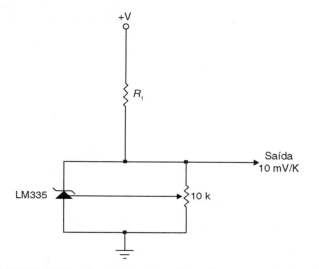

FIGURA 6.107 Circuito simples utilizando o sensor de estado sólido LM335.

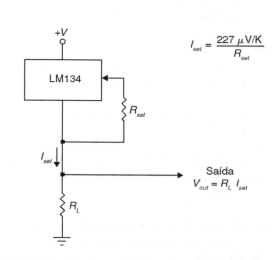

FIGURA 6.108 Configuração típica do sensor LM134 com controle da corrente de saída pelo R_{set}.

A família LM134, LM243 e LM334 (da National Semiconductors) é formada por sensores semicondutores cuja saída analógica é em corrente. A sensibilidade (geralmente entre $1\,\mu \cdot A/°C$ a $3\,\mu \cdot A/°C$ é ajustada por meio de um dispositivo externo, como, por exemplo, um simples resistor. A Figura 6.108 apresenta uma configuração típica para o sensor LM134.

EXERCÍCIOS

Questões

1. Cite duas aplicações de sensores de temperatura por efeitos mecânicos.
2. Quais as principais diferenças entre termômetros de mercúrio de imersão total e imersão parcial?
3. Explique o princípio de funcionamento de um termômetro bimetálico.
4. O que é um termostato? Cite uma aplicação.
5. Qual o princípio de funcionamento dos termômetros manométricos?
6. Qual a faixa de temperatura típica de um sensor metálico (RTD) de platina?
7. Dados os seguintes sensores, PT100, NTC, PTC, e termopares, quais deles são denominados termorresistências? Por quê?
8. Mostre o circuito em ponte de um PT100 a 3 fios. Aponte sua principal vantagem e demonstre matematicamente quais as principais diferenças do circuito com PT100 a 2 e a 3 fios.
9. Qual a principal desvantagem em utilizar um circuito em ponte para condicionar um RTD em vez de uma fonte de corrente?
10. A resposta de uma termorresistência como um PT100 é linear (ou ao menos pode ser considerada linear para a maioria das aplicações) em termos de resistência R em função da temperatura. O NTC tem uma resposta exponencial relativa à variação de sua resistência em função da temperatura. Explique as vantagens de o fato de um sensor ser linear comparado a um não linear.

11. Por que a platina é considerada o melhor metal para a construção de um RTD?
12. Qual a consequência de choques mecânicos em RTDs?
13. Qual o efeito de utilização de RTDs acima das temperaturas limites?
14. Qual a diferença entre o método do ponto fixo e do método de comparação na calibração de RTDs?
15. Em que situações é necessário considerar modelos de segunda ordem ou superior na modelagem de RTDs?
16. Explique as diferenças de construção entre os RTDs e os termistores.
17. Explique a diferença entre NTCs e PTCs.
18. Explique o princípio físico de medição de temperatura sem contato.
19. Dentro do espectro eletromagnético, localize a região de infravermelho.
20. O que é um corpo negro, corpo cinza e corpo não cinza (nem negro) e qual sua relação com a emissividade?
21. O que pode ser concluído sobre a potência emissiva de um corpo negro?
22. Quais as diferenças entre emitância e emissividade?
23. Explique o princípio de funcionamento de um termômetro de radiação de duas cores.
24. Qual a principal diferença entre o termômetro de radiação de duas cores e o termômetro de radiação de banda larga ou banda estreita?
25. Explique o princípio de funcionamento do pirômetro óptico.
26. Quais as principais diferenças entre detectores quânticos e detectores térmicos?
27. O que são termopilhas?
28. O que são detectores do tipo bolômetros?
29. Qual o princípio de funcionamento dos sensores ativos de radiação infravermelha?
30. O que são e como funcionam os termopares infravermelhos?
31. Para que serve o campo de visão e a razão distância alvo?
32. O que é termografia?
33. Quais os tipos de detectores utilizados em termógrafos?
34. Cite o princípio de funcionamento de um termógrafo que faz leitura de temperatura em duas dimensões.
35. O que é e qual o princípio de funcionamento de sensoreamento ou monitoramento de temperaturas distribuídas?
36. Quais as diferenças entre utilizar uma fibra óptica simples e dupla em um sistema de DTS?
37. Descreva resumidamente os principais tipos de sensores utilizados para medir temperatura.
38. Descreva as principais vantagens e desvantagens dos termopares tipo E, J, K e T.
39. Considerando-se os sensores LM135, LM35, LM234, LM56 e LM78 pesquisar suas faixas de utilização e sensibilidade.
40. Considerando-se os sensores AD592CN, ADT43, AD22100K, LM62, TC1046, TMP01 e TMP17F, pesquise suas faixas de utilização e sensibilidade.

Problemas com respostas

1. Considere a seguinte situação: um amigo diz que seu controlador de temperatura não funciona mais (a saída varia com a temperatura, mas o valor lido encontra-se com um erro sistemático) e tem certeza de que o responsável é o sensor. Ele quer substituir este sensor, mas não sabe nada sobre sensores de temperatura. Uma vez que o sensor correto é um PT100 e considerando que você possui um multiteste, quais as perguntas que você deve fazer a este amigo a fim de concluir de fato que se trata de um PT100 e não de um termopar ou de NTC?

   Respostas:
   a. Ao medir a resistência do sensor a temperatura ambiente, a resistência é de quanto? Se for próxima de 0 Ω trata-se de um termopar. Senão, se for próximo de 100 Ω é provável que seja PT100 (aqui excluímos o termopar).
   b. Ao medir a resistência em uma temperatura acima da $T_{ambiente}$ (por exemplo ao medir a temperatura do corpo humano - em um dia frio) a mesma diminuiu? Se não diminuiu trata-se de um PT100.

2. Sabendo que a temperatura ambiente é de 20 °C, e que a tensão de saída correspondente do termopar tipo J é de 1,019 mV. Qual a tensão de saída (mostrada no voltímetro) para as seguintes situações (veja a Figura 6.109)? Por quê?

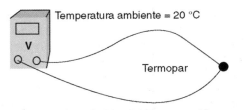

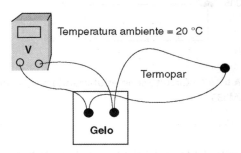

FIGURA 6.109 Exercício com termopares.

Respostas:
a. Na primeira figura o voltímetro mede $0 = \Im_{med} = \Im_{junta\ quente} - \Im_{junta\ fria}$. Vemos pela figura que as temperaturas de ambas as juntas são iguais.
b. 1,019 mV = $\Im_{med} = \Im_{junta\ quente} - \Im_{junta\ fria}$. Nesse caso $\Im_{junta\ quente}$ = 20 °C e $\Im_{junta\ fria}$ = 0 °C.

3. Imagine que a junta de medida de um termopar está dentro de um forno de temperatura homogênea. O que aconteceria com a medida, se essa junta fosse aberta e inserido 5 cm de cobre (e fechado o circuito novamente)? Por quê?

   Resposta: O termopar continuaria medindo corretamente. Isso ocorre devido à lei dos metais intermediários.

4. Qual a tensão de saída (mostrada no voltímetro) para as situações da Figura 6.110? São conhecidos os seguintes valores da tabela do termopar:

0 °C	0 mV
20 °C	1,05 mV
100 °C	5,37 mV

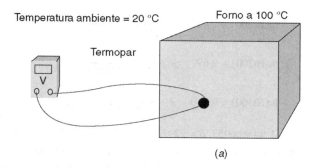
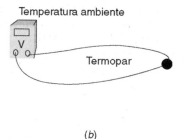

(a)　　　　　　　　　　　　　　(b)　　　　**FIGURA 6.110**

Respostas:

a. $\mathfrak{I}_{med} = \mathfrak{I}_{junta\ quente} - \mathfrak{I}_{junta\ fria}$

$\mathfrak{I}_{med} = 5,37 - 1,05 = 4,32$ mV

b. Nesse caso a temperatura em ambas as figuras é igual e $\mathfrak{I}_{med} = 0$ mV.

5. Supondo que você dispõe apenas de um ohmímetro (para medir resistência), você poderia identificar um: (a) termopar (b) PT100 (c) NTC? Caso sua resposta seja afirmativa, explique como.

   Resposta: O termopar apresentará resistência aproximadamente igual a zero. O PT100 apresenta resistência próxima de 100 Ω. Se o NTC e o PT100 apresentarem resistências semelhantes à temperatura ambiente, precisaremos de um segundo ponto de medida. Nesse caso, se o segundo ponto de medida for alguns °C acima da temperatura ambiente, o NTC deve apresentar uma diminuição da sua resistência.

6. O termopar necessariamente tem 2 juntas. Por que normalmente os termopares apresentam-se em dois fios, com um dos lados apenas soldado? Onde está a outra junta?

   Resposta: A outra junta fica aberta – trata-se da junta de referência.

7. Veja a seguir uma tabela com dados reais. Calcule o β (do NTC) e o α (do PT100) experimentais.

Termômetro	PT100 (°C)	NTC (kΩ)
1 °C	100,4	510
9 °C	102,8	450
18 °C	107,2	290
28 °C	111,1	180
42 °C	116,7	100,9
56 °C	122	55
63 °C	125,4	40
70 °C	128,8	27,5
85 °C	132,6	16,2
94 °C	137	10,3

Resposta: Para a coluna do NTC utilizamos o primeiro ponto como referência $R_o = 510$ kΩ e $T_o = 274,15$ K. Para a coluna do PT100 $R_o = 100$Ω e $T_o = 0$ °C. Calculamos as constantes β e α com:

$$\beta = \frac{\ln\left(\frac{R}{R_o}\right)}{\left(\frac{1}{T} - \frac{1}{T_o}\right)} \text{ e } \alpha = \frac{R - R_o}{R_o(T - T_o)} \text{ e fazemos a media aritmética.}$$

$\beta_{exp} = 3348,2$; $\alpha_{exp} = 0,00389$.

8. O gráfico da Figura 6.111 mostra a curva (fictícia) de um PT100. Calcule a temperatura medida quando $R = 120$ Ω.

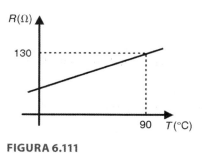

FIGURA 6.111

Resposta: A equação do PT100: $R = R_o[1 + \alpha(T - T_o)]$. Utilizando os dados do PT100, em $T_o = 0$; $R_o = 100$ Ω. Pelo gráfico podemos calcular a $\text{tg}\theta = \frac{130 - 100}{90 - 0} = \frac{1}{3}$ e $R = 100 + 100\alpha 90$.

Assim, pela equação da reta $\frac{90}{3} = 9000\alpha$ e $\alpha = \frac{1}{300}$.

Em 120 Ω, $120 = 100 + 100\frac{1}{300}T$; $T = 60$ °C.

9. Considerando-se que as ligações de um termopar a um voltímetro adequado estejam corretas, é possível medir uma tensão elétrica negativa? Explique.

   Resposta: Sim. Basta que a junta de referência esteja a uma temperatura mais elevada que a junta quente (ou junta de medida).

10. Utilizando a tabela do termopar tipo K, calcule os valores em TEMPERATURA dos pontos dados em mV: –0,28; 0,08; 1,23; 2,85. Sabendo que $T_{amb} = 20$ °C.

    Respostas: em $T_{amb} = 20$ °C a tabela fornece $V = 0,798$ mV. Assim $\mathfrak{I}_{med} = \mathfrak{I}_{junta\ quente} - \mathfrak{I}_{junta\ fria}$;

    $\mathfrak{I}_{med} = \mathfrak{I}_{junta\ quente} - 0,798 \Rightarrow \mathfrak{I}_{junta\ quente} = \mathfrak{I}_{med} + 0,798$

    $\mathfrak{I}_{junta\ quente} = -0,28 + 0,798 = 0,518 \Rightarrow$ tabela $\Rightarrow \cong 13$ °C

    $\mathfrak{I}_{junta\ quente} = 0,08 + 0,798 = 0,878 \Rightarrow$ tabela $\Rightarrow \cong 22$ °C

    $\mathfrak{I}_{junta\ quente} = 1,23 + 0,798 = 2,028 \Rightarrow$ tabela $\Rightarrow \cong 50$ °C

    $\mathfrak{I}_{junta\ quente} = 2,85 + 0,798 = 3,648 \Rightarrow$ tabela $\Rightarrow \cong 89$ °C

11. Com α (do PT100) e β (do NTC) calculados no Exercício 7, calcule qual a resistência medida pelo PT100 e pelo NTC em $T = 150$ °C.

    Resposta: $R_{PT100} = 158,3$ Ω; $R_{NTC} = 6918,5$ Ω

12. Sabendo que o valor de α (do PT100) é 0,0034 e β (do NTC) é igual a 3388 e que o valor da resistência do PT100 a 0 °C é de 100 Ω e do NTC 30 kΩ (também em 0 °C), calcule as temperaturas para: PT100 com R = 120 Ω e NTC com 1000 Ω.

    Resposta: PT100 $\Rightarrow T$ = 58,8 °C; NTC $\Rightarrow$ 103,3 °C;

13. Calcule os valores da resistência dos sensores da Questão 12 a 173 °C, sabendo que o valor da resistência do PT100 a 0 °C é de 100 Ω e do NTC 30 kΩ.

    Resposta: PT100 $\Rightarrow R$ = 158,8 Ω; NTC $\Rightarrow R$ = 244,7 Ω.

14. Um dado RTD apresenta uma resistência de 100 Ω e α = 0,00385 $\frac{(\Omega/\Omega)}{K}$ a 0 °C. Calcule sua sensibilidade e seu coeficiente de temperatura a 25, 50, 75 e 100 °C.

    Respostas:

    25 °C: $\alpha_{25\,°C}$ = 0,00351 $\frac{\Omega/\Omega}{K}$; $S_{25\,°C}$ = 0,351 $\frac{\Omega}{K}$;

    50 °C: $\alpha_{50\,°C}$ = 0,00322 $\frac{\Omega/\Omega}{K}$; $S_{50\,°C}$ = 0,322 $\frac{\Omega}{K}$;

    75 °C: $\alpha_{75\,°C}$ = 0,00299 $\frac{\Omega/\Omega}{K}$; $S_{75\,°C}$ = 0,299 $\frac{\Omega}{K}$;

    100 °C: $\alpha_{100\,°C}$ = 0,00278 $\frac{\Omega/\Omega}{K}$; $S_{100\,°C}$ = 0,278 $\frac{\Omega}{K}$;

15. Calcule a sensibilidade relativa $\alpha = \dfrac{\frac{dR_T}{dT}}{R_T} = -\dfrac{\beta}{T^2}$ em T = 40 °C de um NTC com R_o = 10 kΩ a 0 °C. Sabe-se que a 40 °C o termistor mede 650 Ω.

    Resposta: Nessas condições β = 5839. Assim: $\alpha = -\dfrac{5839}{(313{,}15)^2}$ = –5,96%/K.

16. Considerando o modelo alternativo para $R_T = R_0 \cdot e^{\beta\left(\frac{1}{T} - \frac{1}{T_0}\right)}$ como $R_T = A \cdot e^{B/T}$ determine A para uma unidade tendo um β = 3500 K e 80 kΩ a 20 °C. Calcule o valor para sensibilidade α a 0 °C, 50 °C e 100 °C.

    Resposta: Podemos escrever:

    $R = 80000 e^{3500\left(\frac{1}{T} - \frac{1}{293}\right)} = Ae^{\frac{3500}{T}}$

    $80000 e^{\left(-\frac{1}{293}\right)3500} e^{\frac{3500}{T}} = Ae^{\frac{3500}{T}} \Rightarrow A = 80000 e^{\left(-\frac{1}{293}\right)3500}$

    $\alpha_{0°C} = -4,69\%/K$; $\alpha_{50°C} = -3,35\%/K$; $\alpha_{100°C} = -2,51\%/K$;

17. Utilize a tabela do Exercício 7 para definir um modelo de três parâmetros do tipo $R_T = e^{\left(A + \frac{B}{T} + \frac{C}{T^3}\right)}$ para o NTC.

    Resposta: Precisamos de 3 pontos da tabela. Vamos utilizar os três últimos pontos para montar o sistema de equações:

    $\ln(R_T) = A + \dfrac{B}{T} + \dfrac{C}{T^2}$:

    $\ln(27500) = 10{,}22 = A + \dfrac{B}{343} + \dfrac{C}{117649}$

    $\ln(16200) = 9{,}692 = A + \dfrac{B}{358} + \dfrac{C}{128164}$

    $\ln(10300) = 9{,}240 = A + \dfrac{B}{367} + \dfrac{C}{134689}$

    $A = -99{,}6053$, $B = 72476{,}1884$, $C = 1{,}193849156 \times 10^7$

18. Considere o mesmo termistor da Questão 7. Determine o valor de um resistor em paralelo R, para que a resposta seja linearizada entre 0 °C e 50 °C (utilize os dois métodos estudados).

    Respostas: Método 1: R = 222439 Ω; Método 2: R = 222439 Ω

19. Calcule a sensibilidade do circuito de linearização da Figura 6.33.

    Resposta: basta calcular a derivada da função:

    $$\frac{\partial R_{AB}}{\partial T} = \frac{\partial \left[\frac{(R_{Termistor} + R_1)R_2}{R_2 + R_1 + R_{Termistor}}\right]}{\partial T} =$$

    $$\frac{\partial R_{AB}}{\partial T} = -\frac{\beta e^{\beta\left(-\frac{1}{T_o} + \frac{1}{T}\right)} R_2 R_o}{(R_1 + R_2 + e^{\beta\left(-\frac{1}{T_o} + \frac{1}{T}\right)} R_o) T^2} +$$

    $$\frac{\beta e^{\beta\left(-\frac{1}{T_o} + \frac{1}{T}\right)} R_0 (R_1 R_2 + e^{\beta\left(-\frac{1}{T_o} + \frac{1}{T}\right)} R_2 R_o)}{(R_1 + R_2 + e^{\beta\left(-\frac{1}{T_o} + \frac{1}{T}\right)} R_o)^2 T^2}$$

20. Qual o significado de uma razão D:S igual a 6:1?

    Resposta: Essa razão indica que para cada 6 unidades de distância do alvo, o termômetro de radiação mede a temperatura de uma circunferência de diâmetro de 1 unidade.

Problemas para você resolver

1. Considere a seguinte situação: em um teste para seleção de um candidato é solicitada a substituição de um sensor do tipo PT100. Entretanto, no almoxarifado todos os sensores estão misturados (PT100, NTC e termopar). Considerando que você pode utilizar uma fonte de calor de 0 a 100 °C, um termômetro de mercúrio e um multiteste, qual o procedimento que você deve seguir para escolher o PT100 dentre os outros sensores?

2. Faça o esboço de uma ligação a 3 fios utilizando um NI50. Complete a ponte de Wheatstone com resistores de 100 Ω. Considere a resistência dos cabos (ligados ao sensor apenas) de 0,5 °C. Calcule a tensão na ponte quando a temperatura for 0 °C.

3. Faça o projeto de um medidor de temperatura com um PT100 baseado em uma fonte de corrente de 1 mA. A saída deve variar de 0 a 1 V para a faixa de entrada de 0 a 100 °C.

4. Faça o esboço de um sensor do tipo PT100 em uma ligação a 4 fios. Levando em conta a resistência ôhmica dos cabos, mostre numericamente que sua influência é nula.

5. Repita o Problema 18 (resolvido) para a faixa de temperatura entre 50 °C e 100 °C.

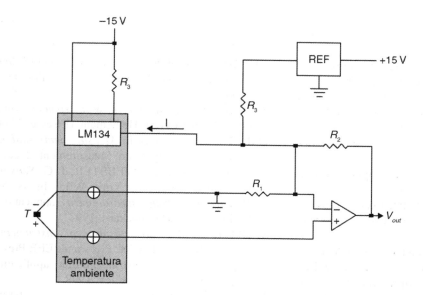

FIGURA 6.112

6. Calcule o resistor série e paralelo do circuito de linearização da Figura 6.33 quando aplicado ao NTC do Problema 7 (resolvido) para a faixa de 0 °C a 50 °C.

7. O circuito acima (Figura 6.112) é utilizado para medir a faixa de temperatura de 400 °C a 600 °C utilizando-se um termopar tipo J com um método para compensação da junção fria ou junção de referência.

A saída da fonte de corrente LM134 é dada por:

$$I(\mu A) = \frac{227\,\Omega \times (273 + T_a(°C))}{R_3}$$

em que T_a é temperatura ambiente. Considerando-se o amplificador operacional ideal, determinar suas equações. Qual é o ganho necessário para obter uma faixa de saída de –10 V a +10 V para uma faixa de temperatura de 400 °C a 600 °C.

8. Em uma indústria metalúrgica existe um forno com uma faixa de temperatura de 20 °C a 650 °C com uma precisão de 2 °C. Você trabalha em uma empresa de engenharia especializada no desenvolvimento de soluções de instrumentação térmica. Foi solicitado o desenvolvimento de um circuito condicionador que converta a saída de um dado termopar adequado a um sistema de digitalização que será interfaceado à porta paralela IEEE-1284-A. Determine o termopar e esboce o circuito com os correspondentes cálculos. Determine o conversor ADC (apresentando resolução) e esboce o interfaceamento.

9. Considerando-se o amplificador de instrumentação AD625 da *Analog Devices* esboce o circuito para amplificar o sinal de um termopar Fe-Cu.

10. Considerando-se o exercício anterior, troque o amplificador de instrumentação AD625 pelo INA101 da *Texas Instruments* (*Burr-Brown Corporation*). Está correto? O que alterou?

11. Considerando-se o polinômio: $T = a_0 + a_1 \cdot V + a_2 \cdot V^2 + a_3 \cdot V^3 + \ldots a_n \cdot V^n$, implemente um programa para plotar este polinômio considerando-se as constantes fornecidas no texto deste capítulo (plotar um polinômio para cada tipo de termopar fornecido nessa tabela).

12. Implemente um circuito condicionador para um determinado termopar utilizando o amplificador de instrumentação INA101 e amplificador isolador ISO122P (todos os componentes pertencem à *Texas Instruments* (*Burr-Brown Corporation*)), considerando-se um bloco isotérmico com IN4148 (este diodo estabelece uma referência ao ponto gelo ou 0 °C, pois a tensão deste componente muda com a temperatura ambiente e então pode ser utilizado como elemento compensador).

13. Considerando o circuito da Figura 6.113, explique seu funcionamento e utilidade.

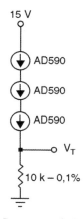

FIGURA 6.113 Esquema relativo ao Problema 13.

14. Considerando o sensor LM35 e o conversor ADC0804, esboce o interfaceamento deste sensor à porta paralela de um computador compatível com a família PC e forneça o fluxograma do programa de controle desse sistema para medir uma temperatura de 0 °C a 100 °C.

15. Desenhe o circuito para um sistema de medição de temperatura baseado em um termopar tipo J. A junção de referência deve ser compensada utilizando-se o sensor semicondutor AD590 cuja sensibilidade é $1\,\mu.A/K$. A tensão de saída deverá ser medida com um voltímetro com contatos de cobre. Explicar o funcionamento do sistema.

16. Utilizando um termopar tipo J, um AD592 e um amplificador OP07D esboce um sistema para medir a temperatura na faixa de –50 °C a +250 °C.

BIBLIOGRAFIA

BLACKBURN, J. A. *Modern instrumentation for scientists and engineers*. New York: Springer-Verlag, 2001.

BORCHARDT, I.; ZARO, M. A. *Instrumentação*: guia de aulas práticas. Porto Alegre: Editora UFRGS, 1982.

CONSIDINE, D. M.; MCMILLAN, G. K. *Process industrial instruments and controls handbook*. New York: McGraw-Hill, 1999.

DOEBELIN, E. O. *Measurement systems:* application and design. New York: McGraw-Hill, 2004.

ENDERLE, J.; BLANCHARD, S.; BROZINO, J. *Introduction to biomedical engineering*. San Diego: Academic Press, 2000.

ENERGY, Department. Instrumentation and control: Volume 1 e Volume 2. Washington: U.S. Department of Energy, 1999.

FERGUSON, T. *Measuring temperature with thermocouples*: a tutorial. Austin, TX: National Instruments Corporation, 2001.

KITCHIN, C.; COUNTS, L. *A designer's guide to instrumentation amplifiers*. Massachusetts: Analog Devices Inc., 2000.

MORRIS, A. S. *Measurement & instrumentation principles*. Oxford: Butterworth-Heinemann (Elsevier), 2001.

OMEGA. *Transactions in Measurements and Control* — Non-contact Temperature Measurement. 2. ed. v. 1.

PALLÀS-ARENY, R.; WEBSTER, J. G. *Sensors and signal conditioning*. New York: Wiley Interscience, 2001.

Practical temperature measurements: application Note 290. California: Hewlett Packard, 1997.

WEBSTER, J. G. *The measurement, instrumentation, and sensors*. New York: CRC Press and IEEE Press, 1999.

_____. *Medical instrumentation*: application and design. New York: John Wiley, 1998.

WILSON, J. S. *Sensor technology handbook*. Oxford: Newnes (Elsevier),

CAPÍTULO 7

Procedimentos Experimentais

Este capítulo (páginas 443 a 493) encontra-se integralmente *online*, disponível no site **www.grupogen.com.br**. Consulte a página de Materiais Suplementares após o Prefácio para detalhes sobre acesso e *download*.

Índice

As marcações em bold correspondem aos capítulos 3 (páginas 125 a 230) e 7 (páginas 443 a 493) que encontram-se na íntegra no GEN-IO.

A

ACK (*ACKnowledge* ou reconhecimento), **215**
Acoplamento(s)
    capacitivo
        elétrico ou, 259
        entre dois condutores, 260
    eletromagnético, 259
    indutivo, 261
        ou magnético, 259
ADC
    flash, 294
    integrador (*charge-balancing* ADC e *dual-slope* ADC), 292
    pipelined, 296
    por aproximações sucessivas, 290
    subfaixa, 295
    tracking, 292
ALE (*Address Latch Enable*), **207**
Álgebra booleana, **158**
Amperímetro, 12, 342, **443**
    analógico, 342
    digital, 343
    do tipo alicate, 344
Amplificador *sample and hold*, 280
Anodo
    de aceleração, 358
    de foco, 358
Aplicações de termistores, 396
Atenuação, 306
    do sinal, 253
Aterramento
    de sinais, 263
    seguro, 263
Atraso de propagação, **169**
Atuadores, 10
Autocorrelação, 58
Autocovariância, 58
Axiomas de probabilidades, 45

B

Backscatter, 432
Banho de gelo, 406
Blindagem, 260
    de amplificadores, 264
Bloco isotérmico, 407
Bobina móvel, 332

Bolômetros, 425
Buffer, **168**

C

Cadeia de medição, 22
Calibração, 25, 76
    de termômetros de resistências metálicas, 390
    de um multímetro digital em 100 V_{DC}, 82
    de um paquímetro com escala de Vernier ou Nônio, 84
    de um resistor padrão de valor nominal de 10 k, 81
    de uma massa de valor nominal de 10 kg, 79
Campo de visão e razão distância/alvo, 427
Capacidade
    de absorção de um material, 418
    de reflexão de uma superfície, 418
Capacitores, **126**
Catodo, 358
Celsius, Anders, 5
Chopper óptico, 424
Circuito(s)
    aritméticos, **201**
    com chaves, **158**
    condicionadores, alguns exemplos de, 414
    de Seebeck, 401, 402
    em paralelo, **445**
    em ponte, **147, 352**
    em série, **444**
    sample and hold, 278
    úteis decorrentes das leis de Kirchhoff, **128**
Classe de exatidão, 16
Codificador(es), 283
    e conversores de códigos, **195**
Código
    alfanumérico ASCII (*American Standard Code for Information Interchange*), **158**
    BCD (*Binary Coded Decimal*), **157**
    distância unitária, **157**
    Gray, **157**
Coeficiente
    da série de Fourier, 241
    de atrito viscoso, 35
    de Peltier, 401
    de Seebeck, 401
    de temperatura
        negativo — NTC, 395
        positivo — PTC, 394

Combinação de distribuições, 87
Comparabilidade metrológica, 24
Comparação do cabo coaxial e par trançado, 262
Compatibilidade
    eletromagnética, 253
    metrológica, 24
Compensação
    da junta fria (junta de referência), 406
    por software, 408
Comunicação
    entre transmissor e receptor, **217**
    nas duas direções, **217**
Condicionador de sinais, 14
Condicionamento, **130**
Condições
    de precisão intermediária, 16
    de repetibilidade, 16
    de reprodutibilidade, 16, 17
    de utilização de um instrumento, 21
Confiabilidade, 21
Conformidade, 19
Conservação de um padrão, 23
Constante
    de Hooke, 35
    de tempo, 33
Controladores *stand-alone*, **230**
Conversão(ões)
    EOC (*End Conversion*), 283
    SOC (*Start Conversion*), 283
Conversor
    analógico para digital, 281
    ADC sobreamostragem (*oversampling*), 298
    D/A ponderado, 287
    D/A R-2R, 288
Convolução, 234
Corpo(s)
    cinza, 417
    não cinza, 417
    negro, 416
Correlação
    (r), 56
    cruzada, 57
    normalizada, 57
Covariância, 46
    cruzada, 58
Curva(s)
    características de operação, 65
    de calibração, 403
    de distribuição normal, 44
    OC, 65

D

Datapath (caminho dos dados), **211**
Decodificadores, **188**
Delta de Kronecker, 247
Demultiplexador (DEMUX), **198**
Densidade
    de energia, 246
    espectral
        de energia, 252
        de potência, 252
Deriva (*drift*), 21
Desvio padrão experimental da média, 63
Detectores, 10
    piroelétricos, 425
    quânticos ou de fótons, 424
    térmicos, 424
Diodos, **132**
Dispersão de Rayleigh, 432
Dispositivo mostrador ou indicador, 13
Distribuição(ões)
    binomial, 46
    de Planck, 418
    de Poisson, 49
    de probabilidade, 45
    de Weibull, 52
    estatísticas, 45
    F, 55
    gama e exponencial, 50
    normal ou gaussiana, 54
    qui-quadrado, 55
    retangular, 68
    t de *Student*, 55
    triangular, 68
Divisão de escala, 13
Divisor de corrente, **128**
DMA (*Direct Memory Address*), 216
DSP (*Digital Signal Processing*), 370
DTL (*Diodo Transistor Logic*), **168**

E

ECP (*Extended Capability Port*), 216
Efeito(s)
    de Peltier, 401
    de Seebeck, 401
    Thomson, 401
    transistor, 135
Emissividade, 416, 419
Emitância, 419
Encoder, 11, 157
Entrada de referência, 323
EPP (*Enhanced Parallel Port*), 216
Equação
    de Friis, 271
    do diodo ideal, 434
    geral para a propagação de incertezas, 70
Equalizadores de atraso, 302
Equilíbrio, 9
Erro(s), 14
    aleatório, 15
    de Abbe, 84
    de fundo de escala (*FE*), 287
    de medição, 15
    de *offset*, 287
    de quantização ou ruído de quantização, 283
    devido ao autoaquecimento em RTD, 393
    máximo admissível, 17
    no zero de um instrumento de medição, 15
    sistemático, 15
Escala regular, 13
Espaço amostral, 44
Esperança matemática, 46
Estabilidade, 21
    de temperatura, 287
    temporal, 76
    térmica, 76
Estática, 255
Estratégias para redução do ruído em amplificadores, 271
Evento(s), 44
    mutuamente excludentes, 45
Exatidão de medição, 16
Experimento binomial, 46
Expressões ou funções booleanas, 158

F

Faixa
    de indicação, 13, 20
    de medição ou trabalho, 20
    dinâmica, 20
    nominal (*range*), 20
Fan-out, **168**
Fator
    de amortecimento, 29, 34, 35
    de crista, 334
    qualidade, 306
Ferro móvel, 332
FET (*Field Effect Transistor*), **139**
FFT (*Fast Fourier Transform*), 252
Figura
    de mérito, 258
    ruído, 258
Filamento, 358
Filtro(s)
    antialiasing, 278
    ativo
        passa-altas, 304
        passa-baixas, 304
        passa-faixa, 304
    com característica
        de Butterworth, **455**
        de Chebyshev, **455**
    digitais, 315
    FIR – *Finite Impulse Response*, 318
    Hanning, 319
    IIR – *Infinite Impulse Response*, 318
    integrados, 315
    notch (rejeita-banda ou passa-faixa), 301, 321
    passa-baixas, 301
    passa-banda (passa-faixa), 301
    passivo
        notch, 309
        passa-altas, 307
        passa-baixas, 307
        passa-faixa, 307
    polinomial, 320
Fios de compensação, 406
Flip-flop
    D, **207**
    JK, **207**
    SR
        assíncrono, **207**
        síncrono, **207**
Fonte de tensão CC, **134**
Força, 35
Frequência de ressonância, 305
Função(ões)
    de probabilidade, 45
    de transferência, 30
    densidade de probabilidade, 45
    distribuição cumulativa, 45
    pares, 240
Fundo de escala, 20
Fusíveis ressetáveis, 394

G

Galvanômetros, 331, 332
Glitch, 287
Grade de controle, 358
Grandeza, 7
Graus de liberdade, 54
Guard shields, 275

H

Histerese, 21
Histograma, 45

I

Identidade de Euler, 246
IEEE **488** ou GPIB (*General Purpose Interface Bus*), **218**
Incerteza, 335
    combinada expandida, 87
    de medição, 15, 16
    experimental, 76
    padrão, 40
Indicador digital, 13
Índices de sensação térmica, 381
Indutores, **127**

496 ■ Índice

Instrumentos
 analógicos, 27, 331
 digitais, 333
Integral de Fourier, 241
Interface periférica programável (PIO), **215**
Intervalo(s)
 da faixa nominal, 20
 de confiança, 60, 63

J
JFET (*Junction Field Effect Transistor*), **140**

L
LabVIEW, **474**
Lei
 de deslocamento de Wien, 418
 de Kirchhoff das correntes, **128**
 de Planck, 416
 de Stefan-Boltzmann, 425
Ligação de wattímetros em linhas de alimentação, 367
Limiar de mobilidade, 18
Limitações dos termistores, 396
Linearidade, 19
 das pontes, 387
Linearização – NTCs, 396
Linhas de Brillouin, 433
Lógica Transistor-Transistor (TTL), **168**

M
Mapeamento de memória de I/O, 214
Margem
 de ruído, **169**
 dinâmica de uma cadeia ou sistema de medida, 283
Material
 de referência (MR), 24
 certificado (MRC), 24
Média, 40
Mediana, 41
Medição, 9
 da tensão do termopar, 405
 de potência em sinais de alta frequência, 366
 do fator de potência, 368
Medida, 80
 de energia DC, 371
 de fase
  eletrônica por meio da detecção de passagem por zero, 369
  por meio de um osciloscópio, 368
 materializada, 13
Medidor(es)
 de corrente eletrônicos, 344
 de energia(s)
  AC por indução, 371

 analógicos com saída digital, 373
 digitais, 373
 elétrica, 370
 estáticos (eletrônicos), 372
 de pH, 12
 de temperatura unidimensionais e bidimensionais, 428
 de tensão eletrônicos, 339
Megôhmetro, 348
Método
 das bobinas cruzadas, 369
 de comparação, 390
  múltipla, 102
 de Kelvin para medição de resistência, 351
 de medição, 9
 de ponto fixo, 390
 dos três voltímetros, 364
 ponte, 386
 potenciométrico, 385
Metro, 3
Metrologia, 9
Moda, 41
Modo
 balanço, 386
 de autoaquecimento, 394
 de operação, 11
Montagens com RTDs, 390
MOSFET (*Metal Oxide Silicon Field Effect Transistor*), **140**
Mostrador analógico, 13
Multímetros, 331
Multiplexador (MUX), **198**

N
Notas de aplicações (*application notes*), **149**

O
Ohmímetro, 346, **443**
OPAMP, **142**
Operadores básicos, 317
Ordem
 dos filtros de classes Butterworth e Chebyshev, 457
 zero, 32
Osciloscópios, 357
 analógicos, 357
 digitais, 359
Overshoot, 35, 234

P
Padrão(ões) de medição, 22
 de referência, 23
 de trabalho, 23
 de transferência, 23
 internacional, 22

 itinerante, 23
 nacional, 22
 primário, 23
 secundário, 23
Paquímetro, 12
Partida suave de motores, 394
Período de silêncio, 95
Pirômetros ópticos, 423
Placas de deflexão horizontal e vertical, 358
PLL (*Phase Locked Loop*), 370
Polarização
 direta, 132
 reversa, 132
Polinômios de Chebyshev, 302, **455**
Pontas de prova, 361
Ponte(s)
 capacitivas e medidores de capacitância, 354
 de Wheatstone, 352
 dupla de Kelvin, 352
 indutivas e medidores de indutância, 356
Porta(s)
 de entrada da SPP (STATUS), **465**
 de saída da SPP (DATA e CONTROL), **464**
 lógicas, **162**
 paralela, **215**
  com barramento bidirecional, 469
  (IEEE1284) SPP (Standard Parallel Port), **464**
 serial RS-232, **216**
Potência
 de dissipação (mW), **169**
 termelétrica, 403
Precisão
 de medição (VIM), 16
 e veracidade de medição, 16
 intermediária de medição, 16
Probabilidade condicional, 45
Problema de dois terras, 274
Procedimento(s)
 de medição, 9
 de Sallen e Key, **457**
 práticos para implementação de filtros
  passa-altas, 311
  passa-baixas, 309
Processos ergódicos, 254
Projeto(s)
 de experimento(s), 94, 97
 do tipo aninhado, 111
 do tipo bloco aleatorizado, 111
Propagação de incertezas, 446
PRT (*Platinum Resistance Thermometer*), 383
PTC de chaveamento (*switching type thermistor*), 394
Pulsilógio, 5

Q
Quantizador, 283

R
Radiação térmica, 416
Raiz média quadrática (*root mean square*), 43
Rastreabilidade metrológica, 23
Rede LC, 305
Redução
    de ruído pela média do sinal, 272
    do acoplamento capacitivo, 260
Registradores, **211**
Regra
    da multiplicação, 45
    da probabilidade total, 45
Regressão linear, 91
Relação sinal-ruído (SNR – *signal to noise ratio*), 21, 258
Relógio de sol, 2
Remen duplo, 3
Repetibilidade de um instrumento, 17
Reprodutibilidade de medição, 17
Resistência
    de Thévenin, 129
    do dreno-fonte (*drain-source*), 169
Resistores, 125
Resolução, 17, 76, 287
Resposta
    a um impulso, 234
    ao degrau unitário, 234
    em frequência, 29
Resultado de medição, 16
Retificador de meia-onda, 43
Ripple, 133
RS485, 217
RTDs (*Resistance Temperature Detectors*), 383
Ruído
    aditivo, 253
    avalanche, 255, 257
    branco, 254
    burst, 255, 256
    de corrente, 255
    de disparo ou quântico (*shot noise*), 254
    de *flicker*, 255, 256
    de interferência ou EMI (*Electro-Magnetic Interference*), 257
    de modo
        comum, 259
        série, 259
    de quantização rms, 300
    em amplificadores em cascata, 271
    intrínseco
        do JFET, 265
        ou inerente, 255
    por imperfeições nos processos, 258
    rosa, 254
    shot, 255
    térmico (*thermal noise*), 254, 256
    transmitido, 255
    vermelho, 255
Ruptura Zener, 257

S
Saída
    coletor aberto (*open-collector output*), **169**
    terceiro estado (*three-state output*), **169**
    totem-pole (*totem-pole output*), **169**
Seguidor de tensão, 454
Segundo modo de operação da ponte, 386
Sensação(ões)
    táteis, 9
    térmica, 9, 381
Sensibilidade
    estática, 33
    relacionada à alimentação, 287
Sensor(es), 9, 10
    ativos de radiação infravermelha, 426
    autogerador (passivo), 10
    CMOS de campo magnético, 344
    de deflexão ou de ponto nulo, 11
    de efeito Hall, 343
    de estado sólido, 435
    de fluxo, 394
    implementados com transformadores de corrente, 343
    magnetorresistivos, 343
    moduladores (ativos), 11
    resistivos, 343
    self-generating, 401
Séries de Fourier, 236
Shunt, 343
Sinal(ais), 150, 231
    aleatórios ou estocásticos, 232
    de energia, 252
    de potência, 252
    de Raman, 433
    determinísticos, 231
    estáticos, 231
    periódicos, 231
    transientes, 231
Sistema(s)
    binário, 153
    combinacionais, 182
    criticamente amortecido, 35
    de controle
        closed-loop, 213
        open-loop (controle sequencial), 213
    de medição, 22
    de ordem zero, 33
    de primeira ordem, 33
    de segunda ordem, 33
    de sensoreamento distribuído de temperatura – DTS, 432
    decimal, 153
    hexadecimal, 155
    invariantes no tempo, 246
    lineares, 246
    octal, 154
    sem amortecimento, 35
    subamortecido, 35
    superamortecido, 35
Slew-rate, 144
Span, 20
SPP (*Standard Parallel Port*), 215

T
Taxa de conversão, 290
Tela fosforescente, 358
Temperatura ruído, 259
Tempo
    de abertura, 280
    de aquisição, 280
    de conversão, 290
    de resposta, 29
Tendência, 15
Tensão
    de Seebeck, 402
    de Thévenin, **129**
Teorema(s)
    de Bayes, 45
    de Nyquist, 282
    de Parseval, 246
    de Thévenin, **129**
Terceiro pino, 274
Termistores, 393
Termo detector, 10
Termógrafo(s)
    bidimensionais, 429
    de linha, 428
Termômetro(s), 12
    bimetálicos, 382
    de expansão de líquidos em bulbos de vidro, 381
    de Galileu, 380
    de imersão
        parcial, 381
        total, 381
    de radiação, 415
        de banda
            estreita, 422
            larga, 421
        de duas cores, 422
    de resistência elétrica, 383
    infravermelhos e pirômetros, 419
    manométricos, 382
    metálicos – RTDs, 383
Termopar(es), 401
    infravermelhos, 426
Termopilhas, 425

Termostato, 394
Terra virtual, **144**
Test Uncertainty Ratio (TUR), 17
Teste
 de hipóteses, 60
 t para dois ensaios, 62
Tímpano, 9
Tipos de ruído, 255
Tolerância, 17
Transdutor(es), 10
 de medição, 10
Transformada
 de Fourier
  discreta, 249, 250
  periódica, 251
 de Laplace (TL), 30
 rápida de Fourier (FFT – *Fast Fourier Transform*), 234
 Z, 315
Transistor
 de *metal-oxide semiconductor*, **169**
 npn, **168**

Transmissividade ou a capacidade de transmissão, 419
Trigger dos flip-flops, **207**

U
Unidade
 de medidas, 9
 lógica e aritmética – ULA, **204**

V
Valor
 convencional, 8
 de uma grandeza, 7
  compatível, 8
 esperado, 46
 nominal, 20
 verdadeiro, 8
Variância, 46
Variável(eis)
 aleatória
  contínua, 45
  discreta, 45
 booleanas, **158**

Veracidade de medição, 16
Voltímetro(s), 336, **443**
 analógico, 336
 digital, 338
 true RMS, 339
 vetorial, 338
  para a medição de fase, 370

W
Wafer, **168**
Wattímetro(s)
 analógico, 363
 baseados em
  efeito Hall, 366
  multiplicadores
   analógicos, 365
   digitais, 366
 eletrônicos, 365
 térmicos, 364

Z
Zona morta, 21